Excel 2019/2016/2013/2010対応版

Imasugu Tsukaeru Kantan Series : Excel Ma

本書の使い方

How to use

- サンプルの通りに入力すれば、マクロが使える！
- もっと詳しく知りたい人は、両端の「側注」を読んで納得！
- これだけは覚えておきたい機能を厳選して紹介！

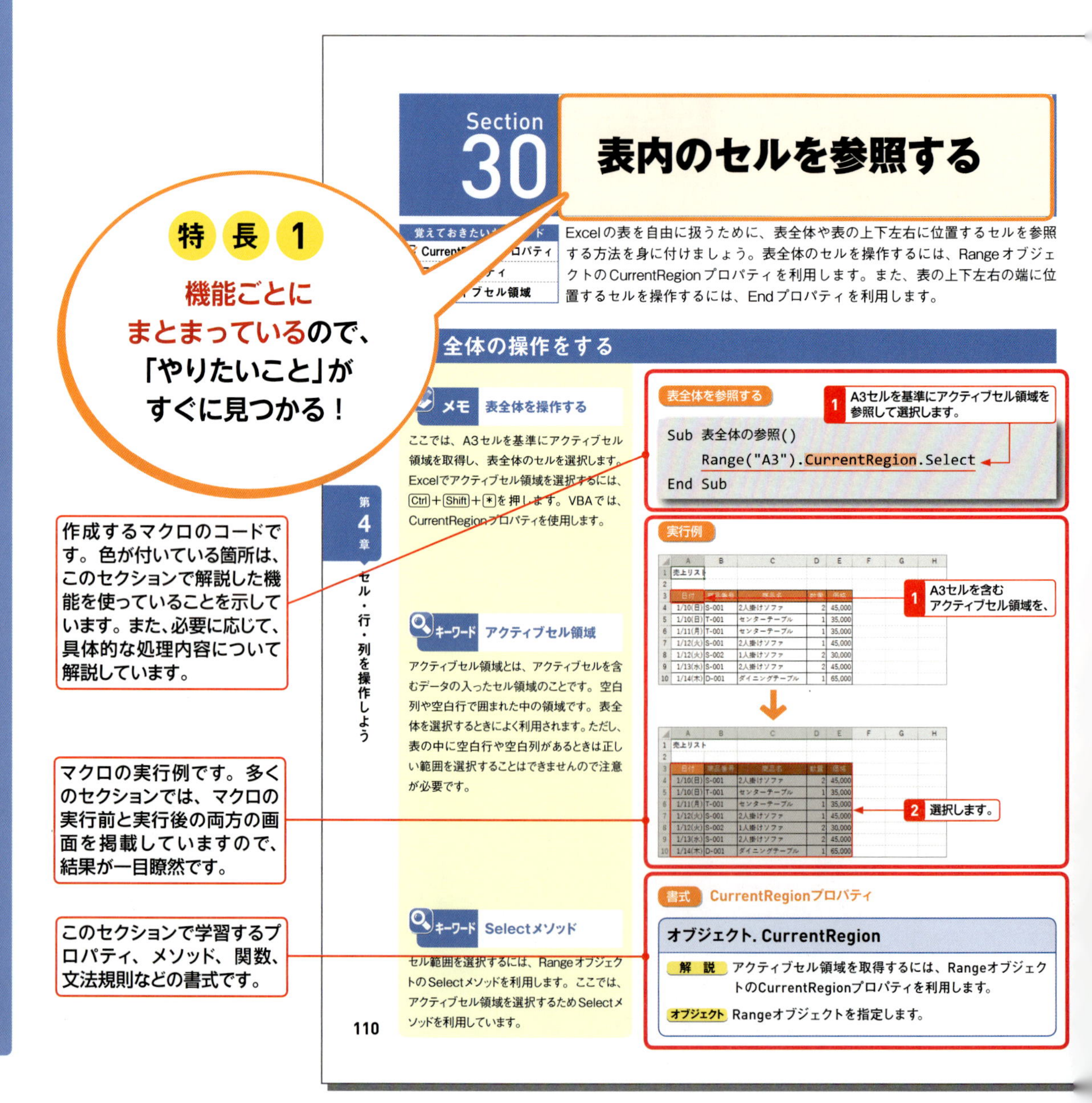

特長2

やわらかい上質な紙を使っているので、**開いたら閉じにくい！**

● 補足説明

操作の補足的な内容を「側注」にまとめているので、よくわからないときに活用すると、疑問が解決！

補足説明

便利な機能

用語の解説

応用操作解説

2 表の一番端のセルを操作する

表の終端セルまでの範囲を選択する

```
Sub 途中からのデータを参照()
    Range("A7", Range("A7").End(xlDown). _
        End(xlToRight)).Select
End Sub
```

1 A7セル～A7セルを基準にした終端セル（下方向End(xlDown)・右方向End(xlToRight)）までを選択します。

実行例

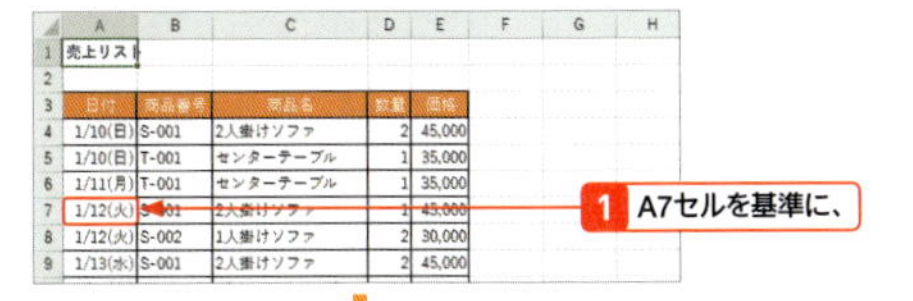
1 A7セルを基準に、

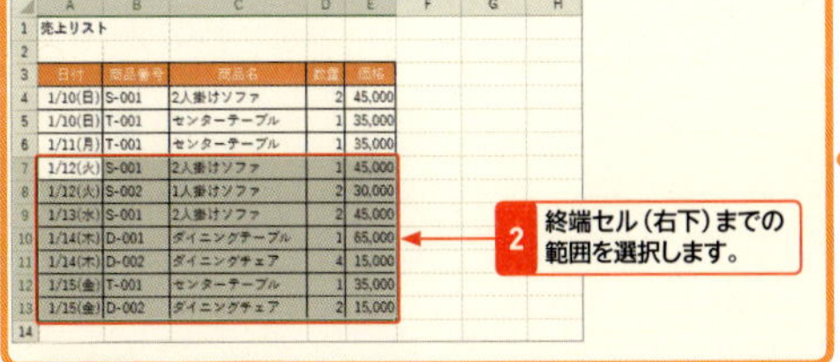
2 終端セル（右下）までの範囲を選択します。

書式 Endプロパティ

オブジェクト.End(Direction)

解説 データが入力されている範囲の上下左右の端のセルを取得します。引数で、どちら側の終端のセルを参照するのかを指定します。

オブジェクト Rangeオブジェクトを指定します。

引数

Direction 移動する方向を指定します。設定値については、右の表を参照してください。

設定値	内容
xlDown	下端
xlUp	上端
xlToLeft	左端
xlToRight	右端

メモ 表の端のセルを操作する

ここでは、A7セルを基準にして、データが入っている領域の右下隅までのセル範囲を選択します。Excelでは、データが入力されている範囲内でアクティブセルを移動するのに、Ctrlを押しながら矢印キーを使用します（P.112参照）。VBAでは、RangeオブジェクトのEndプロパティを利用して終端セルを参照します。

ヒント 空欄に見えても空欄でない場合もある

Endプロパティを利用すると、データが入っている領域の終端セルを選択できます。しかし、データが入っていないように見えても、実際にはスペースが入っていて空欄でないセルもあります。その場合は、スペースを除去しないと思うような結果になりませんので注意しましょう。

111

特長3

大きな操作画面で該当箇所を囲んでいるのでよくわかる！

どのように記述すれば良いかを示します。[ ]で囲まれた引数は省略可能です。

どのような機能なのか、どう使うのかを簡潔に解説しています。

指定すべきオブジェクトを示します。

指定可能な引数について解説しています。

Contents

目次

第1章 マクロ作成の基本を身に付けよう

Section 01 マクロの基本 22
手動で行う操作を自動化できる
条件を判断して処理内容を分けられる
同じ処理を何度か繰り返すように指示できる
フォームを使ってユーザーからの指示を受けられる
指定したタイミングで実行することもできる
ファイルやフォルダーを操作できる
マクロの作成方法

Section 02 開発タブを表示する 26
<開発>タブとは
<開発>タブを表示する

Section 03 記録マクロを作成する 28
マクロの記録を開始する
実行する内容を記録する
マクロの記録を終了する
もう1つマクロを作成する

Section 04 マクロを実行する 32
マクロの一覧から実行するマクロを選択する
選択したマクロを実行する

Section 05 マクロを含むブックを保存する 34
マクロを含むブックを保存する
マクロを含むブックのアイコン

Section 06 マクロを含むブックを開く 36
マクロを有効にする
一時的にマクロを有効にする

Section 07 マクロを削除する 38
マクロを削除する

第2章 記録マクロを活用しよう

Section 08 記録マクロの使い方 40
記録マクロの作成方法
VBAとマクロの関係
2つの記録方法
マクロを修正するには

Section 09 VBEを起動する 42
VBEを直接起動／終了する
VBEの画面構成
ウィンドウの表示／非表示を切り替える
ウィンドウを移動する

Section 10 記録マクロをVBEで開く 46
マクロの一覧を表示する
作ったマクロの内容を確認する

Section 11 VBEからマクロを実行する 48
ここで実行するマクロ
マクロを実行する

Section 12 書式を設定するマクロを作成する 50
マクロを修正する
マクロを実行する

Section 13 表全体に罫線を引くマクロを作成する 52
操作を記録する
マクロを修正する

Section 14 数式が入っているセルに色を付けるマクロを作成する 54
操作を記録する
マクロを修正する

Section 15 データを抽出するマクロを作成する 56
操作を記録する
マクロを修正する

Section 16 相対参照でマクロを記録する 58
セルの参照方法
相対参照でマクロを記録する
マクロを修正する
マクロを実行する

Section 17 VBAで本格的なマクロに作り変える 62
ブックを保存するマクロの内容
操作を記録する
マクロを修正する

Section 18 VBEでマクロを削除する 66
VBEの画面でマクロを削除する

目次

Contents

第3章 VBAの基本を身に付けよう

Section 19 VBAの基本 68

VBAの3つの基本的な書き方
オブジェクトとは

Section 20 マクロを書く場所 70

モジュールとは
プロシージャとは

Section 21 標準モジュールを追加する 72

モジュールを挿入する
モジュールを削除する

Section 22 VBAでマクロを入力する 74

マクロの名前を入力する
内容を入力する
マクロを実行する
マクロを保存する

Section 23 オブジェクトとは 78

オブジェクトを取得する
階層をたどってシートやブックを指定する
オブジェクトの指定を省略する

Section 24 プロパティとは 82

プロパティの値を取得する
プロパティの値を設定する
プロパティを設定・取得する

Section 25 メソッドとは 84

オブジェクトの動作を指示する
命令の内容を細かく指示する
メソッドを指定する
複数の引数を指示する

Section 26 関数とは 88

VBA関数とは
VBA関数「MsgBox」の使用例

Section 27 変数とは 90

変数とは
変数のデータ型
変数の宣言を強制する

変数を宣言する
変数に値を代入する
マクロを実行する
オブジェクト型変数
固有オブジェクト型と総称オブジェクト型
マクロを実行する
変数の使用範囲を指定する

Section 28 VBEの便利な機能を利用する 98
入力支援機能を利用する
そのほかの入力支援機能
コンパイルエラーに対応する
実行時エラーに対応する

Section 29 マクロを整理する 102
同じオブジェクトに対する指示をまとめて書く
長い行を改行する
コメントを入力する
マクロの内容をコメントにする

第4章 セルや行・列を操作しよう

Section 30 セルのオブジェクトの基本 106
Rangeオブジェクト
セルの場所を指定するさまざまなプロパティ

Section 31 セルを参照する 108
セル番地を指定してセルを参照する
行番号と列番号を指定してセルを参照する

Section 32 隣のセルや上下のセルを参照する 110
上下左右のセルを操作する
Offsetプロパティの指定方法

Section 33 表内のセルを参照する 112
表全体を操作する
表の一番端のセルを操作する
表の最終データの下のセルを選択する
最終行を基準に表の最終行の下のセルを選択する

Section 34 データを削除する 116
セルのデータを削除する
セルの数式と値だけを削除する

目次

Contents

Section 35 数式や空白セルを参照する 118

空白セルだけを対象に操作する
文字や数値データのみ削除する
1列目にデータがない行を削除する

Section 36 セル範囲を縮小・拡張する 122

セル範囲を縮小・拡張して参照する
見出しや合計行を省いた範囲を取得する

Section 37 セルのデータを操作する 124

セルにデータを入れる
セルの内容をコピーする
クリップボードを使って複数の場所にセルの内容をコピーする
セルの内容を移動する
形式を選択して貼り付ける

Section 38 セルを挿入する・削除する 130

セルを挿入する
セルを削除する

Section 39 行や列を参照する 134

指定した行や列の操作をする
選択中のセルの行や列の操作をする

Section 40 行や列を削除・挿入する 136

行や列を削除する
行や列を挿入する
行や列を非表示にする

第5章 表の見た目を操作しよう

Section 41 セルの書式設定の基本 140

セルの書式を設定する
Fontオブジェクト
Interiorオブジェクト
Borderオブジェクト

Section 42 行の高さと列幅を変更する 142

行の高さを変更する
列の幅を変更する
行の高さや列の幅を自動調整する
セル範囲に合わせて列幅を調整する

Section 43 文字の書式を設定する 146
文字のフォントやサイズを変更する
文字に太字や斜体、下線の飾りを付ける

Section 44 文字の配置を変更する 148
文字の配置を変更する
文字を折り返して表示する

Section 45 文字やセルの色を設定する 150
文字やセルの色を変更する

Section 46 テーマの色を指定する 152
テーマの色を指定する

Section 47 罫線を引く 154
線を引く場所を指定する
罫線の種類を指定する
罫線の太さを指定する
罫線の色を指定する
格子状の罫線を引く
セルの下に罫線を引く
選択範囲の外枠に線を引く

Section 48 セルの表示形式を指定する 160
数値の表示形式を設定する
日付の表示形式を設定する

第6章 シートやブックを操作しよう

Section 49 シートやブックのオブジェクトの基本 164
コレクションとオブジェクトの関係
コレクションの中のオブジェクトを取得するには

Section 50 シートを参照する 166
ワークシートを参照する
複数のワークシートを参照する
すべてのワークシートを参照する

Section 51 シート名やシート見出しの色を変更する 170
ワークシート名を変更する
ワークシートの見出しの色を変更する

Section 52 シートを移動する・コピーする 172
ワークシートを移動する

目次

Contents

ワークシートをコピーする

Section 53 シートを追加する・削除する 174

ワークシートを追加する
ワークシートを削除する

Section 54 ブックを参照する 176

ブックを参照する
現在作業中のブックを参照する
ブックのパス名やブック名を参照する

Section 55 ブックを開く・閉じる 182

ブックを開く
ブックを追加する
ブックを閉じる

Section 56 ブックを保存する 186

ブックを上書き保存する
ブックに名前を付けて保存する
作業中のブックと同じ場所に保存する
ブックのコピーを保存する

Section 57 操作に応じて自動的にマクロを実行する 190

シートを選択したときに処理を行う
シートをダブルクリックしたときに処理を行う
ブックを開いたときに処理を行う

第7章 条件分岐と繰り返しを理解しよう

Section 58 条件分岐と繰り返しの基本 198

条件分岐
繰り返し

Section 59 条件に応じて処理を分ける 200

条件を満たすときだけ処理を実行する
条件に応じて実行する処理を分ける
いくつかの条件に応じて実行する処理を分岐する

Section 60 複数の条件に応じて実行する処理を分岐する 204

複数の条件を判定する

Section 61 指定した回数だけ処理を繰り返す 206

指定した回数だけ処理を繰り返す

1つおきに処理を実行する
繰り返し処理を途中で抜ける

Section 62 条件を判定しながら処理を繰り返す 210
条件を満たすまで処理を繰り返す（先に条件判定をする）
条件を満たす間は処理を繰り返す（先に条件判定をする）
繰り返し処理のあとに条件判定をする

Section 63 シートやブックを対象に処理を繰り返す 214
すべてのシートに対して処理を繰り返す
すべてのブックに対して処理を繰り返す

Section 64 指定したセルに対して処理を繰り返す 216
指定したセル範囲に対して処理を繰り返す

Section 65 シートやブックがあるかどうか調べる 218
指定したシートがあるかどうか調べる
指定したブックが開いているかどうかを調べる
フォルダー内のブックに対して同じ処理を行う
指定したブックがフォルダーにあるかどうか調べる

第8章 データを並べ替えよう・抽出しよう

Section 66 並べ替えと抽出の基本 224
データを検索する・置き換える
リストを利用する

Section 67 データを並べ替える 226
セルのデータを並べ替える
複数の条件を指定する

Section 68 データを検索する 230
セルのデータを検索する
次の検索結果を表示する

Section 69 データを置換する 234
セルのデータを置き換える
検索されたセルに書式を設定する

Section 70 データを抽出する 236
オートフィルター機能を使ってデータを抽出する
フィルターオプションの機能を使ってデータを抽出する
セル範囲をテーブルに変換する
テーブルから目的のデータを抽出する

目次

Contents

第9章 シートを印刷しよう

Section 71 印刷の設定の基本 244
<ページ設定>ダイアログボックスとプロパティの対応
Section 72 用紙内に収まるよう調整する 246
ページ数に合わせて印刷する
Section 73 ヘッダーやフッターを設定する 248
ヘッダーやフッターを印刷する
Section 74 印刷範囲を設定する 250
印刷範囲を設定する
Section 75 印刷タイトルを設定する 252
印刷タイトルを指定する
Section 76 印刷プレビューを表示する 254
印刷プレビュー表示に切り替える
Section 77 シートを印刷する 256
印刷を実行する
Section 78 複数のシートを印刷する 258
指定したシートを印刷する

第10章 柔軟な処理を実現しよう

Section 79 ユーザーからの指示を受けるには 260
ダイアログボックスを表示する
メッセージを表示する
入力用画面を表示する
ファイルやフォルダーを操作する
Section 80 <ファイルを開く><名前を付けて保存>画面を表示する 262
<ファイルを開く>ダイアログボックスを表示する
<名前を付けて保存>ダイアログボックスを表示する
ファイルを参照するダイアログボックスを表示する
フォルダーを参照するダイアログボックスを表示する
Section 81 カレントフォルダーを利用する 268
カレントフォルダーの場所を取得する

カレントフォルダーを変更する
既定のファイルの場所を取得する

Section 82 ファイルやフォルダーを操作する 272

フォルダーを作成する
そのほかの操作

Section 83 エラー処理を実現する 274

エラーが発生したときに指定した処理を実行する
エラーを無視して処理を実行する
エラーの種類によって実行する内容を分ける

Section 84 ボタンが付いたメッセージ画面を表示する 278

メッセージを表示する

Section 85 複数シートの表を1つにまとめる 280

＜はい＞＜いいえ＞を選択できるようにする

Section 86 データ入力用画面を表示する 282

文字列を入力する画面を表示する
空欄とキャンセルの処理を分ける

第11章 ユーザーフォームを作ろう

Section 87 ユーザーフォームの基本 286

フォームを利用するまでの手順
フォームを作成する
フォームを表示するマクロを作成する
フォームを表示するマクロを実行する

Section 88 フォーム作成の手順を知る 288

コントロールとは
プロパティウィンドウとは
プロパティウィンドウを表示する

Section 89 フォームを追加する 290

ここで作成するフォーム
フォームを追加する
フォームの大きさを指定する
フォームの名前を設定する
タイトルバーの文字を指定する

Section 90 文字を表示する（ラベル） 294

ラベルを追加する

目次

Contents

ラベルに表示する文字を変更する

Section 91 文字を入力する（テキストボックス） 296

テキストボックスを追加する
テキストボックスの名前を指定する
日本語入力モードの状態を指定する
そのほかのラベルとテキストボックスを追加する

Section 92 ボタンを利用する（コマンドボタン） 300

ボタンを追加する
ボタンをクリックしたときにフォームを閉じるマクロを記述する
ボタンをクリックしたときに実行するマクロを作成する
フォームを実行する

Section 93 複数の選択肢を表示する（オプションボタン） 306

フレームを追加する
オプションボタンを追加する
オプションボタンのオン／オフによって実行する処理を分ける
フォームを実行する

Section 94 二者択一の選択肢を表示する（チェックボックス） 312

チェックボックスを追加する
チェックボックスのオン／オフによって実行する処理を分ける

Section 95 リスト形式で選択肢を表示する（リストボックス） 316

リストボックスを追加する
リストボックスに表示する項目を指定する
リストボックスの選択内容によって実行する処理を分ける

Section 96 リスト形式で選択肢を表示する（コンボボックス） 322

コンボボックスを追加する
コンボボックスに表示する項目を指定する
コンボボックスの選択内容を取得して処理を実行する

Section 97 セルの選択を利用する（RefEdit） 326

RefEditを追加する
選択したセル範囲を利用する

Section 98 フォームを実行する 330

フォームを表示するマクロを作る
マクロを実行するボタンを作る
フォームを表示する

Appendix 01 さまざまな方法でマクロを実行する 334

クイックアクセスツールバーにマクロ実行用ボタンを表示する
クイックアクセスツールバーからマクロを実行する
ショートカットキーからマクロを実行する
ワークシートにマクロ実行用ボタンを表示する
ワークシートに作成したボタンからマクロを実行する

Appendix 02 セキュリティの設定を確認する 340

セキュリティの設定を確認する
常にマクロを有効にしてブックを開く

Appendix 03 ヘルプを利用する 344

わからない言葉を調べる
プロパティやメソッドを調べる

Section 04 確認しながらマクロを実行する 346

マクロを1ステップずつ実行する
マクロを特定の場所まで実行する

Basic operation

パソコンの基本操作

●本書の解説は、基本的にマウスを使って操作することを前提としています。
●お使いのパソコンのタッチパッド、タッチ対応モニターを使って操作する場合は、各操作を次のように読み替えてください。

1 マウス操作

▼クリック（左クリック）

クリック（左クリック）の操作は、画面上にある要素やメニューの項目を選択したり、ボタンを押したりする際に使います。

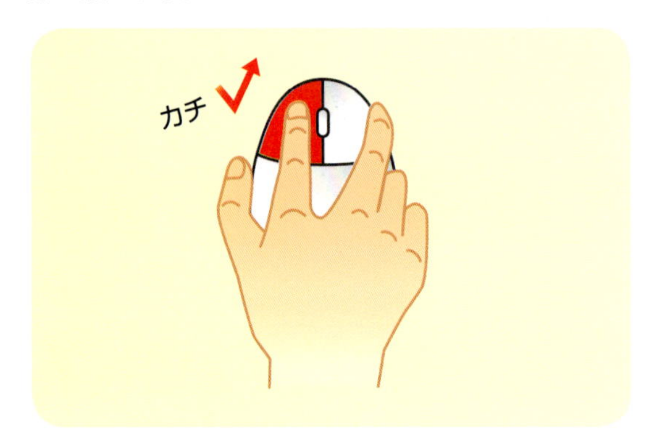

マウスの左ボタンを1回押します。

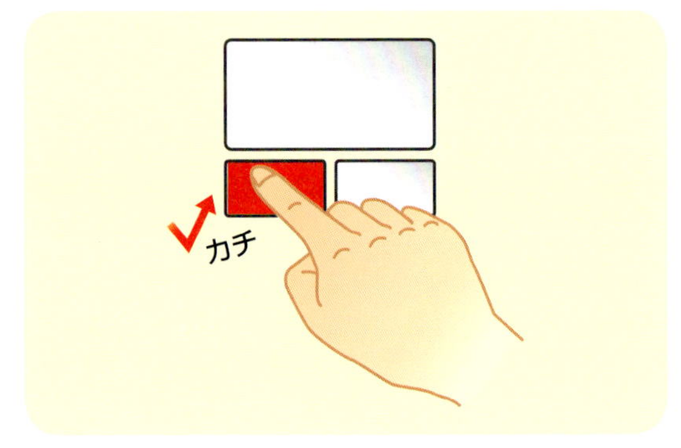

タッチパッドの左ボタン（機種によっては左下の領域）を1回押します。

▼右クリック

右クリックの操作は、操作対象に関する特別なメニューを表示する場合などに使います。

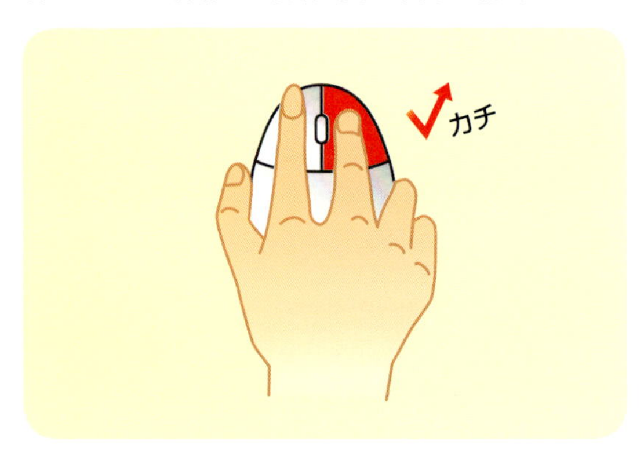

マウスの右ボタンを1回押します。

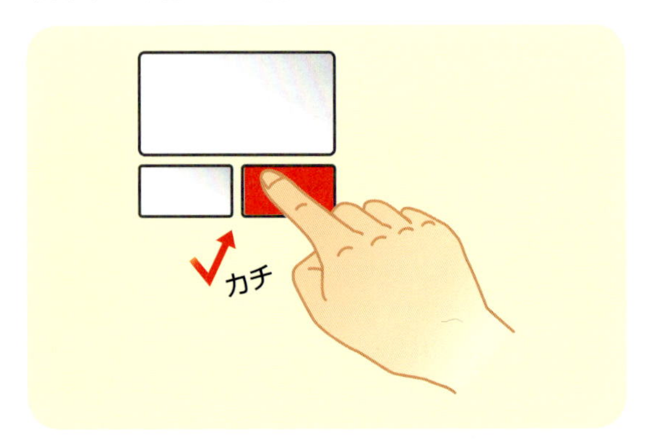

タッチパッドの右ボタン（機種によっては右下の領域）を1回押します。

▼ダブルクリック

ダブルクリックの操作は、各種アプリを起動したり、ファイルやフォルダーなどを開く際に使います。

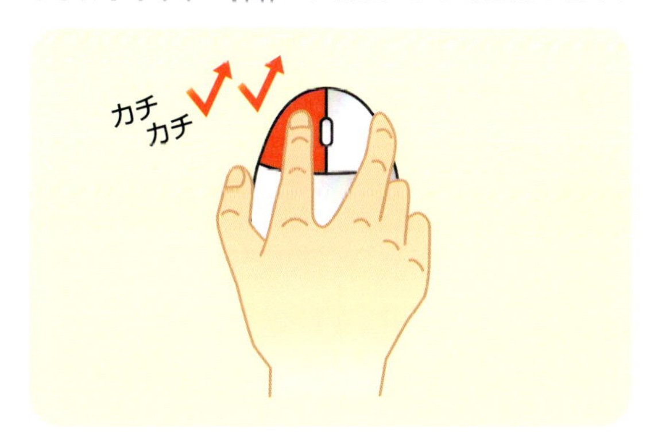

マウスの左ボタンをすばやく2回押します。

タッチパッドの左ボタン(機種によっては左下の領域)をすばやく2回押します。

▼ドラッグ

ドラッグの操作は、画面上の操作対象を別の場所に移動したり、操作対象のサイズを変更する際などに使います。

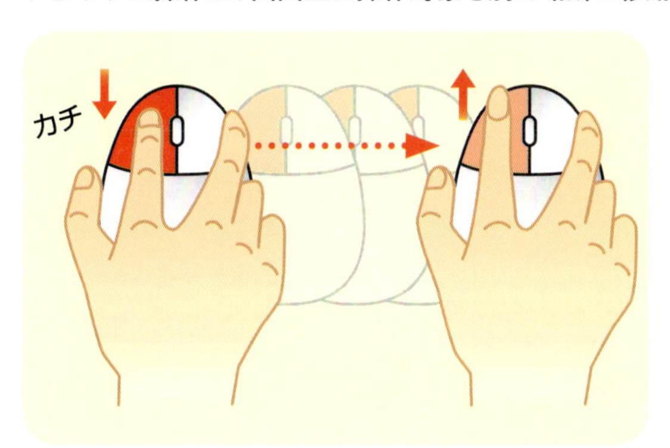

マウスの左ボタンを押したまま、マウスを動かします。目的の操作が完了したら、左ボタンから指を離します。

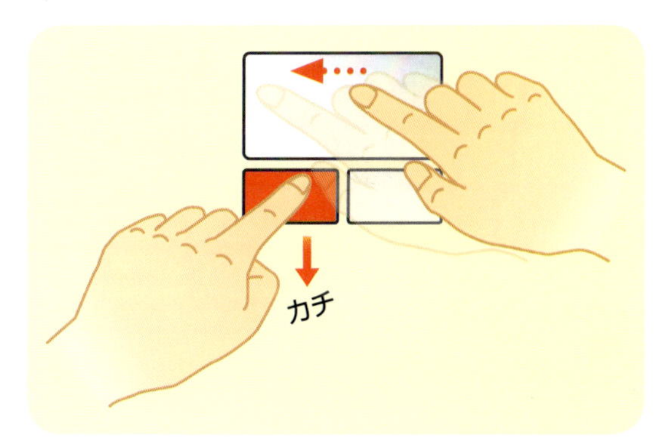

タッチパッドの左ボタン(機種によっては左下の領域)を押したまま、タッチパッドを指でなぞります。目的の操作が完了したら、左ボタンから指を離します。

ホイールの使い方

ほとんどのマウスには、左ボタンと右ボタンの間にホイールが付いています。ホイールを上下に回転させると、Webページなどの画面を上下にスクロールすることができます。そのほかにも、Ctrlを押しながらホイールを回転させると、画面を拡大/縮小したり、フォルダーのアイコンの大きさを変えることができます。

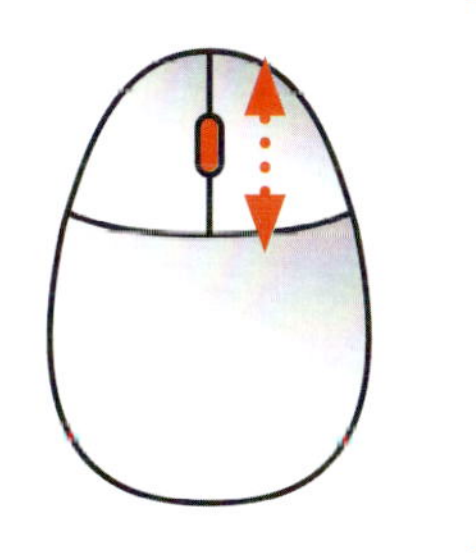

2 利用する主なキー

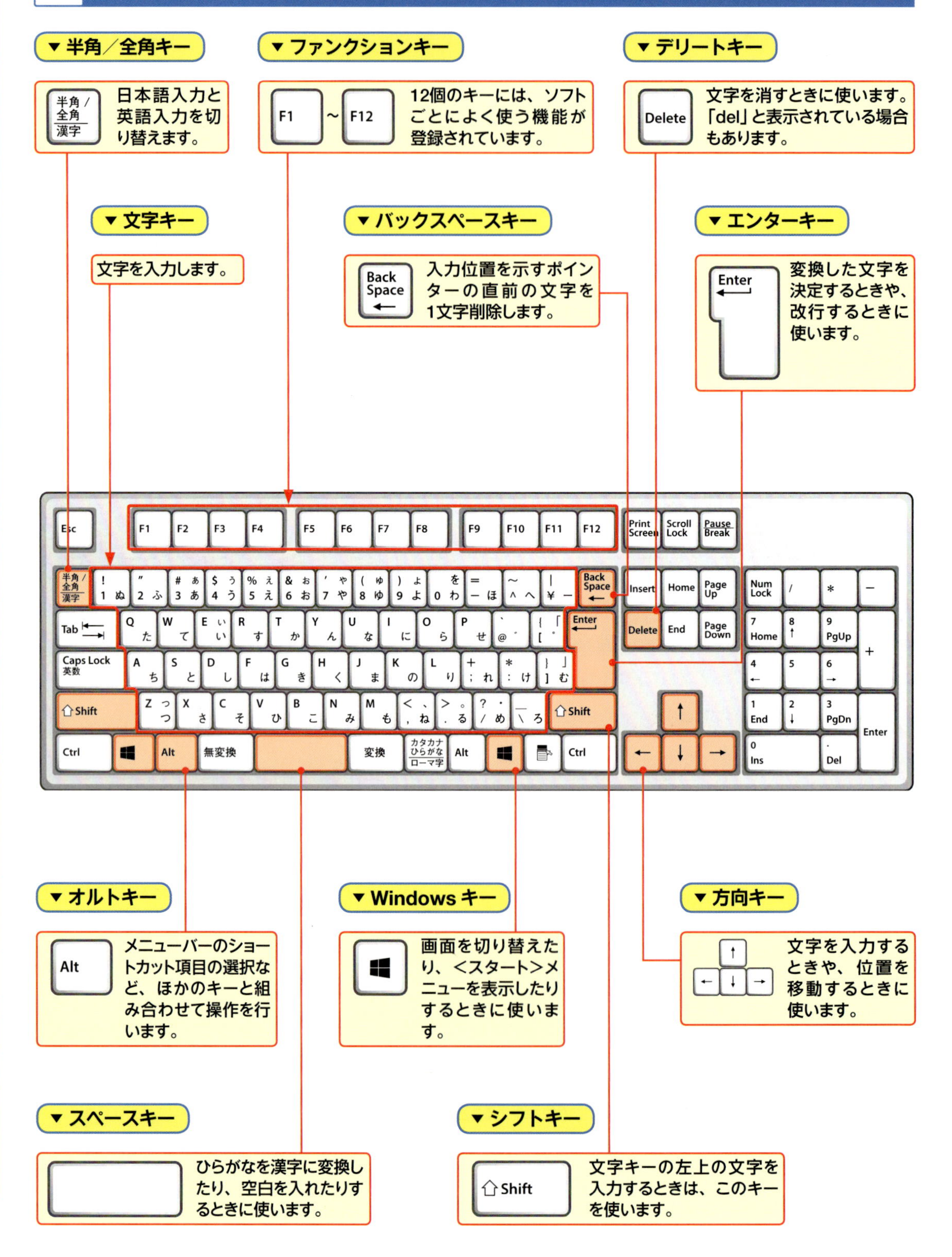
▼半角／全角キー
半角／全角 漢字
日本語入力と英語入力を切り替えます。
▼ファンクションキー
F1 ～ F12
12個のキーには、ソフトごとによく使う機能が登録されています。
▼デリートキー
Delete
文字を消すときに使います。「del」と表示されている場合もあります。
▼文字キー
文字を入力します。
▼バックスペースキー
Back Space
入力位置を示すポインターの直前の文字を1文字削除します。
▼エンターキー
Enter
変換した文字を決定するときや、改行するときに使います。
▼オルトキー
Alt
メニューバーのショートカット項目の選択など、ほかのキーと組み合わせて操作を行います。
▼Windows キー
画面を切り替えたり、<スタート>メニューを表示したりするときに使います。
▼方向キー
文字を入力するときや、位置を移動するときに使います。
▼スペースキー
ひらがなを漢字に変換したり、空白を入れたりするときに使います。
▼シフトキー
Shift
文字キーの左上の文字を入力するときは、このキーを使います。

3 タッチ操作

▼タップ

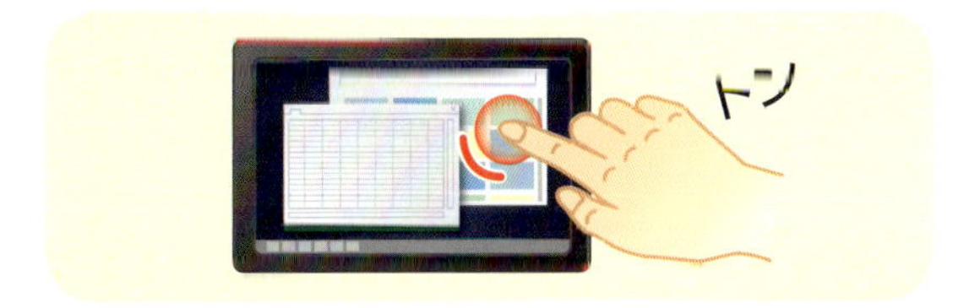

画面に触れてすぐ離す操作です。ファイルなど何かを選択する時や、決定を行う場合に使用します。マウスでのクリックに当たります。

▼ダブルタップ

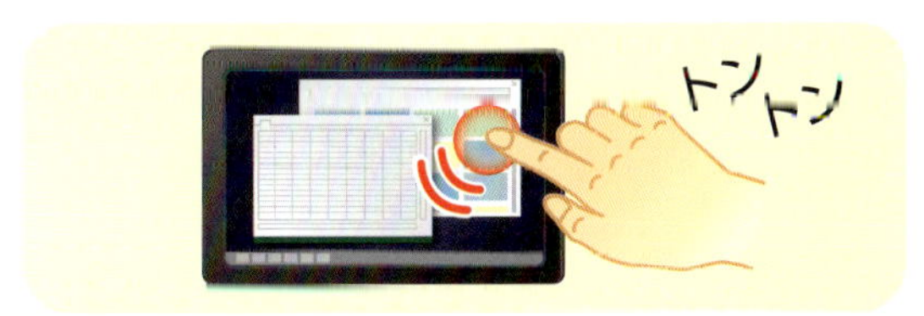

タップを2回繰り返す操作です。各種アプリを起動したり、ファイルやフォルダーなどを開く際に使用します。マウスでのダブルクリックに当たります。

▼ホールド

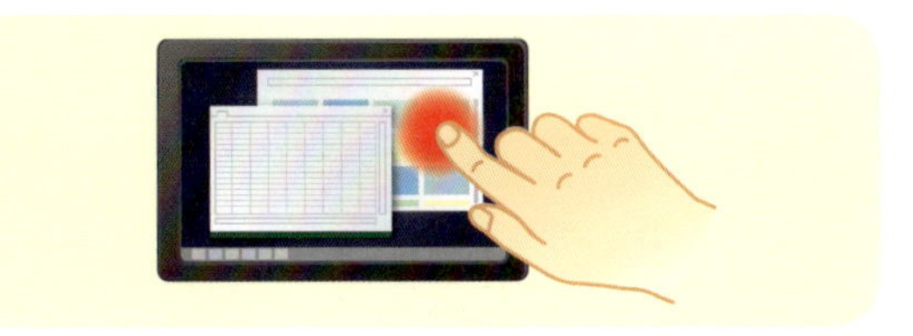

画面に触れたまま長押しする操作です。詳細情報を表示するほか、状況に応じたメニューが開きます。マウスでの右クリックに当たります。

▼ドラッグ

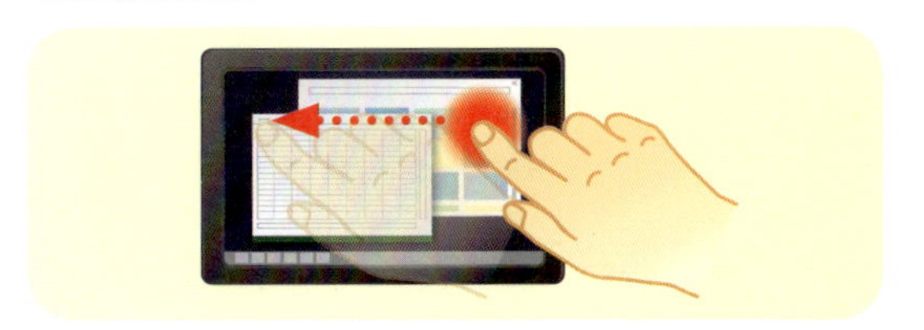

操作対象をホールドしたまま、画面の上を指でなぞり上下左右に移動します。目的の操作が完了したら、画面から指を離します。

▼スワイプ／スライド

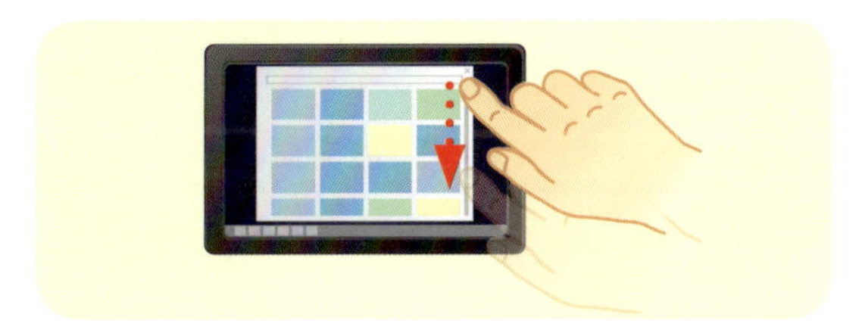

画面の上を指でなぞる操作です。ページのスクロールなどで使用します。

▼フリック

画面を指で軽く払う操作です。スワイプと混同しやすいので注意しましょう。

▼ピンチ／ストレッチ

2本の指で対象に触れたまま指を広げたり狭めたりする操作です。拡大（ストレッチ）／縮小（ピンチ）が行えます。

▼回転

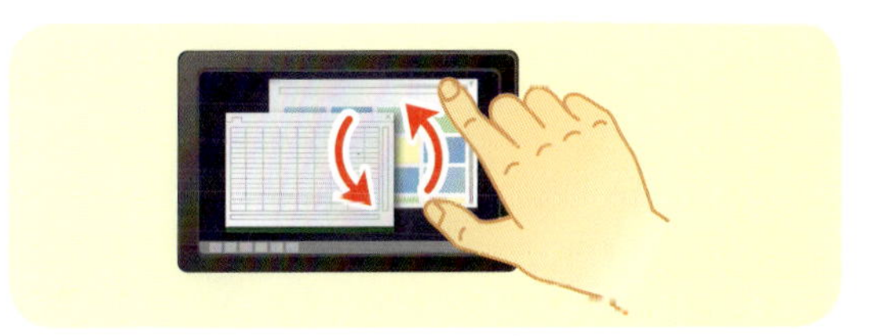

2本の指先を対象の上に置き、そのまま両方の指で同時に右または左方向に回転させる操作です。

サンプルファイルのダウンロード

●本書で使用しているサンプルファイルは、以下のURLのサポートページからダウンロードすることができます。ダウンロードしたときは圧縮ファイルの状態なので、展開してから使用してください。

https://gihyo.jp/book/2019/978-4-297-10241-8/support

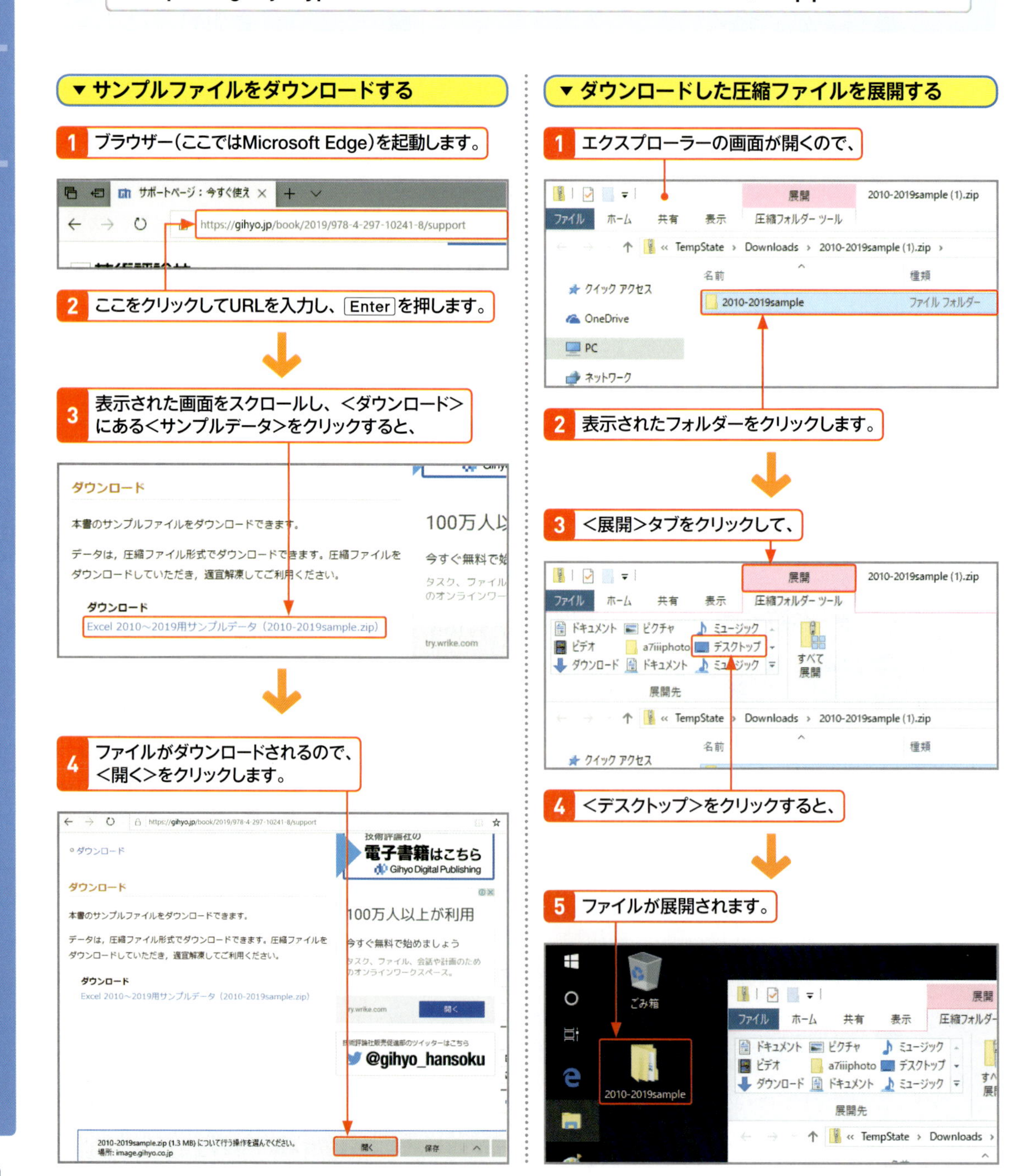

Chapter 01

第1章

マクロ作成の基本を身に付けよう

Section 01 マクロの基本

Section 02 開発タブを表示する

Section 03 記録マクロを作成する

Section 04 マクロを実行する

Section 05 マクロを含むブックを保存する

Section 06 マクロを含むブックを開く

Section 07 マクロを削除する

Section 01 マクロの基本

覚えておきたいキーワード
- Excel
- マクロ
- 記録マクロ

Excelのマクロとは、Excelで行うさまざまな処理を素早く実行できるように作られたプログラムのことです。マクロを利用することで、さまざまな操作を自動化できます。ここでは、マクロを使うとどのようなことができるのかを知りましょう。

1 手動で行う操作を自動化できる

メモ マクロは操作の指示書のようなもの

Excelで作業をするときは、一般的には、キーボードやマウスを使ってExcelに命令をして操作を進めていきます。しかし、あらかじめ「操作の指示書」を書いておけば、Excelはその指示書に基づいて操作を行うことができます。この「操作の指示書」にあたるものが「マクロ」です。

ヒント マクロの実行方法

マクロを実行するには、マクロを実行するボタンをシート上に用意する方法以外に、マクロにショートカットキーを割り当てて実行する方法や、マクロの一覧から実行するマクロを選択する方法などがあります。

マクロを使わない場合

毎日行う内容……

「昨日の売上データ」ブックと「売上リスト」ブックを開き、昨日の売上データを売上リストに貼り付けて、見栄えを整えて印刷する

キーボードやマウスを使って、1つずつ操作を行う。

マクロを利用すると……

毎日行う内容……

ボタンを押すだけ

指示書

1. 昨日の売上データを開く
2. 売上リストを開く
3. 昨日の売上データをコピーして売上リストに貼り付ける
4. 見栄えを整えて印刷する

指示書を用意しておけば、ボタンを押すだけで複数の操作を自動的に行える。

2 条件を判断して処理内容を分けられる

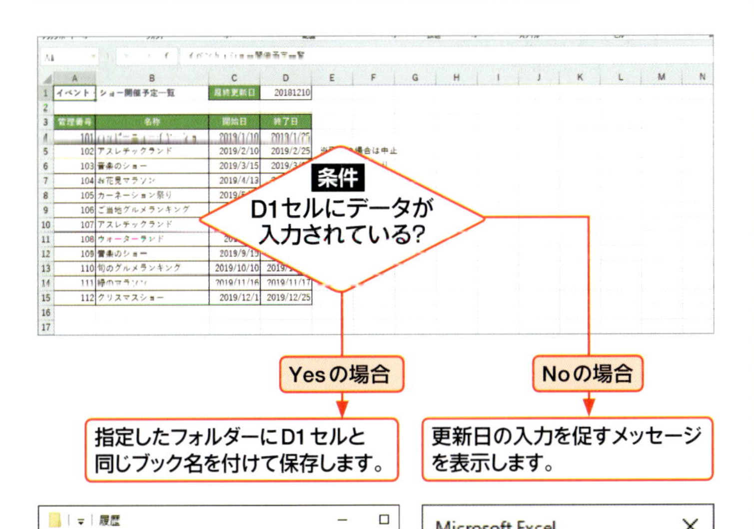

メモ 実行する処理を自動的に振り分ける

マクロを利用すると、指定した条件を満たす場合と、そうでない場合とで実行する処理内容を分けることができます。たとえば「D1セルに指定した値が入力されている場合は、そのシートを新しいブックにコピーして保存する」といった指示ができます。

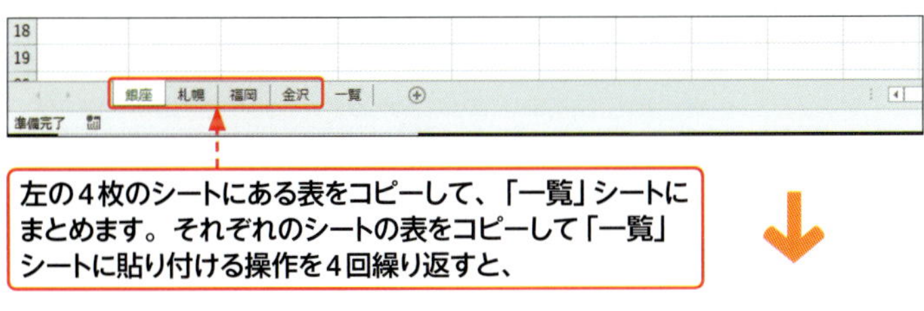

3 同じ処理を何度か繰り返すように指示できる

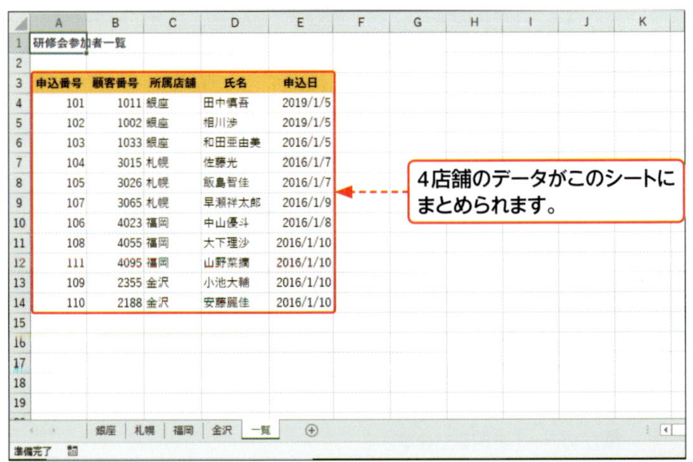

申込番号	顧客番号	所属店舗	氏名	申込日
101	1011	銀座	田中慎吾	2019/1/5
102	1002	銀座	相川渉	2019/1/5
103	1033	銀座	和田亜由美	2016/1/5
104	3015	札幌	佐藤光	2016/1/7
105	3026	札幌	飯島智佳	2016/1/7
107	3065	札幌	早瀬祥太郎	2016/1/9
106	4023	福岡	中山優斗	2016/1/8
108	4055	福岡	大下理沙	2016/1/10
111	4095	福岡	山野菜摘	2016/1/10
109	2355	金沢	小池大輔	2016/1/10
110	2188	金沢	安藤麗佳	2016/1/10

メモ 必要な数だけ同じ処理を繰り返す

マクロを利用すると、指定した回数分だけ同じ処理を繰り返すことができます。また、ブックに含まれるシートの数、指定したフォルダー内にあるブックの数だけ同じ処理を繰り返すこともできます。

4 フォームを使ってユーザーからの指示を受けられる

メモ 操作用の画面（フォーム）を作れる

マクロを利用すると、フォームというオリジナルの画面を作ることもできます。この画面を使い、マクロを利用する人の指示を受け入れて、さまざまな処理を実行できます。

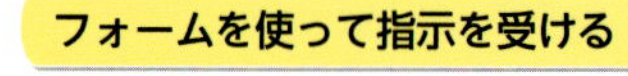

1 登録内容を入力して、<入力>をクリックすると、

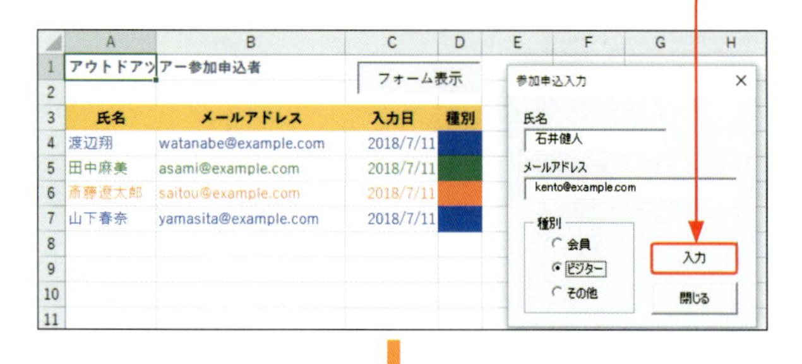

メモ メッセージ画面も表示できる

マクロを利用すると、処理内容に応じてメッセージを表示することができます。また、メッセージにボタンを表示して選択肢を用意することもできます。

メッセージ画面を使って指示を受ける

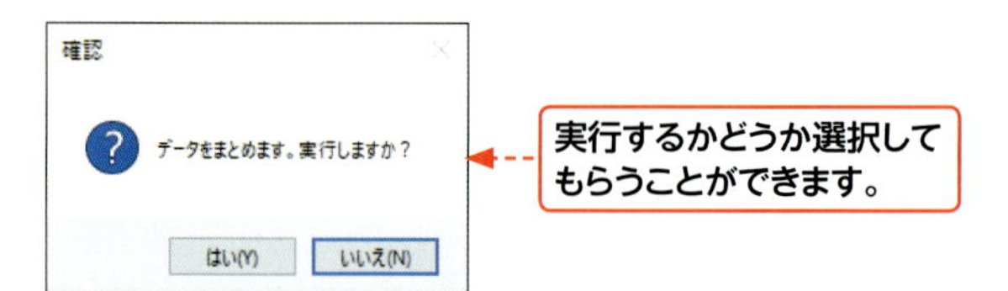

5 指定したタイミングで実行することもできる

メモ 自動でマクロを実行する

マクロは、何らかのタイミングで自動的に実行されるようにすることもできます。たとえば、ブックを開いたとき、ワークシートを選択したときなどを指定できます。

メモ 独自の関数を作成できる

Excelには、多くのワークシート関数が用意されていますが、マクロを利用すると、オリジナルの関数を作ることもできます。作成した関数は、普通のワークシート関数と同様に利用できます。なお、本書では、関数の作成方法は紹介していません。

1 このブックを開くと、

2 指定したブックが同時に開き、

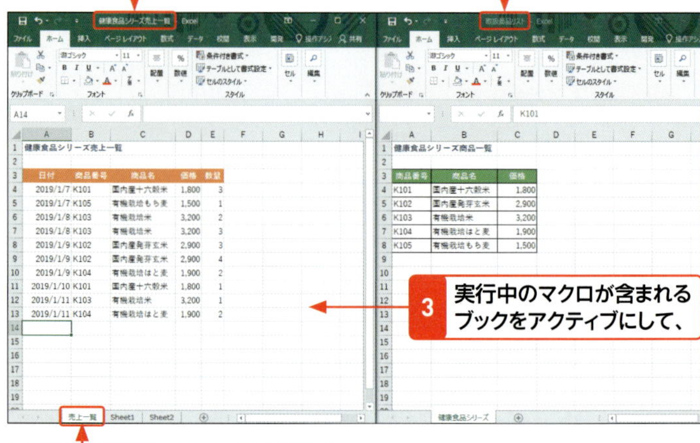

4 一番左のシートを選択します。

6 ファイルやフォルダーを操作できる

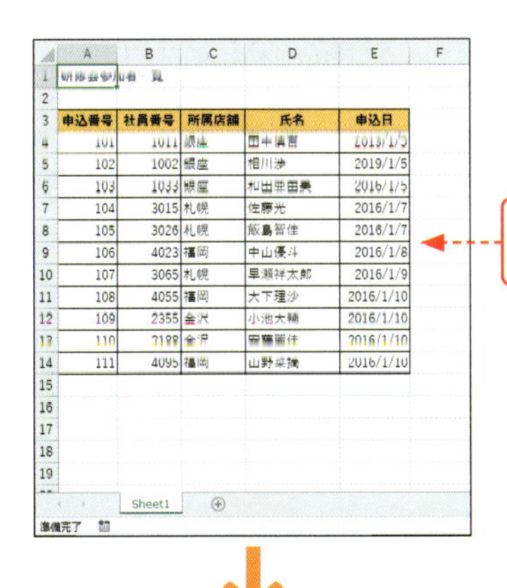

シートを新しいブックにコピーして、保存します。

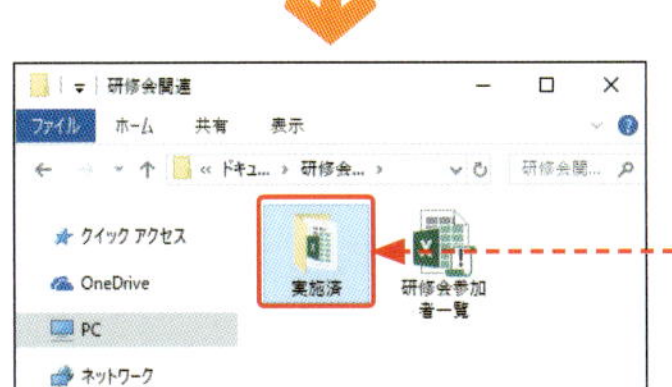

その際、指定した場所にフォルダーを作成して、その中に保存します。

メモ　ファイルやフォルダーを操作する

マクロを利用すると、指定した場所にフォルダーを作成・削除したり、指定したファイルをコピー・削除したりすることができます。

7 マクロの作成方法

操作を記録する

メモ　操作を記録してマクロに変換する

マクロを作成する方法の1つに、Excelの操作を記録し、それをマクロに変換して保存する方法があります。この方法を利用すると、プログラムを書かなくてもマクロを作ることができます。記録した内容は、あとで自由に修正できます。

メモ　1からマクロを書く

マクロを作成する方法には、プログラムを書いて1からマクロを作成する方法もあります。マクロを作ったり、編集したりするときに使う画面は、Sec.09で紹介します。

Section 02 開発タブを表示する

覚えておきたいキーワード
- ＜開発＞タブ
- ＜マクロ＞ボタン
- Excelのオプション

Excelでマクロを作成したり編集したりするときは、＜開発＞タブを利用すると便利です。＜開発＞タブは初期状態では表示されていないので、表示するよう設定を変更する必要があります。マクロを作成する前に準備しておきましょう。

1 ＜開発＞タブとは

メモ 開発タブ

マクロを作成・編集したりするときは、＜開発＞タブにあるボタンを頻繁に利用します。＜開発＞タブには、セキュリティの設定を確認したり、マクロの一覧を表示したり、マクロの編集画面を開いたりするボタンが表示されます。

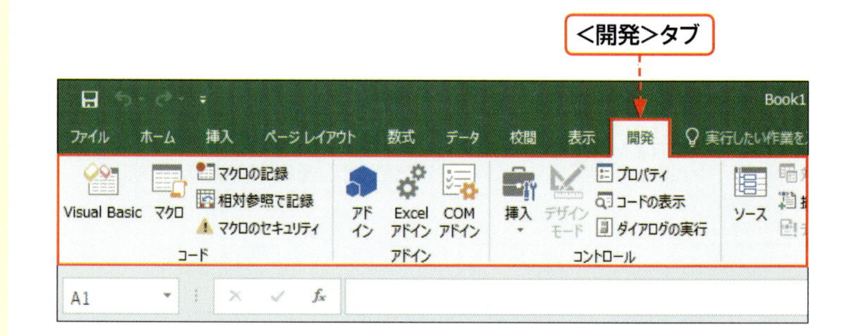

2 ＜開発＞タブを表示する

メモ 開発タブの表示

＜開発＞タブは、既定では表示されていません。マクロを作成する前に、まずは、＜開発＞タブを表示しましょう。

1 ＜ファイル＞タブをクリックし、

2 ＜オプション＞をクリックします。

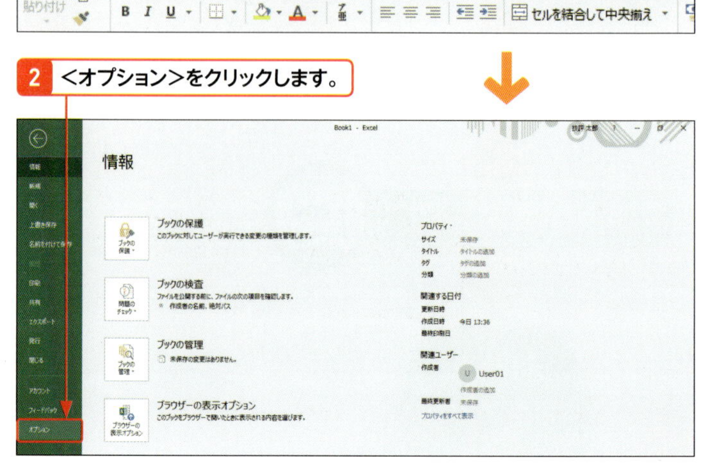

3 ＜リボンのユーザー設定＞をクリックします。

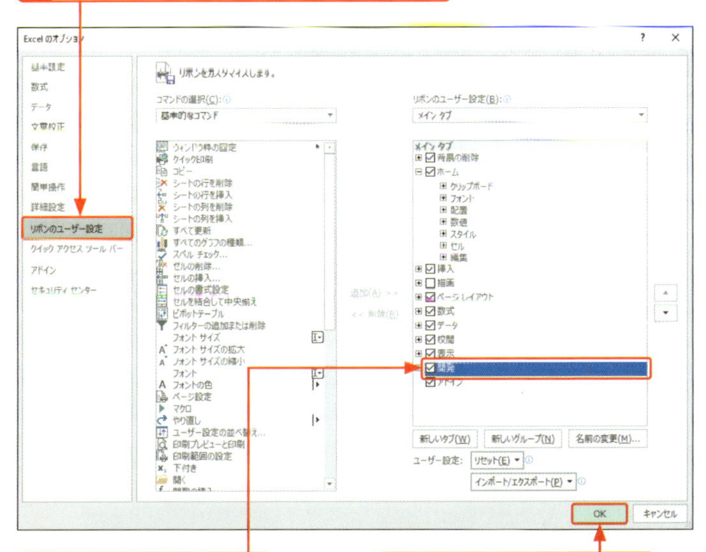

4 ＜開発＞をクリックしてチェックをオンにして、

5 ＜OK＞をクリックすると、

6 ＜開発＞タブが表示されます。

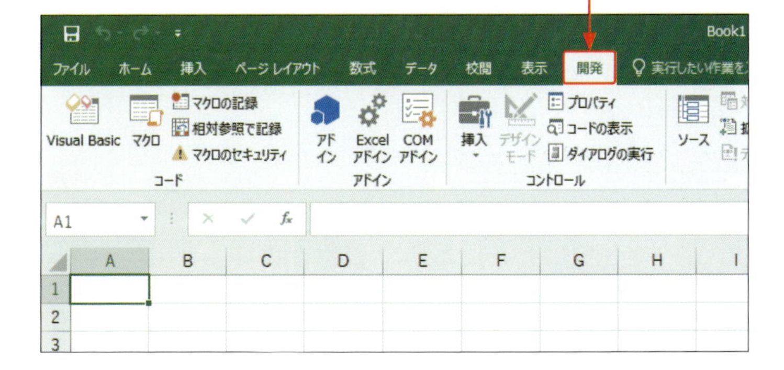

ヒント ＜開発＞タブを非表示にする

＜開発＞タブを非表示にするには、手順**4**で＜開発＞タブのチェックをオフにして＜OK＞をクリックします。

ヒント リボンの表示

いずれかのタブをダブルクリックすると、リボンが非表示になります。再びリボンを表示するには、いずれかのタブをダブルクリックします。

メモ ＜表示＞タブにも＜マクロ＞がある

＜表示＞タブの＜マクロ＞グループにも、マクロに関するボタンが用意されています。ここからマクロの一覧を表示したりすることもできます。

＜表示＞タブの＜マクロ＞からも操作できます。

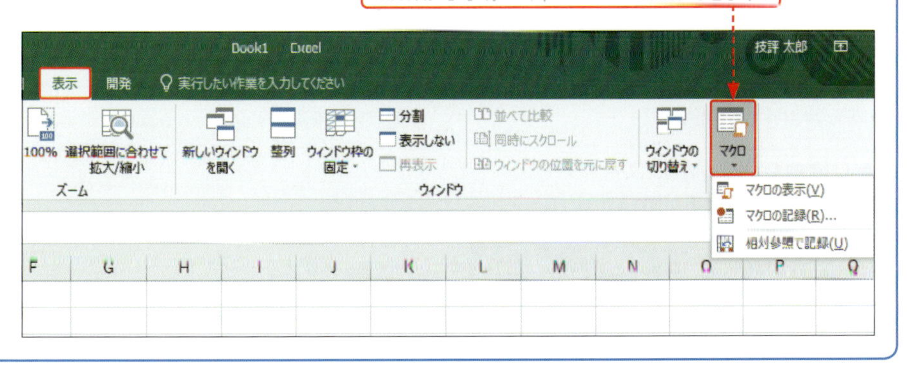

Section 03 記録マクロを作成する

覚えておきたいキーワード
- マクロ記録
- マクロの名前
- マクロの保存先

マクロの作成には、Excelで行った操作を記録する方法と、VBAというプログラミング言語を使って1から書く方法があります。ここでは、Excelの操作を記録してマクロを作る方法を紹介します。指定した範囲のデータを削除するマクロや、文字に色を付けるといった簡単なマクロを作成します。

1 マクロの記録を開始する

メモ 記録を開始する

マクロの記録を利用して、指定した範囲のデータを削除するマクロを作成してみましょう。<マクロの記録>をクリックすると、<マクロの記録>画面が表示されます。マクロの名前や保存先を指定してマクロの記録を開始します。マクロ名は「データ削除」、マクロの保存先は「作業中のブック」にします。

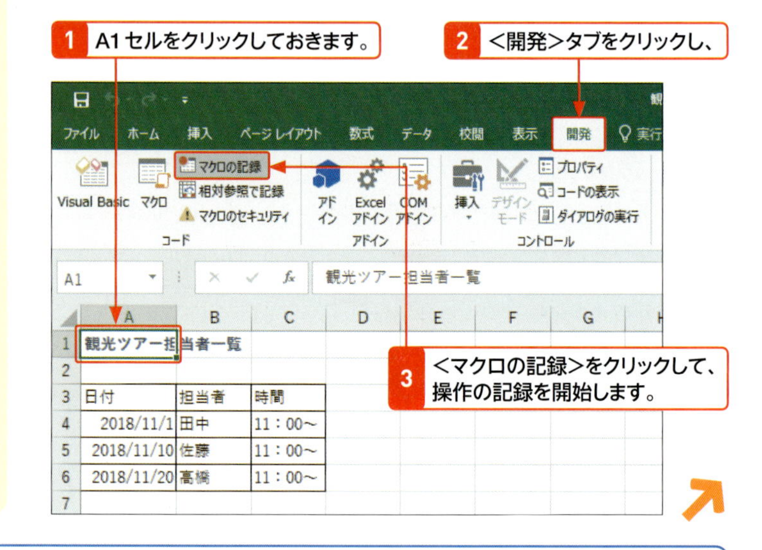

ヒント 記録できない操作もある

マクロの記録中は、すべての操作が記録されるわけではありません。また、条件によって処理を分岐したい場合も、条件分岐の操作を記録することはできません。このように、操作の記録だけでは思うようなマクロにならないことがあります。より柔軟なマクロを作るには、記録したマクロをあとから修正するか、1からマクロを記述します。

●記録できない操作の例
- 条件によって処理を分岐する操作
- 存在するシートを対象に同じ処理を繰り返す操作
- Excel以外で行った操作

●記録マクロでは作成できないものの例
- オリジナルの操作画面を作る
- オリジナルの関数を作る
- 処理内容を選択するメッセージ画面を表示する

●より柔軟なマクロを作るには…

方法1：マクロで実行する内容を記録して、マクロの土台を作成する

↓

マクロを作成・編集する画面で、記録したマクロの内容を修正する

方法2：マクロを作成・編集する画面で、1からマクロを作成する

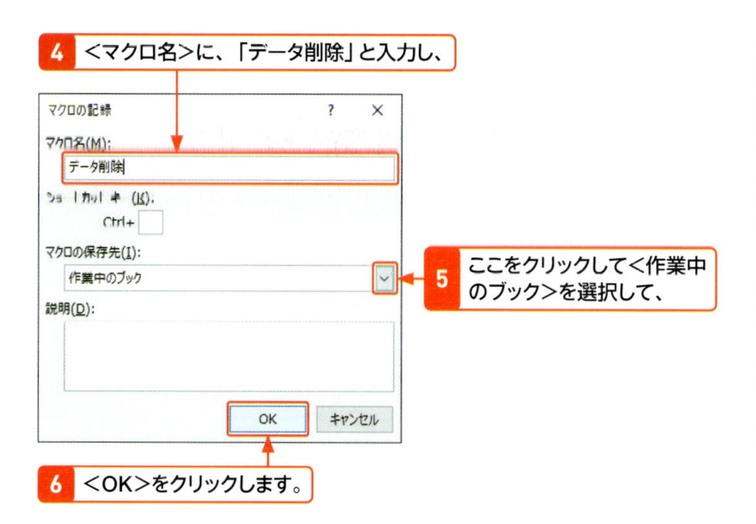

ヒント マクロの名前を付けるときのルール

マクロの名前を付けるときは、次のルールに従います。

- 名前の先頭の文字は、アルファベットやひらがな・漢字のいずれかにします。先頭文字に数字は利用できません。
- いくつかの記号は指定できません。ただし、アンダースコア（_）は指定できます。
- 「Sub」や「With」など、マクロを作成するプログラム言語ですでに定義されているキーワードと同じ名前は指定できません。

ヒント <マクロの記録>画面で行える設定

●ショートカットキー

ショートカットキーを利用してマクロを実行できるようにするには、マクロにショートカットキーを割り当てます。マクロを作成するときに、ショートカットキーを割り当てるには、マクロの記録を開始する画面でショートカットキーを指定します。あとからショートカットキーを割り当てる方法は、P.337を参照してください。

●マクロの保存先

マクロの記録を開始するとき、マクロの保存先として「作業中のブック」以外に「個人用マクロブック」や「新しいブック」を選択できます。

「作業中のブック」に保存した場合には、そのブックを開いているときに、作成したマクロを利用できます。使用するブックでのみ利用するマクロを作成する場合は、一般的に「作業中のブック」に保存します。これに対して、「個人用マクロブック」に保存すると、どのExcelブックが開いていても、作成したマクロを利用できます。

なお、個人用マクロブックは、Excel起動時に自動的に開かれますが、通常は非表示になっています（Windows 10でExcel 2019を使用している場合は、通常、「C:¥Users¥<ユーザー名>¥AppData¥Roaming¥Microsoft¥Excel¥XLSTART」フォルダーに「PERSONAL.xlsb」という名前で保存されています）。「PERSONAL.xlsb」がない場合は、最初に「個人用マクロブック」にマクロを保存したときに、新しく「PERSONAL.xlsb」が作成されます。

●説明

<マクロの記録>画面の<説明>欄には、マクロで実行する処理に関する説明や、マクロを記録した日の日付など、補足情報を入力します。入力した内容は、コメントして保存されます。コメントについては、P.104を参照してください。なお、<説明>欄の入力は省略することもできます。

ここにショートカットキーを入力します。

マクロの記録
マクロ名(M): データ削除
ショートカット キー(K): Ctrl+ m
マクロの保存先(I): 作業中のブック
説明(D):
OK キャンセル

マクロの記録
マクロ名(M): データ削除
ショートカット キー(K): Ctrl+ m
マクロの保存先(I): 作業中のブック
個人用マクロ ブック
新しいブック
作業中のブック
説明
OK キャンセル

個人用マクロブックに保存する場合は、クリックして選択します。

2 実行する内容を記録する

メモ 記録したい操作を実行する

操作を記録してマクロを作るときは、記録を開始してから終了するまでの操作が記録されます。マクロに記録したい内容をExcelで操作します。ここでは、セルを選択してデータを削除します。

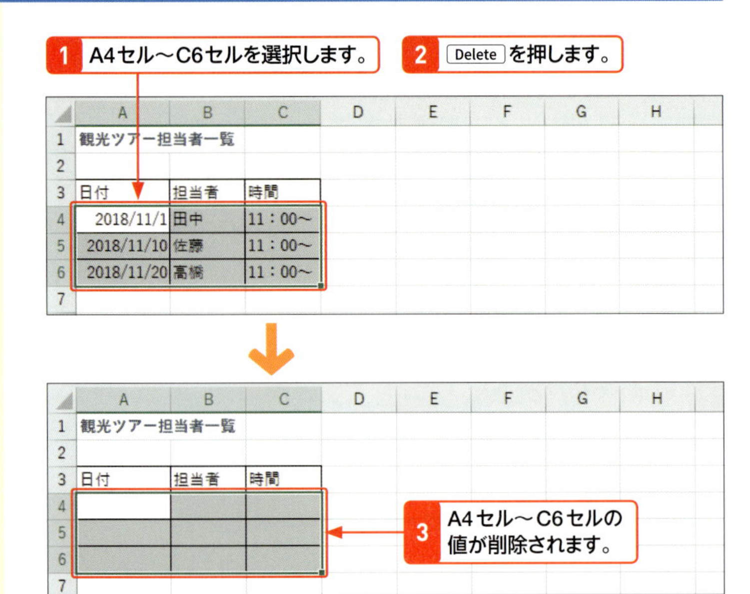

3 マクロの記録を終了する

メモ 記録を終了する

記録する内容を操作したあとは、マクロの記録を終了します。<記録終了>をクリックします。

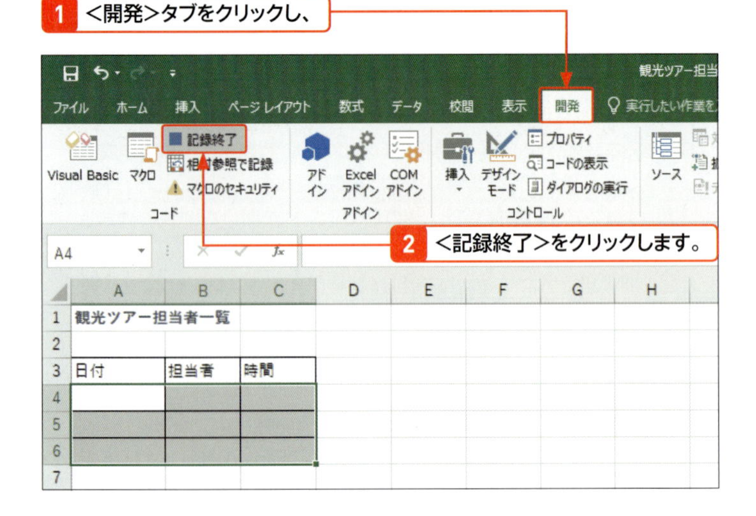

メモ 間違った操作をしてしまった場合

マクロの記録中に間違った操作をしてしまった場合、その操作も記録されてしまいますので、いったん記録を終了してからもう一度マクロの記録をやり直しましょう。マクロの記録を開始するときに、すでにあるマクロ名を指定すると、マクロの内容を置き換えるかどうかメッセージが表示されます。<はい>をクリックすると、もう一度記録をし直すことができます。

4 もう1つマクロを作成する

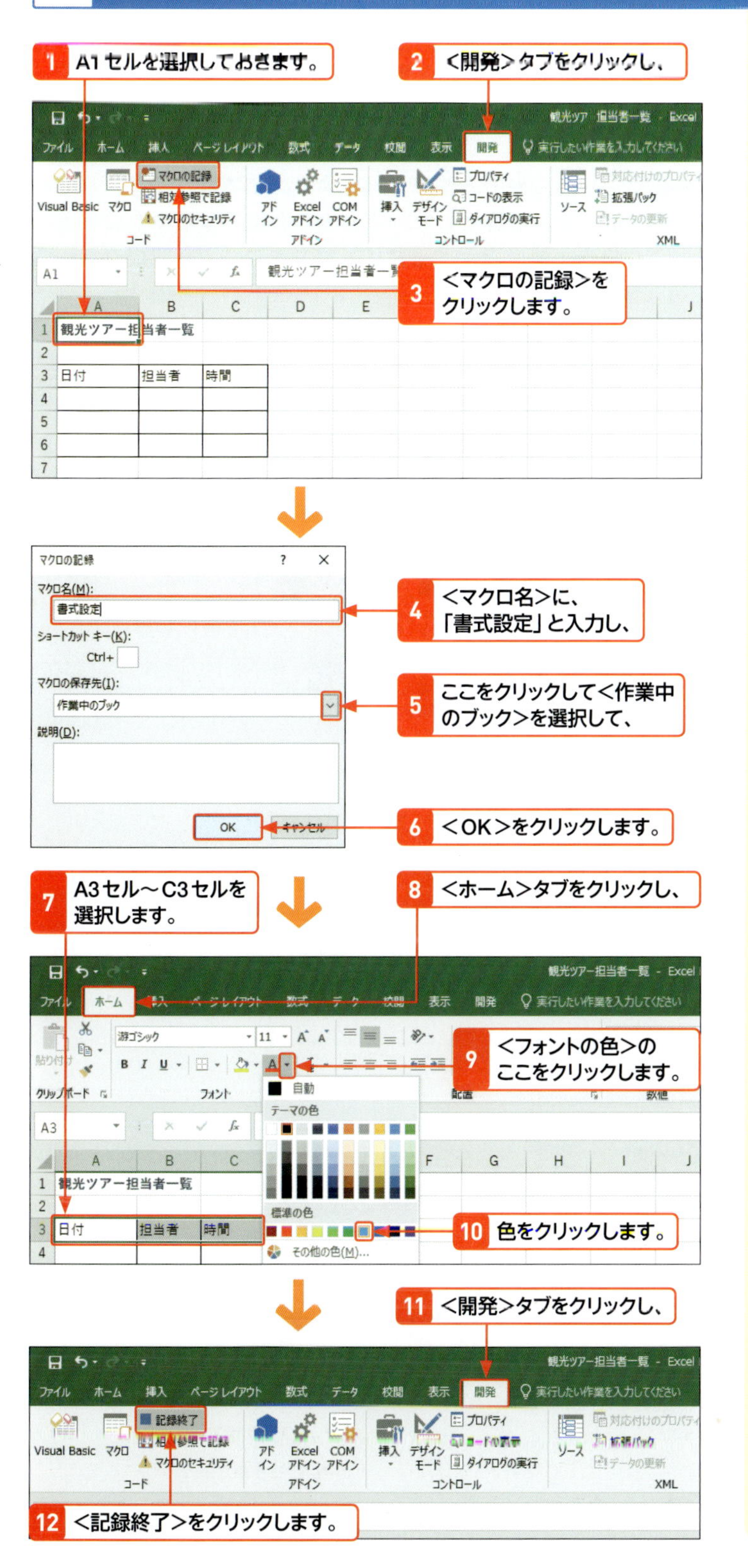
1 A1セルを選択しておきます。
2 <開発>タブをクリックし、
3 <マクロの記録>をクリックします。
4 <マクロ名>に、「書式設定」と入力し、
5 ここをクリックして<作業中のブック>を選択して、
6 <OK>をクリックします。
7 A3セル～C3セルを選択します。
8 <ホーム>タブをクリックし、
9 <フォントの色>のここをクリックします。
10 色をクリックします。
11 <開発>タブをクリックし、
12 <記録終了>をクリックします。

メモ 色を付けるマクロを作成する

マクロの記録機能を利用して、もう1つ「書式設定」マクロを作成します。記録する内容は、セルを選択して文字の色を変更する操作です。

ヒント 落ち着いて操作する

マクロを記録するときに操作に費やした時間は、マクロの実行スピードとはまったく関係ありません。ゆっくりと落ち着いて、間違えないように操作しましょう。

ヒント 記録を終了する

マクロの記録を終了するには、画面左下の<■>をクリックする方法もあります。

Section 04

マクロを実行する

覚えておきたいキーワード
- <マクロ>ダイアログボックス
- マクロの一覧
- マクロの実行

マクロを実行するには、いくつかの方法があります。ここでは、保存されているマクロをダイアログボックスに表示して、その中から実行するマクロを選ぶ方法を使います。マクロの一覧を表示するには、<マクロ>ダイアログボックスを使います。

1 マクロの一覧から実行するマクロを選択する

メモ マクロの一覧を表示する

記録したマクロの一覧を確認して、実行するマクロを選択します。ここでは、Sec.03で作成したデータを削除するマクロを実行します。マクロ実行後の結果がわかるように、表にデータを入力してから操作します。

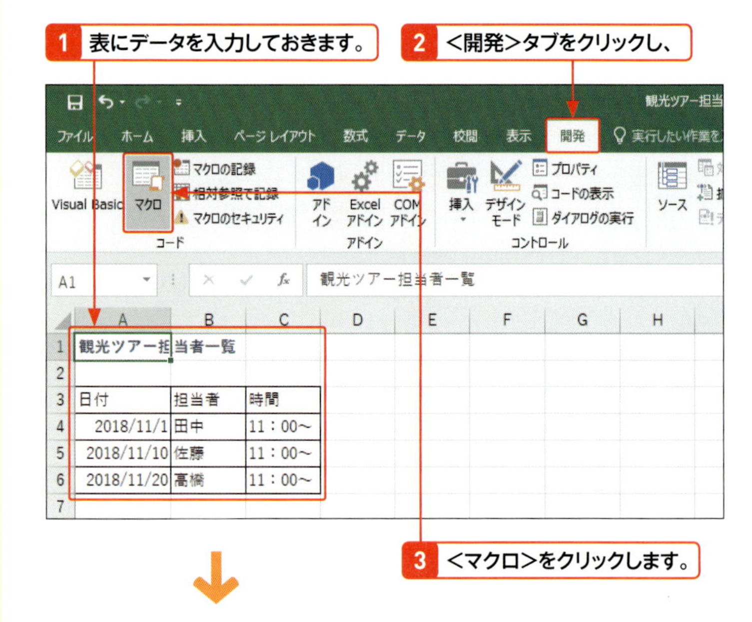

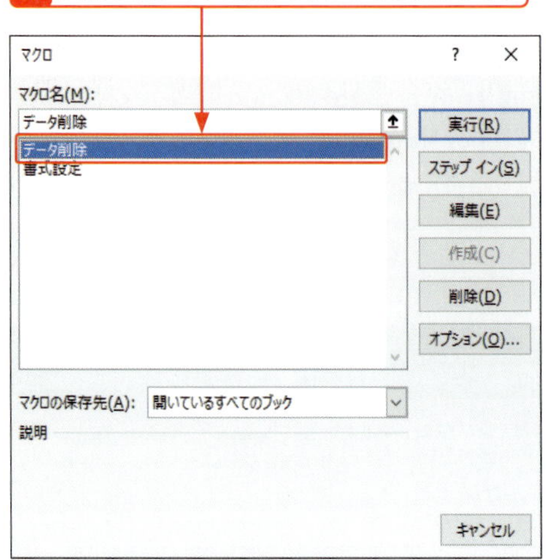

ヒント マクロの表示

マクロを含むブックを複数開いているときは、他のブックに含まれるマクロも表示されることがあります。指定したブックに含まれるマクロのみ表示するには、<マクロの保存先>からブックを選択します。

2 選択したマクロを実行する

1 実行するマクロが選択されていることを確認します。

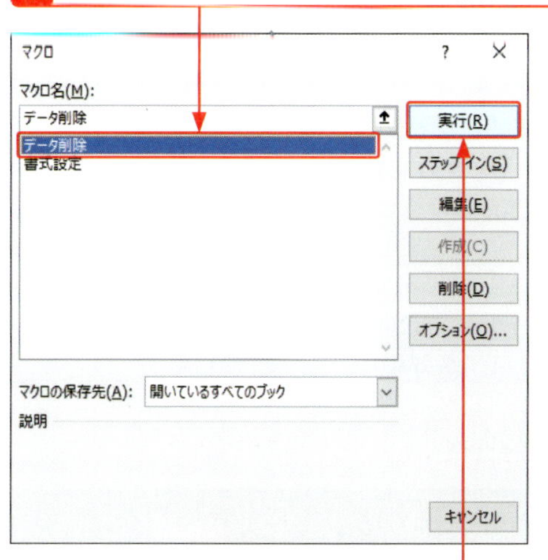

2 ＜実行＞をクリックします。

3 マクロが実行され、A4セル～C6セルの値が削除されます。

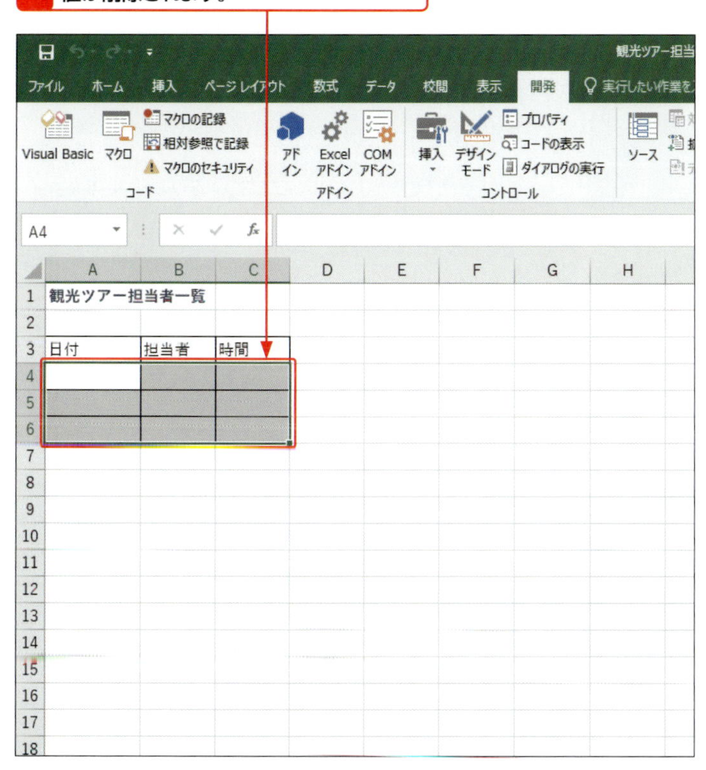

メモ マクロを選択して実行する

マクロの一覧からマクロを実行します。ここでは、「データ削除」マクロを実行します。

ヒント ＜マクロ＞画面を表示するショートカットキー

マクロの一覧を表示する＜マクロ＞画面は、Alt＋F8を押して表示することもできます。

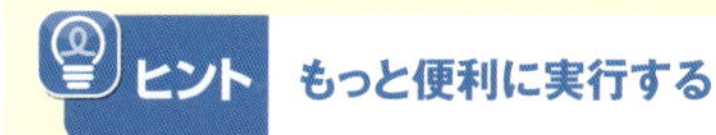

ヒント もっと便利に実行する

頻繁にマクロを利用する場合には、わざわざマクロの一覧から実行するマクロを選択するのは面倒です。より素早く実行するためには、マクロにショートカットキー（P.337参照）を設定する方法や、マクロ実行用のボタン（P.338参照）を用意する方法などがあります。

ヒント 「書式設定」マクロ

Sec.03で作成した「書式設定」マクロを実行すると、A3セル～C3セルの文字の色が変わります。A3セル～C3セルの文字の色を元の色に戻してから実行してみましょう。

Section 05

マクロを含むブックを保存する

覚えておきたいキーワード

- Excelマクロ有効ブック
- 拡張子（.xlsm）
- マクロの保存

マクロを含むブックは、通常のExcelブックとは異なる「マクロ有効ブック」という形式で保存する必要があります。「マクロ有効ブック」は、アイコンの形やファイルの拡張子も異なります。ここで、マクロを含んだブックを保存する方法を身に付けましょう。

1 マクロを含むブックを保存する

メモ マクロを保存する

マクロを含むブックを保存するには、ファイルの形式を「Excelマクロ有効ブック」として保存します。通常のExcelブックとして保存すると、マクロは削除されてしまうので注意します。

メモ ここで保存するブック

ここでは、Sec.03で作成した2つのマクロを含むブックを、マクロ有効ブックとして保存します。ここで保存したブックは、次の章でマクロの中身を確認したりマクロを修正したりする操作で使用します。

ヒント Excel 2010の場合

＜ファイル＞タブをクリックし、＜保存と送信＞を選択してファイルの種類を選択します。

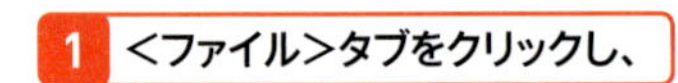

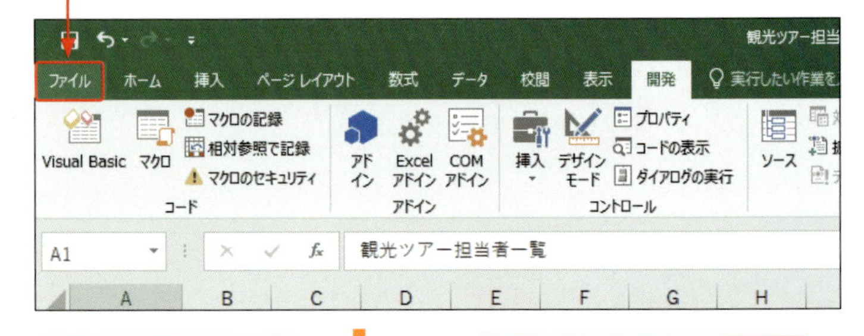

2 ＜エクスポート＞をクリックし、

3 ＜ファイルの種類の変更＞をクリックして、

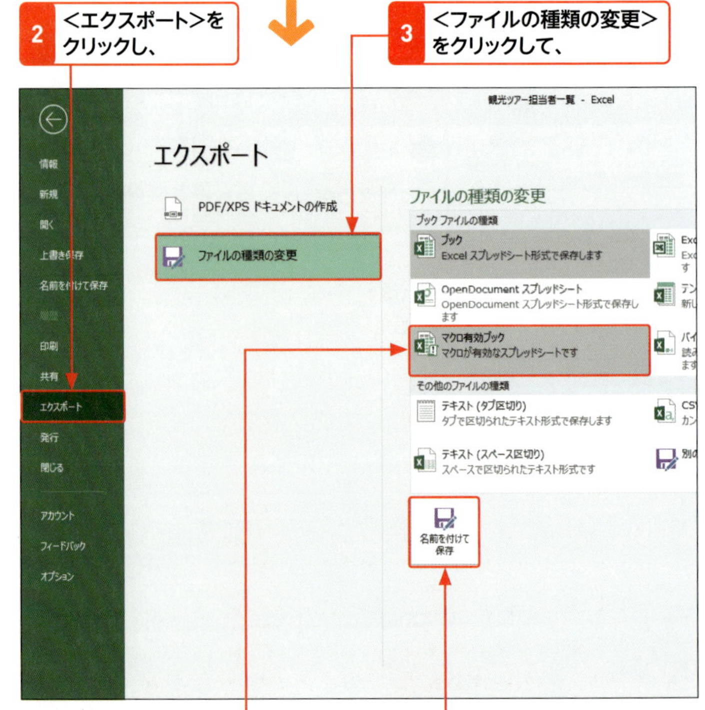

4 ＜マクロ有効ブック＞をクリックします。

5 ＜名前を付けて保存＞をクリックします。

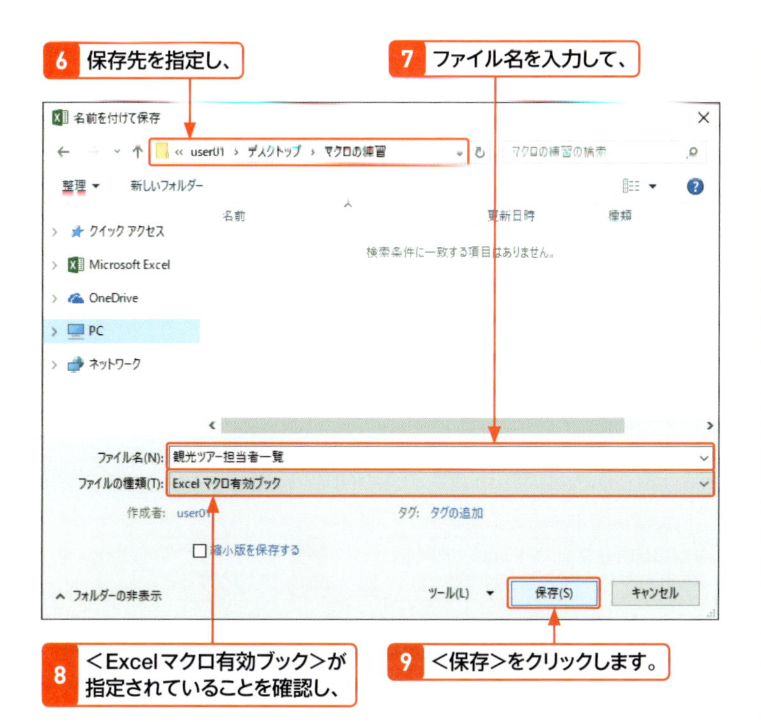

ヒント 保存時にメッセージが表示されたら

マクロを含むブックを通常のブックとして保存しようとしたり、通常のブックとして保存してあるブックにマクロを作成して上書き保存しようとすると、次のようなメッセージが表示されます。マクロ有効ブックとして保存する場合は、<いいえ>をクリックして保存し直します。

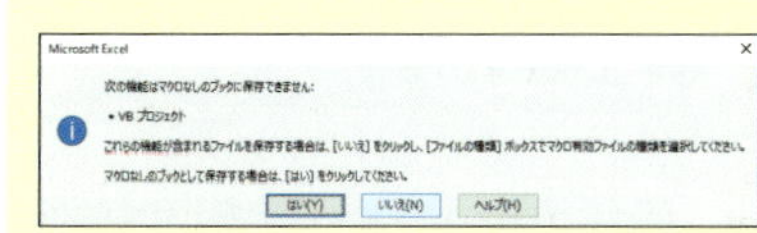

2 マクロを含むブックのアイコン

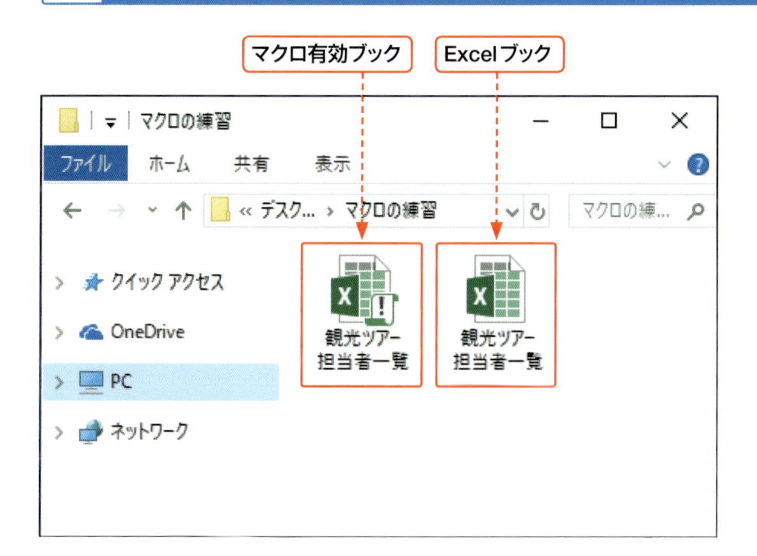

メモ マクロを含むブックを保存する

保存したブックを確認してみましょう。マクロを含む「マクロ有効ブック」と、マクロを含まない「Excelブック」は、ファイルのアイコンの形が異なります。アイコンの違いでマクロが含まれているかどうかがわかります。

メモ ブックを開いたあとにマクロを有効にする

「マクロ有効ブック」は、「Excelブック」と同様に開くことができますが、既定では、マクロが無効になってブックが開かれます。マクロを有効にする方法については、Sec.06を参照してください。

メモ 拡張子「.xlsx」と「.xlsm」

拡張子とは、ファイル名のあとに「.(ピリオド)」で区切って付けられた文字列のことで、ファイルの種類を表します。普通のExcelブックの拡張子は「.xlsx」です。一方、マクロを含むブックの拡張子は「.xlsm」です。ただし、既定では、拡張子は表示されません。Windows 10で拡張子を表示するには、<フォルダー>のウィンドウで<表示>タブの<ファイル名拡張子>のチェックをオンにします。

Section 06

マクロを含むブックを開く

覚えておきたいキーワード
- Excelマクロ有効ブック
- 拡張子（.xlsm）
- セキュリティの警告

マクロを含むブックを開くと、マクロが勝手に実行されないよう、マクロが無効になります。これは、マクロを悪用したウイルスなどに感染してしまうことを防ぐためです。マクロを利用するには、マクロを有効にする必要があります。

1 マクロを有効にする

メモ マクロを有効にする方法

マクロを含むブックを開くと、通常は、マクロが無効になります。マクロを利用するには、マクロを有効にする必要があります。なお、メッセージバーの右の<×>をクリックすると、メッセージバーが閉じますが、マクロは無効のままになります。

マクロを含むブックをExcelで開くと、メッセージバーが表示されます。

1 <コンテンツの有効化>をクリックすると、

セキュリティの警告　マクロが無効にされました。　コンテンツの有効化

	A	B	C
1	観光ツアー担当者一覧		
2			
3	日付	担当者	時間
4	2018/11/1	田中	11：00～
5	2018/11/10	佐藤	11：00～
6	2018/11/20	高橋	11：00～

2 マクロが有効になり、メッセージバーが閉じます。

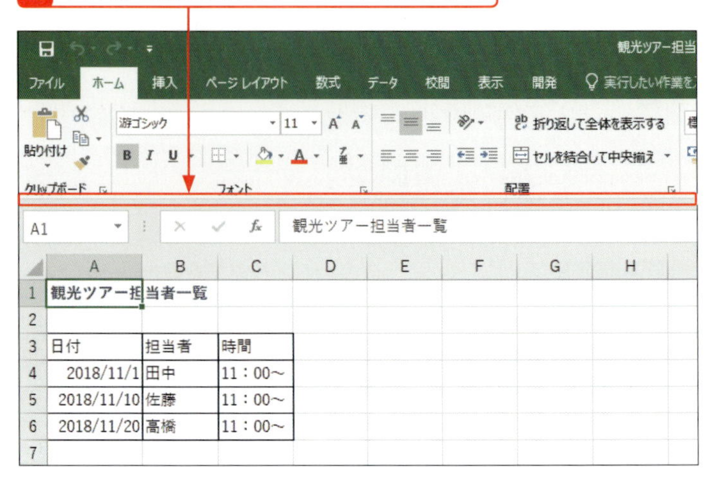

メモ メッセージバーが表示されない場合

メッセージバーが表示されない場合は、マクロを含むブックを開いたときの動作を指定するセキュリティの設定を確認してみましょう。P.340を参照してください。

2 一時的にマクロを有効にする

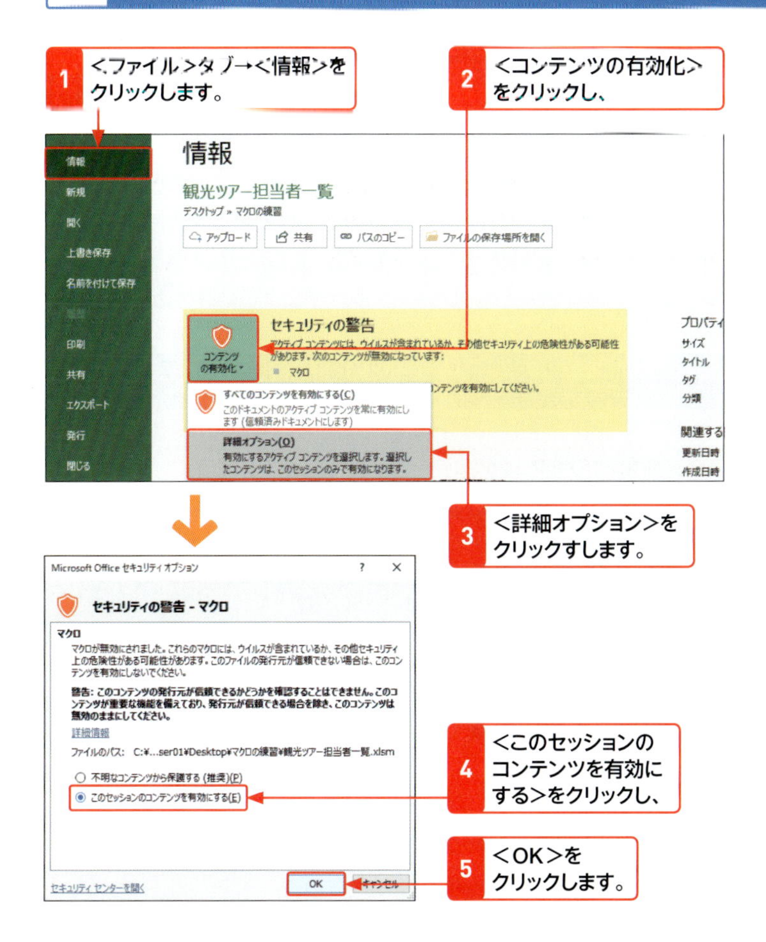

メモ マクロを一時的に使用する

メッセージバーでマクロを有効にすると、信頼済みドキュメントとみなされ、次に同じブックを開くときマクロが自動的に有効になります。マクロを含むブックを開いたときに、信頼済みドキュメントにはせず、一時的にマクロを使用できるようにするには、<ファイル>タブからマクロを有効にします。

ヒント 常にマクロを有効にして開く

常にマクロを有効にして開くには、マクロを指定したフォルダーに入れておく方法があります。P.341～P.343を参照してください。

メモ 再びメッセージバーを表示する

メッセージバーからマクロを有効にすると、信頼済みのドキュメントとみなされ、次に同じブックを開くときにはマクロが有効になります。信頼済みのドキュメントをすべてクリアにして再びメッセージバーが表示されるようにするには、次のように操作します。また、ブックを信頼済みドキュメントにする機能を使用しない場合は、<信頼済みドキュメントを無効にする>のチェックをオンにします。

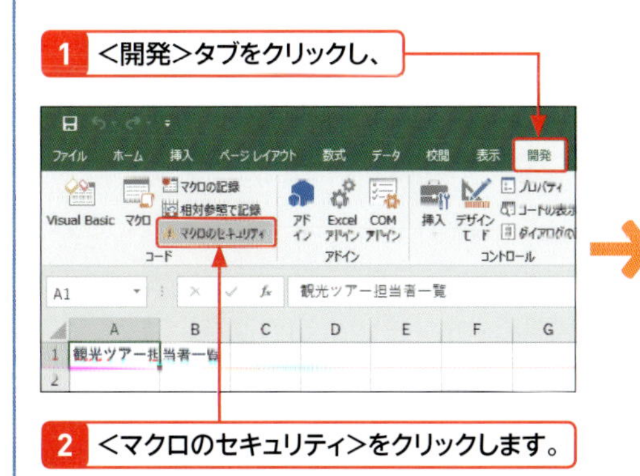

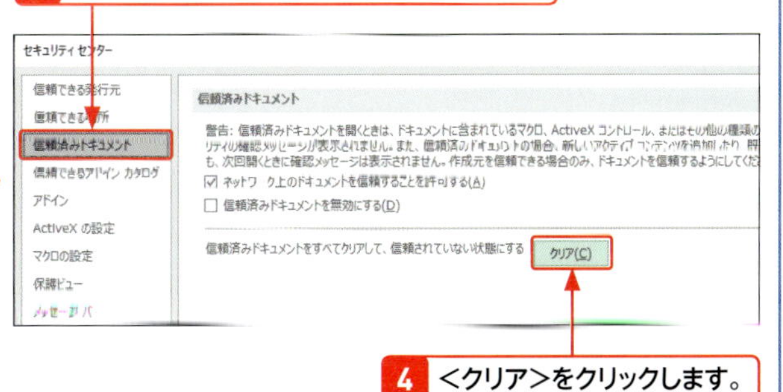

Section 07

マクロを削除する

覚えておきたいキーワード
- <マクロ>
- <マクロ>ダイアログボックス
- マクロの削除

不要になったマクロは、間違って実行されてしまうことがないように削除しておくとよいでしょう。ここでは、マクロの一覧を表示するダイアログボックスを利用して、選択したマクロを削除する方法を紹介します。

1 マクロを削除する

1 <開発>タブをクリックし、

2 <マクロ>をクリックします。

3 削除したいマクロをクリックして選択して、

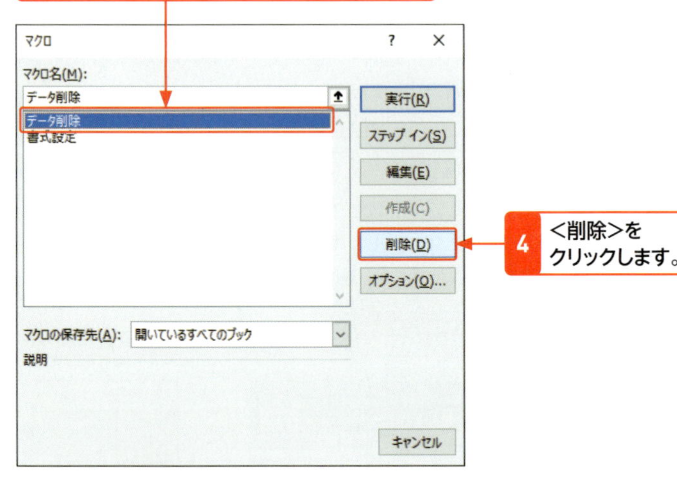

4 <削除>をクリックします。

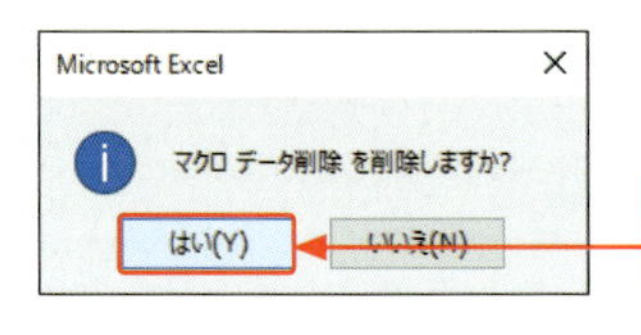

5 確認メッセージが表示されたら、<はい>をクリックします。

メモ 不要なマクロを削除する

マクロを削除する方法を知りましょう。ここでは、Sec.03で作成した「データ削除」マクロを削除します。

ヒント マクロを消したはずなのに…

すべてのマクロを削除しても、マクロが書かれているモジュール自体は削除されません。そのモジュールが残っていると、中に何も書かれていなくても、マクロが含まれるブックとみなされます。問題がある場合はモジュールを削除しましょう（P.73参照）。

ヒント すべてのマクロを削除する

すべてのマクロを消すには、「マクロ有効ブック」ではなく、「Excelブック」として保存する方法もあります。「Excelブック」には、マクロを含めることができませんので、マクロが含まれるブックを「Excelブック」として保存すると、マクロが削除されます。マクロ有効ブックについては、Sec.05を参照してください。

Chapter 02

第2章

記録マクロを活用しよう

Section 08 記録マクロの使い方
Section 09 VBEを起動する
Section 10 記録マクロをVBEで開く
Section 11 VBEからマクロを実行する
Section 12 書式を設定するマクロを作成する
Section 13 表全体に罫線を引くマクロを作成する
Section 14 数式が入っているセルに色を付けるマクロを作成する
Section 15 データを抽出するマクロを作成する
Section 16 相対参照でマクロを記録する
Section 17 VBAで本格的なマクロに作り変える
Section 18 VBEでマクロを削除する

Section 08 記録マクロの使い方

覚えておきたいキーワード
- 記録マクロ
- VBA
- VBE

この章では、Excelの操作を記録する方法でマクロを作成します。この方法でマクロを作成すると、簡単にマクロを作成できて便利ですが、余計な内容が記録されることもあります。マクロはあとから修正できますので、より実用的なマクロになるように修正して完成させましょう。

1 記録マクロの作成方法

メモ 記録マクロを作成する

この章では、Excelで行った操作を記録する方法でマクロを作成します。記録したマクロを修正してマクロを完成させます。1からプログラムを書いてマクロを作成する方法は、第3章から紹介します。

メモ マクロが保存される場所

マクロを記録すると、マクロは指定したブックに保存されます。保存したマクロの内容は、VBE（Visual Basic Editor）というマクロを作成・編集するためのツールで確認できます。VBEはExcelの機能の一部で、Excelから呼び出すことができます。

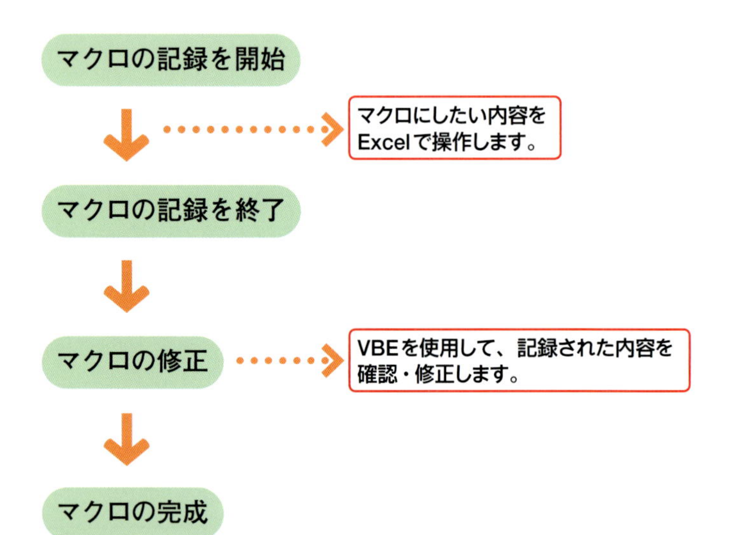

2 VBAとマクロの関係

メモ VBAとは

マクロの実体は、「VBA（Visual Basic for Applications）」というプログラミング言語を使って書かれた操作の手順書のようなものです。1章で作成した記録マクロも、実際は自動的にVBAに変換され、Excelのブックとともに保存されています。VBAに変換されたマクロは、あとで修正することもできます。

指示書
マクロの始まり
1. ○○する
2. △△する
3. ××する
4. □□する
マクロの終わり

マクロの内容は、VBAというプログラミング言語で書きます。

```
Sub マクロ
    ○○
    △△
    ××
    □□
End Sub
```

3 2つの記録方法

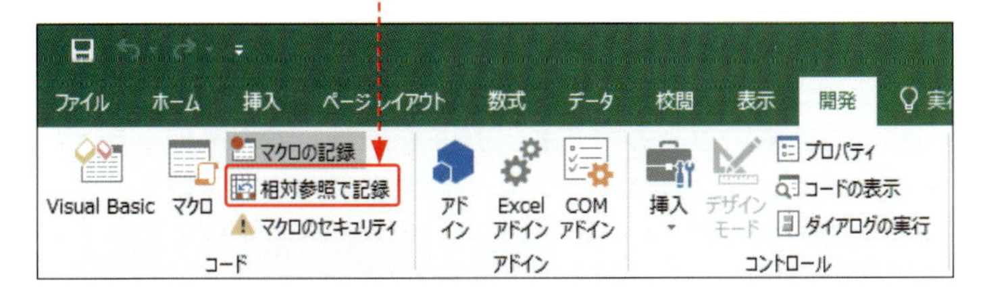

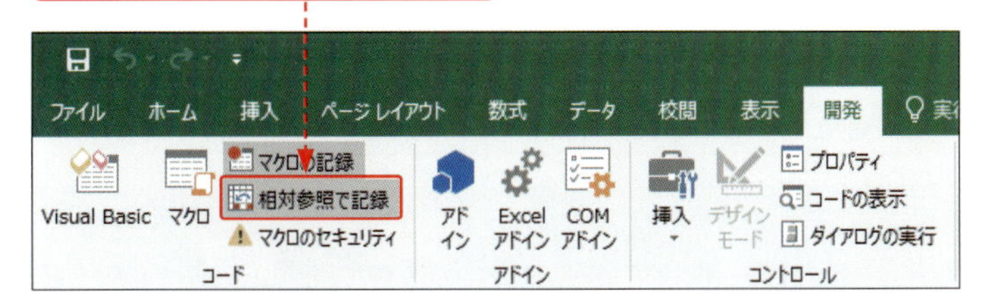

メモ 記録方法の違い

マクロの記録を開始する前に、絶対参照で記録するか相対参照で記録するかを選択できます。絶対参照と相対参照の違いは、Sec.16で紹介します。

メモ 相対参照

記録マクロを作成するとき、一般的には絶対参照で操作を記録することが多いでしょう。この章でも主に絶対参照で操作を記録します。相対参照で記録する方法は、Sec.16で紹介しています。

4 マクロを修正するには

VBEの画面

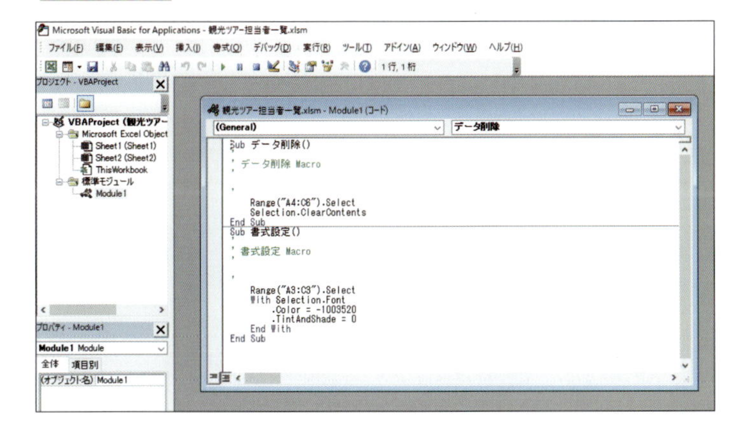

メモ マクロを修正する

記録されたマクロの内容は、VBAというプログラム言語に変換されて、マクロを記述するモジュールというシートに書かれています。これらの内容は、文字で書かれていますので、ワープロソフトを使用するのと同じような感覚で修正できます。マクロを作成したり編集したりするには、VBEというツールを使用します。

メモ 編集中にエラーが表示された場合

マクロの編集中は、文法が間違っていることを示すエラーが表示されたり、問題のある箇所が赤字になったりすることがあります。エラーメッセージの＜OK＞をクリックしてマクロの内容を正しく修正すると、赤字は元の色に戻るので心配ありません。

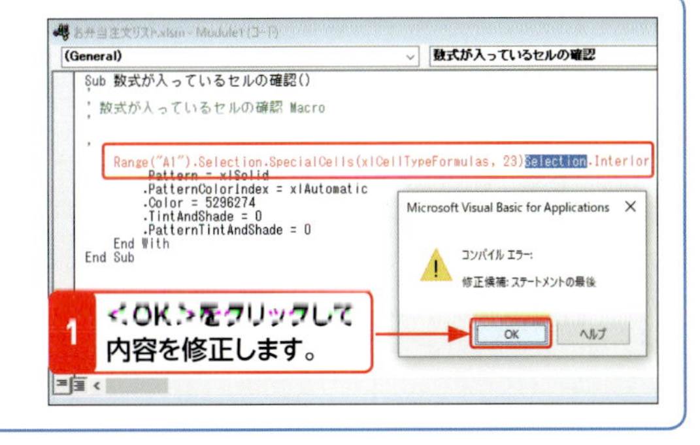

Section 09 VBEを起動する

覚えておきたいキーワード
- VBE
- プロジェクトエクスプローラー
- コードウィンドウ

マクロを作成・編集するためのツールである、VBEを起動してみましょう。ここでは、VBEの画面各部の名称や役割、ウィンドウの表示方法を変更する方法を解説します。マクロの作成中は、Excelの画面とVBEの画面を切り替えながら操作します。画面の切り替え方法についても確認しておきましょう。

1 VBEを直接起動／終了する

メモ VBEとは

マクロを作ったり、編集したりするときは、VBE（Visual Basic Editor）というツールを使います。VBEは、Excelに付属しています。VBEを起動するには、＜開発＞タブの＜Visual Basic＞をクリックします。

ヒント キー操作で素早く起動する

マクロの編集時には、Excelの画面とVBEの画面を頻繁に切り替えながら使用しますので、互いの画面に素早く切り替えられるショートカットキーを知っていると便利です。Excelの画面とVBEの画面を相互に切り替えるには、Alt＋F11を押します。

メモ VBEのウィンドウ

VBEのタイトルバーなどの表示は、Windowsのバージョンや Windowsの更新プログラムの適用の有無などによって若干異なる場合があります。

1 ＜開発＞タブの＜Visual Basic＞をクリックします。

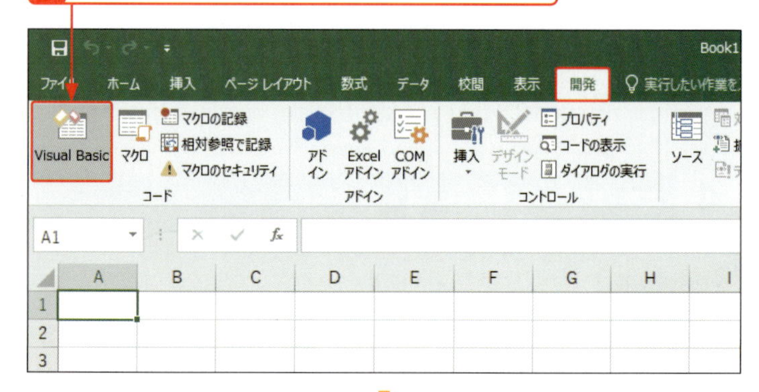

2 VBEが起動します。

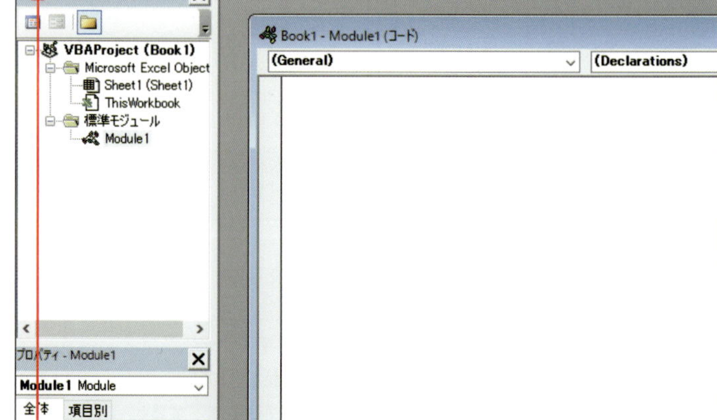

3 ＜表示 Microsoft Excel＞をクリックすると、Excel画面に戻ります。

2 VBEの画面構成

VBEは、下図のような画面で構成されます。Excelが起動している状態で、VBEに切り替えるには、Alt+F11を押します。

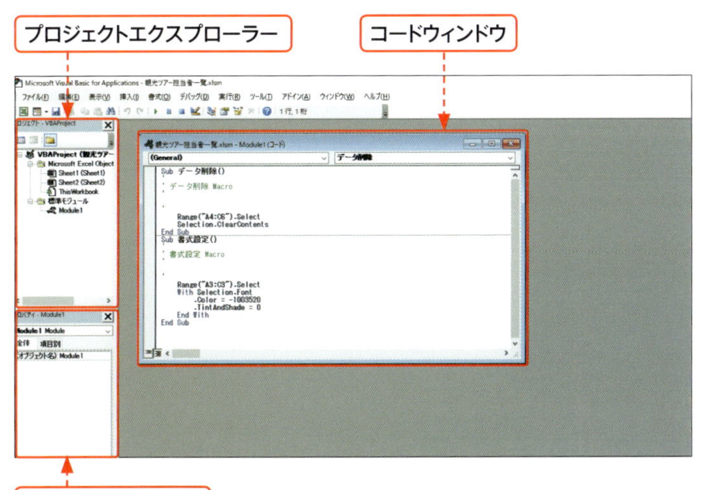

名称	概要
プロジェクトエクスプローラー	1つのブックには、通常、マクロを記述するためのシートが複数含まれます。VBAでは、1つのブックにある複数のシートをまとめてプロジェクトという単位で管理しています。プロジェクトエクスプローラーには、開いているブックと、その中に含まれるシートの一覧が表示されます。なお、シートには、いくつかの種類があります。
プロパティウィンドウ	プロジェクトエクスプローラーで選択している項目の詳細が表示されます。なお、プロパティウィンドウは、フォームを作るときに頻繁に利用します。第11章で紹介します。
コードウィンドウ	コードウィンドウは、マクロを書くところです。なお、マクロを記録すると、通常、「標準」モジュールの「Module1」にマクロが書かれます。「Module1」のコードウィンドウを表示するには、プロジェクトエクスプローラーから「Module1」をダブルクリックします。

ヒント 「VBAProject(PERSONAL.XLSB)」が表示されている場合

「VBAProject(PERSONAL.XLSB)」は、個人用マクロブックです(P.29参照)。個人用マクロブックに保存したマクロの内容は、「VBAProject(PERSONAL.XLSB)」に保存されています。個人用マクロブックが開いているときは、プロジェクトエクスプローラーに「VBAProject(PERSONAL.XLSB)」が表示されます。

ヒント 記録したマクロはどこに書かれるの?

マクロを記録すると、通常、標準モジュールの「Module1」にその内容が書かれます。ただし、一度ブックを閉じてから、再度ブックを開いて新たなマクロを記録した場合は、「Module2」といった新しい標準モジュールが追加され、その中にマクロが書かれます。標準モジュールについては、Sec.21を参照してください。

メモ VBEが起動しているときマクロを含むブックを開くと…

VBEを起動しているときに、マクロを含んだブックを開くと、右のようなメッセージが表示されます。マクロを有効にするには、＜マクロを有効にする＞をクリックします。

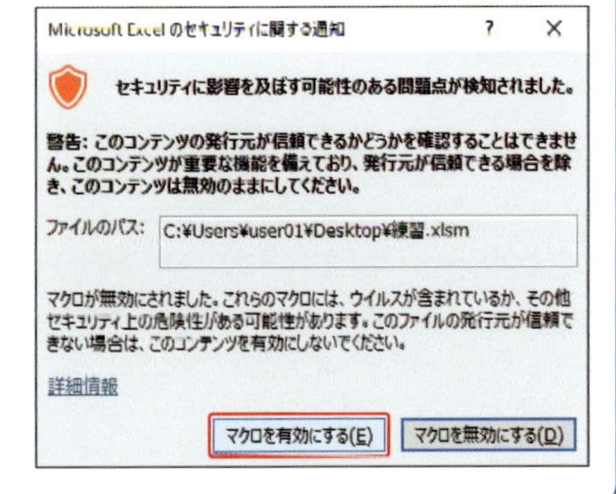

3 ウィンドウの表示／非表示を切り替える

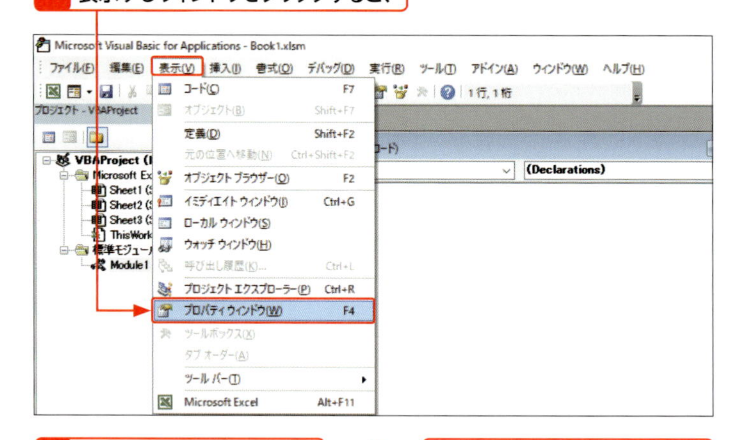

1 <表示>メニューをクリックし、表示するウィンドウをクリックすると、

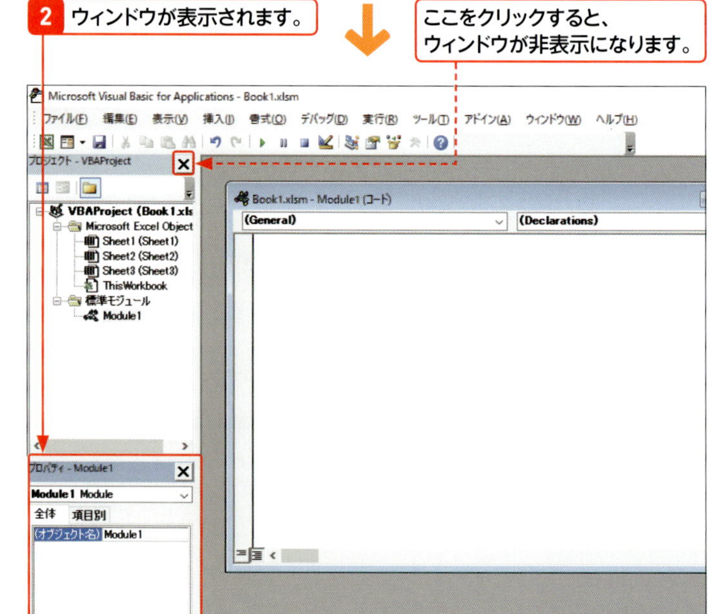

メモ ウィンドウを再表示する

プロジェクトエクスプローラーや、プロパティウィンドウが消えてしまったら、ウィンドウを再表示しましょう。ウィンドウの表示・非表示は、<表示>メニューで指定できます。

メモ ウィンドウの大きさを変える

ウィンドウの大きさを変えるには、ウィンドウの外枠部分をドラッグします。

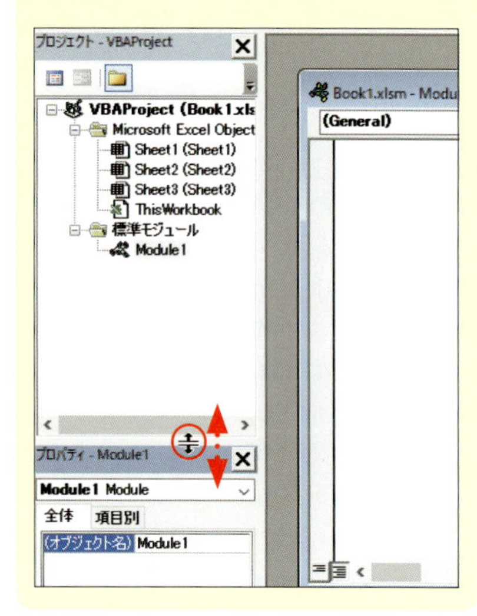

ヒント ドッキング可能な状態にするかどうか指定する

VBEのオプション画面では、各種のウィンドウをドッキング可能な状態にするかどうかをまとめて指定できます。設定は、<ツール>メニューの<オプション>をクリックし、表示される画面の<ドッキング>タブで指定します。

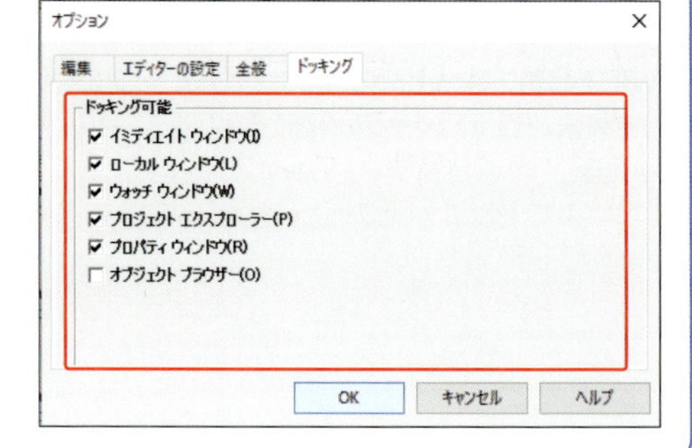

4 ウィンドウを移動する

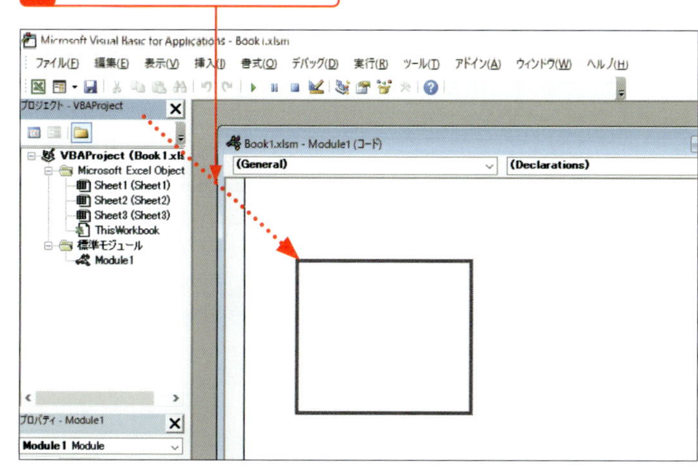
1 タイトルバーをドラッグすると、

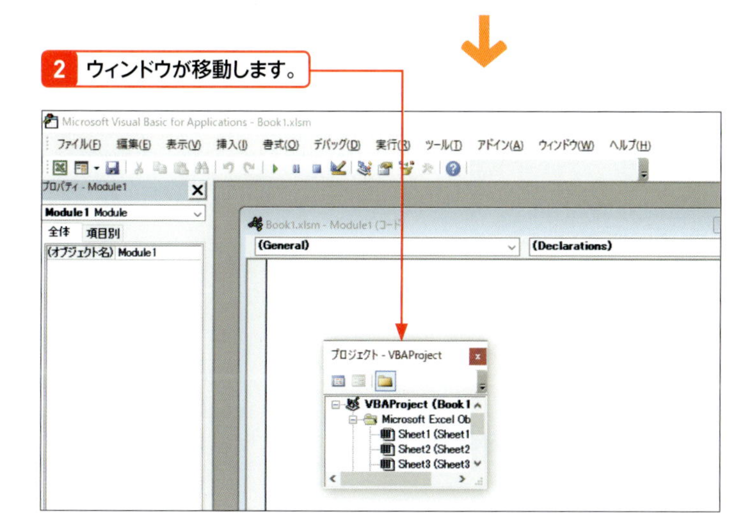
2 ウィンドウが移動します。

メモ ウィンドウを移動する

ウィンドウを移動するには、ウィンドウのタイトルバーをドラッグするか、タイトルバーをダブルクリックします。すると、ウィンドウが外枠からはずれて自由に移動できるようになります。ウィンドウを元の位置に戻すには、ウィンドウのタイトルバーをダブルクリックします。

ヒント ウィンドウが自由に動かない場合

ウィンドウの位置や大きさを自由に指定するには、ウィンドウをドッキング可能な状態から解除します。ドッキング可能な状態を解除するには、ウィンドウ内で右クリックし、<ドッキング可能>をクリックします。

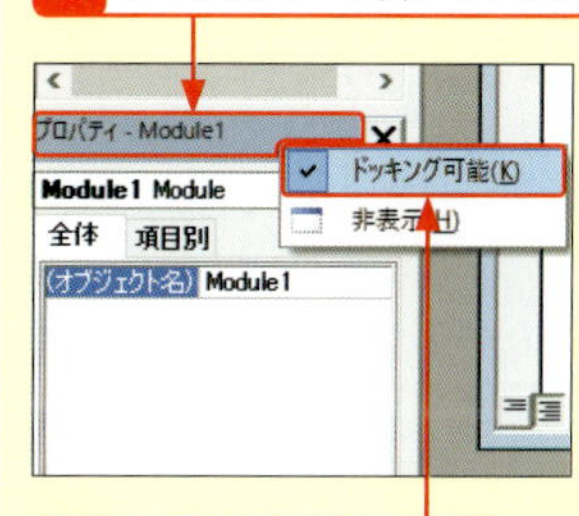
1 タイトルバーを右クリックし、
ドッキング可能(K)
非表示(H)
2 <ドッキング可能>をクリックします。

ヒント ウィンドウを画面の端にくっつける

プロジェクトエクスプローラーやプロパティウィンドウは、通常、VBEの画面の上下左右の端にぴったりとくっつけて表示できるようになっています。この状態を、ドッキング可能な状態と言います。ドッキング可能な状態では、ウィンドウを画面の上下左右に向かってドラッグすると、ウィンドウをくっつける位置を変更できます。

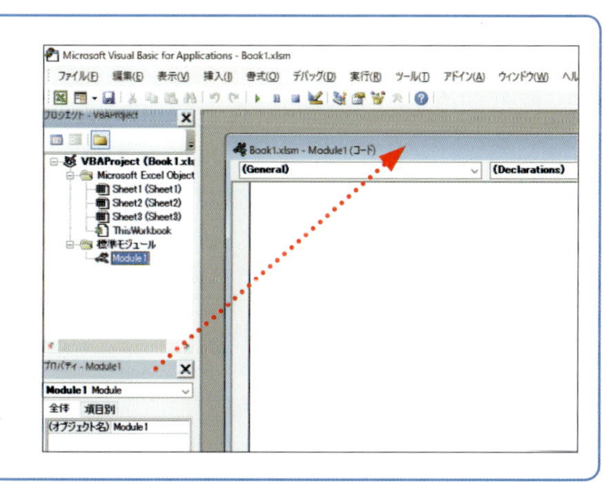

Section 10

記録マクロをVBEで開く

覚えておきたいキーワード
- <マクロ>ダイアログボックス
- VBE
- 標準モジュール

第1章のSec.03で作成した記録マクロの中身を見てみましょう。マクロの内容を編集するときは、VBEを使います。ここでは保存されているマクロの一覧を表示して、VBEを起動します。この方法を使うと、選択したマクロの内容を素早く画面に表示できるのでお勧めです。

1 マクロの一覧を表示する

メモ 記録したマクロを一覧表示する

記録したマクロの一覧を確認します。<マクロ>ダイアログボックスを表示して操作します。

1 <開発>タブの<マクロ>をクリックすると、

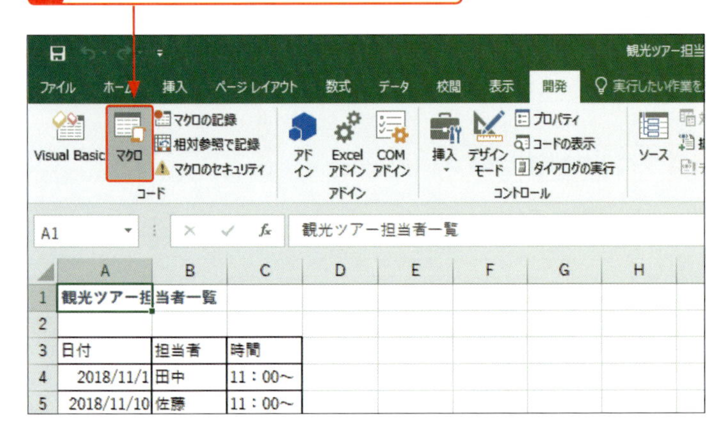

2 <マクロ>画面が表示されます。

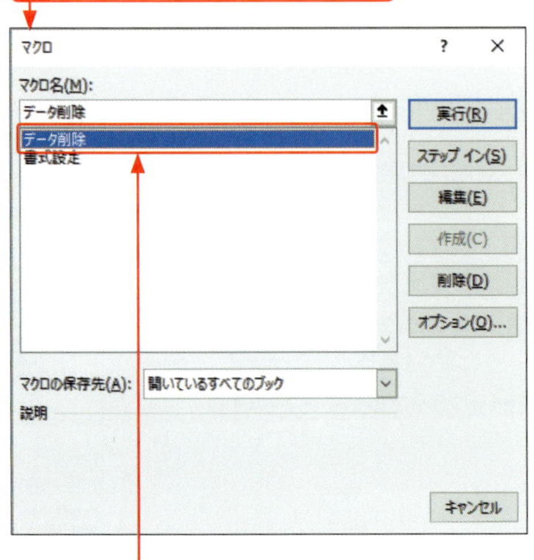

3 内容を見るマクロをクリックします。

ヒント <マクロ>画面を表示するショートカットキー

マクロの一覧を表示する<マクロ>画面は、Alt + F8 を押して表示することもできます。

2 作ったマクロの内容を確認する

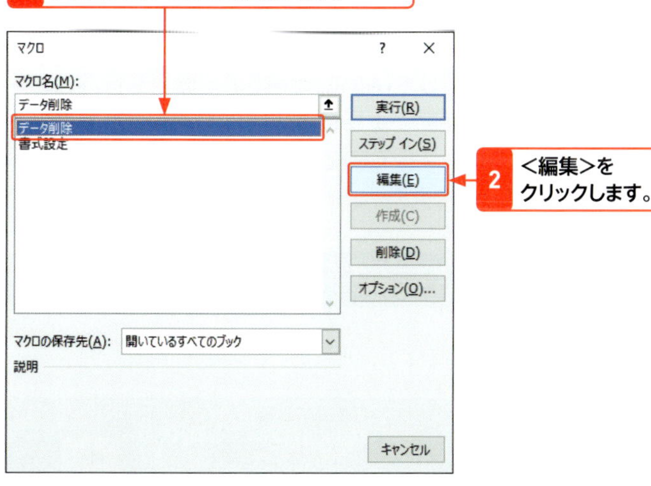

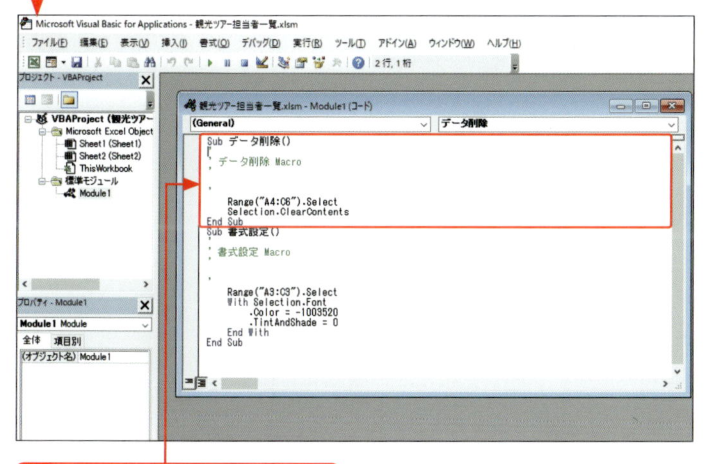

メモ VBEでマクロの内容を確認する

Sec.03で作成したマクロの中身を確認してみましょう。ここでは、「データ削除」マクロの中身を表示します。

メモ 記録マクロが保存されている場所

マクロを記録すると、標準モジュールに「Module ○」という名前のモジュールが追加され、その中にマクロが書かれます。マクロが含まれていないブックの場合は、「Module1」という名前のモジュールが追加されて、その中に保存されます。

ヒント VBEから直接マクロを表示する

記録したマクロを、VBE画面から直接表示するには、標準モジュールを展開して、マクロが記録されている「Module○」をダブルクリックします。

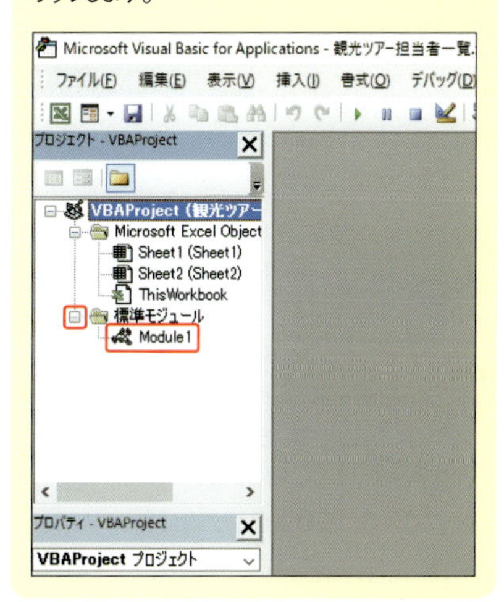

Section 11 VBEから マクロを実行する

覚えておきたいキーワード
- マクロ
- 実行
- <Sub／ユーザーフォームの実行>

マクロの実行は、Excelの画面からだけではなく、VBEの画面から行うことも可能です。修正したマクロの動作を確認する場合は、VBEの画面からマクロを実行すると作業効率がよいでしょう。ここでは、P.31で作成した文字の色を変更するマクロを、VBEから実行してみます。

1 ここで実行するマクロ

メモ 実行するマクロ

ここでは、マクロをVBEの画面から実行する方法を紹介します。ここで実行するマクロは、A3セル～C3セルの文字の色を水色にするマクロです。

ヒント キー操作でVBEとExcel画面を切り替える

Alt＋F11を押すと、VBEの画面からExcel画面へ、Excel画面からVBEの画面へ交互に切り替わります。

メモ ほかのブックは閉じておく

実行するマクロは、A3セル～C3セルの文字の色を変更するものです。ほかのブックがアクティブになっている場合は、アクティブブックのアクティブシートを対象にマクロが実行されてしまうので、ほかのブックは閉じた状態で操作します。

1 マクロを実行すると、

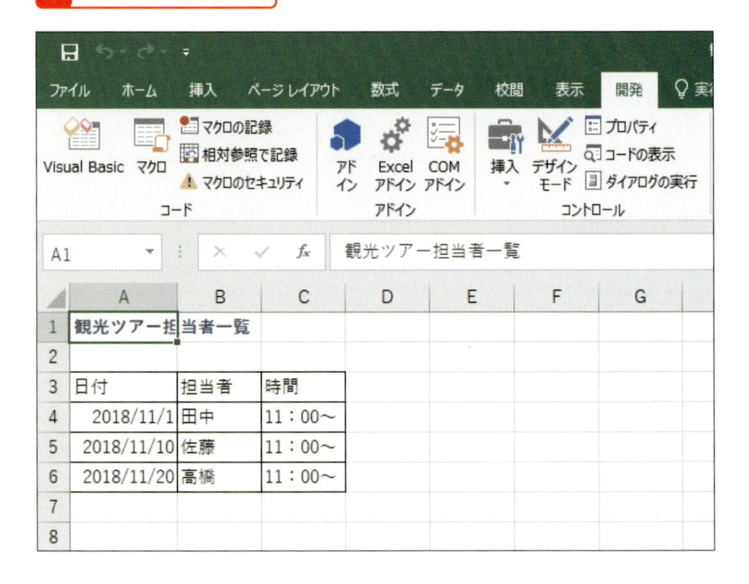

2 A3セル～C3セルの文字の色が水色になります。

	A	B	C	D	E	F	G
1	観光ツアー担当者一覧						
2							
3	日付	担当者	時間				
4	2018/11/1	田中	11：00～				
5	2018/11/10	佐藤	11：00～				
6	2018/11/20	高橋	11：00～				
7							
8							

2 マクロを実行する

1 「書式設定」マクロ内のいずれかをクリックして選択します。

2 選択しているマクロの名前が表示されていることを確認します。

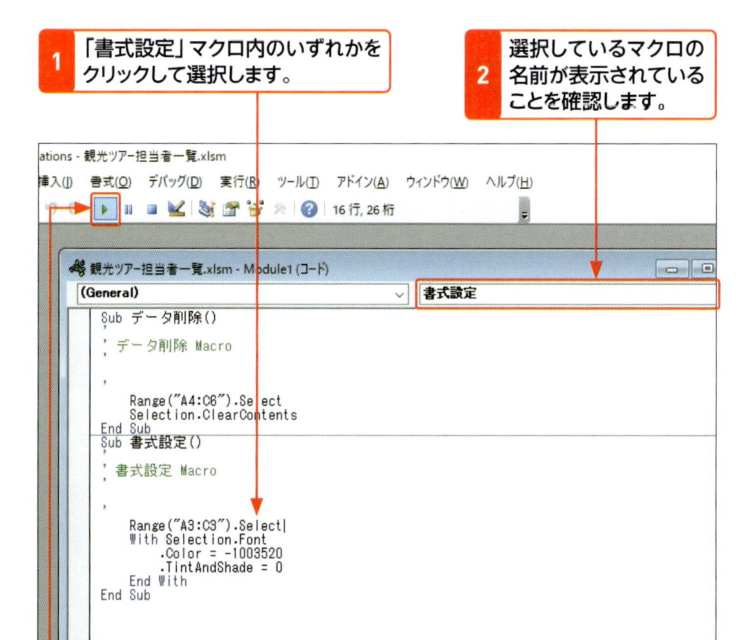

3 <Sub／ユーザーフォームの実行>をクリックします。

4 Excelの画面に切り替えると、マクロの実行結果が表示されます。

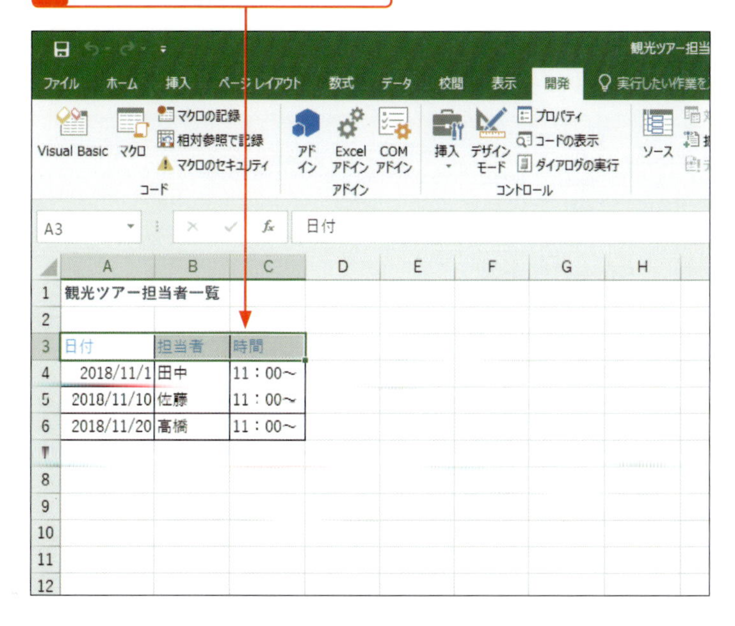

メモ マクロを実行する

VBEの画面からマクロを実行します。Sec.10の方法で、実行するマクロの中身を表示し、<Sub／ユーザーフォームの実行>をクリックします。

ヒント キー操作でマクロを実行する

実行したいマクロの中をクリックして、F5を押しても、マクロを実行できます。

メモ マクロ名を確認する

マクロ内をクリックすると、選択しているマクロ名がコードウィンドウの右上の枠に表示されます。マクロ名を確認してからマクロを実行しましょう。

Section 12 書式を設定するマクロを作成する

覚えておきたいキーワード
- 記録マクロ
- マクロの修正
- マクロの実行

Sec.03で作成した、表の見出しの文字の色を水色に変更するマクロを修正してみましょう。ここでは、文字の色がオレンジ色になるように変更します。また、操作を記録してマクロを作成すると、余計な内容が記録されることもあります。よりシンプルなマクロになるように変更しましょう。

1 マクロを修正する

メモ 修正するマクロを表示する

ここでは、Sec.03で作成した「書式設定」マクロを修正します。Sec.10の方法で、記録したマクロを表示して修正します。なお、VBAの文法などは、次の章以降で紹介します。この章では、内容は気にせずにVBEでマクロを書く感覚をつかみながら修正してみましょう。

ヒント マクロを修正する

「書式設定」マクロは、「A3セル～C3セルを選択する。選択した範囲のフォントについて、色を薄い水色にする。色の明るさの指定は「0」にする」という内容が記録されています。このうち、セルの選択と、色の明るさの指定は不要なので、その部分を削除し、「A3セル～C3セルのフォントの色をRGB関数（P.151参照）を使用してオレンジにする」という内容に変更しています。

ヒント 半角小文字で入力する

VBAでマクロを書くとき、漢字やひらがななどの日本語以外はすべて半角文字で入力します。すべて小文字で入力しても、正しく入力されていると、単語の頭文字などは自動的に大文字に変換されたりします。

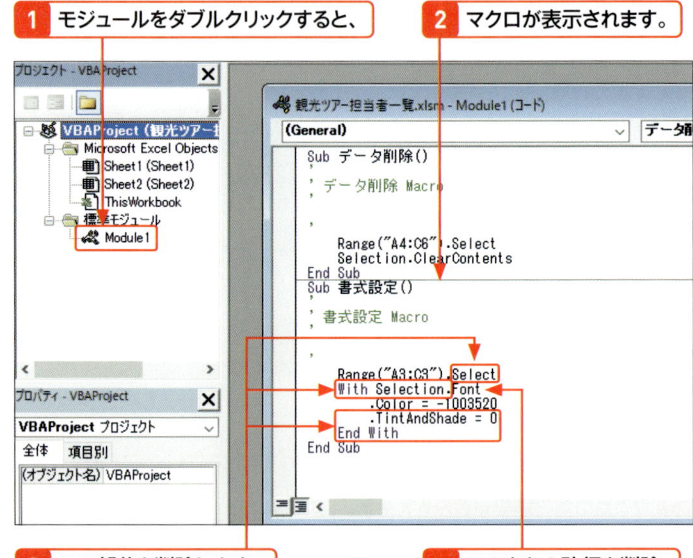

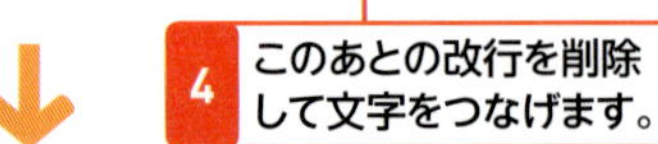

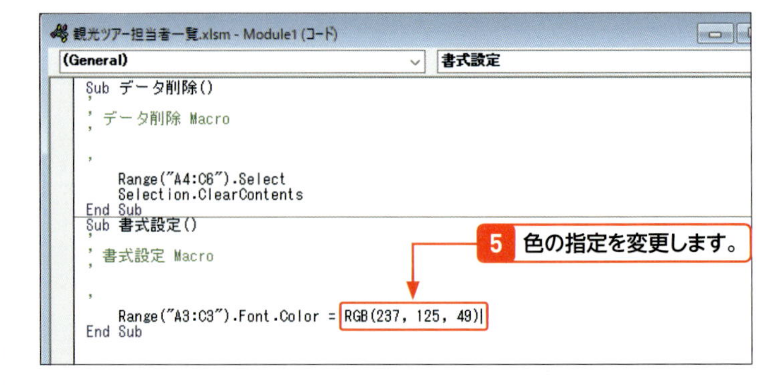


```
Range("A3:C3").Font.Color = RGB(237, 125, 49)
```

1 A3セル～C3セルの文字の色をオレンジにします。

2 マクロを実行する

1 「書式設定」マクロ内をクリックします。

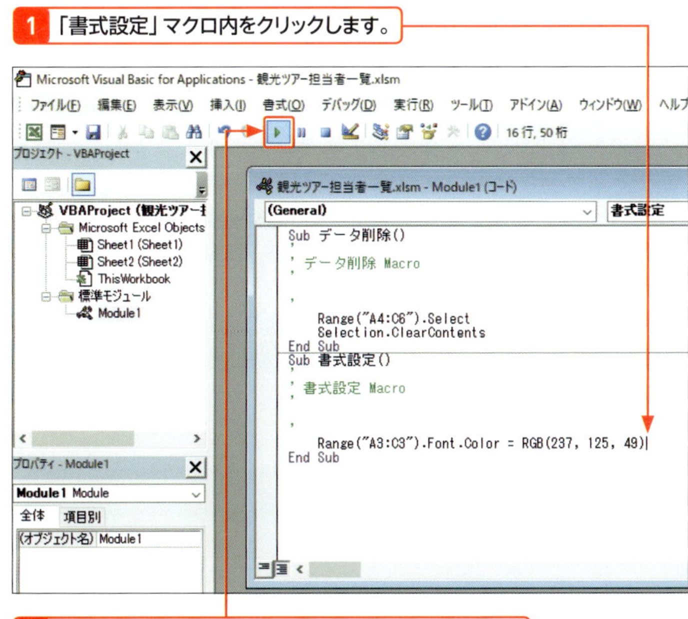

2 <Sub／ユーザーフォームの実行>をクリックします。

3 A3セル～C3セルの文字の色が、

	A	B	C	D	E	F	G	H
1	観光ツアー担	当者一覧						
2								
3	日付	担当者	時間					
4	2018/11/1	田中	11：00～					
5	2018/11/10	佐藤	11：00～					
6	2018/11/20	高橋	11：00～					
7								
8								

4 オレンジになります。

	A	B	C	D	E	F	G	H
1	観光ツアー担	当者一覧						
2								
3	日付	担当者	時間					
4	2018/11/1	田中	11：00～					
5	2018/11/10	佐藤	11：00～					
6	2018/11/20	高橋	11：00～					
7								
8								

メモ マクロを実行する

ここでは、VBEからマクロを実行します。Excelの画面から実行したり(Sec.04参照)、VBEの画面とExcel画面を並べてVBEから実行したりすると、マクロ実行前と実行後の様子がわかります。マクロを実行する前に、A3セル～C3セルの文字の色を元に戻してから操作しましょう。

メモ ほかのブックは閉じておく

ほかのブックがアクティブになっている場合は、アクティブブックのアクティブシートを対象にマクロが実行されてしまうので、ほかのブックは閉じた状態で操作します。

ヒント アクティブセルの位置

マクロを修正する前は、A3セル～C3セルを選択してから色を変更していますが、マクロを修正してA3セル～C3セルを選択する内容は削除しました。そのため、マクロを実行してもアクティブセルの位置は変わりません。

ヒント エラーが表示されたら

マクロの編集中や実行時にエラーが表示された場合や、文字が赤くなった場合は、マクロの内容を修正しましょう。P.100～P.101を参照してください。

Section 13 表全体に罫線を引くマクロを作成する

覚えておきたいキーワード
- 記録マクロ
- マクロの修正
- マクロの実行

表全体に格子状の罫線を引くマクロを作成します。操作のポイントは、表を選択するときに、アクティブセル領域を指定することです。そうすると、表の範囲が広がった場合も表全体に罫線が引かれるようになります。マクロにする内容を記録したあとに、マクロを修正して完成させます。

1 操作を記録する

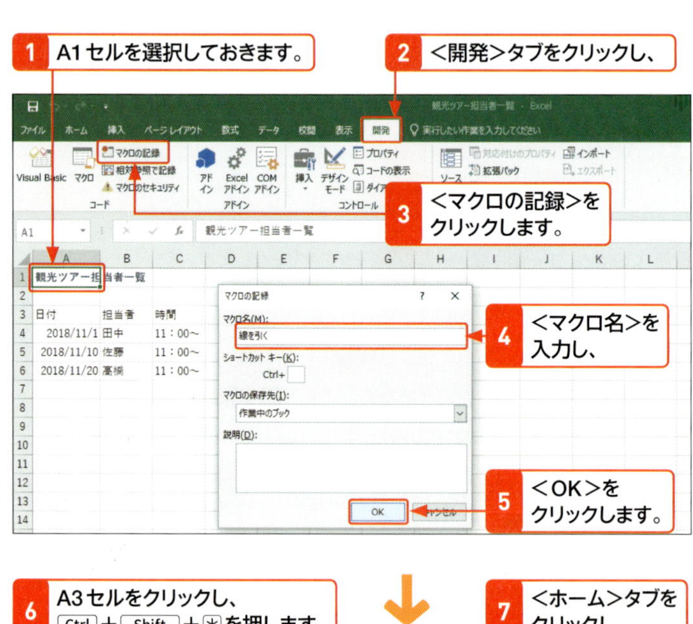

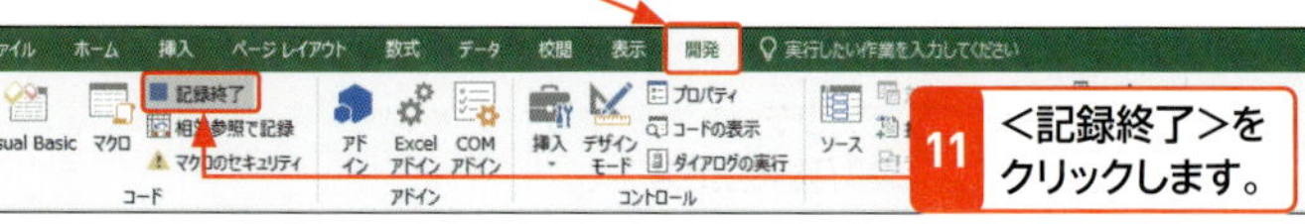

メモ マクロを記録する

ここでは、表全体に罫線を引くマクロを作成します。A3セルを基準にしたアクティブセル領域に罫線を引きましょう。

ヒント アクティブセル領域を指定

アクティブセル領域とは、アクティブセルを基準に連続してデータが入力されているセル範囲のことです。空白行や空白列によって分断されていない範囲です。アクティブセルを基準としたアクティブセル領域を選択するには、Ctrl + Shift + ＊を押します。

ヒント 表の範囲

操作する表の範囲が決まっていない場合は、ここで行っているアクティブセル領域を取得する方法や、データ入力されている範囲の一番端のセルを取得する方法で指定します(Sec.33参照)。

2 マクロを修正する

1 Sec.10の方法で記録したマクロを表示します。

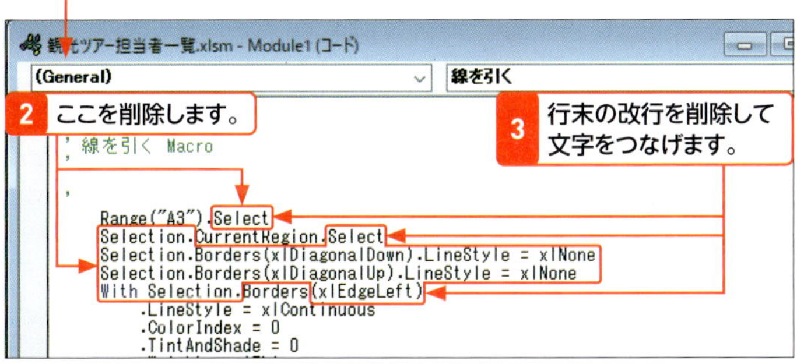

2 ここを削除します。

3 行末の改行を削除して文字をつなげます。

4 この部分を削除します。

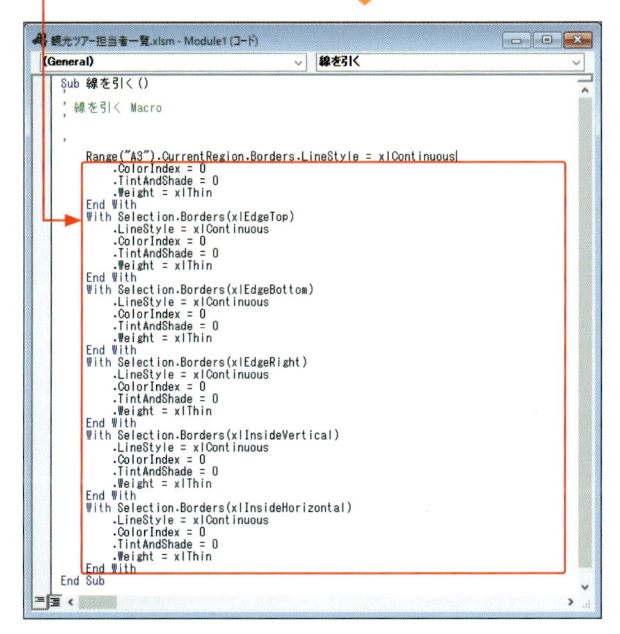

5 マクロが修正されました。

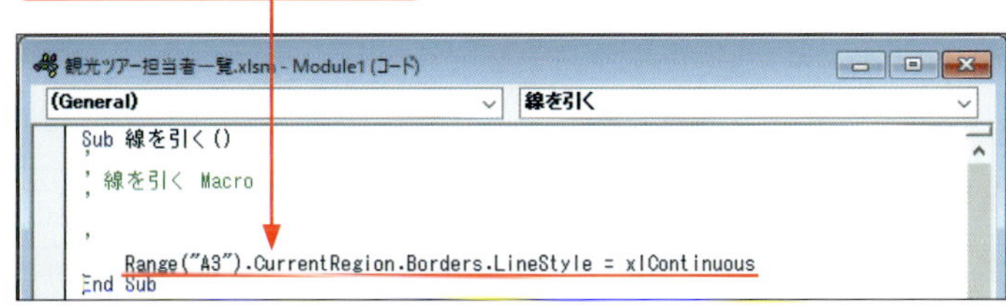


```
Range("A3").CurrentRegion.Borders.LineStyle = xlContinuous
```

1 A3セルを基準にしたアクティブセル領域のセルの上下左右に、実線の罫線を引きます。

メモ　マクロを修正する

ここで記録したマクロは、セルの上下左右、斜め、内側の線それぞれに対して罫線の種類や色、太さなどが指定されます。ここでは、上下左右の線をまとめて線の種類を指定する内容に変更しています。VBAの文法などは、次の章以降で紹介します。この章では、内容は気にせずにVBEでマクロを書く感覚をつかみながら修正してみましょう。

ヒント　アクティブセル領域

ここでは、A3セルを基準にアクティブセル領域を指定します。A3セルを選択する必要はないので、マクロの内容を修正しています。VBAでアクティブセル領域を指定する方法は、Sec.33を参照してください。

ヒント　罫線の種類

罫線を指定するときは、罫線の種類や色、太さなどを指定できます。ここでは、罫線の種類として実線を指定しています。

メモ　マクロの動作を確認する

マクロを修正したら、表の罫線を消した状態でマクロを実行してみましょう。A3セルを基準にしたアクティブセル領域全体に罫線が表示されます。ほかのブックがアクティブになっていると、アクティブブックのアクティブシートを対象にマクロが実行されてしまうので、ほかのブックは閉じた状態で操作します。

Section 14 数式が入っているセルに色を付けるマクロを作成する

覚えておきたいキーワード
- 記録マクロ
- マクロの修正
- マクロの実行

数式が入力されているセルに色を付けるマクロを作成します。ジャンプ機能を使用して数式が入力されているセルを選択して書式を設定します。なお、セルの書式を設定すると、指定したい書式以外の設定も記録されることがあります。余計な部分を削除してマクロを完成させましょう。

1 操作を記録する

メモ マクロを記録する

ここでは、数式が入力されているセルを選択して色を付ける操作を記録しています。ジャンプ機能を使用して、数式が入力されているセルを選択して色を指定します。

1 A1セルを選択しておきます。

2 <開発>タブをクリックし、

3 <マクロの記録>をクリックします。

4 <マクロ名>を入力し、

5 <OK>をクリックします。

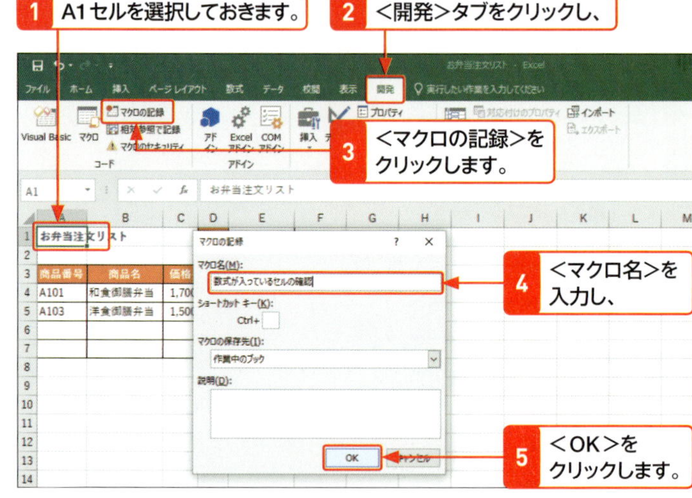

6 <ホーム>タブをクリックします。

7 <検索と選択>をクリックします。

8 <数式>をクリックします。

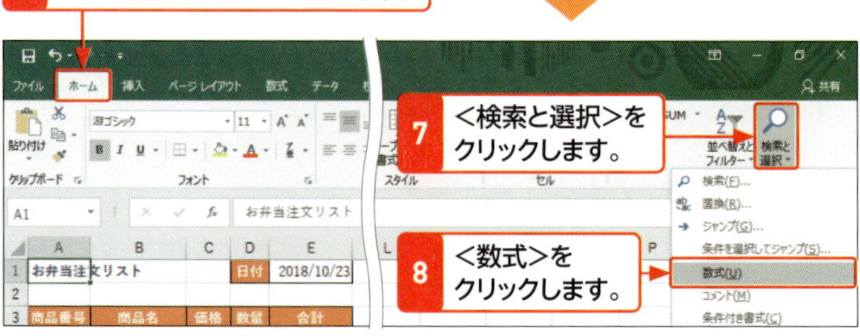

9 <塗りつぶしの色>のここをクリックし、

10 色をクリックします。

11 P.30の方法でマクロの記録を終了します。

ヒント 数式の結果の表示

数式が入力されているセルを選択するとき、数式の結果が数値、文字、論理値、エラー値なのかを区別するには、手順8で<条件を選択してジャンプ>を選択して数式の結果を選択します。VBAではSec.35の方法で指定できます。

2 マクロを修正する

1 Sec.10の方法で記録したマクロを表示します。

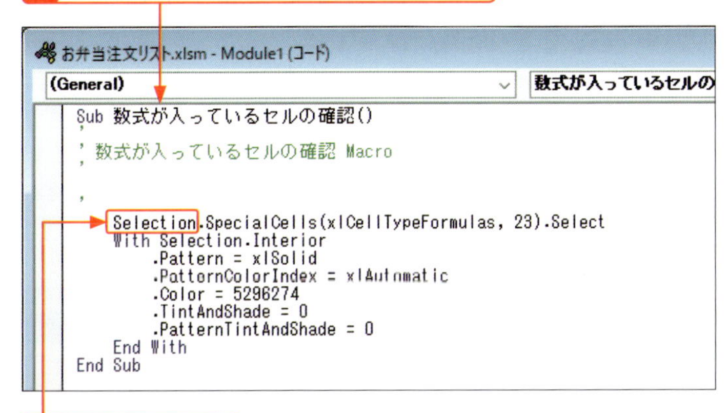

2 ここを削除します。

3 「Range("A1")」と入力します。

5 行末の改行を削除して文字をつなげます。

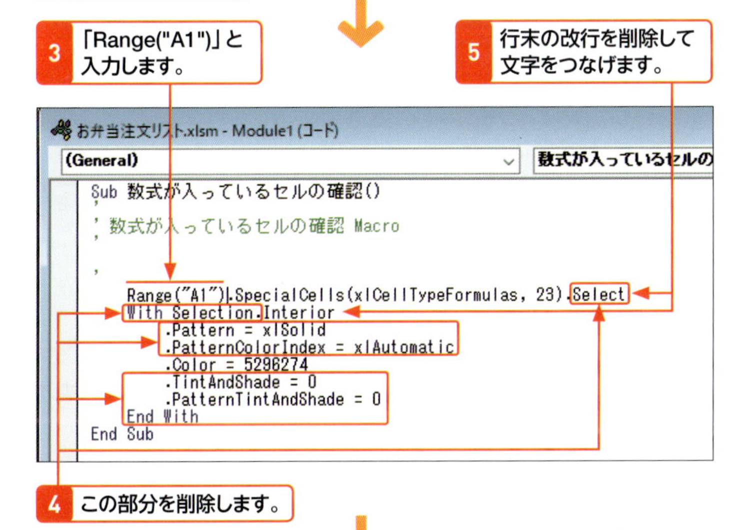

4 この部分を削除します。

6 マクロの内容が修正されました。

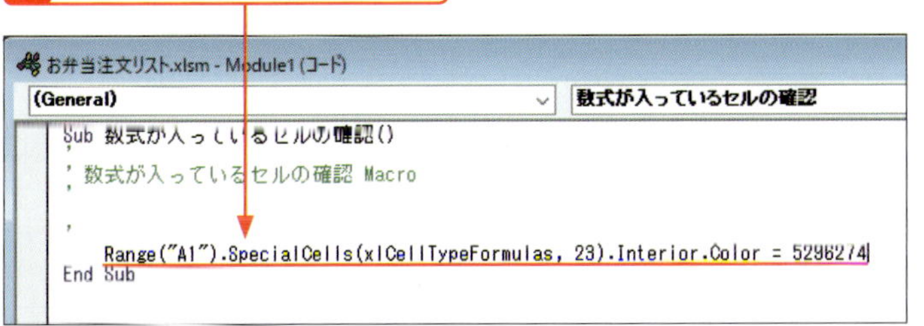


```
Range("A1").SpecialCells(xlCellTypeFormulas, 23).Interior.Color = 5296274
```

1 数式が入力されているセルの色を薄い緑にします。

メモ マクロを修正する

ここでは、選択しているセル範囲に含まれる数式が入力されているセルに色を付けるマクロを修正します。A1セルを基準に、数式が入力されているセルすべてに色を付ける内容にしています。また、セルの塗りつぶしの色を指定するときの細かい指定について不要な部分を削除しています。VBAの文法などは、次の章以降で紹介します。この章では、内容は気にせずにVBEでマクロを書く感覚をつかみながら修正してみましょう。

ヒント Range("A1")とは

「Range("A1")」とは、「A1セル」を示しています。セルの指定方法は、Sec.31で詳しく紹介します。ここではひとまず左図のように修正しておきましょう。すべて半角文字で入力します。

メモ マクロの動作を確認する

マクロの修正後は、数式が入力されているセルの塗りつぶしの色をなしにしてからマクロを実行してみましょう。数式が入力されているセルに色が付きます。ほかのブックがアクティブになっている場合は、アクティブブックのアクティブシートを対象にマクロが実行されてしまうので、ほかのブックは閉じた状態で操作します。

ヒント エラーが表示される

ここで作成したマクロでは、数式が入っているセルが見つからないとエラーが表示されます。エラーを回避する方法は、Sec.83で紹介しています。

Section 15

データを抽出するマクロを作成する

覚えておきたいキーワード
- 記録マクロ
- マクロの修正
- マクロの実行

リストからデータを抽出するマクロを作成します。ここでは、メニュー一覧リストから「カレー」のメニューを抽出するマクロを記録します。作成したマクロは、より便利に使用できるように、D1セルに入力した内容が抽出条件になるように修正します。マクロを修正後にD1セルに抽出条件を入力します。

1 操作を記録する

メモ データを抽出する

フィルター機能を利用して、リストから条件を満たすデータのみを表示するマクロを作成します。マクロの記録を開始して条件を指定します。

ヒント 抽出条件を指定する

抽出条件を指定するときは、抽出条件の項目の前の<□>をクリックして、「カレー」だけチェックがオンになった状態にします。「(すべて選択)」の<□>のチェックをオフにしてから、「カレー」の<□>をクリックしてチェックをオンにしても構いません。

メモ マクロをコピーする

似たようなマクロを作成する場合は、マクロをコピーして利用できます。ただし、同じモジュールに同じ名前のマクロを複数作成することはできません。マクロをコピーして同じモジュールに貼り付けた場合は、マクロ名を変更しておきましょう。

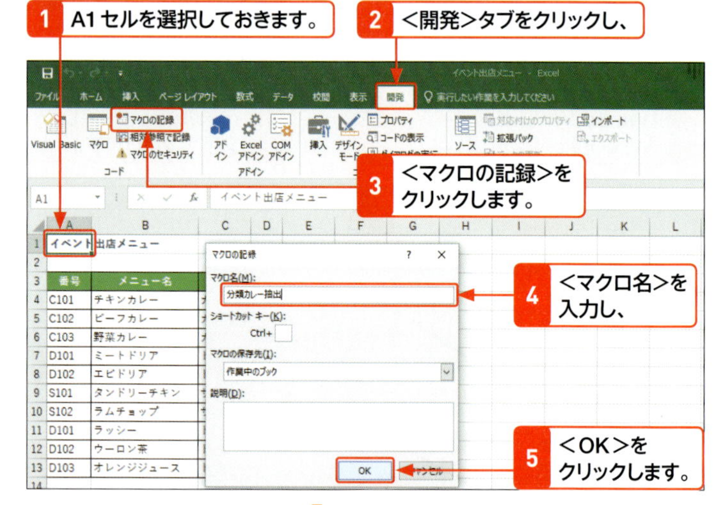

6 A3セルを選択します。

7 <データ>タブをクリックし、

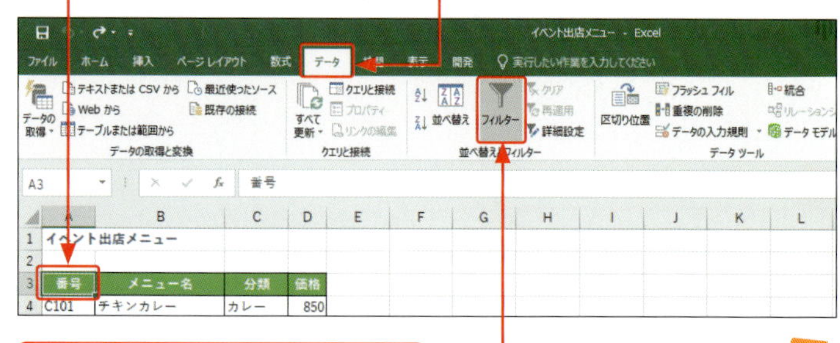

8 <フィルター>をクリックします。

ヒント マクロを実行する

ここで修正したマクロを実行するには、D1セルに「ドリア」「ドリンク」など抽出条件を入力してからマクロを実行します。すると、「分類」がD1セルのデータが抽出されます。

	A	B	C	D	E
1	イベント出店メニュー		抽出条件	ドリンク	
2					
3	番号	メニュー名	分類	価格	
11	D101	ラッシー	ドリンク	300	
12	D102	ウーロン茶	ドリンク	200	
13	D103	オレンジジュース	ドリンク	200	
14					

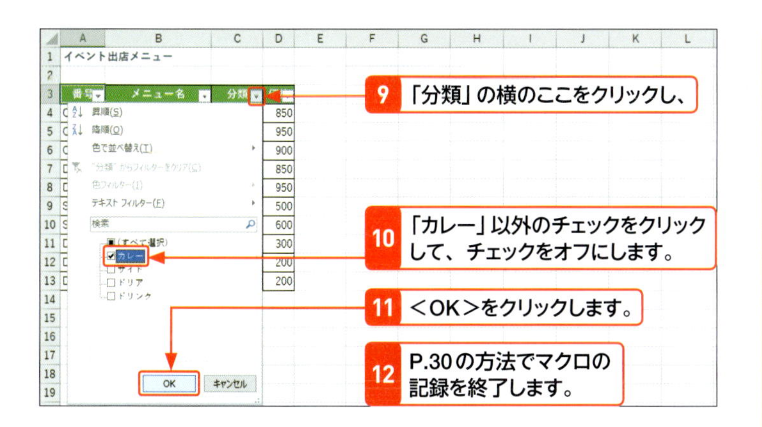

9 「分類」の横のここをクリックし、

10 「カレー」以外のチェックをクリックして、チェックをオフにします。

11 <OK>をクリックします。

12 P.30の方法でマクロの記録を終了します。

メモ データが抽出される

マクロの記録を終了したあとは、「分類」が「カレー」のデータのみ抽出されます。フィルター条件を解除するには、「分類」の横の<▼>をクリックして<"分類"からフィルターをクリア>をクリックします。フィルター自体を解除するには、<データ>タブの<フィルター>をクリックします。

2 マクロを修正する

1 Sec.10の方法で記録したマクロを表示します。

3 行末の改行を削除して文字をつなげます。

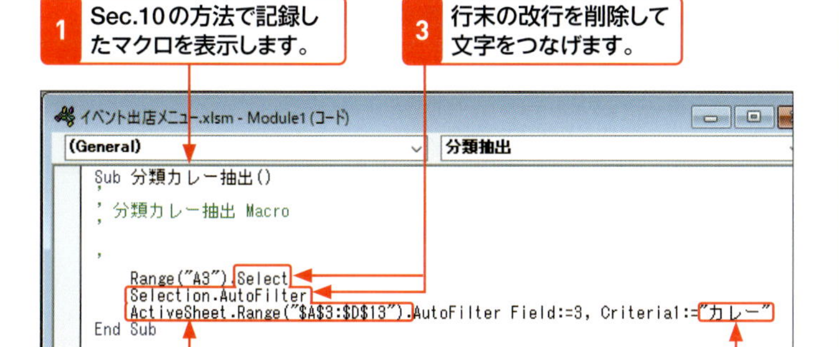

2 ここを削除します。

4 「Range("D1").Value」と入力します。

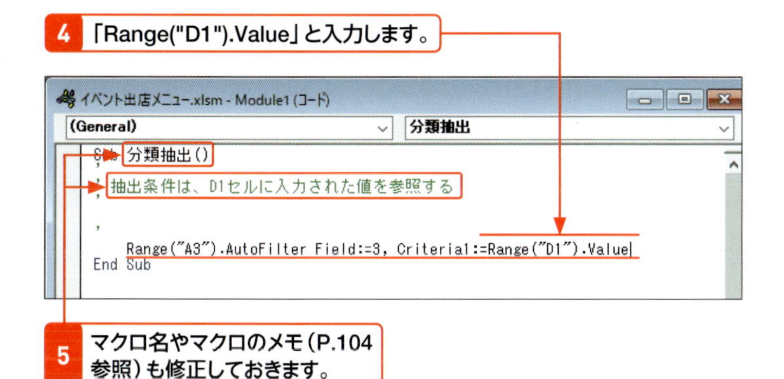

5 マクロ名やマクロのメモ(P.104参照)も修正しておきます。

メモ マクロを修正する

ここでは、A3セルを参照してオートフィルターを実行する操作を修正しましょう。よりシンプルな内容になるように、余計な個所を削除します。また、抽出条件は、左から3列目の「分類」を対象にして、D1セルの内容が抽出条件になるように変更します。VBAの文法などは、次の章以降で紹介します。この章では、内容は気にせずにVBEでマクロを書く感覚をつかみながら修正してみましょう。

ヒント セルの値を参照する

「Range("D1").Value」とは、D1セルの内容(値)を参照するというものです。セルの参照方法は、Sec.31で紹介しています。

メモ ほかのブックは閉じておく

実行するマクロは、アクティブブックのアクティブシートのA3セルを基準にフィルターを実行します。ほかのブックがアクティブになっている場合は、アクティブブックのアクティブシートを対象にマクロが実行されてしまうので、ほかのブックは閉じた状態で操作します。

```
Range("A3").AutoFilter Field:=3, Criteria1:=Range("D1").Value
```

1 A3セルを含むリスト範囲を対象にオートフィルターを実行します。
抽出条件は、左から3列目に指定します。条件の内容は、D1セルの内容を参照します。

Section 16

相対参照でマクロを記録する

覚えておきたいキーワード
- マクロの記録
- 相対参照
- 絶対参照

マクロを記録するときは、セルの参照方法を、「相対参照で記録」するか、「絶対参照で記録」するかを選択できます。相対参照で記録した場合は、セルを選択したとき、アクティブセルの場所を基準に相対的にセルの場所が指定されます。相対参照と絶対参照の違いを解説します。

1 セルの参照方法

メモ マクロを記録するときのセルの参照方法

「A1セルが選択されている状態で「C2セルをクリックして「おはよう」という文字を入力する」という操作を記録した場合、絶対参照で記録した場合は、最初に選択していたセルの位置とは関係なく、「C2セルに文字を入力する」という操作が記録されます。これに対して、相対参照で記録した場合は、「選択しているセルの2列右、1行下のセルに文字を入力する」という内容が記録されます。

ヒント 実行結果が異なる

記録した操作は同じでも、絶対参照でマクロを記録した場合と相対参照でマクロを記録した場合は、記録される内容が異なります。そのため、実行結果も異なります。

ヒント 参照方法を変更する

<開発>タブの<相対参照で記録>をクリックしてオンにすると、相対参照でマクロが記録されます。絶対参照で記録するには、<相対参照で記録>をオフにしておきます。

A1セルを選択した状態でマクロの記録を開始し、C2セルを選択して「おはよう」の文字を入力した場合

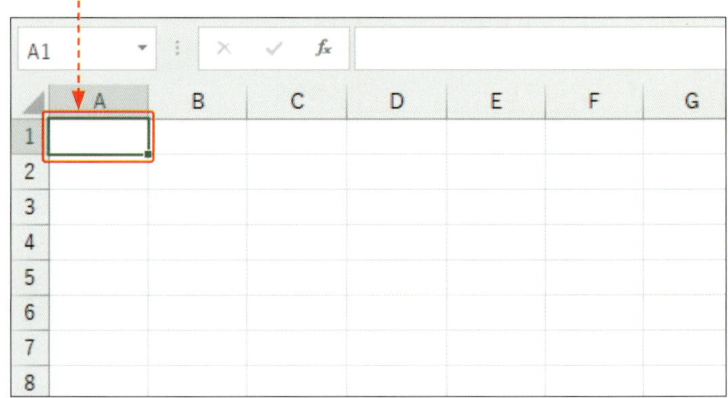

絶対参照で記録した場合
「C2セルに「おはよう」と入力する」という内容が書かれます。

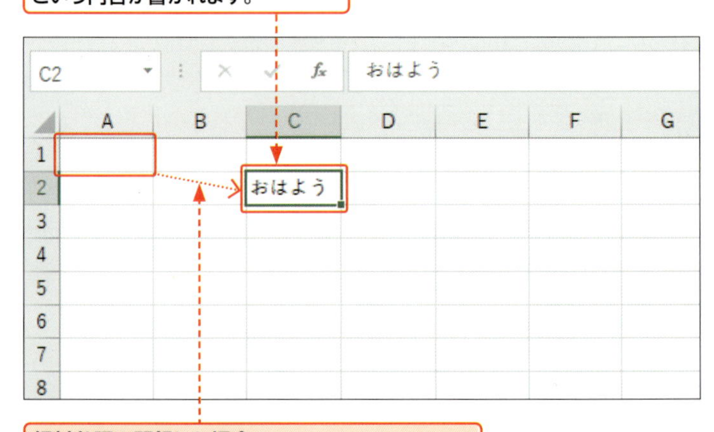

相対参照で記録した場合
「アクティブセルを基準に2列右、1行下のセルに「おはよう」と入力する」という内容が書かれます。

2 相対参照でマクロを記録する

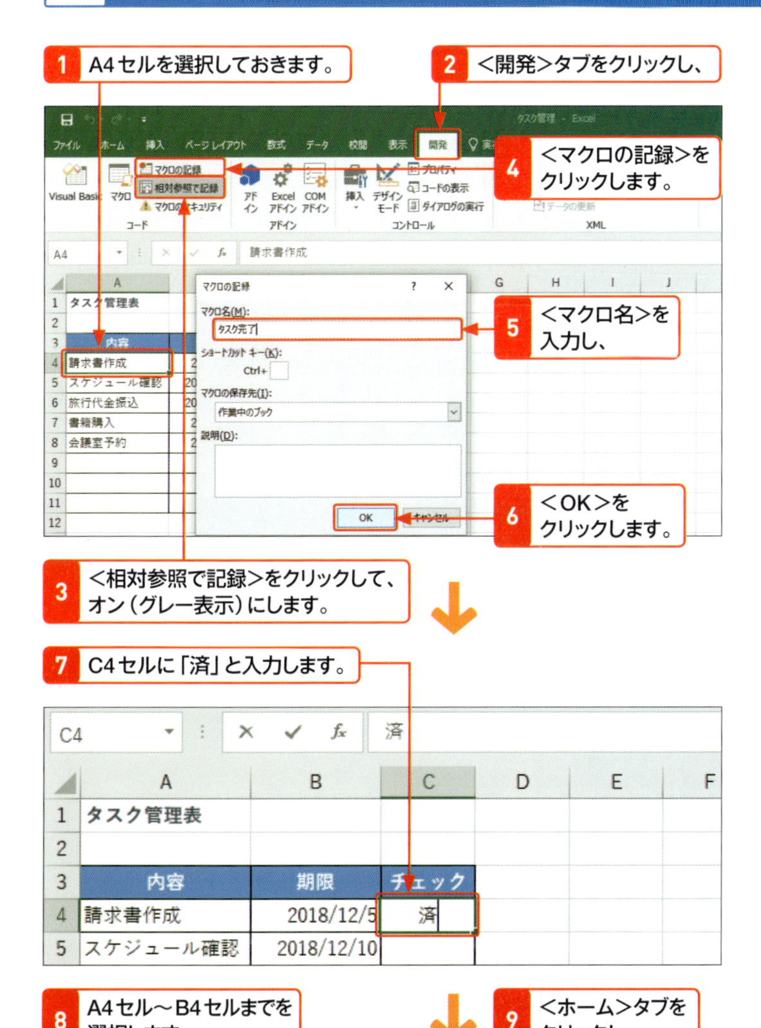

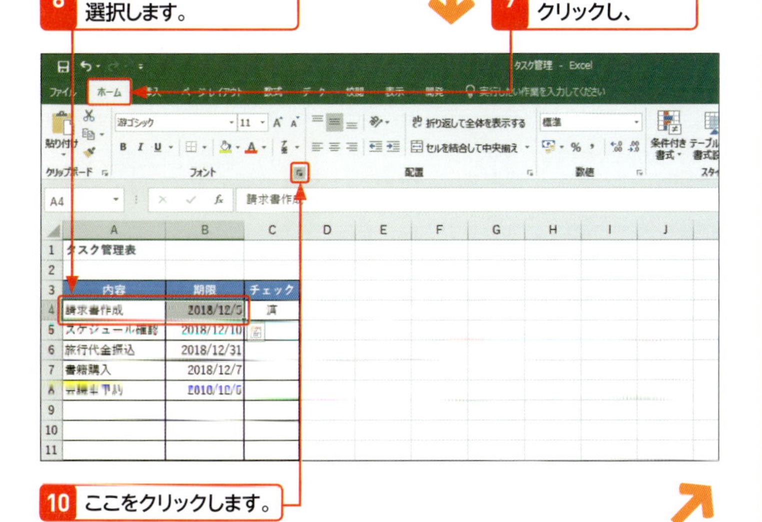

メモ 相対参照で記録する

ここでは、左のリストを使って、リストのA列のいずれかのセルを選択した状態で、相対参照でマクロを記録します。記録内容は、タスク管理リストから完了したタスクを区別できるように、2つ右の列に「済」と入力し、その行のA列からB列までの文字に取り消し線を引く、というものです。

メモ ＜セルの書式設定＞ダイアログボックス

＜セルの書式設定＞ダイアログボックスを開いてセルの書式を変更すると、指定した箇所以外の設定内容も記録されることがあります。記録した内容は、あとで修正できます。

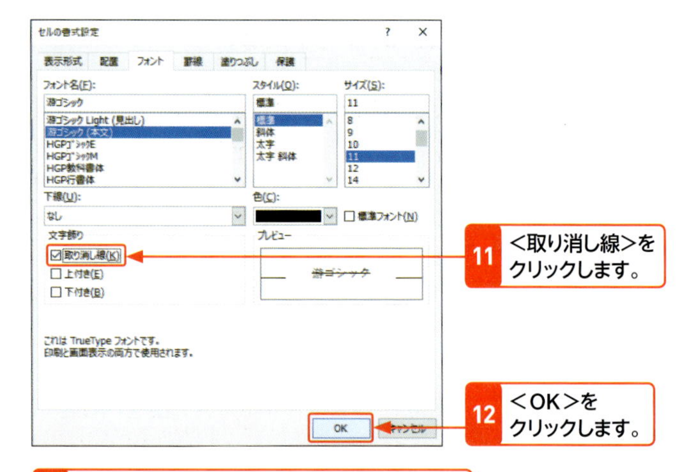

11 ＜取り消し線＞をクリックします。

12 ＜OK＞をクリックします。

13 P.30の方法で、マクロの記録を終了します。

3 マクロを修正する

メモ マクロを修正する

記録された内容の中から余計な部分を削除します。ここでは、＜セルの書式設定＞ダイアログボックスで書式を設定する内容を記録しましたが、設定した内容以外の設定も記録されているため、その部分を削除したりします。VBAの文法などは、次の章以降で紹介します。この章では、内容は気にせずにVBEでマクロを書く感覚をつかみながら修正してみましょう。

1 Sec.10の方法で記録したマクロを表示します。

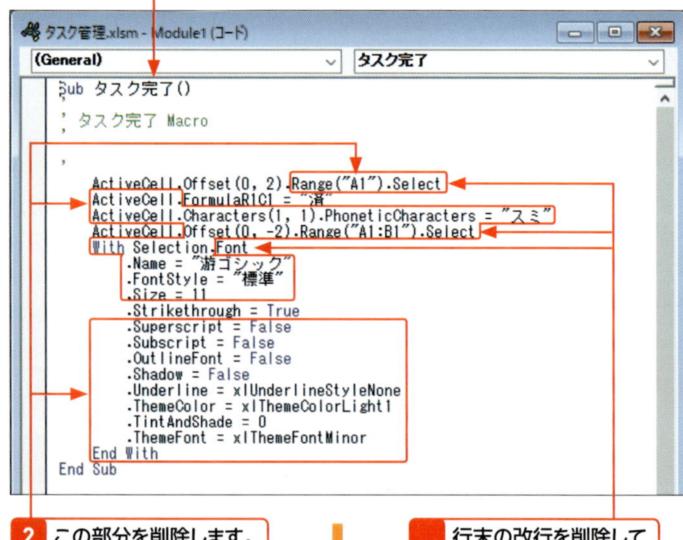


```
Sub タスク完了()
'
' タスク完了 Macro
'

'
    ActiveCell.Offset(0, 2).Range("A1").Select
    ActiveCell.FormulaR1C1 = "済"
    ActiveCell.Characters(1, 1).PhoneticCharacters = "スミ"
    ActiveCell.Offset(0, -2).Range("A1:B1").Select
    With Selection.Font
        .Name = "游ゴシック"
        .FontStyle = "標準"
        .Size = 11
        .Strikethrough = True
        .Superscript = False
        .Subscript = False
        .OutlineFont = False
        .Shadow = False
        .Underline = xlUnderlineStyleNone
        .ThemeColor = xlThemeColorLight1
        .TintAndShade = 0
        .ThemeFont = xlThemeFontMinor
    End With
End Sub
```

2 この部分を削除します。

3 行末の改行を削除して文字をつなげます。

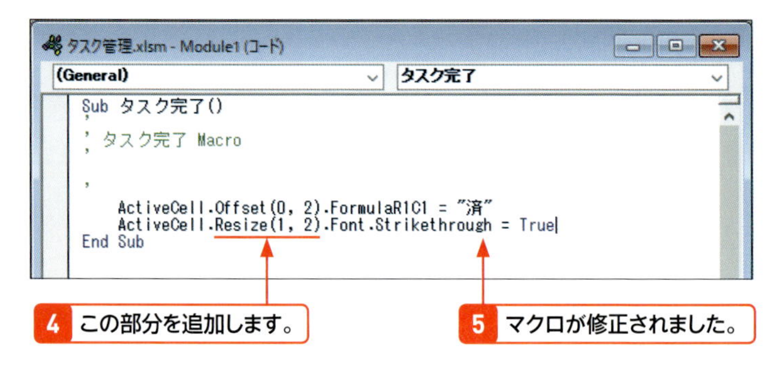


```
Sub タスク完了()
'
' タスク完了 Macro
'

'
    ActiveCell.Offset(0, 2).FormulaR1C1 = "済"
    ActiveCell.Resize(1, 2).Font.Strikethrough = True
End Sub
```

4 この部分を追加します。

5 マクロが修正されました。

ヒント アクティブセルを基準にする

ここでは、アクティブセルを基準に2つ右のセルを指定したり、アクティブセルを基準にセル範囲を拡張して指定したりしています。指定方法は、Sec.32やSec.36で紹介しています。

1 アクティブセルの2つ右のセルに「済」と表示します。

```
ActiveCell.Offset(0, 2).FormulaR1C1 = "済"
ActiveCell.Resize(1, 2).Font.Strikethrough = True
```

2 アクティブセルと右隣のセルの文字に取り消し線を引きます。

4 マクロを実行する

1 A6セルをクリックしておきます。

2 Sec.04の方法で、「タスク完了」マクロを実行します。

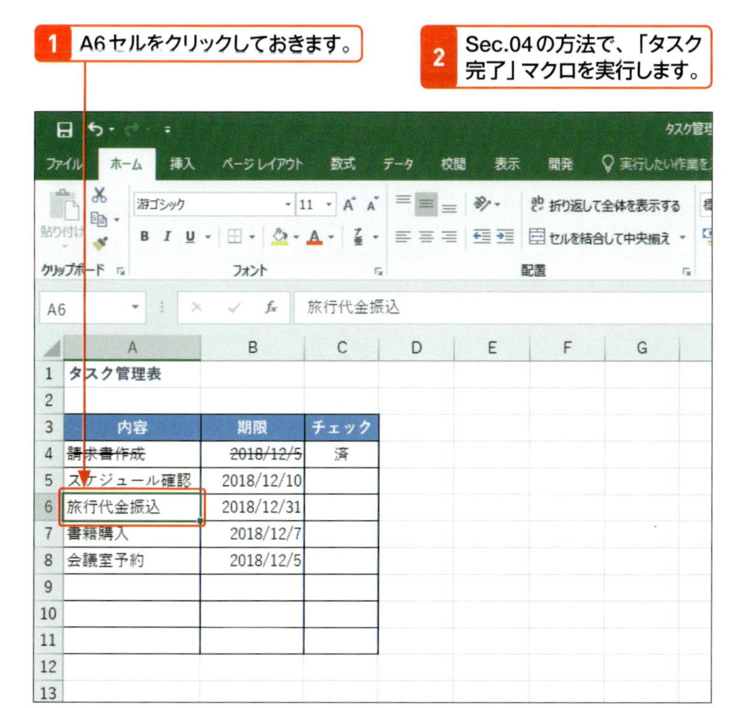

3 選択していたセルの2つ右のセルに「済」と入力され、選択していたセルと右隣のセルに取り消し線が引かれます。

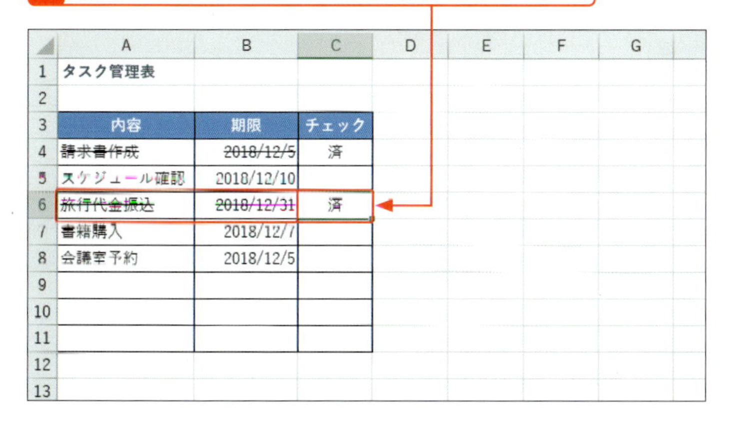

メモ マクロを実行する

記録したマクロを実行してみましょう。ここでは、A6セルを選択した状態で実行します。A6セルの2つ右のセルに「済」と入力され、A6セルからB6セルの文字に取り消し線が引かれます。

ヒント 絶対参照で記録した場合

相対参照でマクロを記録した場合、アクティブセルの場所を基準に相対的にセルの場所が指定されます。仮に、P.59で記録したマクロを絶対参照で記録した場合、A6セルをクリックした状態でそのマクロを実行しても、C4セルに「済」と入力され、A4セル～B4セルの文字に取り消し線が引かれます。

ヒント <相対参照で記録>をオフにする

相対参照でマクロを記録したあと、<開発>タブの<相対参照で記録>はそのままオンの状態です。絶対参照で記録する状態に戻すには、<相対参照で記録>をクリックしてオフの状態に戻しておきましょう。

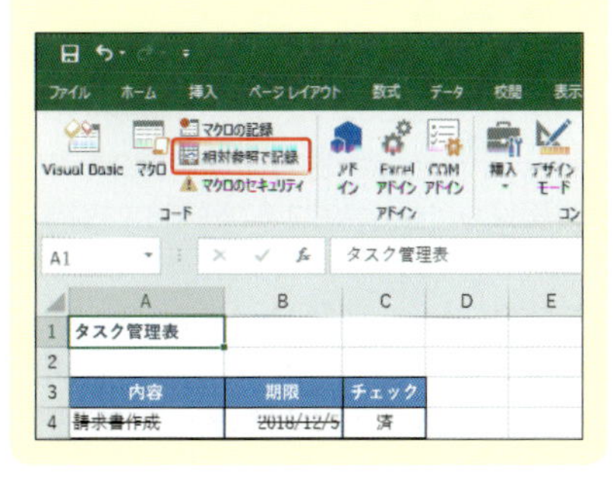

Section 17 VBAで本格的なマクロに作り変える

覚えておきたいキーワード
- マクロ
- VBE
- <Sub／ユーザーフォームの実行>

アクティブシートを新しいブックにコピーして、ブックを保存するマクロを作成します。記録マクロを使用すると、簡単にマクロを作成できて便利ですが、条件によって分岐する処理などは記録できません。ここでは、柔軟な処理を実行できるようにマクロを修正します。本格的なマクロに近づけましょう。

1 ブックを保存するマクロの内容

メモ ブック名とブックの保存先

ここでは、アクティブシートを新しいブックにコピーして保存するマクロを作成します。ブック名は、アクティブシートの名前と同じにします。保存先は、このマクロが書かれているブックと同じ場所にします。

ヒント ブックの保存先とシート名

マクロを使用してブックを保存するときは、保存場所を指定できます。また、「カレントフォルダー」や「マクロが書かれているブックと同じ場所」というように指定することもできます。また、保存するブックの名前は、特定の名前を指定するほかに、「A1セルに入力されている文字」や「アクティブシート名」といった指定もできます。

1 マクロを実行すると、

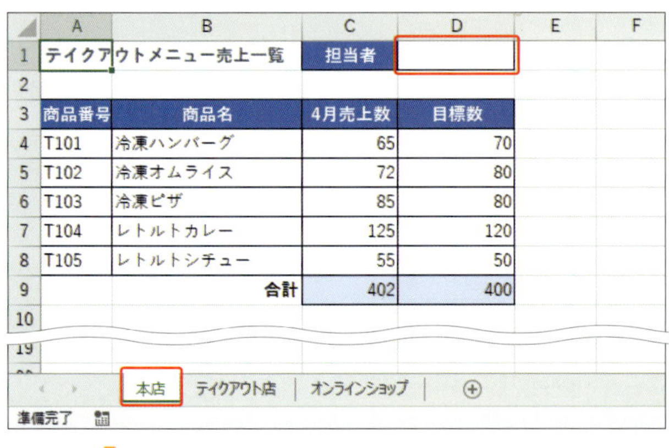

	A	B	C	D
1	テイクアウトメニュー売上一覧		担当者	
2				
3	商品番号	商品名	4月売上数	目標数
4	T101	冷凍ハンバーグ	65	70
5	T102	冷凍オムライス	72	80
6	T103	冷凍ピザ	85	80
7	T104	レトルトカレー	125	120
8	T105	レトルトシチュー	55	50
9		合計	402	400

2 アクティブシートが新しいブックにコピーされて、アクティブシートと同じ名前が付けられて、自動的に保存されます。

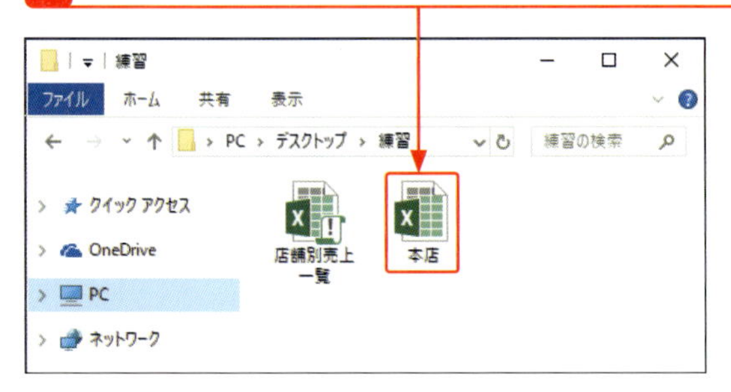

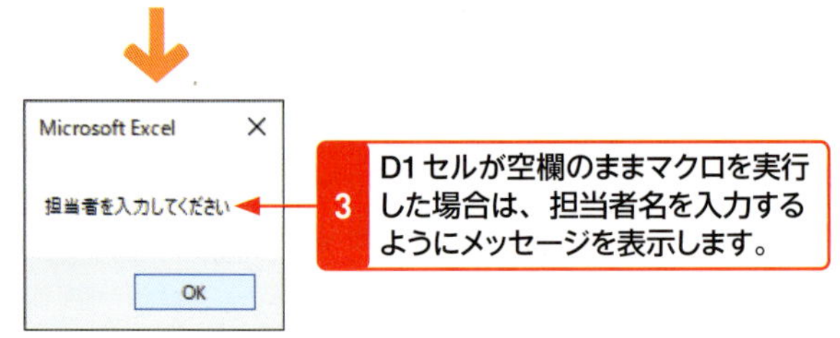

3 D1セルが空欄のままマクロを実行した場合は、担当者名を入力するようにメッセージを表示します。

2 操作を記録する

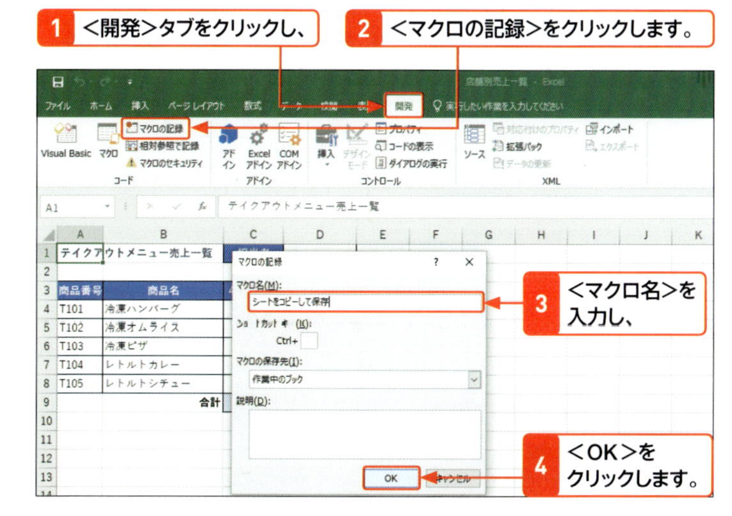
1 <開発>タブをクリックし、
2 <マクロの記録>をクリックします。
3 <マクロ名>を入力し、
4 <OK>をクリックします。

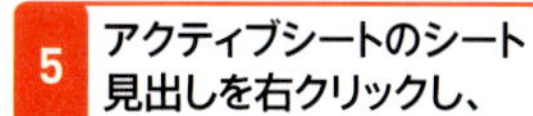
5 アクティブシートのシート見出しを右クリックし、

6 <移動またはコピー>をクリックします。

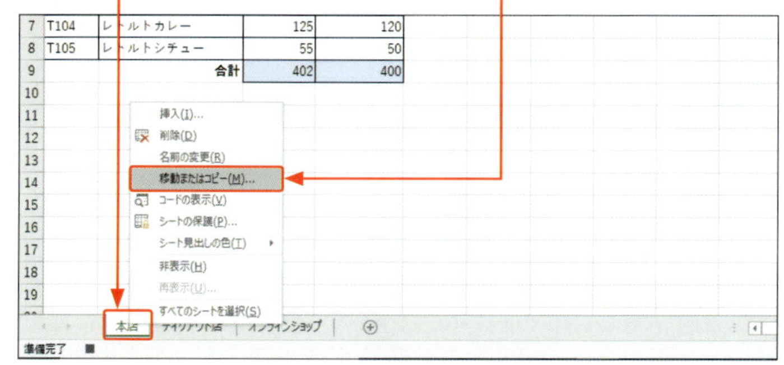

7 <移動先ブック名>のここをクリックし、<(新しいブック)>を選択します。

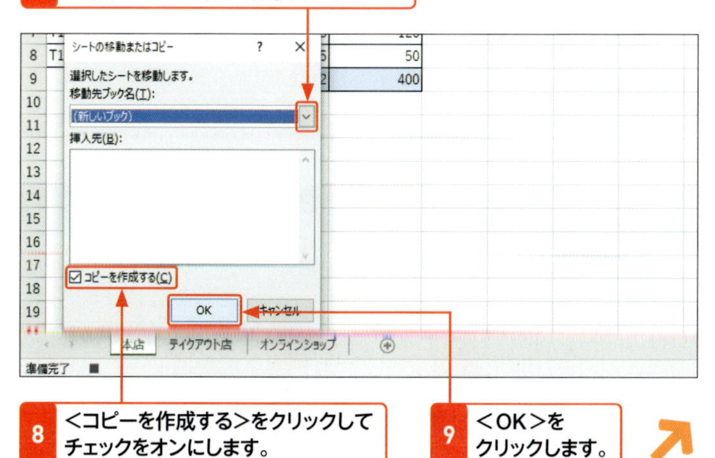
8 <コピーを作成する>をクリックしてチェックをオンにします。

9 <OK>をクリックします。

メモ マクロを記録する

アクティブシートを新しいブックにコピーして保存する操作を記録して、マクロを作成します。

メモ 移動先ブックを指定する

シートを移動したりコピーしたりするときは、移動先またはコピー先のブックを指定します。ここでは、新しいブックにシートをコピーします。

メモ コピーを作成する

シートをコピーするときは、<コピーを作成する>のチェックをオンにしておきます。チェックがオフの状態では、シートが移動してしまうので注意します。

メモ ブックの保存先とブック名

ここで作るマクロは、アクティブシートを新しいブックにコピーして、このマクロが書かれているブックと同じ場所にアクティブシート名と同じ名前を付けて保存します。ただし、操作を記録する段階では、とりあえず適当なフォルダーに「Book1」という名前で保存しておきましょう。操作を記録するために保存したブックは不要なので、削除して構いません。

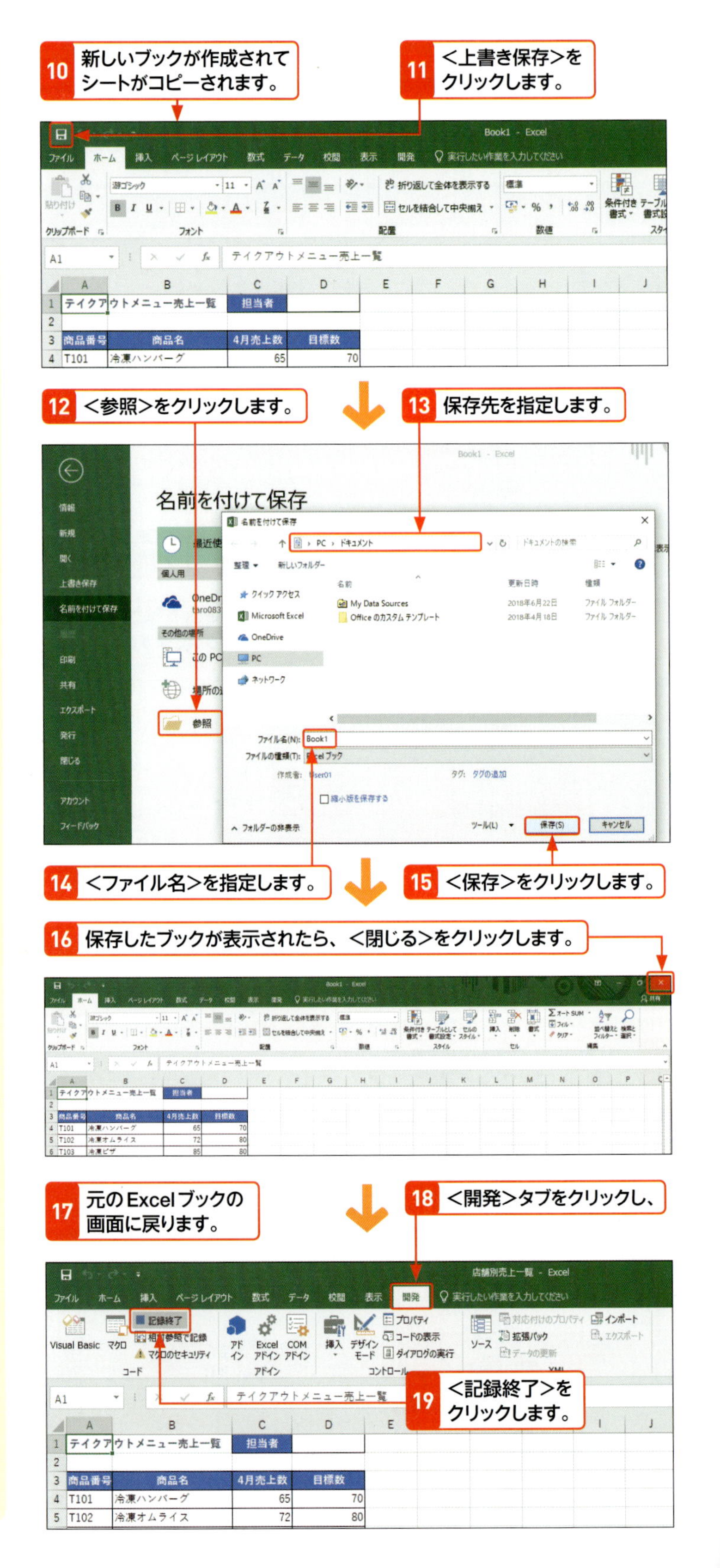

メモ アクティブブックを閉じておく

アクティブシートを新しいブックにコピーすると、作成された新しいブックがアクティブブックになります。作成されたブックが自動的に閉じるように、ブックを保存したあとはアクティブブックを閉じておきます。

3 マクロを修正する

1 Sec.10の方法で、記録したマクロを表示します。

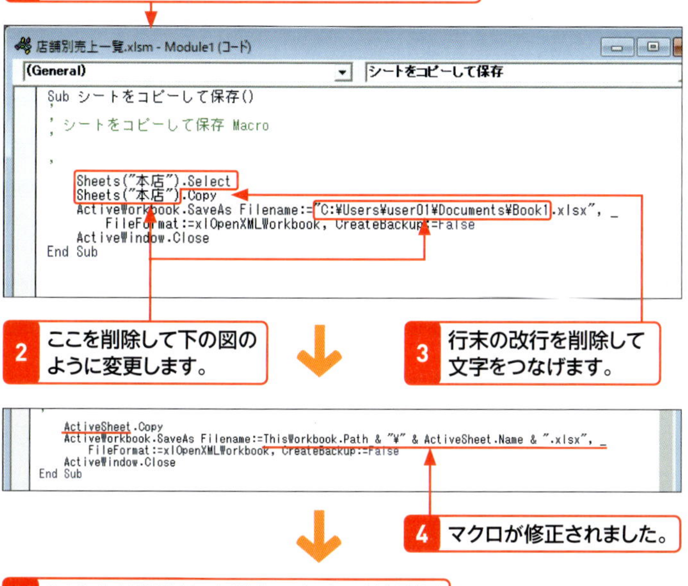


```
Sub シートをコピーして保存()
'
' シートをコピーして保存 Macro
'
    Sheets("本店").Select
    Sheets("本店").Copy
    ActiveWorkbook.SaveAs Filename:="C:¥Users¥user01¥Documents¥Book1.xlsx", _
        FileFormat:=xlOpenXMLWorkbook, CreateBackup:=False
    ActiveWindow.Close
End Sub
```

```
    ActiveSheet.Copy
    ActiveWorkbook.SaveAs Filename:=ThisWorkbook.Path & "¥" & ActiveSheet.Name & ".xlsx", _
        FileFormat:=xlOpenXMLWorkbook, CreateBackup:=False
    ActiveWindow.Close
End Sub
```

5 D1セルが空欄だった場合、メッセージを表示してD1セルを選択する内容を追加します。

```
    If Range("D1").Value = "" Then
        MsgBox "担当者を入力してください"
        Range("D1").Select
    Else
        ActiveSheet.Copy
        ActiveWorkbook.SaveAs Filename:=ThisWorkbook.Path & "¥" & ActiveSheet.Name & ".xlsx", _
            FileFormat:=xlOpenXMLWorkbook, CreateBackup:=False
        ActiveWindow.Close
    End If
End Sub
```

6 条件を満たすか判定して処理を分岐する場合の記述を終了する内容を書きます。

D1セルにデータが入力されていない場合は、12の内容を実行します。入力されている場合は、345の処理を実行します。

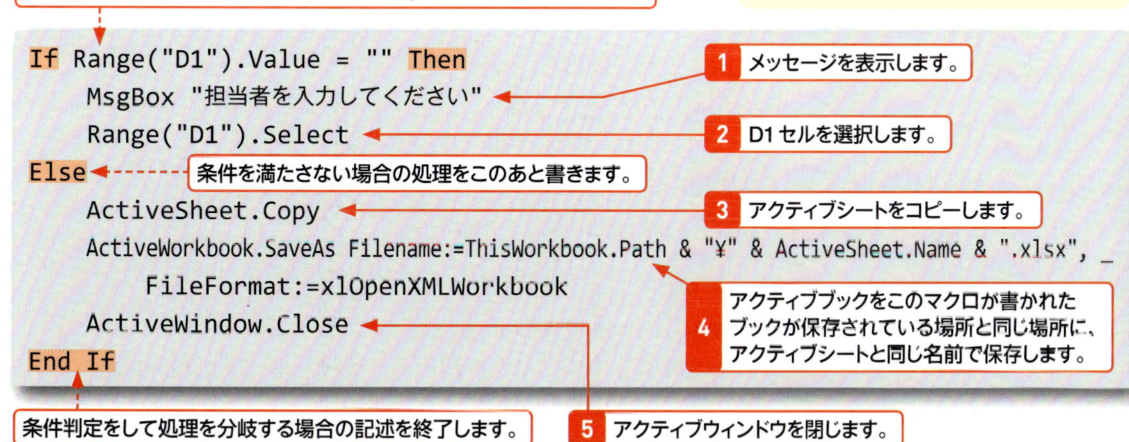

```
If Range("D1").Value = "" Then
    MsgBox "担当者を入力してください"
    Range("D1").Select
Else
    ActiveSheet.Copy
    ActiveWorkbook.SaveAs Filename:=ThisWorkbook.Path & "¥" & ActiveSheet.Name & ".xlsx", _
        FileFormat:=xlOpenXMLWorkbook
    ActiveWindow.Close
End If
```


条件判定をして処理を分岐する場合の記述を終了します。

5 アクティブウィンドウを閉じます。

メモ マクロを修正する

新しく作成したブックを、このマクロが書かれたブックが保存されている場所にアクティブシートと同じ名前で保存されるようにマクロを修正します。まず、「本店」シートではなく、アクティブシートをコピーする内容に修正します。次に、保存先とブック名を変更します。文字と文字などをつなげる「&」の記号の前後は、半角スペースを入力します。最後に、条件を満たすかどうかによって処理を分岐する内容を追加します。VBAの文法などは、次の章以降で紹介します。ここでは、内容は気にせずにとりあえず図の通りに入力しておきます。

ヒント Tab で字下げする

行頭にカーソルがあるときに Tab を押すと、字下げされます。マクロを書くときは、あとからマクロを見たときにわかりやすいように、適宜 Tab で字下げしながら入力します（P.75、P.76参照）。

メモ 修正したマクロを実行する

Excelの画面に切り替えて、いずれかのシートを選択してからマクロを実行してみましょう。ほかのブックは閉じた状態で操作します。正しく動作した場合は、このマクロが書かれているブックが保存されている場所に、アクティブシートと同じ名前のブックが保存されます。

Section 18

VBEでマクロを削除する

覚えておきたいキーワード
- マクロ
- VBE
- 削除

Sec.07では、<マクロ>ダイアログボックスでマクロを削除する方法を紹介しましたが、VBEの画面からも、マクロを削除できます。ここでは、VBEの画面から「シートをコピーして保存」マクロを削除してみましょう。削除するマクロを選択して Delete を押します。

1 VBEの画面でマクロを削除する

メモ VBEでマクロを削除する

VBEの画面で「シートをコピーして保存」マクロを選択します。Delete を押してVBAの文字を削除します。

1 VBEの画面で「シートをコピーして保存」マクロを表示します。

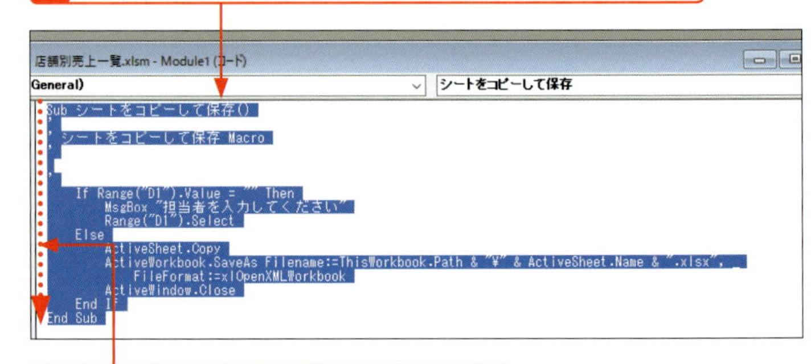

2 行頭の余白部分をドラッグして「シートをコピーして保存」マクロ全体を選択します。

3 Delete を押します。

4 マクロが削除されました。

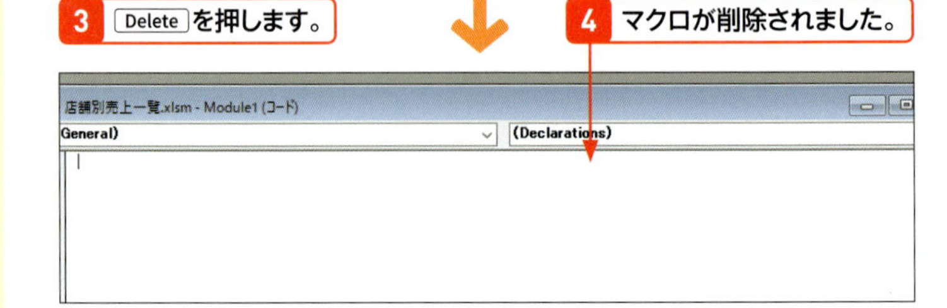

メモ モジュールが残っている場合

マクロを削除しても、マクロを書かれていたモジュール自体が残っていると、そのモジュールに何も書かれていなくても、マクロが含まれるブックとみなされます。問題がある場合は、モジュールを削除しましょう(P.73参照)。

ステップアップ マクロを保存する方法

マクロをあとでまた利用する可能性がある場合は、マクロをコメント(P.104参照)にしておくとよいでしょう。マクロは文字で書かれていますので、メモ帳などにマクロの文字をコピーして、テキストファイルとして保存することもできます。
また、マクロが含まれているモジュール全体を保存しておくには、モジュールを右クリックして<ファイルのエクスポート>をクリックし、エクスポートする方法もあります。エクスポートしたモジュールのファイルを利用する方法は、P.73を参照してください。

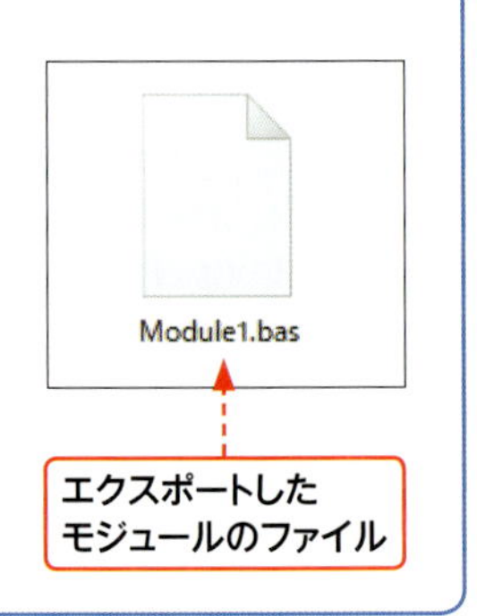

エクスポートしたモジュールのファイル

第2章 記録マクロを活用しよう

Chapter 03

第3章

VBAの基本を身に付けよう

Section 19 VBAの基本
Section 20 マクロを書く場所
Section 21 標準モジュールを追加する
Section 22 VBAでマクロを入力する
Section 23 オブジェクトとは
Section 24 プロパティとは
Section 25 メソッドとは
Section 26 関数とは
Section 27 変数とは
Section 28 VBEの便利な機能を利用する
Section 29 マクロを整理する

Section 19

VBAの基本

覚えておきたいキーワード
- オブジェクト
- プロパティ
- メソッド

この章では、VBAでマクロを書くための基本的な知識を紹介します。操作の対象であるオブジェクトを取得する方法、オブジェクトの属性を指示するプロパティ、オブジェクトの動作を指示するメソッドなどについて学習しましょう。また、簡単なマクロを1から作成して実行する手順も紹介します。

1 VBAの3つの基本的な書き方

メモ VBAの基本的な書き方

VBAでマクロを書くときは、まず「操作の対象」を書いて、続いてその対象に「何をするか」を指示します。このときに使用する3つの基本的な書き方を知りましょう。

① 何かの値を取得する(Sec.24参照)

```
何か.属性名
```

操作の対象 / プロパティ名

記述例 「A1セルの内容を知る」の場合

```
A1セル.内容
```

② 何かの値を設定する(Sec.24参照)

```
何か.属性名 = 値
```

操作の対象 / プロパティ名 / 設定する値

記述例 「A1セルの内容を「100」にする」

```
A1セル.内容=100
```

③ 何かに動作を指示する(Sec.25参照)

```
何か.動作名
```

操作の対象 / メソッド名

記述例 「A1セルを、選択する」

```
A1セル.選択
```

ヒント プロパティとメソッド

Excelの操作の対象には、種類ごとにさまざまな属性(プロパティ)や動作(メソッド)が用意されています。操作対象ごとに、利用できるプロパティやメソッドは異なります。

2 オブジェクトとは

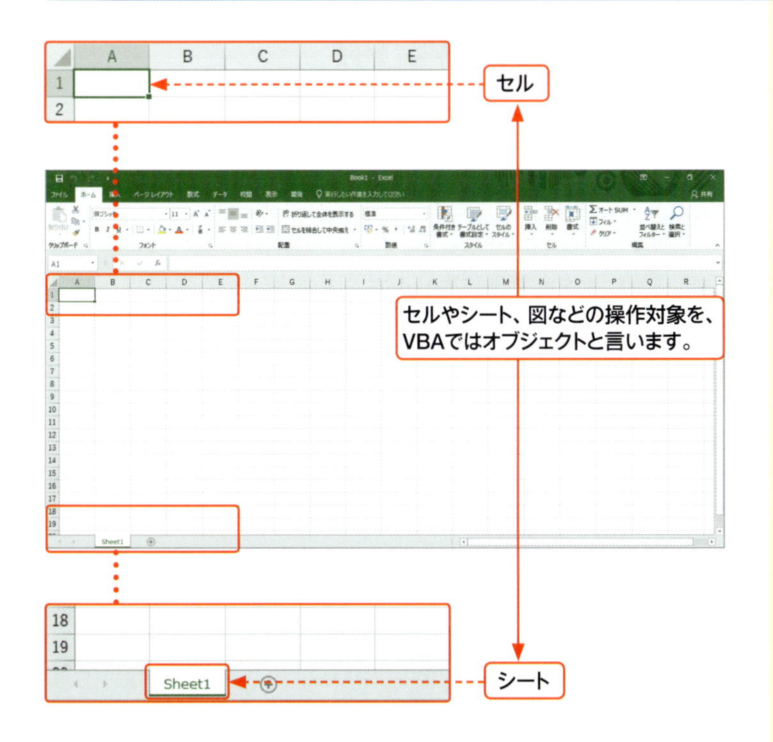

メモ 操作の対象（オブジェクト）に対して指示をする

VBAでは、操作の対象になるExcel内の「モノ」に対して、操作を指示します。操作対象の「モノ」のことを、VBAでは「オブジェクト」と言います。たとえば、Excelで何かの操作をするときは、セルやセル範囲、シート、図やグラフなどを最初に選択してから操作を行いますが、これらがオブジェクトです。VBAでも、何かの操作を指示するときは、まず操作対象のオブジェクトを指定します。

メモ この章の内容

この章では、VBAの基本的な用語や文法について紹介していますが、一度に理解する必要はありません。次の章から、実際にセルやシートを扱いながら、VBAの用語や文法に慣れていきましょう。

メモ 記録マクロとヘルプを活用する

VBAのオブジェクトは、Excelの「セル」「グラフ」など、操作の対象になるものですが、Excelで操作をするときの名前と、VBAのオブジェクト名は異なります。慣れないうちは、用語の違いに戸惑うことが多いかもしれません。また、目的の操作を行うために、どのオブジェクトを扱うのかまったくわからないこともあるでしょう。そんなときは、記録マクロを利用するのも1つの方法です。
記録マクロを作ると、Excelで操作した内容がそのままVBAに置き換わります。したがって、操作を記録してマクロを開き、それらしい用語を調べてみると、目的のオブジェクトの取得方法やオブジェクトの持つプロパティ・メソッドなどが見えてくることがあります。ヘルプ機能の利用方法については、P.344～P.345）を参照してください。ヘルプには使用例も表示されますので、目的の操作を実現するヒントを見つけるのに便利です。Webブラウザーで、ヘルプのページを確認できます。

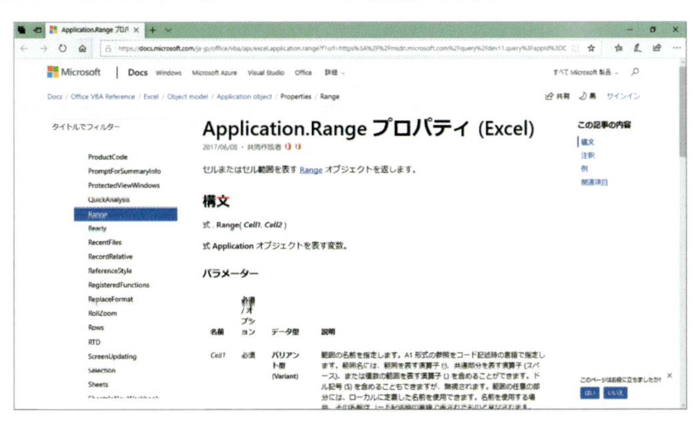

Section 20

マクロを書く場所

覚えておきたいキーワード
- モジュール
- プロシージャ
- ステートメント

基本的なマクロは、標準モジュールというシートに書きます。1つの標準モジュールには、複数のマクロを書くことができます。ここでは、マクロと標準モジュールの関係などについて知っておきましょう。Sec.21 では、実際に標準モジュールを追加してマクロを書く準備をします。

1 モジュールとは

記録マクロが記述される場所

記録マクロを作成してマクロを記録すると、通常は「Module1」というモジュールが追加されてマクロが書かれます。ブックを閉じて、再びマクロを記録すると、「Module2」というモジュールが追加されてマクロが書かれます。このとき、「Module2」に書かれたマクロを「Module1」に移動して、「Module2」を削除しても構いません。

ヒント **プロジェクト**

1つのブックには、通常、マクロを書くためのモジュールが複数含まれています。1つのブックに含まれる複数のモジュールをまとめて、プロジェクトという単位で扱います。

モジュールとは、VBAでマクロを書くための場所です。モジュールには、「Microsoft Excel Objects」(Excelオブジェクト)「フォームモジュール」「標準モジュール」「クラスモジュール」があります。

Microsoft Excel Objects	Excelのブックやシートを操作したタイミングで自動的に実行するマクロを作成する場合などに利用します。Sec.57で紹介します。
フォームモジュール	ユーザーフォームの動作を指示するマクロを書くことができます。第11章で紹介します。
標準モジュール	マクロ記録によって作成したマクロが保存されます。また、標準的なマクロを書く場合に使用されます。最も基本的なモジュールです。
クラスモジュール	独自のオブジェクトを作るための「クラス」というものを定義するモジュールです。

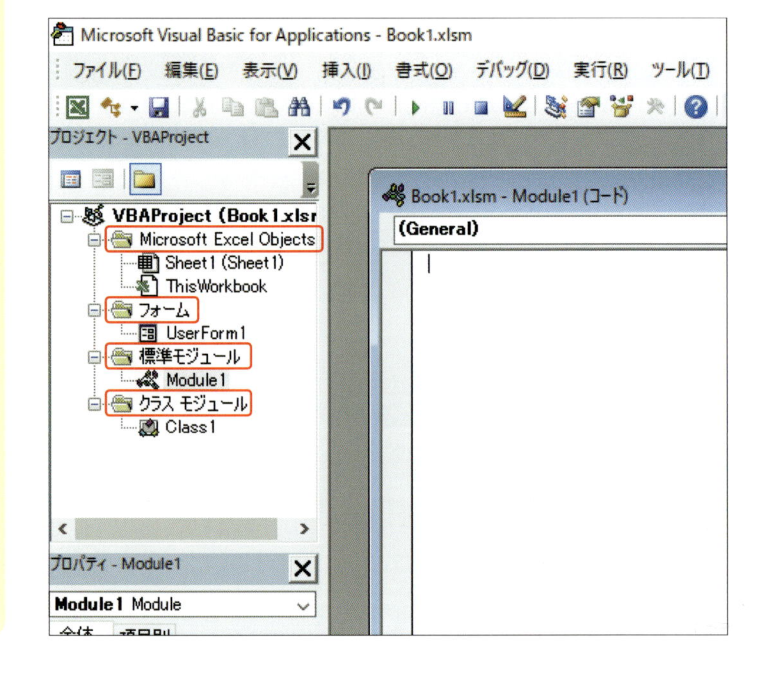

2 プロシージャとは

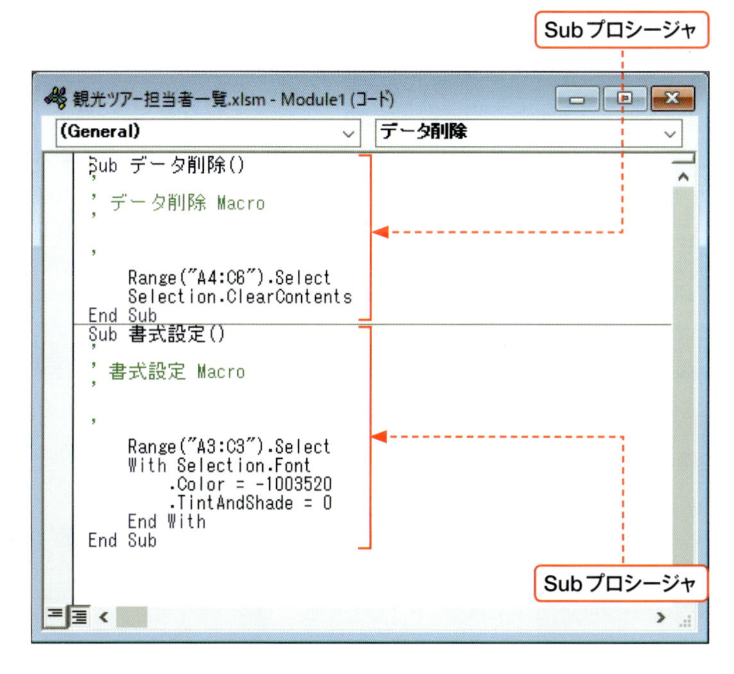

キーワード プロシージャ

VBAでは、マクロのことをプロシージャと言うこともあります。基本的なマクロは、「Sub マクロ名()」から「End Sub」までのひとまとまりです。「Sub マクロ名()」から「End Sub」までのマクロを、Subプロシージャと言います。

キーワード ステートメント

ステートメントとは、VBAで書く文のことです。マクロでさまざまな操作を行うには、操作したい順に、プロシージャに複数の命令文を書きます。この1つ1つの命令文を、ステートメントと言います。通常、1行が1つのステートメントになりますが、If…Then…Elseステートメントのように、1つの構文に含まれる複数行の内容のことを指す場合もあります。

ヒント プロシージャの表示方法

標準モジュールには、複数のSubプロシージャを作成することができます。<モジュール全体を連続表示>をクリックすると、複数のSubプロシージャをまとめて表示できます。<プロシージャの表示>をクリックすると、プロシージャ単位で表示されます。<プロシージャ>ボックスで、表示するプロシージャを切り替えられます。

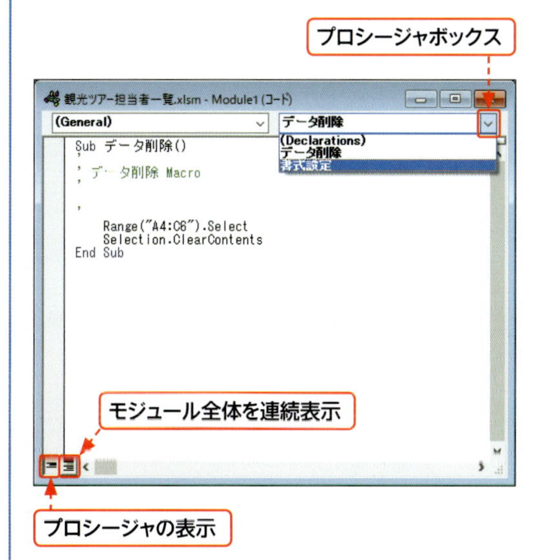

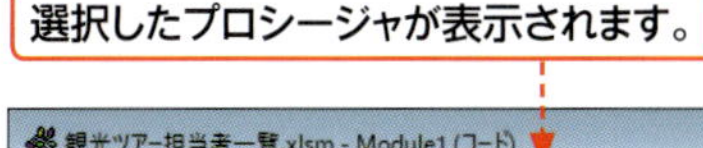

選択したプロシージャが表示されます。

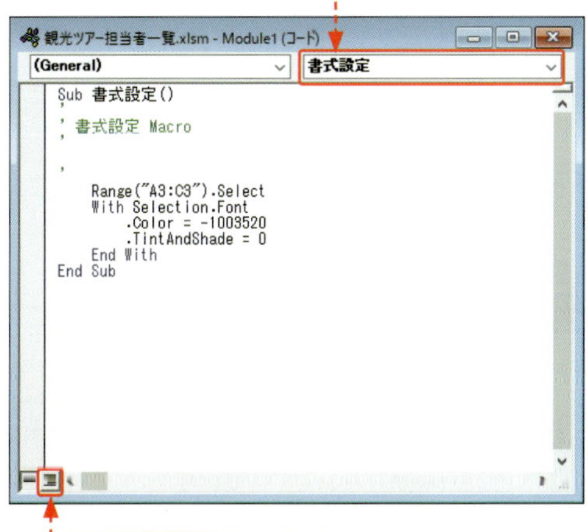

Section 21 標準モジュールを追加する

覚えておきたいキーワード
- モジュール
- 標準モジュール
- VBE

1章では、マクロを記録する方法でマクロを作成しました。ここでは、VBAを使って1からマクロを書いてみましょう。1からマクロを作成するには、まず、VBEで「標準モジュール」を追加して、マクロを書くための場所を用意する必要があります。

1 モジュールを挿入する

メモ マクロを書くモジュールを追加する

マクロを書くモジュールを追加する方法を知りましょう。プロジェクトエクスプローラーで、マクロを保存するブックを選択し、＜挿入＞メニューの＜標準モジュール＞をクリックします。

メモ 標準モジュール

モジュールには、いくつかの種類がありますが（P.70参照）、基本的なマクロは、標準モジュールに書きます。標準モジュールを追加すると、「Module○」という名前の標準モジュールが追加されます。

ヒント 標準モジュールがすでに作成されている場合

マクロの記録機能を利用してマクロを作成すると、自動的に標準モジュール「Module1」が追加されて、その中にマクロが書かれます。標準モジュールがすでに作成されているときは、その標準モジュールの中にマクロを書いても構いません。また、新しい標準モジュールを追加して書いても構いません。

1 「標準モジュール」を追加するプロジェクトを選択し、

2 ＜挿入＞メニューをクリックし、

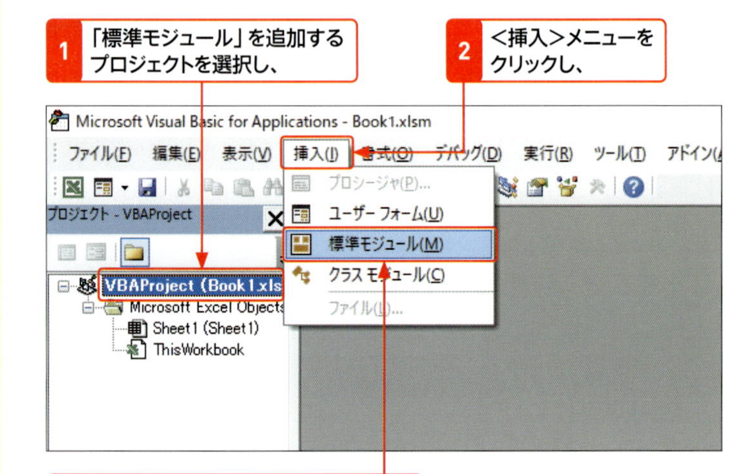

3 ＜標準モジュール＞をクリックすると、

4 「標準」モジュールが追加されます。

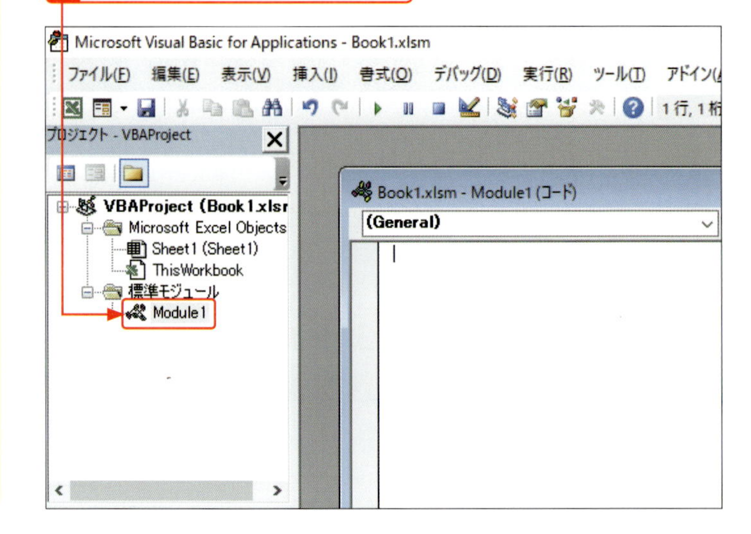

2 モジュールを削除する

1 削除するモジュールを右クリックし、

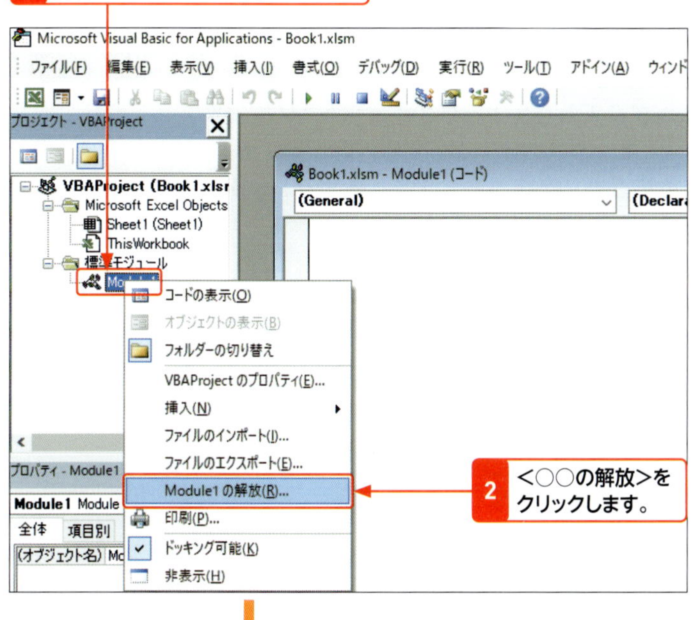

2 <○○の解放>をクリックします。

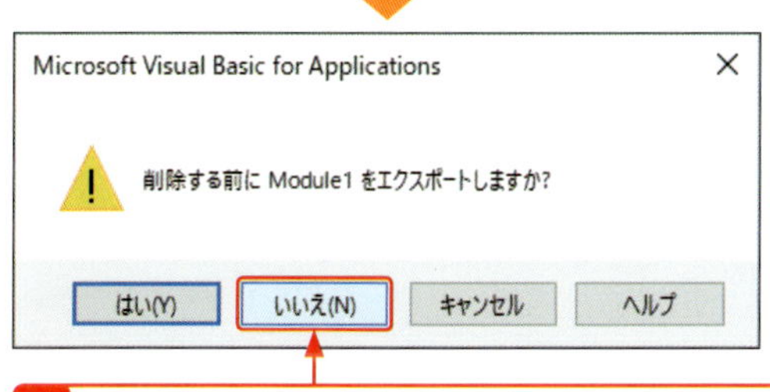

3 「標準モジュール」を保存しておくかどうか選択します。保存せずに削除するには、<いいえ>を選択します。

メモ いらなくなった標準モジュールを削除する

不要になった「標準モジュール」を削除する方法を知りましょう。削除する「標準モジュール」を右クリックし、表示されたメニューの<(モジュール名)の解放>をクリックします。

メモ モジュールだけを保存する

作成した「標準モジュール」を別のブックでも利用したい場合は、「標準モジュール」をエクスポートします。左の画面で<はい>をクリックするか、手順で<ファイルのエクスポート>をクリックして、保存先を指定します。

ステップアップ モジュールをインポートする

エクスポートしたモジュールを使用中のブックに取り込んで使用するには、手順2で<ファイルのインポート>をクリックします。表示される画面で、エクスポートしたモジュールを指定します。

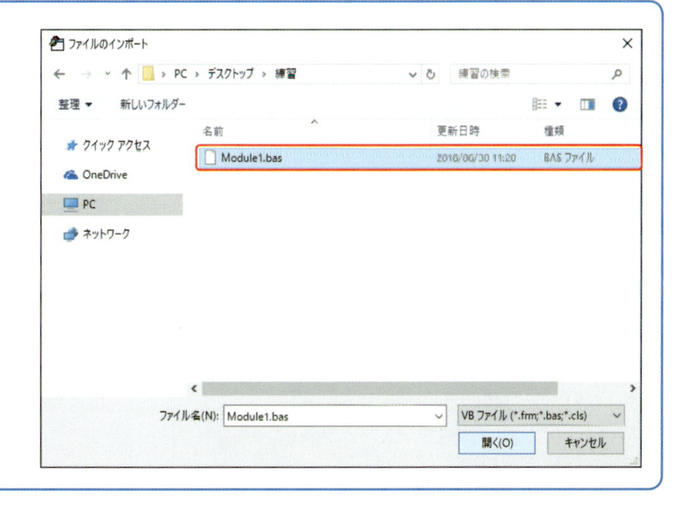

Section 22 VBAでマクロを入力する

覚えておきたいキーワード
- マクロ名
- コード
- 入力支援機能

VBAでマクロの内容を入力します。ここでは、セルに文字を入力したり、セルを選択したり、メッセージを表示したりする内容を書きます。文字の入力中は、入力を支援するさまざまな機能が働きます。それらを利用しながらマクロを完成させましょう。

1 マクロの名前を入力する

メモ 最初にマクロの名前を入力する

ここでは、「練習」という名前のマクロを作成します。まずは、Subのあと、スペースを入れて、マクロ名を入力しましょう。マクロ名のあとの「()」は自動的に入力されます。

メモ Subプロシージャ

マクロには、いくつかの種類がありますが、指定した操作を実行する基本的なマクロは「Subプロシージャ」と言います。Subからはじまり、End Subで終わります。記録マクロを作成した場合は、Subプロシージャになります。

ヒント 大文字と小文字

マクロで使用するSubやEnd Subなどのキーワードを入力するとき、アルファベットの大文字と小文字を使い分けて入力する必要はありません。すべて小文字で入力しても、正しく入力されていると自動的に変換されます。また、VBAで特別な意味を持つキーワードは、自動的に青く表示されます。

1 「Sub練習」と入力し、Enter を押すと、

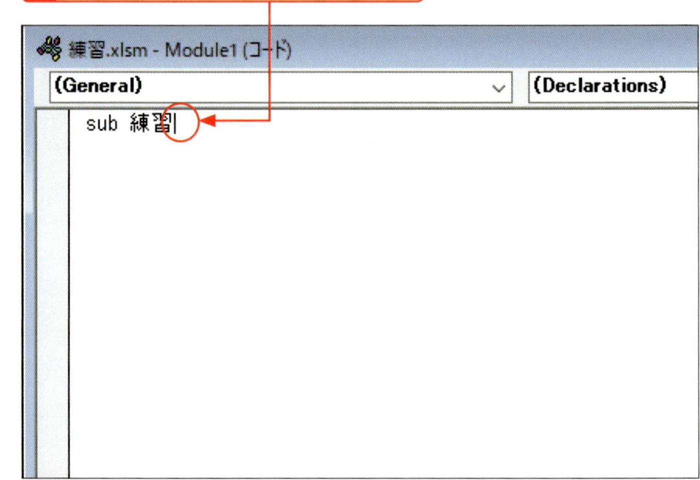

2 マクロ名のあとに「()」が自動的に入り、マクロの終わりを表す「End Sub」が入力されます。

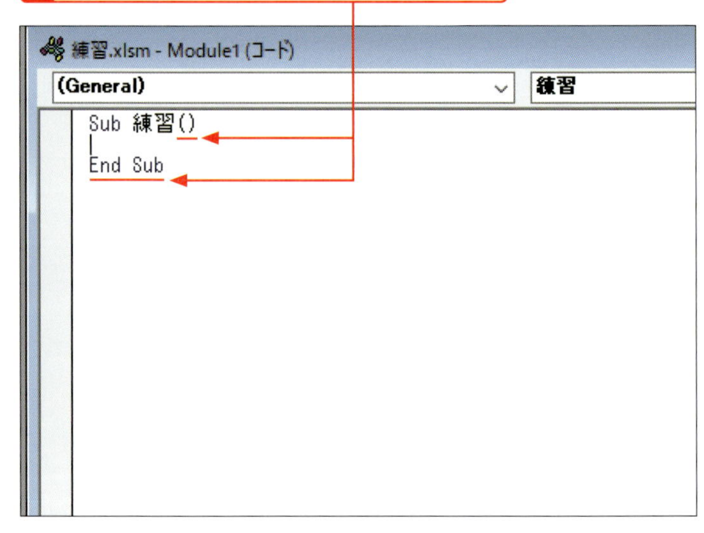

2 内容を入力する

1 Tab を押して字下げして、

2 「range("A1")」と入力し、

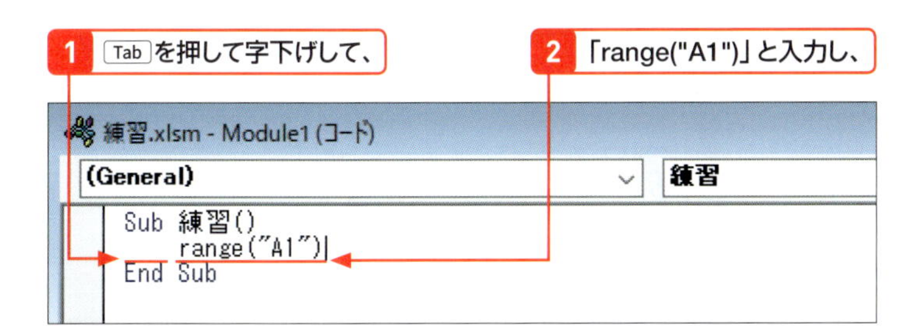

3 「.」を入力すると、うしろに入力する候補がリストに表示されます。

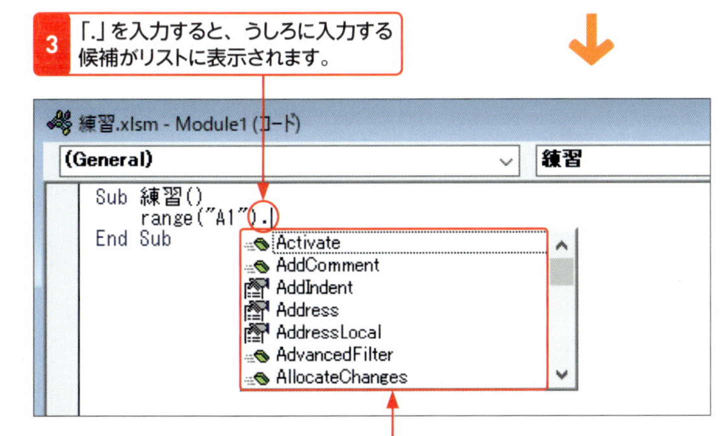

4 入力する項目の先頭文字を入力します。ここでは、Valueプロパティを入力するため、「v」と入力します。

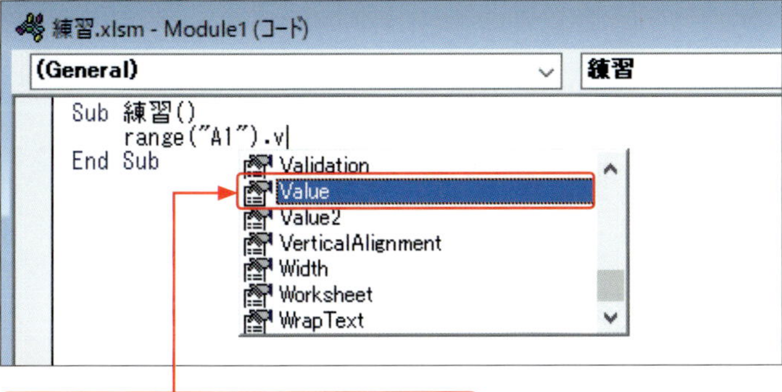

5 ↓を押して、「Value」の項目を選択して Tab を押すと、「Value」と入力されます。

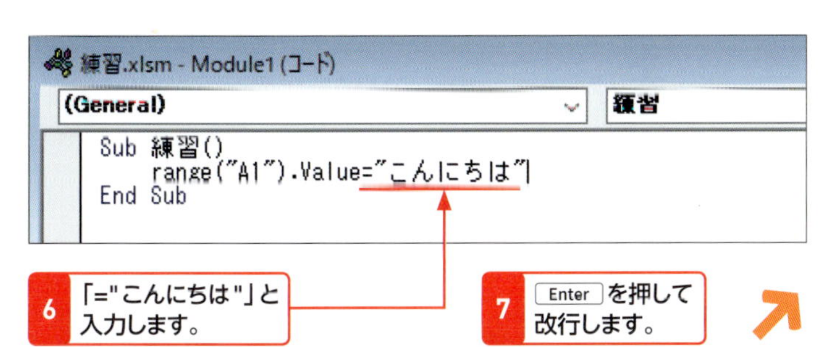

6 「="こんにちは"」と入力します。

7 Enter を押して改行します。

メモ マクロの内容を入力する

ここでは、A1セルに「こんにちは」という文字を入力する内容を書きます。コードウィンドウにマクロの内容を書くときは、文字をコピーしたり移動したりしながら作業できます。ワープロソフトで文書を編集するのと同じような感覚で編集できます。

ヒント 入力支援機能

コードの入力中は、入力を支援してくれる機能が働きます。入力候補の一覧が表示された場合は、キーボードやマウスで候補を選べます。

メモ Ctrl + J でプロパティやメソッド一覧を表示する

コードを入力するとき、プロパティやメソッドの一覧を表示して、その中から入力する内容を指定することもできます。一覧を表示するには、Ctrl + J を押すか、<編集>メニューの<プロパティ/メソッドの一覧>をクリックします。一覧が表示されたら、入力する候補を選択して、Tab を押すと、その項目が入力されます。

続きの内容を入力する

続いて、B3セルを選択する、という内容を書きます。そのあと、「練習中です」というメッセージを表示する内容を書きます。「MsgBox」のあとに半角スペースを入力して「"練習中です"」と入力します。

日本語以外は半角文字で入力する

VBAでマクロを書くときは、日本語以外はすべて半角で入力します。

メモ 文字列は"で囲む

コードの中で文字列を指定するときは、前後を"（ダブルクォーテーション）で囲って書きます。

8 2行目に「Range("B3").Select」と入力し、

9 Enter で改行します。

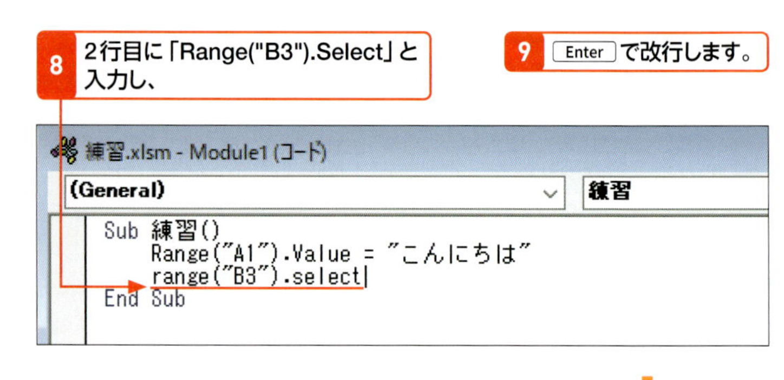

10 3行目に「MsgBox "練習中です"」と入力します。

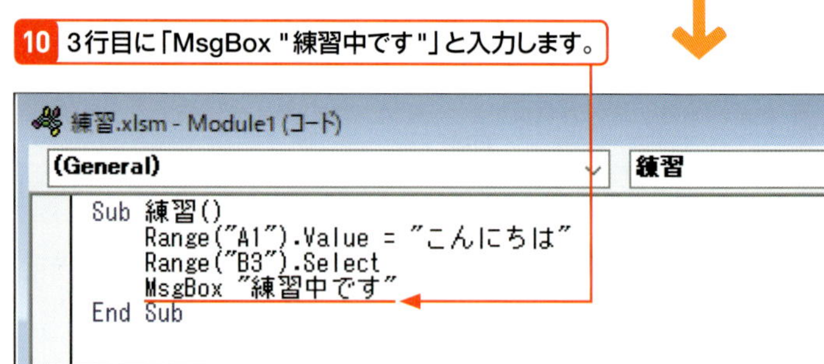

ヒント 行の先頭で字下げをしているのはなぜ?

字下げをしなくても、マクロで実行される内容は変わりません。ですが、マクロを書くときは、あとからマクロを見たときにもわかりやすいように、適宜、Tab で字下げをしながら入力します。たとえば、マクロの処理内容の部分は、マクロのはじまり（「Sub マクロ名()」）とマクロの終わり（「End Sub」）を示す言葉と区別するために、すべて字下げしてから書きます。なお、字下げを解除するには、行頭で Shift ＋ Tab を押します。

▼字下げして内容を整理して書いた例

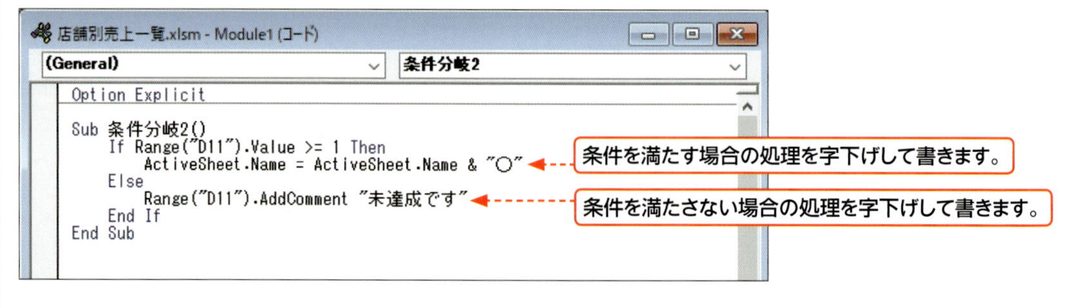

▼字下げをせずに書いた例

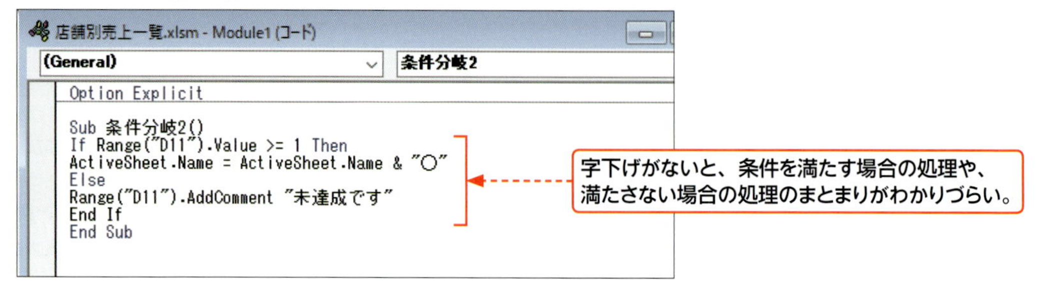

3 マクロを実行する

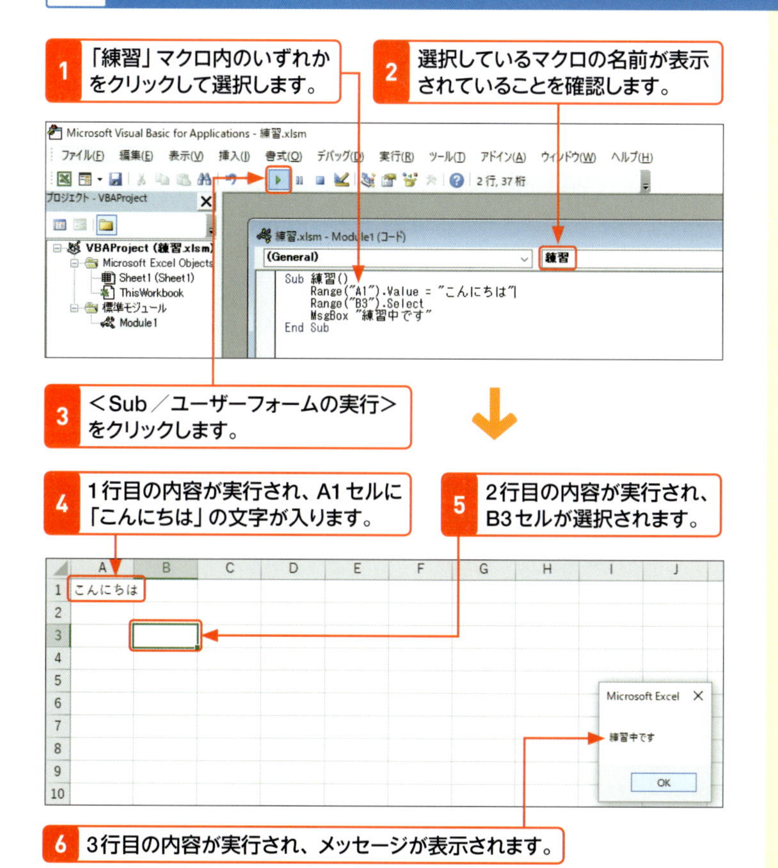

メモ 作成したマクロを実行する

1から作成したマクロを実行してみましょう。「練習」マクロの中のいずれかをクリックして、<Sub/ユーザーフォームの実行>をクリックします。

4 マクロを保存する

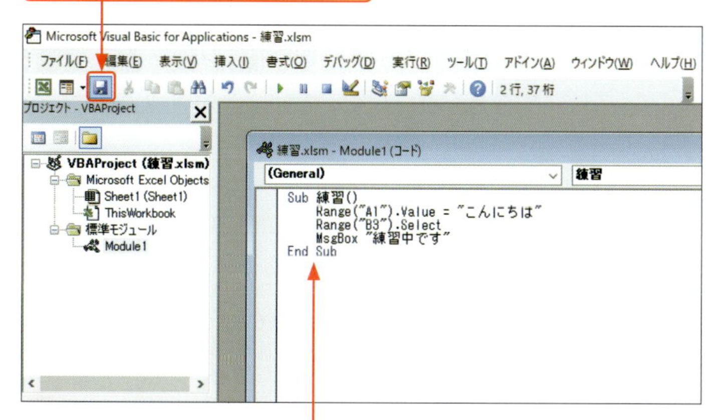

メモ マクロを保存する

マクロの内容は、Excelのブックと一緒に保存されますので、マクロを保存するには、Excelのブックを保存します。VBEから、ブックを上書き保存する場合は、VBEの画面の<上書き保存>をクリックします。

ヒント マクロを含むブックを保存する

マクロを含むブックを保存するときは、「マクロ有効ブック」としてブックを保存します。詳細については、Sec.05を参照してください。

Section 23

オブジェクトとは

覚えておきたいキーワード
- オブジェクト
- 階層構造
- 取得

Sec.19で紹介したように、VBAでは、操作の対象になる「モノ」(オブジェクト)に対して、さまざまな指示をしながら処理を書きます。ここでは、オブジェクトについて、もう少し詳しく学びます。VBAでExcelを操作できるように、オブジェクトを取得する方法を身に付けましょう。

■オブジェクトとは

「オブジェクト」とは、VBAで操作を指示するときに対象になるモノのことです。Excelの場合、「セル範囲」「シート」「グラフ」などを指します。また、オブジェクトには、セルやシート以外にもさまざまなものがあります。セルの文字の書式や塗りつぶしの色、罫線などを変更するときも、それらを扱うオブジェクトを取得して、指示の内容を書きます。

■オブジェクトの階層とは

操作の対象になるオブジェクトは、階層構造で管理されています。A1セルを指定するとき、単純にA1セルと書くと、自動的にアクティブシートのA1セルが操作の対象として認識されます。もし、ほかのシートや、ほかのブックのシートのA1セルを指定したい場合は、上の階層にさかのぼって順番にオブジェクトを指定します。
また、オブジェクトは、セルやシートのような目に見えるモノだけではありません。セルの文字の書式や塗りつぶしの色、罫線などを指定するときは、セルの下の階層にあるそれらを扱うオブジェクトを指定して、内容を書きます。
たとえば、アクティブブックのアクティブシートにあるA1セルの文字の色を変更する場合は、まずA1セルを表すオブジェクトを取得し(Sec.31参照)、A1セルのオブジェクトの下の階層にあるFontオブジェクトを取得し、Fontオブジェクトの Colorプロパティで色を指定します。

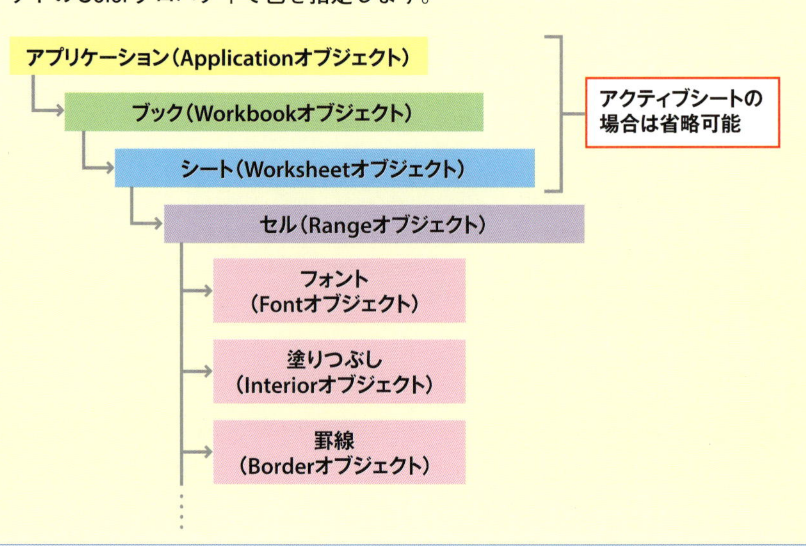

1 オブジェクトを取得する

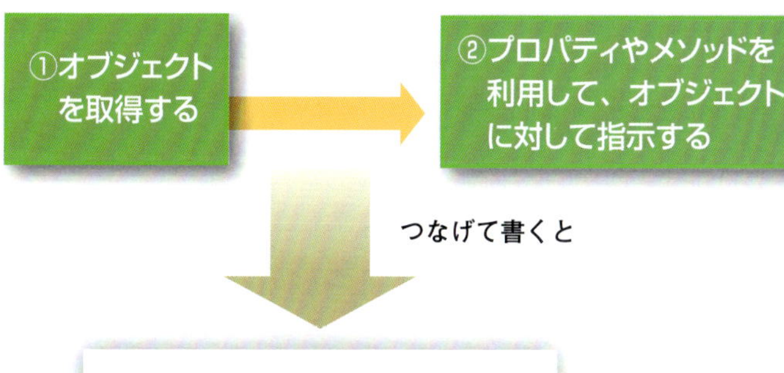

オブジェクト．プロパティ
オブジェクト．プロパティ＝値
オブジェクト．メソッド

記述例

```
Application.Workbooks.Item("Book1").Activate
```

Book1を示すオブジェクト ／ アクティブブックにするメソッド

ただし、ApplicationオブジェクトやWorkbooksオブジェクトのItemプロパティは省略して書くことができますので、一般的には、次のように書きます。

記述例

```
Workbooks("Book1").Activate
```

Book1を示すオブジェクト ／ アクティブブックにするメソッド

メモ　オブジェクトを取得する

Excelで操作をするときは、まず、セル範囲やシートなどを選択してから、操作を行います。VBAでも、オブジェクトに対して操作を行うときは、まず最初にオブジェクトを取得してから、プロパティやメソッドを利用して操作します。

メモ　左の記述例

記述例のオブジェクトの取得方法を詳しく書くと、次のとおりです。最上位のオブジェクトのApplicationオブジェクトに用意されているWorkbooksプロパティを使用すると、開いているすべてのブックを示すWorkbooksコレクションが返ります。そのコレクションに用意されているItemプロパティを使用して、ブックの中から「Book1」という名前のブックを示すオブジェクトを取得します。そのオブジェクトのActivateメソッドを使用して、そのブックをアクティブブックにします。

メモ　オブジェクトはプロパティで取得する

オブジェクトは階層構造になっています。オブジェクトを取得するには、多くの場合、目的のオブジェクトの上位のオブジェクトが持っている、同名のプロパティやメソッドを使用します。正確には、「プロパティやメソッドの戻り値（結果）として、同じ名前のオブジェクトが返ってくる」のです。同様に、取得したオブジェクトのプロパティやメソッドを使用して、さらに下の階層のオブジェクトを次々に取得できます。最初は「プロパティでオブジェクトを取得する」という考え方は難しく感じると思いますが、たくさんのコードを書いていくことで慣れていきましょう。

●マクロの記述

オブジェクト．○○プロパティ．メソッド

同名のオブジェクトを取得！

●実際の処理

○○オブジェクト．メソッド

2 階層をたどってシートやブックを指定する

メモ オブジェクトの階層をたどる

P.78で紹介したように、オブジェクトは階層構造で管理されています。たとえば、アクティブシート以外のセルを参照するときは、上の階層のオブジェクトから、ブック→シート→セルの順にオブジェクトを指定する必要があります。

メモ 右の記述例

ここの記述例は、「Book1」という名前のブックにある「Sheet1」という名前のシートのA1セルに、「123」の文字を入力するというものです。アクティブブック以外の特定のブックの特定のシートのセルを指定するには、上の階層のオブジェクトから、ブック→シート→セルの順に指定します。

メモ ブックやシートを表すオブジェクト

ブックのオブジェクトの取得方法は、Sec.54、シートのオブジェクトの取得方法は、Sec.50で紹介しています。

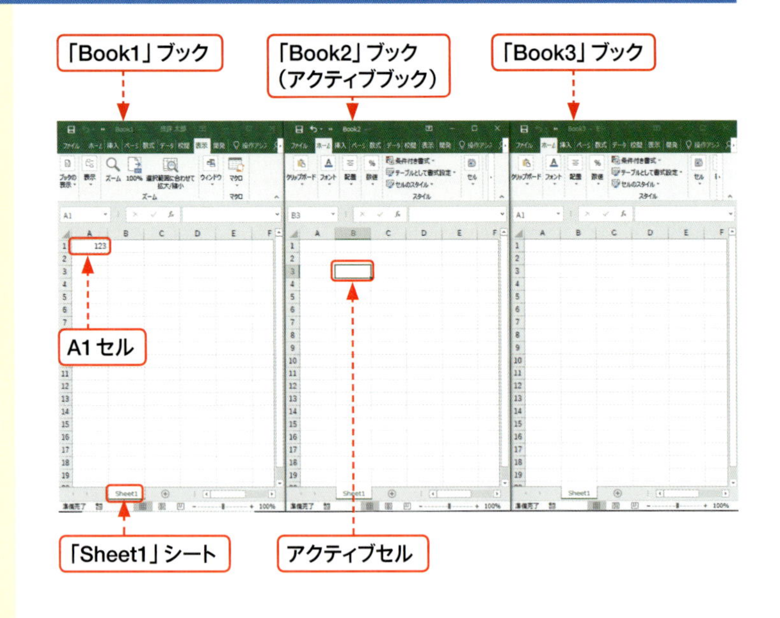

記述例

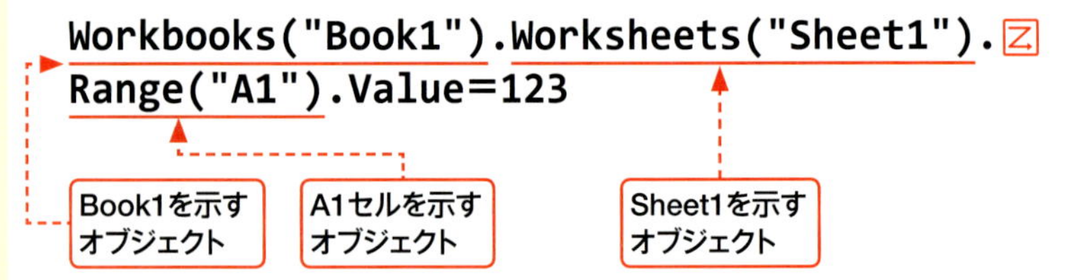

3 オブジェクトの指定を省略する

メモ 上の階層から順に指定する

ここでは、例としてA1セルのオブジェクトを指定するときの3つの書き方を紹介します。上の階層のオブジェクトから順に指定する場合と、オブジェクトの指定を省略して書く場合の違いを知りましょう。

Book1(ブック)のSheet1(シート)のA1セルの内容を「123」にする

記述例

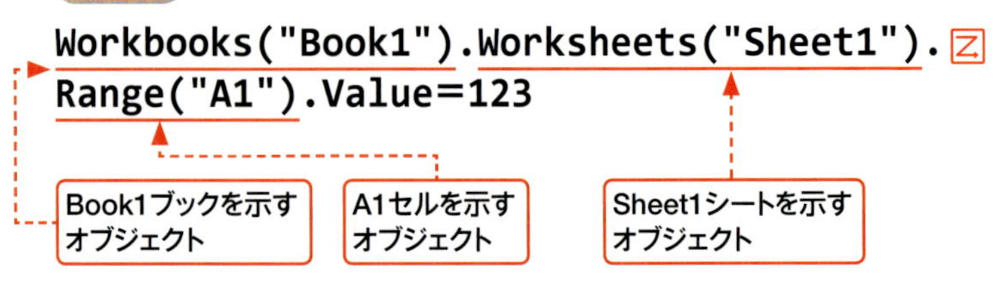

指定したブックの指定したシートの指定したセルを指定するには、上位のオブジェクトからたどって指定します。上位のオブジェクトのあと、ピリオドで区切って下位のオブジェクトを指定します。

作業中のブックのSheet1（シート）のA1セルの内容を「123」にする

記述例

```
Worksheets("Sheet1").Range("A1").Value=123
```

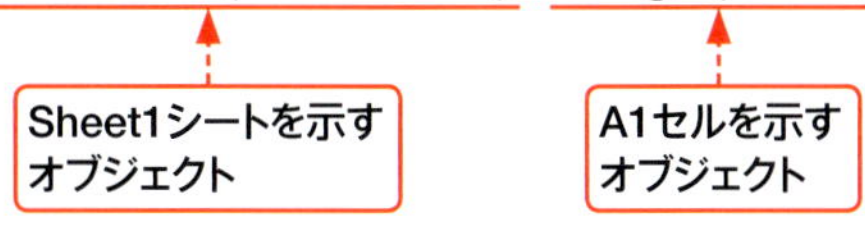

ブックの指定を省略すると、アクティブブックを対象にしているものとみなされます。

作業中のアクティブシートのA1セルの内容を「123」にする

記述例

```
Range("A1").Value=123
```

A1セルを示すオブジェクト

ブックやシートの指定を省略すると、アクティブブックのアクティブシートを対象にしているものとみなされます。

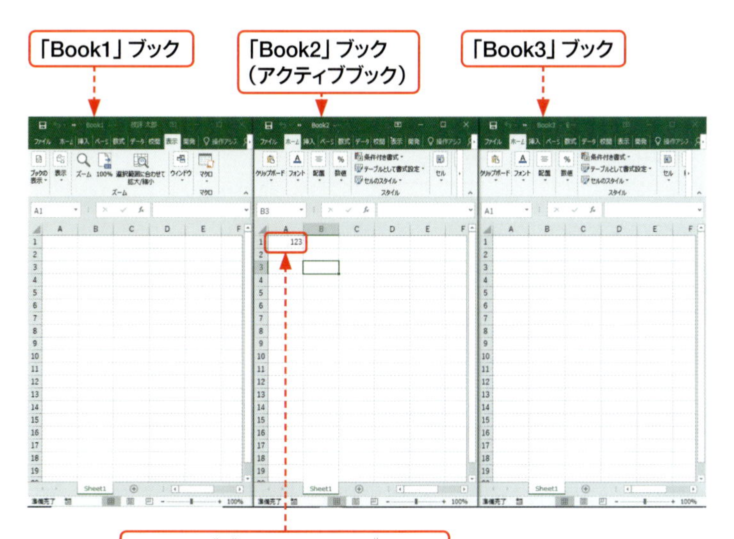

ヒント 記録マクロの場合

マクロを記録して、A1セルの内容を指定した場合などは、上位のオブジェクトの指定は省略されます。そのため、ほかのシートを選択してそのシートのA1セルの内容を指定した場合は、ほかのシートを選択する操作と、A1セルの内容を指定する操作が別々に書かれます。記録マクロはあとから修正できますので、上の階層のオブジェクトから指定し直すことで簡潔に記述することができます。

メモ Excelの操作との違い

Excelでは、別のシートにあるセルを操作する場合、まずシートを切り替えてから目的のセルを選択する必要があります。しかし、VBAではシートを切り替える必要はありません。別のシートのオブジェクトから階層をたどってセルを指定すれば、直接目的のセルを操作できます。

メモ Applicationオブジェクト

Applicationオブジェクトは、Excel全体を表す最上位のオブジェクトです。ブックやシート、セル範囲を指定する場合などは、一般的に省略して書くことができます。

Section 24

プロパティとは

覚えておきたいキーワード
- ☑ プロパティ
- ☑ 取得
- ☑ 設定

前のSectionで紹介したように、VBAでは、取得したオブジェクトに対してさまざまな指示をしながら処理を書きます。ここでは、オブジェクトの特徴や性質を示す「プロパティ」について紹介します。プロパティの値を取得したり、値を設定したりする方法を知りましょう。

1 プロパティの値を取得する

メモ　プロパティの値を知る

VBAでは、オブジェクトのプロパティの値を取得したり、値を設定したりしながら、さまざまな処理を書いていきます。ここでは、プロパティの値を取得するときの書き方を知りましょう。

ヒント　Valueプロパティ

Valueプロパティは、セルの内容を示すプロパティです。

書式

```
オブジェクト . プロパティ
```

オブジェクト名とプロパティ名を、ピリオドで区切って書きます。

記述例　A1セルの内容を知る

```
Range("A1").Value
```

- Range("A1")：A1セルを示すオブジェクト
- Value：セルの内容を示すプロパティ

2 プロパティの値を設定する

メモ　プロパティの値を設定する

ここでは、プロパティの値を設定するときの書き方を解説します。このように書くと、右辺の内容を、左辺に代入する。という意味になります。

メモ　オブジェクトによって利用できるプロパティは異なる

Excelの操作をするとき、選択しているモノによって設定できる内容が異なるように、VBAでもオブジェクトによって利用できるプロパティは異なります。

書式

```
オブジェクト . プロパティ = 値
```

- オブジェクト名とプロパティをピリオドで区切ります。
- 「=」のあとに設定値を書きます。

記述例　A1セルの内容に「100」を設定する

```
Range("A1").Value = 100
```

- Range("A1")：A1セルを示すオブジェクト
- Value：セルの内容を示すプロパティ

3 プロパティを設定・取得する

1 P.74の方法でマクロを作成します。

2 A3セルに「おはよう」の文字を入力します。

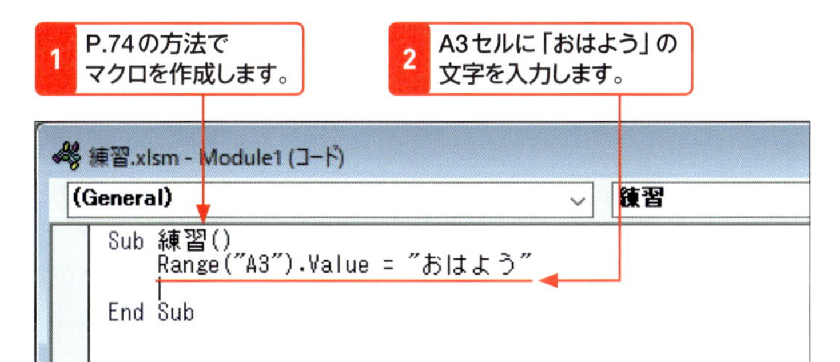

3 メッセージ画面に、アクティブシート名を表示します。

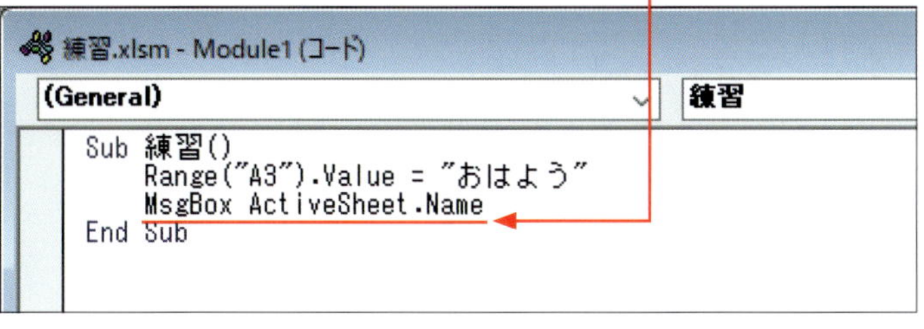

4 P.77の方法でマクロを実行すると、

5 A3セルに「おはよう」の文字が入力されます。

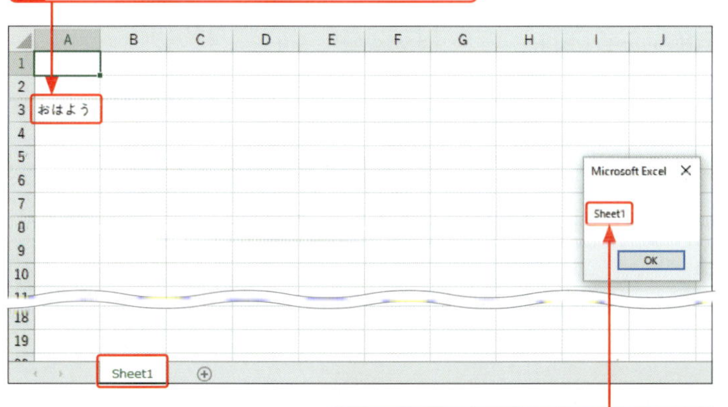

6 アクティブシート名が表示されます。

メモ プロパティを指定する

ここでは、A3セルに「おはよう」の文字を入力し、アクティブシートの名前をメッセージ画面で表示するマクロを作成します。Valueプロパティは、セルの内容を示すプロパティです。A3セルを示すオブジェクトのValueプロパティに値を設定します。また、アクティブシートを示すオブジェクトのNameプロパティを使用して、シート名を取得します。

メモ 値を設定できないプロパティもある

プロパティの中には、値の取得しかできないものもあります。たとえば、セルの行番号を示すRowプロパティは、値の取得はできますが、設定はできません。

キーワード 既定のプロパティ

既定のプロパティとは、オブジェクトのプロパティを省略したときに自動的に指定されるプロパティです。

Section 25

メソッドとは

覚えておきたいキーワード
- オブジェクト
- メソッド
- 引数

「メソッド」とは、オブジェクトに対する操作を指示するときに使う「命令」のことです。たとえば、A1 セルを「選択しなさい」、Sheet1 シートを「削除しなさい」など、オブジェクトへの具体的な操作を指示するときに使います。また、操作を細かく指定するときは、メソッドに加えて引数を指定します。

1 オブジェクトの動作を指示する

メモ オブジェクトに命令する

VBA でオブジェクトの動作を指示するには、メソッドを使って書きます。オブジェクト名とメソッド名は、ピリオドで区切って記述します。

```
オブジェクト . メソッド
```

オブジェクト名とメソッド名をピリオドで区切ります。

記述例 A1セルを選択する

```
Range("A1").Select
```

A1セルを示すオブジェクト

選択するメソッド

2 命令の内容を細かく指示する

メモ 引数を使って細かな指示をする

多くのメソッドには、命令する内容を細かく指示できるように、引数という情報を指定できます。たとえば、「A1 セルに○○○というコメントを追加しなさい」と書くときは、コメントの内容を引数として指定します。なお、引数は省略できるものもあり、省略した場合は既定値が設定されます。

メモ AddComment メソッド

AddComment メソッドは、セルにコメントを追加するメソッドです。引数としてコメントの内容を指定します。なお、VBA のコードの中で文字列を指定するときは、文字列の前後を " (ダブルクォーテーション) で囲って書きます。

書式

```
オブジェクト . メソッド 引数
```

オブジェクト名とメソッドをピリオドで区切ります。

半角スペースを入力して引数を指定します。

記述例 A1セルにコメントを追加する

```
Range("A1").AddComment "今日はよい天気です"
```

A1セルを示すオブジェクト

セルにコメントを追加するメソッド

引数として、コメントの内容を指定

3 メソッドを指定する

1 P.74の方法でマクロを作成します。

2 A3セルを選択します。

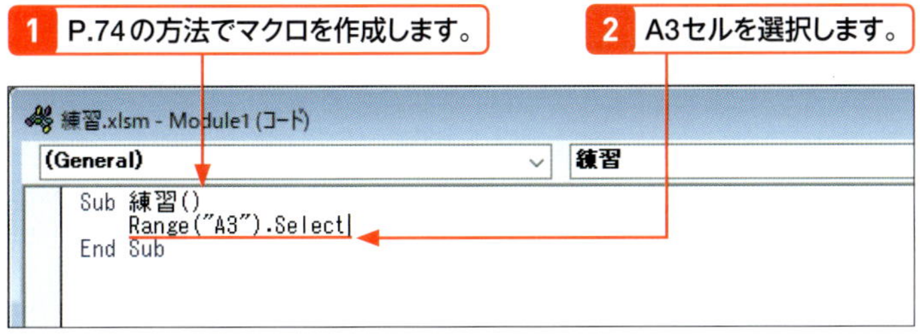

```
Sub 練習()
    Range("A3").Select
End Sub
```

3 「Sheet1」シートのあとに、2枚のシートを追加します。

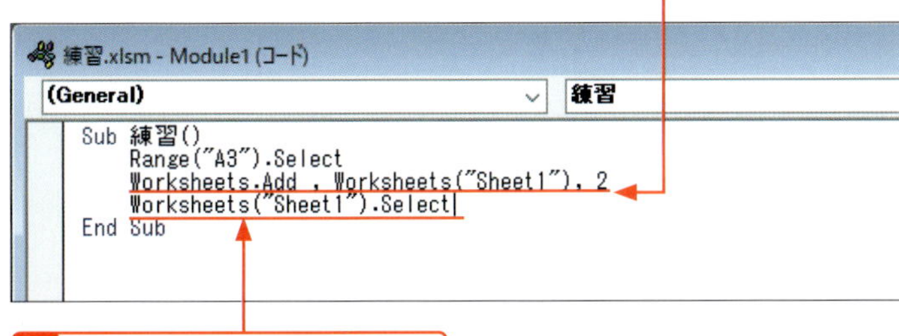

```
Sub 練習()
    Range("A3").Select
    Worksheets.Add , Worksheets("Sheet1"), 2
    Worksheets("Sheet1").Select
End Sub
```

4 「Sheet1」シートを選択します。

5 P.77の方法でマクロを実行すると、

6 A3セルを選択し、

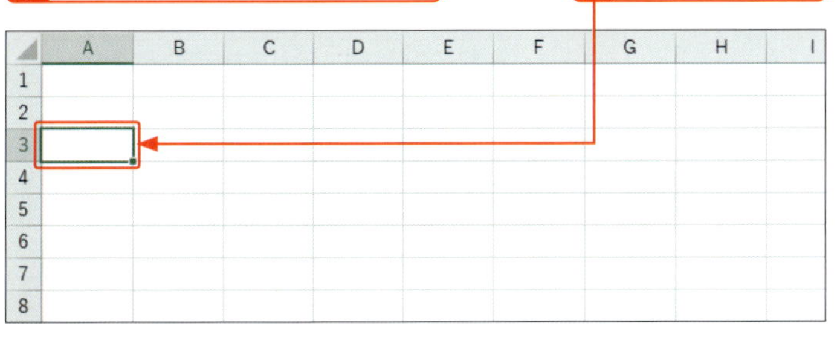

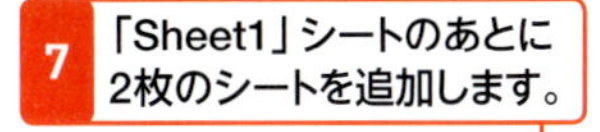

7 「Sheet1」シートのあとに2枚のシートを追加します。

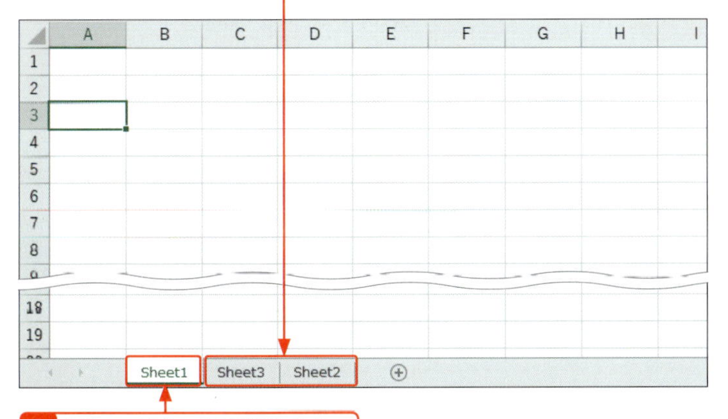

8 「Sheet1」シートを選択します。

メモ　メソッドを指定する

ここでは、A3セルを示すオブジェクトのSelectメソッドを使用して、セルを選択します。続いて、すべてのシートを示すオブジェクトのAddメソッドを使用して、「Sheet1」シートのあとにシートを2枚追加します。Addメソッドは、引数で追加するシートの数やシートの場所を指定できます（P.87参照）。続いて、シートを示すオブジェクトのSelectメソッドを使用して、「Sheet1」シートを選択します。

メモ　オブジェクトによって利用できるメソッドは異なる

Excelの操作をするとき、選択しているモノによって操作できる内容が異なるように、VBAでも、オブジェクトによって利用できるメソッドは異なります。

ヒント　プロパティにも引数を指定できるものがある

メソッドと同様に、プロパティにも引数を指定できるものがあります。たとえば、指定したセルの位置から○行○列ずれたセルを参照するときに使用するOffsetプロパティ（Sec.32参照）では、引数でずらす数を指定します。次の例は、A1セルの2行下1行右のセルに100と入力する操作です。

```
Range("A1").Offset(2, 1).Value = 100
```

引数で、ずらす数を指定します。

指定したセルに100と入力します。

 複数の引数を指示する

メモ 引数を指定するさまざまな方法

メソッドの中には、複数の引数を指定できるものもあります。その場合は、「引数の名前を利用して指定する方法」や「引数の順番どおりに指定する方法」を使って引数を指定します。このとき、複数の引数は「,(カンマ)」で区切って指定します。たとえば、ワークシートを追加するAddメソッドには、4つの引数が用意されています。引数の内容は、P.87を参照してください。

メモ 引数の名前を使って指定する

メソッドごとに決められている「引数の名前」を使って、引数を指定する方法です。メソッド名のあとに半角スペースを入力し、「引数名:=」に続いて指定する内容を書きます。この書き方を使う場合、指定したい引数だけを書けます。右の記述例では、引数2、引数4の指定は省略しています。

メモ 引数を順番通りに指定する

メソッドごとに決められている「引数の指定順」のとおりに、「,」(カンマ)で区切って引数を指定することができます。引数の名前を入力する必要はありませんが、引数の指定順に注意する必要があります。途中で引数の指定を省略する場合は、省略した分だけ「,」を追加します。

ヒント 引数を( )で囲む場合もある

メソッドを実行した結果を戻り値として受け取って利用するときは、引数を( )で囲って指定します。戻り値を受け取らない場合は、引数を( )で囲む必要はありません。

書式

```
オブジェクト.メソッド 引数1,引数2,引数3…
```

引数の名前 / 引数の名前 / 引数の名前

記述例

```
Wordsheets.Add Before,After,Count,Type
```

- Wordsheets：すべてのシートを示すオブジェクト
- Add：メソッド名
- Before：引数1の名前
- After：引数2の名前
- Count：引数3の名前
- Type：引数4の名前

引数の名前を利用して指定する方法

書式

```
オブジェクト.メソッド 引数1:=○○,引数3=○○
```

引数名を書いて、それぞれの内容を書きます。

記述例 「東京支店」シートの前にシートを2枚追加します。

```
Worksheets.Add Before:=Worksheets("東京支店"), Count:=2
```

- Before:=Worksheets("東京支店")：引数1の指定内容
- Count:=2：引数3の指定内容

順番どおりに引数を指定する方法

書式

```
オブジェクト.メソッド 指定内容1,,指定内容3,…
```

引数1の内容 / 引数3の内容

記述例 「東京支店」シートの前にシートを2枚追加します。

```
Worksheets.Add Worksheets("東京支店"), , 2
```

- Worksheets("東京支店")：引数1の内容
- ,：引数2を省略していることを示す「,(カンマ)」を追加
- 2：引数3の内容

引数の指定を省略する

引数の指定を省略すると、既定の値が指定されたものとみなされます。たとえば、シートを追加するAddメソッドには、次の4つの引数がありますが、省略することもできます。

```
オブジェクト.Add Before,After,Count,Type
```

引数1（Before）、引数2（After）、引数3（Count）、引数4（Type）

引数	内容
Before	シートの追加先を指定。指定した場所の前にシートを追加する
After	シートの追加先を指定。指定した場所のあとにシートを追加する
Count	追加するシートの数を指定。省略時は、1とみなされる
Type	追加するシートの種類を指定。省略時は、ワークシートが追加される

追加するシートの場所は、BeforeまたはAfterで指定します。BeforeとAfterの両方を省略すると、アクティブシートの前にシートが追加されます。次の記述例は、引数を省略した場合の書き方です。

引数1だけを指定する場合

```
オブジェクト.メソッド 引数1の指定内容
```

記述例 「東京支店」シートの前にシートを1枚追加します。

```
Worksheets.Add Worksheets("東京支店")
```

引数1の指定内容：Worksheets("東京支店")

引数2、引数3、引数4の指定を省略しています。このように、うしろの引数を省略する場合は、カンマを追加する必要はありません。

引数2と引数3だけを指定する場合

```
オブジェクト.メソッド ,引数2の指定内容 ,引数3の指定内容
```

記述例 「東京支店」シートのあとにシートを2枚追加します。

```
Worksheets.Add , Worksheets("東京支店"), 2
```

引数1を省略していることを示す「,(カンマ)」：,
引数2の指定内容：Worksheets("東京支店")
引数3の指定内容：2

引数1と引数4の指定を省略しています。引数1の区切りの「,(カンマ)」だけ、追加する必要があります。

Section 26

関数とは

覚えておきたいキーワード
- 関数
- 算術演算子
- 比較演算子

関数とは、「与えられた情報を処理して、結果を返す」しくみです。Excelには、目的別にさまざまな関数(VBAでは「ワークシート関数」と呼びます)が用意されていますが、VBAにも多くの関数が用意されています。数値の計算だけでなく、文字や日付の情報を元に目的の値を返す関数などもあります。

1 VBA関数とは

メモ VBA関数

VBAにも、VBA関数と呼ばれる多くの関数があります。たとえば、右の表のようなものがあります。

メモ VBA関数とワークシート関数の違いは?

VBA関数とExcelの関数(ワークシート関数)はよく似ていますが、コードの記述方法や機能が異なります。また、名前は同じでも機能が若干異なる関数もあり、ワークシート関数にしかない機能や、VBA関数にしかない機能もあります。

メモ そのほかの演算子

マクロの中で計算するときは、関数を使うほかに演算子も使います。演算子には、次のようなものがあります。なお、ここで紹介したもの以外に、値を比較する比較演算子や、論理演算子もあります。比較演算子と論理演算子については、P.203を参照してください。

▼VBA関数の例

分類	例
文字を操作する関数	Len関数、Left関数、Right関数、InStr関数、Replace関数、StrComp関数など
日付や時刻を操作する関数	Now関数、Date関数、Time関数、DateAdd関数、DateDiff関数、Year関数、Month関数、Day関数など
数値を操作する関数	Round関数、Rnd関数、Int関数、Fix関数など
データ型を変換する関数	CBool関数、CByte関数、CCur関数、CDate関数、CInt関数、CLng関数、CStr関数、CVar関数など
そのほかの関数	MsgBox関数、InputBox関数

▼算術演算子

演算子	内容	例
+	足し算	2+3(結果「5」)
-	引き算	5-2(結果「3」)
*	かけ算	2*3(結果「6」)
/	割り算	5/2(結果「2.5」)
^	べき乗	2^3(結果「8」)
¥	割り算の結果の整数部を返す	10¥3(結果「3」)
Mod	割り算の結果の余りを返す	10 Mod 3(結果「1」)

▼連結演算子

演算子	内容	例
&	文字をつなげる	"東京"&"支店"(結果「東京支店」)

2 VBA関数「MsgBox」の使用例

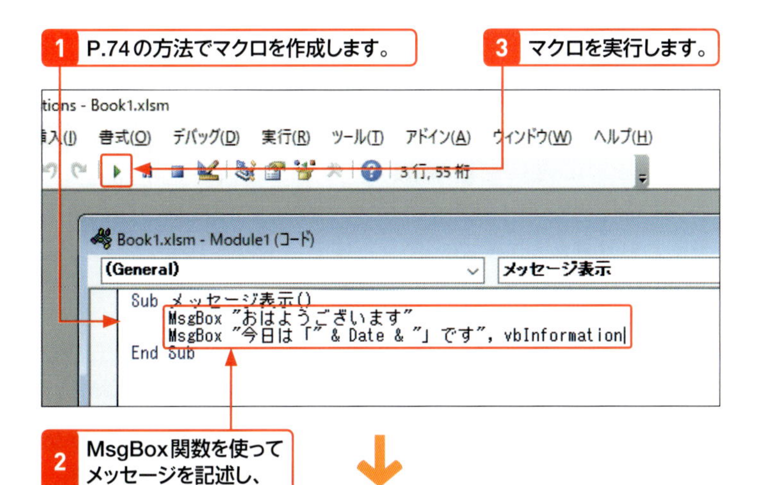

2 MsgBox関数を使って
メッセージを記述し、

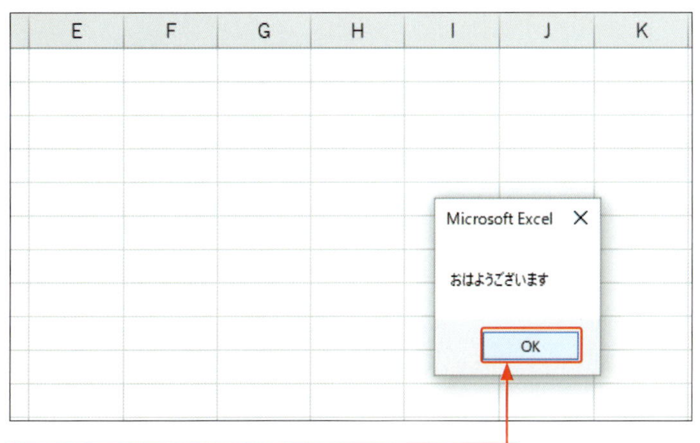

4 メッセージが表示されたら＜OK＞をクリックします。

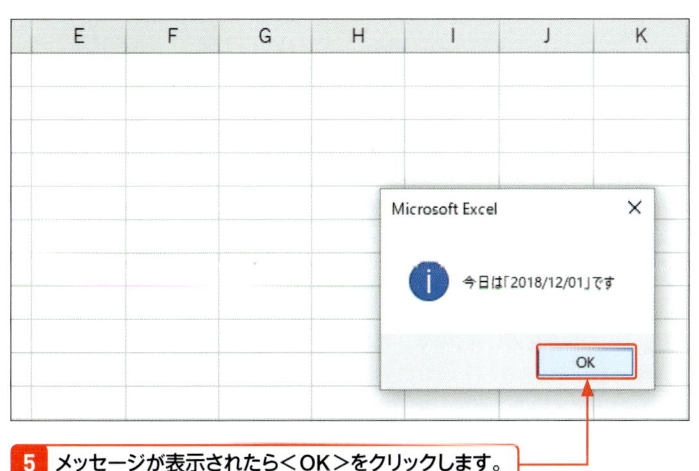

5 メッセージが表示されたら＜OK＞をクリックします。

メモ メッセージを表示する関数

ここでは、VBA関数の例として、MsgBox関数について紹介します。VBAでは、マクロの実行中にユーザーに何かのメッセージを表示するとき、メッセージ画面を利用することがよくあります。このメッセージ画面を表示するために、MsgBox関数を使います。単純なメッセージを表示するには、「MsgBox」を入力したあと、半角スペースを入力し、メッセージの内容を「"」で囲んで入力します。

メモ Date関数

Date関数は、パソコンの日付を返す関数です。引数を指定する必要はありません。ここでは、MsgBox関数でメッセージを表示するときに、Date関数と組み合わせて日付を表示しています。関数で求めた値を文字列とつなげて表示するときは、「&」を使ってつなげて書きます。

ヒント 選択肢のあるメッセージを表示するには？

メッセージ画面には、アイコンや、<はい><いいえ>ボタンなどを表示することもできます。MsgBox関数の引数で、表示するボタンなどの詳細を指定します。詳しくは、Sec.84を参照します。

ヒント VBAでワークシート関数は使えるの？

VBAでも、ほとんどのワークシート関数を利用することができます。ただし、VBAでワークシート関数を呼び出して利用するには、ApplicationオブジェクトのWorksheetFunctionプロパティでWorksheetFunctionオブジェクトを取得する必要があります。本書では、ワークシート関数の使い方については触れていません。VBAで利用できるワークシート関数の種類や記述方法については、ヘルプを参照してください。

Section 27

変数とは

覚えておきたいキーワード
- 変数
- オブジェクト型変数
- 変数の適用範囲

VBAで操作内容を記述するときは、数値や文字などの値を扱います。このとき、直接その値を指定するのではなく、「変数」という、値を入れるための箱のようなものを利用することもできます。変数を使うと値を自由に入れ替えることができるので、処理をより柔軟に記述できます。

1 変数とは

変数とは、マクロの中で使う値を入れておくための箱のようなものです。変数を利用すると、マクロの内容や繰り返し処理などを簡潔に書くことができます。

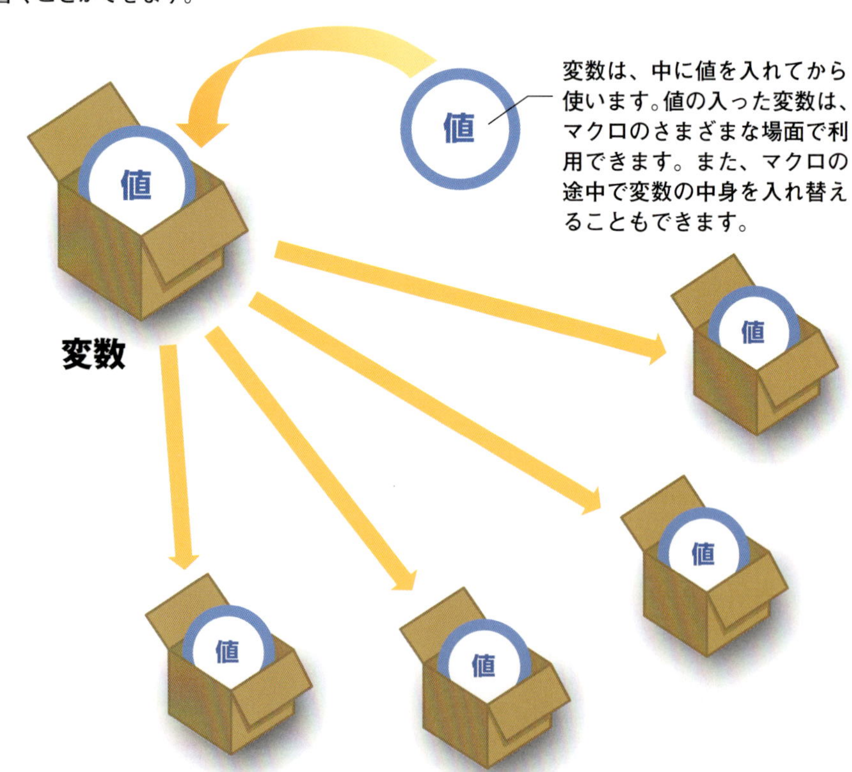

値
値
変数
値
値
値
値
変数は、中に値を入れてから使います。値の入った変数は、マクロのさまざまな場面で利用できます。また、マクロの途中で変数の中身を入れ替えることもできます。

ヒント **繰り返し処理を書くときにも便利**

変数を利用すると、同じ処理を何度も繰り返すときにも、その内容を簡潔に書けます。たとえば、同じ処理を10回繰り返すときは、何回処理を繰り返したのかを数えるための変数を用意します。繰り返し処理を行うたびに変数に1を加えるようにして、繰り返し処理を行う前に、「変数の値が10より大きい場合は繰り返し処理をやめる」という内容を書けば、同じ処理を10回繰り返すことができます(Sec.61参照)。

2 変数のデータ型

▼代表的なデータ型

データ型の種類	文字	使用メモリ	格納できる値
ブール型	Boolean	2バイト	True または False のデータ
バイト型	Byte	1バイト	0～255の整数
整数型	Integer	2バイト	-32,768 ～ 32,767の整数
長整数型	Long	4バイト	-2,147,483,648 ～ 2,147,483,647の整数
通貨型	Currency	8バイト	-922,337,203,685,477.5808 ～ 922,337,203,685,477.5807
単精度浮動小数点数型	Single	4バイト	-3.402823E38 ～ -1.401298E-45（負の値） 1.401298E-45 ～ 3.402823E38（正の値）
倍精度浮動小数点数型	Double	8バイト	-1.79769313486232E308 ～ -4.94065645841247E-324（負の値） 4.94065645841247E-324 ～ 1.79769313486232E308（正の値）
日付型	Date	8バイト	西暦100年1月1日～西暦9999年 12月31日の日付や時刻のデータ
文字列型	String	10バイト＋ 文字列の長さ	文字のデータ
オブジェクト型	Object	4バイト	オブジェクトを参照するデータ
バリアント型	Variant	数値：16バイト 文字：22バイト ＋文字列の長さ	すべての値

メモ 変数にどんな内容を入れるのかを決めておく

変数を利用するときは、「これから○○という名前の変数を使用します」ということを宣言してから使用します。このとき、変数にどのような種類の値を入れるのかを、「データ型」という文字で指定できます。データ型には、次のようなものがあります。

3 変数の宣言を強制する

1 <ツール>メニューの<オプション>をクリックし、

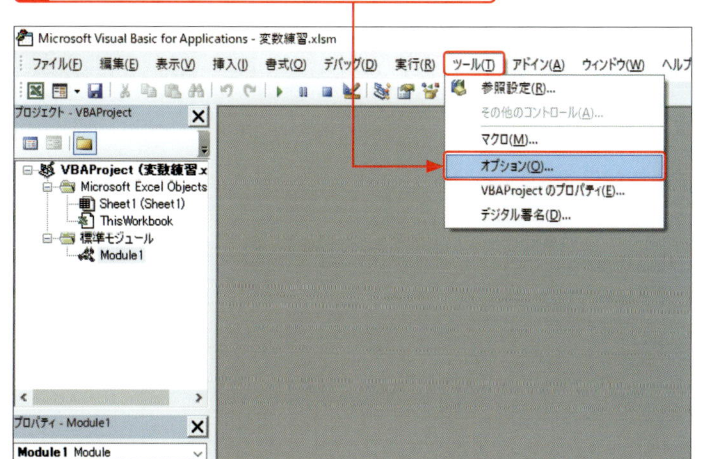

メモ 必ず宣言をしてから使うようにするには

VBAでは変数の宣言は必須ではありませんが、モジュールの一番上に「Option Explicitステートメント」を記述しておくと、宣言しないと変数が使えなくなります。ここでは、「標準モジュール」を追加したときに「Option Explicitステートメント」が自動的に入力される設定を行います。

ヒント 変数を宣言して入力ミスを減らす

変数の宣言を強制すると、宣言をせずに変数を利用しようとしたときに、エラーが表示されます。間違った変数名を入力したときに、すぐエラーが表示されるため、入力ミスにすぐに気付くことができて便利です。

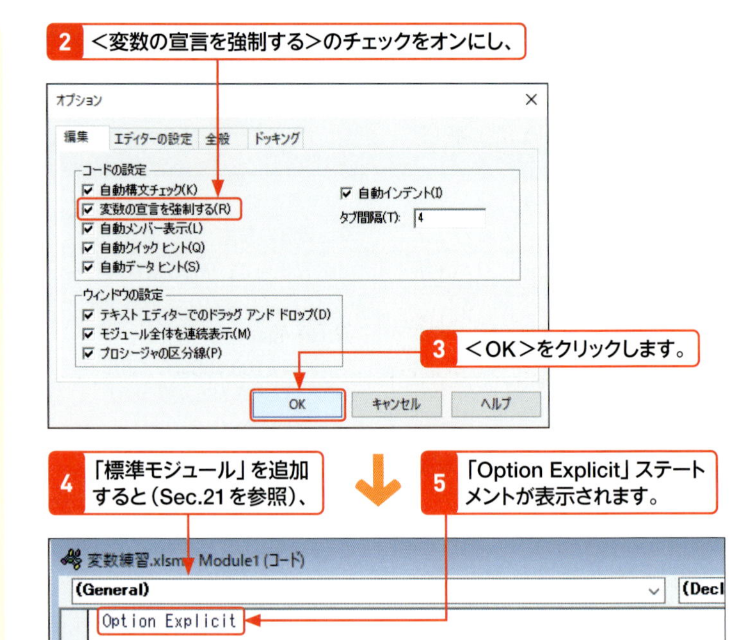

4 変数を宣言する

メモ 変数を使う宣言をする

ここでは、String 型の変数を利用する宣言をしてみましょう。変数の宣言をしておくと、あとからマクロを見たときに内容がわかりやすくなるだけでなく、変数のデータ型を指定することで無駄なメモリ領域が使われるのを防げます。

変数の宣言

書式

```
Dim 変数名 As データ型
Dim 変数名 As データ型 , 変数名 As データ型 , 変数名 As データ型 …
```

解説

変数の宣言には、Dim ステートメントを使います。カンマ (,) で区切って、複数の変数を1行でまとめて宣言できます。

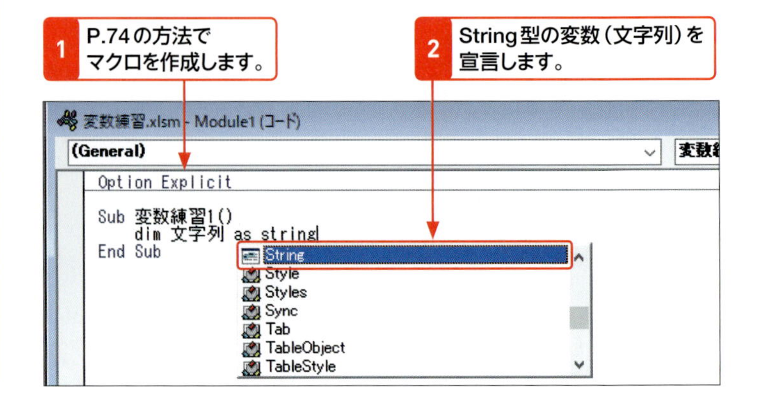

5 変数に値を代入する

変数やプロパティに代入する

書式

変数名=値
オブジェクト.プロパティ=変数名

解説

変数やプロパティに値を入れることを「代入する」と言います。変数に値を代入するには、変数名を左に、代入する値を右に書いて、「=」で結びます。また、変数の中の値をプロパティなどに代入する場合は、変数名を右側に書きます。

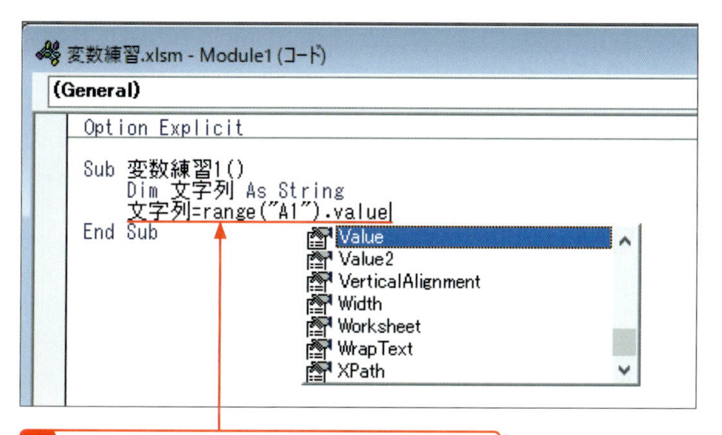

1 変数(文字列)に、A1セルの内容を格納します。

2 アクティブシートの名前を変数(文字列)の内容にします。

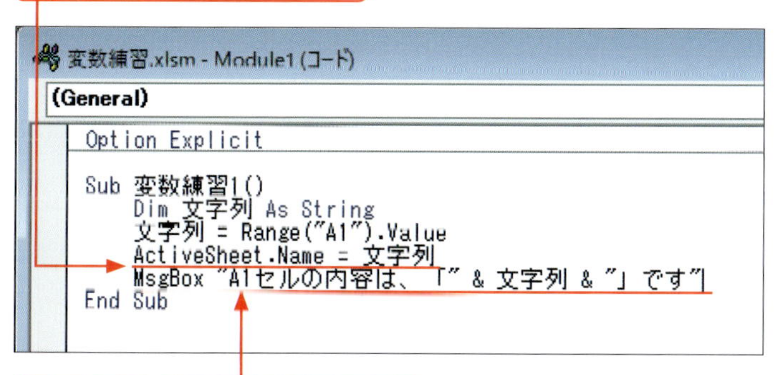

3 メッセージボックスに変数(文字列)の内容を表示します。

メモ 変数に値を入れる

ここでは、「=」を使って、先ほど宣言した変数に文字の値を入れてみましょう。さらに、変数の値をメッセージに表示するなどして、変数を利用してみましょう。

ヒント 本書での変数名の付け方

変数名は、アルファベットだけでなく、ひらがなや漢字などで付けることもできます。一般的には、アルファベットを使うことが多いですが、VBAの記述に慣れないうちは、変数名をアルファベットで書くと、オブジェクトやプロパティ、メソッドに紛れてしまって、どれが変数なのか混乱してしまうこともあります。そのため、本書では、変数をあえて日本語で書いています。

6 マクロを実行する

メモ マクロを実行する

ここでは、作成したマクロを実行してみましょう。A1セルの値を変数に入れて、変数の値を含むメッセージを表示します。

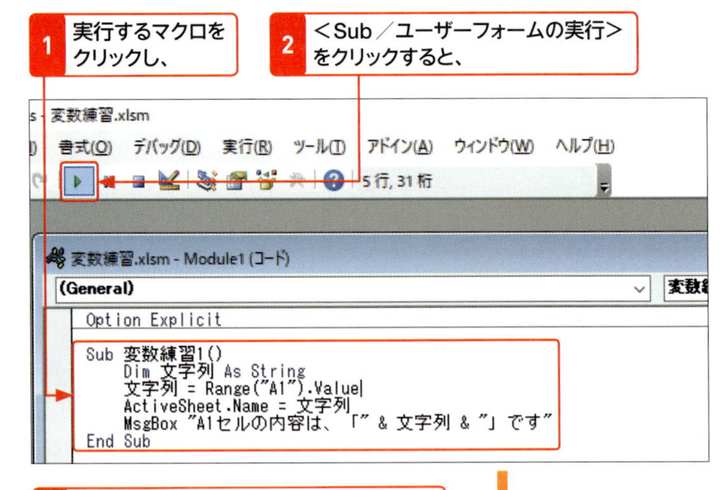

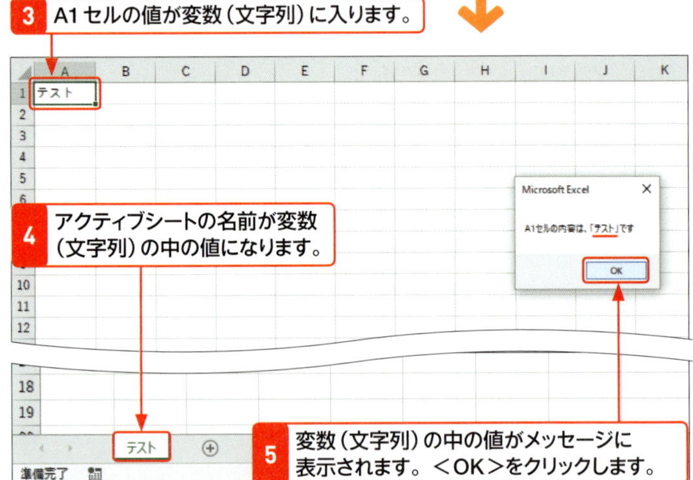

ヒント 変数に名前を付けるときのルール

変数名を付けるときは、次のルールに従います。

- 変数名は、英数字・漢字・ひらがな・カタカナの文字と「_（アンダースコア）」を使って指定する（スペースや記号は使えない）
- 変数名の先頭の文字は、英字・漢字・ひらがな・カタカナのいずれかにする（先頭に数字は使えない）
- 変数名の長さは、半角255文字以内にする
- 変数名は、「Sub」や「End」など、すでにVBAで定義されているキーワードと同じ名前を付けることはできない

ヒント 文字の色やサイズを変更する

DimやSetなどのVBAのキーワードは、コード中で濃い青色で表示されます。ただし、文字の大きさや、キーワードの文字の色などは、＜ツール＞メニューの＜オプション＞をクリックすると表示される＜オプション＞画面の＜エディターの設定＞タブで指定できます。文字が見づらい場合などは設定を変更して使いましょう。

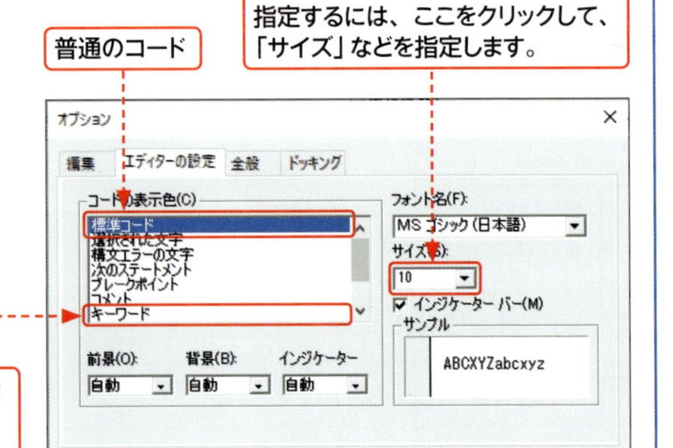

7 オブジェクト型変数

オブジェクト変数の宣言

書式

```
Dim 変数名 As オブジェクトの種類
```

解説

オブジェクト型変数の宣言にもDimステートメントを使用します。オブジェクトの種類には、「Worksheet（ワークシート）」「Workbook（ブック）」「Range（セル）」などを指定します。

オブジェクト変数への代入

書式

```
Set 変数名 = 格納するオブジェクト
```

解説

オブジェクト型変数にオブジェクトを格納するときは、Setステートメントを使用します。

メモ　オブジェクト型変数とは

オブジェクト型変数とは、日付や数値などの値ではなく、ブックやセルなどのオブジェクトを格納して利用する変数です。変数を宣言する方法や、変数にオブジェクトを代入する方法は、左のとおりです。

8 固有オブジェクト型と総称オブジェクト型

固有オブジェクト型変数の宣言例

書式

```
Dim 変数名 As Workbook
Dim 変数名 As Worksheet
Dim 変数名 As Range
```

固有オブジェクト型として宣言します。

総称オブジェクト型変数の宣言例

書式

```
Dim 変数名 As Object
```

総称オブジェクト型として宣言します。

メモ　オブジェクト型変数の種類を指定する

オブジェクト型変数を利用するとき、オブジェクトの種類を指定して宣言した変数を「固有オブジェクト型変数」といいます。一方、オブジェクトの種類を限定せずに宣言した変数を「総称オブジェクト型変数」といいます。「固有オブジェクト型変数」を利用したほうが、処理速度も速くなり、また、マクロの内容も見やすくなります。オブジェクトの種類がわかっている場合は、なるべく「固有オブジェクト型変数」を利用するとよいでしょう。

ヒント オブジェクト変数の情報を解放する

オブジェクト変数に格納した情報は、実はオブジェクトそのものではなく、オブジェクトの場所(参照情報)です。この参照情報を解放するには、「Set 変数名 = Nothing」と書きます。オブジェクト変数に格納したオブジェクトによっては、情報を保持したままでいるとメモリを占有して作業効率が落ちる場合があります。そのため、オブジェクト変数を使ったあとは、参照情報を解放するとよいでしょう。なお、プロシージャの中で宣言した変数は、プロシージャが終了すると自動的に破棄されます(P.97参照)。

記述例

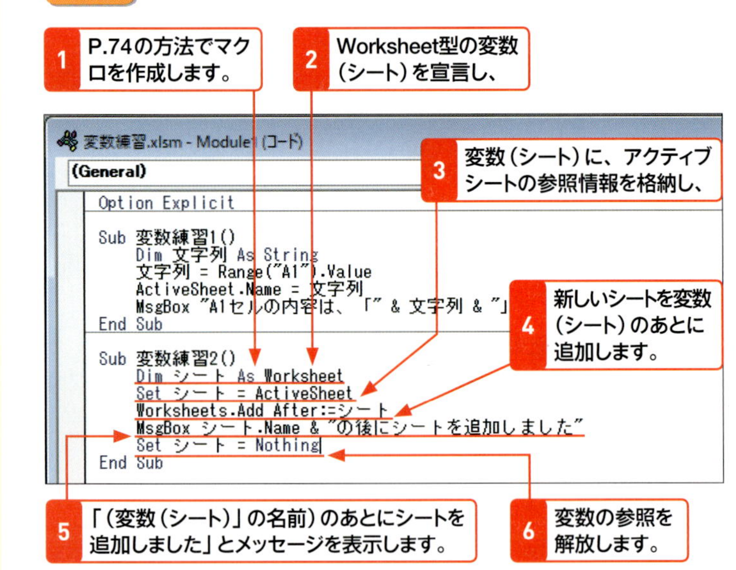

9 マクロを実行する

メモ マクロを実行する

作成したマクロを実行すると、アクティブシートに新しいシートが追加されます。続いて、「(変数に格納したシートの名前)のあとにシートを追加しました」とメッセージを表示します。ここでは、「Sheet1」シートが選択されている状態でマクロを実行します。

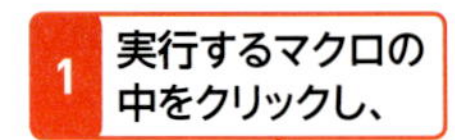

1 実行するマクロの中をクリックし、

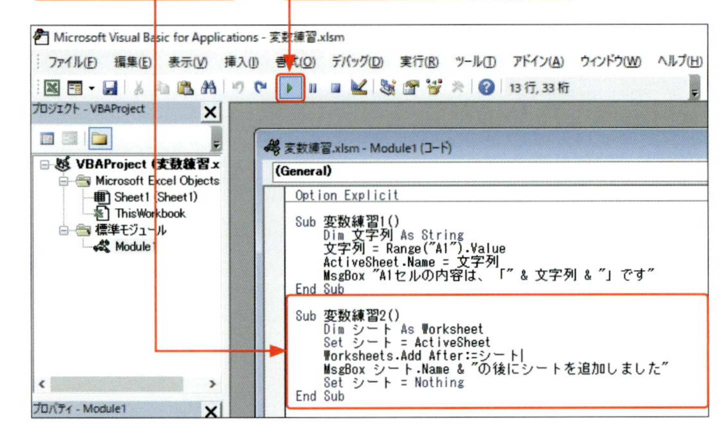

3 変数(シート)に、アクティブシートの参照情報が格納されます。

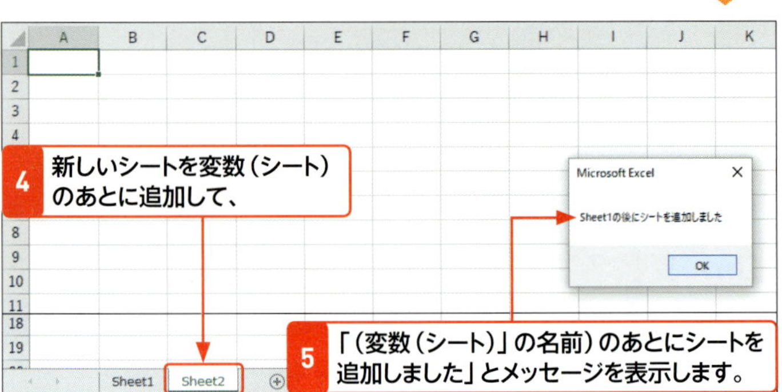

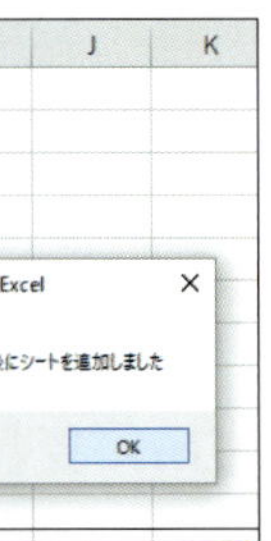

5 「(変数(シート)」の名前)のあとにシートを追加しました」とメッセージを表示します。

10 変数の使用範囲を指定する

▼変数の適用範囲

種類	宣言する場所	宣言方法	適用範囲
プロシージャレベル	プロシージャ内	Dim 変数名 As データ型	宣言したプロシージャ内
プライベートモジュールレベル	宣言セクション（モジュールの先頭）	Dim 変数名 As データ型 または Private 変数名 As データ型	宣言したモジュール内のすべてのプロシージャ内
パブリックモジュールレベル	宣言セクション	Public 変数名 As データ型	すべてのモジュールのプロシージャ内

プロシージャレベル

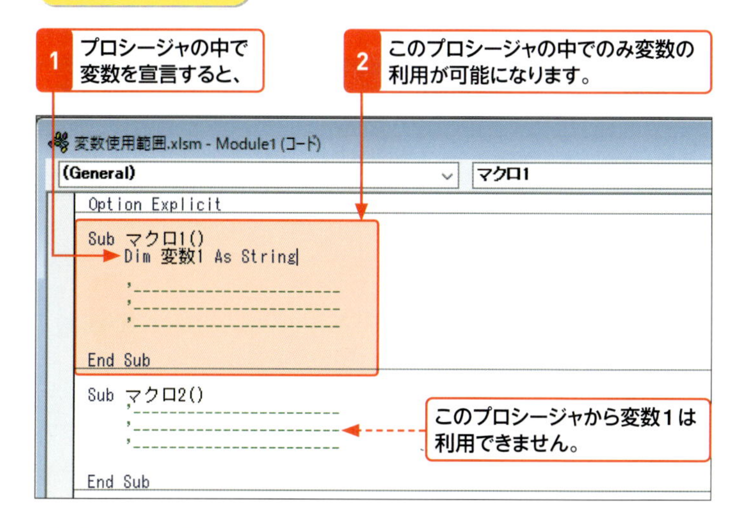

プライベートモジュールレベル

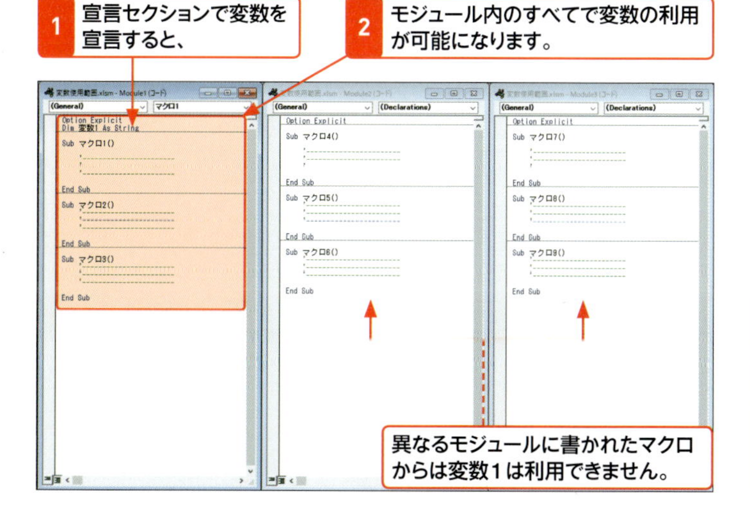

メモ 変数を利用できる範囲について

変数は、その変数を宣言する場所によって、変数を利用できる範囲が異なります。範囲の違いについて知りましょう。

ヒント プロシージャ内で変数を宣言する

プロシージャ内で宣言した変数は、そのプロシージャ内でのみ利用できます。プロシージャが終了すると、変数に入っている値は破棄されます。

ヒント 宣言セクション内で変数を宣言する

モジュールの先頭の宣言セクションで宣言した変数は、そのモジュール内のすべてのプロシージャから利用できます。プライベートモジュールレベルの変数の宣言をするには、「Dim 変数名 As データ型」または「Private 変数名 As データ型」のように書きます。なお、プライベートモジュールレベルの変数は、プロシージャの実行が終了しても値はそのまま保持されます。

Section 28

VBEの便利な機能を利用する

覚えておきたいキーワード
- 入力支援機能
- コンパイルエラー
- 実行時エラー

VBEでマクロを書くときは、入力支援機能を利用すると効率よく入力できます。また、入力内容に間違いがあると、入力中や実行時にエラーが発生することがあります。エラーの原因は、単純なスペルミスや文法の間違いなどさまざまです。どのタイプのエラーなのかを確認し、対処方法を知っておきましょう。

1 入力支援機能を利用する

メモ Ctrl＋Spaceで入力候補の一覧を表示する

ここでは、入力支援機能を利用しながら、B3セルを選択する操作を書きます。入力中に入力候補の一覧を表示するには、Ctrl＋Spaceを押します。または、＜編集＞メニューの＜入力候補＞をクリックします。↑↓で入力する候補を選択して、Tabを押すと、その項目が入力されます。

メモ Ctrl＋Spaceであとに続く文字を入力する

入力中の単語のうしろの文字を補完して、文字を入力するには、Ctrl＋Spaceを押します。または、＜編集＞メニューの＜入力候補＞をクリックします。すると、自動的に文字が入力されます。また、入力候補が複数ある場合は、候補が表示されます。

入力候補を表示する

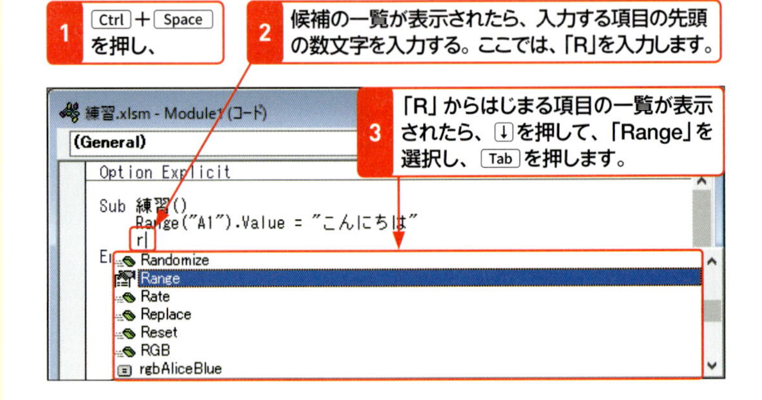

あとに続く文字を自動的に補完する

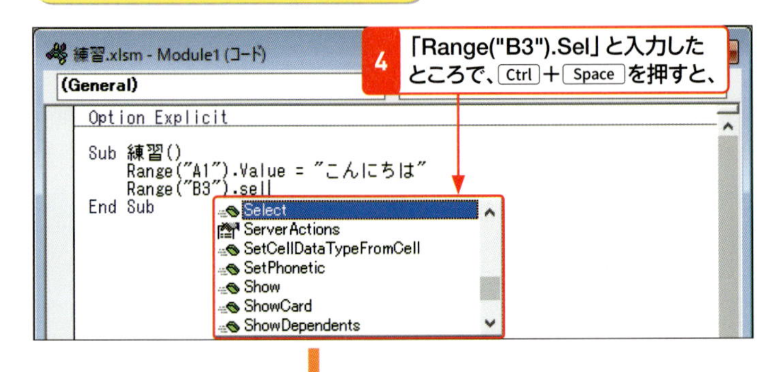

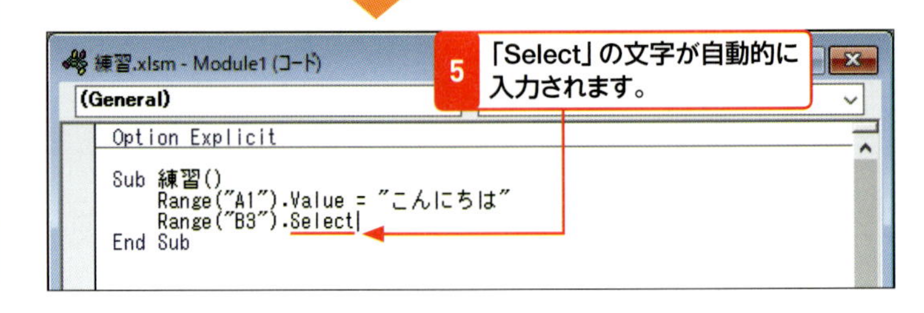

2 そのほかの入力支援機能

ヒントを表示する

関数などを入力すると、引数の情報など、ヒントが表示されます。

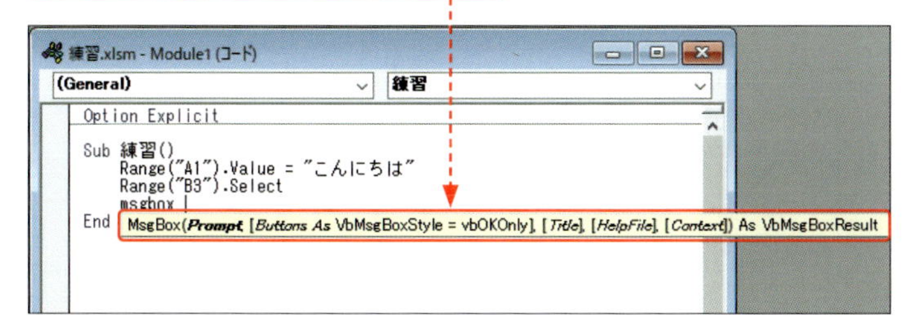

設定値の一覧を表示する

設定値の候補が表示されます。

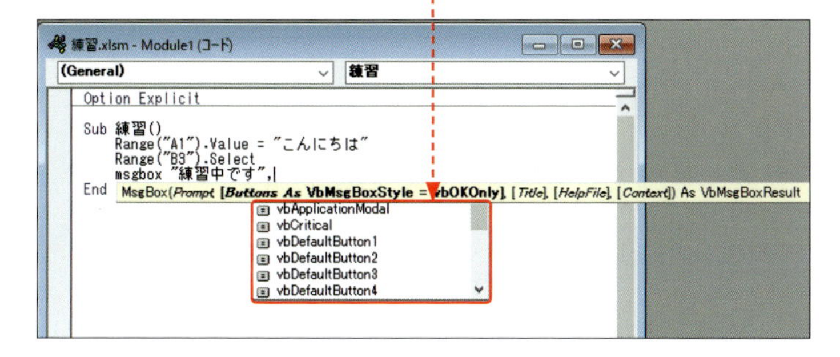

メモ ヒントが表示されることもある

メソッドや関数などを入力すると、引数のヒントなどがコードの下に表示されます。 また、Ctrl＋Iを押してヒントを表示することもできます。

メモ 設定値の候補を表示する

関数やメソッドの引数の値を指定するとき、指定する内容の候補が自動的に表示される場合があります。また、Ctrl＋Shift＋Jを押すか、＜編集＞メニューの＜定数の一覧＞をクリックして、候補の一覧を表示することもできます。

ヒント 入力候補などが表示されない場合

入力候補などが表示されない場合は、それらの機能が利用できるようになっているかどうか確認しましょう。＜ツール＞メニューの＜オプション＞をクリックし、表示される＜オプション＞画面の＜編集＞タブで設定内容を確認します。

自動的にプロパティのメソッドの一覧、設定値の一覧などを表示する。

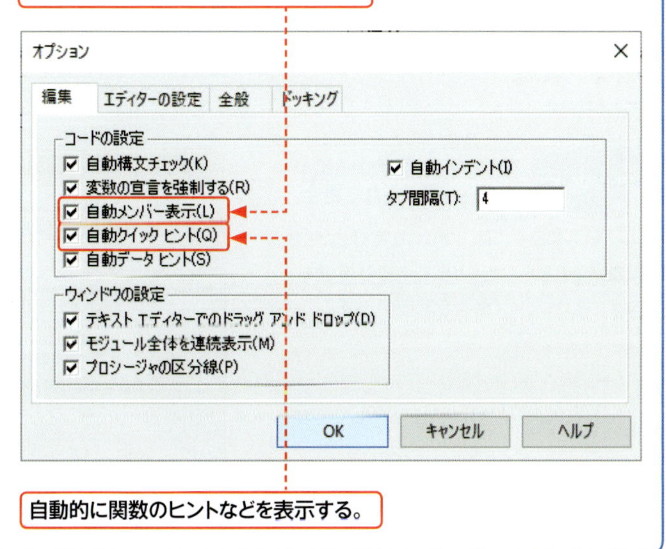

自動的に関数のヒントなどを表示する。

3 コンパイルエラーに対応する

メモ コンパイルエラーが発生した場合

単語のスペルミスや、文法上の間違いなどが見つかると、コンパイルエラーが発生し、エラーメッセージが表示されます。メッセージの内容を確認して、エラーを修正しましょう

編集中にエラーが表示された場合

間違っている箇所が赤く反転します。

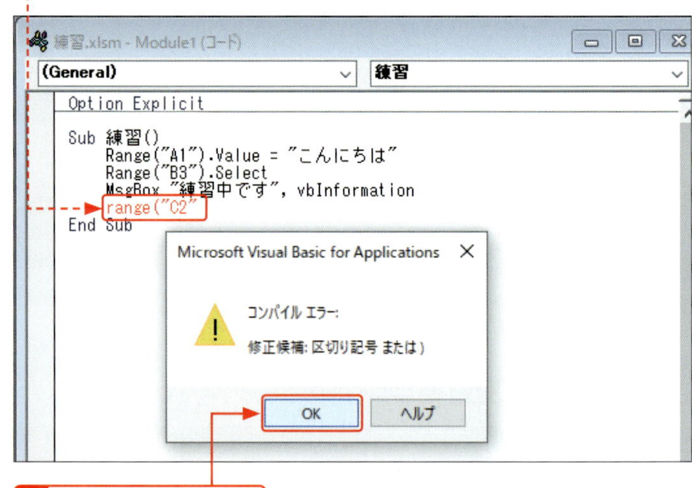

1 <OK>をクリックし、

2 修正します。

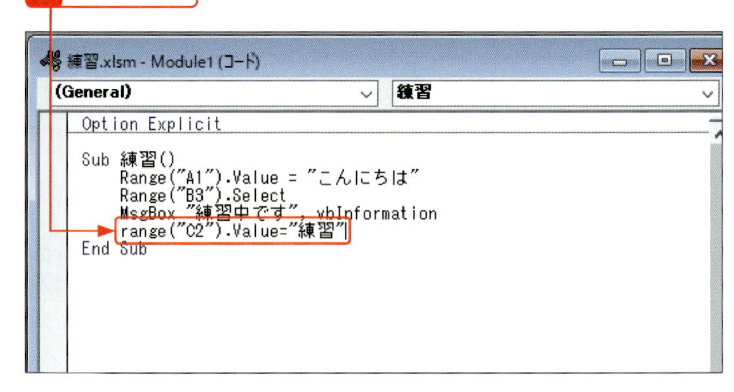

メモ マクロを実行したときにエラーが表示された場合

コンパイルエラーには、マクロを実行したときに表示されるものもあります。その場合も、内容を確認して<OK>をクリックします。

実行したときに表示された場合

1 エラーメッセージが表示されます。

2 <OK>をクリックし、

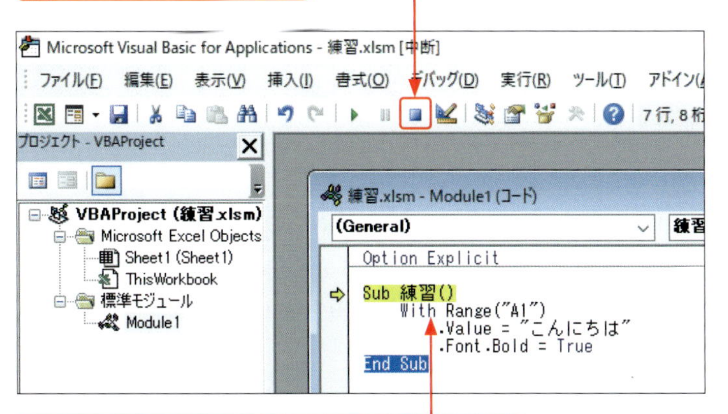

4 マクロの内容を修正します。ここでは「End With」行の追加が必要です（P.102参照）。

4 実行時エラーに対応する

1 実行時エラーが表示されます。＜デバッグ＞をクリックし、

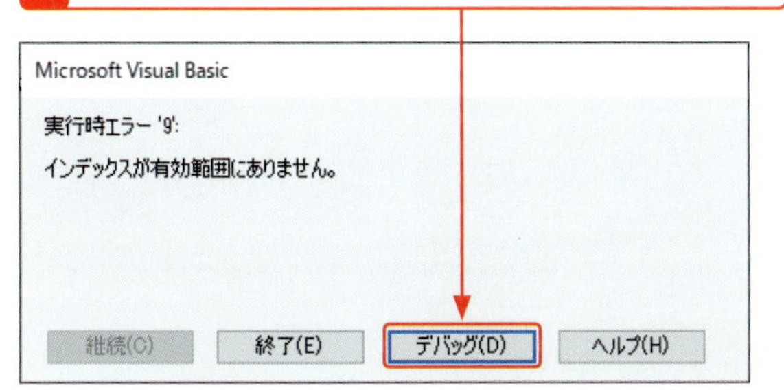

2 黄色く反転した箇所を確認し、

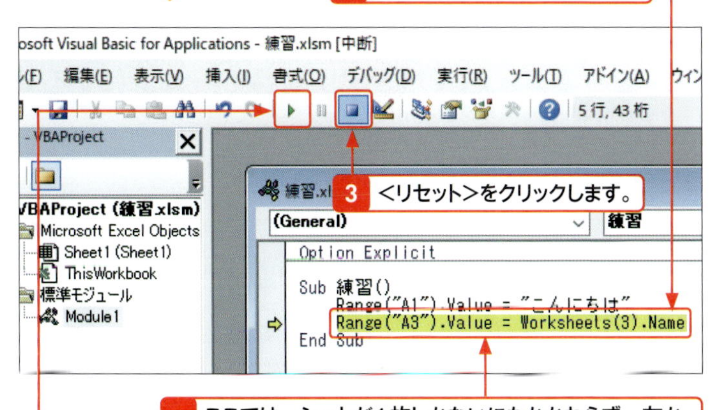

4 ここでは、シートが1枚しかないにもかかわらず、左から3つ目のシートを指定（Worksheetsのインデックス数が3になっている）しているため、内容を修正します。

5 ＜Sub/ユーザーフォームの実行＞をクリックし、実行できるかどうか確認します。

ヒント エラーについてのヘルプを表示する

エラーの原因が不明な場合、エラーメッセージの＜ヘルプ＞をクリックすると、エラーに関するヘルプ画面が表示されます。

メモ 実行時エラーが発生した場合

実行時エラーは、マクロを実行したとき、正しく実行できないと発生します。たとえば、オブジェクトに対するプロパティやメソッドの指定が間違っている場合や、マクロの中で指定されているシートが存在しない場合などに発生します。

キーワード デバッグ

デバッグとは、マクロを実行したときにエラーが発生した場合に、コードの中からエラーの原因（バグ）を見つけて修正することです。

ヒント 思うような結果にならない場合

文法上の間違いがなく、エラーメッセージなども表示されないにも関わらず、思うような処理結果にならないようなエラーを、論理エラーと言います。論理エラーが発生してしまった場合は、1ステップずつマクロを実行し、何が問題なのかを探りましょう（P.346～P.348参照）。

Section 29

マクロを整理する

覚えておきたいキーワード
- With ステートメント
- 改行
- コメント

マクロを書くときには、Tab で字下げを入れたりしながら、なるべく読みやすくなるように整理して書くとよいでしょう。オブジェクトに関する操作を複数指定するときは、簡潔に書く方法を知っていると便利です。また、どのようなマクロかわかりやすいように、メモを書く方法を知りましょう。

1 同じオブジェクトに対する指示をまとめて書く

メモ With ステートメントで簡潔に書く

1つのオブジェクトに対してさまざまな指示をするときは、何度もオブジェクトを指定する手間を省いて簡潔に書く方法があります。それには、With ステートメントを利用します。With ステートメントでは、最初の行で、With のあとにオブジェクト名を指定します。そのあと、指定したオブジェクトに対する処理を書いていきますが、その際はオブジェクト名の指定を省略し、「.」(ピリオド) に続いてプロパティやメソッドを使って内容を書きます。最後の行で、「End With」と書きます。

書式

```
With オブジェクト
        .オブジェクトに対する指示
        .オブジェクトに対する指示
        .オブジェクトに対する指示
        .・・・
End With
```

With ステートメントを使わずに書くと・・・

A1 セルのフォントの形を「游明朝」にする
A1 セルのフォントのサイズを「16」にする
A1 セルのフォントの「斜体」の設定をオンにする

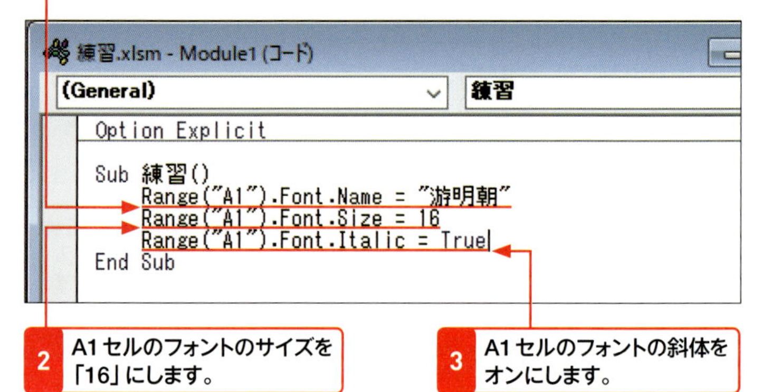

With ステートメントを使って書くと…

With A1 セルのフォント ← A1セルのフォントについての指示をこれから書きます。

.形を「游明朝」にする

.サイズを「16」にする

.「斜体」の設定をオンにする

End With ← A1セルのフォントについての指示はここまで。

A1セルの文字のフォントに関する処理を書きます。

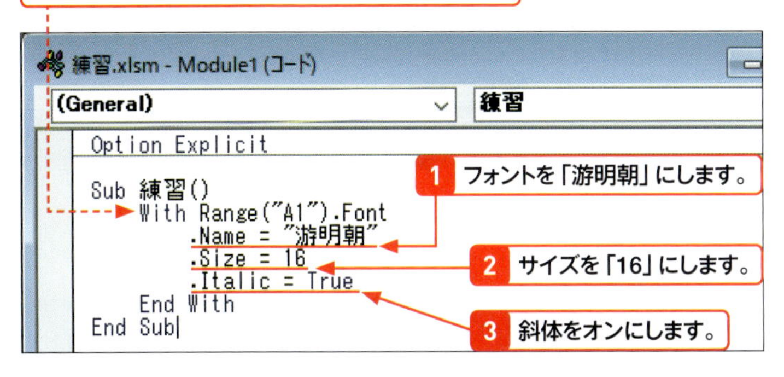

2 長い行を改行する

A1 セルに関する処理を書きます。

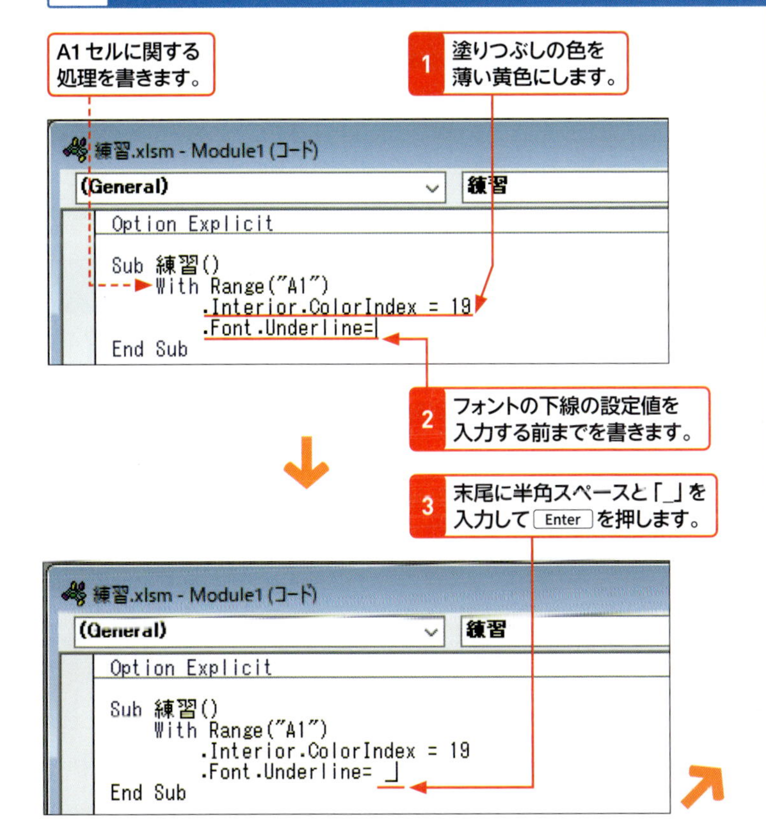

ヒント With や End With の入力を忘れると…

Withステートメントでは、最後のEnd With を入力し忘れてしまうとエラーメッセージが表示されます。逆に、End Withがあるのに With がない場合にもエラーメッセージが表示されます。

ヒント 記録マクロでも With ステートメントが使われる

記録マクロでも、同じオブジェクトに対する設定を続けて行った場合には、Withステートメントで記述されます。また、オブジェクトの設定画面を表示して操作をした場合、実際に設定を変更した箇所以外の内容もWithステートメントで記録されることがあります。たとえば、「セルの書式設定」画面で文字の色を変更した記録マクロでは、文字の大きさや文字の下線の有無なども記述されます。記録された内容が不要な場合は、Withステートメントごと削除しましょう。

メモ 改行して書く

1 行が長くなってしまう場合、Enter で改行してしまうと、マクロが正しく動きません。改行するには、行末で半角スペースと「_」を入力したあと、Enter を押して改行します。こうすることで、改行しても1 つのステートメントとみなされます。ただし、キーワードの途中などで改行することはできません。

キーワード 行継続文字

ステートメントの1 行が長くなってしまうとき、改行するために行末に使う文字のことを、行継続文字と言います。VBA では、半角スペースとアンダースコアの組み合わせの「 _」を使用します。

ヒント 字下げして書く

改行したあとは、次の行で続きを書きます。次の行の行頭で字下げをすると、前の行の続きであることがわかりやすくなります。

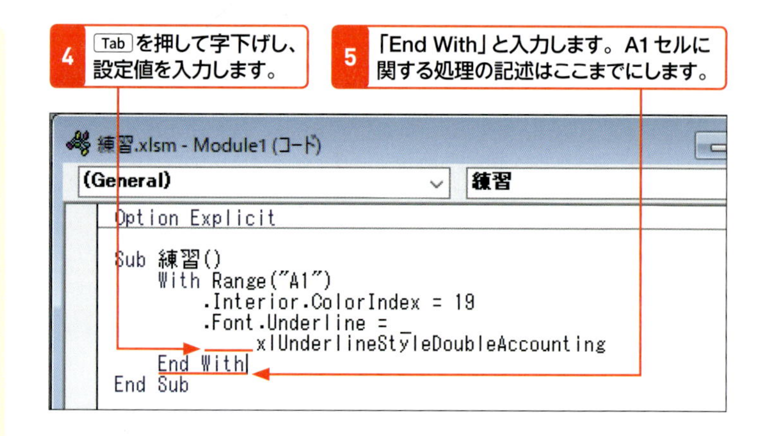

3 コメントを入力する

メモ マクロの中にコメントを入力する

コメントとは、マクロの中に書くメモのようなものです。コメントの内容は、マクロの実行結果とは関係ありませんが、わかりやすいコメントを入れておくと、マクロを後日修正するときなどに、どのようなマクロを書いたのかすぐに思い出すことができて便利です。コメントは、行頭や行末に「'」(シングルクォーテーション)を入力してから、そのあとに入力します。

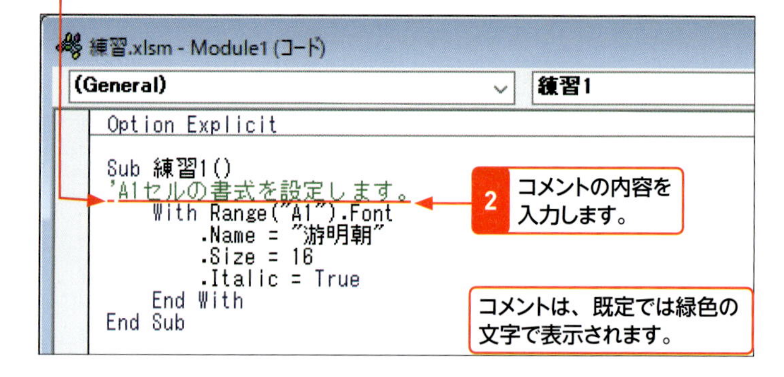

4 マクロの内容をコメントにする

メモ マクロの一部を処理内容から外す

マクロの内容の一部を処理内容から外したい場合は、動かしたくないコードの行頭に「'」を追加してコメントにする方法があります。ただし、コメントにする行数が多い場合、いちいち「'」を入力するのは面倒です。そのような場合は、コメントにしたい部分を選択して、<編集>ツールバーの<コメントブロック>をクリックします。なお、<編集>ツールバーを表示するには、<表示>メニューの<ツールバー>−<編集>をクリックします。

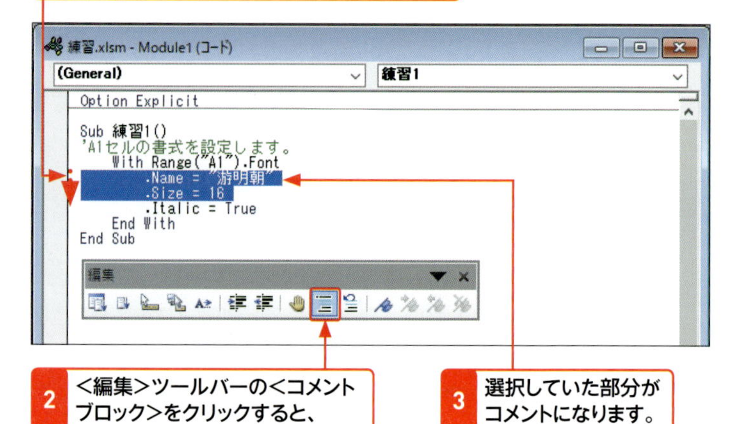

Chapter 04

第4章

セルや行・列を操作しよう

Section 30 セルのオブジェクトの基本
Section 31 セルを参照する
Section 32 隣のセルや上下のセルを参照する
Section 33 表内のセルを参照する
Section 34 データを削除する
Section 35 数式や空白セルを参照する
Section 36 セル範囲を縮小・拡張する
Section 37 セルのデータを操作する
Section 38 セルを挿入する・削除する
Section 39 行や列を参照する
Section 40 行や列を削除・挿入する

Section 30 セルのオブジェクトの基本

覚えておきたいキーワード
- Rangeオブジェクト
- セル・セル範囲の指定
- 行・列の指定

この章では、基本的なセルの扱いについて紹介します。セルを操作するには、セルやセル範囲を示す「Rangeオブジェクト」というオブジェクトを取得して、Rangeオブジェクトのさまざまなプロパティやメソッドを利用します。Rangeオブジェクトの取得方法などを知りましょう。

1 Rangeオブジェクト

メモ セルを操作する

この章では、セル範囲や行・列の参照方法を紹介します。操作の対象となるセル範囲や行・列の場所を正しく指定することは、VBAでデータを扱う上で、基本になる操作です。さまざまな指定の方法を知っておきましょう。

メモ Rangeオブジェクト

Rangeオブジェクトは、セルやセル範囲を表すオブジェクトです。Rangeオブジェクトは、RangeプロパティやCellsプロパティを使用して取得できます。

メモ Rangeオブジェクトのプロパティやメソッド

セルを操作したり、行や列を操作したりするには、Rangeオブジェクトに用意されているさまざまなプロパティやメソッドを使用します。この章では、代表的なプロパティやメソッドについて紹介します。

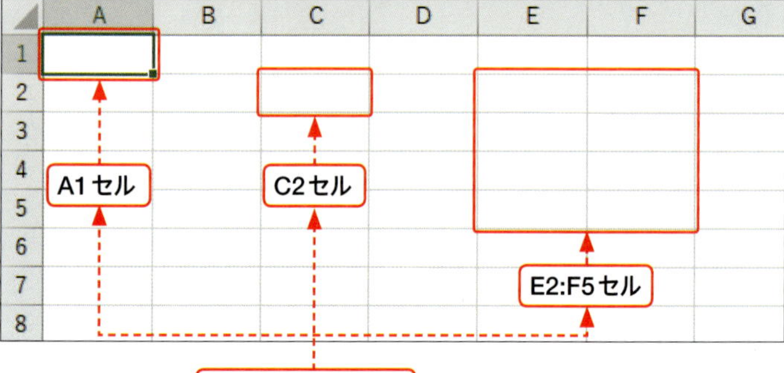

▼Rangeオブジェクトを取得するプロパティ

プロパティ	内容
Rangeプロパティ	セル番地などを指定してRangeオブジェクトを取得
Cellsプロパティ	行番号や列番号を指定して、Rangeオブジェクトを取得

▼Rangeオブジェクトの主なプロパティ

プロパティ	内容
Valueプロパティ	セルに入力されている値を示す
Rowプロパティ	行番号を示す
Columnプロパティ	列番号を示す

▼Rangeオブジェクトの主なメソッド

メソッド	内容
Clearメソッド	セルの値や書式情報などを削除する
ClearContentsメソッド	セルの値や数式などを削除する
SpecialCellsメソッド	空白セルや数式が入ったセルなど、指定した条件を満たす特定のセルを参照する
Copyメソッド	セルの内容をコピーする
Pasteメソッド	クリップボードにコピーされている内容を貼り付ける

メソッド	内容
Cut メソッド	セルの内容を移動する
PasteSpecial メソッド	形式を選択して貼り付ける
Insert メソッド	セルや行・列を挿入する
Delete メソッド	セルや行・列を削除する
Hidden メソッド	行や列を非表示にする

2 セルの場所を指定するさまざまなプロパティ

指定したセルを基準に、何行何列ずれたセルや、何行何列拡張したセル範囲などを指定できます。

	A	B	C	D	E	F	G	H
1	イベント出店メニュー							
2								
3	番号	メニュー名	分類	価格				
4	C101	チキンカレー	カレー	850				
5	C102	ビーフカレー	カレー	950				
6	C103	野菜カレー	カレー	900				
7	D101	ミートドリア	ドリア	850				
8	D102	エビドリア	ドリア	950				
9	S101	タンドリーチキン	サイド	500				
10	S102	ラムチョップ	サイド	600				
11	D101	ラッシー	ドリンク	300				
12	D102	ウーロン茶	ドリンク	200				
13	D103	オレンジジュース	ドリンク	200				
14								

指定したセルを基準に、表全体を指定したり、データが入力されている範囲の一番端のセルを指定したりできます。

▼思い通りにセルの場所を指定するプロパティ例

プロパティ	内容
Offset プロパティ	指定したセルやセル範囲から指定した行数、列数分ずらしたセルやセル範囲を参照する
CurrentRegion プロパティ	アクティブセル領域を参照する
End プロパティ	データが入力されている範囲の端のセルを参照する。また、データが入力されていないセルの場所から、データが入力されている範囲の端のセルを参照する
Resize プロパティ	指定したセルやセル範囲から指定した行数・列数分セル範囲を縮小・拡張したセル範囲を参照する
EntireRow プロパティ	選択中のセルを含む行全体のセル範囲を参照する
EntireColumn プロパティ	選択中のセルを含む列全体のセル範囲を参照する

セルを指定する

VBAでセルを操作するときは実際の表を見ながら操作できないので、コードを使って表の範囲や位置を特定する必要があります。このような場合は、セルやセル範囲を柔軟に取得するためのさまざまなプロパティを使用します。

セルを選択する必要はない

Excelの操作でセルを操作するには、まず目的のセルをクリックするなどして選択しますが、VBAではセルを選択しなくても直接セルを操作することができます。ただし、セルの場所を指定するプロパティなどを使用して、実際の表を見ずに目的のセルの場所を正しく特定する必要があります。

メモ **行や列もセル範囲**

行や列も、セル範囲です。行番号や列番号で指定するか、選択しているセルを含む行全体や列全体を指定することで、行・列のRangeオブジェクトを取得できます。指定した場所に行や列を挿入・削除したり、行や列の表示／非表示を切り替えたりすることができます（P.138参照）。

Section 31

セルを参照する

覚えておきたいキーワード
- Range オブジェクト
- Range プロパティ
- Cells プロパティ

Excelでは、セルに値を入力して表を作成します。VBAでセルやセル範囲を扱うときは、Rangeオブジェクトを利用します。Rangeオブジェクトを取得するには、いくつかの方法があります。ここでは、セル番地や行・列の番号を使ってセルを参照し、指定する方法を紹介します。

1 セル番地を指定してセルを参照する

メモ セルを参照する

セル番地を使ってセルを参照し、セルにデータを入力します。Excelでは、セルに文字を入力したり書式を設定したりするときに、目的のセルを選択してから操作します。VBAでは、RangeプロパティやCellsプロパティを利用してRangeオブジェクトを参照し、その場所を指定します。

メモ Rangeオブジェクト

Rangeオブジェクトは、セルを表すためのものです。セルやセル範囲を操作するときは、Rangeオブジェクトを取得して操作します。

メモ セルの選択とアクティブセル

セルやセル範囲を選択するには、RangeオブジェクトのSelectメソッドかActivateメソッドを利用します。セルを選択した場合、選択したセルとアクティブセル（入力や操作対象のセル）は同一ですが、セル範囲を選択した場合は、その中の1つ（白く反転しているもの）だけがアクティブセルです。アクティブセルは、セルの選択範囲とは別に、Activateメソッドで指定できます。

```
Sub セルの参照1()
    Range("A1").Value = "こんにちは"
    Range("B2:C3").Value = 50
End Sub
```

1 A1セルに「こんにちは」の文字を入力し、

2 B2セル～C3セルに「50」と入力します。

実行例

1 指定したセルに、

	A	B	C	D
1				
2				
3				
4				
5				

2 データを入力します。

	A	B	C	D
1	こんにちは			
2		50	50	
3		50	50	
4				
5				

書式 Rangeプロパティ

オブジェクト.Range(Cell)
オブジェクト.Range(Cell1,[Cell2])

解説 Rangeプロパティを利用して、Rangeオブジェクトを取得します。Cell1には、セル番地やセル範囲を指定します。セルの範囲を指定するときは、「:」を使います。複数のセルを指定するには、「,」を使います。

オブジェクト Applicationオブジェクト、Worksheetオブジェクト、Rangeオブジェクトを指定します。オブジェクトを指定しない場合は、アクティブシートとみなされます。

▼Rangeオブジェクトの記述例

例	内容
Range("A1")	A1セル
Range("A1,B5")	A1セルとB5セル
Range("A1:D5")	A1セル～D5セル
Range("A1:D5,F2:G7")	A1セル～D5セル、F2セル～G7セル
Range("項目名")	名前を付けたセルやセル範囲※「項目名」という名前を付けたセルを指定した例。
Range("A1","B5")	A1セル～B5セル
Range(Cells(3, 1), Cells(5, 6))	A3セル～F5セル※Cellsプロパティと組み合わせてセル範囲を指定した例。

ヒント Valueプロパティ

Valueプロパティは、セルの値を取得したり、入力したりする場合に使用します。

2 行番号と列番号を指定してセルを参照する

1 C2セル(2行目3列目)のセルに「練習」と入力します。

```
Sub セルの参照2()
    Cells(2, 3).Value = "練習"
End Sub
```

実行例

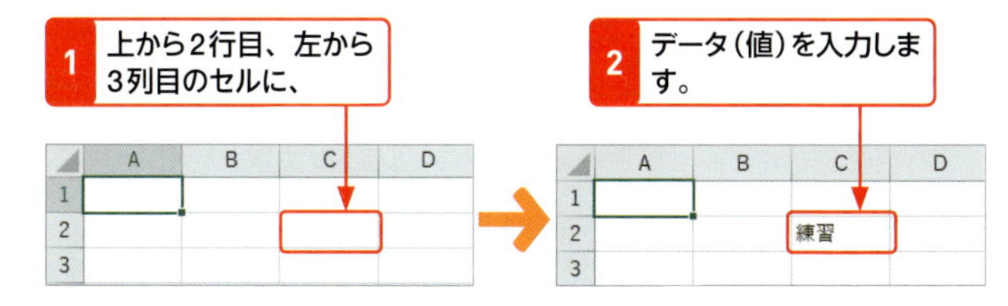
1 上から2行目、左から3列目のセルに、
2 データ(値)を入力します。
A B C D
1 2 3
練習

書式 Cellsプロパティ

オブジェクト.Cells

解説 指定した位置にあるセルのRangeオブジェクトを取得します。Cellsのあとに行番号と列番号を記述して、セルの場所を指定します。オブジェクトを指定しない場合は、アクティブシートのセルが取得されます。

オブジェクト Applicationオブジェクト、Worksheetオブジェクト、Rangeオブジェクトを指定します。

▼Cellsプロパティの記述例

例	内容
Cells(2,4)	D2セル(2行目、4列目を指定)
Cells(2,"D")	D2セル(2行目、D列を指定)
Cells	すべてのセル(引数を指定しない場合)

メモ Cellsプロパティでセルを参照する

Cellsプロパティを利用すると、行番号や列番号でセルの位置を指定できます。

メモ Cellsプロパティの便利なところ

Excelの操作ではワークシートのセル番地を見ながら操作しますので、VBAでセルを指定するときもRangeプロパティでセル番地を記述するほうがわかりやすいかもしれません。しかし、Cellsプロパティでは行番号や列番号でセルの位置を指定できるので、行や列の番号に数値を足したり引いたりしながら、より柔軟にセルの位置を指定できます。セルの位置をずらしながら連続データを入力する場合などは、Cellsプロパティを使うと便利です。

メモ 現在選択中のセルを参照する

Selectionプロパティを利用すると、現在選択しているセルを取得できます。セル範囲を選択している場合は、選択中のセル範囲のRangeオブジェクトを取得できます。

オブジェクト.Selection

オブジェクト Applicationオブジェクト、Windowオブジェクトを指定します。オブジェクトを省略すると、アクティブウィンドウのアクティブシートで選択中のセルが取得されます。

Section 32 隣のセルや上下のセルを参照する

覚えておきたいキーワード
- Offsetプロパティ
- RowOffset
- ColumnOffset

あるセルを基準にし、「上下のセル」「左右のセル」「2つ上」「3つ右」のように、相対的な位置を指定してセルを操作することもできます。このような指定では、RangeオブジェクトのOffsetプロパティを利用します。基準からどのくらい位置をずらすかを、引数を使って、行や列の数で指定します。

1 上下左右のセルを操作する

B2セルに関する処理をまとめて書きます。

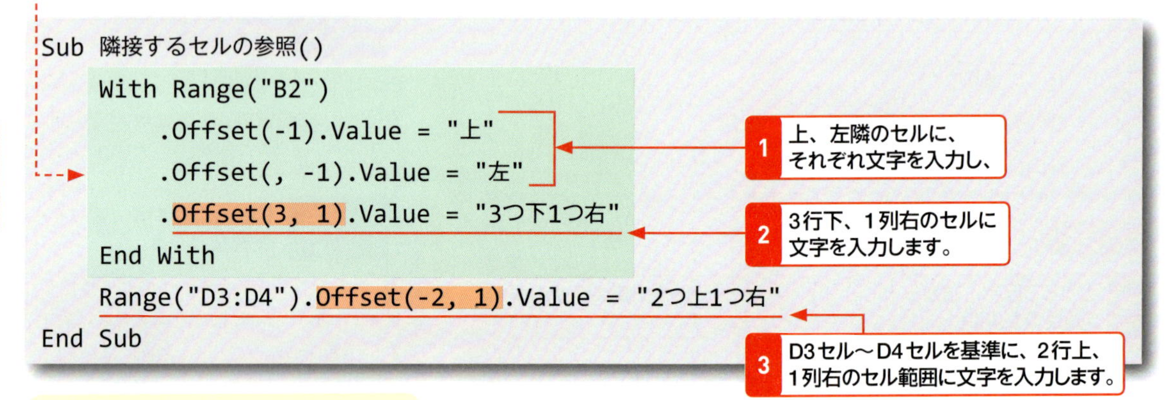

```
Sub 隣接するセルの参照()
    With Range("B2")
        .Offset(-1).Value = "上"
        .Offset(, -1).Value = "左"
        .Offset(3, 1).Value = "3つ下1つ右"
    End With
    Range("D3:D4").Offset(-2, 1).Value = "2つ上1つ右"
End Sub
```

1 上、左隣のセルに、それぞれ文字を入力し、
2 3行下、1列右のセルに文字を入力します。
3 D3セル～D4セルを基準に、2行上、1列右のセル範囲に文字を入力します。

メモ 隣のセルや上下のセルを扱うには

ここでは、B2セルやD3セル～D4セルを基準にし、周辺のセルに指定したデータを入力しています。指定したセルやセル範囲の位置から、指定した行・列だけずれたセルを参照して操作します。

ヒント アクティブセルを参照する

ActiveCellプロパティを利用すると、アクティブセル（入力や操作対象のセル）のRangeオブジェクトを取得できます。

オブジェクト **.ActiveCell**

オブジェクト Applicationオブジェクト、Windowオブジェクトを指定します。省略した場合、アクティブウィンドウのアクティブシートのアクティブセルを取得できます。

実行例

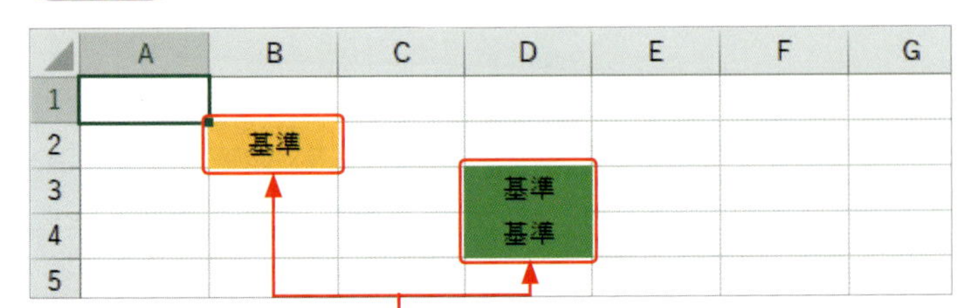

基準
基準
基準

1 セルの位置やセル範囲を基準にし、○行・○列ずらした位置を取得して、

2 データを入力します。

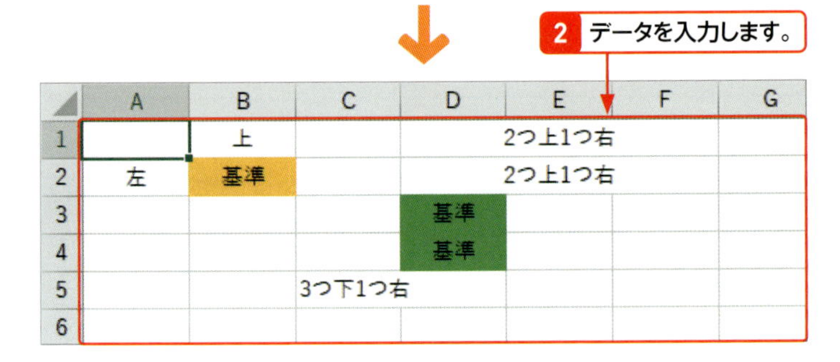

上
2つ上1つ右
左
基準
2つ上1つ右
基準
基準
3つ下1つ右

2 Offsetプロパティの指定方法

書式 Offsetプロパティ

オブジェクト.Offset([RowOffset],[ColumnOffset])

解　説 Offcetプロパティを使用して、指定したセルやセル範囲の位置から○行、○列ずれたセルを参照します。

オブジェクト Rangeオブジェクトを指定します。

引　数

RowOffset　行を移動する数を指定します。正の数を指定すると下方向にずれて、負の数を指定すると、上方向にずれます。省略した場合は、0とみなされます。

ColumnOffset　列を移動する数を指定します。正の数を指定すると右方向にずれて、負の数を指定すると、左方向にずれます。省略した場合は、0とみなされます。

▼Offsetプロパティの例

例	内容
Range("C4").Offset(1,2)	C4セルの1行下、2列右のセル
Range("C4").Offset(-1,-2)	C4セルの1行上、2列左のセル
Range("C4").Offset(,2)	C4セルの2列右のセル
Range("C4").Offset(1)	C4セルの1行下のセル
Range("A3:C5").Offset(1,2)	A3セル～C5セル範囲を基準にして、1行下2列右
Range("A2").CurrentRegion.Offset(1, 2)	A2セルを含むアクティブセル領域を基準に、1行下2列右

メモ　Offsetプロパティの記述例

Offsetプロパティを使用してセルを参照するときの、さまざまな書き方を知りましょう。たとえば、行のみを移動するときは「Offset(行)」、列のみを移動するときは「Offset(, 列)」とします。「,」(カンマ)の付け方のルールは、メソッドの引数と同じです(P.86参照)。

ヒント　どちら側にずらすのかを指定する

Offsetプロパティでは、行や列をずらす数を指定します。両方に正の数を指定すると右下方向に、両方に負の数を指定すると左上方向にずれます。

	A	B	C	D	E	F
1	Offset (行,列)					
2	行：正の数を指定すると下方向、負の数を指定すると上方向にずれる					
3	列：正の数を指定すると右方向、負の数を指定すると左方向にずれる					
4						
5	(-3,-2)	(-3,-1)	(-3)	(-3,1)	(-3,2)	(-3,3)
6	(-2,-2)	(-2,-1)	(-2)	(-2,1)	(-2,2)	(-2,3)
7	(-1,-2)	(-1,-1)	(-1)	(-1,1)	(-1,2)	(-1,3)
8	(,-2)	(,-1)	基準セル	(,1)	(,2)	(,3)
9	(1,-2)	(1,-1)	(1)	(1,1)	(1,2)	(1,3)
10	(2,-2)	(2,-1)	(2)	(2,1)	(2,2)	(2,3)
11	(3,-2)	(3,-1)	(3)	(3,1)	(3,2)	(3,3)
12						

Offset(行, 列)

Section 33

表内のセルを参照する

覚えておきたいキーワード
- CurrentRegion プロパティ
- End プロパティ
- アクティブセル領域

Excelの表を自由に扱うために、表全体や表の上下左右に位置するセルを参照する方法を身に付けましょう。表全体のセルを操作するには、Rangeオブジェクトの CurrentRegion プロパティを利用します。また、表の上下左右の端に位置するセルを操作するには、End プロパティを利用します。

1 表全体を操作する

1 A3セルを基準にアクティブセル領域を取得して、選択します。

```
Sub 表の参照()
    Range("A3").CurrentRegion.Select
End Sub
```

実行例

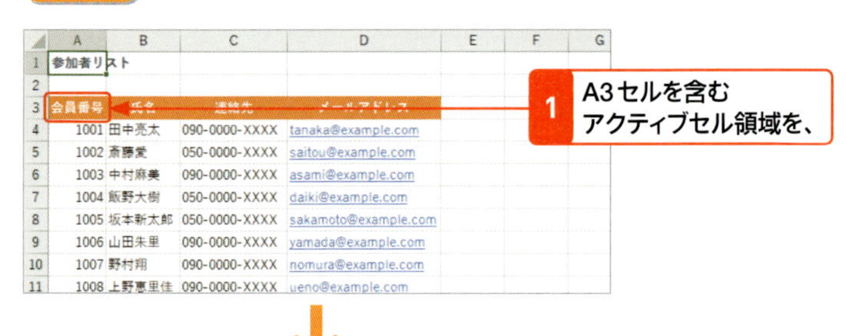
1 A3セルを含む
アクティブセル領域を、

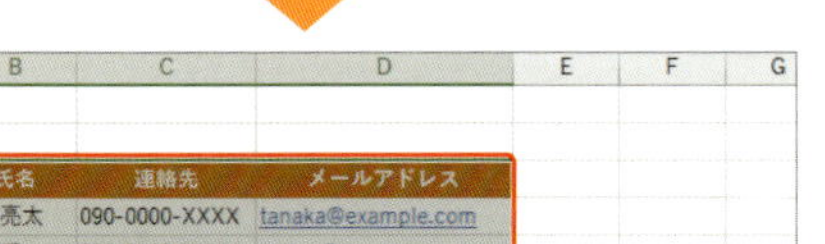
2 選択します。

書式 CurrentRegionプロパティ

オブジェクト.CurrentRegion

解 説 アクティブセル領域を取得するには、RangeオブジェクトのCurrentRegionプロパティを利用します。

オブジェクト Rangeオブジェクトを指定します。

メモ 表全体を操作する

ここでは、A3セルを基準にCurrent Regionプロパティでアクティブセル領域を取得し、Selectメソッドで選択します。Excelでアクティブセル領域を選択するには、Ctrl＋Shift＋*を押しますが、VBAではCurrentRegionプロパティとSelectメソッドを組み合わせます。

ヒント アクティブセル領域

アクティブセル領域とは、アクティブセルを含む、連続したデータの入ったセル範囲のことです。上下左右の空白列や空白行が、セル範囲の境界になります。表全体を選択するときによく利用されますが、表の中に空白行や空白列があると、意図した通りにセル範囲を参照できないことがありますので、注意が必要です。

ヒント Selectメソッド

セル範囲を選択するには、RangeオブジェクトのSelectメソッドを利用します。ここでは、取得したアクティブセル領域を選択するためにSelectメソッドを利用しています。

2 表の一番端のセルを操作する

1 A8セル～A8セルを基準にした終端セル（下方向End(xlDown)・右方向End(xlToRight)）までを取得して、選択します。

```
Sub 途中の行からの参照()
    Range("A8", Range("A8").End(xlDown). _
        End(xlToRight)).Select
End Sub
```

実行例

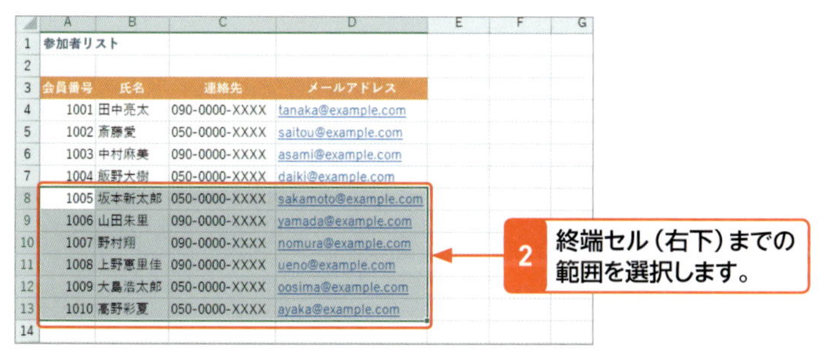

書式 Endプロパティ

オブジェクト.End(Direction)

解説 データが入力されている領域の上下左右の端のセルを取得します。引数で、どちら側の終端のセルを参照するのかを指定します。上の例では、まず下端のセルを取得して、そこから右端のセルを取得しています。

オブジェクト Rangeオブジェクトを指定します。

引数
Direction 移動する方向を指定します。設定値については、右の表を参照してください。

設定値	内容
xlDown	下端
xlUp	上端
xlToLeft	左端
xlToRight	右端

メモ 表の端のセルを操作する

ここでは、A8セルを基準に、連続したデータが入ったセル範囲の右下隅のセルを参照し、Rangeプロパティで A8セルから右下隅セルまでのセル範囲を取得して、選択します。Excelでは、表の末端まで移動するのに、Ctrl+方向キーを使用します（P.114参照）。VBAでは、RangeオブジェクトのEndプロパティを利用して終端セルを参照します。

メモ 空欄に見えても空欄でない場合もある

Endプロパティを利用すると、データが入っている領域の終端セルを選択できます。しかし、データが入っていないように見えても、実際にはスペースが入っていて空欄でないセルもあります。その場合は、スペースを削除しないと思うような結果になりませんので注意しましょう。

3 表の最終データの下のセルを選択する

メモ 表の最後の行の1つ下を参照する

ここでは、表内の最終データ(一番下のセル)の次のセルを選択しています。Endプロパティで表の最下端のセルを参照し、Offsetプロパティを利用してその1つ下のセルを参照して、選択します。

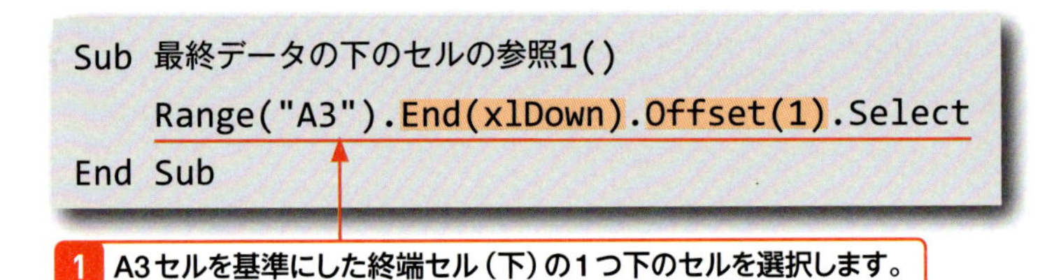

```
Sub 最終データの下のセルの参照1()
    Range("A3").End(xlDown).Offset(1).Select
End Sub
```

1 A3セルを基準にした終端セル(下)の1つ下のセルを選択します。

実行例

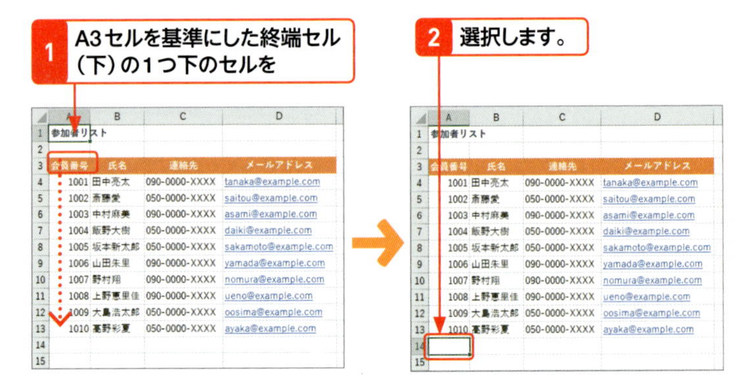

ヒント 終端セルを選択する(Excelの操作)

Excelでデータが入力されている領域を移動するときは、Ctrl+方向キーを利用すると、領域の上下左右の端のセルを選択できます。また、データが入力されていないセルを選択しているときにCtrl+方向キーを押すと、データが入力されている領域の端のセルを選択できます。Endプロパティを利用すると、この操作と同じように、データが入力されている範囲の終端セルを参照できます。

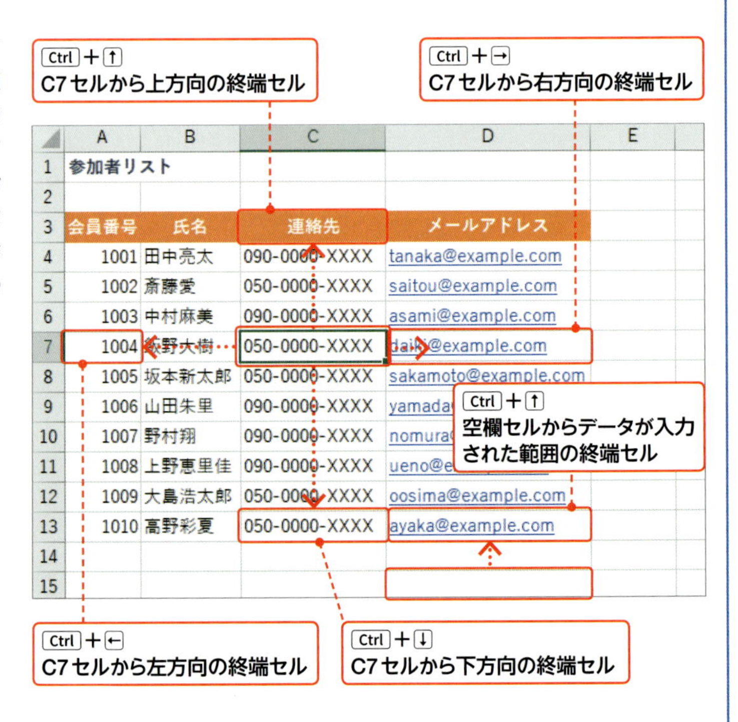

4 最終行を基準に表の最終行の下のセルを選択する

```
Sub 最終データの下のセルの参照2()
    Cells(Rows.Count, 1).End(xlUp).Offset(1).Select
End Sub
```

1 A列の最終行のセルから上方向に向かってデータが入力されているセルを探し、そのセルの1つ下のセルを選択します。

実行例

1 最後の行から表の一番下のセルを探し、

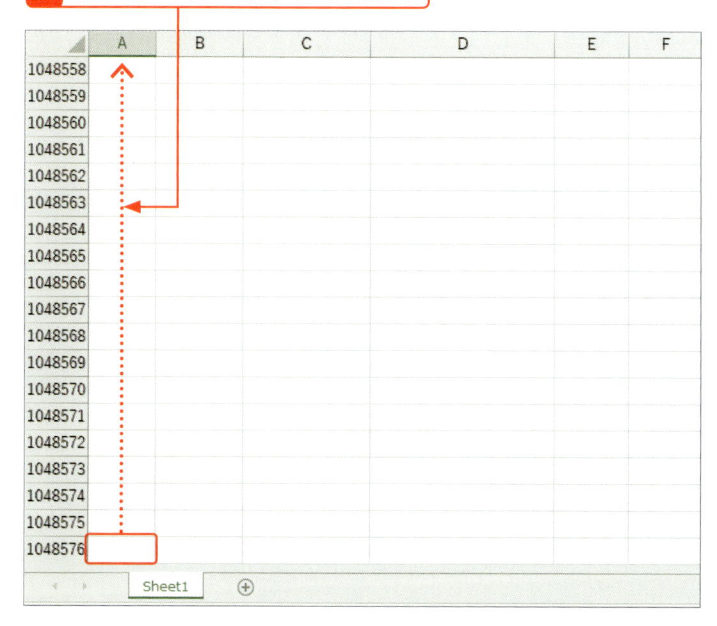

2 データが入っているセルの1つ下のセルを選択します。

	A	B	C	D
1	参加者リスト			
2				
3	会員番号	氏名	連絡先	メールアドレス
4	1001	田中亮太	090-0000-XXXX	tanaka@example.com
5	1002	斎藤愛	050-0000-XXXX	saitou@example.com
6	1003	中村麻美	090-0000-XXXX	asami@example.com
7	1004	飯野大樹	050-0000-XXXX	daiki@example.com
8	1005	坂本新太郎	050-0000-XXXX	sakamoto@example.com
9	1006	山田朱里	090-0000-XXXX	yamada@example.com
10	1007	野村翔	090-0000-XXXX	nomura@example.com
11	1008	上野恵里佳	090-0000-XXXX	ueno@example.com
12	1009	大島浩太郎	050-0000-XXXX	oosima@example.com
13	1010	高野彩夏	050-0000-XXXX	ayaka@example.com
14				
15				

メモ 別の方法で最終行を参照する

ここでは、ワークシートの最後の行のセルを参照してから、上に向かってデータの最終行を参照する方法を紹介します。この方法では、最終行の1つ下のセルを選択します。

ヒント 表内に空白行が含まれる場合

表の途中に空白行があると、P.114の方法ではデータ入力範囲の下端のセルを参照できません。その場合は、左の方法を利用するとよいでしょう。

ヒント アクティブシートの総行数を知る

アクティブシートの総行数は、「Rows.Count」で知ることができます。この例では、Cellsプロパティで総行数を指定することで、最下行のセルを参照しています。Rowsプロパティについては、P.135を参照してください。

Section 34

データを削除する

覚えておきたいキーワード
- Clear メソッド
- ClearContents メソッド
- ClearFormats メソッド

Excel では、セルのデータを削除するときに Delete を使います。また、セルに設定した書式情報を削除するときは、<クリア>から削除する内容を選択します（P.117 参照）。VBA で同様の作業を行うには、Range オブジェクトの Clear メソッドや ClearFormats メソッドなどを利用します。

1 セルのデータを削除する

```
Sub 表の削除()
    Range("A3").CurrentRegion.Clear
End Sub
```

1 A3セルを含むアクティブセル領域をすべて削除します。

実行例

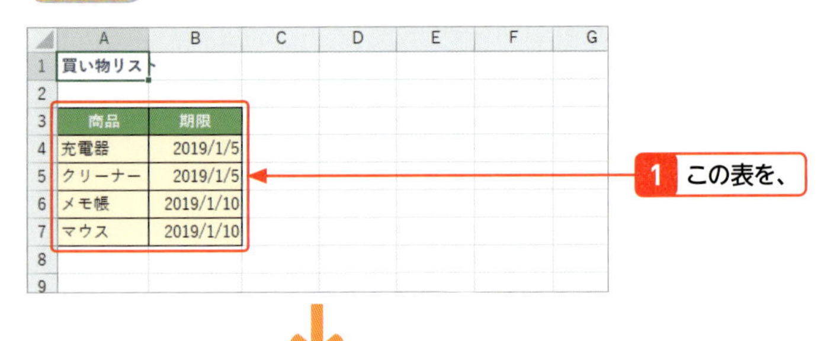

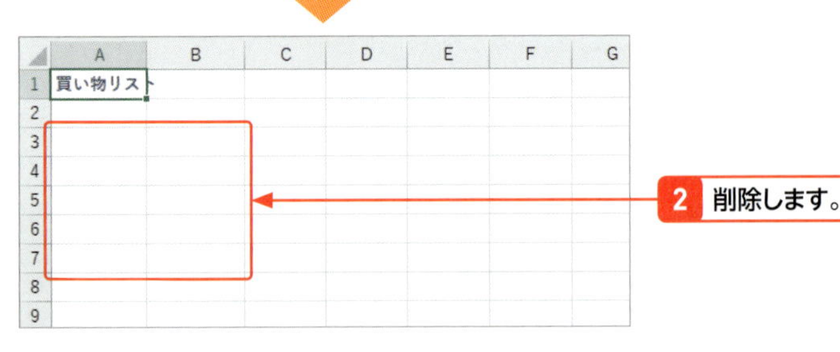

書式 Clearメソッド

オブジェクト.Clear

解説 セルの値や書式情報などをまとめて削除するには、Clearメソッドを使います。

オブジェクト Rangeオブジェクトを指定します。

メモ セルのデータと書式をすべて削除する

ここでは、A3セルを含むアクティブ領域の表のデータをすべて削除します。Excelの操作で、データを削除するには、P.117の方法で削除する内容を指定します。VBAでは、Clearメソッドを利用します。

ヒント 書式だけを削除する

セルの書式情報だけを削除するには、RangeオブジェクトのClearFormatsメソッドを使います。

オブジェクト.ClearFormats

オブジェクト Rangeオブジェクトを指定します。

2 セルの数式と値だけを削除する

```
Sub データの削除()
    Range("A4", Range("A4").End(xlDown). _
        End(xlToRight)).ClearContents
End Sub
```

1 A4セル～A4セルを基準にした終端セル（右下）までのセル範囲の数式や値を削除します。

実行例

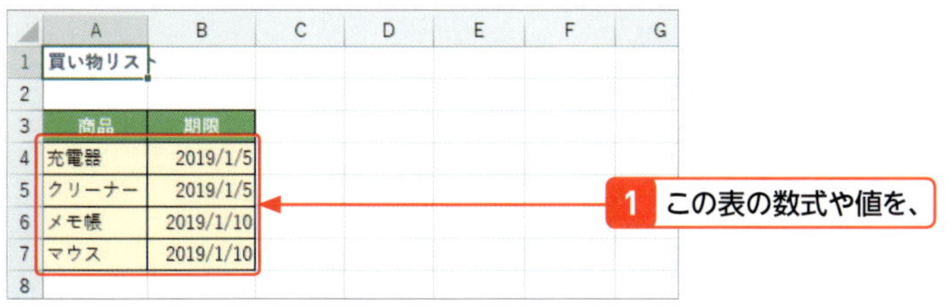

	A	B
1	買い物リスト	
2		
3	商品	期限
4	充電器	2019/1/5
5	クリーナー	2019/1/5
6	メモ帳	2019/1/10
7	マウス	2019/1/10
8		

	A	B
1	買い物リスト	
2		
3	商品	期限
4		
5		
6		
7		
8		

2 削除します。

書式 ClearContentsメソッド

オブジェクト.ClearContents

解 説 セルに入力されている数式や値の情報を削除するには、ClearContentsメソッドを使用します。

オブジェクト Rangeオブジェクトを指定します。

メモ 数式と値を削除する

ここでは、セルに入力されている数式や値の情報だけを削除します。RangeオブジェクトのClearContentsメソッドを使用します。

ステップアップ セルのコメントを削除する

セルのコメントを削除するには、RangeオブジェクトのClearCommentsメソッドを使用します。

オブジェクト.ClearComments

オブジェクト Rangeオブジェクトを指定します。

ヒント セルのデータを削除する（Excelの操作）

Excelの操作でセルのデータを削除するには、<ホーム>タブの<クリア>で、削除する内容を指定します。また、Delete でデータを削除した場合は、数式と値だけが削除されます。VBAでも、削除する内容に合わせてメソッドが用意されています。

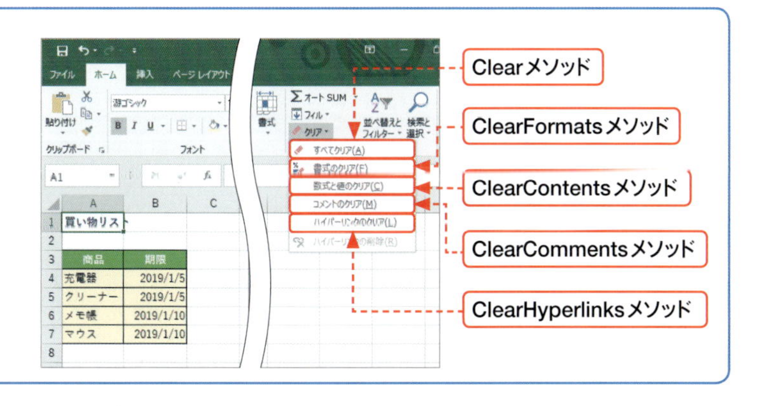

Section 35

数式や空白セルを参照する

覚えておきたいキーワード
- SpecialCells メソッド
- 空白セル
- 選択オプション

ある条件を満たすセルだけを操作する方法として、Rangeオブジェクトの SpecialCellsメソッドを利用する方法があります。SpecialCellsメソッドの引数にセルの種類を指定すると、その種類のセルだけを参照します。これを使うと、セル範囲の中から空白セルだけを参照するといったことが可能になります。

1 空白セルだけを対象に操作する

メモ 空白のセルのみを参照する

ここでは、表内の空白セルだけを選択しています。Excelの操作で、指定した種類のデータが入力されているセルを選択するには、P.119の「ヒント」のように操作します。VBAで同様の操作を行うには、SpecialCellsメソッドを利用します。

1 B4セル〜C9セルの範囲内の空白セルを選択します。

```
Sub 空白セルの選択()
    Range("B4:C9").SpecialCells _
        (xlCellTypeBlanks).Select
End Sub
```

実行例

1 B4セル〜C9セル範囲にある空白セルを探して、

	A	B	C	D	E	F	G
1	資料請求者様一覧						
2							
3	氏名	フリガナ	連絡先	連絡先確認	DM希望		
4	斎藤遥	サイトウハルカ	090-0000-XXXX		○		
5	渡辺翔太	ワタナベショウタ		要確認			
6	松島桃花	マツシマモモカ	050-0000-XXXX		○		
7	中野祥太郎	ナカノショウタロウ	090-0000-XXXX		○		
8	田中美優	タナカミユ		要確認			
9	佐藤真人	サトウマサト	050-0000-XXXX				
10							
11							

2 選択します。

	A	B	C	D	E	F	G
1	資料請求者様一覧						
2							
3	氏名	フリガナ	連絡先	連絡先確認	DM希望		
4	斎藤遥	サイトウハルカ	090-0000-XXXX		○		
5	渡辺翔太	ワタナベショウタ		要確認			
6	松島桃花	マツシマモモカ	050-0000-XXXX		○		
7	中野祥太郎	ナカノショウタロウ	090-0000-XXXX		○		
8	田中美優	タナカミユ		要確認			
9	佐藤真人	サトウマサト	050-0000-XXXX				
10							
11							

ヒント エラーが発生する場合

SpecialCellsメソッドを使用して特定のセルを参照するとき、該当するセルが見つからない場合は、エラーになります。エラーを回避する方法は、Sec.83を参照してください。

書式 **SpecialCellsメソッド**

オブジェクト.SpecialCells(Type,[Value])

解　説 空白セルや数式が入ったセルなど、特定のセルを参照するには、SpecialCellsメソッドを使用します。引数で参照するセルの種類を指定します。

オブジェクト Rangeオブジェクトを指定します。

引　数

Type　セルの種類を指定します。設定値については、以下の表を参照してください。

Value　引数のTypeに、「xlCellTypeConstants」または「xlCellTypeFormulas」が指定されているときに指定できます。定数や数式が含まれるセルを、さらに「文字」、「数値」などで絞り込むときに利用します。

▼Typeで指定する内容

設定値	内容
xlCellTypeAllFormatConditions	条件付き書式が設定されているセル
xlCellTypeAllValidation	入力規則が設定されているセル
xlCellTypeBlanks	空白のセル
xlCellTypeComments	コメントが含まれるセル
xlCellTypeConstants	定数のセル
xlCellTypeFormulas	数式のセル
xlCellTypeLastCell	使用されているセル範囲内の最後のセル
xlCellTypeSameFormatConditions	同じ条件付き書式が設定されているセル
xlCellTypeSameValidation	同じ入力規則が設定されているセル
xlCellTypeVisible	可視セル

▼Valueで指定する内容

設定値	内容
xlErrors	エラー値
xlLogical	論理値
xlNumbers	数値
xlTextValues	文字

ヒント　参照するセルの種類を指定する（Excelの操作）

Excelの操作で、指定した種類のデータが入力されているセルを選択するには、＜ホーム＞タブの＜検索と選択＞をクリックして＜条件を選択してジャンプ＞をクリックすると表示される＜選択オプション＞画面で、セルの種類を指定します。VBAで同様の操作を行うには、SpecialCellsメソッドとSelectメソッドを利用します。

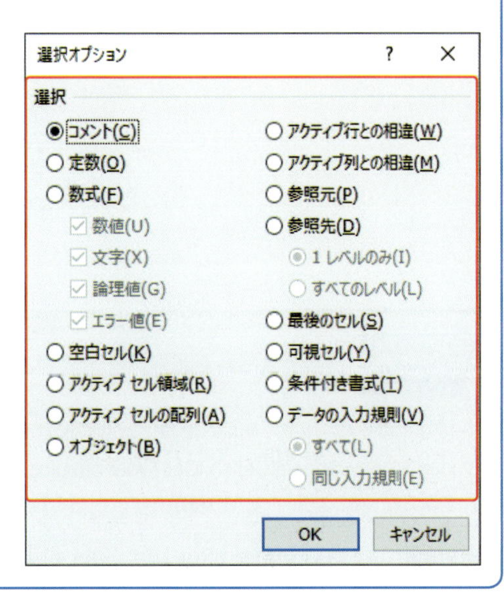

2 文字や数値データのみ削除する

1 A4セル～E9セルの定数(数値と文字)のデータを削除します。

```
Sub 文字や数値データの削除()
    Range("A4:E9").SpecialCells(xlCellTypeConstants, _
        xlNumbers + xlTextValues).ClearContents
End Sub
```

メモ 文字や数字データを削除する

SpecialCellsメソッドで文字や数値データが入っているセルを指定して、値を削除します。数式が入っているセルは、そのまま数式が残ります。

実行例

1 この範囲の文字や数値のデータだけが、

	A	B	C	D	E	F	G
1	資料請求者様一覧						
2							
3	氏名	フリガナ	連絡先	連絡先確認	DM希望		
4	斎藤遥	サイトウハルカ	090-0000-XXXX		○		
5	渡辺翔太	ワタナベショウタ		要確認			
6	松島桃花	マツシマモモカ	050-0000-XXXX		○		
7	中野祥太郎	ナカノショウタロウ	090-0000-XXXX		○		
8	田中美優	タナカミユ		要確認			
9	佐藤真人	サトウマサト	050-0000-XXXX				
10							

2 削除されます(B列とD列に入力されている数式は残ります)。

	A	B	C	D	E	F	G
1	資料請求者様一覧						
2							
3	氏名	フリガナ	連絡先	連絡先確認	DM希望		
4				要確認			
5				要確認			
6				要確認			
7				要確認			
8				要確認			
9				要確認			
10							

ヒント 数式が入ったセルだけを選択する

SpecialCellsメソッドで、セルの種類に数式を指定すると、数式が入ったセルだけを操作できます。その場合、「Range("A3").CurrentRegion.SpecialCells(xlCellTypeFormulas).Select」のように指定します。また、数式の結果が文字になるセルだけを操作するには、次のように、セルの種類だけでなく値の種類も指定します。

```
Range("A3").CurrentRegion.SpecialCells(xlCellTypeFormulas, xlTextValues).Select
```

3 1列目にデータがない行を削除する

1 E4セル～E9セル内の空白セルを含む行を行ごと削除します。

```
Sub E列が空欄の行を削除()
    Range("E4:E9").SpecialCells(xlCellTypeBlanks) _
        .EntireRow.Delete
End Sub
```

実行例

1 「DM希望」欄が空白の行を、

	A	B	C	D	E	F	G
1	資料請求者様一覧						
2							
3	氏名	フリガナ	連絡先	連絡先確認	DM希望		
4	斎藤遥	サイトウハルカ	090-0000-XXXX		○		
5	渡辺翔太	ワタナベショウタ		要確認			
6	松島桃花	マツシマモモカ	050-0000-XXXX		○		
7	中野祥太郎	ナカノショウタロウ	090-0000-XXXX		○		
8	田中美優	タナカミユ		要確認			
9	佐藤真人	サトウマサト	050-0000-XXXX				
10							

2 削除します。

	A	B	C	D	E	F	G
1	資料請求者様一覧						
2							
3	氏名	フリガナ	連絡先	連絡先確認	DM希望		
4	斎藤遥	サイトウハルカ	090-0000-XXXX		○		
5	松島桃花	マツシマモモカ	050-0000-XXXX		○		
6	中野祥太郎	ナカノショウタロウ	090-0000-XXXX		○		
7							
8							
9							
10							

メモ 空白のセルを含む行を削除する

表のE列にデータ入っていないセルを探して、そのセルを行ごと削除します。SpecialCellsメソッドで空白のセルを参照して、そのセルを含む行全体を削除します。

ヒント 参照したセルを含む行全体を参照する

参照したセルを含む行全体を参照するには、EntireRowプロパティを利用します（P.135参照）。

ヒント 可視セルだけを選択する

非表示にした行や列を無視して、見えている部分だけをコピーして貼り付けたい場合は、可視セルのみを参照してコピーします。その場合、SpecialCellsメソッドでセルの種類を指定するときに、次のように可視セルを指定します。

```
Range("A3").CurrentRegion.SpecialCells(xlCellTypeVisible).Copy
```

Section 36

セル範囲を縮小・拡張する

覚えておきたいキーワード
- Resize プロパティ
- RowSize
- ColumnSize

VBA では、「特定のセルを基準に3行分・2列分」といった指定方法でセル範囲を参照することができます。また、あるセル範囲を縮小・拡張してから参照することもできます。こうした作業では、Range オブジェクトのResize プロパティを利用します。引数で、縮小・拡張する行数と列数を指定します。

1 セル範囲を縮小・拡張して参照する

メモ 参照するセル範囲を縮小・拡張する

セル範囲を縮小・拡張して参照するには、Resizeプロパティを利用します。ここでは、B4セルを左上のセルとして、3行分・2列分のセル範囲を選択します。

```
Sub セル範囲を拡張して選択()
    Range("B4").Resize(3, 2).Select
End Sub
```

1 B4セルを基準に3行2列拡張して選択します。

実行例

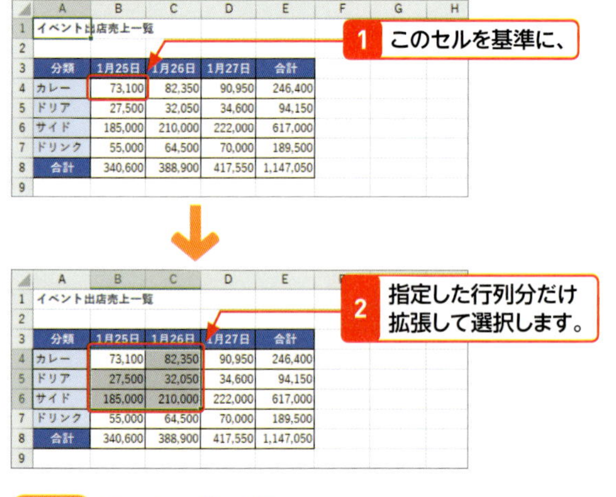

	A	B	C	D	E
1	イベント出店売上一覧				
2					
3	分類	1月25日	1月26日	1月27日	合計
4	カレー	73,100	82,350	90,950	246,400
5	ドリア	27,500	32,050	34,600	94,150
6	サイド	185,000	210,000	222,000	617,000
7	ドリンク	55,000	64,500	70,000	189,500
8	合計	340,600	388,900	417,550	1,147,050

書式 Resizeプロパティ

オブジェクト.Resize([RowSize],[ColumnSize])

解説 セル範囲を縮小や拡張して参照します。

オブジェクト Rangeオブジェクトを指定します。

引数

RowSize　行の数を指定します。省略した場合は、元のセル範囲と同じ数になります。

ColumnSize　列の数を指定します。省略した場合は、元のセル範囲と同じ数になります。

2 見出しや合計行を省いた範囲を取得する

1 Range型の変数(セル範囲)を宣言し、

2 A3セルを含むアクティブセル領域を変数(セル範囲)に格納して、

3 変数(セル範囲)を右下にずらし、さらに変数(セル範囲)より1行少なく1列少ないセル範囲を選択します。

```
Sub 見出し以外を選択()
    Dim セル範囲 As Range
    Set セル範囲 = Range("A3").CurrentRegion
    セル範囲.Offset(1, 1).Resize(セル範囲.Rows.Count - 1, _
        セル範囲.Columns.Count - 1).Select
End Sub
```

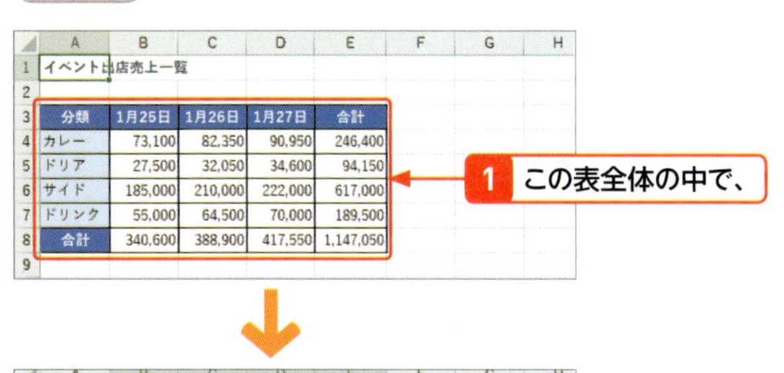

1 この表全体の中で、

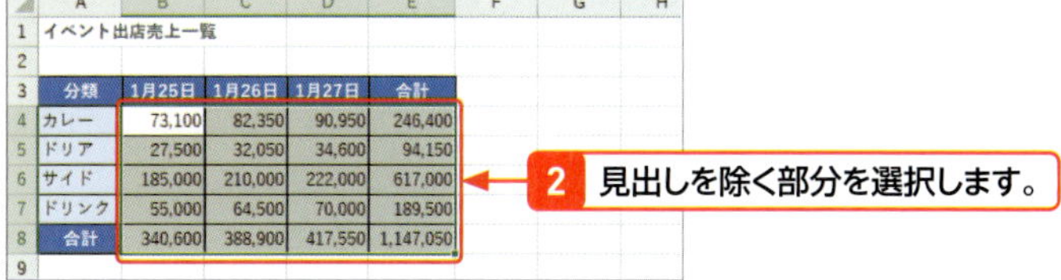

2 見出しを除く部分を選択します。

メモ 表の項目以外を選択する

ここでは、表の左端と上端の項目以外のセルを選択します。Offsetプロパティを利用して、表全体のセル範囲を右下にずらし、Resizeプロパティでセル範囲を縮小して選択します。

ヒント 表の合計行以外を選択する

表の右端と下端に合計行があるとき、合計行以外の部分を選択するには、Resizeプロパティでセル範囲を縮小して指定します。ここでは、表全体のセル範囲を基準に、1行、1列縮小して指定します。

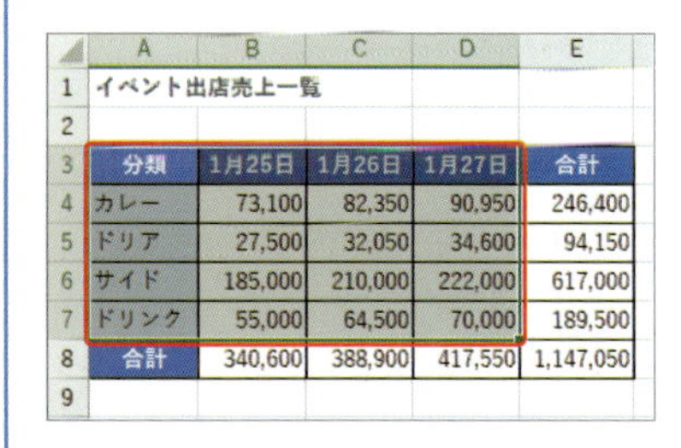

1 Range型の変数(セル範囲)を宣言し、

2 A3セルを含むアクティブセル領域を変数(セル範囲)に格納して、

```
Sub 合計以外を選択()
    Dim セル範囲 As Range
    Set セル範囲 = Range("A3").CurrentRegion
    セル範囲.Resize(セル範囲.Rows.Count - 1, _
        セル範囲.Columns.Count - 1).Select
End Sub
```

3 変数(セル範囲)より1行少なく1列少ないセル範囲を選択します。

Section 37

セルのデータを操作する

覚えておきたいキーワード
- Copy メソッド
- Paste メソッド
- PasteSpecial メソッド

Excelでは、セルにデータを入力したり、データを移動・コピーしたりしながら、表を完成させます。VBAでも、対象のセル範囲を参照して、データを操作することができます。セルの値を取得したり、セルに値を入力したりするには、Rangeオブジェクトの Value プロパティを使います。

1 セルにデータを入れる

```
Sub データ入力()
    Range("A1").Value = "買い物リスト"
End Sub
```

1 A1セルに「買い物リスト」の文字を入力します。

実行例

1 A1セルに、

	A	B
1		
2		
3	商品	期限
4	充電器	1月5日
5	クリーナー	1月5日
6	メモ帳	1月10日
7	マウス	1月10日
8		
9		
10		
11		

2 指定した文字を入力します。

	A	B
1	買い物リスト	
2		
3	商品	期限
4	充電器	1月5日
5	クリーナー	1月5日
6	メモ帳	1月10日
7	マウス	1月10日
8		
9		
10		
11		

書式 Valueプロパティ

オブジェクト.Value

解説 セルの値を参照したり、セルに値を代入したりするには、Valueプロパティを使用します。

オブジェクト Rangeオブジェクトを指定します。

メモ セルにデータを入力する

A1セルに文字を入力しています。セルの値を参照したり、値を代入したりするには、Rangeオブジェクトの Valueプロパティを利用します。

ヒント Valueプロパティを省略した場合

Rangeオブジェクトの Valueプロパティを省略すると、Valueプロパティが指定された場合と同様の処理が行われます。そのため、次のように書いても、セルの値を取得したり、セルに値を設定したりできます。

```
Range("A1")=" こんにちは "
```

```
Range("A1")=Range("B1")
```

2 セルの内容をコピーする

```
Sub 表のコピー()
    Range("A3:B7").Copy Range("D3")
End Sub
```

1 A3セル～B7セルをE3セルにコピーします。

実行例

1 A3セル～B7セルの範囲を、

	A	B	C	D	E	F
1	買い物リスト					
2						
3	商品	期限				
4	充電器	1月5日				
5	クリーナー	1月5日				
6	メモ帳	1月10日				
7	マウス	1月10日				
8						

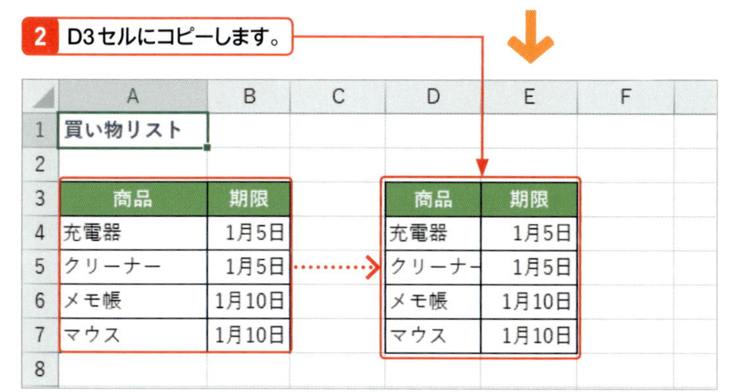

書式 Copyメソッド

オブジェクト.Copy([Destination])

解説 セルの内容をコピーするときは、RangeオブジェクトのCopyメソッドを使います。引数でコピー先を指定できます。

オブジェクト Rangeオブジェクトを指定します。

引数

Destination コピー先のセル範囲を指定します。この引数を省略した場合、クリップボードにデータがコピーされます。

メモ セルの内容をコピーする

ここでは、A3セル～B7セルの内容をD3セルにコピーしています。

ヒント 値や書式だけをコピーする

値や書式などのデータだけをコピーして貼り付けるには、データを貼り付けるときに形式を選択して貼り付けます(P.128参照)。

ヒント 列幅をコピーする

ここで紹介した方法では、元の表の列幅はコピー先に貼り付けられません。列幅を貼り付けるには、形式を選択して貼り付ける方法を使い、貼り付ける内容として、「すべて」と「列幅」を選びます(P.129参照)。

3 クリップボードを使って複数の場所にセルの内容をコピーする

```
Sub 表を複数コピー()
    Range("A3:B7").Copy
    ActiveSheet.Paste Range("D3")
    ActiveSheet.Paste Range("G3")
    Application.CutCopyMode = False
End Sub
```

1 A3～B7セルをクリップボードにコピーし、
2 D3セルにクリップボードの内容を貼り付け、
3 G3セルにクリップボードの内容を貼り付けて、
4 コピーモードをオフにします。

メモ セルの内容を複数の場所にコピーする

A3セル～B7セルの内容をコピーして2カ所に貼り付けます。Copyメソッドの引数のコピー先を省略すると、指定したセル範囲がクリップボードにコピーされます。次に、Worksheetオブジェクトの Paste メソッドを利用して、クリップボードにコピーした情報を貼り付けます。

ステップアップ コピーの点滅を解除する

データを貼り付ける操作を終了したあと、元のデータの周囲に点滅する線を取り除くには、コピーモードを解除する必要があります。この例のように、Application オブジェクトの CutCopyMode プロパティにFalseを代入します。

実行例

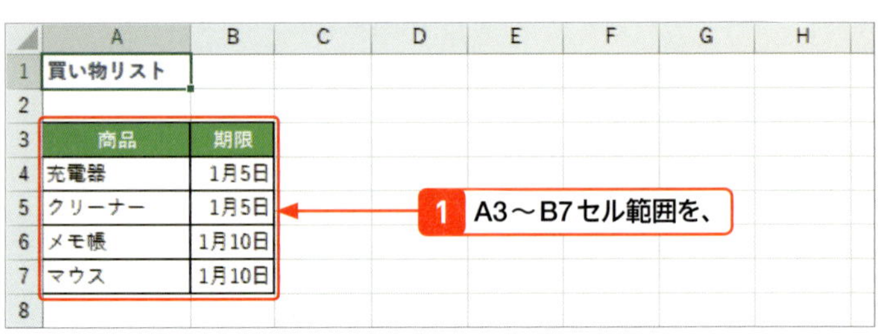

2 D3セルとG3セルにコピーします。

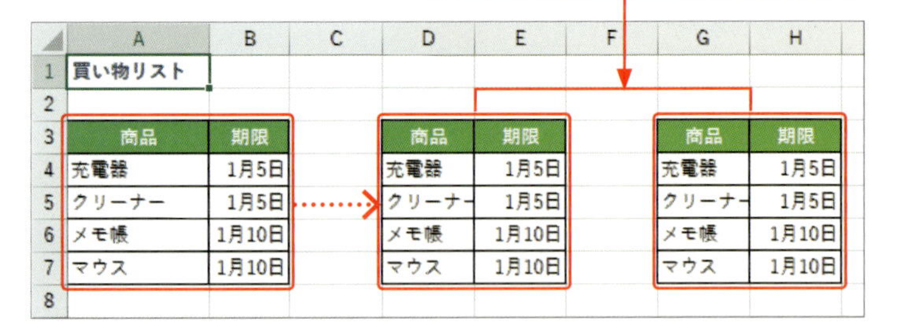

書式 Pasteメソッド

オブジェクト.Paste([Destination],[Link])

解説 クリップボードにコピーされた情報を貼り付けるには、Pasteメソッドを使用します。

オブジェクト Worksheetオブジェクトを指定します。

引数

Destination 貼り付けるセル範囲を指定します。

Link リンク貼り付けをするときは「True」、しないときは「False」を指定します。既定値は「False」。なお、Linkを指定するときは、Destinationは指定できないため、あらかじめ貼り付け先を選択しておきます。

4 セルの内容を移動する

```
Sub 表の移動()
    Range("A3:B7").Cut Range("D3")
End Sub
```

1 A3セル～B7セルの内容をD3セルに移動します。

実行例

1 A3セル～B7セルの内容を、

	A	B	C	D	E	F
1	買い物リスト					
2						
3	商品	期限				
4	充電器	1月5日				
5	クリーナー	1月5日				
6	メモ帳	1月10日				
7	マウス	1月10日				
8						

2 D3セルに移動します。

	A	B	C	D	E	F
1	買い物リスト					
2						
3				商品	期限	
4				充電器	1月5日	
5				クリーナー	1月5日	
6				メモ帳	1月10日	
7				マウス	1月10日	
8						

書式 Cutメソッド

オブジェクト.Cut([Destination])

解説 セルの内容を移動するには、Cutメソッドを使用します。

オブジェクト Rangeオブジェクトを指定します。

引数

Destination 移動先のセル範囲を指定します。この引数を省略した場合、クリップボードに情報が貼り付きます。

メモ **セルの内容を移動する**

セルの内容を移動するときは、RangeオブジェクトのCutメソッドを使います。引数で移動先を指定できます。ここでは、A3セル～B7セルをD3セルに移動しています。

ヒント **値や書式だけを移動する**

値や書式などのデータだけを別の場所に移動するには、データを貼り付けるときに形式を選択して貼り付けます(P.128参照)。

5 形式を選択して貼り付ける

メモ 書式や値だけを貼り付ける

ここでは、A3セル～B7セルの書式だけを別の場所に貼り付けます。Excelでは、コピーしたデータを貼り付けるとき、指定した情報のみ貼り付けるには、P.129の方法を使います。VBAでは、RangeオブジェクトのPasteSpecialメソッドを利用します。引数で、貼り付ける内容を指定します。

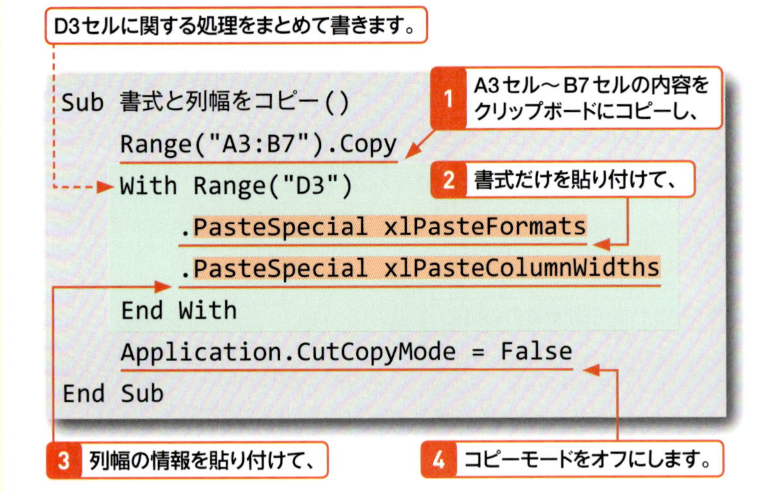


```
Sub 書式と列幅をコピー()
    Range("A3:B7").Copy
    With Range("D3")
        .PasteSpecial xlPasteFormats
        .PasteSpecial xlPasteColumnWidths
    End With
    Application.CutCopyMode = False
End Sub
```

実行例

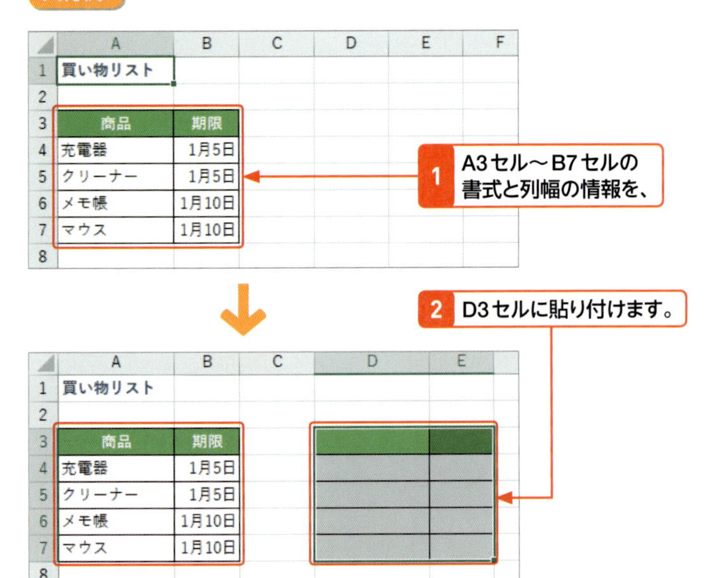

ステップアップ 演算した結果を貼り付ける

形式を指定して貼り付けの操作では、コピーした値を貼り付け先の値に足したり引いたりして、その結果を貼り付けることができます。VBAでは、PasteSpecialメソッドの引数Operationで、演算の種類を指定します。たとえば、次の例では、A1セルの値を、A3セル～A5セルの値に足し算してから貼り付けます。

```
Sub 値を貼り付け()
    Range("A1").Copy
    Range("A3:A5").PasteSpecial _
        Operation:=xlPasteSpecialOperationAdd
    Application.CutCopyMode = False
End Sub
```

書式 **PasteSpecialメソッド**

オブジェクト.PasteSpecial([Paste],[Operation],[SkipBlanks],[Traanspose])

解　説 クリップボードにコピーした情報のうち、指定した情報だけを別のセルに貼り付けるには、PasteSpecialメソッドを使います。

オブジェクト Rangeオブジェクトを指定します。

引　数

Paste　貼り付ける内容を指定します。設定値は、次のとおりです。

設定値	内容
xlPasteAll	すべて
xlPasteAllExceptBorders	罫線を除くすべて
xlPasteAllUsingSourceTheme	コピー元のテーマを使用してすべて貼り付け
xlPasteAllMergingConditionalFormats	すべての結合されている条件付き書式
xlPasteColumnWidths	列幅
xlPasteComments	コメント
xlPasteFormats	書式
xlPasteFormulas	数式
xlPasteFormulasAndNumberFormats	数式と数値の書式
xlPasteValidation	入力規則
xlPasteValues	値
xlPasteValuesAndNumberFormats	値と数値の書式

Operation　演算をして貼り付ける場合に指定します。設定値は、次のとおりです。

設定値	内容
xlPasteSpecialOperationAdd	加算
xlPasteSpecialOperationDivide	除算
xlPasteSpecialOperationMultiply	乗算
xlPasteSpecialOperationNone	しない
xlPasteSpecialOperationSubtract	減算

SkipBlanks　空白セルを貼り付けの対象にしない場合はTrue、対象にするにはFalseを指定します。既定値はFalseです。

Transpose　貼り付けるときに行と列を入れ替えるときはTrue、入れ替えないときはFalseを指定します。既定値はFalseです。

形式を選択して貼り付ける（Excelの操作）

Excelでは、コピーまたは切り取ったデータを貼り付けるときに、＜ホーム＞タブの＜貼り付け＞の下の▼をクリックし、＜形式を選択して貼り付け＞を選択すると表示される＜形式を選択して貼り付け＞ 画面で、貼り付けるデータの種類を指定できます。VBAでは、PasteSpecialメソッドを使用して、引数で貼り付けるデータの種類を指定できます。

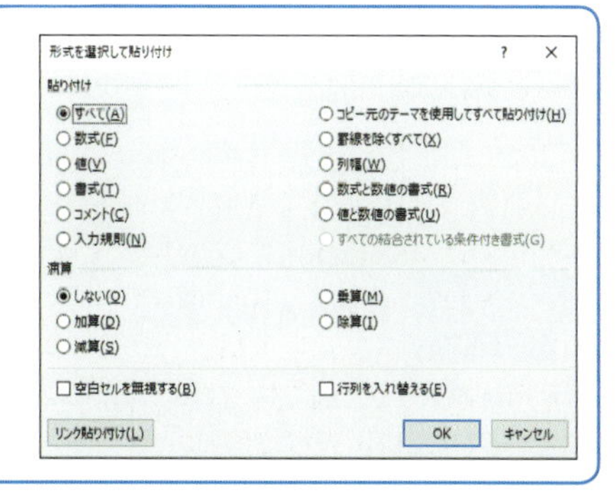

Section 38 セルを挿入する・削除する

覚えておきたいキーワード
Insert メソッド
Delete メソッド
Shift

Excelでセルを挿入したり削除したりするとき、周囲のセルをどちら側にずらす（シフトする）かを選択します。VBAでは、セルを挿入するときはInsertメソッドを、セルを削除するときはDeleteメソッドを使用します。これらの引数で、挿入・削除時に周囲のセルをずらす方向を指定します。

1 セルを挿入する

1 A4セル基準に右方向に3列分のセルを挿入します。セルの挿入後は、既存のセルを下方向にずらして下のセルの書式をコピーします。

```
Sub セルの挿入()
    Range("A4").Resize(, 3) _
        .Insert Shift:=xlShiftDown, _
            CopyOrigin:=xlFormatFromRightOrBelow
End Sub
```

メモ セルを挿入する

ここでは、A4セルを基準に右方向に3列分までのセルを挿入します。その場所にあったセルは、下方向にずらしています。Excelの操作では、セルを挿入したあと、既存のセルをどちら側にずらすのか指定します（P.131参照）。VBAでは、Insertメソッドの引数でずらす方向を指定します。

実行例

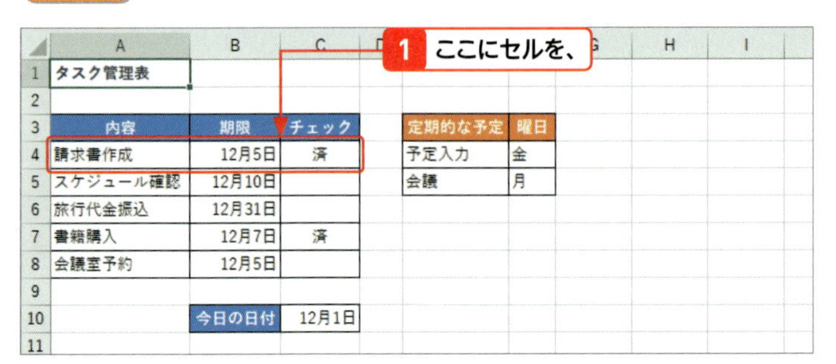

	A	B	C	D	E	F	G	H	I
1	タスク管理表								
2									
3	内容	期限	チェック		定期的な予定	曜日			
4	請求書作成	12月5日	済		予定入力	金			
5	スケジュール確認	12月10日			会議	月			
6	旅行代金振込	12月31日							
7	書籍購入	12月7日	済						
8	会議室予約	12月5日							
9									
10		今日の日付	12月1日						
11									

2 挿入します（セルを挿入後、既存のセルは下方向にずらします）。

	A	B	C	D	E	F	G	H	I
1	タスク管理表								
2									
3	内容	期限	チェック		定期的な予定	曜日			
4					予定入力	金			
5	請求書作成	12月5日	済		会議	月			
6	スケジュール確認	12月10日							
7	旅行代金振込	12月31日							
8	書籍購入	12月7日	済						
9	会議室予約	12月5日							
10									
11		今日の日付	12月1日						
12									

メモ 行や列を挿入する

行や列を挿入する方法については、Sec.40を参照してください。

書式 Insertメソッド

オブジェクト：Insert([Shift],[CopyOrigin])

解　説 セルを挿入するには、Insertメソッドを使用します。

オブジェクト Rangeオブジェクトを指定します。

引　数

Shift　セルを挿入したあと、ほかのセルをシフトする方向を指定します。省略すると、セル範囲の形によって自動的に決められます（行と列が同数、または列数が行数より多い場合は、下方向にずれ、列数が行数より少ない場合は、右方向にずれます）。

設定値	内容
xlShiftDown	セルを挿入後、下にずらす
xlShiftToRight	セルを挿入後、右にずらす

CopyOrigin セルを挿入後、挿入したセルの書式をどのセルからコピーするか方向を指定します。挿入したセルの上下（または左右）のセルの書式が異なる場合は、どちら側の書式を適用するか指定するとよいでしょう。

設定値	内容
xlFormatFromLeftOrAbove	上、または左のセルから書式をコピーする
xlFormatFromRightOrBelow	下、または右のセルから書式をコピーする

ヒント セルを挿入する（Excelの操作）

Excelの操作でセルを挿入するには、挿入するセルを選択して右クリックし、<挿入>を選択します。すると、セルを挿入したあと、どちら側にセルをずらすのか指定できます。また、セルを挿入したあと、どちら側のセルの書式を適用するかも指定できます。VBAでは、Insertメソッドの引数でそれらを指定できます。

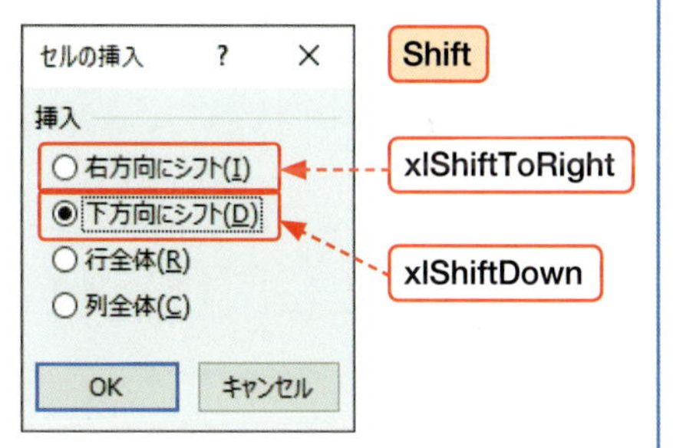

	A	B	C	D	E	F
1	タスク管理表					
2						
3	内容	期限	チェック		定期的な予定	曜日
4					予定入力	金
5	請求書作成	12月5日	済		会議	月
6	スケジュール確認	12月10日				
7	旅行代金振込	12月31日				
8	書籍購入	12月7日	済			
9	会議室予約	12月5日				
10						
11		今日の日付	12月1日			
12						

上と同じ書式を適用(A)
下と同じ書式を適用(B)
書式のクリア(C)

CopyOrigin
xlFormatFromLeftOrAbove
xlFormatFromRightOrBelow

2 セルを削除する

メモ　セルを削除する

ここでは、B3セル～B3セルを基準にした終端セル（下）までを削除します。削除したあと、右にあったセルを左方向にずらします。Excelでセルを削除するときは、下のヒントのように、削除したあとにどちら側にセルをずらすのか指定できます。VBAでは、Deleteメソッドの引数でセルをずらす方向を指定します。

1 B3セル～B3セルを基準にした終端セル(下)までのセルを削除します。セルの削除後は、右にあったセルを左方向にずらします。

```
Sub セルの削除()
    Range("B3", Range("B3").End(xlDown)) _
        .Delete Shift:=xlShiftToLeft
End Sub
```

実行例

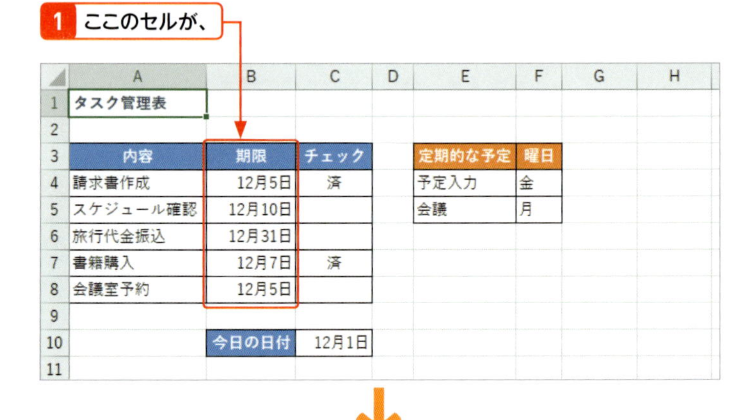

	A	B	C	D	E	F	G	H
1	タスク管理表							
2								
3	内容	チェック		的な予	曜日			
4	請求書作成	済		予定入	金			
5	スケジュール確認			会議	月			
6	旅行代金振込							
7	書籍購入	済						
8	会議室予約							
9								
10		今日の日付	12月1日					
11								

2 削除されます。削除後は、右にあったセルを左方向にずらします。

ヒント　セルを削除する（Excelの操作）

Excelの操作でセルを削除するには、削除するセルを選択して右クリックし、<削除>を選択します。すると、セルを削除したあと、どちら側にセルをずらすのか指定できます。VBAでは、Deleteメソッドの引数でセルをずらす方向を指定します。

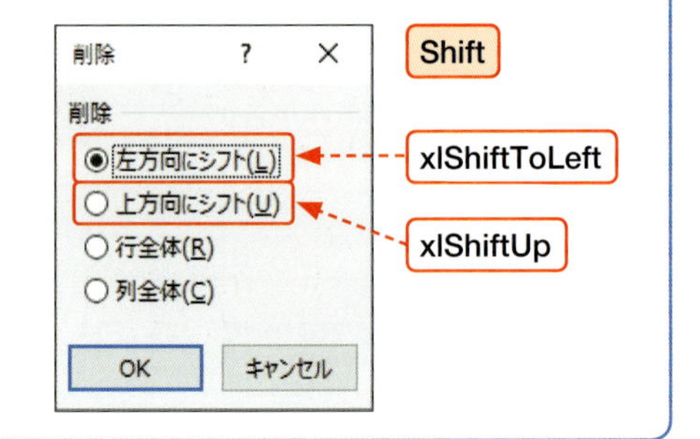

書式 **Deleteメソッド**

オブジェクト：Delete([Shift])

解　説 セルを削除するには、Deleteメソッドを使用します。

オブジェクト Rangeオブジェクトを指定します。

引　数

Shift　セルを削除したあと、ほかのセルをシフトする方向を指定します。省略すると、セル範囲の形によって自動的に決められます（行と列が同数、または列数が行数より多い場合は、上方向にずれ、列数が行数より少ない場合は、左方向にずれます）。

設定値	内容
xlShiftToLeft	セルを削除後、左にずらす
xlShiftUp	セルを削除後、上にずらす

メモ　行や列を削除する

行や列を削除する方法については、Sec.40を参照してください。

ヒント　行や列を削除・挿入する（Excelの操作）

一部のセルを選択して右クリックすると表示されるメニューの<挿入>や<削除>をクリックすると、<セルの挿入>画面や<削除>画面が表示されます。これらの画面では、選択中のセルを含む行全体・列全体を挿入したり削除したりすることもできます。VBAで選択しているセルを含む行全体・列全体を挿入したり削除したりするには、EntireRowプロパティ、EntireColumnプロパティを使います。P.135を参照してください。

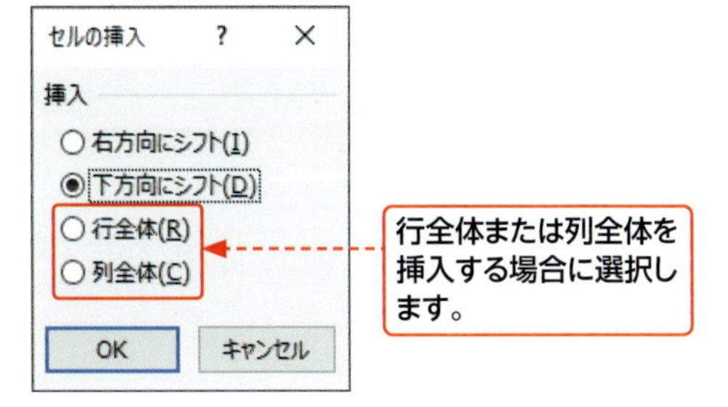

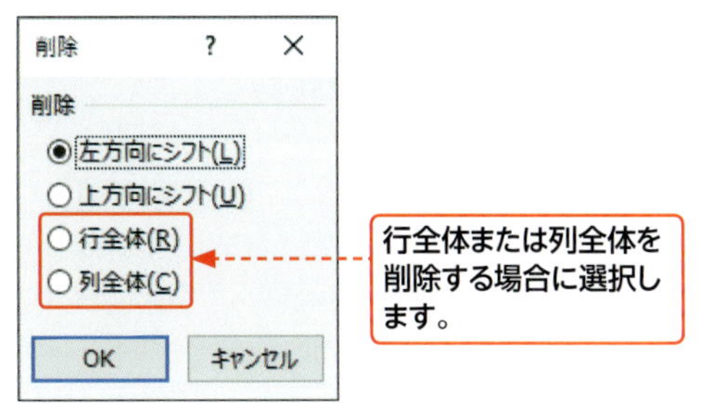

ステップアップ　セルを入れ替える

Insertメソッドを使用するとき、事前にCutメソッド（P.127参照）を使用してセルを削除していると、その内容が挿入されます。次の例は、A7～C8セルをA4セルに挿入してセルを入れ替えます。

```
Sub セルの入れ替え()
    Range("A7:C8").Cut
    Range("A4").Insert Shift:=xlShiftDown
End Sub
```

Section 39 行や列を参照する

覚えておきたいキーワード
- Rowsプロパティ
- Rowプロパティ
- EntireRowプロパティ

行全体を表すRangeオブジェクトを参照するには、WorksheetオブジェクトのRowsプロパティを利用します。列全体は、Columnsプロパティを利用します。また、選択しているセルの行や列全体を参照するには、EntireRowプロパティや、EntireColumnプロパティを利用します。

1 指定した行や列の操作をする

メモ 行や列を参照する

ここでは、D列～E列までの列を参照して、選択しています。列を参照するには、WorksheetオブジェクトのColumnsプロパティを利用します。

ヒント 離れた行や列を指定する

「3行目から5行目と、8行目から9行目」、「B列～C列と、F列～H列」のように、離れた行や列の範囲を指定するには、Rangeプロパティを利用して参照します。たとえば、次のように書きます。

```
Range("3:5,8:9")
Range("B:C,F:H")
```

ステップアップ 行数・列数を求める

セル範囲の行数や列数を求めるには、RangeオブジェクトのCountプロパティを利用します。たとえば、A3セルを含むアクティブセル領域のセル範囲の行数を数えるには「MsgBox Range("A3").CurrentRegion.Rows.Count」、列数を数えるには「MsgBox Range("A3").CurrentRegion.Columns.Count」と書きます。

1 D列～E列までを参照して、選択します。

```
Sub 列の選択()
    Columns("D:E").Select
End Sub
```

実行例

1 D列～E列までを、

	A	B	C	D	E	F
1	取り扱い店舗一覧					
2						
3	店舗番号	店舗名	担当者	連絡先	メールアドレス	
4	101	銀座本店	石井大和	090-0000-XXXX	yamato@example.com	
5	102	船橋店	池野静香	050-0000-XXXX	ikeno@example.com	
6	103	仙台店	大沢雄太	050-0000-XXXX	oosawa@example.com	
7	104	大阪店	田中直太朗	090-0000-XXXX	nao@example.com	
8	105	広島店	佐藤愛沙	090-0000-XXXX	satou@example.com	
9						

	A	B	C	D	E	F
1	取り扱い店舗一覧					
2						
3	店舗番号	店舗名	担当者	連絡先	メールアドレス	
4	101	銀座本店	石井大和	090-0000-XXXX	yamato@example.com	
5	102	船橋店	池野静香	050-0000-XXXX	ikeno@example.com	
6	103	仙台店	大沢雄太	050-0000-XXXX	oosawa@example.com	
7	104	大阪店	田中直太朗	090-0000-XXXX	nao@example.com	
8	105	広島店	佐藤愛沙	090-0000-XXXX	satou@example.com	
9						

2 選択します。

書式 Rows／Columnsプロパティ

オブジェクト.Rows
オブジェクト.Columns

記述例	内容
Rows(3)	3行目
Rows("3:10")	3行目～10行目
Rows	全行
Columns(3)／Columns("C")	C列
Columns("C:E")	C列～E列
Columns	全列

解　説 行を参照するには、Rowsプロパティ、列を参照するには、Columnsプロパティを使用します。

オブジェクト Worksheetオブジェクト、Rangeオブジェクトを指定します。

2 選択中のセルの行や列の操作をする

```
Sub 選択セルの行を選択()
    Selection.EntireRow.Select
End Sub
```

1 選択しているセルを含む行を選択します。

実行例

1 選択しているセルを含む行を、

	A	B	C	D	E	F
1	取り扱い店舗一覧					
2						
3	店舗番号	店舗名	担当者	連絡先	メールアドレス	
4	101	銀座本店	石井大和	090-0000-XXXX	yamato@example.com	
5	102	船橋店	池野静香	050-0000-XXXX	ikeno@example.com	
6	103	仙台店	大沢雄太	050-0000-XXXX	oosawa@example.com	
7	104	大阪店	田中直太朗	090-0000-XXXX	nao@example.com	
8	105	広島店	佐藤愛沙	090-0000-XXXX	satou@example.com	
9						

	A	B	C	D	E	F
1	取り扱い店舗一覧					
2						
3	店舗番号	店舗名	担当者	連絡先	メールアドレス	
4	101	銀座本店	石井大和	090-0000-XXXX	yamato@example.com	
5	102	船橋店	池野静香	050-0000-XXXX	ikeno@example.com	
6	103	仙台店	大沢雄太	050-0000-XXXX	oosawa@example.com	
7	104	大阪店	田中直太朗	090-0000-XXXX	nao@example.com	
8	105	広島店	佐藤愛沙	090-0000-XXXX	satou@example.com	
9						

2 選択します。

書式 EntireRow／EntireColumnプロパティ

オブジェクト.EntireRow
オブジェクト.EntireColumn

解　説 行全体を取得するにはEntireRowプロパティ、列全体を取得するにはEntireColumnプロパティを利用します。

オブジェクト Rangeオブジェクトを指定します。

メモ　行全体や列全体を操作する

選択しているセルを基準に、そのセルの行全体や列全体を選択します。RangeオブジェクトのEntireRowプロパティや、EntireColumnプロパティを利用します。

ヒント　指定した範囲内の○行目や○列目を参照する

RangeオブジェクトのRowsプロパティや、Columnsプロパティを利用すると、指定しているセル範囲内の行や列を取得できます。たとえば、A3セルを含むアクティブセル領域のセル範囲の3行目のセルを取得するには、次のように書きます。

```
Range("A3").CurrentRegion _
.Rows(3).Select
```

ヒント　セルの行番号や列番号を取得する

セルの行番号や列番号を取得するには、RangeオブジェクトのRowプロパティやColumnプロパティを利用します。なお、Rangeオブジェクトとしてセル範囲を指定した場合は、指定したセル範囲内の先頭行、または先頭列の番号が得られます。

```
MsgBox Selection.Row
MsgBox Selection.Column
```

Section 40 行や列を削除・挿入する

覚えておきたいキーワード
- Delete メソッド
- Insert メソッド
- Hidden プロパティ

行や列を削除したり挿入したりするには、Range オブジェクトのDelete メソッドやInsert メソッドを利用します。行・列を挿入するInsert メソッドでは、挿入した行・列に隣接する行・列のうち、どちら側の書式を適用するかを指定できます。また、Hidden プロパティを使って行・列を非表示にすることもできます。

1 行や列を削除する

メモ 行や列を削除する

6行目から7行目を削除します。Rangeオブジェクトの Delete メソッドを利用します。

```
Sub 行の削除()
    Rows("6:7").Delete
End Sub
```


実行例

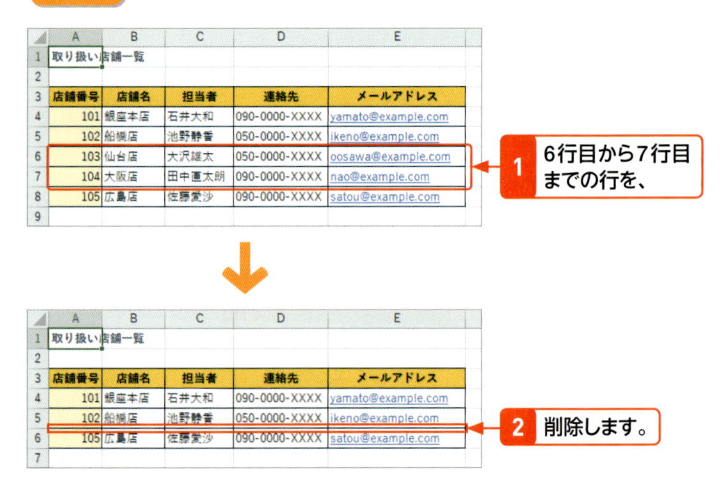

	A	B	C	D	E
1	取り扱い店舗一覧				
2					
3	店舗番号	店舗名	担当者	連絡先	メールアドレス
4	101	銀座本店	石井大和	090-0000-XXXX	yamato@example.com
5	102	船橋店	池野静香	050-0000-XXXX	ikeno@example.com
6	103	仙台店	大沢雄太	050-0000-XXXX	oosawa@example.com
7	104	大阪店	田中直太朗	090-0000-XXXX	nao@example.com
8	105	広島店	佐藤愛沙	090-0000-XXXX	satou@example.com
9					

	A	B	C	D	E
1	取り扱い店舗一覧				
2					
3	店舗番号	店舗名	担当者	連絡先	メールアドレス
4	101	銀座本店	石井大和	090-0000-XXXX	yamato@example.com
5	102	船橋店	池野静香	050-0000-XXXX	ikeno@example.com
6	105	広島店	佐藤愛沙	090-0000-XXXX	satou@example.com
7					

書式 Deleteメソッド

オブジェクト.Delete([Shift])

解説 行や列を削除するには、Deleteメソッドを使用します。

オブジェクト Rangeオブジェクトを指定します。

引数

Shift 削除後にセルをずらす方向を指定します。Rangeオブジェクトに行全体を指定した場合は、上方向にずれます。列全体を指定した場合は、左方向にずれます。なお、セルを削除する場合については、Sec.38を参照してください。

2 行や列を挿入する

1 B列～D列まで列を挿入します。その際、右の列の書式をコピーします。

```
Sub 列の挿入()
    Columns("B:D").Insert CopyOrigin:=xlFormatFromRightOrBelow
End Sub
```

実行例

1 B列～D列に、

	A	B	C	D	E	F	G
1	取り扱い店舗一覧						
2							
3	店舗番号	店舗名	担当者	連絡先	メールアドレス		
4	101	銀座本店	石井大和	090-0000-XXXX	yamato@example.com		
5	102	船橋店	池野静香	050-0000-XXXX	ikeno@example.com		
6	103	仙台店	大沢雄太	050-0000-XXXX	oosawa@example.com		
7	104	大阪店	田中直太朗	090-0000-XXXX	nao@example.com		
8	105	広島店	佐藤愛沙	090-0000-XXXX	satou@example.com		
9							

2 列が追加されました。

	A	B	C	D	E	F	G	H
1	取り扱い店舗一覧							
2								
3	店舗番号				店舗名	担当者	連絡先	メールアドレス
4	101				銀座本店	石井大和	090-0000-XXXX	yamato@example.com
5	102				船橋店	池野静香	050-0000-XXXX	ikeno@example.com
6	103				仙台店	大沢雄太	050-0000-XXXX	oosawa@example.com
7	104				大阪店	田中直太朗	090-0000-XXXX	nao@example.com
8	105				広島店	佐藤愛沙	090-0000-XXXX	satou@example.com
9								

書式 Insertメソッド

オブジェクト.Insert([Shift],[CopyOrigin])

解　説 行や列を挿入するには、Insertメソッドを使用します。引数で、挿入後に行や列をシフトする方向や、書式のコピー元を指定します。

オブジェクト Rangeオブジェクトを指定します。

引　数

Shift 挿入後にセルをずらす方向を指定します。Rangeオブジェクトに行全体を指定した場合は下方向にずれ、列全体を指定した場合は右方向にずれます。なお、セルを挿入する場合については、Sec.38を参照してください。

CopyOrigin 挿入した行や列の書式をどちら側からコピーするか方向を指定します。

設定値	内容
xlFormatFromLeftOrAbove	上の行、または左の列から書式をコピーする
xlFormatFromRightOrBelow	下の行、または右の列から書式をコピーする

メモ 行や列を挿入する

ここでは、RangeオブジェクトのInsertメソッドを使い、B 列～D列に列を挿入します。また、列を挿入後、右の列と同じ書式を適用します。Excelの操作で行や列を挿入すると、どちら側の行（列）の書式を適用するか指定できます（下のヒント参照）。VBAでは、Insertメソッドの引数でそれらを指定できます。

ヒント 行や列を挿入する（Excelの操作）

Excelの操作で行や列を挿入すると、表示されるボタンをクリックしてどちら側の行（列）の書式を適用するか指定できます。VBAでは、Insertメソッドの引数でそれらを指定できます。

CopyOrigin

xlFormatFromLeftOrAbove

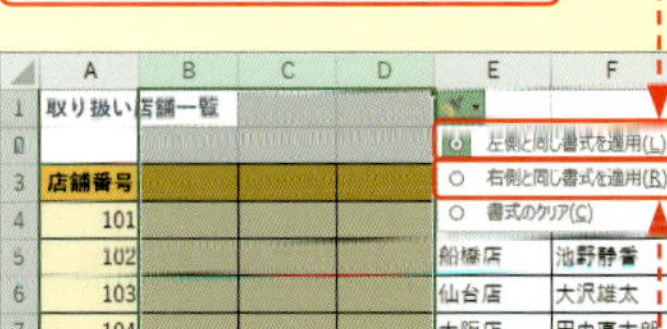

xlFormatFromRightOrBelow

3 行や列を非表示にする

メモ　行や列を非表示にする

行や列を一時的に隠しておきたいときは、行や列を削除せずに非表示にします。ここでは、D列～E列を非表示にします。

1 D列～E列までを非表示にします。

```
Sub 列を非表示()
    Columns("D:E").Hidden = True
End Sub
```

実行例

1 D列～E列が、

	A	B	C	D	E	F
1	取り扱い店舗一覧					
2						
3	店舗番号	店舗名	担当者	連絡先	メールアドレス	
4	101	銀座本店	石井大和	090-0000-XXXX	yamato@example.com	
5	102	船橋店	池野静香	050-0000-XXXX	ikeno@example.com	
6	103	仙台店	大沢雄太	050-0000-XXXX	oosawa@example.com	
7	104	大阪店	田中直太朗	090-0000-XXXX	nao@example.com	
8	105	広島店	佐藤愛沙	090-0000-XXXX	satou@example.com	
9						

2 非表示になりました。

	A	B	C	F	G	H	I	J
1	取り扱い店舗一覧							
2								
3	店舗番号	店舗名	担当者					
4	101	銀座本店	石井大和					
5	102	船橋店	池野静香					
6	103	仙台店	大沢雄太					
7	104	大阪店	田中直太朗					
8	105	広島店	佐藤愛沙					
9								

ヒント　行を非表示にする

行を非表示にするには、Rowsプロパティで行を参照して操作します。

```
Rows("2:4").Hidden = True
```

書式　Hiddenプロパティ

オブジェクト.Hidden

解　説　行や列を表示するかどうかを指定するには、Rangeオブジェクトの Hiddenプロパティを利用します。Trueを設定すると、行や列が非表示になります。

オブジェクト　Rangeオブジェクトを指定します。

ヒント　行や列を再表示する

非表示にした行や列を再表示するには、HiddenプロパティにFalseを指定します。

```
Columns("D:E").Hidden = False
```

Chapter 05

第5章

表の見た目を操作しよう

Section 41 セルの書式設定の基本
Section 42 行の高さと列幅を変更する
Section 43 文字の書式を設定する
Section 44 文字の配置を変更する
Section 45 文字やセルの色を設定する
Section 46 テーマの色を指定する
Section 47 罫線を引く
Section 48 セルの表示形式を指定する

Section 41

セルの書式設定の基本

覚えておきたいキーワード
- Range オブジェクト
- Font オブジェクト
- Interior オブジェクト

この章では、セルの書式設定の基本を紹介します。表を見やすく整えるには、セルを表すRange オブジェクトのプロパティやメソッドを使用します。また、セルの文字の飾りなどはRange オブジェクトの下の階層のFont オブジェクトで変更し、同様に、セルの塗りつぶしはInterior オブジェクトで変更します。

1 セルの書式を設定する

行の高さや列幅を指定します。

文字の配置を指定します。

	A	B	C	D	E	F
1	健康食品シリーズ商品一覧					
2						
3	商品番号	商品名	価格			
4	K101	国内産十六穀米	1,800			
5	K102	国内産発芽玄米	2,900			
6	K103	有機栽培米	3,200			
7	K104	有機栽培はと麦	1,900			
8	K105	有機栽培もち麦	1,500			
9						
10						

表示形式を指定します。

▼Range オブジェクトのプロパティやメソッドの例

プロパティ／メソッド	内容
RowHeight プロパティ	行の高さを指定する
ColumnWidth プロパティ	列の幅を指定する
AutoFit メソッド	行の高さや列幅を自動調整する
HorizontalAlignment プロパティ	文字の配置を指定する
WrapText プロパティ	文字を折り返して表示するかを指定する
BorderAround メソッド	セル範囲の外枠に罫線を引く
Boeders プロパティ	罫線の詳細について操作する Border オブジェクトなどを取得する
NumberFormatLocal プロパティ	セルの表示形式を指定する

メモ 書式を設定するプロパティ・メソッド

Rangeオブジェクトのさまざまなプロパティやメソッドを使用すると、行の高さや列幅、セル内の文字の配置などを指定できます。

メモ 表の列幅を調整する

Excelの操作と同様に、表の行の高さや列幅は数値で指定できます。行の高さは、RangeオブジェクトのRowHeightプロパティ、列幅を調整するには、ColumnWidthプロパティを使用します。また、セル内の文字に合わせて自動的に調整することもできます。それには、AutoFitメソッドを使用します。

メモ 表示形式を指定する

数値や日付の表示形式を指定するには、RangeオブジェクトのNumberFormatLocalプロパティに書式記号を組み合わせた文字列を設定します。たとえば、3桁区切りのカンマを表示するには"#,###"を設定し、日付を曜日にするには"aaa"を設定します。

2 Fontオブジェクト

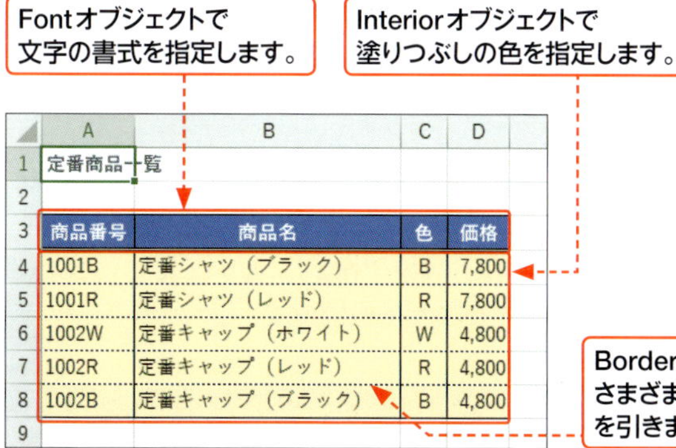

▼Fontオブジェクトのプロパティの例

プロパティ	内容
Name プロパティ	フォントを指定する
Size プロパティ	文字サイズを指定する
Bold プロパティ	太字にするかを指定する
Italic プロパティ	斜体にするかを指定する
UnderLine プロパティ	下線を引くかを指定する
Color プロパティ ColorIndex プロパティ	文字の色を指定する
ThemeColor プロパティ	文字の色にテーマの色を指定する

メモ セルの文字のオブジェクト

セルの文字に関する内容は、Rangeオブジェクトの下の階層にあるFontオブジェクトのさまざまなプロパティを使用して指定します。Fontオブジェクトは、RangeオブジェクトのFontプロパティを使用して取得します。

3 Interiorオブジェクト

▼Interiorオブジェクトのプロパティの例

プロパティ	内容
Color プロパティ ColorIndex プロパティ	セルの色を指定する
ThemeColor プロパテ	セルの色にテーマの色を指定する

メモ セルの塗りつぶしのオブジェクト

セル内の塗りつぶしの色の情報は、Interiorオブジェクトのプロパティを使用して指定します。Interiorオブジェクトは、RangeオブジェクトのInteriorプロパティを使用して取得します。

4 Borderオブジェクト

▼Borderオブジェクト、Bordersコレクションのプロパティの例

プロパティ	内容
LineStyle プロパティ	罫線の種類を指定する
Weight プロパティ	罫線の太さを指定する
Color プロパティ ColorIndex プロパティ	罫線の色を指定する
ThemeColorプロパティ	罫線の色にテーマの色を指定する

メモ 罫線のオブジェクト

表に罫線を引いたりするには、罫線を操作するBorderオブジェクトなどを取得し、さまざまなプロパティを使用して罫線の種類や太さ、色などを指定します。

Section 42 行の高さと列幅を変更する

覚えておきたいキーワード
- RowHeight プロパティ
- ColumnWidth プロパティ
- AutoFit メソッド

Excelで行の高さや列の幅を調整するには、マウスでドラッグして調整する、数値で指定する、ダブルクリック操作で自動調整するといった方法があります。VBAで行の高さや列の幅を調整するときも、数値で指定したり、文字に合わせて自動的に調整されるように設定したりすることが可能です。

1 行の高さを変更する

メモ 行の高さを指定する

ここでは、3行目から13行目の行の高さを25ポイントに変更しています。RangeオブジェクトのRowHeightプロパティで指定します。

1 3行目～13行目までの行の高さを、25ポイントにします。

```
Sub 行の高さの指定()
    Rows("3:13").RowHeight = 25
End Sub
```

実行例

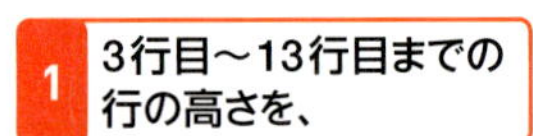

	A	B	C	D
1	イベント出店メニュー			
2				
3	番号	メニュー名	分類	価格
4	C101	チキンカレ	カレー	850
5	C102	ビーフカレ	カレー	950
6	C103	野菜カレー	カレー	900
7	D101	ミートドリ	ドリア	850
8	D102	エビドリア	ドリア	950
9	S101	タンドリー	サイド	500
10	S102	ラムチョッ	サイド	600
11	D101	ラッシー	ドリンク	300
12	D102	ウーロン茶	ドリンク	200
13	D103	オレンジジ	ドリンク	200
14				
15				
16				
17				

2 「25」ポイントにします。

	A	B	C	D
1	イベント出店メニュー			
2				
3	番号	メニュー名	分類	価格
4	C101	チキンカレ	カレー	850
5	C102	ビーフカレ	カレー	950
6	C103	野菜カレー	カレー	900
7	D101	ミートドリ	ドリア	850
8	D102	エビドリア	ドリア	950
9	S101	タンドリー	サイド	500
10	S102	ラムチョッ	サイド	600
11	D101	ラッシー	ドリンク	300
12	D102	ウーロン茶	ドリンク	200
13	D103	オレンジジ	ドリンク	200
14				

ステップアップ 行の高さを標準の幅にする

行を標準の高さにするには、行の標準の高さを示すRangeオブジェクトのUseStandardHeightプロパティを利用します。たとえば、4行目から6行目の行の高さを標準に戻すには、次のように書きます。

```
Sub 行の高さを標準に指定()
    Range("4:6").UseStandardHeight = True
End Sub
```

書式 RowHeightプロパティ

オブジェクト.RowHeight

解説 行の高さを数値で指定するには、RangeオブジェクトのRowHeightプロパティを使用します。高さは、ポイント単位で指定します。

オブジェクト Rangeオブジェクト

2 列の幅を変更する

1 C列～D列の幅を「12」にします。

```
Sub 列幅の指定()
    Columns("C:D").ColumnWidth = 12
End Sub
```

実行例

	A	B	C	D	E	F
1	イベント出店メニュー					
2						
3	番号	メニュー名	分類	価格		
4	C101	チキンカレ	カレー	850		
5	C102	ビーフカレ	カレー	950		
6	C103	野菜カレー	カレー	900		
7	D101	ミートドリ	ドリア	850		
8	D102	エビドリア	ドリア	950		
9	S101	タンドリー	サイド	500		

1 C列～D列までの列の幅を、

	A	B	C	D	E
1	イベント出店メニュー				
2					
3	番号	メニュー名	分類	価格	
4	C101	チキンカレ	カレー	850	
5	C102	ビーフカレ	カレー	950	
6	C103	野菜カレー	カレー	900	
7	D101	ミートドリ	ドリア	850	
8	D102	エビドリア	ドリア	950	
9	S101	タンドリー	サイド	500	

2 「12」にします。

書式 ColumnWidthプロパティ

オブジェクト.ColumnWidth

解説 列の幅を指定するには、ColumnWidthプロパティを利用します。列の幅は、文字の標準の大きさを基準に、何文字分の幅にするかを数で指定します。

オブジェクト Rangeオブジェクト

メモ 列の幅を指定する

ここでは、C列～D列の幅を「12」に変更します。RangeオブジェクトのColumnWidthプロパティで指定します。

ヒント 指定したセルを含む行や列の高さを変える

Rangeオブジェクトで特定のセルを指定すると、そのセルを含む行や列のサイズを取得・指定できます。たとえば、「Range("A10").RowHeight = 20」とすると、10行目の行の高さが変わります。

ステップアップ 列の幅を標準の幅にする

列幅を標準の幅にするには、列の標準の幅を示すRangeオブジェクトのUseStandardWidthプロパティを利用します。たとえば、C列からD列を標準の幅に戻すには、次のように書きます。

```
Sub 列の幅を標準に指定 ()
    Columns("C:D").UseStandardWidth = True
End Sub
```

3 行の高さや列の幅を自動調整する

メモ 行の高さや列の幅を自動調整する

ここでは、A3セル～A3セルを基準にした終端セル（右）までを含む列（A列～D列）の幅を、自動的に調整しています。RangeオブジェクトのAutoFitメソッドを利用します。この例では、A1セルの文字の幅に合わせてA列の幅が広がっています。

1 A3セル～A3セルを基準にした終端セル（右）を含む列（A列～D列）の幅を自動調整します。

```
Sub 列幅の自動調整()
    Range("A3", Range("A3").End(xlToRight)) _
        .EntireColumn.AutoFit
End Sub
```

実行例

	A	B	C	D	E	F	G	H	I
1	イベント出店メニュー								
2									
3	番号	メニュー名	分類	価格					
4	C101	チキンカレ	カレー	850					
5	C102	ビーフカレ	カレー	950					
6	C103	野菜カレー	カレー	900					
7	D101	ミートドリ	ドリア	850					
8	D102	エビドリア	ドリア	950					
9	S101	タンドリー	サイド	500					
10	S102	ラムチョッ	サイド	600					
11	D101	ラッシー	ドリンク	300					
12	D102	ウーロン茶	ドリンク	200					
13	D103	オレンジジ	ドリンク	200					
14									

1 A3セル～A3セルを基準にした終端セル（右）までを含む列（A列～D列）の幅が、

2 セルに入力されている文字の長さに合わせて自動調整されます。

	A	B	C	D	E	F	G
1	イベント出店メニュー						
2							
3	番号	メニュー名	分類	価格			
4	C101	チキンカレー	カレー	850			
5	C102	ビーフカレー	カレー	950			
6	C103	野菜カレー	カレー	900			
7	D101	ミートドリア	ドリア	850			
8	D102	エビドリア	ドリア	950			
9	S101	タンドリーチキン	サイド	500			
10	S102	ラムチョップ	サイド	600			
11	D101	ラッシー	ドリンク	300			
12	D102	ウーロン茶	ドリンク	200			
13	D103	オレンジジュース	ドリンク	200			
14							

ヒント 行の高さを自動調整する

行の高さを調整するときも、RangeオブジェクトのAutoFitメソッドを利用できます。たとえば、3行目から7行目の行の高さを自動的に調整するには、「Rows("3:7").AutoFit」と書きます。

書式 AutoFitメソッド

オブジェクト.AutoFit

解説 セルに入力されている文字の大きさや文字の長さに合わせて、行の高さや列の幅を自動調整するには、RangeオブジェクトのAutoFitメソッドを利用します。

オブジェクト Rangeオブジェクトを指定します。

4 セル範囲に合わせて列幅を調整する

1 A3セルを含むアクティブセル領域の内容に合わせて列の幅を自動調整します。

```
Sub セル範囲に合わせて自動調整()
    Range("A3").CurrentRegion.Columns.AutoFit
End Sub
```

実行例

	A	B	C	D	E
1	イベント出店メニュー				
2					
3	番号	メニュー名	分類	価格	
4	C101	チキンカレ	カレー	850	
5	C102	ビーフカレ	カレー	950	
6	C103	野菜カレー	カレー	900	
7	D101	ミートドリ	ドリア	850	
8	D102	エビドリア	ドリア	950	
9	S101	タンドリー	サイド	500	
10	S102	ラムチョッ	サイド	600	
11	D101	ラッシー	ドリンク	300	
12	D102	ウーロン茶	ドリンク	200	
13	D103	オレンジジ	ドリンク	200	
14					

1 このセル範囲に合わせて、

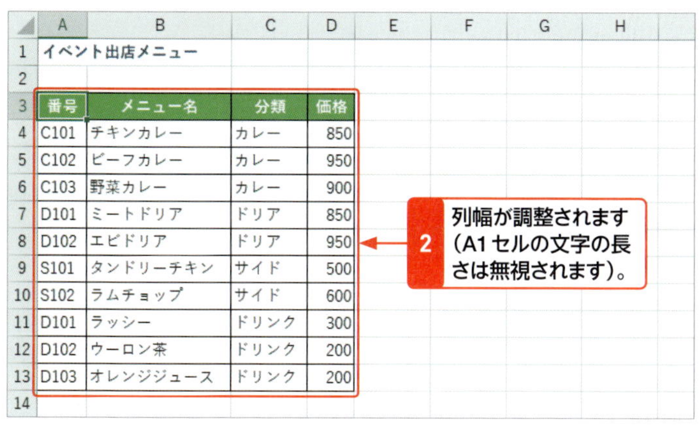

	A	B	C	D
1	イベント出店メニュー			
2				
3	番号	メニュー名	分類	価格
4	C101	チキンカレー	カレー	850
5	C102	ビーフカレー	カレー	950
6	C103	野菜カレー	カレー	900
7	D101	ミートドリア	ドリア	850
8	D102	エビドリア	ドリア	950
9	S101	タンドリーチキン	サイド	500
10	S102	ラムチョップ	サイド	600
11	D101	ラッシー	ドリンク	300
12	D102	ウーロン茶	ドリンク	200
13	D103	オレンジジュース	ドリンク	200
14				

2 列幅が調整されます（A1セルの文字の長さは無視されます）。

メモ 特定のセル範囲を基準に列幅を調整する

ここでは、A3セルを含むアクティブセル領域を取得して、そのセル範囲の列幅を調整します。

ヒント 標準のスタイルの文字の大きさ

文字の標準の大きさは、「標準」スタイルの文字の大きさによって異なります。通常は、「11ポイント」が指定されています。Excelの操作で「標準」スタイルの文字の大きさを変更するには、<ホーム>タブの<セルのスタイル>をクリックして、<標準>スタイルを右クリックし、<変更>をクリックして指定します。

ヒント ドラッグ操作で行の高さや列の幅を指定する（Excelの操作）

Excelで、行の高さや列の幅をドラッグ操作で指定するには、行や列を選択したあと、行や列の境界線部分をドラッグします。ドラッグ中は、行の高さや列幅の値が表示されます。VBEで行の高さや列幅を指定するときも、ドラッグ中に表示される値と同様に、行はポイントという単位で指定し、列は文字数を指定します。

Section 43

文字の書式を設定する

覚えておきたいキーワード
- Font オブジェクト
- Name プロパティ
- Size プロパティ

Excelでは、セル内の文字に対してさまざまな書式を設定できます。VBAではRangeオブジェクトの下の階層にある、文字を表すFontオブジェクトや塗りつぶしを表すInteriorオブジェクトを取得して設定します。取得したオブジェクトのプロパティで、文字の大きさを変えたり、太字や斜体を設定したりできます。

1 文字のフォントやサイズを変更する

メモ 文字の大きさやフォントを変更する

ここでは、A3セル～E3セルの文字のフォントとサイズを変更しています。文字に関する情報を表すFontオブジェクトを取得し、Fontオブジェクトのさまざまなプロパティを使用して書式を設定します。

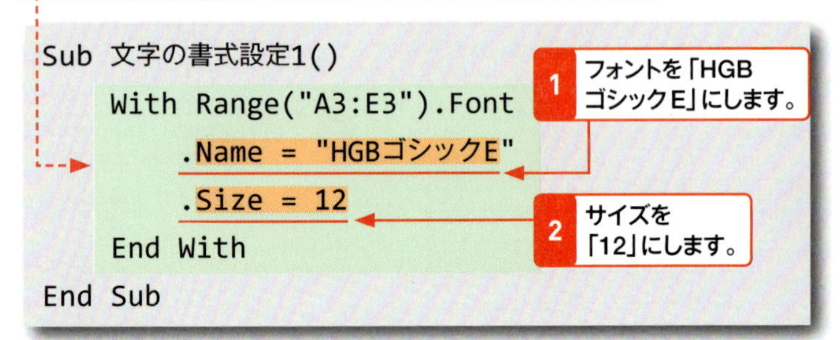

A3セル～E3セルの文字のフォントに関する処理を書きます。
1 フォントを「HGBゴシックE」にします。
2 サイズを「12」にします。

```
Sub 文字の書式設定1()
    With Range("A3:E3").Font
        .Name = "HGBゴシックE"
        .Size = 12
    End With
End Sub
```

実行例

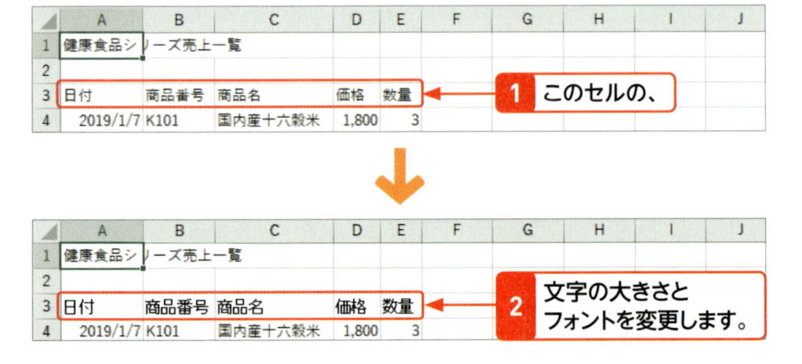

健康食品シリーズ売上一覧
日付 商品番号 商品名 価格 数量
2019/1/7 K101 国内産十六穀米 1,800 3
1 このセルの、
2 文字の大きさとフォントを変更します。

メモ Fontオブジェクトを取得する

文字に関する情報は、Fontオブジェクトを操作して指定します。Fontオブジェクトは、RangeオブジェクトのFontプロパティで取得できます。

書式 Fontプロパティ

オブジェクト.Font

オブジェクト Rangeオブジェクトを指定します。

ヒント セルのスタイルを指定する

Excelでは、<ホーム>タブの<セルのスタイル>からセルのスタイルを指定できます。VBAでセルのスタイルを指定するには、RangeオブジェクトのStyleプロパティを使用します。たとえば、次のように書きます。

```
Range("A1").Style = "見出し 4"
```

書式 Name／Sizeプロパティ

オブジェクト.Name
オブジェクト.Size

解説 フォントの情報は、FontオブジェクトのNameプロパティ、文字のサイズは、FontオブジェクトのSizeプロパティを使って指定できます。サイズは、ポイント単位で指定します。

オブジェクト Fontオブジェクトを指定します。

第5章 表の見た目を操作しよう

2 文字に太字や斜体、下線の飾りを付ける

A1セルの文字のフォントに関する処理を書きます。

```
Sub 文字の書式設定2()
    With Range("A1").Font
        .Bold = True
        .Italic = True
        .Underline = True
    End With
End Sub
```

1 太字の設定をオンにします。
2 斜体の設定をオンにします。
3 下線の設定をオンにします。

実行例

	A	B	C	D	E
1	健康食品シリーズ売上一覧				
2					
3	日付	商品番号	商品名	価格	数量
4	2019/1/7	K101	国内産十六穀米	1,800	3
5	2019/1/7	K105	有機栽培もち麦	1,500	1
6	2019/1/8	K103	有機栽培米	3,200	2
7	2019/1/8	K103	有機栽培米	3,200	3
8	2019/1/9	K102	国内産発芽玄米	2,900	3
9	2019/1/9	K102	国内産発芽玄米	2,900	4

1 A1セルの文字の書式を変更します。

	A	B	C	D	E
1	***<u>健康食品シリーズ売上一覧</u>***				
2					
3	日付	商品番号	商品名	価格	数量
4	2019/1/7	K101	国内産十六穀米	1,800	3
5	2019/1/7	K105	有機栽培もち麦	1,500	1
6	2019/1/8	K103	有機栽培米	3,200	2
7	2019/1/8	K103	有機栽培米	3,200	3
8	2019/1/9	K102	国内産発芽玄米	2,900	3
9	2019/1/9	K102	国内産発芽玄米	2,900	4

2 太字と斜体、下線が設定されます。

書式 Bold／Italic／Underlineプロパティ

オブジェクト.Bold
オブジェクト.Italic
オブジェクト.Underline

解説 文字を太字にするにはFontオブジェクトのBoldプロパティを、文字を斜体にするにはFontオブジェクトのItalicプロパティを利用します。Trueを設定すると飾りが付き、Falseを設定すると飾りが解除されます。

オブジェクト Fontオブジェクトを指定します。

メモ 文字に飾りを付ける

ここでは、A1セルの文字に太字や斜体、下線の書式を設定します。FontオブジェクトのBoldプロパティやItalicプロパティ、Underlineプロパティを利用します。Trueを設定すると飾りが付き、Falseを設定すると飾りが解除されます。

ヒント FontStyleプロパティでも指定できる

文字の太字や斜体などは、FontオブジェクトのFontStyleプロパティを使って文字列で指定することもできます。設定できる文字列は「標準」「斜体」「太字」「太字 斜体」の4種類です。たとえば、「Range("A1").Font.FontStyle="太字"」のように指定できます。

ヒント 文字に下線を引く

文字に下線を付けるには、FontオブジェクトのUnderlineプロパティを利用します。太字や斜体の設定と同様に、Trueを設定すると飾りが付き、Falseを設定すると飾りが解除されます。また、二重下線などの線の種類を指定することもできます。詳しくはヘルプを参照してください。

ステップアップ テーマのフォントを使用する

テーマのフォントを利用するには、FontオブジェクトのThemeFontプロパティを使用します。テーマのフォントを指定すると、指定されたテーマに応じてフォントが変わります。テーマについてはSec.46を参照してください。

書式 ThemeFontプロパティ

オブジェクト.ThemeFont

オブジェクト Fontオブジェクトを指定します。

設定値	内容
xlThemeFontMajor	見出しのフォント
xlThemeFontMinor	本文のフォント
xlThemeFontNone	フォントを利用しない

Section 44

文字の配置を変更する

覚えておきたいキーワード
- HorizontalAlignment プロパティ
- VerticalAlignment プロパティ
- WrapText プロパティ

セル内の文字の左右方向の配置を指定するには、Rangeオブジェクトの HorizontalAlignment プロパティを利用します。また、セル内の文字の上下方向の配置を指定するには、Range オブジェクトの VerticalAlignment プロパティを利用します。

1 文字の配置を変更する

```
Sub 文字の配置()
    Range("A3:E3").HorizontalAlignment = xlCenter
End Sub
```

1 A3セル～F3セルの文字の配置を中央に揃えます。

メモ 文字の配置を変更する

A3セル～E3セルまでの表の項目の文字の配置を中央に揃えています。文字の横の配置を指定するには、RangeオブジェクトのHorizontalAlignmentプロパティを利用します。上下方向の配置は、VerticalAlignmentプロパティを利用します。

実行例

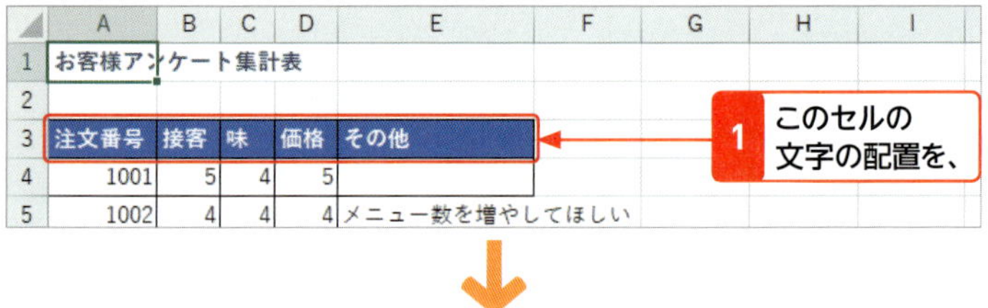

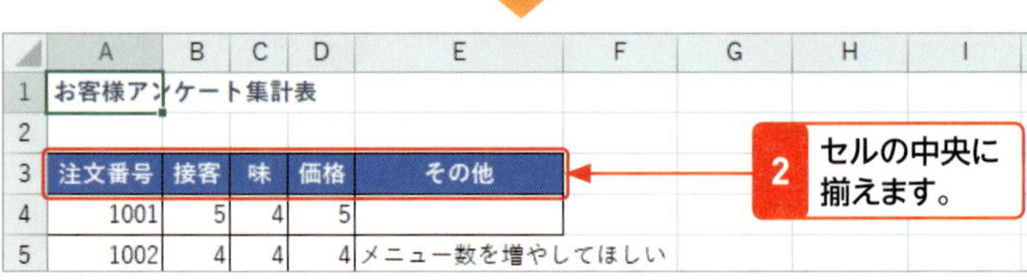

ヒント 文字を縦書きで表示する

文字の向きは、RangeオブジェクトのOrientationプロパティで指定します。向きの指定は、次のような設定値を指定します。

設定値	内容
xlVertical	縦
xlHorizontal	横
-90～90の数値	角度を指定
xlDownward	右へ90度回転
xlUpward	左へ90度回転

書式 HorizontalAlignmentプロパティ

オブジェクト.HorizontalAlignment

解説 セルの幅に対する文字の配置を指定します。配置は、次の設定値の中から選択します。

オブジェクト Rangeオブジェクト

設定値	内容	設定値	内容
xlCenter	中央揃え	xlRight	右揃え
xlDistributed	均等割り付け	xlGeneral	標準
xlJustify	両端揃え	xlFill	繰り返し
xlLeft	左揃え	xlCenterAcrossSelection	選択範囲内で中央

書式 VerticalAlignmentプロパティ

オブジェクト.VerticalAlignment

解　説 セルの高さに対する文字の配置を指定します。配置は、次の設定値の中から選択します。

オブジェクト Rangeオブジェクト

設定値	内容
xlTop	上揃え
xlCenter	中央揃え
xlBottom	下揃え
xlJustify	両端揃え
xlDistributed	均等割り付け

2 文字を折り返して表示する

1 E4セル～E13セルの文字を折り返して表示します。

```
Sub 文字を折り返して表示()
    Range("E4:E13").WrapText = True
End Sub
```

実行例

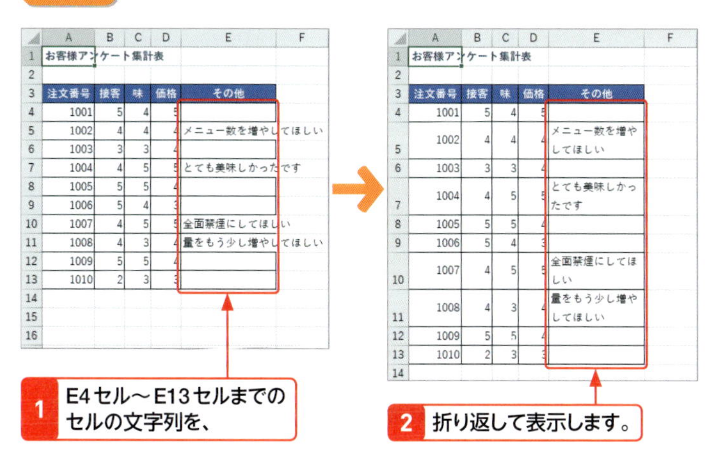
1 E4セル～E13セルまでのセルの文字列を、
2 折り返して表示します。

書式 WrapTextプロパティ

オブジェクト.WrapText

解　説 文字を折り返して表示するには、RangeオブジェクトのWrapTextプロパティを利用します。Trueを指定すると折り返して表示します。Falseを指定すると折り返して表示しません。

オブジェクト Rangeオブジェクトを指定します。

メモ セル内で文字を折り返して表示する

E4セル～E13セルの文字を折り返して表示します。セルの列幅に合わせて文字を折り返して表示するには、RangeオブジェクトのWrapTextプロパティを利用します。

ステップアップ 文字を自動的に縮小して表示する

列幅に収まらない文字が自動的に縮小して表示されるようにするには、RangeオブジェクトのShrinkToFitプロパティを使います。Trueを指定すると文字を縮小する設定がオンになり、Falseを指定するとオフになります。

Section 45

文字やセルの色を設定する

覚えておきたいキーワード
- Color プロパティ
- ColorIndex プロパティ
- Interior オブジェクト

セルの文字の色を指定するには、FontオブジェクトのColorプロパティやColorIndexプロパティを利用します。また、セル内部の塗りつぶしの色は、Interiorオブジェクトを取得して、ColorプロパティやColorIndexプロパティで指定することができます。

1 文字やセルの色を変更する

A3セル～D3セルに関する処理を書きます。

```
Sub 文字やセルの色の変更()
    With Range("A3:D3")
        .Font.Color = RGB(0, 112, 192)
        .Interior.Color = RGB(146, 208, 80)
    End With
End Sub
```

1 フォントの色を青に設定します。

2 セルの塗りつぶしの色を薄い緑に設定します。

メモ 文字やセルの色を変更する

表の項目の文字の色を変更します。文字の色は、FontオブジェクトのColorプロパティやColorIndexプロパティを利用して指定します。

メモ セルの塗りつぶしの色を変更する

セル内部の塗りつぶしの色の情報は、InteriorオブジェクトのColorプロパティやColorIndexプロパティで指定できます。Interiorオブジェクトは、RangeオブジェクトのInteriorプロパティで取得できます。

書式 Color／ColorIndexプロパティ

オブジェクト.Color

オブジェクト.ColorIndex

オブジェクト Interiorオブジェクトを指定します。

実行例

1 表の項目の、

	A	B	C	D	E	F	G	H
1	取り扱い店舗一覧							
2								
3	店舗番号	店舗名	担当者	連絡先				
4	101	銀座本店	石井大和	090-0000-XXXX				
5	102	船橋店	池野静香	050-0000-XXXX				
6	103	仙台店	大沢雄太	050-0000-XXXX				
7	104	大阪店	田中直太朗	090-0000-XXXX				
8	105	広島店	佐藤愛沙	090-0000-XXXX				
9								

2 文字の色やセルの色を設定します。

	A	B	C	D	E	F	G	H
1	取り扱い店舗一覧							
2								
3	店舗番号	店舗名	担当者	連絡先				
4	101	銀座本店	石井大和	090-0000-XXXX				
5	102	船橋店	池野静香	050-0000-XXXX				
6	103	仙台店	大沢雄太	050-0000-XXXX				
7	104	大阪店	田中直太朗	090-0000-XXXX				
8	105	広島店	佐藤愛沙	090-0000-XXXX				
9								

書式 Color／ColorIndexプロパティ

オブジェクト.Color
オブジェクト.ColorIndex

解説 文字の色は、FontオブジェクトのColorプロパティやColorIndexプロパティで指定します。ColorIndexプロパティで指定できる色は、56色です(以下参照)。ほかの色を指定したい場合は、Colorプロパティを使用します。

オブジェクト Fontオブジェクトなどを指定します。

ヒント Colorプロパティで色を指定する

Colorプロパティで色を指定するには、RGB関数を利用します。引き数で、赤、緑、青の割合をそれぞれ0～255の間の整数で指定します。

▼色の指定例

引数の指定	色	引数の指定	色
=RGB(0,0,0)	黒	=RGB(255,255,0)	黄色
=RGB(255,0,0)	赤	=RGB(0,255,255)	シアン
=RGB(0,255,0)	緑	=RGB(255,0,255)	マゼンダ
=RGB(0,0,255)	青	=RGB(255,255,255)	白

書式 RGB関数

RGB(赤,緑,青)

ExcelでRGBの色を確認するには、シートの見出しを右クリックして、<シート見出しの色>→<その他の色>をクリックします。表示される<色の設定>画面の<ユーザー設定>タブで、数値と色を確認できます。

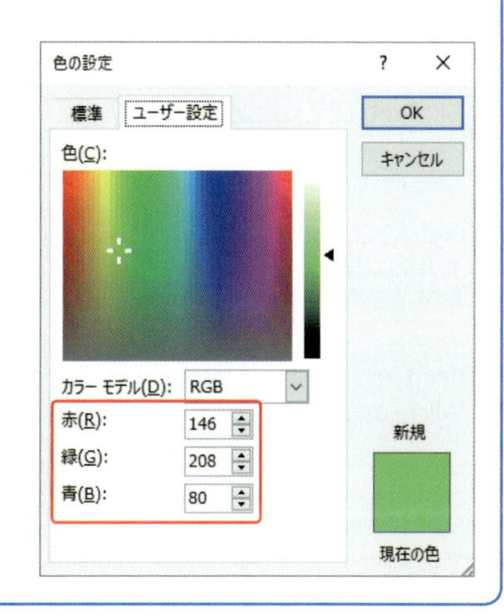

また、Color プロパティで色を指定するとき、RGB 関数の戻り値を手作業で計算して、そのまま指定することもできます。RGB関数の戻り値は、RGB(赤, 緑, 青)=(赤の数値)+(緑の数値 *256)+(青の数値 *256^2) で求められます。たとえば「RGB(146,208,80)」の戻り値は、(146)+(208*256)+(80*256^2)=5296274なので、「5296274」を指定しても同じ結果になります。なお、記録マクロを作るときに<色の設定>画面で色を指定した場合は、戻り値がそのまま指定されることがあります。

ヒント ColorIndexプロパティで指定する

文字の色やセルの色をColorIndexプロパティで指定するとき、設定値には、インデックス番号か、「自動」「なし」(下の表参照)を指定します。インデックス番号で指定するとき、たとえば、セルの色に黄色を指定する場合は、「Range("A1").Interior.ColorIndex = 6」と書きます。セルの色を「なし」にするには、「Range("A1").Interior.ColorIndex = xlColorIndexNone」のように書きます。

設定値	内容
xlColorIndexAutomatic	自動設定
xlColorIndexNone	色なし
インデックス番号	※右の図を参照

▼色と番号の対応(56色)

	A	B	C	D	E	F	G	H
1	1	2	3	4	5	6	7	8
2								
3	9	10	11	12	13	14	15	16
4								
5	17	18	19	20	21	22	23	24
6								
7	25	26	27	28	29	30	31	32
8								
9	33	34	35	36	37	38	39	40
10								
11	41	42	43	44	45	46	47	48
12								
13	49	50	51	52	53	54	55	56
14								

Section 46 テーマの色を指定する

覚えておきたいキーワード
- ☑ テーマの色
- ☑ ThemeColor プロパティ
- ☑ TintAndShade プロパティ

文字の色にテーマの色を指定するには、Font オブジェクトの ThemeColor プロパティ、TintAndShade プロパティを利用します。ThemeColor プロパティはテーマの色を、TintAndShade プロパティは色の明るさを 0～1 の間で指定します。テーマの色を指定した場合、選択しているテーマによって異なる色が設定されます。

1 テーマの色を指定する

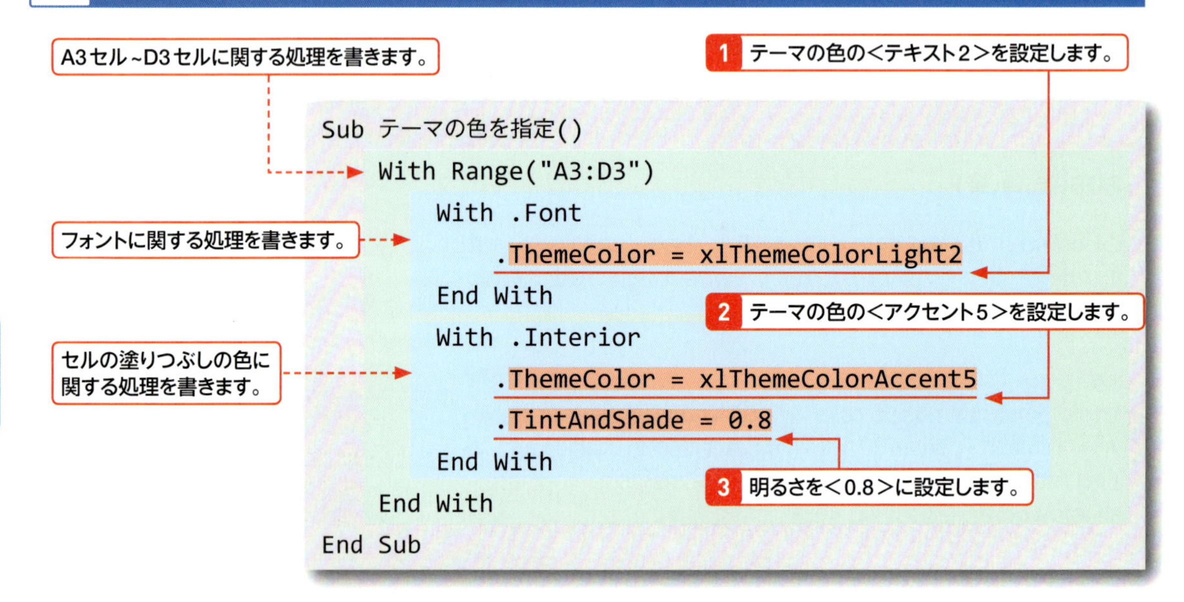
A3セル～D3セルに関する処理を書きます。
フォントに関する処理を書きます。
セルの塗りつぶしの色に関する処理を書きます。
1 テーマの色の＜テキスト2＞を設定します。
2 テーマの色の＜アクセント5＞を設定します。
3 明るさを＜0.8＞に設定します。

```
Sub テーマの色を指定()
    With Range("A3:D3")
        With .Font
            .ThemeColor = xlThemeColorLight2
        End With
        With .Interior
            .ThemeColor = xlThemeColorAccent5
            .TintAndShade = 0.8
        End With
    End With
End Sub
```

メモ テーマの色を指定する

ここでは、表の項目の文字の色や塗りつぶしの色をテーマの色の中から指定します。Excel で、テーマの色を指定するには、P.153 のように色を選択します。VBA では、Font オブジェクトの ThemeColor プロパティや、TintAndShade プロパティを利用します。

実行例

	A	B	C	D	E	F	G	H
1	取り扱い店舗一覧							
2								
3	店舗番号	店舗名	担当者	連絡先				
4	101	銀座本店	石井大和	090-0000-XXXX				
5	102	船橋店	池野静香	050-0000-XXXX				
6	103	仙台店	大沢雄太	050-0000-XXXX				

1 表の項目の文字の色やセルの色を、

2 テーマの色から選んで設定します。

	A	B	C	D	E	F	G	H
1	取り扱い店舗一覧							
2								
3	店舗番号	店舗名	担当者	連絡先				
4	101	銀座本店	石井大和	090-0000-XXXX				
5	102	船橋店	池野静香	050-0000-XXXX				
6	103	仙台店	大沢雄太	050-0000-XXXX				

書式 ThemeColorプロパティ

オブジェクト.ThemeColor

解説 テーマの色を設定するには、FontオブジェクトのThemeColorプロパティを使用します。色の指定方法については、次の表を参照してください。

オブジェクト Fontオブジェクトなどを指定します。

設定値	内容
xlThemeColorDark1	背景1
xlThemeColorLight1	テキスト1
xlThemeColorDark2	背景2
xlThemeColorLight2	テキスト2
xlThemeColorAccent1	アクセント1
xlThemeColorAccent2	アクセント2
xlThemeColorAccent3	アクセント3
xlThemeColorAccent4	アクセント4
xlThemeColorAccent5	アクセント5
xlThemeColorAccent6	アクセント6
xlThemeColorFollowedHyperlink	表示済みのハイパーリンク
xlThemeColorHyperlink	ハイパーリンク

書式 TintAndShadeプロパティ

オブジェクト. TintAndShade

解説 テーマの色の明るさの指定は、TintAndShadeプロパティを使用します。明るさは、-1から1の間で指定します。-1が最も暗く、1が最も明るい色になります。

オブジェクト Fontオブジェクトなどを指定します。

ヒント テーマの色の明るさを指定する

テーマの色の明るさを指定するには、TintAndShadeプロパティを利用します。

ヒント テーマ

テーマとは、文字の形や大きさ、文字の色やセルの色、図形の効果などの書式の組み合わせに名前を付けて登録したものです。Excelでは、<ページレイアウト>タブの<テーマ>からテーマを選択できます。テーマのフォントやテーマの色を使用しているときは、選んだテーマに応じて、文字の形やセルの色などが自動的に変わります。

ヒント テーマの色を設定する（Excelの操作）

Excelの操作で文字やセルの色にテーマの色を設定するときは、テーマの色のパレットから色を選択します。VBAでもThemeColorプロパティやTintAndShadeプロパティを利用して、テーマの色を設定できます。設定値については、上の表を参照してください。

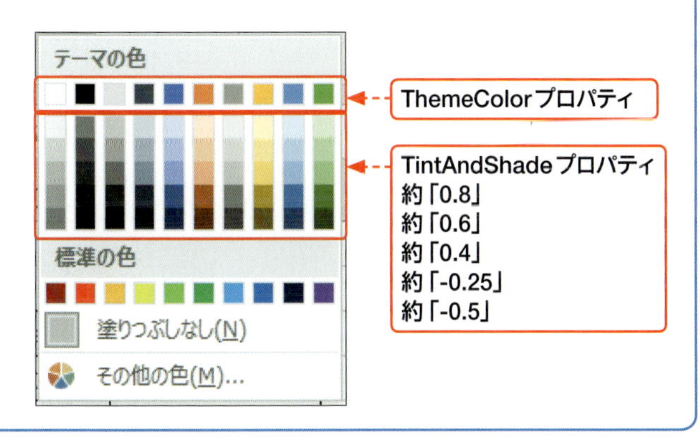

Section 47

罫線を引く

覚えておきたいキーワード
- Border オブジェクト
- Borders プロパティ
- LineStyle プロパティ

セルに罫線を引くには、セルの境界線の情報を操作するBorder オブジェクトやBorders コレクションを利用します。Border オブジェクトやBorders コレクションのさまざまなプロパティを利用して、線の種類や線の色を指定します。セルの上下左右の4つの辺にまとめて線を引くには、Borders コレクションを使用します。

1 線を引く場所を指定する

メモ セルに罫線を引くには

セルに罫線を引くには、輪郭の情報を操作するBorder オブジェクトやBorders コレクションを操作します。Border オブジェクトやBorders コレクションの取得方法を知っておきましょう。セルの上下左右の4つの辺に罫線を引くには、4つのBorderオブジェクトが集まったBorders コレクションを利用します。Borders コレクションは、Range オブジェクトのBorders プロパティで取得できます。

書式 Bordersプロパティ

オブジェクト.Borders(index)

解説 単体のBorderオブジェクトを取得するには、Bordersプロパティを利用します。Bordersプロパティは、引数の設定値で線を引く場所を指定します。引数を指定せずに「オブジェクト.Borders」とした場合は、セルの上下左右4辺の線を表すBordersコレクションを取得できます。

オブジェクト Rangeオブジェクトを指定します。

引数

index 下の表の設定値を指定します。

設定値	内容	設定値	内容
xlDiagonalDown	左上から右下への斜め線	xlEdgeRight	右
xlDiagonalUp	左下から右上への斜め線	xlEdgeTop	上
xlEdgeBottom	下	xlInsideHorizontal	内側(横)
xlEdgeLeft	左	xlInsideVertical	内側(縦)

実行例

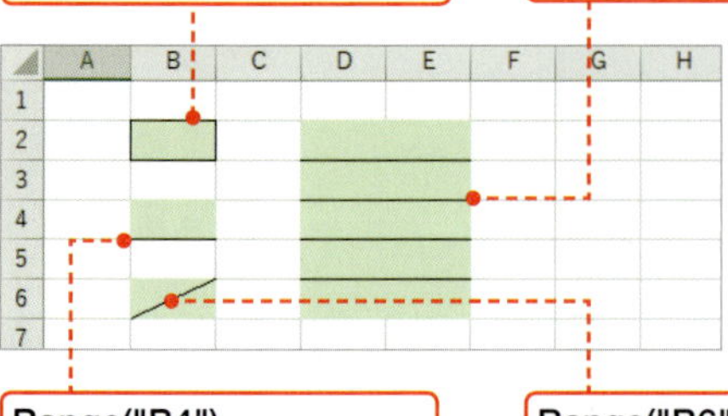

2 罫線の種類を指定する

書式 LineStyleプロパティ

オブジェクト.LineStyle

解 説 線の種類を指定するには、LineStyleプロパティを指定します。設定値は、以下のとおりです。

オブジェクト Borderオブジェクト、Bordersコレクションを指定します。

設定値	内容	設定値	内容
xlContinuous	実線	xlDot	点線
xlDash	破線	xlDouble	二重線
xlDashDot	一点鎖線	xlLineStyleNone	線なし
xlDashDotDot	二点鎖線	xlSlantDashDot	斜破線

メモ 罫線の種類や色を指定する

Borderオブジェクトや Bordersコレクションを取得して、罫線を引く場所を指定したあとは、線の種類、線の太さ、線の色を指定します。いくつかのプロパティを利用して、線の情報を指定します。

3 罫線の太さを指定する

書式 Weightプロパティ

オブジェクト.Weight

解 説 線の太さを指定するには、Weightプロパティを指定します。設定値は、以下のとおりです。

設定値	内容	設定値	内容
xlThin	極細	xlMedium	普通
xlHairline	細線（一番細い）	xlThick	太線

オブジェクト Borderオブジェクト、Bordersコレクションを指定します。

ヒント 指定した種類の線が引かれない場合

線の種類や線の太さを指定するとき、組み合わせによっては、設定した内容が無視されてしまうこともあります。たとえば、太線と二重線の組み合わせなどは、思うように表示されませんので注意してください。

4 罫線の色を指定する

書式 Color／ColorIndex／ThemeColorプロパティ

オブジェクト.Color
オブジェクト.ColorIndex
オブジェクト.ThemeColor

解 説 線の色を指定するときは、Colorプロパティ(P.151参照)、ColorIndexプロパティ(P.151参照)、ThemeColorプロパティ(P.153参照)を利用して指定します。Colorプロパティでは、色をRGB関数で指定します。また、ColorIndexプロパティでは、色をインデックス番号、または、「自動」「色なし」で指定します。ThemeColorプロパティは、テーマの色から色を指定します。

オブジェクト BorderオブジェクトやBordersコレクションを指定します。

5 格子状の罫線を引く

メモ 格子状の罫線を引くには

A3セルを含むアクティブセル領域に、格子状の罫線を引きます。ここでは、Bordersコレクションを取得して、セルの上下左右に線を引いています。

ヒント アクティブセル領域の内側（横の線）に点線を引く

行を区別するため、アクティブセル領域の内側に横の線を引くには、次のように記述します。

```
Sub 行を区切る線を引く()
    Range("A3:F8"). _
        Borders(xlInsideHorizontal) _
            .LineStyle = xlDash
End Sub
```

キーワード 点線と破線

点線は、点を連続して線に見えるようにしたものです。破線は、少し長めの線を連続して線に見えるようにしたものです。点線や破線は、線の太さを太く指定すると思うように表示されず、実線のようになる場合があるので注意しましょう。

1 A3セルを含むアクティブセル領域に格子状の罫線を引きます。線の種類は破線にします。

```
Sub 罫線を引く()
    Range("A3").CurrentRegion.Borders _
        .LineStyle = xlDash
End Sub
```

実行例

1 A3セルを含むアクティブセル領域に、

	A	B	C	D	E	F	G
1	定番商品一覧						
2							
3	商品番号	商品名	色	価格	発売中	在庫数	
4	1001B	シャツ（ブラック）	B	7,800	○	100	
5	1001R	シャツ（レッド）	R	7,800		50	
6	1002W	キャップ（ホワイト）	W	4,800	○	20	
7	1002R	キャップ（レッド）	R	4,800	○	30	
8	1002B	キャップ（ブラック）	B	4,800		70	
9							

2 格子状の罫線を引きます。

	A	B	C	D	E	F	G
1	定番商品一覧						
2							
3	商品番号	商品名	色	価格	発売中	在庫数	
4	1001B	シャツ（ブラック）	B	7,800	○	100	
5	1001R	シャツ（レッド）	R	7,800		50	
6	1002W	キャップ（ホワイト）	W	4,800	○	20	
7	1002R	キャップ（レッド）	R	4,800	○	30	
8	1002B	キャップ（ブラック）	B	4,800		70	
9							

6 セルの下に罫線を引く

A3セル～A3セルを基準にした終端セル（右）までのセル範囲の下の罫線に関する処理を書きます。

```
Sub 見出しの下に線を引く()
    With Range("A3", Range("A3").End(xlToRight)).Borders(xlEdgeBottom)
        .LineStyle = xlContinuous
        .Weight = xlThick
        .Color = RGB(146, 208, 80)
    End With
End Sub
```

1 線の種類は実線にします。
2 線の太さは太線にします。
3 色は薄い緑にします。

実行例

1 A3セル～A3セルを基準にした終端セル（右）までのセル範囲の下に、

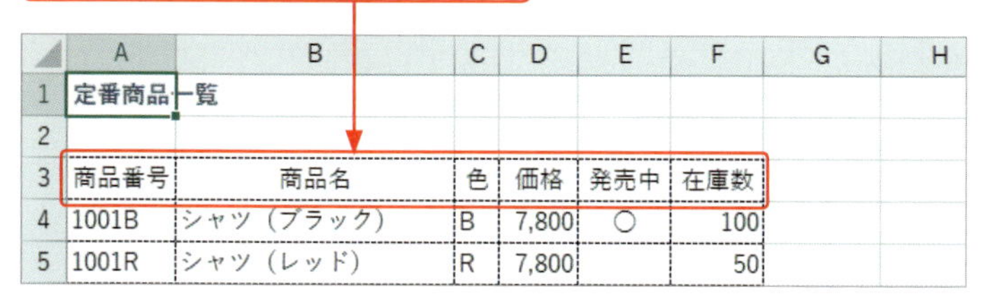

	A	B	C	D	E	F	G	H
1	定番商品一覧							
2								
3	商品番号	商品名	色	価格	発売中	在庫数		
4	1001B	シャツ（ブラック）	B	7,800	○	100		
5	1001R	シャツ（レッド）	R	7,800		50		

2 罫線を引きます。

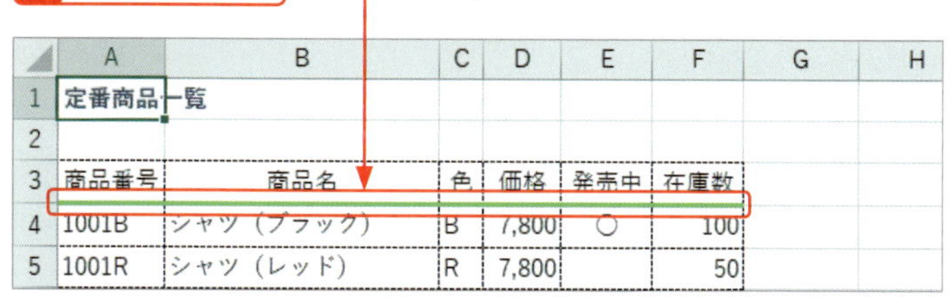

	A	B	C	D	E	F	G	H
1	定番商品一覧							
2								
3	商品番号	商品名	色	価格	発売中	在庫数		
4	1001B	シャツ（ブラック）	B	7,800	○	100		
5	1001R	シャツ（レッド）	R	7,800		50		

A3セル～A3セルを基準にした終端セル（右）までのセル範囲の下に罫線を引きます。線の種類は実線、太さは太い線、色は薄い緑にします。

ヒント テーマの色を設定する

テーマの色で線を引くには、ThemeColorプロパティ（P.153参照）で指定します。次の例は、テーマの色の「アクセント2」で線を引きます。

```
Sub テーマの色で線を引く()
    With Range("A3:F8").Borders
        .LineStyle = xlDot
        .ThemeColor = xlThemeColorAccent2
        .TintAndShade = 0.2
    End With
End Sub
```

7 選択範囲の外枠に線を引く

1 A3セルを含むアクティブセル領域の外枠に、オレンジ色の二本線を引きます。

```
Sub 外枠に線を引く()
    Range("A3").CurrentRegion _
        .BorderAround LineStyle:=xlDouble, Color:=RGB(255, 192, 0)
End Sub
```

メモ セル範囲の外枠に線を引くには

指定したセル範囲の外枠にオレンジ色の二本線を引きます。セル範囲の外枠に罫線を引くには、RangeオブジェクトのBorderAroundメソッドを使用すると便利です。

ヒント ColorIndexプロパティで色を指定する

線の色は、ColorIndexプロパティで指定することもできます。次の例は、ColorIndexプロパティを使用して赤い線を引きます。

```
Sub 赤の線を引く()
    With Range("A3:F8").Borders
        .LineStyle = xlDash
        .ColorIndex = 3
    End With
End Sub
```

実行例

1 A3セルを含むアクティブセル領域の外枠に、

	A	B	C	D	E	F	G
1	定番商品一覧						
2							
3	商品番号	商品名	色	価格	発売中	在庫数	
4	1001B	シャツ（ブラック）	B	7,800	○	100	
5	1001R	シャツ（レッド）	R	7,800		50	
6	1002W	キャップ（ホワイト）	W	4,800	○	20	
7	1002R	キャップ（レッド）	R	4,800	○	30	
8	1002B	キャップ（ブラック）	B	4,800		70	
9							
10							
11							
12							

2 罫線を引きます。

	A	B	C	D	E	F	G
1	定番商品一覧						
2							
3	商品番号	商品名	色	価格	発売中	在庫数	
4	1001B	シャツ（ブラック）	B	7,800	○	100	
5	1001R	シャツ（レッド）	R	7,800		50	
6	1002W	キャップ（ホワイト）	W	4,800	○	20	
7	1002R	キャップ（レッド）	R	4,800	○	30	
8	1002B	キャップ（ブラック）	B	4,800		70	
9							
10							
11							
12							

書式 BorderAroundメソッド

オブジェクト.BorderAround([LineStyle],[Weight],[ColorIndex],[Color],[ThemeColor])

解説 セル範囲の外枠に罫線を引くには、BorderAroundメソッドを使用します。引数では、線の色や種類、太さを指定できます。

オブジェクト Rangeオブジェクトを指定します。

引数

LineStyle 線の種類を指定します。設定値については、LineStyleプロパティの設定値を参照してください。

Weight 線の太さを指定します。設定値については、Weightプロパティの設定値を参照してください。

ColorIndex 線の色を指定します。インデックス番号、または、「自動」「色なし」を指定します。指定方法については、P.151を参照してください。

Color 線の色を指定します。RGB関数を利用して指定します。

ThemeColor テーマの色を指定します。P.153を参照してください。

※色の指定は、Color、またはColorIndex、ThemeColorのいずれかの方法で指定します。
※線の種類と太さを両方指定することはできません。両方省略した場合は、既定の線が引かれます。

ヒント 罫線を削除する

罫線を削除するには、LineStyleプロパティで、「xlStyleNone」を指定します。たとえば、セル範囲内のすべての罫線を削除するには、次のように書きます。

```
Sub 罫線の削除()
    With Range("A3").CurrentRegion
        .Borders.LineStyle = xlLineStyleNone
        .Borders(xlDiagonalDown).LineStyle = xlLineStyleNone
        .Borders(xlDiagonalUp).LineStyle = xlLineStyleNone
    End With
End Sub
```

	A	B	C	D	E	F
1	定番商品一覧					
2						
3	商品番号	商品名	色	価格	発売中	在庫数
4	1001B	シャツ（ブラック）	B	7,800	○	100
5	1001R	シャツ（レッド）	R	7,800		50
6	1002W	キャップ（ホワイト）	W	4,800	○	20
7	1002R	キャップ（レッド）	R	4,800	○	30
8	1002B	キャップ（ブラック）	B	4,800		70
9						
10						
11						
12						

	A	B	C	D	E	F
1	定番商品一覧					
2						
3	商品番号	商品名	色	価格	発売中	在庫数
4	1001B	シャツ（ブラック）	B	7,800	○	100
5	1001R	シャツ（レッド）	R	7,800		50
6	1002W	キャップ（ホワイト）	W	4,800	○	20
7	1002R	キャップ（レッド）	R	4,800	○	30
8	1002B	キャップ（ブラック）	B	4,800		70
9						
10						
11						
12						

Section 48

セルの表示形式を指定する

覚えておきたいキーワード
- NumberFormatLocal プロパティ
- 表示形式
- 書式記号

Excelでは、数値や日付を読みやすくするために、セルに入力されているデータの表示形式を指定できます。VBAでセルの表示形式を指定するには、Rangeオブジェクトの NumberFormatLocal プロパティを利用します。書式の内容は書式記号を使って指定するので、記号の記述方法に慣れておきましょう。

1 数値の表示形式を設定する

1 D4セル～D4セルを基準にした終端セル(右下)までのセルの表示形式を指定します。

```
Sub 数値の表示形式を指定()
    Range("D4", Range("D4").End(xlToRight). _
        End(xlDown)).NumberFormatLocal = "#,##0"
End Sub
```

メモ　数値に3桁区切りのカンマを付ける

D4セル～D4セルを基準にした終端セル(右下)までの表示形式を設定します。ここでは、3桁区切りのカンマが表示されるようにしています。

ヒント　データの種類に合わせて表示形式を使い分ける

数値の表示形式を指定する場合は、正の数の場合、負の数の場合、0の場合、文字列の場合の順に、データの種類に合わせて「;」で区切って4つのパターンを指定できます。

```
Range("A1").NumberFormatLocal = _
    "#,##0;[赤]-#,##0;-;@"
```

実行例

1 D4セル～D4セルを基準にした終端セル(右下)までのセルの表示形式を指定し、

	A	B	C	D	E
1	クッキング雑貨部門売上一覧				
2					
3	売上日	商品番号	商品名	価格	数量
4	2019/2/4	Z101	アイスクリームメーカー	4500	1
5	2019/2/4	Z105	のり巻きメーカー	3800	2
6	2019/2/4	Z104	綿あめメーカー	5200	1
7	2019/2/4	Z103	流しそうめんセット	9800	1
8	2019/2/4	Z102	ホットサンドメーカー	3200	2

2 3桁区切りのカンマを付けます。

	A	B	C	D	E	F	G	H	I
1	クッキング雑貨部門売上一覧								
2									
3	売上日	商品番号	商品名	価格	数量				
4	2019/2/4	Z101	アイスクリームメーカー	4,500	1				
5	2019/2/4	Z105	のり巻きメーカー	3,800	2				
6	2019/2/4	Z104	綿あめメーカー	5,200	1				
7	2019/2/4	Z103	流しそうめんセット	9,800	1				
8	2019/2/4	Z102	ホットサンドメーカー	3,200	2				

書式　NumberFormatLocalプロパティ

オブジェクト.NumberFormatLocal

解説　セルの表示形式を指定するには、NumberFormatLocalプロパティを使用します。書式の内容は、書式記号を使って指定します。

オブジェクト　Rangeオブジェクトを指定します。

2 日付の表示形式を設定する

日付の表示形式を設定する

1 A4セル～A4セルを基準にした終端セル(下)までのセルの表示形式を指定します。

```
Sub 日付の表示形式を指定()
    Range("A4", Range("A4").End(xlDown)) _
        .NumberFormatLocal = "yyyy年m月d日(aaa)"
End Sub
```

実行例

1 A4セル～A4セルを基準にした終端セル(下)までのセルの表示形式を指定し、

	A	B	C	D	E	F	G	H
1	クッキング雑貨部門売上一覧							
2								
3	売上日	商品番号	商品名	価格	数量			
4	2019/2/4	Z101	アイスクリームメーカー	4,500	1			
5	2019/2/4	Z105	のり巻きメーカー	3,800	2			
6	2019/2/4	Z104	綿あめメーカー	5,200	1			
7	2019/2/4	Z103	流しそうめんセット	9,800	1			
8	2019/2/4	Z102	ホットサンドメーカー	3,200	2			
9	2019/2/4	Z104	綿あめメーカー	5,200	1			
10	2019/2/4	Z101	アイスクリームメーカー	4,500	1			
11	2019/2/4	Z105	のり巻きメーカー	3,800	2			
12	2019/2/4	Z104	綿あめメーカー	5,200	1			
13	2019/2/5	Z103	流しそうめんセット	9,800	3			
14	2019/2/5	Z104	綿あめメーカー	5,200	1			
15	2019/2/5	Z105	のり巻きメーカー	3,800	3			
16	2019/2/5	Z101	アイスクリームメーカー	4,500	2			

2 日付の曜日を表示します。

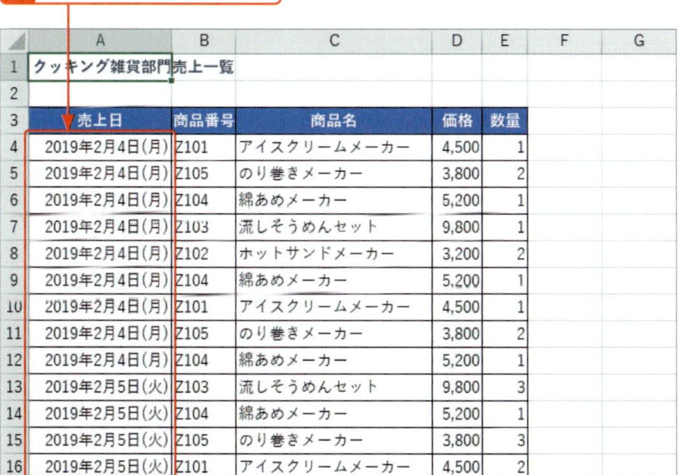

	A	B	C	D	E	F	G
1	クッキング雑貨部門売上一覧						
2							
3	売上日	商品番号	商品名	価格	数量		
4	2019年2月4日(月)	Z101	アイスクリームメーカー	4,500	1		
5	2019年2月4日(月)	Z105	のり巻きメーカー	3,800	2		
6	2019年2月4日(月)	Z104	綿あめメーカー	5,200	1		
7	2019年2月4日(月)	Z103	流しそうめんセット	9,800	1		
8	2019年2月4日(月)	Z102	ホットサンドメーカー	3,200	2		
9	2019年2月4日(月)	Z104	綿あめメーカー	5,200	1		
10	2019年2月4日(月)	Z101	アイスクリームメーカー	4,500	1		
11	2019年2月4日(月)	Z105	のり巻きメーカー	3,800	2		
12	2019年2月4日(月)	Z104	綿あめメーカー	5,200	1		
13	2019年2月5日(火)	Z103	流しそうめんセット	9,800	3		
14	2019年2月5日(火)	Z104	綿あめメーカー	5,200	1		
15	2019年2月5日(火)	Z105	のり巻きメーカー	3,800	3		
16	2019年2月5日(火)	Z101	アイスクリームメーカー	4,500	2		

メモ 日付に曜日を表示する

日付の表示形式を指定すれば、日付を日本語表記にしたり、曜日を表示したりできます。ここでは、A4セル～A4セルを基準にした終端セル(下)までの表示形式を変更し、「○年○月○日(曜日)」のように表示されるようにしています。

ヒント ほかのセルに同じ表示形式を設定する

NumberFormatLocalプロパティを利用して、指定したセルの表示形式をほかのセルに貼り付けることもできます。たとえば、A1セルの表示形式をB2セルに貼り付けるには、「Range("B2").NumberFormatLocal = Range("A1").NumberFormatLocal」のように書きます。

ヒント さまざまな書式記号

セルの表示形式を設定するには、次のような書式記号を使って書式を指定します。

▼数値の書式記号例

記号	内容	例
#	数値の桁を表す。桁の位置に数値がない場合は何も表示されない	数値が「12」のとき「#,##0」→「12」
0	数値の桁を表す。桁の位置に数値が無い場合は「0」が表示される	数値が「15」のとき「0000」→「0015」
,	桁区切りのカンマの位置を表す	数値が「1234567」のとき「#,##0」→「1,234,567」
.	小数点の位置を表す	数値が「15」のとき「00.00」→「15.00」
%	パーセント形式で表示する	数値が「0.05」のとき「0%」→「5%」
¥	通貨記号を表す	数値が「12」のとき「¥#,##0」→「¥12」

▼日付や時刻の書式記号例

記号	内容	例	
yyyy yy	西暦を4桁で表示 西暦を2桁で表示	日付が「2019/01/05 7:00:50」のとき	「yyyy」→「2019」 「yy」→「19」
mmmm mmm mm m	月を英語で表示 月を英語の省略形で表示 月を2桁で表示 月を1～2桁で表示	日付が「2019/01/05 7:00:50」のとき	「mmmm」→「January」 「mmm」→「Jan」 「mm」→「01」 「m」→「1」
dd d	日付を2桁で表示 日付を1～2桁で表示	日付が「2019/01/05 7:00:50」のとき	「dd」→「05」 「d」→「5」
dddd ddd	曜日を英語で表示 曜日を英語の省略形で表示	日付が「2019/01/05 7:00:50」のとき	「dddd」→「Saturday」 「ddd」→「Sat」
aaaa aaa	曜日を日本語で表示 曜日を日本語の省略形で表示	日付が「2019/01/05 7:00:50」のとき	「aaaa」→「土曜日」 「aaa」→「土」
ggg gg g	年号を表示 年号を省略形で表示 年号をアルファベットで表示	日付が「1993/01/05 7:00:50」のとき	「ggg」→「平成」 「gg」→「平」または、「㍻」 「g」→「H」
ee e	年号を元に年を2桁で表示 年号を元に年を1～2桁で表示	日付が「1993/01/05 7:00:50」のとき	「ee」→「05」 「e」→「5」
hh h	時間を2桁で表示 時間を1～2桁で表示	日付が「2019/01/05 7:00:50」のとき	「hh」→「07」 「h」→「7」
mm m	分を2桁で表示 分を1～2桁で表示	日付が「2019/01/05 7:00:50」のとき	「hh:mm」→「07:00」 「h時m分」→「7時0分」
ss s	秒を2桁で表示 秒を1～2桁で表示	日付が「2019/01/05 7:00:50」のとき	「ss」→「50」 「s」→「50」
AM/PM A/P	時刻にAMやPMを付けて表示 時刻にAやPを付けて表示	日付が「2019/01/05 7:00:50」のとき	「AM/PM hh:mm」→「AM 07:00」 「A/P hh:mm」→「A 07:00」

※「mm」や「m」は、「h」や「s」などの時刻を示す書式記号と一緒に指定された場合は、時刻の「分」を示します。単独で指定した場合は、日付の「月」を示します。

▼文字の書式記号例

記号	内容	例
@	文字を表示	文字が山田のとき「"@様"」→「山田様」

▼色の指定方法

記号	内容	例
[黒]	黒	数値が「1500」のとき、 「[青]#,##0;[赤]-#,##0;[緑]0」→「1500」 数値が「-1500」のとき、 「[青]#,##0;[赤]-#,##0;[緑]0」→「-1500」 数値が「0」のとき、 「[青]#,##0;[赤]-#,##0;[緑]0」→「0」
[赤]	赤	
[青]	青	
[紫]	紫	
[緑]	緑	
[黄]	黄色	
[水]	水色	
[白]	白	

Chapter 06

第6章

シートやブックを操作しよう

Section 49 シートやブックのオブジェクトの基本
Section 50 シートを参照する
Section 51 シート名やシート見出しの色を変更する
Section 52 シートを移動する・コピーする
Section 53 シートを追加する・削除する
Section 54 ブックを参照する
Section 55 ブックを開く・閉じる
Section 56 ブックを保存する
Section 57 操作に応じて自動的にマクロを実行する

Section 49

シートやブックのオブジェクトの基本

覚えておきたいキーワード
- オブジェクト
- Workbooksコレクション
- Worksheetsコレクション

この章では、シートやブックの基本的な扱いを紹介します。Excelでは、複数のブックを開いて切り替えながら操作できます。また、1つのブックに複数のシートを追加して利用できます。ここでは、複数のブックやシート、特定のブックやシートを指定する方法を知りましょう。

1 コレクションとオブジェクトの関係

Workbooksコレクションは Workbookオブジェクトの集まり

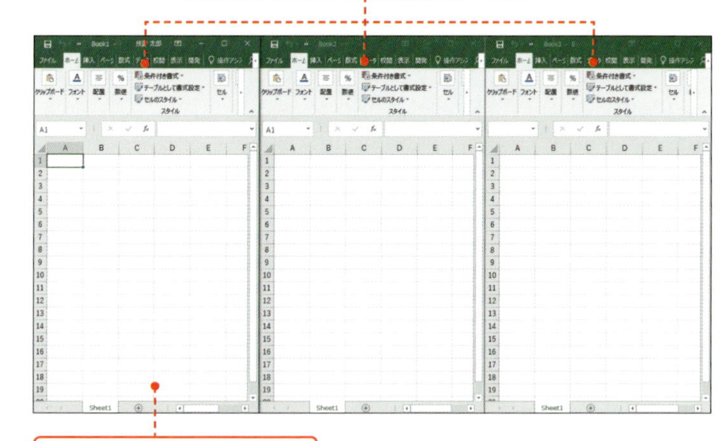

Worksheetsコレクションは Worksheetオブジェクトの集まり

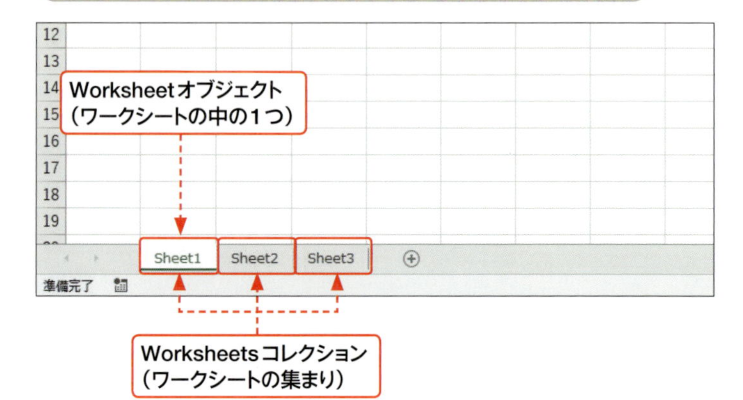

メモ コレクション

VBAでは、同じ種類のオブジェクトの集まりを「コレクション」と言い、まとめて扱うことができます。たとえば、開いているブック(Workbookオブジェクト)を扱うときは、開いているすべてのブックを意味する「Workbooksコレクション」を取得して利用します。

メモ Workbooksコレクションを取得する

コレクションを取得するには、オブジェクトの取得と同様に、コレクションを取得するプロパティを使用します。たとえば、Workbooksコレクションを取得するには、ApplicationオブジェクトのWorkbooksプロパティを利用します(P.178参照)。Applicationオブジェクトの指定は省略できます。

メモ ワークシートの集まり

ブック内のワークシート(Worksheetオブジェクト)が集まったものを、「Worksheetsコレクション」と言います。ワークシートを扱うときは、Worksheetsコレクションを取得して利用します。Worksheetsコレクションを取得するには、WorkbookオブジェクトのWorksheetsプロパティを使用します。

2 コレクションの中のオブジェクトを取得するには

書式

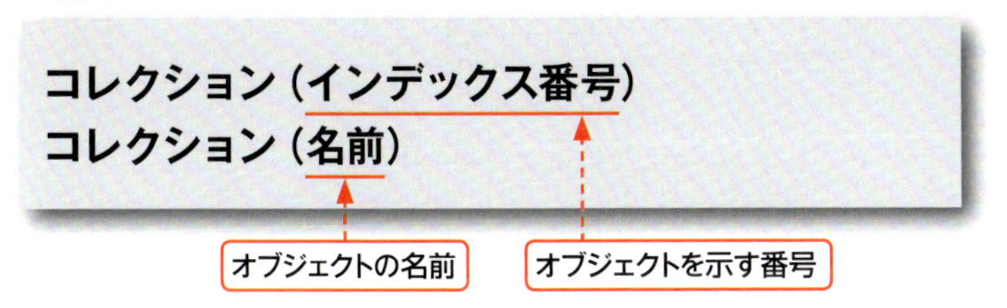

オブジェクトの名前　オブジェクトを示す番号

記述例

インデックス番号(何番目に開いたか):「1」

```
Workbooks(1)
Workbooks("Book1")
```

名前(ブックの名前):「Book1」

記述例

インデックス番号(左から何番目か):「2」

```
Worksheets(2)
Worksheets("Sheet2")
```

名前(シートの名前):「Sheet2」

メモ　特定のブックやシートを取得する

コレクション内の特定のオブジェクトを取得する方法には、名前を指定する方法とインデックス番号を指定する方法の2種類あります。ブックの場合は、ブック名か、何番目に開いたブックなのかを示すインデックス番号で指定します。ワークシートの場合は、シート名か、左から何番目のワークシートなのかを示すインデックス番号で指定します。詳しくは、Sec.50、Sec.54で紹介します。

メモ　コレクション内のオブジェクトを取得する

コレクション内のオブジェクトを取得するには、まずコレクションを取得したあと、コレクションの中から名前やインデックス番号を使ってオブジェクトを指定します。

ヒント　コレクションのメソッドやプロパティ

コレクションにも、オブジェクトと同様にさまざまなプロパティやメソッドが用意されています。たとえば、WorkbooksコレクションのCountプロパティを利用すると、開いているブックの数がわかります。

記述例 `Msgbox Workbooks.Count`

1 マクロを実行すると、

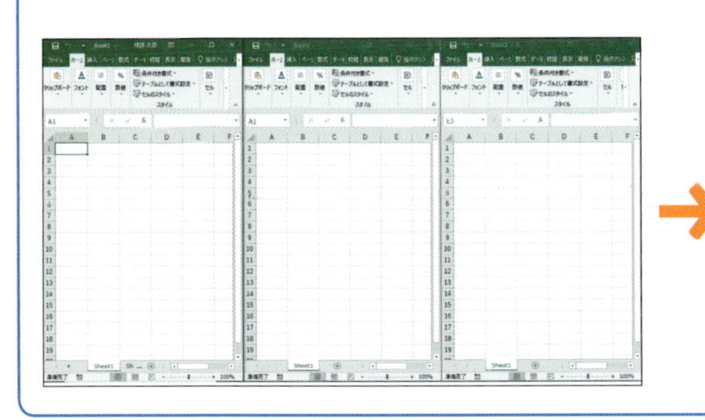

2 開いているブックの数がメッセージ画面に表示されます。

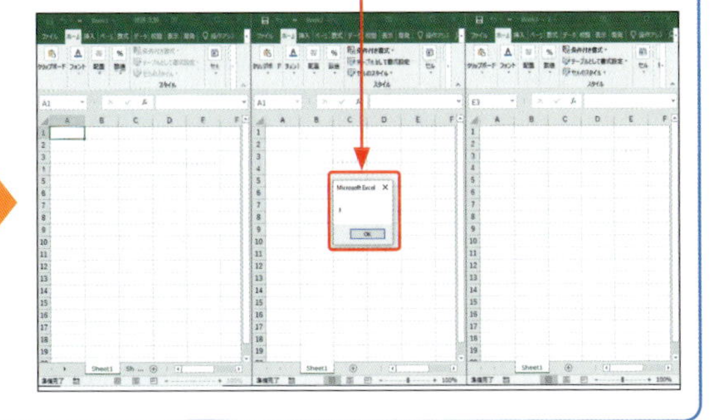

Section 50

シートを参照する

覚えておきたいキーワード
- Worksheets コレクション
- Worksheet オブジェクト
- Activate メソッド

Excelでは、1つのブックに複数のワークシートを追加して利用することができます。VBAでワークシートを扱うには、目的のワークシートを正しく参照する必要があります。ここでは、ワークシートの場所や名前を指定して、利用するワークシートを参照する方法を学びます。

シートを表すオブジェクト

Excelのシートには、表やグラフなどを作成するのに一般的に使用する「ワークシート」と、グラフだけを大きく表示する「グラフシート」があります。VBAでは、ワークシートを「Worksheetオブジェクト」、グラフシートを「Chartオブジェクト」と言います。Worksheetオブジェクトが集まったものを「Worksheetsコレクション」、Chartオブジェクトが集まったものを「Chartsコレクション」、WorksheetオブジェクトとChartオブジェクトの両方が集まったものを「Sheetsコレクション」と言います。

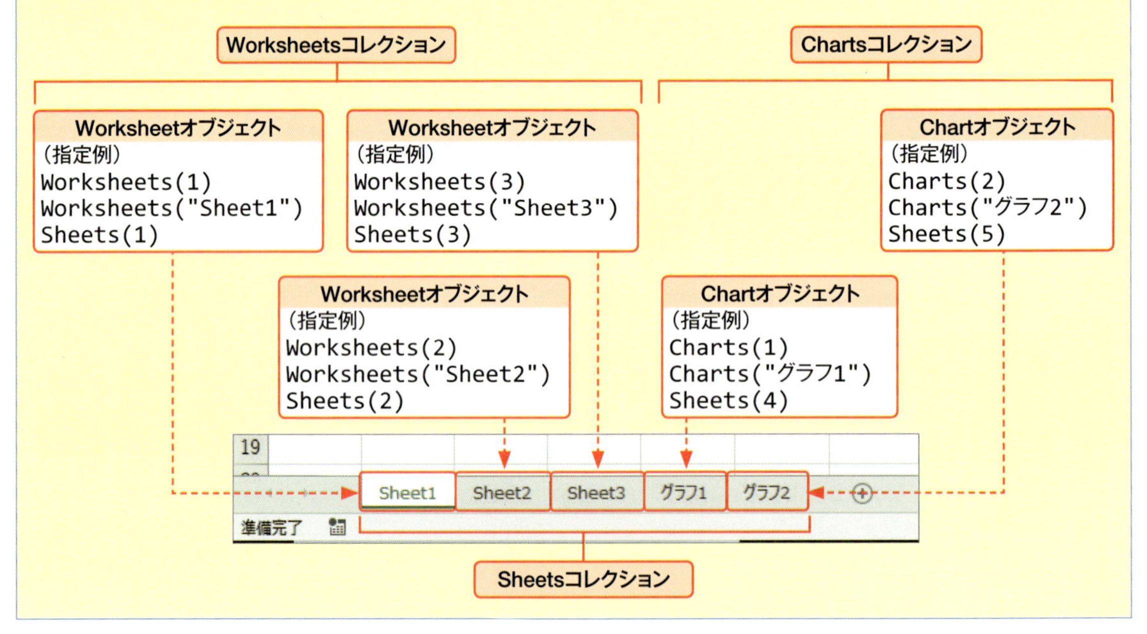

キーワード グラフシート

グラフシートは、グラフだけを大きく表示するシートです。グラフを作成するときは、ワークシートに作成するかグラフシートに作成するかを選択できます。

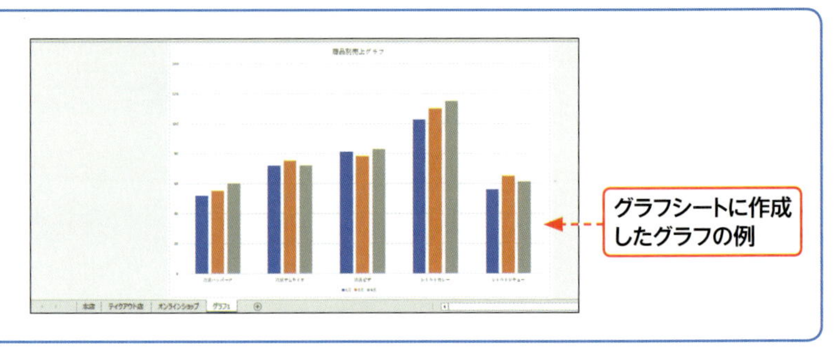

1 ワークシートを参照する

1 左から2枚目のワークシートを選択します。

```
Sub シートの参照()
    Worksheets(2).Select
End Sub
```

実行例

1 マクロを実行すると、

	A	B	C	D	E	F	G	H	I	J
1	テイクアウトメニュー売上一覧									
2										
3	商品番号	商品名	1月	2月	3月	合計				
4	T101	冷凍ハンバーグ	52	55	60	167				
5	T102	冷凍オムライス	72	75	72	219				
6	T103	冷凍ピザ	81	78	83	242				
7	T104	レトルトカレー	103	110	115	328				
8	T105	レトルトシチュー	56	65	61	182				

本店 | テイクアウト店 | オンラインショップ

	A	B	C	D	E	F	G	H	I	J
1	テイクアウトメニュー売上一覧									
2										
3	商品番号	商品名	1月	2月	3月	合計				
4	T101	冷凍ハンバーグ	72	78	81	231				
5	T102	冷凍オムライス	95	98	95	288				
6	T103	冷凍ピザ	105	110	108	323				
7	T104	レトルトカレー	130	142	152	424				
8	T105	レトルトシチュー	75	80	85	240				

本店 | テイクアウト店 | オンラインショップ

2 左から2つ目のワークシートを選択します。

メモ 場所や名前を指定してワークシートを特定する

ここでは、左から2つ目のワークシートを選択します。特定のワークシートを参照するには、Worksheetオブジェクトが集まったWorksheetsコレクションを取得し、その中の特定のワークシートを指定します。Worksheetsコレクションを取得するには、Worksheetsプロパティを利用します（P.168参照）。

メモ 特定のワークシートを参照する

コレクション内の特定のオブジェクトを取得するには、コレクションから単一のオブジェクトを返すItemプロパティの引数を指定して、オブジェクトを特定します。ただし、Itemプロパティは省略できますので、「コレクション.Item（インデックス番号）」「コレクション.Item（名前）」ではなく、「コレクション(インデックス番号)」「コレクション（名前）」のように指定します。

ヒント 「Sheets("売上表")」という書き方もある

特定のワークシートを参照する方法には、すべてのシートが集まったSheetsコレクションを取得して、その中のシートを指定する方法もあります。Sheetsコレクションは、Workbookオブジェクトなどの Sheetsプロパティを利用して取得できます。この場合、シートの種類が、ワークシートかグラフシートかに関わらず、左から何番目のシート（インデックス番号）か、シート名を指定してシートを参照できます。

```
Sheets(3)
Sheets("Sheet3")
```

ヒント 単一のワークシートを選択する

1つのワークシートを選択するときは、Worksheetオブジェクトの Selectメソッドまたは Activateメソッドを利用します。

ヒント 現在作業中のアクティブシートを参照する

現在作業中のシートを参照するときは、Workbookオブジェクトの ActiveSheetプロパティを利用してシートを参照できます。オブジェクトを指定しない場合は、現在作業中のアクティブブックのアクティブシートを参照できます。

オブジェクト.**ActiveSheet**

オブジェクト Workbookオブジェクトや Windowオブジェクトを指定します。

書式 Worksheetsプロパティ

オブジェクト.Worksheets(インデックス番号)
オブジェクト.Worksheets(名前)

解　説 複数のワークシートの中から特定のワークシートを参照するには、インデックス番号やワークシート名を使って指定します。インデックス番号で指定する場合は、左から何番目に位置するワークシートなのかを番号で指定します(「例：Worksheets(2)」)。名前で指定する場合は、ワークシート名をダブルクォーテーションで囲って指定します(「例：Worksheets("Sheet2")」)。

ワークシート名がわからなくても、左からの順番がわかっていれば、インデックス番号でシートを参照できます。逆に、シートの位置がわからなくても名前がわかっていれば、シート名で参照できます。

オブジェクト Workbookオブジェクトを指定します。オブジェクトを省略した場合は、作業中のブックとみなされます。

2 複数のワークシートを参照する

```
Sub 複数シートの参照()
    Worksheets(Array("本店", "オンラインショップ")).Select
    Worksheets("オンラインショップ").Activate
End Sub
```

1 「本店」シートと「オンラインショップ」シートを選択し、

2 「オンラインショップ」シートをアクティブにします。

メモ 複数のワークシートをまとめて選択する

複数のワークシートを参照するには、引数に指定した内容を配列の要素に代入して返す Array 関数を利用します。ここでは、ワークシート名が「本店」と「オンラインショップ」のワークシートをまとめて選択します。

実行例

	A	B	C	D	E	F	G	H	I	J
1	テイクアウトメニュー売上一覧									
2										
3	商品番号	商品名	1月	2月	3月	合計				
4	T101	冷凍ハンバーグ	72	78	81	231				
5	T102	冷凍オムライス	95	98	95	288				
6	T103	冷凍ピザ	105	110	108	323				
7	T104	レトルトカレー	130	142	152	424				
8	T105	レトルトシチュー	75	80	85	240				
9										
10										
11										
12										
18										
19										

本店 | テイクアウト店 | オンラインショップ

準備完了

1 1つのワークシートが選択されている状態から、

テイクアウトメニュー売上一覧

商品番号	商品名	1月	2月	3月	合計
T101	冷凍ハンバーグ	142	145	153	440
T102	冷凍オムライス	135	132	142	409
T103	冷凍ピザ	158	162	172	492
T104	レトルトカレー	201	225	254	680
T105	レトルトシチュー	65	68	61	194

本店　テイクアウト店　オンラインショップ

準備完了

2 複数のワークシートを選択し、「オンラインショップ」シートをアクティブにします。

3 すべてのワークシートを参照する

1 すべてのワークシートを選択します。

```
Sub すべてのシートの選択()
    Worksheets.Select
End Sub
```

実行例

1 複数のワークシートのうち、

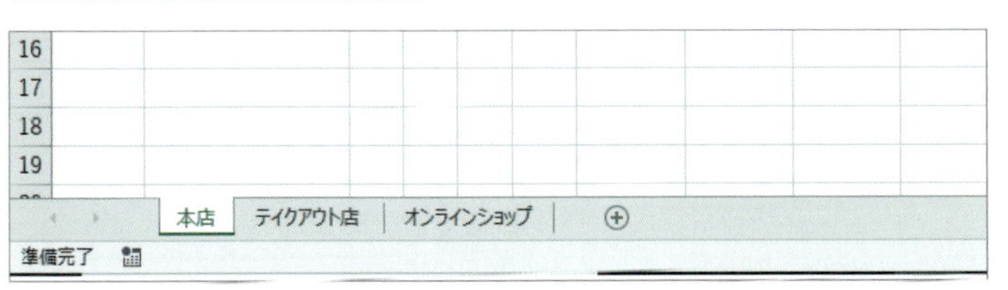

2 すべてのワークシートを選択します。

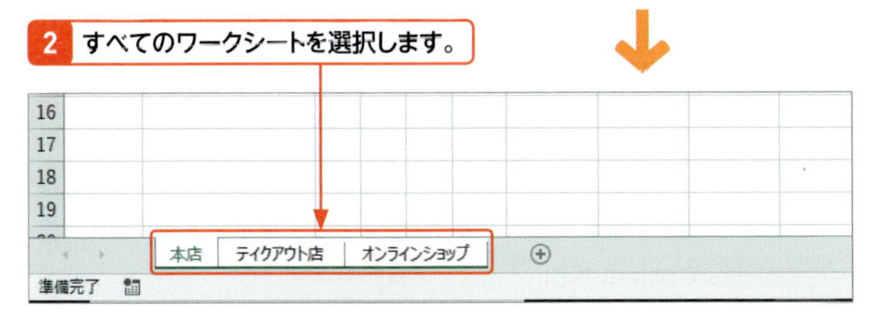

ヒント ワークシートをアクティブにする

Selectメソッドで複数のワークシートを選択しているとき、その中でアクティブシートを切り替えるには、WorksheetオブジェクトのActivateメソッドを使います。たとえば、アクティブシートを「Sheet3」にするには、「Worksheets("Sheet3").Activate」と書きます。

メモ すべてのワークシートを選択する

すべてのワークシートを選択するには、ワークシートの集まったWorksheetsコレクションを参照して、選択します。

ヒント すべてのシートを参照する

ワークシートやグラフシートを含むすべてのシートを参照するには、シートの集まったSheetsコレクションを参照します。すべてのシートを選択するには、Sheets.Selectのように書きます。

ヒント すべてのグラフシートを参照する

すべてのグラフシートを参照するには、グラフシートの集まったChartsコレクションを参照します。すべてのグラフシートを選択するには、Charts.Selectのように書きます。

Section 51

シート名やシート見出しの色を変更する

覚えておきたいキーワード
- Name プロパティ
- Tab オブジェクト
- Color プロパティ

Excel では、シートをわかりやすく分類するために、シート名やシート見出しの色を指定できます。VBA でワークシート名を指定するには、Worksheet オブジェクトの Name プロパティを利用します。また、見出しの色を指定するには、ワークシートの見出しを表す Tab オブジェクトを利用します。

1 ワークシート名を変更する

メモ 左から1枚目のワークシートの名前を変更する

ここでは、左端のワークシートの名前を変更します。名前は、アクティブシートのA1セルに入力されている内容にします。

1 左から1枚目のワークシートの名前を、A1セルの内容にします。

```
Sub シート名の変更()
    Worksheets(1).Name = Range("A1").Value
End Sub
```

実行例

1 このワークシートの名前を変更します。

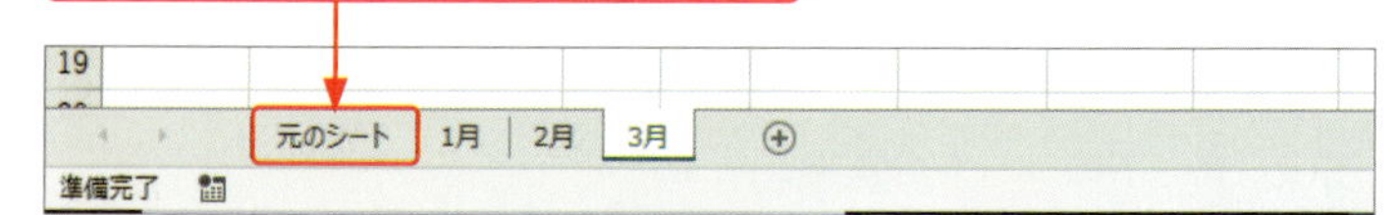

2 アクティブシートのA1セルの内容にします。

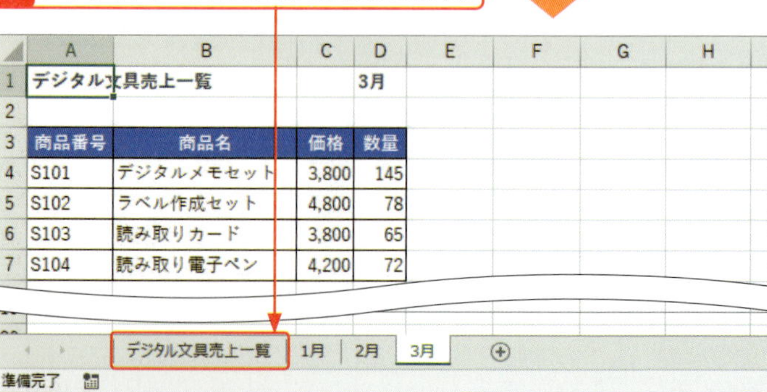

書式 Nameプロパティ

オブジェクト.Name

解説 ワークシートの名前を取得・指定するには、Worksheet オブジェクトのNameプロパティを利用します。

オブジェクト Worksheetオブジェクトを指定します。

第6章 シートやブックを操作しよう

2 ワークシートの見出しの色を変更する

1 一番左のワークシート見出しの色を青にします。

```
Sub シート見出しの色の変更()
    Worksheets(1).Tab.Color = RGB(0, 0, 255)
End Sub
```

実行例

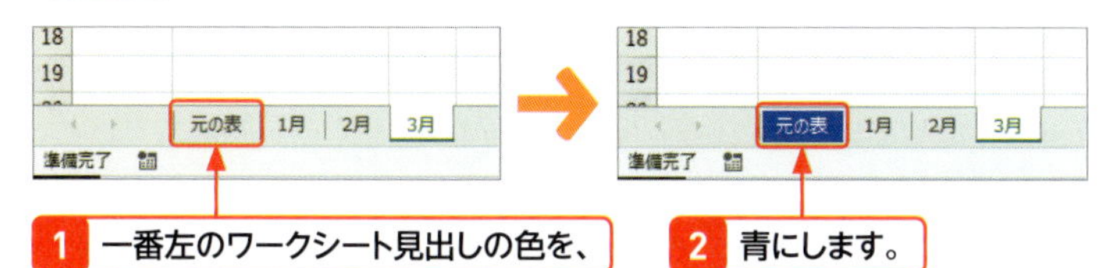

1 一番左のワークシート見出しの色を、

2 青にします。

書式 Color／ColorIndexプロパティ

オブジェクト.Color
オブジェクト.ColorIndex

解　説　ColorプロパティやColorIndexプロパティを使用して、シートの見出しの色を指定します。

オブジェクト　Tabオブジェクトを指定します。

メモ ワークシートの見出しの色を変更する

ここでは、一番左のワークシートの見出しの色を変更します。ワークシートの見出しの色を変更するには、WorksheetオブジェクトのTabプロパティを利用して、ワークシートの見出しを表すTabオブジェクトを取得し、ColorプロパティやColorIndexプロパティで色を指定します。

ヒント ColorIndexプロパティで色を指定する

ColorIndexプロパティで色を指定するには、インデックス番号、または「色なし」「自動」のいずれかを指定します（P.151参照）。

```
Sub シート見出しの色の変更2()
    Worksheets(1).Tab.ColorIndex = xlColorIndexNone
End Sub
```

ヒント テーマの色を指定する

テーマの色を指定するには、TabオブジェクトのThemeColorプロパティを利用して指定します。また、テーマの色の明るさは、TintAndShadeプロパティで指定できます（Sec.46を参照）。

```
Sub シート見出しの色の変更3()
    With Worksheets(1).Tab
        .ThemeColor = xlThemeColorAccent4
        .TintAndShade = 0.2
    End With
End Sub
```

Section 52

シートを移動する・コピーする

覚えておきたいキーワード
- Moveメソッド
- Copyメソッド
- Before・After

Excelでは、シートの表示順を入れ替えて移動したり、シートをコピーして利用したりできます。VBAでワークシートを移動するには、Worksheetオブジェクトのメソッド、コピーをするにはWorksheetオブジェクトのCopyメソッドを使います。メソッドの引数で、移動先やコピー先を指定します。

1 ワークシートを移動する

```
Sub シートの移動()
    Worksheets(1).Move After:=Worksheets("元の表")
End Sub
```

1 一番左端のワークシートを「元の表」シートのあとに移動します。

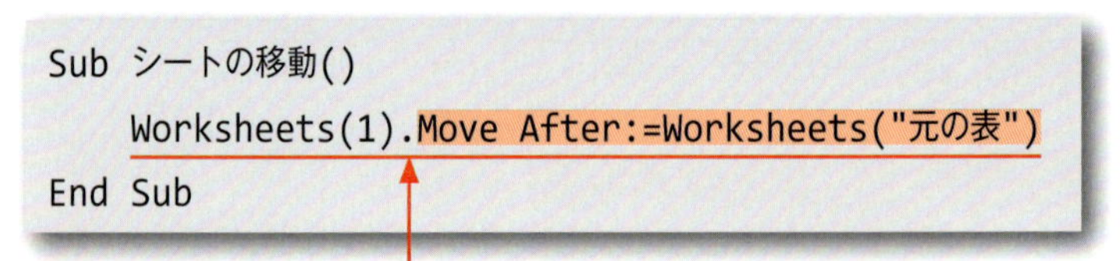

実行例

1 一番左のワークシートを、

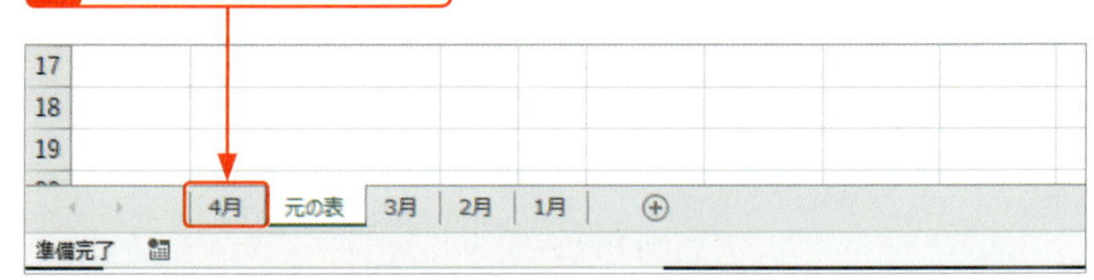

2 「元の表」シートのあとに移動します。

メモ ワークシートの並び順を変更する

ここでは、一番左のワークシートを「元の表」シートのあとに移動します。ワークシートを移動するには、WorksheetオブジェクトのMoveメソッドを使います。引数で、移動先を指定します。移動先は、「○○シートの前」または「○○シートのあと」のように指定します。

ヒント ワークシートを新しいブックに移動する

Moveメソッドの引数のBeforeとAfterの両方を省略すると、新しいブックが追加されて、そこにワークシートが移動します。

書式 Moveメソッド

オブジェクト.Move([Before],[After])

解説 移動先は、引数のBefore、またはAfterのどちらかを使って指定します。

オブジェクト Worksheetオブジェクトを指定します。

引数

Before	移動先のワークシートを指定します。指定したワークシートの前に移動します。
After	移動先のワークシートを指定します。指定したワークシートのあとに移動します。

2 ワークシートをコピーする

1 「元の表」シートをコピーして、一番右のワークシートの後ろにコピーします。

```
Sub シートのコピー()
    Worksheets("元の表").Copy _
        After:=Worksheets(Worksheets.Count)
End Sub
```

実行例

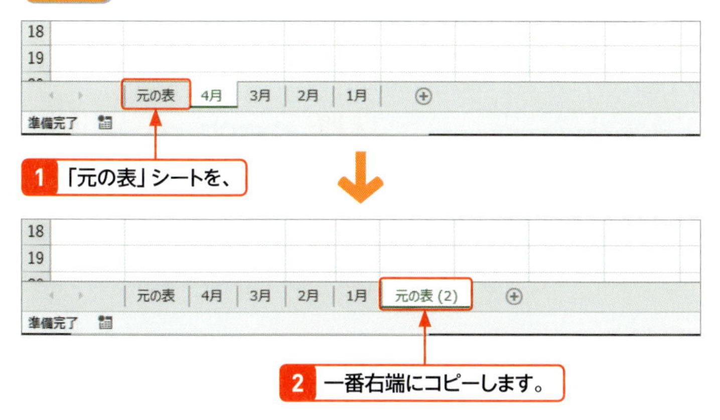

メモ ワークシートをコピーする

「元の表」シートをコピーして、一番右のワークシートのあとに配置します。ワークシートをコピーするには、Worksheetオブジェクトのcopyメソッドを使います。引数で、コピー先を指定します。コピー先は、「〇〇シートの前」または「〇〇シートのあと」のように指定します。

ヒント ワークシートを新しいブックにコピーする

CopyメソッドのBeforeとAfterの両方を省略すると、新しいブックが追加されて、そこにシートがコピーされます。

書式 Copyメソッド

オブジェクト.Copy([Before],[After])

解説 コピー先は、引数のBefore、またはAfterのどちらかを使って指定します。

オブジェクト Worksheetオブジェクトを指定します。

引数

Before	コピー先のワークシートを指定します。指定したワークシートの前に移動します。
After	コピー先のワークシートを指定します。指定したワークシートのあとに移動します。

ヒント ワークシートを一番右端（左端）に移動（コピー）する

ワークシートの一番右端にシートを移動（コピー）する場合は、現在のワークシートの数を数えて、その数のあとにワークシートを移動（コピー）します。ワークシートの数を数えるには、WorksheetsコレクションのCountプロパティを利用します。

```
Worksheets("練習").Move After:=Worksheets(Worksheets.Count)
```

また、ワークシートの一番左側に移動（コピー）する場合は、左から1番目のシートの前を指定します。

```
Worksheets("練習").Move Before:=Worksheets(1)
```

Section 53

シートを追加する・削除する

覚えておきたいキーワード
- Add メソッド
- Delete メソッド
- Visible プロパティ

Excelでは、必要に応じてあとからワークシートを追加したり、削除したりできます。VBAでワークシートを追加するには、WorksheetsコレクションのAddメソッドを利用します。また、ワークシートを削除するには、WorksheetオブジェクトのDeleteメソッドを利用します。

1 ワークシートを追加する

```
Sub シートの追加()
    Worksheets.Add Before:=Worksheets(1), Count:=2
    Worksheets(1).Name = "シート1"
    Worksheets(2).Name = "シート2"
End Sub
```

1 最初のワークシートの左側に2枚追加します。

2 一番左のワークシートの名前を「シート1」にします。

3 左から2番目のワークシートの名前を「シート2」にします。

メモ 新しいワークシートを２枚追加する

ここでは、作業中のブックに新しいワークシートを2枚追加して、それぞれに名前を設定しています。ワークシートを追加するには、WorksheetsコレクションのAddメソッドを利用します。引数で、追加する場所や追加するシートの数を指定します。

ヒント ワークシートを一番右端に追加する

ワークシートの一番右端にワークシートを追加する場合は、現在のワークシートの数を数えて、その数のあとにワークシートが追加されるようにします。ワークシートの数を数えるには、WorksheetsコレクションのCountプロパティを利用します。

```
Worksheets.Add After:= _
Worksheets(Worksheets.Count)
```

実行例

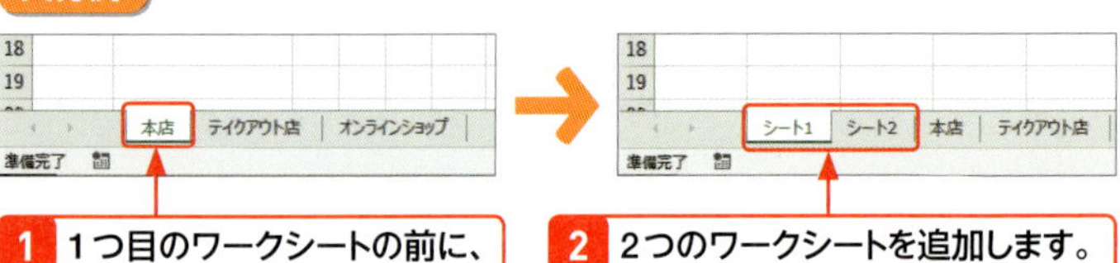

書式 Addメソッド

オブジェクト.Add([Before],[After],[Count],[Type])

解説 WorksheetsコレクションのAddメソッドを利用してワークシートを追加します。BeforeとAfterの両方を省略すると、アクティブシートの前にワークシートが追加されます。

オブジェクト Worksheetsコレクションを指定します。

引数
- Before 追加先のワークシートを指定します。指定したワークシートの前に追加されます。
- After 追加先のワークシートを指定します。指定したワークシートのあとに追加されます。
- Count 追加するワークシートの数を指定します。省略した場合は、1とみなされます。
- Type 追加するシートの種類を指定します。省略した場合は、ワークシートが追加されます。

2 ワークシートを削除する

1 左から1番目のワークシートを削除します。

```
Sub シートの削除()
    Worksheets(1).Delete
End Sub
```

メモ 左端のワークシートを削除する

ここでは、作業中のブックの左から1番目のワークシートを削除します。ワークシートを削除するには、Worksheetオブジェクトの Delete メソッドを利用します。

実行例

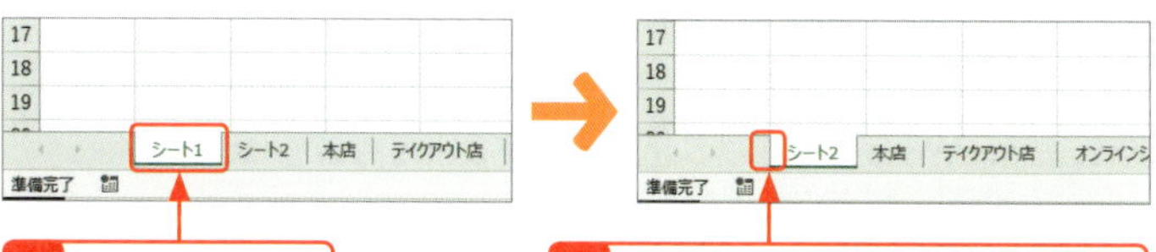

1 左から1番目のワークシートを、

2 削除します（確認メッセージが表示されたら、<はい>を選択すると、ワークシートが削除されます）。

ステップアップ 削除時に表示されるメッセージを非表示にする

ワークシートを削除するとき、確認メッセージを表示せずに削除したいときは、あらかじめApplicationオブジェクトのDisplayAlertsプロパティにFalseを代入して、メッセージを非表示にします。

```
Sub 確認メッセージを表示せずに削除()
    Application.DisplayAlerts = False
    Worksheets(1).Delete
    Application.DisplayAlerts = True
End Sub
```

書式 Deleteメソッド

オブジェクト.Delete

解説 ワークシートを削除するには、WorksheetオブジェクトのDeleteメソッドを利用します。

オブジェクト Worksheetオブジェクトを指定します。

ヒント ワークシートを非表示にする

ワークシートを削除するのではなく、非表示にするには、WorksheetオブジェクトのVisibleプロパティを利用します。設定値については、右の表を参照してください。

```
Worksheets(2).Visible = xlSheetVeryHidden
```

設定値	内容
xlSheetVeryHidden	表示しない（手動で表示に切り替えられない）
xlSheetHidden または False	表示しない（手動で表示に切り替えることは可能）
xlSheetVisible または True	表示する

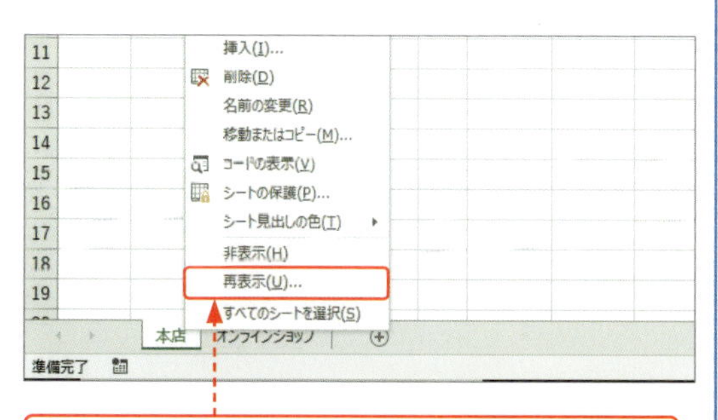

「xlSheetVeryHidden」を指定した場合は、ワークシートを右クリックしても再表示を選べません。

「xlSheetHidden」または「False」を指定した場合は、ワークシートを右クリックして再表示できます。

Section 54

ブックを参照する

覚えておきたいキーワード
- Workbooks コレクション
- Workbook オブジェクト
- ActiveWorkbook プロパティ

Excel では、複数のブックを開いて、切り替えながら操作できます。VBA でも、指定したブックを参照して操作することができます。このときは、ブック名、または何番目に開いたブックかを指定してブックを参照します。また、アクティブブックや、マクロが書かれているブックを指定する方法もあります。

■ブックを表すオブジェクト

Excel では、複数のブックを開いて利用できます。VBA では、ブックを「Workbook オブジェクト」と表します。Workbook オブジェクトが集まったものを「Workbooks コレクション」と言います。

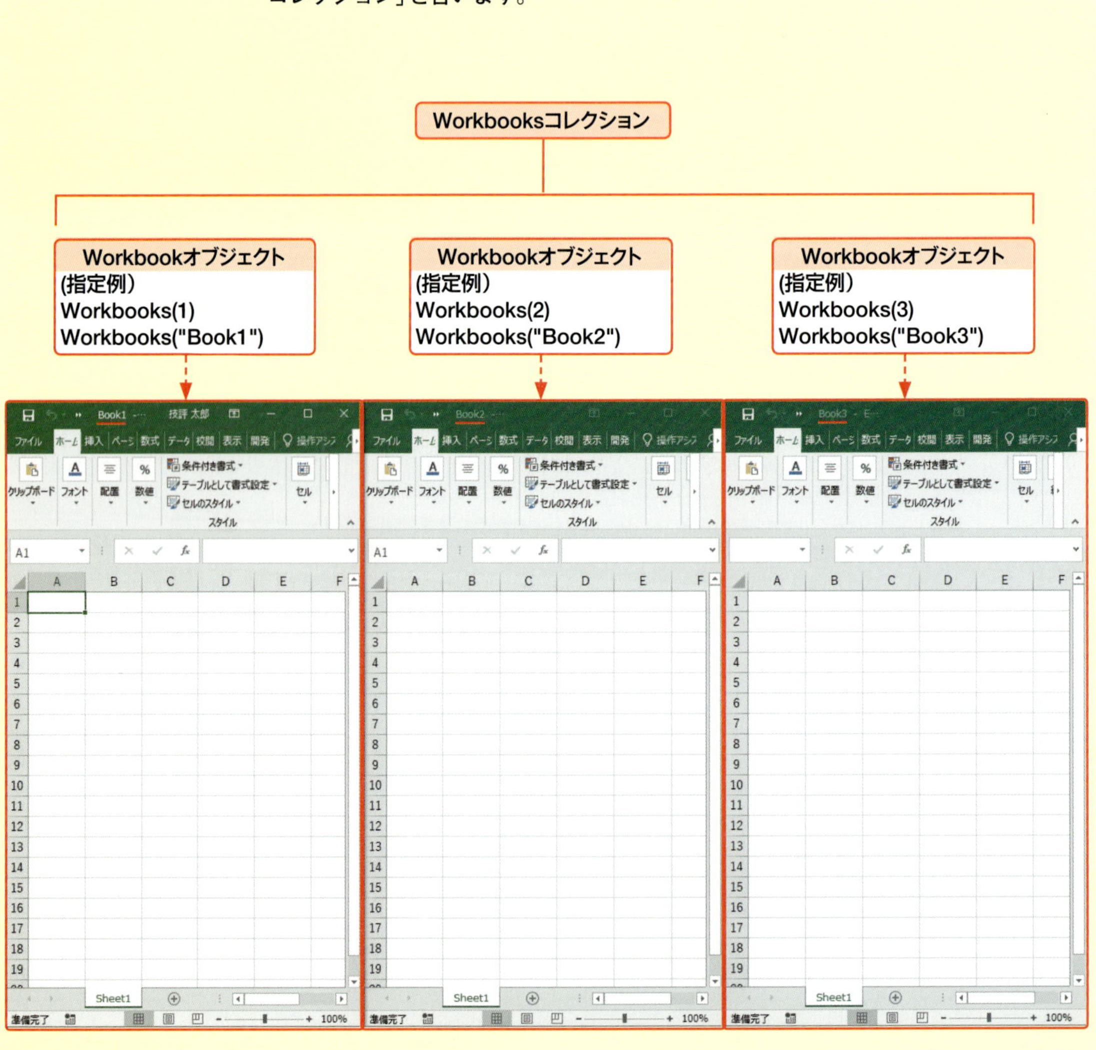

1 ブックを参照する

1 「メニュー表」ブックをアクティブにします。

```
Sub ブックの切り替え()
    Workbooks("メニュー表").Activate
End Sub
```

実行例

1 うしろに隠れている「メニュー表」を、

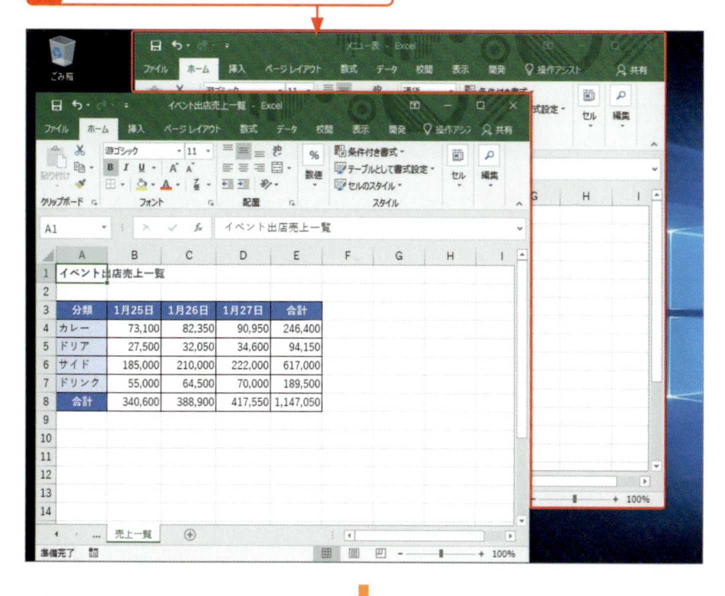

2 アクティブにします。

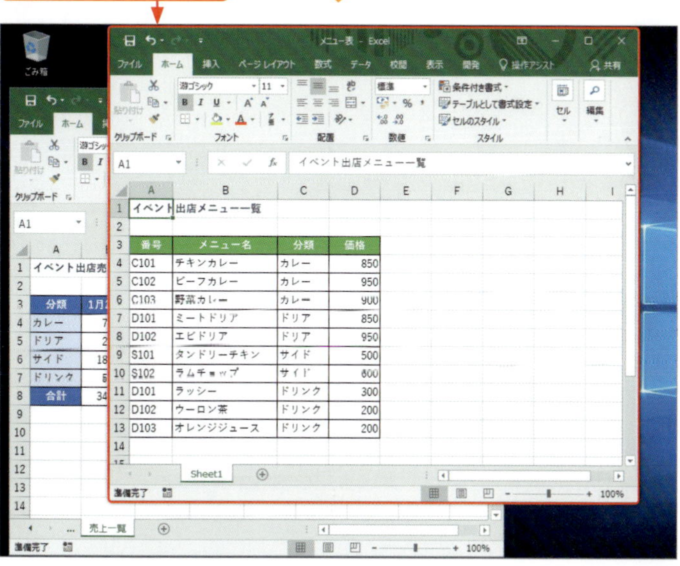

メモ 開いた順番や名前を指定してブックを特定する

ここでは、複数開いているブックの中から、「メニュー表」のブックをアクティブブックにします。特定のブックを参照するには、Workbookオブジェクトが集まったWorkbooksコレクションを取得し、その中の特定のブックを指定します。Workbooksコレクションを取得するには、Workbooksプロパティを利用します。

メモ 拡張子を表示している場合

Windowsで拡張子を表示する設定を行っている場合は、ブック名を指定するときに拡張子も含めます。

ヒント ブックをアクティブにする

ブックをアクティブにするには、Workbookオブジェクトの Activateメソッドを利用します。なお、同じブックを複数のウィンドウで開いているときは、最初のウィンドウをアクティブにします。

特定のブックを参照する

コレクション内の特定のオブジェクトを取得するには、コレクションから単一のオブジェクトを返すItemプロパティの引数を指定して、オブジェクトを特定します。ただし、Itemプロパティは省略できますので、「コレクション.Item(インデックス番号)」「コレクション.Item(名前)」ではなく、「コレクション(インデックス番号)」「コレクション(名前)」のように指定します。

書式 Workbooksプロパティ

オブジェクト.Workbooks(インデックス番号)
オブジェクト.Workbooks(名前)

解説 複数のブックの中から特定のブックを参照するには、インデックス番号やブック名を使って指定します。インデックス番号で指定する場合は、参照するブックが何番目に開いたブックかを番号で指定します(「例：Workbooks(2)」)。名前で指定する場合は、ブック名をダブルクォーテーションで囲って指定します(「例：Workbooks("Book2")」)。

オブジェクト Applicationオブジェクトを指定します。通常は指定を省略します。

2 現在作業中のブックを参照する

アクティブブックを変更する

現在作業中のアクティブブックのパス名と名前を、メッセージ画面に表示します。現在作業中のブックを参照するときは、ApplicationオブジェクトのActiveWorkbookプロパティを利用します。

1 アクティブブックのパス名とブック名を表示します。

```
Sub 作業中のブックの操作()
    MsgBox ActiveWorkbook.FullName
End Sub
```

実行例

1 アクティブブックのパス名と名前を取得し、

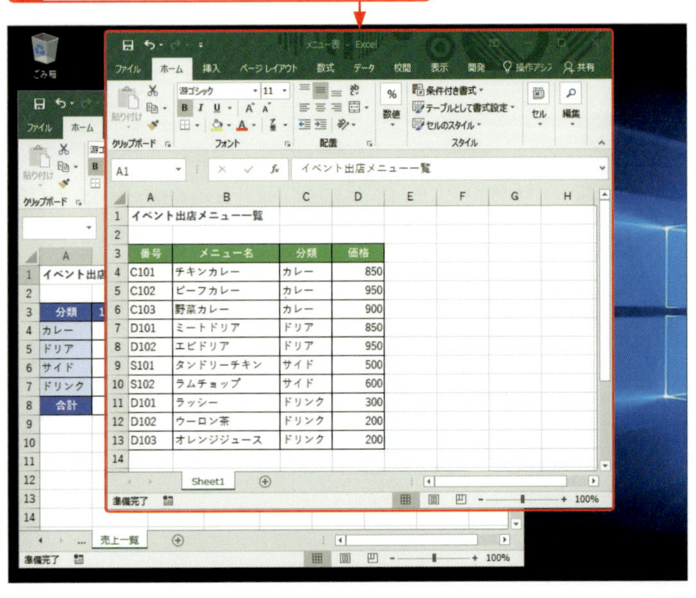

ヒント 非表示のブックに注意する

ブックは非表示にすることもできますが、非表示のブックにもインデックス番号は振られます。したがって、インデックス番号を使ってブックを参照するときは注意が必要です。たとえば、個人用マクロブック(P.29参照)にマクロを保存している場合は、Excelを起動したときに個人用マクロブックが開いて非表示になります。この場合、個人用マクロブックのインデックス番号が「1」になり、Excelで最初に開いたブックのインデックス番号は「2」になります。

紙面版

電脳会議

DENNOUKAIGI

一切無料

今が旬の情報を満載してお送りします！

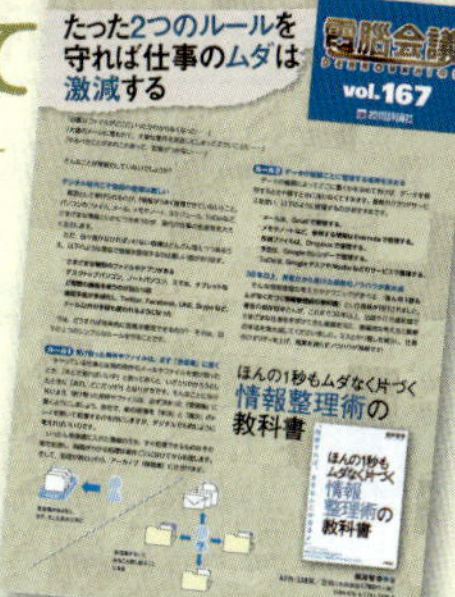

『電脳会議』は、年6回の不定期刊行情報誌です。A4判・16頁オールカラーで、弊社発行の新刊・近刊書籍・雑誌を紹介しています。この『電脳会議』の特徴は、単なる本の紹介だけでなく、著者と編集者が協力し、その本の重点や狙いをわかりやすく説明していることです。現在200号に迫っている、出版界で評判の情報誌です。

毎号、厳選ブックガイドもついてくる!!

『電脳会議』とは別に、1テーマごとにセレクトした優良図書を紹介するブックカタログ（A4判・4頁オールカラー）が2点同封されます。

電子書籍を読んでみよう!

技術評論社　GDP　検 索

と検索するか、以下のURLを入力してください。

https://gihyo.jp/dp

1. アカウントを登録後、ログインします。
【外部サービス(Google、Facebook、Yahoo!JAPAN)でもログイン可能】
2. ラインナップは入門書から専門書、趣味書まで 1,000点以上!
3. 購入したい書籍を カート に入れます。
4. お支払いは「PayPal」「YAHOO!ウォレット」にて決済します。
5. さあ、電子書籍の読書スタートです!

◎**ご利用上のご注意**　当サイトで販売されている電子書籍のご利用にあたっては、以下の点にご留意く

■**インターネット接続環境**　電子書籍のダウンロードについては、ブロードバンド環境を推奨いたします。

■**閲覧環境**　PDF版については、Adobe ReaderなどのPDFリーダーソフト、EPUB版については、EPUBリ

■**電子書籍の複製**　当サイトで販売されている電子書籍は、購入した個人のご利用を目的としてのみ、閲覧、
ご覧いただく人数分をご購入いただきます。

■**改ざん・複製・共有の禁止**　電子書籍の著作権はコンテンツの著作権者にありますので、許可を得ない改

2 メッセージ画面に表示します。

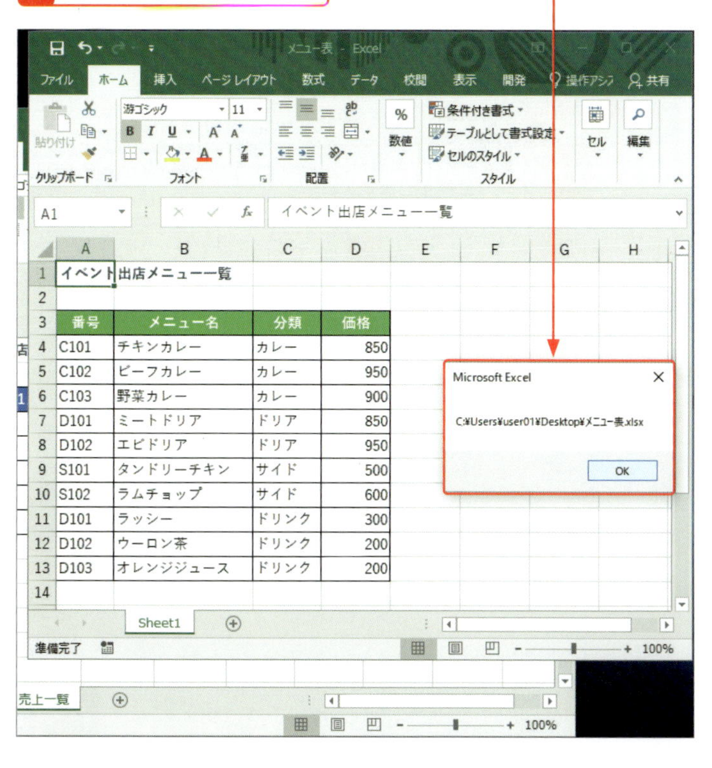

書式 ActiveWorkbookプロパティ

オブジェクト.ActiveWorkbook

解説 ActiveWorkbookプロパティを使用して、現在作業中のブックを参照します。

オブジェクト Applicationオブジェクトを指定します。通常は指定を省略します。

メモ ブックのパス名を取得する

ブックの保存先のパス名とブック名を取得するには、Workbookオブジェクトの FullName プロパティを使います。ここでは、アクティブブックのパス名と名前を知るために「ActiveWorkbook.FullName」と指定しています。詳細については、次のページを参照してください。

ステップアップ マクロが書かれているブックを参照する

現在実行しているマクロが書かれているブックを参照するときは、Application オブジェクトの ThisWorkbook プロパティを利用します。通常、オブジェクトの記述は省略します。

オブジェクト.ThisWorkbook

オブジェクト Application オブジェクトを指定します。

```
Sub このマクロが書かれているブックを参照()
    MsgBox ThisWorkbook.FullName
End Sub
```

3 ブックのパス名やブック名を参照する

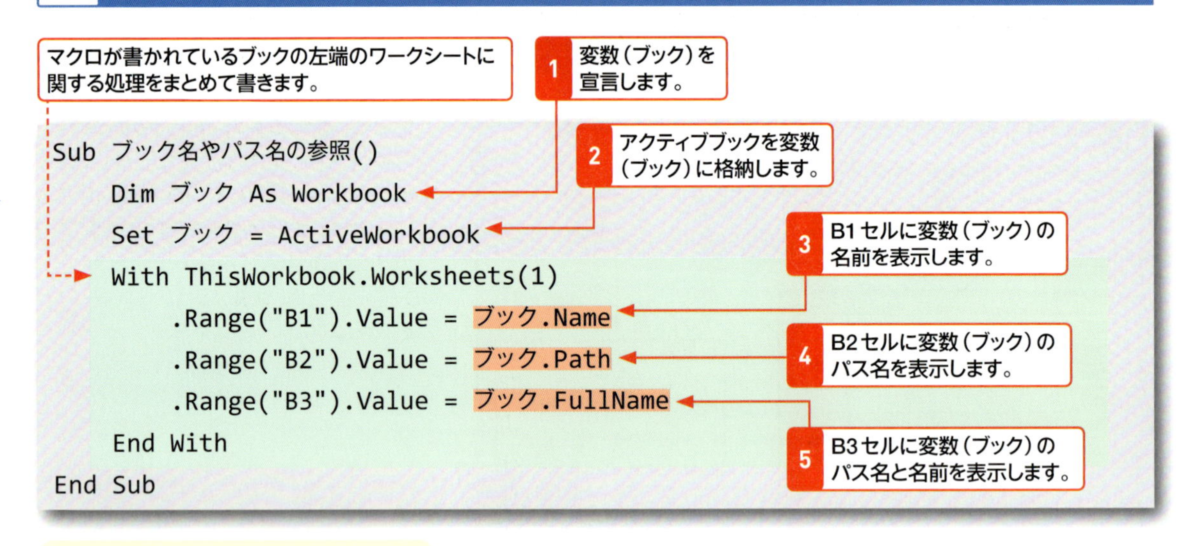
マクロが書かれているブックの左端のワークシートに関する処理をまとめて書きます。
1 変数（ブック）を宣言します。
2 アクティブブックを変数（ブック）に格納します。
3 B1セルに変数（ブック）の名前を表示します。
4 B2セルに変数（ブック）のパス名を表示します。
5 B3セルに変数（ブック）のパス名と名前を表示します。

```
Sub ブック名やパス名の参照()
    Dim ブック As Workbook
    Set ブック = ActiveWorkbook
    With ThisWorkbook.Worksheets(1)
        .Range("B1").Value = ブック.Name
        .Range("B2").Value = ブック.Path
        .Range("B3").Value = ブック.FullName
    End With
End Sub
```

メモ ブックのパス名やブック名を調べる

ブックの名前や、ブックのパス名、ブックのパス名とブック名を知るには、Workbookオブジェクトの Nameプロパティ、Pathプロパティ、FullNameプロパティを利用します。ここでは、それらのプロパティを使って、作業中のアクティブブックの名前やパス名の情報を取得します。

実行例

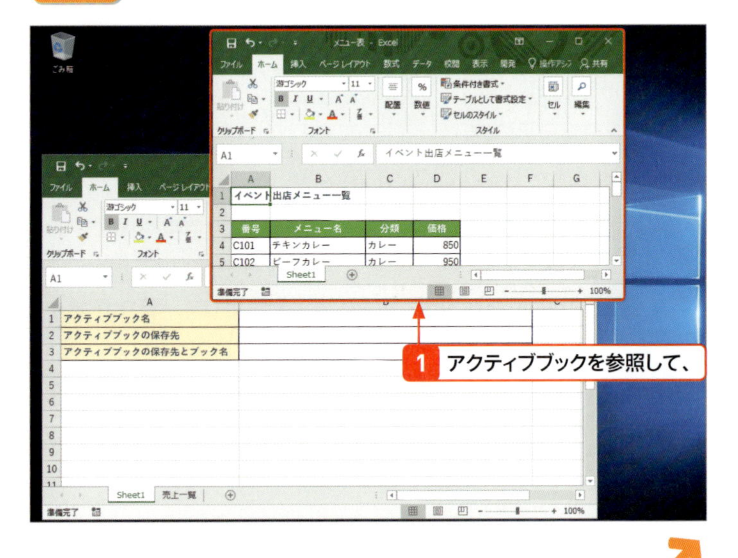
1 アクティブブックを参照して、
イベント出店メニュー一覧
番号
メニュー名
分類
価格
C101
チキンカレー
カレー
850
C102
ビーフカレー
カレー
950
アクティブブック名
アクティブブックの保存先
アクティブブックの保存先とブック名

ヒント Pathプロパティで保存先を取得する

アクティブブックと同じ場所や、マクロが書かれたブックと同じ場所などのフォルダーを取得するには、Pathプロパティを使用します。次の例は、マクロが書かれたブックと同じ場所の「売上明細」ブックを開くコードです。Pathプロパティで取得したパスとフォルダー名を「¥」でつなげて、指定したフォルダーのブックを開きます。

```
Sub ブックを開く()
    Dim 保存先 As String
    Dim ブック名 As String
    保存先 = ThisWorkbook.Path
    ブック名 = "売上明細"
    Workbooks.Open 保存先 & "¥" & ブック名
End Sub
```

2 アクティブブックの名前、パス名などを表示します。

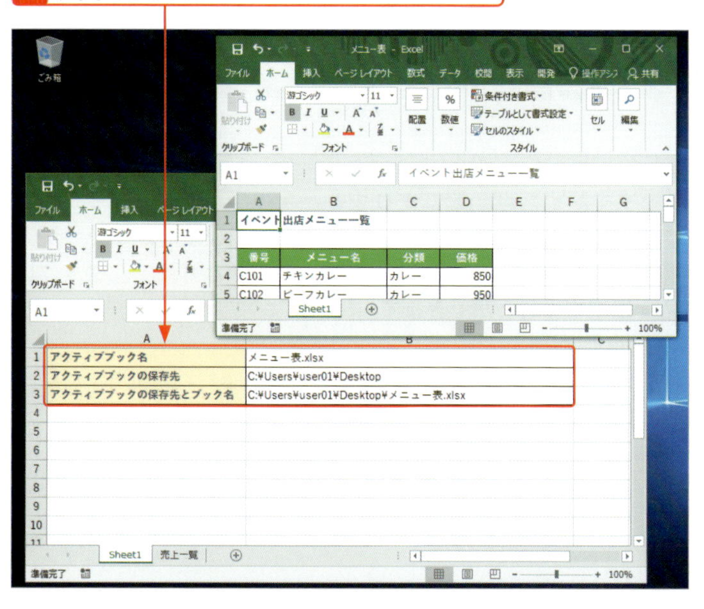

書式 Name／Path／FullNameプロパティ

オブジェクト.Name
オブジェクト.Path
オブジェクト.FullName

解　説 Nameプロパティ、Pathプロパティ、FullNameプロパティを使用して、ブックの名前やブックの保存先、保存先と名前を参照します。

オブジェクト Workbookオブジェクトを指定します。

ヒント 「¥」の有無や拡張子の指定を確認する

Nameプロパティや Pathプロパティを利用してブックやフォルダーの場所を指定したときに、思うように動作しない場合は、「¥」やファイルの拡張子が抜けていないかを確認しましょう。とくに、Pathプロパティで取得したパスの最後には「¥」が付きませんので、必要に応じて「¥」をつなげて指定します。文字をつなげるための連結演算子については、P.88を参照してください。

メモ ブックが保存されていない場合

ブックが一度も保存されていない場合は、正しいパス名を取得することはできません。その場合、Nameプロパティや FullNameプロパティを使用すると、「Book1」といった仮の名前が返ります。

ヒント 保存先の指定方法

ブックを開いたり保存したりするときは、保存先を指定する必要があります。Excelを使って手動で操作を行う場合は、保存先が見つからなくても、代わりのフォルダーを指定することができます。しかし、VBAでは、指定したフォルダーが見つからない場合はエラーになってしまいます。そのため、VBAでは、ブックの保存先を指定する方法として、以下の表のようにさまざまな方法が用意されています。「ブックのパス名を指定」するだけでなく、「アクティブブックと同じ場所」や「このマクロが書かれているブックと同じ場所」のような方法で保存先を指定できるのです。これらの方法をうまく利用すれば、ブックを開いたり保存したりするときに、保存先が見つからないという事態を避けられます。

保存先の指定方法	ブックを開く場合	ブックを保存する場合
ブックのパス名を指定	P.182 を参照	P.187 を参照
カレントフォルダーを指定	P.183 を参照	P.186 を参照
アクティブブックが保存されているフォルダーを指定	P.178 を参照	P.188 を参照
このマクロが書かれているブックが保存されているフォルダーを指定	P.179 を参照	P.179 を参照

Section 55

ブックを開く・閉じる

覚えておきたいキーワード
- Open メソッド
- Close メソッド
- Add メソッド

Excelを使ってブックを開いたり、閉じたりするときは、メニューからブックの保存先やブック名を指定して操作します。VBAでは、ブックを開いたり閉じたりするメソッドを利用します。また、それらのメソッドの引数で、ブックの保存先やブック名を指定することができます。

1 ブックを開く

1 「C:¥Users¥user01¥Documents¥メニュー表.xlsx」を開きます。

```
Sub ブックを開く()
    Workbooks.Open _
        Filename:="C:¥Users¥user01¥Documents¥メニュー表.xlsx"
End Sub
```

メモ 指定したブックを開く

指定したフォルダーに保存されている「メニュー表」ブックを開きます。ブックを開くには、WorkbooksコレクションのOpenメソッドを使用します。引数でブックの保存先やブック名を指定します。ブックの保存先を省略したときは、カレントフォルダー内のブックが開きます。

実行例

1 マクロを実行すると、

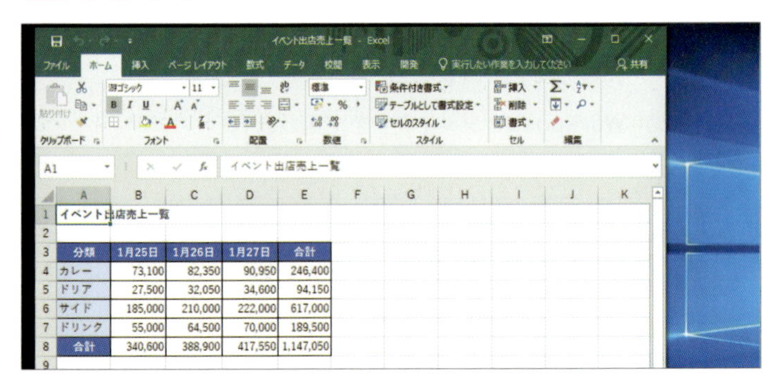

2 指定したフォルダーに保存されている「メニュー表」ブックを開きます。

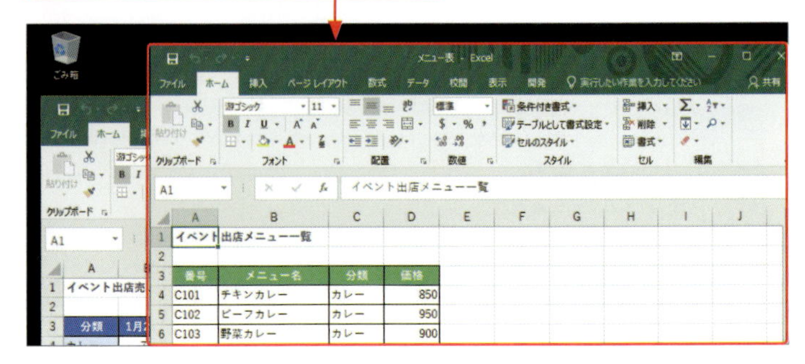

第6章 シートやブックを操作しよう

書式 Openメソッド

オブジェクト.Open([Filename],[UpdateLinks],[ReadOnly],[Format],[Password],[WriteResPassword],[IgnoreReadOnlyRecommended],[Origin],[Delimiter],[Editable],[Notify],[Converter],[AddToMru],[Local],[CorruptLoad])

解　説 ブックを開きます。引数で、ブックの保存先やブック名を指定します。なお、ブックの保存先を省略したときは、カレントフォルダー内のブックが開きます。

オブジェクト Workbooksコレクションを指定します。

引　数

Filename ファイル名を指定します。

UpdateLinks リンクの更新方法を指定します（右の表）。省略した場合、確認メッセージが表示されます。

設定値	内容
0	リンクを更新しない
3	リンクを更新する

ReadOnly 読み取り専用モードで開くときはTrueを指定します。

Format テキストファイルを開くときの、区切り文字を指定します（右の表）。

設定値	内容
1	タブ
2	カンマ
3	スペース
4	セミコロン
5	なし
6	カスタム文字 （引数Delimiterで指定）

Password パスワードで保護されたブックを開くときのパスワードを指定します。

WriteResPassword 書き込みパスワードが設定されたブックを開くときの書き込みパスワードを指定します。

IgnoreReadOnlyRecommended 読み取り専用を推奨するメッセージを非表示にするときはTrueを指定します。

Origin テキストファイルを開くとき、テキストファイルの形式を指定します（右の表）。

設定値	内容
xlMacintosh	Macintosh
xlWindows	Microsoft Windows
xlMSDOS	MS-DOS

Delimiter 引数Formatで6を設定しているとき、区切り文字を指定します。

※そのほかの引数については、ヘルプなどを参照してください。

ヒント カレントフォルダーにあるブックを開く

ブックを開くときにパス名を省略すると、カレントフォルダーが指定されたものとみなされます。カレントフォルダーに指定したブックがあれば、そのブックが開きます。

```
Sub カレントフォルダーのブックを開く()
    Workbooks.Open Filename:="メニュー表.xlsx"
End Sub
```

2 ブックを追加する

メモ　新しいブックを追加する

ここでは、新しいブックを追加します。WorkbooksコレクションのAddメソッドを利用します。

1 ブックを追加します。

```
Sub ブックの作成()
    Workbooks.Add
End Sub
```

実行例

1 マクロを実行すると、

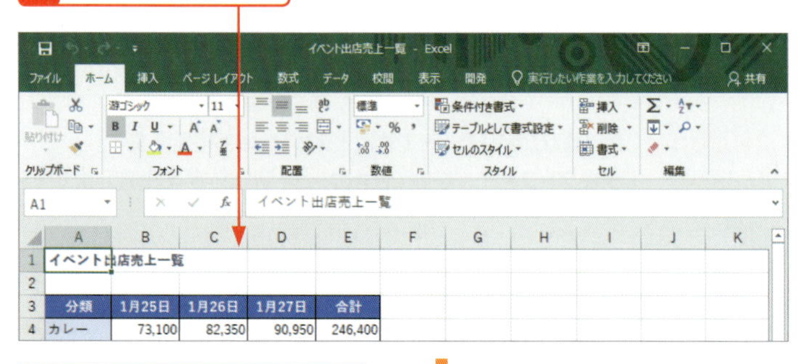

2 新しいブックが追加されます。

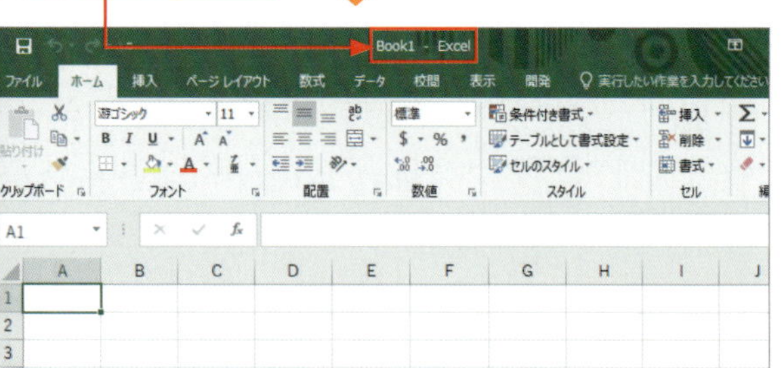

ヒント　アクティブブックになる

Addメソッドで新しいブックを追加すると、追加された新しいブックがアクティブブックになります。アクティブブックは、ApplicationオブジェクトのActiveWorkbookプロパティで参照できます。

書式　Addメソッド

オブジェクト.Add([Template])

解説　新しいブックを追加します。

オブジェクト　Workbooksコレクションを指定します。

引数

Template　追加するシートの種類を指定します。指定したシートを含むブックが追加されます。省略した場合、既定では、ワークシートを含むブックが追加されます。

設定値	内容
xlWBATChart	グラフシート
xlWBATExcel4IntlMacroSheet	Excel バージョン 4 の インターナショナル マクロシート
xlWBATExcel4MacroSheet	Excel バージョン 4 の マクロシート
xlWBATWorksheet	ワークシート

3 ブックを閉じる

1 「メニュー表」ブックを閉じます。

```
Sub ブックを閉じる()
    Workbooks("メニュー表.xlsx").Close
End Sub
```

実行例

1 マクロを実行すると、

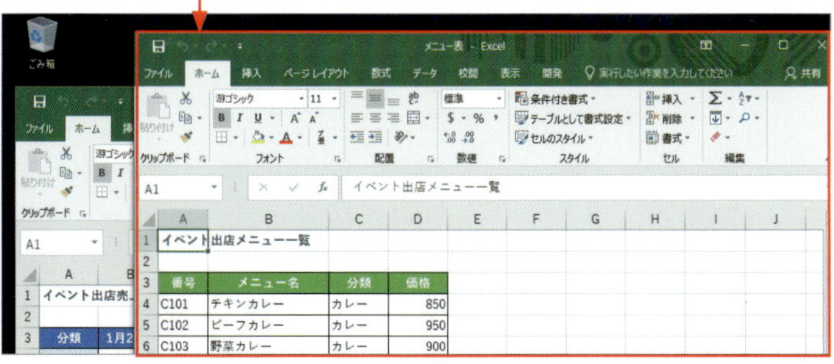

2 指定したブックが閉じます。

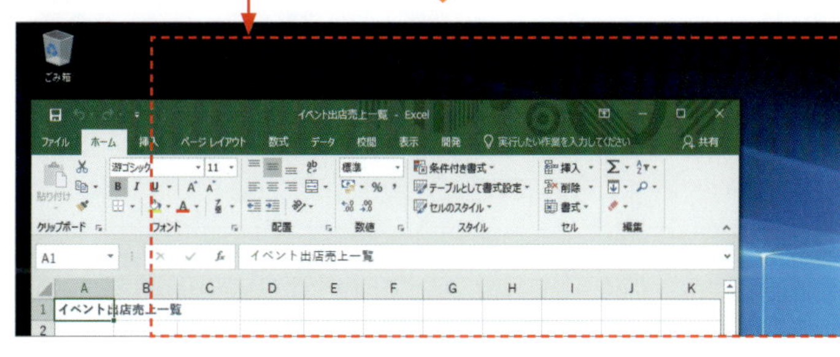

メモ **開いているブックを閉じる**

ブックを閉じるには、Workbookオブジェクトの Closeメソッドを使います。引数で、変更を保存するかどうかなどを指定できます。

ヒント **すべてのブックを閉じる**

すべてのブックを閉じるには、Workbooksコレクションを対象にCloseメソッドを使用します。ブックが変更されている場合は、保存を確認するメッセージが表示されます。

```
Workbooks.Close
```

ヒント **アクティブブックを閉じる**

アクティブなブックを閉じるには、アクティブブックを参照して次のように書きます。

```
ActiveWorkbook.Close
```

書式 **Closeメソッド**

オブジェクト. Close([SaveChanges],[Filename],[RouteWorkbook])

解　説 ブックを閉じます。引数には、変更を保存するかどうかなどを指定します。

オブジェクト Workbookオブジェクトを指定します。

引　数

SaveChanges　ブックが変更されているとき、変更を保存するかどうか指定します（右の表）。

Filename　変更後のブック名を指定します。

RouteWorkbook　ブックの回覧が設定されているとき、ブックを送信するか指定をします。次の人にブックを送信するにはTrue、しない場合はFalseを指定します。省略すると、ブックを送信するかどうかを問うメッセージが表示されます。

設定値	内容
True	ブックの変更を保存します。ブックが保存されていないときは、引数Filenameで指定された名前で保存されます。Filenameが指定されていない場合は、ブックを保存する画面を表示します。
False	変更を保存しません。
省略	ブックを保存するかどうかを問うメッセージを表示します。

Section 56

ブックを保存する

覚えておきたいキーワード
- Save メソッド
- SaveAs メソッド
- SaveCopyAs メソッド

Excel でブックを保存するときは、上書き保存または名前を付けて保存します。VBA でブックを上書き保存するには、Workbook オブジェクトの Save メソッドを使用します。名前を付けて保存するには、Workbook オブジェクトの SaveAs メソッドを使います。引数で、保存先やブック名を指定します。

1 ブックを上書き保存する

メモ　ブックを上書き保存する

ここでは、現在アクティブになっているブックを上書き保存します。

1 アクティブブックを上書き保存します。

```
Sub ブックの上書き保存()
    ActiveWorkbook.Save
End Sub
```

実行例

1 ブックを上書き保存します（画面上は変わりません）。

書式　Saveメソッド

オブジェクト.Save

解　説　指定したブックを上書き保存します。

オブジェクト　Workbookオブジェクトを指定します。

ヒント　ブックが一度も保存されていない場合

ブックが一度も保存されていないときは、カレントフォルダー内に、「Book1」のような仮の名前で保存されます。

2 ブックに名前を付けて保存する

メモ　開いているブックに名前を付けて保存する

新しいブックを追加して、カレントフォルダーに「保存練習1」という名前を付けて保存します。ブックに名前を付けて保存するときは、SaveAsメソッドを利用します。引数で、ブックの保存先やブック名を指定します。

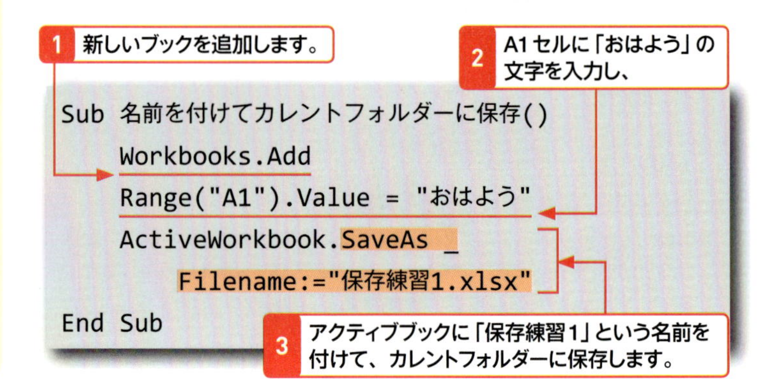

1 新しいブックを追加します。
2 A1 セルに「おはよう」の文字を入力し、
3 アクティブブックに「保存練習1」という名前を付けて、カレントフォルダーに保存します。


```
Sub 名前を付けてカレントフォルダーに保存()
    Workbooks.Add
    Range("A1").Value = "おはよう"
    ActiveWorkbook.SaveAs _
        Filename:="保存練習1.xlsx"
End Sub
```

第6章 シートやブックを操作しよう

実行例

1 マクロを実行すると、

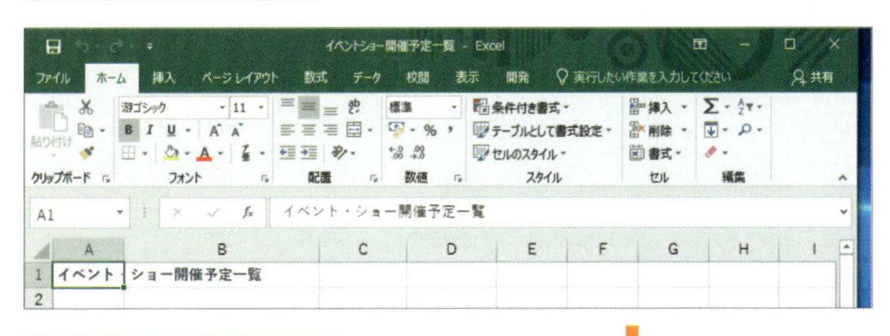

2 新しいブックを追加し、

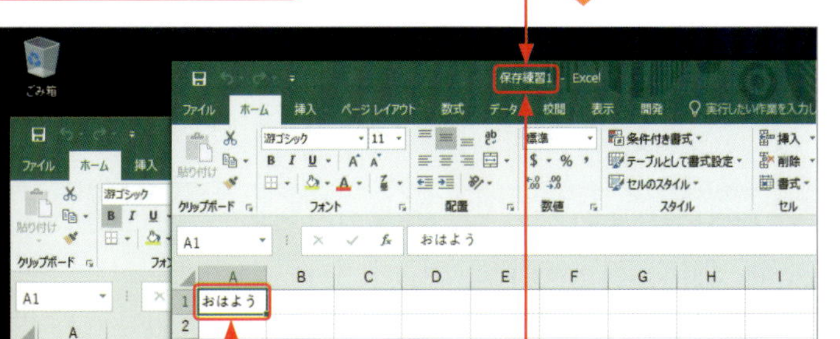

3 A1セルにデータを入力し、

4 カレントフォルダーに保存します。

同じ名前のブックがあるときは

マクロを実行したとき、すでに同じ名前のブックがある場合には、上書き保存を確認するメッセージが表示されます。メッセージの<はい>をクリックして上書き保存した場合はブックが保存されますが、<いいえ>や<キャンセル>をクリックした場合はエラーが表示されます。エラーを避けるには、フォルダーに同じ名前のブックがあるかどうかを確認して（P.221参照）、実行する内容を分岐するという対策を利用します。

書式 **SaveAsメソッド**

オブジェクト.SaveAs([Filename],[FileFormat],[Password],[WriteResPassword],[ReadOnlyRecommended],[CreateBackup],[AccessMode],[ConflictResolution],[AddToMru],[TextCodepage],[TextVisualLayout],[Local])

解　説　ブックに名前を付けて保存します。引数でブックの保存先やブック名を指定します。

オブジェクト　Workbookオブジェクト、Worksheet／Chartオブジェクトを指定します。Worksheet／Chartオブジェクトを指定した場合、上の階層のWorkbookオブジェクトが参照されます。

引　数

Filename　ブック名を指定します。ブックのパス名を省略した場合は、カレントフォルダーに保存されます。

FileFormat　ファイル形式を指定します。

設定値	内容
xlOpenXMLWorkbook	Excel ブック
xlOpenXMLWorkbookMacroEnabled	Excel マクロ有効ブック
xlText	テキストファイル（タブ区切り）
xlCSV	CSV（カンマ区切り）

Password　読み取りパスワードを指定します。

WriteResPassword　書き込みパスワードを指定します。

ReadOnlyRecommended　読み取り専用を推奨するメッセージを表示するには、Trueを指定します。

※そのほかの引数については、ヘルプなどを参照してください。

3 作業中のブックと同じ場所に保存する

メモ 作業中のブックと同じ場所に新しいブックを作成する

新しいブックを追加して、現在作業中のアクティブブックと同じ場所に「保存練習2」という名前を付けて保存します。アクティブブックのパス名を求めて、その場所に保存します。

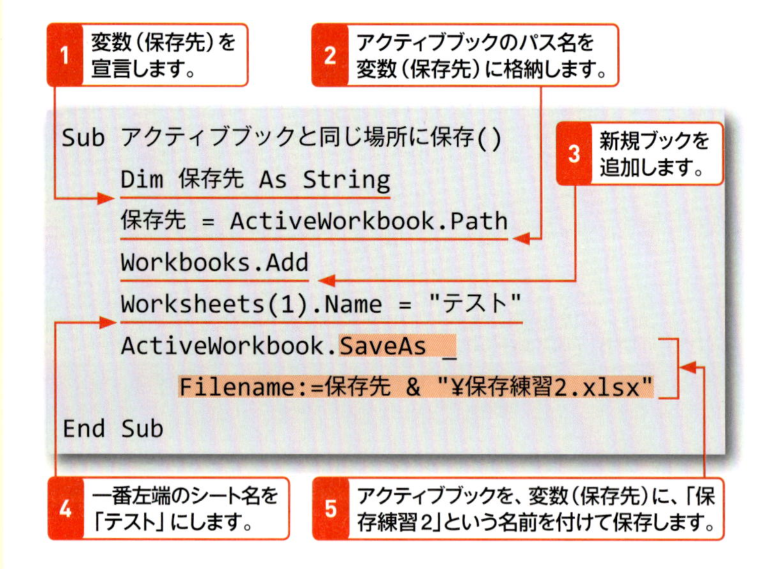


```
Sub アクティブブックと同じ場所に保存()
    Dim 保存先 As String
    保存先 = ActiveWorkbook.Path
    Workbooks.Add
    Worksheets(1).Name = "テスト"
    ActiveWorkbook.SaveAs _
        Filename:=保存先 & "¥保存練習2.xlsx"
End Sub
```

実行例

1 マクロを実行すると

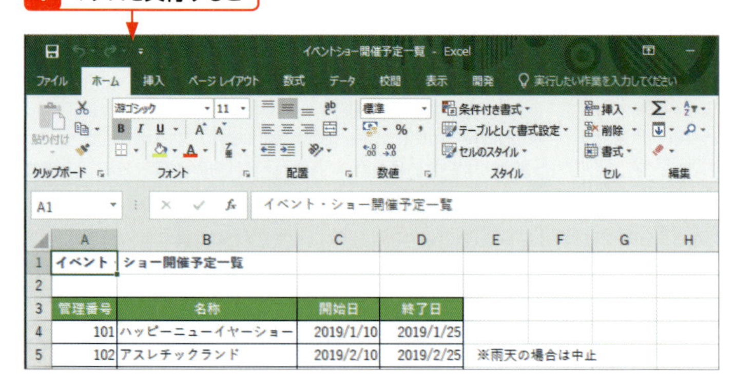

2 新しいブックを追加し、

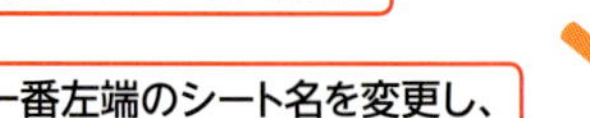

3 一番左端のシート名を変更し、

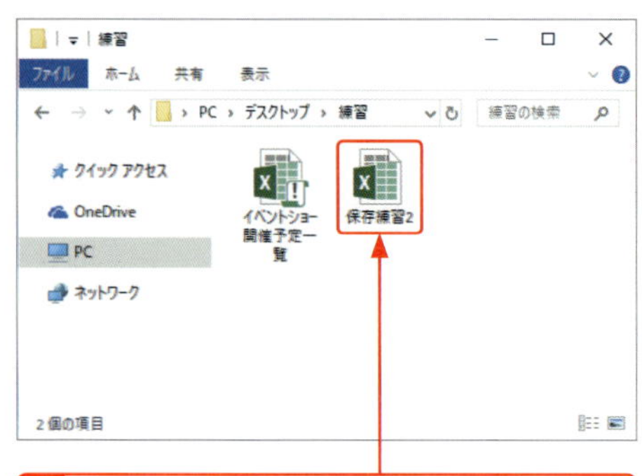

4 アクティブのブックと同じ場所に保存します。

メモ 一度も保存していない場合

アクティブブックが一度も保存されていない場合、このマクロを実行するとエラーが表示されます。

4 ブックのコピーを保存する

1 変数（保存先）を宣言します。

2 マクロが書かれているブックのパス名を変数（保存先）に格納します。

```
Sub ブックのコピーを保存()
    Dim 保存先 As String
    保存先 = ThisWorkbook.Path
    Workbooks("メニュー表").SaveCopyAs _
        Filename:=保存先 & "¥メニュー表のコピー.xlsx"
End Sub
```

3 「メニュー表」ブックをコピーし、変数（保存先）に「メニュー表のコピー」という名前で保存します。

実行例

1 「メニュー表」ブックをコピーして、

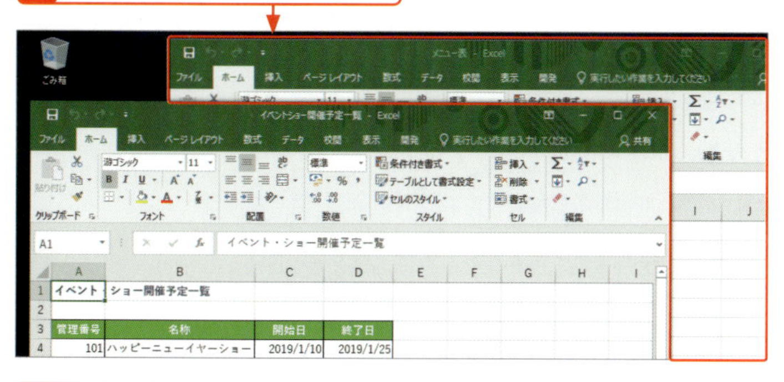
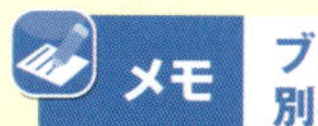

2 マクロが書かれているブックと同じ場所に保存します。

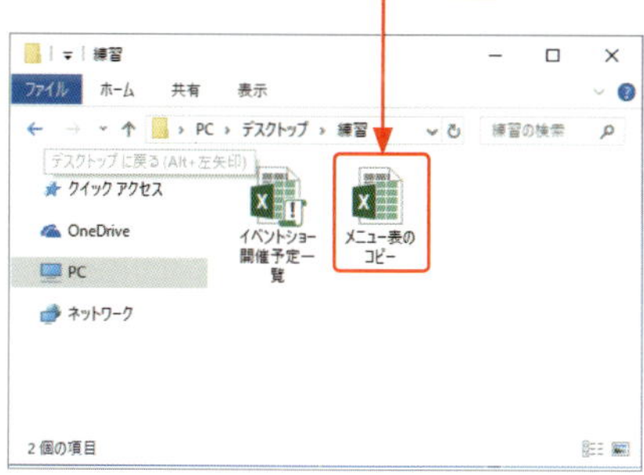
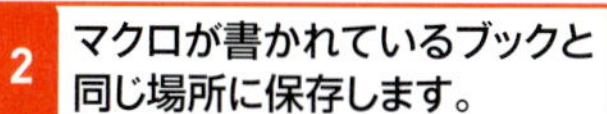

書式 SaveCopyAsメソッド

オブジェクト.SaveCopyAs([Filename])

解説 ブックをコピーします。引数で保存先やブック名を指定します。

オブジェクト Workbookオブジェクトを指定します。

引数

Filename ブック名を指定します。

メモ ブックのコピーを別の場所に保存する

「メニュー表」ブックのコピーを、指定したフォルダー（ここでは、マクロが書かれているブックと同じ場所）に、「メニュー表のコピー」という名前で保存します。ブックをコピーするには、SaveCopyAsメソッドを使用します。引数で、保存先やブック名を指定します。

ヒント 元のブックは保存されない

ブックのコピーを保存しても、元のブックは保存されないので、注意が必要です。元のブックを保存するには、Saveメソッドを利用します。

Section 57

操作に応じて自動的にマクロを実行する

覚えておきたいキーワード
- イベント
- イベントプロシージャ
- オブジェクトモジュール

VBAでは、シートを選択したとき、シートをダブルクリックしたとき、ブックを開いたとき、閉じたときなど、指定したタイミングで自動的にマクロを実行させることができます。そのようなマクロを、イベントプロシージャといいます。イベントプロシージャは、決められた場所に記述する必要があります。

■イベントはマクロを実行するタイミング

シートが選択されたとき、データが入力されたときなど、VBAでは、さまざまなタイミングでマクロを自動的に実行することができます。このタイミングのことを「イベント」と言います。また、イベントが発生したときに実行する処理を「イベントプロシージャ」と言います。

■ワークシート関連のイベント

ワークシートを扱う中で発生するイベントには、さまざまなものがあります。たとえば、次のようなものがあります。

イベント	タイミング
Activate	ワークシートがアクティブになったとき
BeforeDoubleClick	ワークシートをダブルクリックしたとき
Change	ワークシートのセルの値が変更されたとき
Deactivate	ワークシートが非アクティブになったとき
SelectionChange	ワークシートのセルの選択範囲が変更されたとき

■ブック関連のイベント

シートに対する処理と同様、ブックに対しても、何かのイベントが発生したときにマクロを自動的に実行することができます。ブックに関連するイベントには、次のようなものがあります。

イベント	タイミング
Activate	ブックがアクティブになったとき
NewSheet	新しいシートをブックに追加したとき
Open	ブックを開いたとき
BeforeClose	ブックを閉じる前
BeforePrint	ブックを印刷する前
BeforeSave	ブックを保存する前

■イベントプロシージャを書くところ

イベントプロシージャは、「Microsoft Excel Objects」の中のモジュール（オブジェクトモジュール）に内容を書きます。ブックに関するものは「ThisWorkbook」モジュール、シートに関するものは、それぞれのシートの名前が付いたモジュールに入力します。

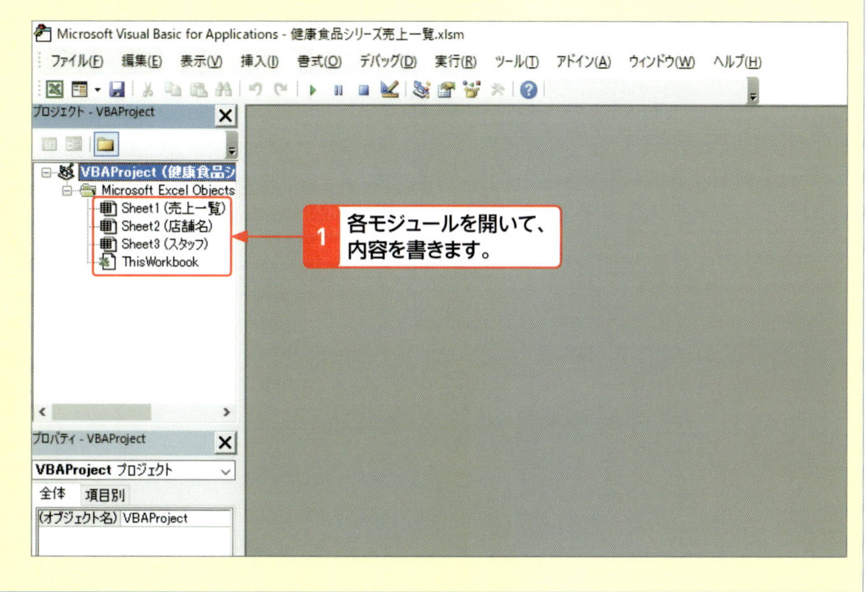

1 シートを選択したときに処理を行う

1 「Sheet1（売上一覧）」をダブルクリックします。

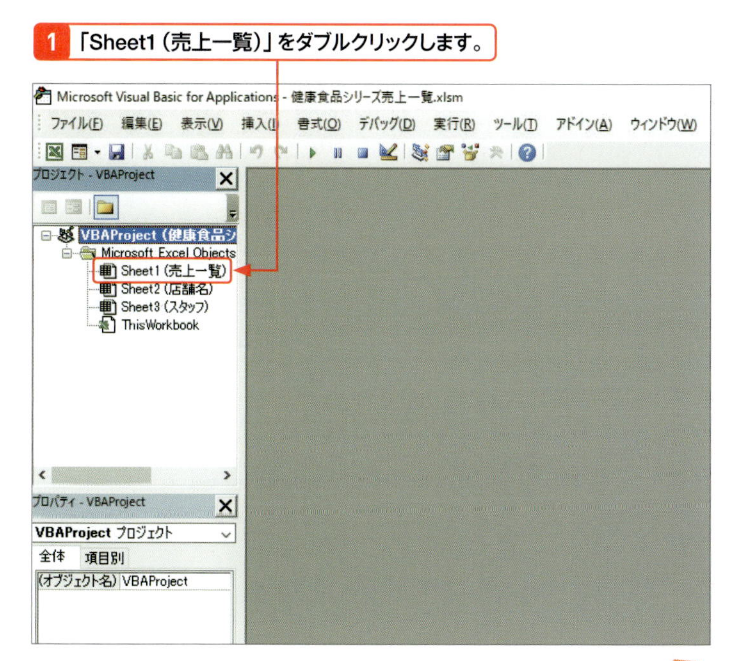

メモ　シートを選択したときに指定したセルを選択する

ワークシートを扱う中で発生するイベントを利用して、何らかの処理が自動的に行われるようにするには、「Microsoft Excel Objects」の中のシート名が付いたモジュールに内容を書きます。ここでは、「売上一覧」シートが選択されたときの内容を書くため、「売上一覧」シートの名前が付いたモジュールのコードウィンドウを開いて、イベントを選択してから内容を書きます。

Activateイベント

ワークシートのActivateイベントは、ワークシートがアクティブになったタイミングで発生するイベントです。ここでは、「売上一覧」シートがアクティブになったときに、データの入力欄にアクティブセルが移動するよう、Activateイベントのイベントプロシージャに実行する内容を書きます。

ヒント コードウィンドウを表示する

シートのオブジェクトモジュールのコードウィンドウを表示するには、プロジェクトエクスプローラーで、対象シートのオブジェクトモジュールをダブルクリックします。または、プロジェクトエクスプローラーで対象シートのオブジェクトモジュールをクリックして、<コードの表示>をクリックする方法もあります。なお、プロジェクトエクスプローラーで対象シートのオブジェクトモジュールをクリックし、<オブジェクトの表示>をクリックすると、Excel画面に切り替わり、プロジェクトエクスプローラーで選択しているオブジェクトモジュールのシートが表示されます。

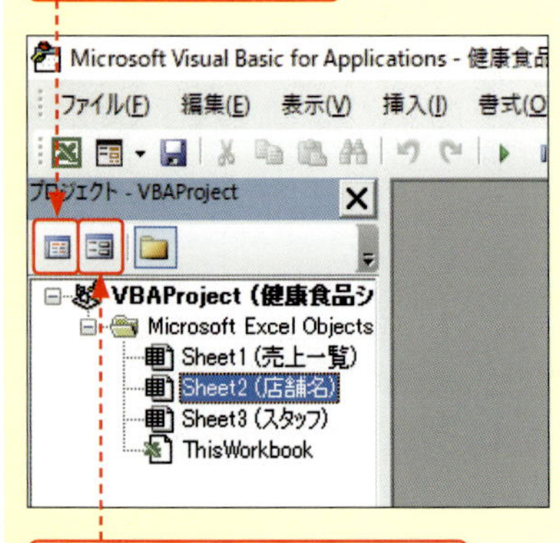

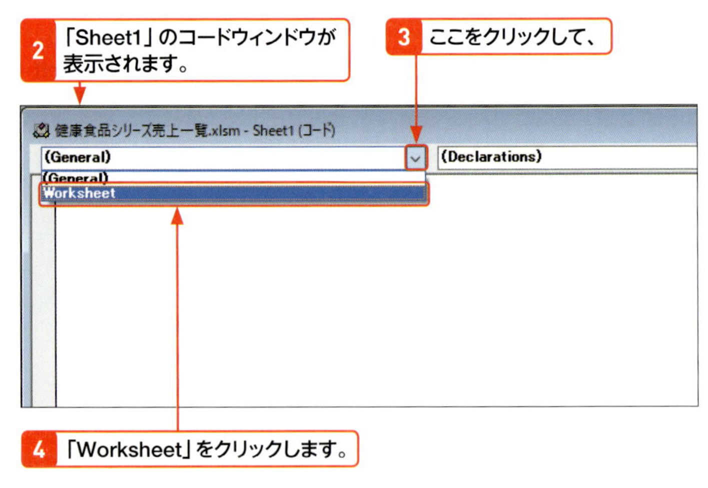

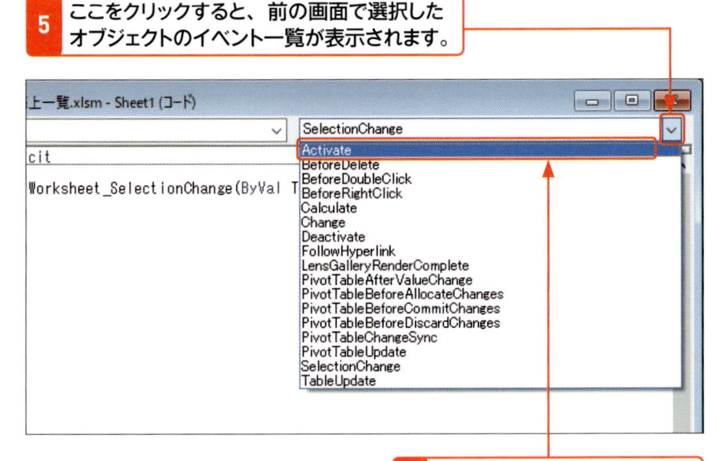

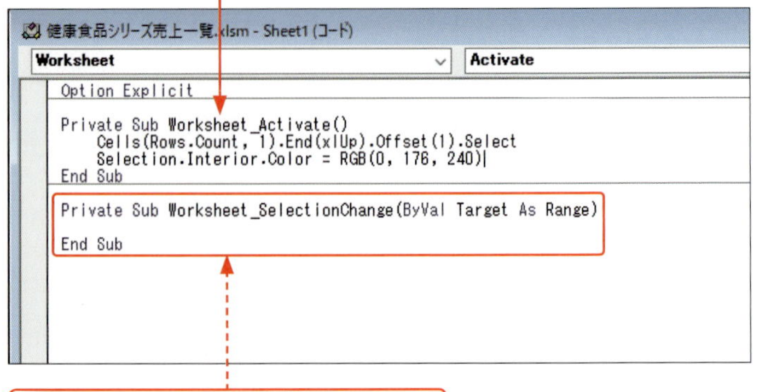

1 A列の最終行のセルから上方向に向かってデータが入力されているセルを探し、そのセルの1つ下のセルを選択します。

```
Private Sub Worksheet_Activate()
    Cells(Rows.Count, 1).End(xlUp).Offset(1).Select
    Selection.Interior.Color = RGB(0, 176, 240)
End Sub
```

2 選択しているセルの色を薄い青にします。

実行例

	A	B
1	店舗名	
2		
3	店舗名	連絡先
4	目黒店	090-0000-XXXX
5	品川店	090-0000-XXXX
6	新横浜店	090-0000-XXXX

1 「売上一覧」のシートに切り替えると、

	A	B	C	D	E	F
1	健康食品シリーズ売上一覧					
2						
3	番号	日付	商品番号	商品名	価格	数量
4	1001	2019/1/7	K101	国内産十六穀米	1,800	3
5	1002	2019/1/7	K105	有機栽培もち麦	1,500	1
6	1003	2019/1/8	K103	有機栽培米	3,200	2
7	1004	2019/1/8	K103	有機栽培米	3,200	3
8	1005	2019/1/9	K102	国内産発芽玄米	2,900	3
9	1006	2019/1/9	K102	国内産発芽玄米	2,900	4
10	1007	2019/1/9	K104	有機栽培はと麦	1,900	2
11	1008	2019/1/10	K101	国内産十六穀米	1,800	1
12	1009	2019/1/11	K103	有機栽培米	3,200	1
13	1010	2019/1/11	K104	有機栽培はと麦	1,900	2

2 A列の最終データの下のセルを選択します。

3 セルの色を薄い青にします。

ヒント イベントプロシージャの名前は自動的に付けられる

イベントプロシージャの名前は、「オブジェクト名_イベント名」になります。オブジェクト名やイベントを選択すると、自動的にプロシージャが作成されますので、その中に処理内容を書きます。

自動的にイベントプロシージャが追加された場合

コードウィンドウの、<オブジェクトボックス>でオブジェクトを選択すると、オブジェクトの既定のイベントのイベントプロシージャを書く欄が表示されます。表示されたイベントプロシージャの欄は、使わないなら削除してもかまいません。必要なときは、あとで追加することもできます。

2 シートをダブルクリックしたときに処理を行う

メモ シートをダブルクリックしたときにマクロを実行する

ここでは、「売上一覧」シートをダブルクリックしたときに、セルの色や文字の色を変更します。「売上一覧」シートのモジュールのコードウィンドウを開き、イベント一覧から「BeforeDoubleClick」を選択して内容を入力します。

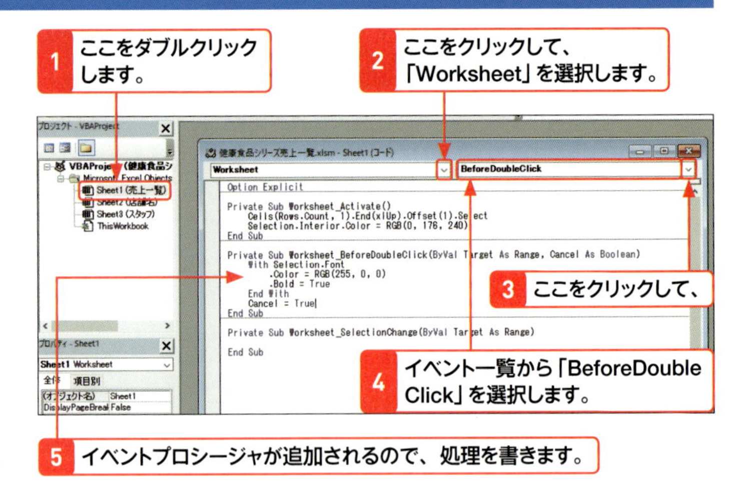

1 ここをダブルクリックします。
2 ここをクリックして、「Worksheet」を選択します。
3 ここをクリックして、
4 イベント一覧から「BeforeDoubleClick」を選択します。
5 イベントプロシージャが追加されるので、処理を書きます。

選択しているセルのフォントに関する処理をまとめて書きます。

```
Private Sub Worksheet_BeforeDoubleClick(ByVal Target As Range, Cancel As Boolean)
    With Selection.Font
        .Color = RGB(255, 0, 0)
        .Bold = True
    End With
    Cancel = True
End Sub
```

1 文字の色を赤にします。
2 文字を太字にします。
3 ダブルクリック操作をキャンセルして、セル内でカーソルが点滅されないようにします。

ヒント Cancel = Trueでキャンセルする

イベントには、引数が用意されているものがあります。BeforeDoubleClickイベントには、「BeforeDoubleClick(Target, Cancel)」のように、次の2つの引数があります。

Target ダブルクリックしたときに、マウスポインターに一番近いセルの情報が渡されます。ダブルクリックされたセルに関する内容を書く場合は、この引数を利用できます。

Cancel イベントが発生するとFalseが渡されます。この引数にTrueを設定すると、プロシージャが終了したあと、実際のダブルクリックの操作は行われません。

実行例

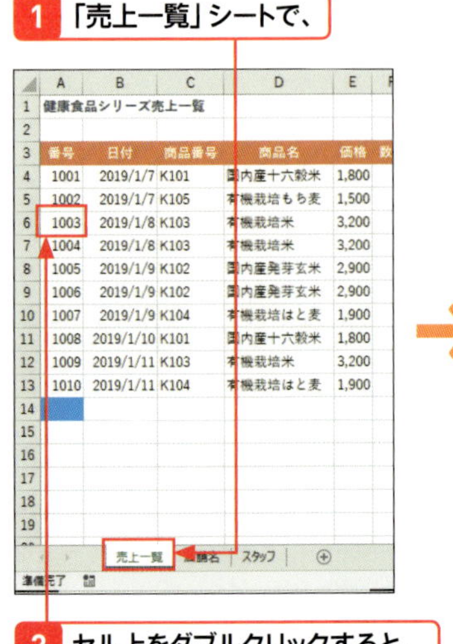

1 「売上一覧」シートで、
2 セル上をダブルクリックすると、
3 セルの書式が変更されます。

3 ブックを開いたときに処理を行う

1 「ThisWorkbook」をダブルクリックします。

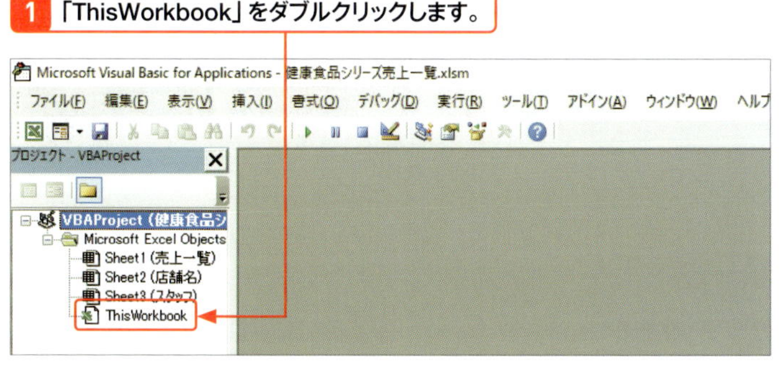

2 ThisWorkbookのコードウィンドウが表示されます。

3 ここをクリックして、

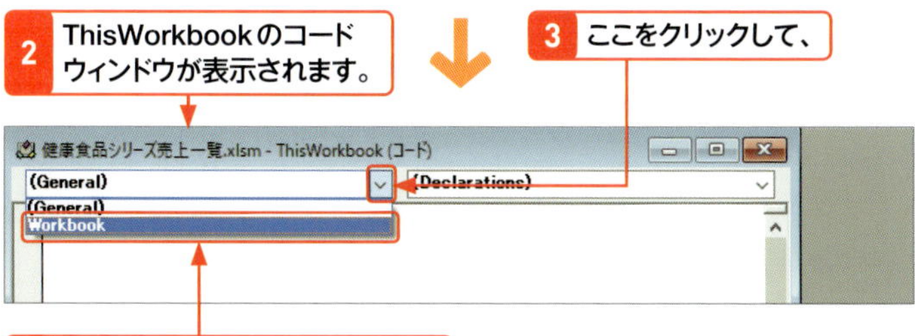

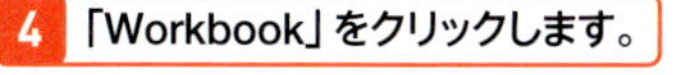

4 「Workbook」をクリックします。

5 ここをクリックして、

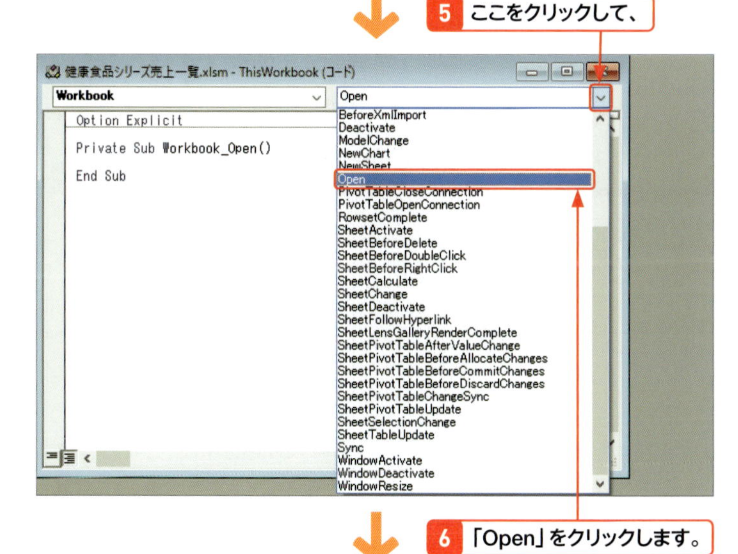

6 「Open」をクリックします。

7 処理の内容を入力します（次ページ参照）。

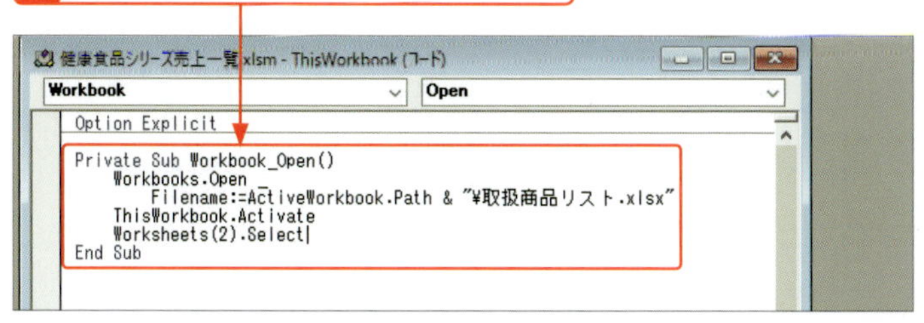

```
Option Explicit

Private Sub Workbook_Open()
    Workbooks.Open _
        Filename:=ActiveWorkbook.Path & "¥取扱商品リスト.xlsx"
    ThisWorkbook.Activate
    Worksheets(2).Select
End Sub
```

メモ ブックを開いたときにマクロを実行する

ここでは、ブックを開いたときに、指定したブックを開くマクロを作成します。ブックを扱う中で発生するイベントを利用して、何らかの処理が自動的に行われるようにするには、「Microsoft Excel Objects」のブックを表すオブジェクトモジュールに内容を書きます。ThisWorkbookのモジュールのコードウィンドウを開き、イベントを選択してから内容を書きましょう。

ヒント 既定のイベント

コードウィンドウの、<オブジェクトボックス>でオブジェクトを選択すると、オブジェクトの既定のイベントのイベントプロシージャを書く欄が自動的に表示されます。Openイベントは、Workbookオブジェクトの既定のイベントですので、手順4のあとにOpenイベントプロシージャが表示された場合は、手順5～6の操作を割愛して内容を書けます。

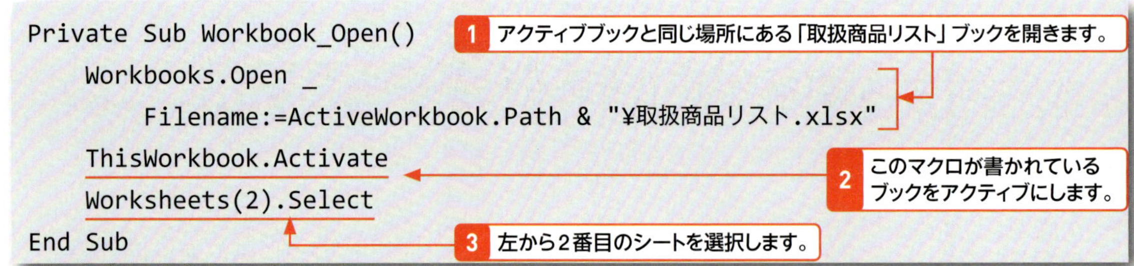

```
Private Sub Workbook_Open()
    Workbooks.Open _
        Filename:=ActiveWorkbook.Path & "¥取扱商品リスト.xlsx"
    ThisWorkbook.Activate
    Worksheets(2).Select
End Sub
```

1 アクティブブックと同じ場所にある「取扱商品リスト」ブックを開きます。
2 このマクロが書かれているブックをアクティブにします。
3 左から2番目のシートを選択します。

ヒント イベントプロシージャの名前は自動的に付けられる

イベントプロシージャの名前は、「オブジェクト名_イベント名」になります。オブジェクト名やイベントを選択すると、自動的にそのプロシージャが作成されますので、その中に処理内容を書きます。

実行例

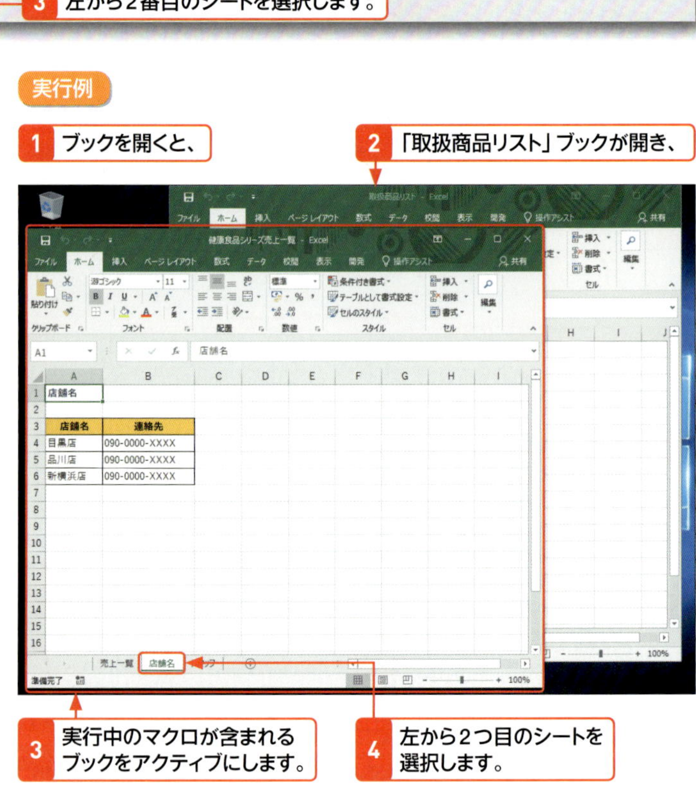

1 ブックを開くと、
2 「取扱商品リスト」ブックが開き、
健康食品シリーズ売上一覧 - Excel
店舗名
連絡先
目黒店
090-0000-XXXX
品川店
090-0000-XXXX
新横浜店
090-0000-XXXX
売上一覧
店舗名
3 実行中のマクロが含まれるブックをアクティブにします。
4 左から2つ目のシートを選択します。

ヒント メッセージが表示された場合

マクロを含むブックを開くと、通常はマクロが無効の状態でブックが開きます（Sec.06 参照）。Openイベントを使用して、ブックを開いたときに処理を実行するマクロが含まれる場合、マクロを有効にしたあとに処理が実行されます。マクロを無効のままにした場合、Openイベントに書かれている処理は実行されません。安全かどうかわからないブックは、マクロを有効にしないように注意しましょう。

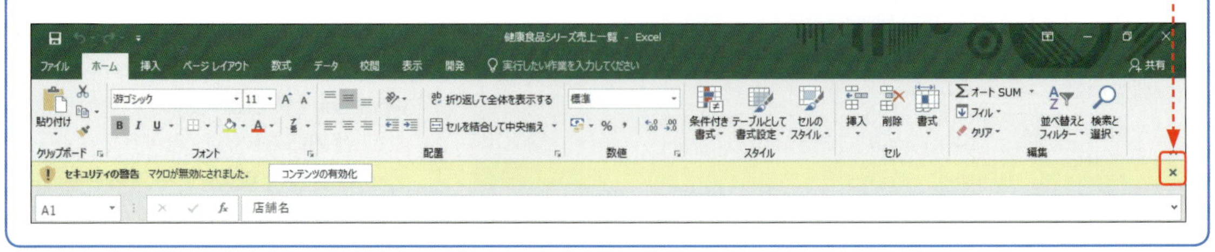

メッセージバーの右の<×>をクリックすると、マクロは無効のままでメッセージバーが閉じます。
健康食品シリーズ売上一覧 - Excel
セキュリティの警告 マクロが無効にされました。
コンテンツの有効化
店舗名

Chapter 07

第7章

条件分岐と繰り返しを理解しよう

Section 58 条件分岐と繰り返しの基本
Section 59 条件に応じて処理を分ける
Section 60 複数の条件に応じて実行する処理を分岐する
Section 61 指定した回数だけ処理を繰り返す
Section 62 条件を判定しながら処理を繰り返す
Section 63 シートやブックを対象に処理を繰り返す
Section 64 指定したセルに対して処理を繰り返す
Section 65 シートやブックがあるかどうか調べる

Section 58

条件分岐と繰り返しの基本

覚えておきたいキーワード
条件
条件分岐
繰り返し処理

マクロを使って処理を自動化するとき、マクロの内容を上から順番に実行するだけでは、行いたい処理をうまく実現できない場合があります。この章では、さまざまな処理を臨機応変に実行する方法として、条件分岐と繰り返しを紹介します。条件分岐や繰り返しを使って記述する方法を身に付けましょう。

1 条件分岐

メモ 条件で処理を分ける

「○○ならば△△する」といった、条件によって実行する内容を分ける処理のことを、条件分岐処理と言います。条件分岐処理を記述するときは、まず、処理を分ける条件を指定します。条件には、True（真：はい：満たす）またはFalse（偽：いいえ：満たさない）のどちらかで判定できるような内容を指定します。

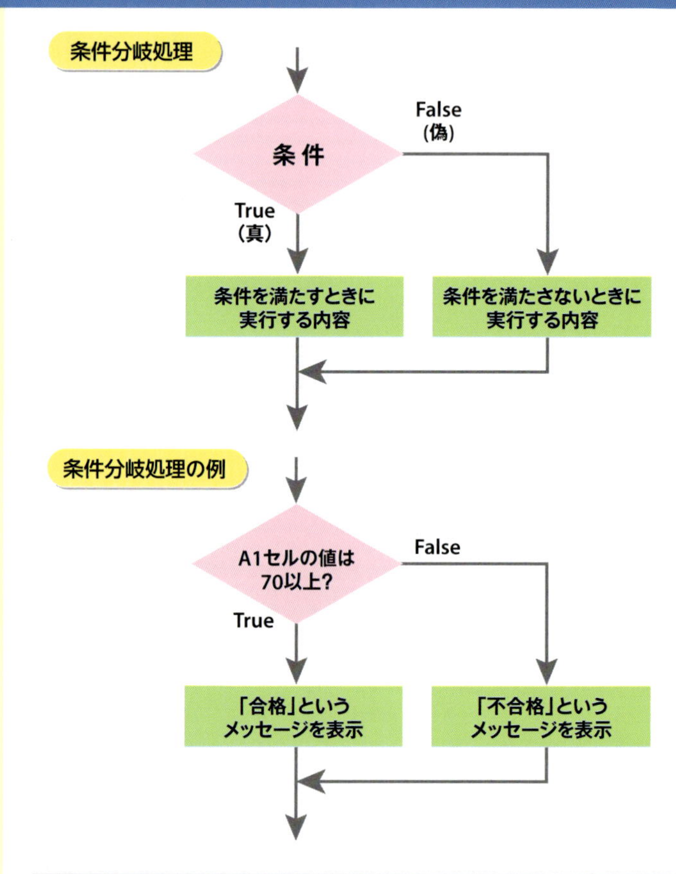

ステートメント	内容
If...Then...Else ステートメント	条件を満たす場合と、満たさない場合とで、実行する処理を分ける
If...Then...ElseIf ステートメント	複数の条件を順に判定して、条件を満たす場合に処理を実行する。どの条件も満たさない場合に実行する処理も指定できる
Select Case ステートメント	条件判定の比較対象を指定し、条件を満たす場合に処理を実行する。どの条件も満たさない場合に実行する処理も指定できる

ヒント 条件の指定

条件の指定方法にはさまざまな方法がありますが、一般的には、比較演算子（P.203参照）を使用して数値や文字の大小や一致／不一致を判定します。たとえば、「A1セルの値が10以上」や「変数Xの値が10と等しい」などと指定します。

2 繰り返し

指定した回数繰り返す処理

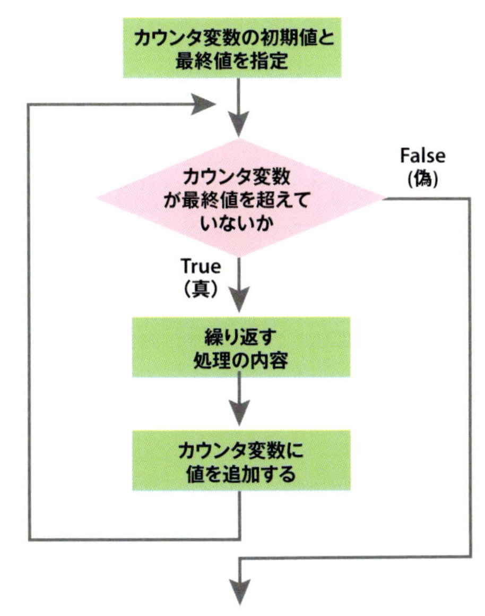

ステートメント	内容
For…Nextステートメント	指定した回数処理を繰り返す

条件判定を行いながら繰り返す処理

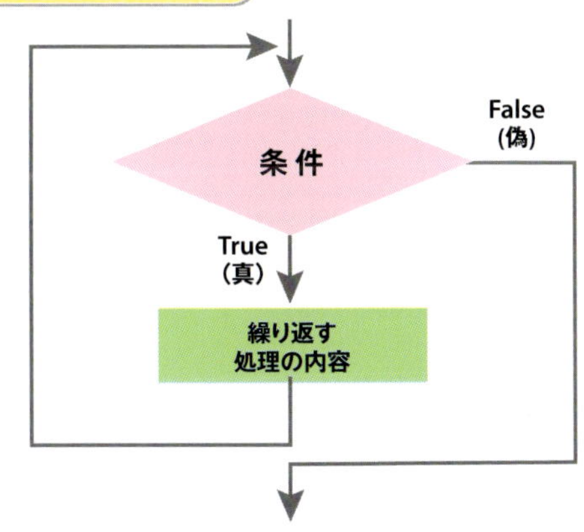

ステートメント	内容
Do Until...Loop ステートメント	条件を満たすまで繰り返す。繰り返し処理を行う前に条件判定する
Do…Loop Until ステートメント	条件を満たすまで繰り返す。繰り返し処理を行ったあとで条件判定する
Do While...Loop ステートメント	条件を満たす間は繰り返す。繰り返し処理を行う前に条件判定する
Do…Loop While ステートメント	条件を満たす間は繰り返す。繰り返し処理を行ったあとで条件判定する

メモ 指定した回数繰り返す

同じ処理を指定した回数繰り返す場合は、繰り返す数を管理するための変数（カウンタ変数）を用意します。たとえば、5回繰り返す場合は、変数の初期値に「1」、最終値に「5」を指定し、続いて処理内容を記述します。処理の前に「変数が5を超えない」という条件を判定し、処理を行ったあとに変数に「1」を足して、再び条件判定に戻ります。この処理を5回繰り返すと変数の値が6になり、条件を満たさないため、6回目の処理は行われずに終了します。

メモ 条件判定を行いながら繰り返す

繰り返し処理の中には、特定の条件を指定して、条件を満たすまで処理を繰り返す方法や、条件を満たす間はずっと処理を繰り返す方法もあります。さらに、繰り返し処理を行う前に条件判定を行う方法と、繰り返し処理のあとに条件判定を行う方法の2種類があります。

メモ すべての○○を対象に同じ処理を行う

ここで紹介した2つの繰り返し処理のほかにも、ブック内のすべてのシートに対して同じ処理を行う方法や、開いているブックに対して順番に同じ処理を行う方法もあります。また、指定したセル範囲のすべてのセルに対して同じ処理を行うこともできます。

Section 59

条件に応じて処理を分ける

覚えておきたいキーワード
- 条件分岐
- If ステートメント
- 比較演算子

VBAを使って条件分岐の処理を記述すると、「A1セルの値が10の場合は○○を実行し、そうでない場合は△△の処理を実行する」のように、条件によって実行する内容を分けることができます。条件分岐の書き方は複数あり、処理の内容や目的に応じて使い分けます。

1 条件を満たすときだけ処理を実行する

1 D11セルが「1(100%)」以上の場合は、

```
Sub 条件分岐1()
    If Range("D11").Value >= 1 Then
        ActiveSheet.Name = ActiveSheet.Name & "○"
    End If
End Sub
```

2 アクティブシートのシート名の末尾に「○」を入力します。

メモ 指定した条件を満たすときだけマクロを実行する

D11セルが「1(100%)」以上の場合は、シート名の最後に「○」を表示します。ここでは、条件を満たさないときの処理を記述していないので、条件を満たすときだけ処理が行われます。

実行例

1 D11セルが「1(100%)」以上の場合は、

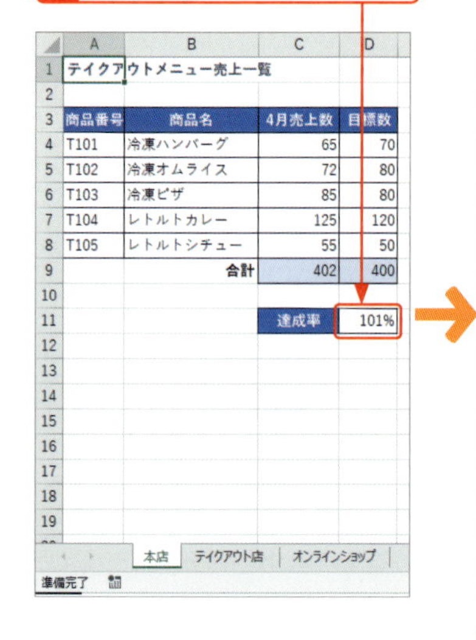

	A	B	C	D
1	テイクアウトメニュー売上一覧			
2				
3	商品番号	商品名	4月売上数	目標数
4	T101	冷凍ハンバーグ	65	70
5	T102	冷凍オムライス	72	80
6	T103	冷凍ピザ	85	80
7	T104	レトルトカレー	125	120
8	T105	レトルトシチュー	55	50
9		合計	402	400
10				
11			達成率	101%

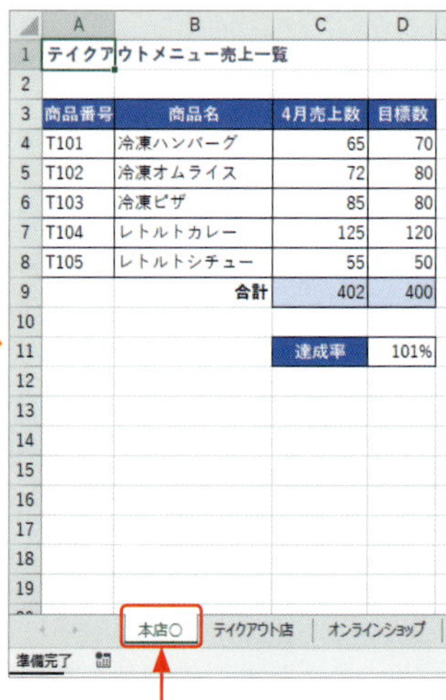

	A	B	C	D
1	テイクアウトメニュー売上一覧			
2				
3	商品番号	商品名	4月売上数	目標数
4	T101	冷凍ハンバーグ	65	70
5	T102	冷凍オムライス	72	80
6	T103	冷凍ピザ	85	80
7	T104	レトルトカレー	125	120
8	T105	レトルトシチュー	55	50
9		合計	402	400
10				
11			達成率	101%

2 アクティブシートのシート名の末尾に「○」が付きます。

書式 If...Thenステートメント

```
If 条件式 Then
    処理内容
End If
```

解　説 Ifのあとに「True(はい) または「False(いいえ)」で答えられるような条件式を指定します。条件を満たす(「はい」と答えられる) ときのみ、「処理内容」に書いた内容が実行されます。

ヒント 処理の内容が短い場合は1行で書くこともできる

条件を満たす場合に実行する処理が短いときは、「If 条件式 Then 処理内容」のように、ブロックにせずに1行で書くこともできます。

2 条件に応じて実行する処理を分ける

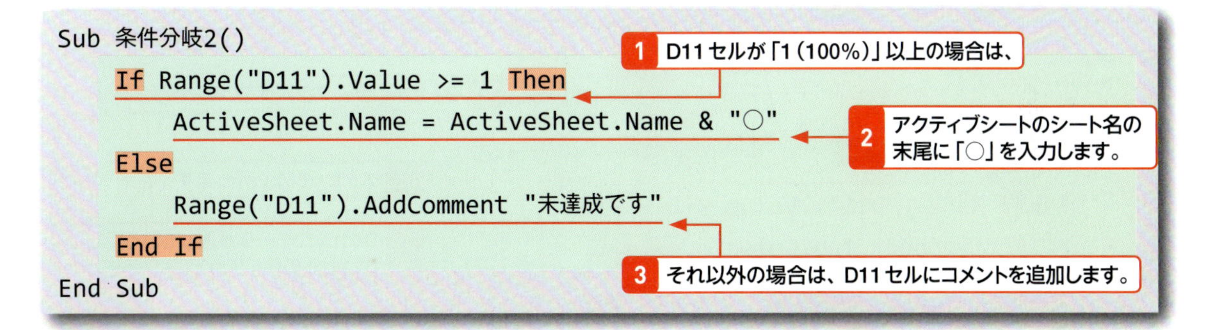

```
Sub 条件分岐2()
    If Range("D11").Value >= 1 Then
        ActiveSheet.Name = ActiveSheet.Name & "○"
    Else
        Range("D11").AddComment "未達成です"
    End If
End Sub
```


実行例

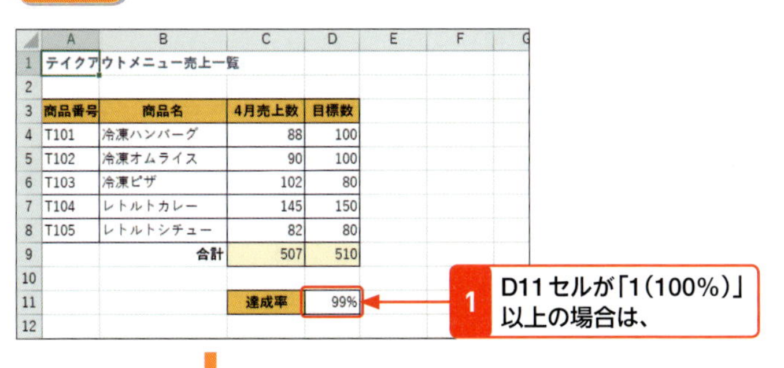

	A	B	C	D
1	テイクアウトメニュー売上一覧			
2				
3	商品番号	商品名	4月売上数	目標数
4	T101	冷凍ハンバーグ	88	100
5	T102	冷凍オムライス	90	100
6	T103	冷凍ピザ	102	80
7	T104	レトルトカレー	145	150
8	T105	レトルトシチュー	82	80
9		合計	507	510
10				
11			達成率	99%
12				

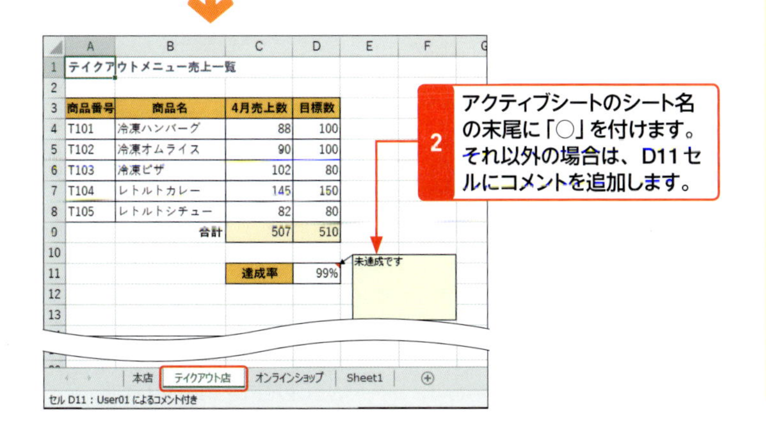

	A	B	C	D
1	テイクアウトメニュー売上一覧			
2				
3	商品番号	商品名	4月売上数	目標数
4	T101	冷凍ハンバーグ	88	100
5	T102	冷凍オムライス	90	100
6	T103	冷凍ピザ	102	80
7	T104	レトルトカレー	145	150
8	T105	レトルトシチュー	82	80
9		合計	507	510
10				
11			達成率	99%
12				
13				

メモ 条件を満たさない場合に実行する内容を指定する

D11セルが「1(100%)」以上の場合は、シート名の末尾に「○」を表示します。そうでない(D1セルが「1(100%)」より小さい)場合は、D11セルにコメントを追加します。指定した条件を満たさない場合に行う内容を記述するには、If...Then...Elseステートメントを使います。

ヒント　処理の内容が短い場合は1行で書くこともできる

条件に応じた処理の内容が短いときは、「If 条件式 Then 処理内容A Else 処理内容B」のように、1行で書くこともできます。

書式　If...Then...Else ステートメント

```
If 条件式 Then
    処理内容A
Else
    処理内容B
End If
```

解　説　Ifのあとに「True(はい)」または「False(いいえ)」で答えられるような条件式を指定します。条件を満たすときに実行する内容を、「処理内容A」に書きます。条件を満たさないときに実行する内容を、「処理内容B」に書きます。

3　いくつかの条件に応じて実行する処理を分岐する

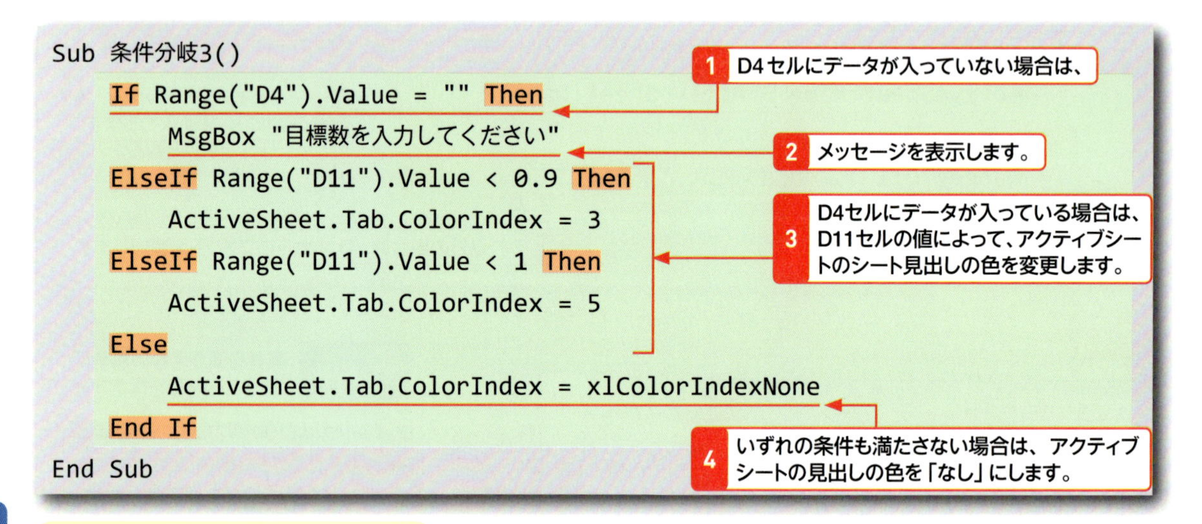

```
Sub 条件分岐3()
    If Range("D4").Value = "" Then
        MsgBox "目標数を入力してください"
    ElseIf Range("D11").Value < 0.9 Then
        ActiveSheet.Tab.ColorIndex = 3
    ElseIf Range("D11").Value < 1 Then
        ActiveSheet.Tab.ColorIndex = 5
    Else
        ActiveSheet.Tab.ColorIndex = xlColorIndexNone
    End If
End Sub
```

1 D4セルにデータが入っていない場合は、
2 メッセージを表示します。
3 D4セルにデータが入っている場合は、D11セルの値によって、アクティブシートのシート見出しの色を変更します。
4 いずれの条件も満たさない場合は、アクティブシートの見出しの色を「なし」にします。

メモ　複数の条件を順番に判定する

条件Aを満たす場合の処理、条件Bを満たす場合の処理、条件Cを満たす場合の処理など、複数の条件を指定して処理内容を分岐するには、If...Then...ElseIf ステートメントを使って書きます。ここでは、D11セルの値を判定して、シート見出しの色を変更します。

実行例

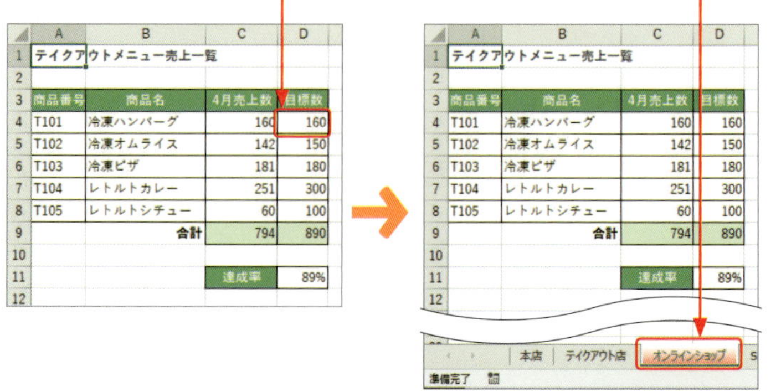

書式 If...Then...ElseIf ステートメント

```
If 条件式A Then
        処理内容A
ElseIf 条件式B Then
        処理内容B
ElseIf 条件式C Then
        処理内容C
  ：
Else
        処理内容X
End If
```

解 説 Ifのあとに、最初に判定する「条件式A」を指定します。この条件を満たす場合は、「処理内容A」を実行します。「条件式A」を満たさない場合は、次の条件「条件式B」を判定して、これを満たす場合は「処理内容B」を実行します。上から順に条件を判定していき、どの条件も満たさない場合はElseのあとの処理内容を実行します。

ヒント Elseは省略できる

どの条件も満たさないときの処理を書く必要がない場合は、記述を省略できます。その場合は、「Else」とそのあとの処理内容を省略します。

ヒント 比較演算子

条件式を記述するときは、True（はい）またはFalse（いいえ）で判定できるように、比較演算子と呼ばれる記号を利用します。演算子の左の値と右の値を比較して、条件を満たすかどうかを判定します。

比較演算子	内容	例
=	等しい	Range("A1").Value=1 A1セルの値が1のときはTrue、そうでないときはFalse
>	より大きい	Range("A1").Value>1 A1セルの値が1より大きいときはTrue、そうでないときはFalse
>=	以上	Range("A1").Value>=1 A1セルの値が1以上のときはTrue、そうでないときはFalse
<	より小さい	Range("A1").Value<1 A1セルの値が1より小さいときはTrue、そうでないときはFalse
<=	以下	Range("A1").Value<=1 A1セルの値が1以下のときはTrue、そうでないときはFalse
<>	等しくない	Range("A1").Value<>1 A1セルの値が1と等しくないときはTrue、そうでないときはFalse

ヒント 2つの条件を組み合わせて指定する

論理演算子を利用すると、複数の条件を組み合わせて1つの条件を指定できます。論理演算子には、次のようなものがあります。

演算子	内容	例
AND	すべての条件を満たす場合はTrue、そうでない場合はFalseを返す	Range("A1").Value=10 And Range("A2").Value=10 A1セルが10でなおかつA2セルが10の場合はTrue、それ以外はFalseが返る
OR	いずれかの条件を満たす場合はTrue、そうでない場合はFalseを返す	Range("A1").Value=10 OR Range("A2").Value=10 A1セルが10または、A2セルが10、またはA1セルとA2セルの両方が10の場合はTrue、それ以外はFalseが返る

Section 60 複数の条件に応じて実行する処理を分岐する

覚えておきたいキーワード
- 条件分岐
- Select Case ステートメント
- 条件の範囲

複数の条件を指定して実行する処理を分岐する方法には、前のセクションで紹介した書き方以外にも、Select Case ステートメントを使用して書く方法があります。この場合、最初に条件の比較対象を指定し、そのあとに、条件式と処理内容を順番に書きます。

1 複数の条件を判定する

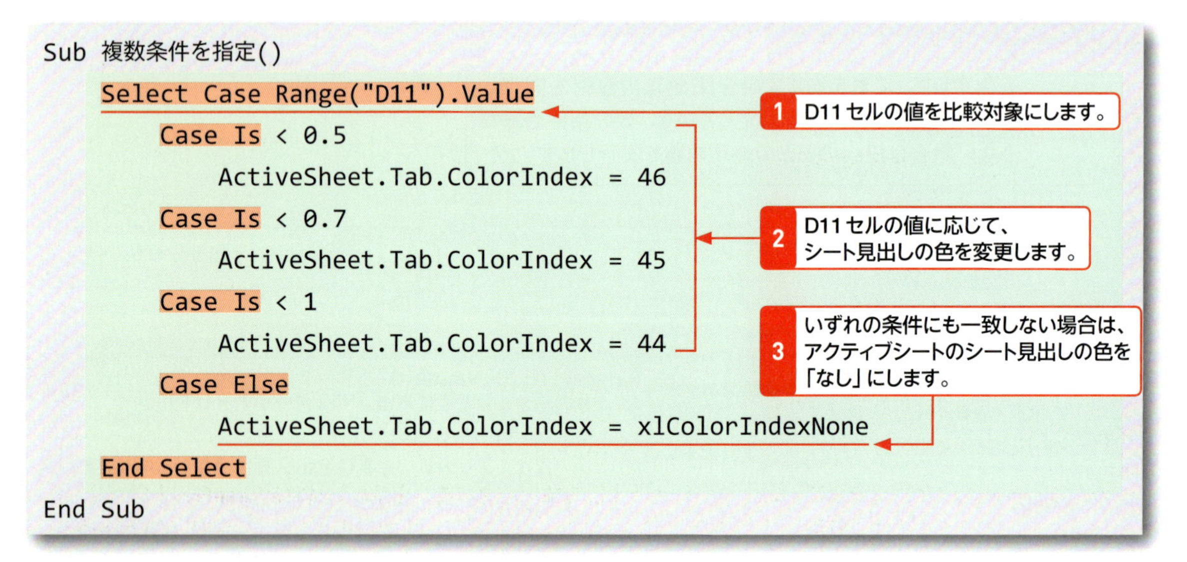

```
Sub 複数条件を指定()
    Select Case Range("D11").Value
        Case Is < 0.5
            ActiveSheet.Tab.ColorIndex = 46
        Case Is < 0.7
            ActiveSheet.Tab.ColorIndex = 45
        Case Is < 1
            ActiveSheet.Tab.ColorIndex = 44
        Case Else
            ActiveSheet.Tab.ColorIndex = xlColorIndexNone
    End Select
End Sub
```

1 D11セルの値を比較対象にします。
2 D11セルの値に応じて、シート見出しの色を変更します。
3 いずれの条件にも一致しない場合は、アクティブシートのシート見出しの色を「なし」にします。

メモ 複数の条件を判定する

D11セルの値に応じて、アクティブシートの見出しの色を変更します。いずれの条件にも一致しない（D11セルが「1（100%）」以上の）場合、シート見出しの色を「なし」にします。ここでは、Select Caseステートメントを利用して、条件分岐処理を書いています。

実行例

1 このセルの値に応じて、

	A	B	C	D	E	F	G
1	テイクアウトメニュー売上一覧						
2							
3	商品番号	商品名	4月売上数	目標数			
4	T101	冷凍ハンバーグ	88	100			
5	T102	冷凍オムライス	90	100			
6	T103	冷凍ピザ	102	80			
7	T104	レトルトカレー	145	150			
8	T105	レトルトシチュー	82	80			
9		合計	507	510			
10							
11			達成率	99%			
12							

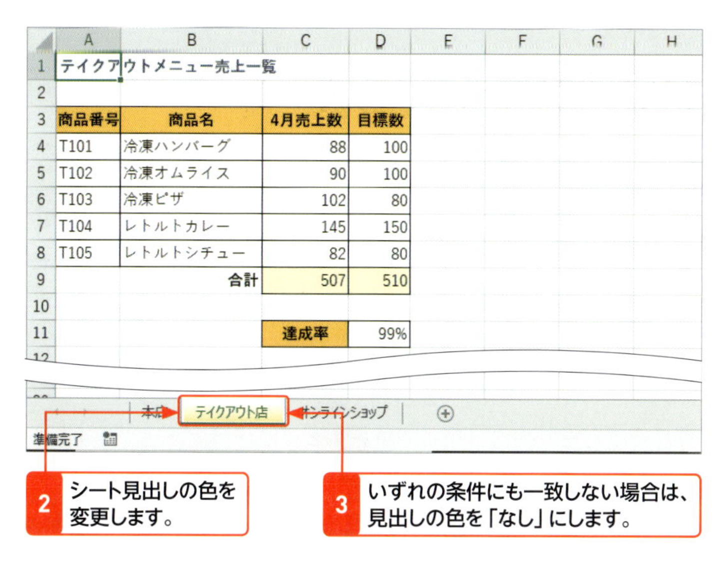

2 シート見出しの色を変更します。

3 いずれの条件にも一致しない場合は、見出しの色を「なし」にします。

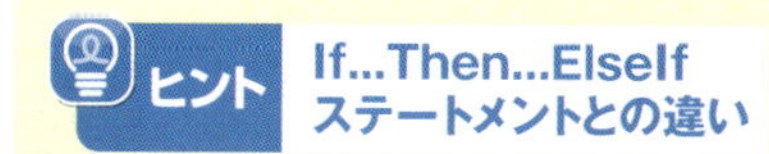

ヒント
If...Then...ElseIf
ステートメントとの違い

Select Caseステートメントでは、Select Caseのあとに指定した条件の比較対象と、Caseステートメントのあとに指定した内容を比較して、処理内容を分岐します。比較する対象を途中で変更することはできません。これに対して、If...Then...ElseIfステートメントは、条件ごとに比較する対象を変更することができます。

書式 Select Caseステートメント

```
Select Case 条件の比較対象
        Case 条件式A
                処理内容A
        Case 条件式 B
                処理内容B
            ⋮
        Case Else
                処理内容X
End Select
```

解　説 Select Caseのあとに、条件判定に使う比較対象を書きます。指定した対象とCaseのあとに指定した内容を比較して、処理内容を分岐します。最初の「条件式A」を満たす場合は、「処理内容A」を実行し、満たさない場合は「条件式B」を満たすかどうかを判定していきます。上から順に条件を判定していき、いずれの条件も満たさない場合は、「Case Else」のあとの処理内容を実行します。

ヒント 条件の範囲を指定する

Caseステートメントのあと、条件の内容を指定するとき、特定の値以外にも、値の範囲や、複数の値、比較演算子と値の組み合わせ、などを指定することができます。指定方法については、以下の表を参照してください。

例	内容
Case "合計"	条件の対象が「合計」の場合
Case 10	条件の対象が10の場合
Case 10,15,20	条件の対象が10か15か20の場合（複数の値を指定するときは、カンマで区切って指定します）
Case 10 To 15	条件の対象が10以上で15以下の場合（「範囲の小さい値 To 範囲の大きい値」のように、Toで区切って指定します）
Case Is >=10	条件の対象が10以上の場合

Section 61

指定した回数だけ処理を繰り返す

覚えておきたいキーワード
- 繰り返し処理
- For...Nextステートメント
- Exit Forステートメント

同じ処理を繰り返すときは、何度も同じことを書く必要はなく、処理内容と繰り返す方法をわかりやすく記述することができます。繰り返しの記述には、指定した回数だけ処理を繰り返すものや、条件を満たすまで処理を繰り返すものなど、さまざまな方法が用意されています。

■指定した回数だけ処理を繰り返す

指定した回数だけ処理を繰り返すには、For...Nextステートメントを利用します。

■条件を判定しながら処理を繰り返す

条件を判定しながら繰り返し処理を実行する書き方には、いくつかの方法があります。Sec.62で、次の4通りの書き方を紹介します。

	繰り返し処理を行う前に条件判定する	繰り返し処理を行ったあとで条件判定する
条件を満たすまで処理を実行	Do Until...Loop （P.210参照）	Do...Loop Until （P.212参照）
条件を満たす間は処理を実行	Do While...Loop （P.211参照）	Do...Loop While （P.213参照）

1 指定した回数だけ処理を繰り返す

変数（数）が3になるまで処理を繰り返します。
Nextで変数（数）に1を加えて繰り返し処理に戻ります。

1 Integer型の変数（数）を宣言します。

```
Sub 繰り返し()
    Dim 数 As Integer
    For 数 = 1 To 3
        Worksheets.Add Before:=Worksheets(数)
        ActiveSheet.Name = "シート_" & 数
    Next 数
End Sub
```

2 ワークシートを追加し、シートの名前を「シート」＋変数（数）にします。

メモ　同じ内容を3回繰り返す

ここでは、シートを追加して、「シート_1」のような連番のシート名を付ける操作を3回繰り返します。決まった回数だけ処理を繰り返すには、For...Nextステートメントを利用します。

実行例

1 マクロを実行すると、

	A	B	C	D	E	F	G	H	I
1	暖房器具注文票								
2									
3	番号	注文日	お届け日	顧客番号	商品番号	商品名	数量		
4	1001	12月1日	12月5日	1058	A101	オイルヒーター	1		
5	1002	12月1日	12月5日	1041	A102	電気ストーブ	1		
6	1003	12月3日	12月10日	1032	A103	デスクヒーター	2		
7	1004	12月3日	12月10日	1085	A101	オイルヒーター	1		
8	1005	12月5日	12月10日	1005	A101	オイルヒーター	2		
9	1006	12月5日	12月10日	1092	A103	デスクヒーター	1		
10	1007	12月5日	12月10日	1065	A102	電気ストーブ	1		

Sheet1

準備完了

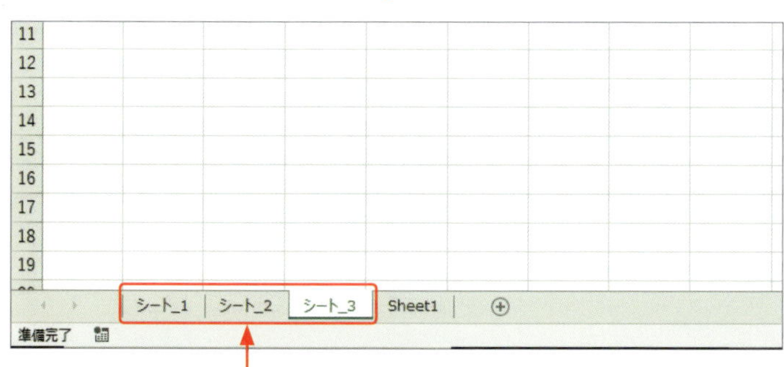

2 シートを追加してシート名を指定する操作を、3回繰り返します。

ヒント 変数の値の変化を利用する

ここで使用しているカウンタ変数の値は、繰り返すたびに「1」「2」「3」と変化します。その変化を、繰り返し処理の中で利用しています。変数の値が1のときは、左から1つ目のシートの前にワークシートを追加して、追加したワークシートの名前を「シート_1」にします。2回目の繰り返しでは、変数の値が1増えて2になるので、左から2つ目のシートの前にワークシートを追加して、追加したワークシートの名前を「シート_2」にします。3回目でも、同様の処理を行います。

書式 For...Nextステートメント

```
Dim カウンタ変数 As データ型
For カウンタ変数=初期値 To 最終値 [Step 加算値]
        繰り返す内容
Next [カウンタ変数]
```

解　説 For...Nextステートメントでは、繰り返し処理を行う回数を管理するのに変数(カウンタ変数)を利用します。まず、変数を宣言し、変数の初期値といくつまで数を増やすか(最終値)を指定します。続いて、繰り返す内容を書きます。最後のNextで、変数の値が1ずつ増えます(加算値を指定していない場合)。Nextのあとの変数名は省略できます。

2 1つおきに処理を実行する

変数(数)が5から10になるまで、1つおき(5,7,9)に処理を繰り返します。Nextで変数(数)に2を加えて繰り返し処理に戻ります。

```
Sub 繰り返し2()
    Dim 数 As Integer
    For 数 = 5 To 10 Step 2
        Range(Cells(数, 1), Cells(数, 7)). _
            Font.ColorIndex = 5
    Next
End Sub
```

1 Integer型の変数(数)を宣言します。

2 A列の変数(数)行目から、その6つ右までのセル範囲の文字の色を変更します。

メモ 指定した処理を○回おきに繰り返す

ここでは、表の5 行目から10行目まで、1行おきに文字の色を変更する操作を繰り返します。For...Nextステートメントを利用した繰り返し処理の中で、カウンタ変数の値を1つずつではなく、2つずつや3つずつ増やすには、Stepのあとに加算値を指定します。また、変数の値を減らすには、マイナスの値を指定します。

実行例

1 5行目から10行目まで、1行おきに文字の色を変更する操作を繰り返します。

	A	B	C	D	E	F	G	H
1	暖房器具注文票							
2								
3	番号	注文日	お届け日	顧客番号	商品番号	商品名	数量	
4	1001	12月1日	12月5日	1058	A101	オイルヒーター	1	
5	1002	12月1日	12月5日	1041	A102	電気ストーブ	1	
6	1003	12月3日	12月10日	1032	A103	デスクヒーター	2	
7	1004	12月3日	12月10日	1085	A101	オイルヒーター	1	
8	1005	12月5日	12月10日	1005	A101	オイルヒーター	2	
9	1006	12月5日	12月10日	1092	A103	デスクヒーター	1	
10	1007	12月5日	12月10日	1065	A102	電気ストーブ	1	
11								
12								

2 1行おきの文字に色が付きました。

	A	B	C	D	E	F	G	H
1	暖房器具注文票							
2								
3	番号	注文日	お届け日	顧客番号	商品番号	商品名	数量	
4	1001	12月1日	12月5日	1058	A101	オイルヒーター	1	
5	1002	12月1日	12月5日	1041	A102	電気ストーブ	1	
6	1003	12月3日	12月10日	1032	A103	デスクヒーター	2	
7	1004	12月3日	12月10日	1085	A101	オイルヒーター	1	
8	1005	12月5日	12月10日	1005	A101	オイルヒーター	2	
9	1006	12月5日	12月10日	1092	A103	デスクヒーター	1	
10	1007	12月5日	12月10日	1065	A102	電気ストーブ	1	
11								
12								

3 繰り返し処理を途中で抜ける

変数（数）が5から20になるまで、1つおき（5,7,9,11,13,15,17,19）に処理を繰り返します。Nextで変数（数）に2を加えて、繰り返し処理に戻ります。

```
Sub 繰り返し3()
    Dim 数 As Integer
    For 数 = 5 To 20 Step 2
        If Cells(数, 1).Value = "" Then Exit For
        Range(Cells(数, 1), Cells(数, 7)). _
            Font.ColorIndex = 5
    Next
End Sub
```

1 Integer型の変数（数）を宣言します。

A列の変数（数）行目にデータが入力されていない場合は、繰り返し処理から抜けます。

2 A列の変数（数）行目から、その6つ右までのセル範囲の文字の色を変更します。

実行例

1 5行目から20行目まで、1行おきに文字の色を変更する操作を繰り返します。ただし、データが入力されていない場合は、繰り返し処理から抜けます。

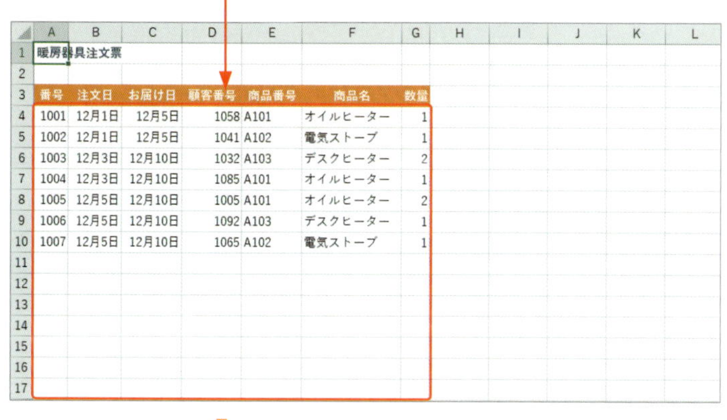

	A	B	C	D	E	F	G	H	I	J	K	L
1	暖房器具注文票											
2												
3	番号	注文日	お届け日	顧客番号	商品番号	商品名	数量					
4	1001	12月1日	12月5日	1058	A101	オイルヒーター	1					
5	1002	12月1日	12月5日	1041	A102	電気ストーブ	1					
6	1003	12月3日	12月10日	1032	A103	デスクヒーター	2					
7	1004	12月3日	12月10日	1085	A101	オイルヒーター	1					
8	1005	12月5日	12月10日	1005	A101	オイルヒーター	2					
9	1006	12月5日	12月10日	1092	A103	デスクヒーター	1					
10	1007	12月5日	12月10日	1065	A102	電気ストーブ	1					
11												
12												
13												
14												
15												
16												
17												

2 1行おきに文字の色が変わります。

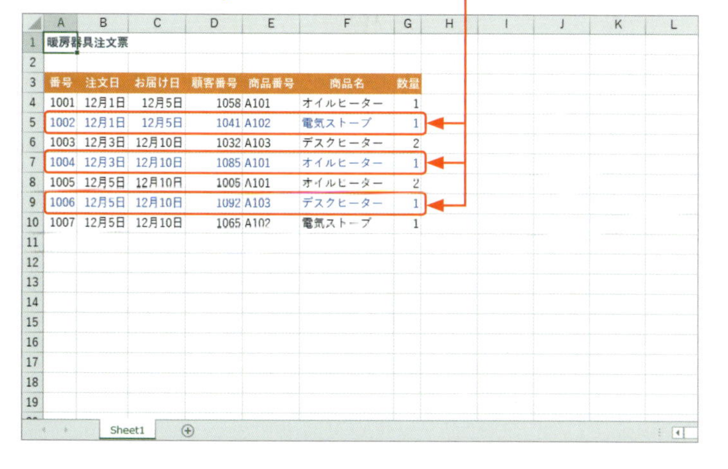

	A	B	C	D	E	F	G	H	I	J	K	L
1	暖房器具注文票											
2												
3	番号	注文日	お届け日	顧客番号	商品番号	商品名	数量					
4	1001	12月1日	12月5日	1058	A101	オイルヒーター	1					
5	1002	12月1日	12月5日	1041	A102	電気ストーブ	1					
6	1003	12月3日	12月10日	1032	A103	デスクヒーター	2					
7	1004	12月3日	12月10日	1085	A101	オイルヒーター	1					
8	1005	12月5日	12月10日	1005	A101	オイルヒーター	2					
9	1006	12月5日	12月10日	1092	A103	デスクヒーター	1					
10	1007	12月5日	12月10日	1065	A102	電気ストーブ	1					
11												
12												
13												
14												
15												
16												
17												
18												
19												

メモ 指定した条件を満たす場合は繰り返し処理から抜ける

繰り返し処理の途中で、For...Nextステートメントの中から抜けるには、Exit Forステートメントを使います。たとえば、繰り返し処理の途中で、指定した条件を満たしたら繰り返し処理を止めたいときに利用します。

ヒント 無限ループの状態を中断する

条件を判定しながら繰り返し処理を実行するとき、条件の指定方法を間違ってしまうと、同じ処理が無限に繰り返されてマクロが終わらなくなる「無限ループ」に入ってしまうことがあります。無限ループを強制的に中断するには、Esc か、Ctrl ＋ Pause を押します。マクロを中断したあとは、条件の指定方法などを確認・修正して、1ステップずつマクロを実行して動作を確認しましょう（P.346～P.348参照）。

Section 62

条件を判定しながら処理を繰り返す

覚えておきたいキーワード
- 繰り返し処理
- Do Until ステートメント
- Do While ステートメント

VBAには、毎回条件を判定しながら、繰り返し処理を実行する記述方法がいくつか用意されています。ここでは4つの方法を紹介します。条件の判定を繰り返し処理の前にするのかあとにするのか、また、条件の指定方法の違いによって、使い分けることができます。

1 条件を満たすまで処理を繰り返す（先に条件判定をする）

アクティブセルが空欄になるまで、ブロック内の処理を繰り返します。

```
Sub 文字の色を1行おきに設定1()
    Range("A4").Select
    Do Until ActiveCell.Value = ""
        ActiveCell.Resize(, 7).Font.ColorIndex = 5
        ActiveCell.Offset(2).Select
    Loop
End Sub
```

1 A4セルを選択します。

2 アクティブセルから6つ右までのセル範囲の文字の色を変更します。

3 アクティブセルの2つ下のセルを選択します。

メモ ○○になるまで同じ処理を繰り返す

ここでは、A4セルから下方向に順番にセルの内容を確認して、セルが空欄になるまで「アクティブセルから6つ右までのセル範囲の文字の色を変更する操作」を繰り返します。Do Until...Loopステートメントを利用して、繰り返し処理を行う前に条件を判定しています。

実行例

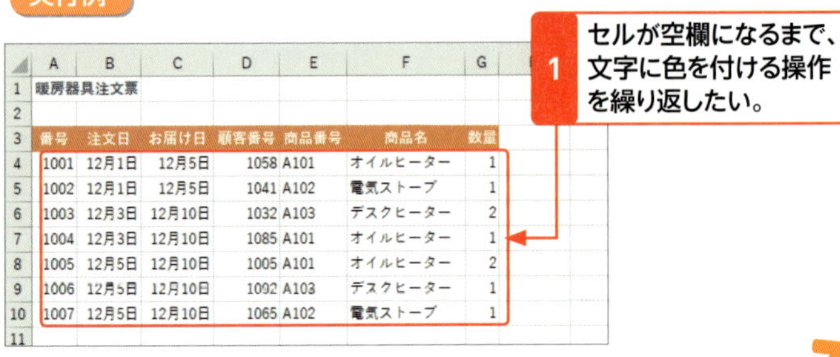

	A	B	C	D	E	F	G
1	暖房器具注文票						
2							
3	番号	注文日	お届け日	顧客番号	商品番号	商品名	数量
4	1001	12月1日	12月5日	1058	A101	オイルヒーター	1
5	1002	12月1日	12月5日	1041	A102	電気ストーブ	1
6	1003	12月3日	12月10日	1032	A103	デスクヒーター	2
7	1004	12月3日	12月10日	1085	A101	オイルヒーター	1
8	1005	12月5日	12月10日	1005	A101	オイルヒーター	2
9	1006	12月5日	12月10日	1092	A103	デスクヒーター	1
10	1007	12月5日	12月10日	1065	A102	電気ストーブ	1
11							

1 セルが空欄になるまで、文字に色を付ける操作を繰り返したい。

ヒント 変数を使って行を挿入する場所を操作する

ここでは、繰り返す処理の様子がわかりやすいように、アクティブセルを移動しながら行を挿入していますが、VBAで行を挿入するときはかならずしもアクティブセルを移動する必要はありません。大量のデータを処理する場合は、行番号を格納する変数を用意して、操作の対象となるセル番地を指定しながら処理内容を書くとよいでしょう。余計な操作を省くことで、処理速度も速くなります。

```
Sub 文字の色を1行おきに設定()
    Dim 数 As Long
    数 = 4
    Do Until Cells(数, 1).Value = ""
        Cells(数, 1).Resize(, 7).Font.ColorIndex = 5
        数 = 数 + 2
    Loop
End Sub
```

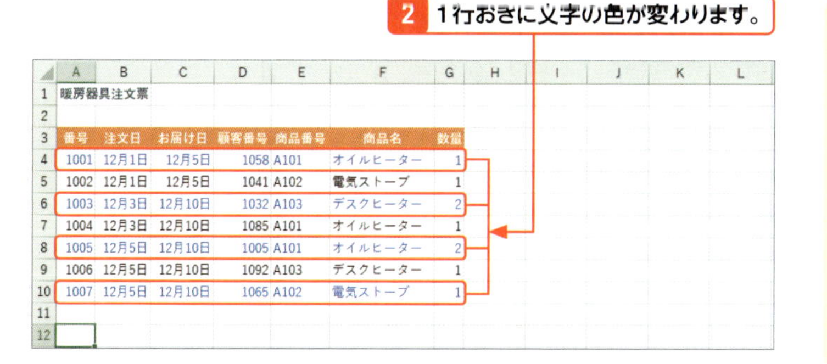

暖房器具注文票

番号	注文日	お届け日	顧客番号	商品番号	商品名	数量
1001	12月1日	12月5日	1058	A101	オイルヒーター	1
1002	12月1日	12月5日	1041	A102	電気ストーブ	1
1003	12月3日	12月10日	1032	A103	デスクヒーター	2
1004	12月3日	12月10日	1085	A101	オイルヒーター	1
1005	12月5日	12月10日	1005	A101	オイルヒーター	2
1006	12月5日	12月10日	1092	A103	デスクヒーター	1
1007	12月5日	12月10日	1065	A102	電気ストーブ	1

書式 Do Until...Loopステートメント

```
Do Until 条件式
    条件を満たすまで実行する処理内容
Loop
```

解　説 繰り返し処理を行う前に条件判定を行い、条件を満たすまで、繰り返し処理を何度も実行します。最初から条件を満たす場合は、一度も繰り返し処理が実行されません。

2 条件を満たす間は処理を繰り返す（先に条件判定をする）

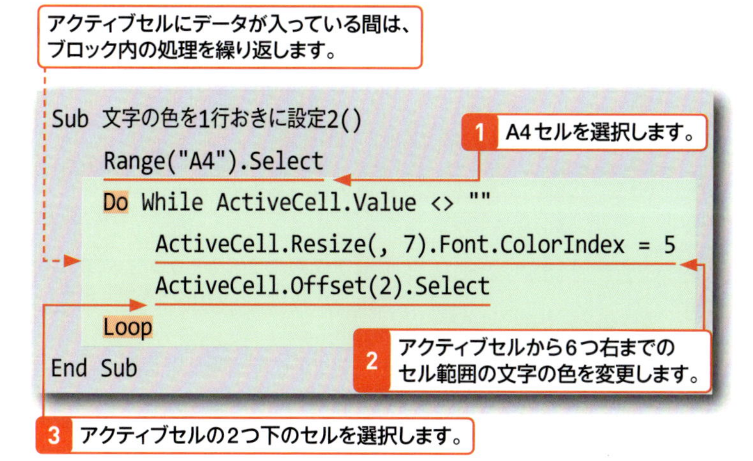


```
Sub 文字の色を1行おきに設定2()
    Range("A4").Select
    Do While ActiveCell.Value <> ""
        ActiveCell.Resize(, 7).Font.ColorIndex = 5
        ActiveCell.Offset(2).Select
    Loop
End Sub
```

メモ　○○の間は同じ処理を繰り返す

A4セルから下方向に順番にセルの内容を確認して、セルに何かデータが入っている間は、「アクティブセルから6つ右までのセル範囲の文字の色を変更する操作」を繰り返します。Do While...Loopステートメントを利用して、繰り返し処理を行う前に条件を判定しています。

書式 Do While...Loopステートメント

```
Do While 条件式
    条件を満たす間は実行する処理内容
Loop
```

解　説 繰り返し処理を行う前に最初の条件判定を行い、条件を満たす間は、繰り返し処理を何度も実行します。このステートメントでは、最初から条件を満たさない場合は、一度も繰り返し処理が実行されません。

3 繰り返し処理のあとに条件判定をする

アクティブセルが空欄になるまで2～3の処理を繰り返します。

```
Sub 文字の色を1行おきに設定3()
    Range("A4").Select
    Do
        ActiveCell.Resize(, 7).Font.ColorIndex = 5
        ActiveCell.Offset(2).Select
    Loop Until ActiveCell.Value = ""
End Sub
```

1 A4セルを選択します。

2 アクティブセルから6つ右までのセル範囲の文字の色を変更します。

3 アクティブセルの2つ下のセルを選択します。

メモ ○○になるまで同じ処理を繰り返す（最後に条件判定を行う）

A4セルから下方向に順番にセルの内容を確認して、「アクティブセルから6つ右までのセル範囲の文字の色を変更する操作」を繰り返します。繰り返し処理は、セルが空欄になるまで行います。Do...Loop Untilステートメントを利用して、繰り返し処理を行ったあとに条件を判定しています。

書式 Do ... Loop Untilステートメント

Do
条件を満たすまで実行する処理内容
Loop Until 条件式

解説 繰り返し処理を行ったあとに最初の条件判定を行い、条件を満たすまでは、繰り返し処理を何度も実行します。最初から条件を満たす場合でも、最低一度は繰り返し処理が実行されます。

アクティブセルにデータが入っている間は2～3の処理を繰り返します。

```
Sub 文字の色を1行おきに設定4()
    Range("A4").Select
    Do
        ActiveCell.Resize(, 7).Font.ColorIndex = 5
        ActiveCell.Offset(2).Select
    Loop While ActiveCell.Value <> ""
End Sub
```

1 A4セルを選択します。

2 アクティブセルから6つ右までのセル範囲の文字の色を変更します。

3 アクティブセルの2つ下のセルを選択します。

ステップアップ 繰り返し処理の途中でDo...Loopステートメントの中から抜ける

繰り返し処理の途中で、Do...Loopステートメントの中から抜けるには、Exit Doステートメントを使います。たとえば、繰り返し処理の途中で、指定した条件を満たしたときはそれ以降の繰り返し処理を行う必要がない場合などに利用します。

```
Sub 文字の色を１行おきに設定5()
    Range("A4").Select
    Do Until ActiveCell.Value = ""
        If ActiveCell.Value = "1005" Then Exit Do
        ActiveCell.Resize(, 7).Font.ColorIndex = 5
        ActiveCell.Offset(2).Select
    Loop
End Sub
```

書式 Do ...Loop Whileステートメント

```
Do
    条件を満たす間は実行する処理内容
Loop While 条件式
```

解説 繰り返し処理を行ったあとに最初の条件判定を行い、条件を満たす間は、繰り返し処理を何度も実行します。最初から条件を満たさない場合でも、最低一度は繰り返し処理が実行されます。

メモ ○○の間は同じ処理を繰り返す（最後に条件判定を行う）

A4セルから下方向に順番にセルの内容を確認して、「アクティブセルから6つ右までのセル範囲の文字の色を変更する操作」を繰り返します。繰り返し処理は、セルに何かデータが入っている間だけ行います。Do... Loop Whileステートメントを利用して、繰り返し処理を行ったあとに条件を判定しています。

ヒント 変数の値の動きを確認しながら実行する

繰り返し処理がうまく実行されない場合は、実行結果を見ても、何が原因なのかわかりづらいものです。そんなときは、変数の動きを確認しながら、1ステップずつマクロを実行してみましょう（P.346～P.348参照）。実行中、変数の箇所にマウスポインタを合わせると、変数の値を確認できます。また、＜表示＞メニューの＜ローカルウィンドウ＞をクリックし、ローカルウィンドウを表示すると、変数の値を見ながら実行内容を確認できます。

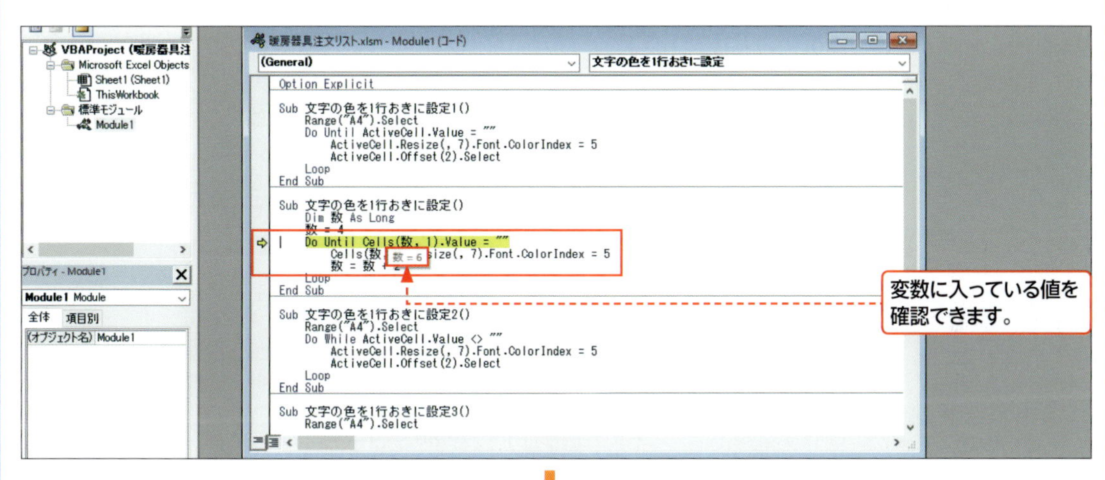

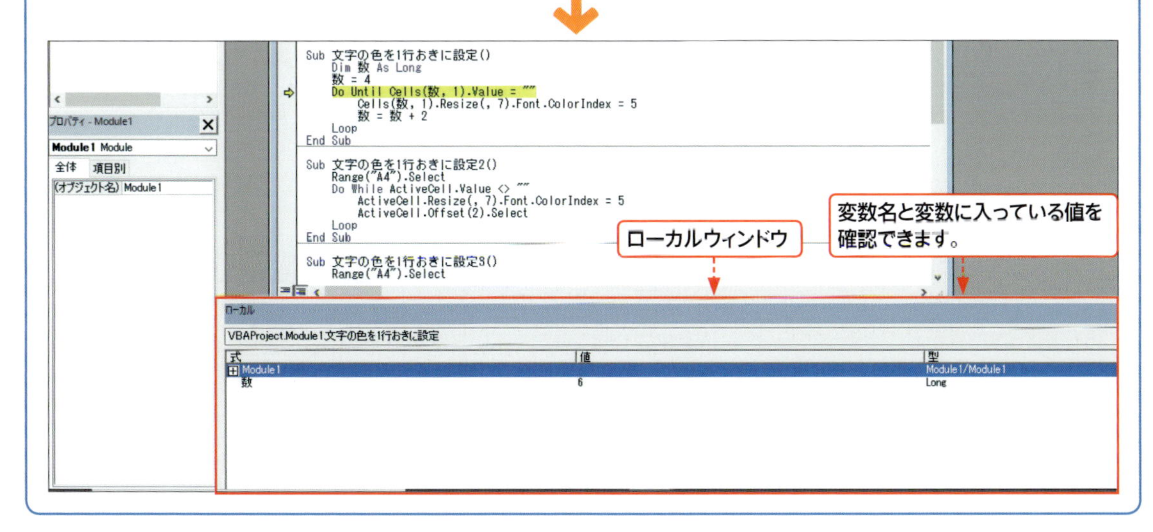

Section 63

シートやブックを対象に処理を繰り返す

覚えておきたいキーワード
- For Each...Nextステートメント
- オブジェクト
- コレクション

ブック内のすべてのシートに対して同じ処理を繰り返したり、開いているすべてのブックに対して同じ処理を繰り返したりするときは、ここで紹介する記述方法を覚えておくと便利です。対象になるものすべてに対し、同じ処理を行う操作を簡潔に記述することができます。

1 すべてのシートに対して処理を繰り返す

変数(全シート)に、シートの情報を1つずつ格納し、対象になるシートがなくなるまで処理を繰り返します。

```
Sub 全シートに対して処理を実行()
    Dim 全シート As Worksheet
    For Each 全シート In Worksheets
        全シート.Range("C4:D8").ClearContents
    Next
End Sub
```

1 Worksheet型の変数(全シート)を宣言します。

2 変数(全シート)のシートのC4セル～D8セルのデータを削除します。

3 変数(全シート)に、次のシートの情報を格納します。

メモ 指定した複数のオブジェクトに対して処理を繰り返す

For Each...Nextステートメントを使うと、指定したコレクション内の各オブジェクトに対して同じ処理を繰り返し実行できます。ここでは、Worksheetオブジェクトが集まったWorksheetsコレクションを指定し、各ワークシートに対して同じ処理が行われるようにしています。

実行例

	A	B	C	D
1	テイクアウトメニュー売上一覧			
2				
3	商品番号	商品名	売上数	目標数
4	T101	冷凍ハンバーグ	65	70
5	T102	冷凍オムライス	72	80
6	T103	冷凍ピザ	85	80
7	T104	レトルトカレー	125	120
8	T105	レトルトシチュー	55	50

1 マクロを実行すると、C4セル～D8セルのデータを削除します。

	A	B	C	D
1	テイクアウトメニュー売上一覧			
2				
3	商品番号	商品名	売上数	目標数
4	T101	冷凍ハンバーグ		
5	T102	冷凍オムライス		
6	T103	冷凍ピザ		
7	T104	レトルトカレー		
8	T105	レトルトシチュー		

本店 | テイクアウト店 | オンラインショップ

準備完了

2 すべてのシートに対して同じ処理を実行します。

書式 For Each...Nextステートメント

```
Dim オブジェクト型変数 As オブジェクトの種類
For Each オブジェクト型変数 In コレクション
        繰り返す内容
Next [オブジェクト型変数]
```

解説 For Each...Nextステートメントを使うと、コレクション内の各オブジェクトに対して、同じ処理を繰り返すことができます。Nextのあとのオブジェクト型変数は、省略できます。

2 すべてのブックに対して処理を繰り返す

変数（全ブック）に、ブックの情報を1つずつ格納し、対象になるブックがなくなるまで処理を繰り返します。

1 Workbook型の変数（全ブック）を宣言します。

```
Sub 開いているブックに対して処理を実行()
    Dim 全ブック As Workbook
    For Each 全ブック In Workbooks
        全ブック.Save
    Next
End Sub
```

2 変数（全ブック）を上書き保存します。

3 変数（全ブック）に次のブックの情報を格納します。

実行例

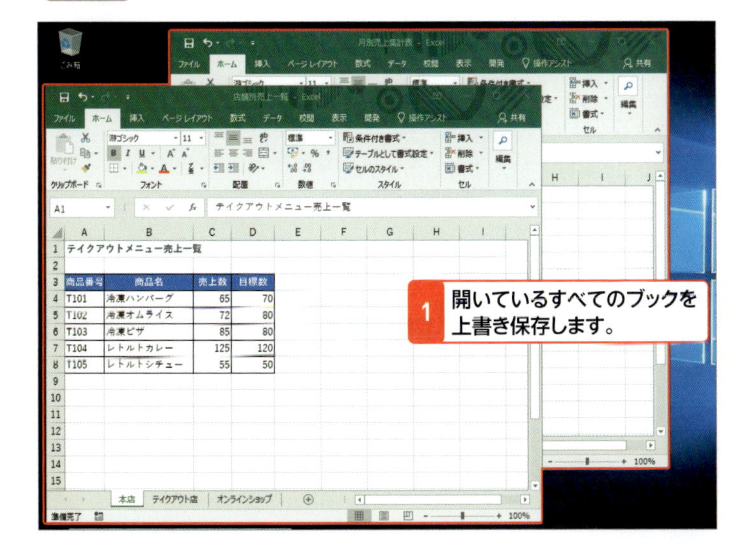

ヒント すべてのワークシートに対して処理を繰り返す

For Each...Nextステートメントを利用して、すべてのワークシートに対して同じ処理を繰り返すには、次のように書きます。Nextのあとのオブジェクト型変数は、省略できます。

```
Dim 変数名 As Worksheet
For Each 変数名 In Worksheets
    繰り返す内容
Next 変数名
```

メモ すべてのブックを対象に処理を実行する

ここでは、開いているすべてのブックを上書き保存します。For Each...Nextステートメントを使ってWorkbookオブジェクトが集まったWorkbooksコレクションを指定し、各ブックに対して同じ処理が繰り返し実行されるようにしています。

ヒント 開いているブックに対して処理を繰り返す

For Each...Nextステートメントを利用して、開いているすべてのブックに対して同じ処理を繰り返すには、次のように書きます。Nextのあとのオブジェクト型変数は、省略できます。

```
Dim 変数名 As Workbook
For Each 変数名 In Workbooks
    繰り返す内容
Next 変数名
```

Section 64 指定したセルに対して処理を繰り返す

覚えておきたいキーワード
- For Each...Nextステートメント
- オブジェクト
- Exit Forステートメント

For Each...Nextステートメントを使用すれば、指定したセル範囲のすべてのセルに対して同じ処理を繰り返すことができます。また、対象となるものすべてに同じ処理を繰り返すとき、条件を満たすかどうかで実行する内容を分ける場合は、If...Then...Elseステートメントと組み合わせます。

1 指定したセル範囲に対して処理を繰り返す

変数(セル範囲)に、指定したセル範囲内のセルの情報を1つずつ格納し、対象となるセルがなくなるまでブロック内の処理を繰り返します。

```
Sub 特定のセル範囲に対して処理を実行()
    Dim セル範囲 As Range
    For Each セル範囲 In Range("A4:A9")
        If セル範囲.Value = "○" Then
            セル範囲.Resize(1, 4).Interior.ColorIndex = 45
        Else
            セル範囲.EntireRow.Hidden = True
        End If
    Next
End Sub
```

1 Range型の変数(セル範囲)を宣言します。

変数(セル範囲)に「○」と入力されている場合は、3つ右のセル範囲までをオレンジ色に塗りつぶします。そうでない場合は、変数(セル範囲)を含む行全体を非表示にします。

メモ 指定したセル範囲のすべてのセルに対して処理を実行する

指定したセル範囲内で、「○」と入力されているセルがあれば、その3つ右のセルまでをオレンジ色に塗りつぶします。それ以外のセルは、そのセルを含む行全体を非表示にします。ここでは、For Each...Nextステートメントを使い、指定したセル範囲に対して同じ処理を繰り返しています。

実行例

1 マクロを実行すると、指定したセル範囲内のセルを対象に、同じ処理を繰り返します。

	A	B	C	D	E
1	資料請求者様一覧				
2					
3	DM希望	氏名	連絡先	メールアドレス	
4	○	斎藤遥	090-0000-XXXX		
5		渡辺翔太		watanabe@example.com	
6	○	松島桃花	050-0000-XXXX		
7	○	中野祥太郎	090-0000-XXXX	nakano@example.com	
8		田中美優		miyu@example.com	
9		佐藤真人	050-0000-XXXX		
10					

2 対象のセルに「○」と入力されている場合は、そこから3つ右のセル範囲までをオレンジ色に塗りつぶします。そうでない場合は、そのセルを含む行を非表示にします。

	A	B	C	D	E	F
1	資料請求者様一覧					
2						
3	DM希望	氏名	連絡先	メールアドレス		
4	○	斎藤遥	090-0000-XXXX			
6	○	松島桃花	050-0000-XXXX			
7	○	中野祥太郎	090-0000-XXXX	nakano@example.com		
10						
11						
12						
13						
14						
15						

書式 For Each...Nextステートメント

```
Dim 変数名 As Range
For Each 変数名 In セル範囲
       繰り返す内容
Next (変数名)
```

解説 Eor Each...Nextステートメントを利用して、指定したセル範囲に対して同じ処理を繰り返します。Nextのあとのオブジェクト型変数は、省略できます。

ヒント 繰り返し処理を途中で抜ける

繰り返し処理の途中で、For Each...Nextステートメントの中から抜けるには、Exit Forステートメント（P.209参照）を使います。繰り返し処理の途中で、指定した条件を満たしたとき、それ以降の繰り返し処理を行う必要がない場合などに利用します。

ヒント 繰り返し処理をする前に条件判定をする

シートやブック、セル範囲など、対象となるオブジェクトすべてに同じ処理を繰り返すとき、条件を満たすかどうかで実行する内容を分けたい場合は、If...Thenステートメントなどを組み合わせて利用します。たとえば、次の例は、「Sheet3」シート以外のシートに対して同じ処理を繰り返しています。

```
Sub シート見出しの色を変更()
    Dim 全シート As Worksheet
    For Each 全シート In Worksheets
        With 全シート
            If .Name <> "Sheet3" Then
                .Tab.Color = RGB(255, 0, 255)
            End If
        End With
    Next
End Sub
```

Section 65 シートやブックがあるかどうか調べる

覚えておきたいキーワード
- For Each...Nextステートメント
- Do While...Loopステートメント
- Dir関数

特定のシートやブックに対して何かの処理を行うとき、操作対象のシートやブックが存在しないとエラーになってしまいます。ここでは、そうしたエラーを防ぐため、指定したブックが開いているかどうか、指定したブックがフォルダー内に存在するかを調べる方法を紹介します。

1 指定したシートがあるかどうか調べる

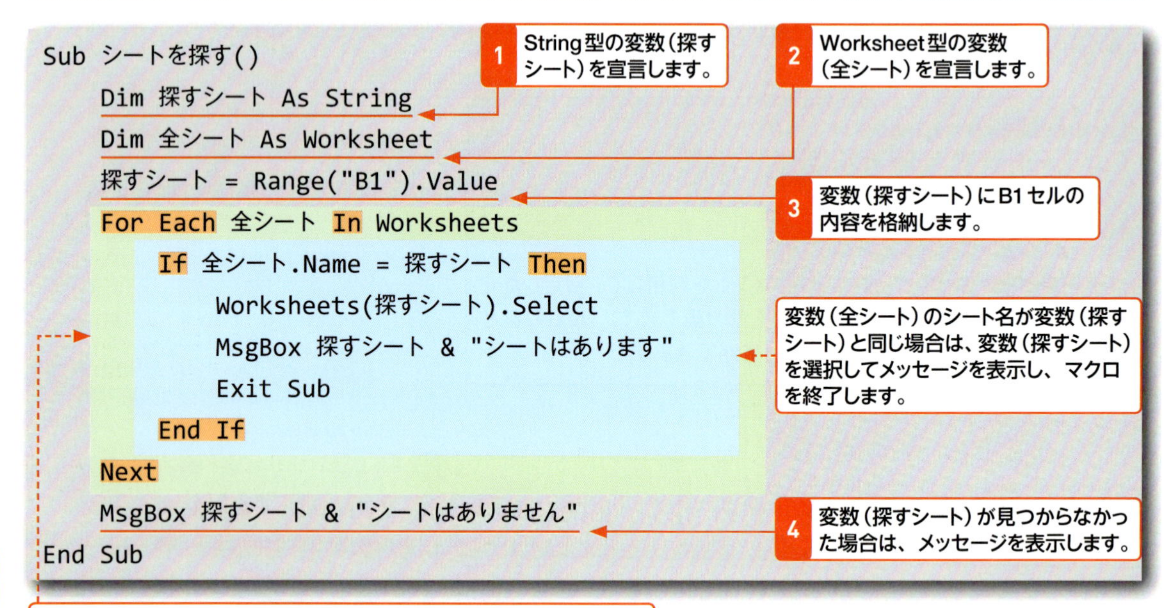

```
Sub シートを探す()
    Dim 探すシート As String
    Dim 全シート As Worksheet
    探すシート = Range("B1").Value
    For Each 全シート In Worksheets
        If 全シート.Name = 探すシート Then
            Worksheets(探すシート).Select
            MsgBox 探すシート & "シートはあります"
            Exit Sub
        End If
    Next
    MsgBox 探すシート & "シートはありません"
End Sub
```

1 String型の変数(探すシート)を宣言します。
2 Worksheet型の変数(全シート)を宣言します。
3 変数(探すシート)にB1セルの内容を格納します。
変数(全シート)のシート名が変数(探すシート)と同じ場合は、変数(探すシート)を選択してメッセージを表示し、マクロを終了します。
4 変数(探すシート)が見つからなかった場合は、メッセージを表示します。
変数(全シート)にシートの情報を1つずつ格納し、対象になるシートがなくなるまでブロック内の処理を繰り返します。

メモ 目的のシートがあるかどうか調べる

B1セルに入力された名前のシートがあるかどうかを調べて、その結果をメッセージに表示します。For Each...Nextステートメントを使って、各ワークシートに対してシートの名前をチェックする処理を繰り返し、指定した名前のシートがあった場合は、メッセージを表示します。

実行例

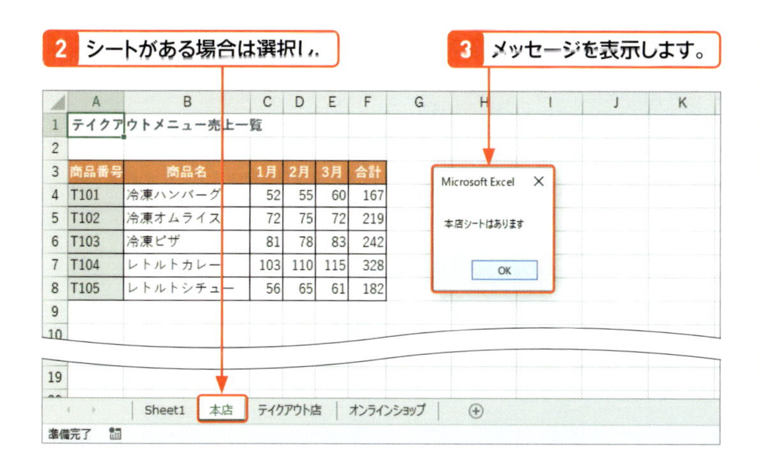

ステップアップ 処理の途中でマクロを終了する

実行中のマクロを途中で終了するには、Exit Subステートメントを使います。たとえば、繰り返し処理の途中で指定した条件を満たしたときに、マクロ自体を終了したい場合に利用します。

2 指定したブックが開いているかどうかを調べる

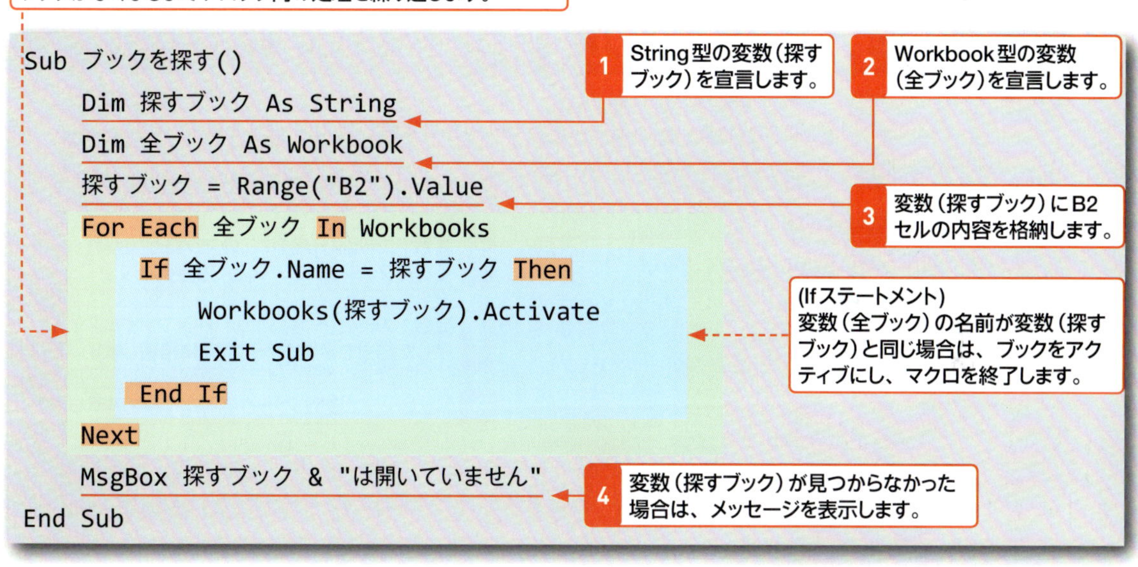

```
Sub ブックを探す()
    Dim 探すブック As String
    Dim 全ブック As Workbook
    探すブック = Range("B2").Value
    For Each 全ブック In Workbooks
        If 全ブック.Name = 探すブック Then
            Workbooks(探すブック).Activate
            Exit Sub
        End If
    Next
    MsgBox 探すブック & "は開いていません"
End Sub
```


実行例

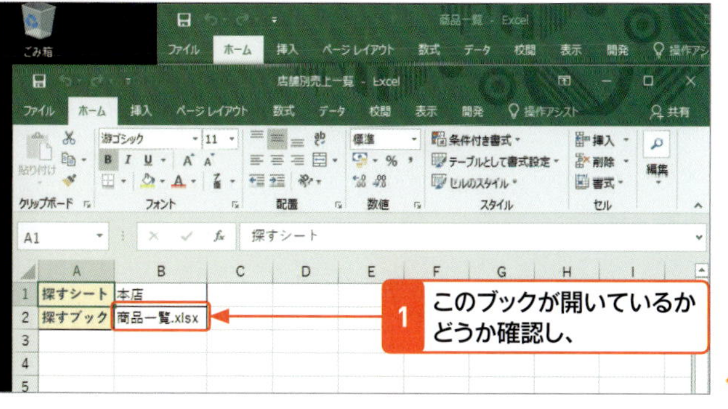

メモ 指定したブックが開いているか調べる

B2セルに入力された名前のブックが開いているかどうかを調べて、その結果をメッセージに表示し、ブックが開いている場合はブックをアクティブにします。For Each...Nextステートメントを使って、各ブックに対してブックの名前をチェックする処理を繰り返します。

ステップアップ　処理の途中でマクロを終了する

実行中のマクロを途中で終了するには、Exit Subステートメントを使います。たとえば、繰り返し処理の途中で指定した条件を満たしたとき、マクロ自体を終了したい場合に利用します。

2 ブックが開いている場合は、アクティブにします。

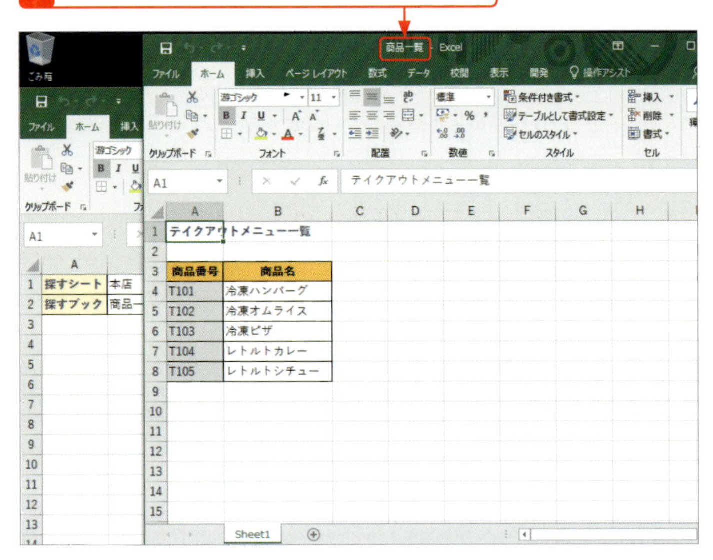

3 フォルダー内のブックに対して同じ処理を行う

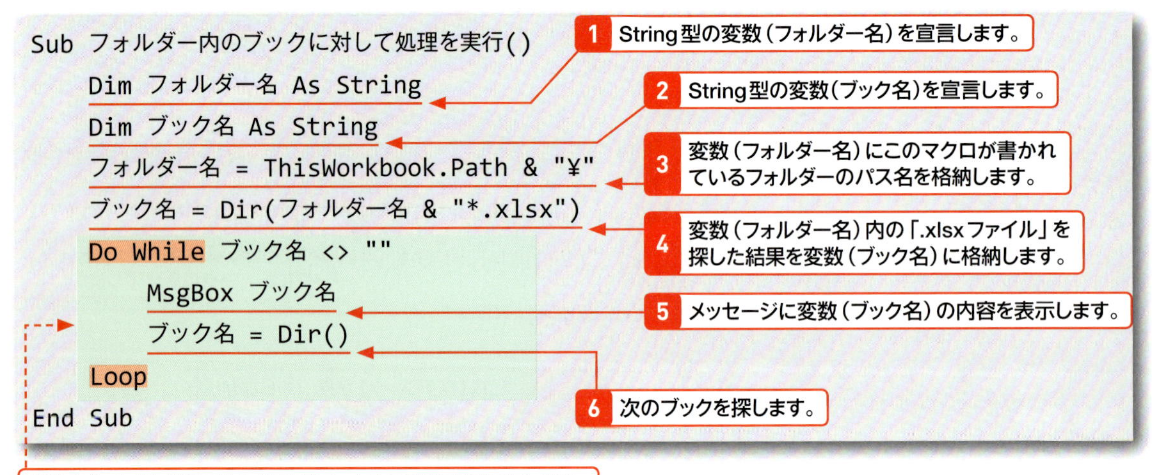

```
Sub フォルダー内のブックに対して処理を実行()
    Dim フォルダー名 As String
    Dim ブック名 As String
    フォルダー名 = ThisWorkbook.Path & "¥"
    ブック名 = Dir(フォルダー名 & "*.xlsx")
    Do While ブック名 <> ""
        MsgBox ブック名
        ブック名 = Dir()
    Loop
End Sub
```

1 String型の変数（フォルダー名）を宣言します。
2 String型の変数（ブック名）を宣言します。
3 変数（フォルダー名）にこのマクロが書かれているフォルダーのパス名を格納します。
4 変数（フォルダー名）内の「.xlsxファイル」を探した結果を変数（ブック名）に格納します。
5 メッセージに変数（ブック名）の内容を表示します。
6 次のブックを探します。
変数（ブック名）が空でない間はブロック内の処理を繰り返します。

メモ　フォルダー内のブックに対して処理を実行する

指定したフォルダーに保存されているブックに対して、同じ処理を繰り返しています。ここでは、Dir 関数を利用してブックを探し、ブックの名前をメッセージに表示します。Do While...Loopステートメントを利用して、ブックが見つかる間は、同じ処理を行うようにしています。

実行例

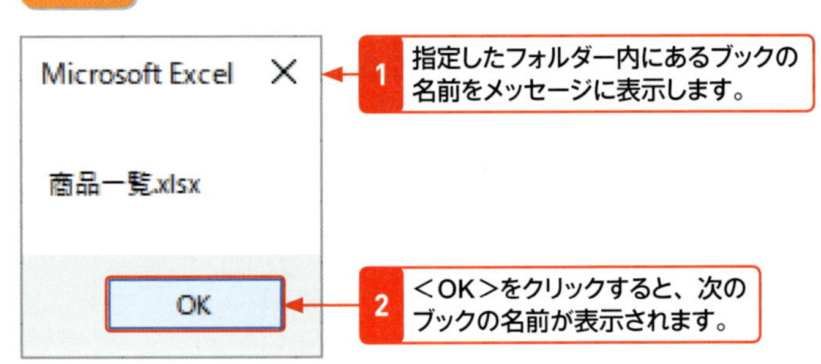

Dir 関数

Dir関数は、引数に指定した内容のファイルやフォルダーを探す関数です。なお、一度ファイルを検索したあと、同じ条件で繰り返して探す場合は、引数を指定せずに「Dir( )」のように書きます。一致するファイル名がない場合は、長さ0の文字列を返します。

Dir([Pathname],[Attributes])

Pathname 検索するファイル名やフォルダー名を指定します。
Attributes ファイルの属性を指定します。詳細についてはヘルプを参照してください。

4 指定したブックがフォルダーにあるかどうか調べる

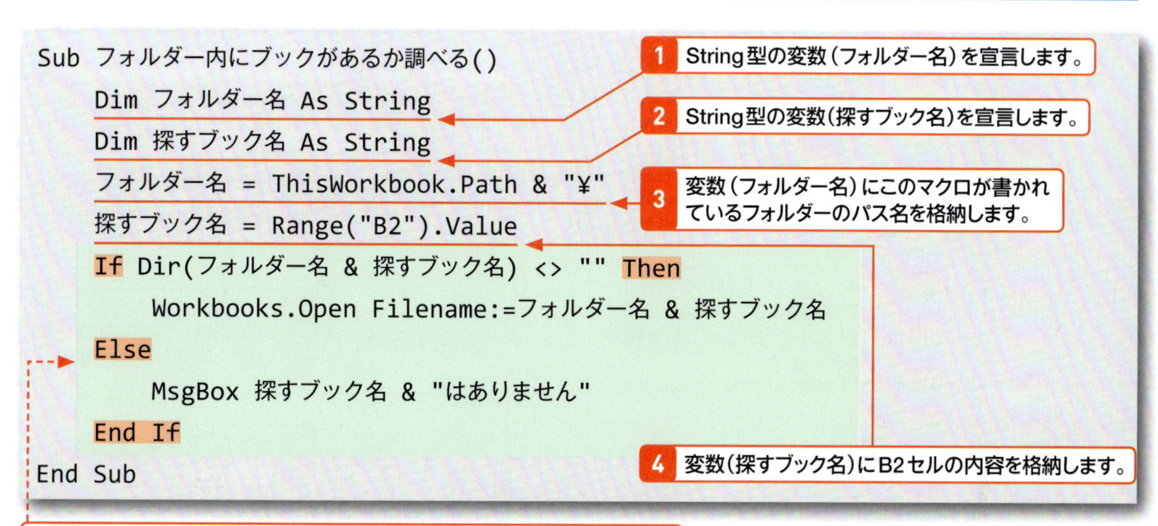

```
Sub フォルダー内にブックがあるか調べる()
    Dim フォルダー名 As String
    Dim 探すブック名 As String
    フォルダー名 = ThisWorkbook.Path & "¥"
    探すブック名 = Range("B2").Value
    If Dir(フォルダー名 & 探すブック名) <> "" Then
        Workbooks.Open Filename:=フォルダー名 & 探すブック名
    Else
        MsgBox 探すブック名 & "はありません"
    End If
End Sub
```

1 String型の変数(フォルダー名)を宣言します。
2 String型の変数(探すブック名)を宣言します。
3 変数(フォルダー名)にこのマクロが書かれているフォルダーのパス名を格納します。
4 変数(探すブック名)にB2セルの内容を格納します。

変数(フォルダー)内に変数(探すブック名)があった場合は、(探すブック名)を開きます。変数(フォルダー)内に変数(探すブック名)がない場合は、(探すブック名)がないことをメッセージ画面に表示します。

実行例

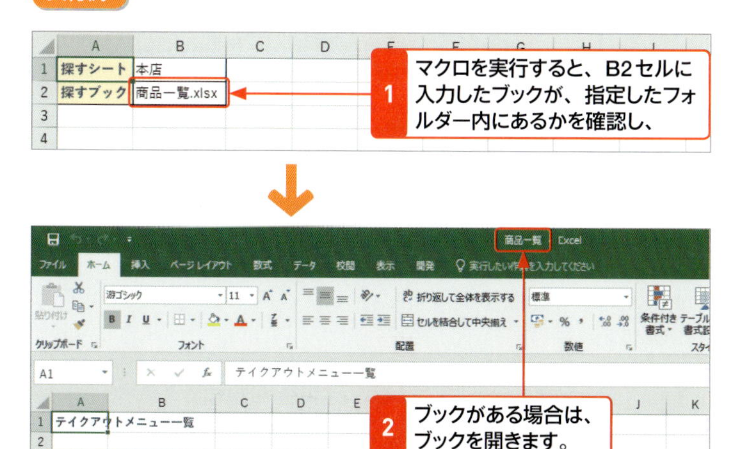

探すシート 本店
探すブック 商品一覧.xlsx
1 マクロを実行すると、B2セルに入力したブックが、指定したフォルダー内にあるかを確認し、
商品一覧 Excel
テイクアウトメニュー一覧
2 ブックがある場合は、ブックを開きます。

目的のブックがあるかどうか調べる

指定したフォルダー内に、B2セルに入力された名前のブックがあるかどうかを調べて、ブックがある場合はブックを開きます。ここでは、Dir関数を利用してブックを探します。

ヒント OneDriveのファイルやフォルダーを扱う

OneDriveとは、Microsoft 社が提供するインターネット上のファイル共有スペースです。Microsoftアカウント（無料）を取得すれば、誰でも自分のファイル共有スペースを利用できます。Excel 2013 以降では、OneDriveに保存したExcelファイルを開いたり、OneDriveにファイルを保存したりすることができるようになりました。VBAでOneDriveのファイルを扱うには、主に次のような方法があります。

OneDriveアプリを使用する方法

OneDriveアプリを利用すると、インターネット上のOneDriveのフォルダーと、自分のパソコンのOneDriveフォルダーが自動的に同期されます。そのため、自分のパソコンのフォルダーと同じ感覚でOneDriveを使用できます。VBAからOneDriveフォルダーを操作するには、OneDriveフォルダーの場所を確認して指定します。OneDriveフォルダーは、既定では、「C:¥Users¥ユーザー名¥OneDrive」にあります。なお、Windows 10には、はじめからOneDriveアプリが入っています。

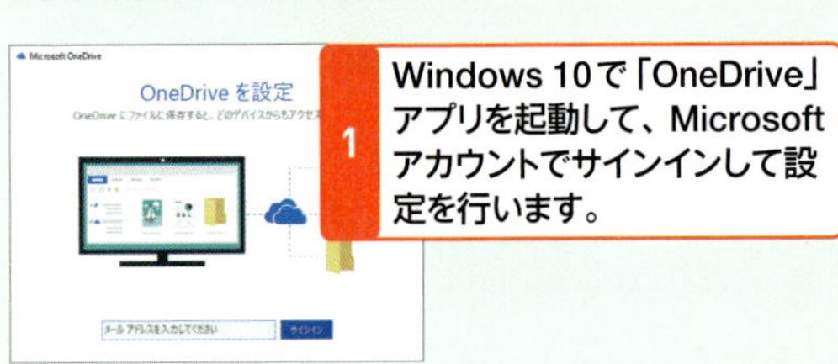

1 Windows 10で「OneDrive」アプリを起動して、Microsoftアカウントでサインインして設定を行います。

2 エクスプローラーの「OneDrive」をクリックすると、OneDriveフォルダーが表示されます。ここに保存したファイルやフォルダーは、OneDriveと同期がとられます。

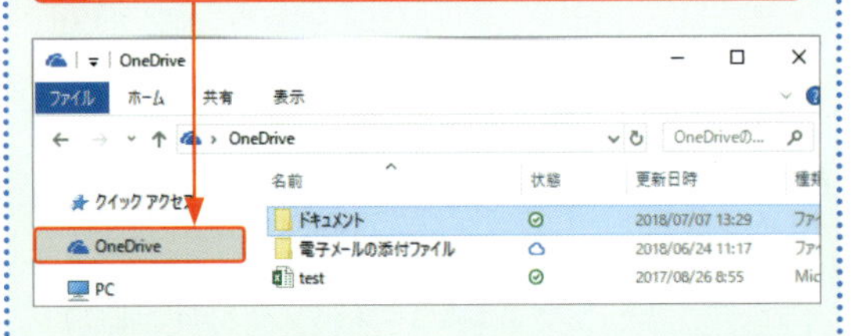

OneDriveの場所をネットワークドライブに割り当てる方法

VBAから、OneDriveに保存したファイルを直接開いたり、保存したりできますが、ファイルのコピーやフォルダーの操作を行おうとすると、パス名が見つからないといったエラーが発生する場合があります。その場合は、OneDriveをネットワークドライブに割り当てて利用すると、エラーを回避できます。

1 Webブラウザーで OneDriveにサインインして、「ドキュメント」フォルダーなどを開き、アドレスバーでURLを確認します。「#cid=」のあとの16桁の文字をメモしておきます。

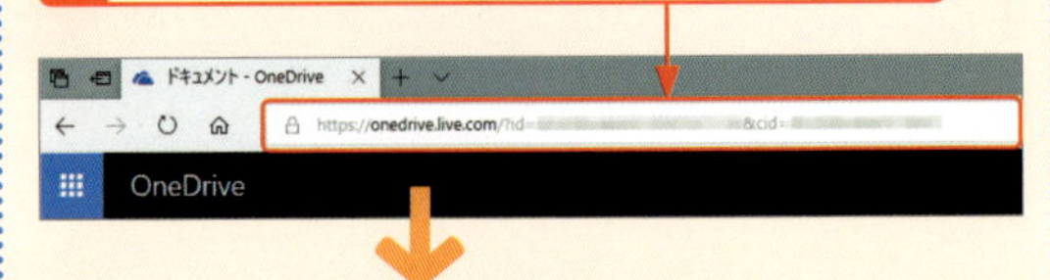

2 エクスプローラーを開きます。

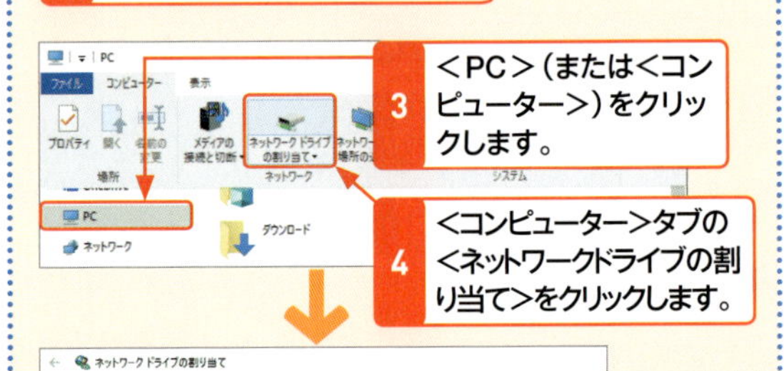

3 <PC>（または<コンピューター>）をクリックします。

4 <コンピューター>タブの<ネットワークドライブの割り当て>をクリックします。

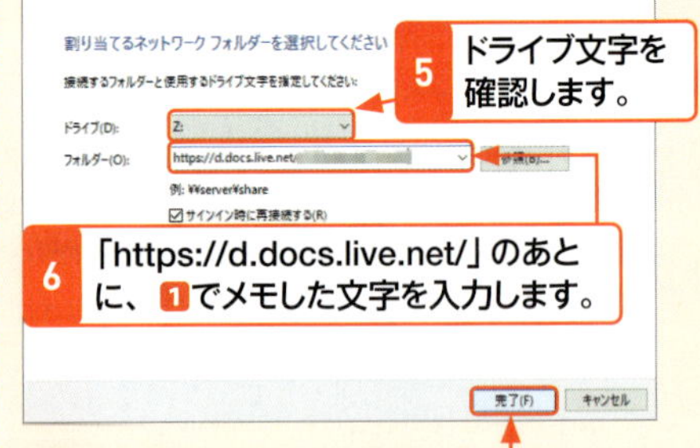

5 ドライブ文字を確認します。

6 「https://d.docs.live.net/」のあとに、1でメモした文字を入力します。

7 <完了>をクリックします。このあとサインイン画面が表示された場合は、Microsoftアカウントでサインインします。

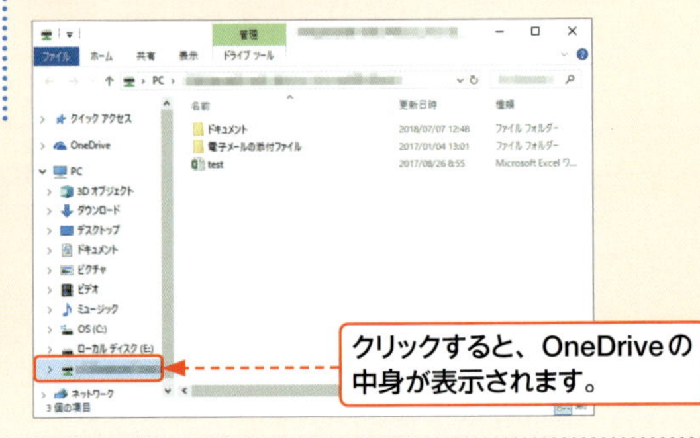

クリックすると、OneDriveの中身が表示されます。

OneDriveをネットワークドライブとして追加すると、エクスプローラーの画面にOneDriveのドライブが表示され、クリックすると中身が表示されます。なお、OneDriveにアクセスするためのパス名は、手順5で表示されたドライブ文字です。VBAでOneDriveのファイルの場所を指定するときは、そのパス名（この例では「Z:」）を記述します。

Chapter 08

第8章

データを並べ替えよう・抽出しよう

Section 66 並べ替えと抽出の基本

Section 67 データを並べ替える

Section 68 データを検索する

Section 69 データを置換する

Section 70 データを抽出する

Section 66

並べ替えと抽出の基本

覚えておきたいキーワード
- 並べ替え
- 検索・置換
- 抽出

この章では、セルの値を検索したり、リスト形式に集めたデータを整理したりする方法を紹介します。データを並べ替えるには並べ替えの機能を、データを抽出するにはフィルター機能などを使用します。VBAでは、Rangeオブジェクトのメソッドなどを使って、それらの機能を利用します。

1 データを検索する・置き換える

メモ 検索する

セルのデータを検索するには、RangeオブジェクトのFindメソッドを使用します。メソッドの引数で、検索条件などを指定できます。

メモ 置換する

セルのデータを置き換えるには、RangeオブジェクトのReplaceメソッドを使用します。メソッドの引数で、検索する文字、置き換える文字、検索条件などを指定できます。

検索の指定

C4セル～C14セルを対象に、E1セルの文字を探して、見つかったセルにコメントを追加します。

	A	B	C	D	E
1	研修会参加者一覧			店舗検索	札幌
2					
3	申込番号	社員番号	所属店舗	氏名	申込日
4	101	1011	銀座	田中慎吾	2019/1/5
5	102	1002	銀座	相川渉	2019/1/5
6	103	1033	銀座	和田亜由美	2016/1/5
7	104	3015	札幌	佐藤光	2016/1/7
8	105	3026	札幌	飯島智佳	2016/1/7
9	106	4023	福岡	中山[illegible]	2016/1/8
10	107	3065	札幌	[illegible]	[illegible]/1/9
11	108	4055	福岡	[illegible]	[illegible]/10
12	109	2355	金沢	[illegible]	[illegible]/10
13	110	2188	金沢	安藤麗佳	2016/1/10
14	111	4095	福岡	山野菜摘	2016/1/10
15					

★

置換の指定

C5セル～C12セルを対象に、D1セルの文字を探して、D2セルの内容に置き換えます。

	A	B	C	D
1	催し物リスト		検索	田中
2			置換	伊藤
3				
4	番号	催し物名	担当者	開催地
5	101	九州グルメ祭り	田中	アンテナショップ
6	102	北海道海鮮丼フェア	山田	駅中広場
7	103	下町B級グルメフェス	斎藤	駅中広場
8	104	スイーツ食べ放題祭り	斎藤	アンテナショップ
9	105	東北美味しいものフェス	山田	ハッピープラザ
10	106	全国ラーメン食べ比べ	山田	駅中広場
11	107	全国ふるさと祭り	田中	アンテナショップ
12	108	全国うまいもの市	田中	ハッピープラザ
13				
14				

2 リストを利用する

データの並べ替え

リストのデータを所属店舗順に並べ替えます。
同じ店舗の場合は、社員の氏名順に並べ替えます。

	A	B	C	D	E	F	G	H
1	研修会参加者一覧							
2								
3	申込番号	社員番号	所属店舗	氏名	申込日			
4	110	2188	金沢	安藤麗佳	2016/1/10			
5	109	2355	金沢	小池大輔	2016/1/10			
6	102	1002	銀座	相川渉	2019/1/5			
7	101	1011	銀座	田中慎吾	2019/1/5			
8	103	1033	銀座	和田亜由美	2016/1/5			
9	105	3026	札幌	飯島智佳	2016/1/7			
10	104	3015	札幌	佐藤光	2016/1/7			
11	107	3065	札幌	早瀬祥太郎	2016/1/9			
12	108	4055	福岡	大下理沙	2016/1/10			
13	106	4023	福岡	中山優斗	2016/1/8			
14	111	4095	福岡	山野菜摘	2016/1/10			
15								

データの抽出

フィルター機能を利用して、リストから条件を満たすデータを抽出します。

	A	B	C	D	E	F	G	H
1	暖房器具注文リスト							
2								
3	番	注文日	お届け日	顧客番	商品番	商品名	数	
6	1003	2018/12/3	2018/12/10	1032	A103	デスクヒーター	2	
9	1006	2018/12/5	2018/12/10	1092	A103	デスクヒーター	1	
11								

テーブルの利用

テーブル機能を利用して、リストから条件を満たすデータを抽出したり、
抽出したデータを集計したりします。

	A	B	C	D	E	F	G
1	暖房器具注文リスト						
2							
3	番号	注文日	お届け日	顧客番号	商品番号	商品名	数量
6	1003	2018/12/3	2018/12/10	1032	A103	デスクヒーター	2
9	1006	2018/12/5	2018/12/10	1092	A103	デスクヒーター	1
11	集計						3
12							

キーワード リスト

リストとは、先頭行にフィールドという見出しを用意して、1件分のデータを1行で入力する形式で集めたデータのことです。1件分（1行分）のデータを、レコードとも言います。なお、リストを作成するときは、各レコードを区別する重複しない値が入る、「会員番号」や「商品番号」などのフィールドを1列目に用意しておくとよいでしょう。データの並べ替えの基準にもなります。

メモ データの並べ替え

リストのデータを並べ替えるには、並べ替えに関する内容を示すSortオブジェクトを利用します。Worksheetオブジェクトなどにある Sortプロパティなどを使用して、Sortオブジェクトを取得します。並べ替え条件は、SortFieldオブジェクトを追加して指定します。

メモ データの抽出

オートフィルター機能を利用してデータを抽出するには、Rangeオブジェクトの AutoFilterメソッドを使用します。引数で抽出条件などを指定します。

メモ テーブル

リスト形式に集めたデータをテーブルに変換すると、データの並べ替えや抽出などの操作を簡単に実行できます。VBAでも、セル範囲をテーブルに変換して操作できます。テーブルは、テーブルの集まりを示すListObjectsコレクションのAddメソッドを使用して追加します。

Section 67

データを並べ替える

覚えておきたいキーワード
- Sortオブジェクト
- SortFieldオブジェクト
- Sortメソッド

Excelで並べ替えを行うときは、並べ替えの基準にする列や並び順を指定します。一方、VBAでデータの並べ替えを行うには、並べ替えに関する情報を示すSortオブジェクトを取得して利用します。または、Rangeオブジェクトの Sortメソッドを利用することもできます。

1 セルのデータを並べ替える

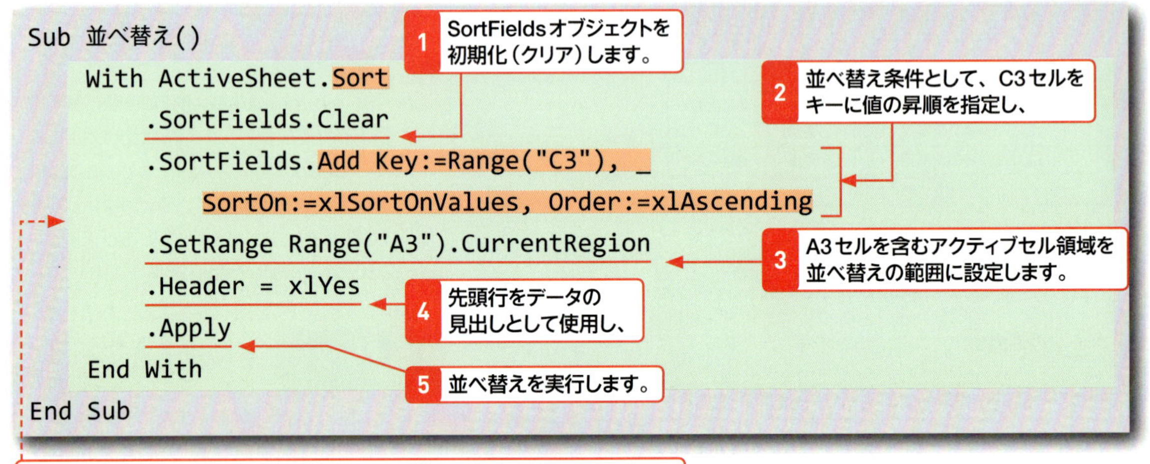

```
Sub 並べ替え()
    With ActiveSheet.Sort
        .SortFields.Clear
        .SortFields.Add Key:=Range("C3"), _
            SortOn:=xlSortOnValues, Order:=xlAscending
        .SetRange Range("A3").CurrentRegion
        .Header = xlYes
        .Apply
    End With
End Sub
```

1 SortFieldsオブジェクトを初期化(クリア)します。
2 並べ替え条件として、C3セルをキーに値の昇順を指定し、
3 A3セルを含むアクティブセル領域を並べ替えの範囲に設定します。
4 先頭行をデータの見出しとして使用し、
5 並べ替えを実行します。
アクティブシートのSortオブジェクトに、並べ替えに関する処理を書きます。

メモ セルのデータを並べ替える

A3セルを含むアクティブセル領域を対象に、並べ替えを行います。ここでは、「所属店舗」の列を基準にデータを昇順で並べ替えています。Excelで並べ替え条件を設定するには、P.229のようにキーを追加します。VBAでは、Sortオブジェクトを取得して利用します。SortFieldオブジェクトを追加して条件の内容を指定します。

実行例

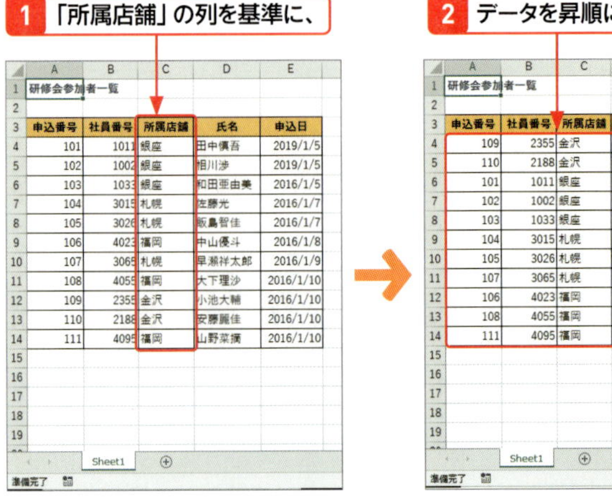

1 「所属店舗」の列を基準に、
2 データを昇順に並べ替えます。

研修会参加者一覧

申込番号	社員番号	所属店舗	氏名	申込日
101	1011	銀座	田中慎吾	2019/1/5
102	1002	銀座	相川渉	2019/1/5
103	1033	銀座	和田亜由美	2016/1/5
104	3015	札幌	佐藤光	2016/1/7
105	3026	札幌	飯島智佳	2016/1/7
106	4023	福岡	中山優斗	2016/1/8
107	3065	札幌	早瀬祥太郎	2016/1/9
108	4055	福岡	大下理沙	2016/1/10
109	2355	金沢	小池大輔	2016/1/10
110	2188	金沢	安藤麗佳	2016/1/10
111	4095	福岡	山野菜摘	2016/1/10

→

研修会参加者一覧

申込番号	社員番号	所属店舗	氏名	申込日
109	2355	金沢	小池大輔	2016/1/10
110	2188	金沢	安藤麗佳	2016/1/10
101	1011	銀座	田中慎吾	2019/1/5
102	1002	銀座	相川渉	2019/1/5
103	1033	銀座	和田亜由美	2016/1/5
104	3015	札幌	佐藤光	2016/1/7
105	3026	札幌	飯島智佳	2016/1/7
107	3065	札幌	早瀬祥太郎	2016/1/9
106	4023	福岡	中山優斗	2016/1/8
108	4055	福岡	大下理沙	2016/1/10
111	4095	福岡	山野菜摘	2016/1/10

Sortオブジェクトの取得

書式 Sortプロパティ

オブジェクト.Sort

解説 Sortオブジェクトのさまざまなメソッドやプロパティを利用すると、並べ替えに関するさまざまな指定ができます。たとえば、次のようなメソッド･プロパティがあります。SortオブジェクトはSortプロパティを使って取得します。

▼メソッド

Apply	並べ替えを行う
SetRange	並べ替えを行うセル範囲を指定する

▼プロパティ

Header	最初の行にヘッダーが含まれるかを指定する
MatchCase	大文字と小文字を区別するかを指定する
Orientation	並べ替えの方向を指定する
SortFields	SortFieldsコレクションを取得する

オブジェクト Worksheetオブジェクト、AutoFilterオブジェクト、ListObjectオブジェクト、QueryTableオブジェクトを指定します。

並べ替えのフィールドの設定

書式 Addメソッド

オブジェクト.Add(Key,[SortOn],[Order],[CustomOrder],[DataOption])

解説 Sortオブジェクトを利用して、さまざまな条件でデータを並べ替えるには、並べ替え条件を示すSortFieldオブジェクトを利用します。SortFieldオブジェクトは、SortFieldsコレクションのAddメソッドを利用して追加します。

オブジェクト SortFieldsコレクションを指定します。

引数

Key 並べ替えの基準にする列を指定します。

SortOn 並べ替えの基準を指定します（右の表参照）。

設定値	内容
xlSortOnCellColor	セルの色
xlSortOnFontColor	フォントの色
xlSortOnIcon	条件付き書式のアイコン
xlSortOnValues	セルの値

Order 並べ順を指定します（右の表参照）。

設定値	内容
xlAscending	昇順（既定値）
xlDescending	降順

CustomOrder ユーザー設定リストを利用して並べ替えをする場合に、利用するリストを指定します。

DataOption 並べ替えの方法を指定します。設定値は下の表を参照してください。

設定値	内容
xlSortNormal	数値データとテキストデータを別に並べ替える
xlSortTextAsNumbers	テキストを数値データとして並べ替える

2 複数の条件を指定する

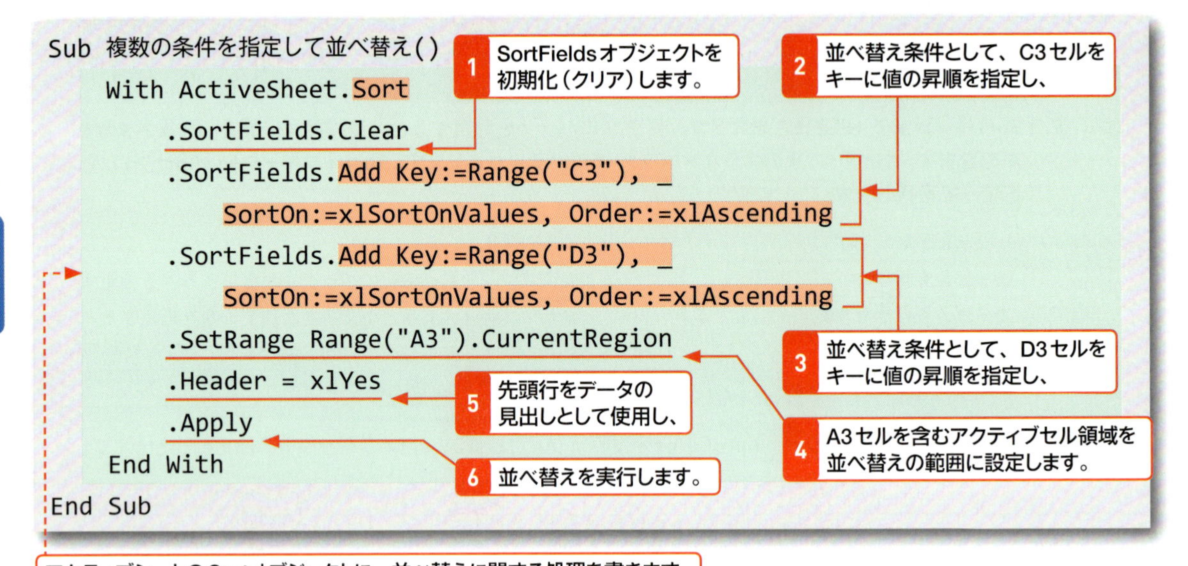

```
Sub 複数の条件を指定して並べ替え()
    With ActiveSheet.Sort
        .SortFields.Clear
        .SortFields.Add Key:=Range("C3"), _
            SortOn:=xlSortOnValues, Order:=xlAscending
        .SortFields.Add Key:=Range("D3"), _
            SortOn:=xlSortOnValues, Order:=xlAscending
        .SetRange Range("A3").CurrentRegion
        .Header = xlYes
        .Apply
    End With
End Sub
```

1 SortFieldsオブジェクトを初期化（クリア）します。
2 並べ替え条件として、C3セルをキーに値の昇順を指定し、
3 並べ替え条件として、D3セルをキーに値の昇順を指定し、
4 A3セルを含むアクティブセル領域を並べ替えの範囲に設定します。
5 先頭行をデータの見出しとして使用し、
6 並べ替えを実行します。

アクティブシートのSortオブジェクトに、並べ替えに関する処理を書きます。

メモ 複数の条件を指定して並べ替える

A3セルを含むアクティブセル領域を対象に並べ替えをします。並べ替えの条件は、「所属店舗」の昇順とし、同じ「所属店舗」の人がいたら、「氏名」のあいうえお順に並べ替えます。並べ替えの条件を複数追加して並べ替えを実行します。

実行例

1 「所属店舗」を基準に、

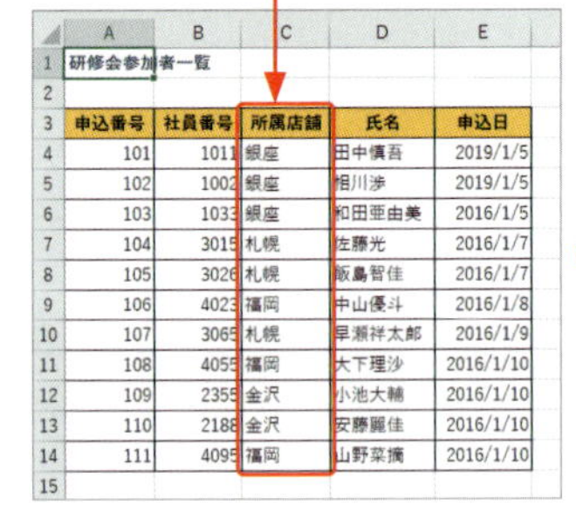

	A	B	C	D	E
1	研修会参加者一覧				
2					
3	申込番号	社員番号	所属店舗	氏名	申込日
4	101	1011	銀座	田中慎吾	2019/1/5
5	102	1002	銀座	相川渉	2019/1/5
6	103	1033	銀座	和田亜由美	2016/1/5
7	104	3015	札幌	佐藤光	2016/1/7
8	105	3026	札幌	飯島智佳	2016/1/7
9	106	4023	福岡	中山優斗	2016/1/8
10	107	3065	札幌	早瀬祥太郎	2016/1/9
11	108	4055	福岡	大下理沙	2016/1/10
12	109	2355	金沢	小池大輔	2016/1/10
13	110	2188	金沢	安藤麗佳	2016/1/10
14	111	4095	福岡	山野菜摘	2016/1/10
15					

2 データを昇順で並べ替えます。「同じ所属店舗」の人は、「氏名」のあいうえお順に並べ替えます。

	A	B	C	D	E
1	研修会参加者一覧				
2					
3	申込番号	社員番号	所属店舗	氏名	申込日
4	110	2188	金沢	安藤麗佳	2016/1/10
5	109	2355	金沢	小池大輔	2016/1/10
6	102	1002	銀座	相川渉	2019/1/5
7	101	1011	銀座	田中慎吾	2019/1/5
8	103	1033	銀座	和田亜由美	2016/1/5
9	105	3026	札幌	飯島智佳	2016/1/7
10	104	3015	札幌	佐藤光	2016/1/7
11	107	3065	札幌	早瀬祥太郎	2016/1/9
12	108	4055	福岡	大下理沙	2016/1/10
13	106	4023	福岡	中山優斗	2016/1/8
14	111	4095	福岡	山野菜摘	2016/1/10
15					

ヒント Sortメソッドを使う

並べ替えを実行するには、RangeオブジェクトのSortメソッドを使用する方法もあります。Sortメソッドでは、文字の色で並べ替えるといった複雑な並べ替え条件は指定できませんが、簡単な条件なら簡潔に指定できて便利です。

1 A3セルを含むアクティブセル領域を対象にデータの並べ替えを行います。並べ替えの条件は「所属店舗」の昇順で、同じ「所属店舗」の場合は、「氏名」のあいうえお順に並べ替えます。

```
Sub 複数の条件を指定して並べ替え2()
    Range("A3").Sort _
        Key1:=Range("C3"), Order1:=xlAscending, _
        Key2:=Range("D3"), Order2:=xlAscending, _
        Header:=xlYes
End Sub
```

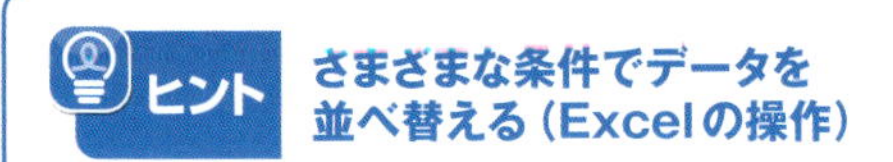

ヒント さまざまな条件でデータを並べ替える（Excelの操作）

Excelでは、<データ>タブの<並べ替え>をクリックして並べ替えの条件を追加します。VBAでは、SortFieldオブジェクトを追加して指定します。

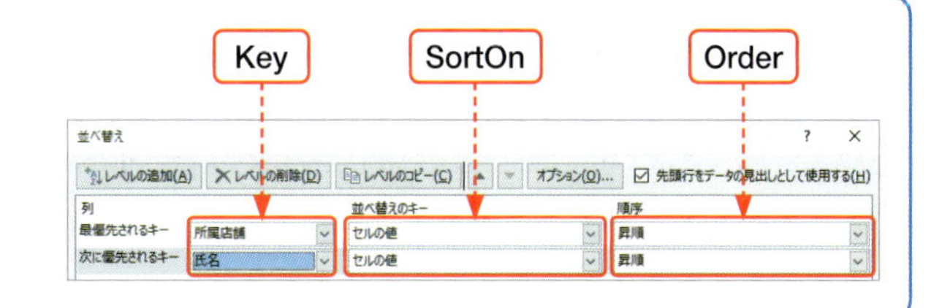

ステップアップ さまざまな並べ替え

●色を基準にデータの並べ替え

色を基準にデータを並べ替えるには、AddメソッドのSortOnで並べ替えのキーを「色」にして、並べ替える色の順番を指定します。たとえば、次の例では、薄い青、薄い緑の順にデータを並べ替えています。

```
Sub 色を基準に並べ替え()
    With ActiveSheet.Sort
        .SortFields.Clear
        .SortFields.Add(Key:=Range("C3"), SortOn:=xlSortOnCellColor, _
          Order:=xlAscending).SortOnValue.Color = RGB(0, 176, 240)
        .SortFields.Add(Key:=Range("C3"), SortOn:=xlSortOnCellColor, _
          Order:=xlAscending).SortOnValue.Color = RGB(146, 208, 80)
        .SetRange Range("A3").CurrentRegion
        .Header = xlYes
        .Apply
    End With
End Sub
```

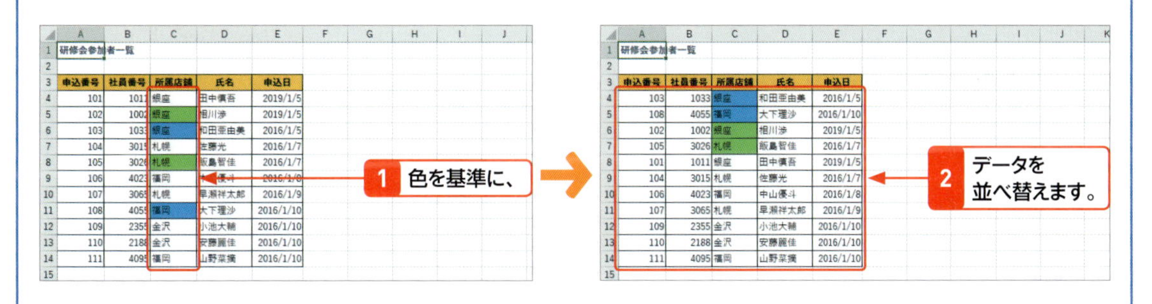

●「福岡、金沢、札幌、銀座・・・」などのオリジナルの順番で並べ替える

昇順や降順ではなく任意の順番でデータを並べ替えるには、Addメソッドの引数のCustomOrderで、データを並べ替える順番を指定します。たとえば、福岡、金沢、札幌、銀座の順で並べ替えるには、次のように書きます。

```
Sub 指定した順で並べ替え()
    With ActiveSheet.Sort
        .SortFields.Clear
        .SortFields.Add Key:=Range("C3"), CustomOrder:="福岡,金沢,札幌,銀座"
        .SetRange Range("A3").CurrentRegion
        .Header = xlYes
        .Apply
    End With
End Sub
```

Section 68 データを検索する

覚えておきたいキーワード
- ☑ Find メソッド
- ☑ FindNext メソッド
- ☑ FindFormat プロパティ

Excelでデータを検索するときは、<ホーム>タブの<検索と選択>をクリックし、<検索と置換>画面を表示します。VBAでは、RangeオブジェクトのFindメソッドを利用して検索を行います。Findメソッドの引数を指定すれば、<検索と置換>画面と同様に、検索条件を細かく指定できます。

1 セルのデータを検索する

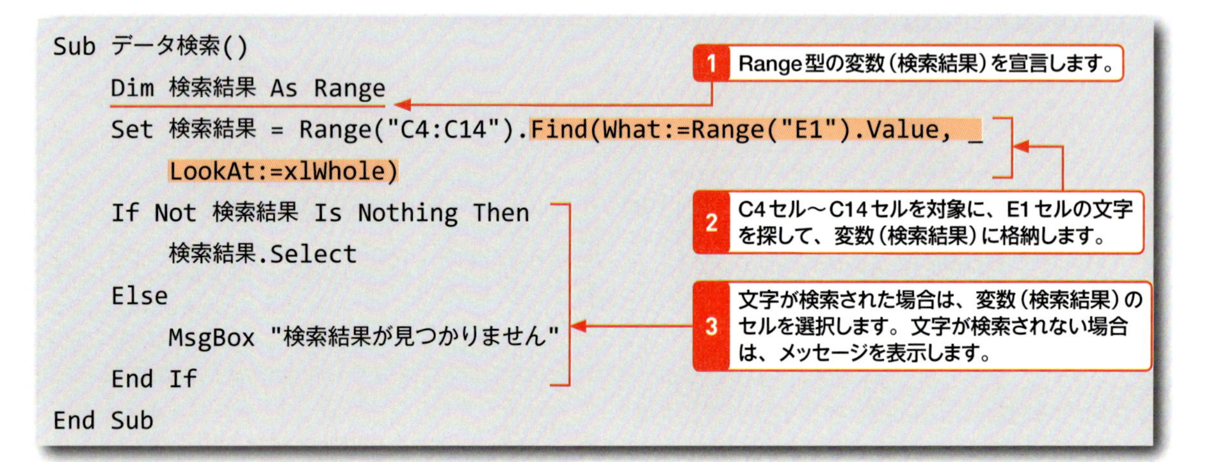

```
Sub データ検索()
    Dim 検索結果 As Range
    Set 検索結果 = Range("C4:C14").Find(What:=Range("E1").Value, _
        LookAt:=xlWhole)
    If Not 検索結果 Is Nothing Then
        検索結果.Select
    Else
        MsgBox "検索結果が見つかりません"
    End If
End Sub
```

1 Range型の変数（検索結果）を宣言します。
2 C4セル～C14セルを対象に、E1セルの文字を探して、変数（検索結果）に格納します。
3 文字が検索された場合は、変数（検索結果）のセルを選択します。文字が検索されない場合は、メッセージを表示します。

メモ データを検索する

E1セルに入力されている文字を検索します。VBAでは、RangeオブジェクトのFindメソッドを利用します。

ヒント Not演算子

Not演算子は、論理演算子の1つで、「～ではない」という条件を指定するときに利用します。たとえば、「Not Range("A1").Value="ABC"」とした場合、A1セルの値が「ABC」ではないときにTrue、「ABC」のときFalseが返ります。「Not 検索結果 Is Nothing」は、「検索結果（変数）が空ではない」という条件で、「検索結果（変数）にオブジェクトが格納されている」という意味になります。

実行例

	A	B	C	D	E
1	研修会参加者一覧			店舗検索	札幌
2					
3	申込番号	社員番号	所属店舗	氏名	申込日
4	101	1011	銀座	田中慎吾	2019/1/5
5	102	1002	銀座	相川渉	2019/1/5
6	103	1033	銀座	和田亜由美	2016/1/5
7	104	3015	札幌	佐藤光	2016/1/7
8	105	3026	札幌	飯島智佳	2016/1/7
9	106	4023	福岡	中山優斗	2016/1/8
10	107	3065	札幌	早瀬祥太郎	2016/1/9
11	108	4055	福岡	大下理沙	2016/1/10
12	109	2355	金沢	小池大輔	2016/1/10
13	110	2188	金沢	安藤麗佳	2016/1/10
14	111	4095	福岡	山野菜摘	2016/1/10

1 E1セルに入力されている内容を検索して、

	A	B	C	D	E
1	研修会参加者一覧			店舗検索	札幌
2					
3	申込番号	社員番号	所属店舗	氏名	申込日
4	101	1011	銀座	田中慎吾	2019/1/5
5	102	1002	銀座	相川渉	2019/1/5
6	103	1033	銀座	和田亜由美	2016/1/5
7	104	3015	札幌	[illegible]光	2016/1/7
8	105	3026	札幌	飯島智佳	2016/1/7

2 選択します。

書式 Findメソッド

オブジェクト.Find(What,[After],[LookIn],[LookAt],[SearchOrder],[SearchDirection],[MatchCase],[MatchByte],[SearchFormat])

解 説 セルに入力されているデータを探すには、Findメソッドを使用します。引数には、検索する文字や検索時の条件などを指定します。検索結果が見つからない場合は、Nothingが返されます。

オブジェクト Rangeオブジェクトを指定します。

引 数

What 検索する文字を指定します。

After セルの場所を指定します。ここで指定したセルの次のセルから検索が開始されます。省略した場合は、対象セル範囲の左上のセルが指定されたものとみなされます。

LookIn 検索対象を指定します。

設定値	内容
xlFormulas	数式
xlValues	値
xlComments	コメント

LookAt：検索条件を指定します。

設定値	内容
xlWhole	完全一致
xlPart	部分一致

SearchOrder 検索の方向を指定します。

設定値	内容
xlByRows	行方向
xlByColumns	列方向

SearchDirection 検索の方向を指定します。

設定値	内容
xlNext	次の値を検索
xlPrevious	前の値を検索

MatchCase 大文字と小文字を区別して検索する場合はTrue、区別しない場合はFalseを指定します。

MatchByte 全角と半角を区別して検索する場合はTrue、区別しない場合はFalseを指定します。

SearchFormat 検索するセルの書式を指定するにはTrue、指定しない場合はFalseを指定します。

ヒント 検索条件を指定する（Excelの操作）

Excelで検索を行うには、<ホーム>タブの<検索と選択>をクリックして<検索>をクリックします。表示される<検索と置換>画面で、検索する文字などを指定します。なお、上で紹介したFindメソッドの引数の内容は、Excelの<検索と置換>画面の内容と対応しています。

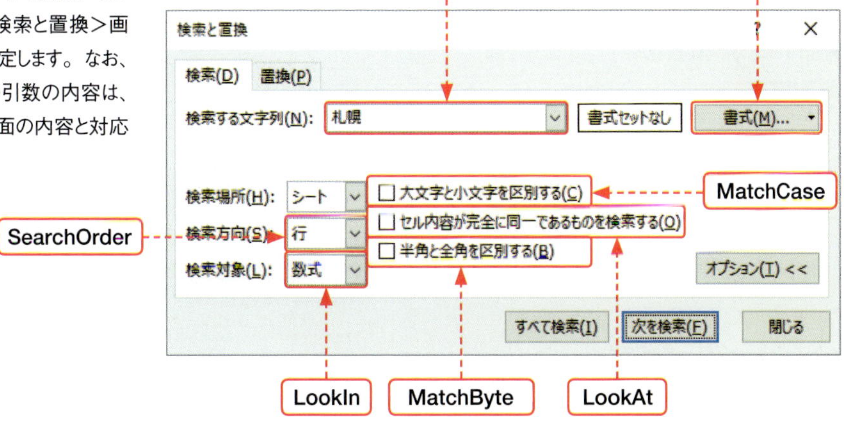

2 次の検索結果を表示する

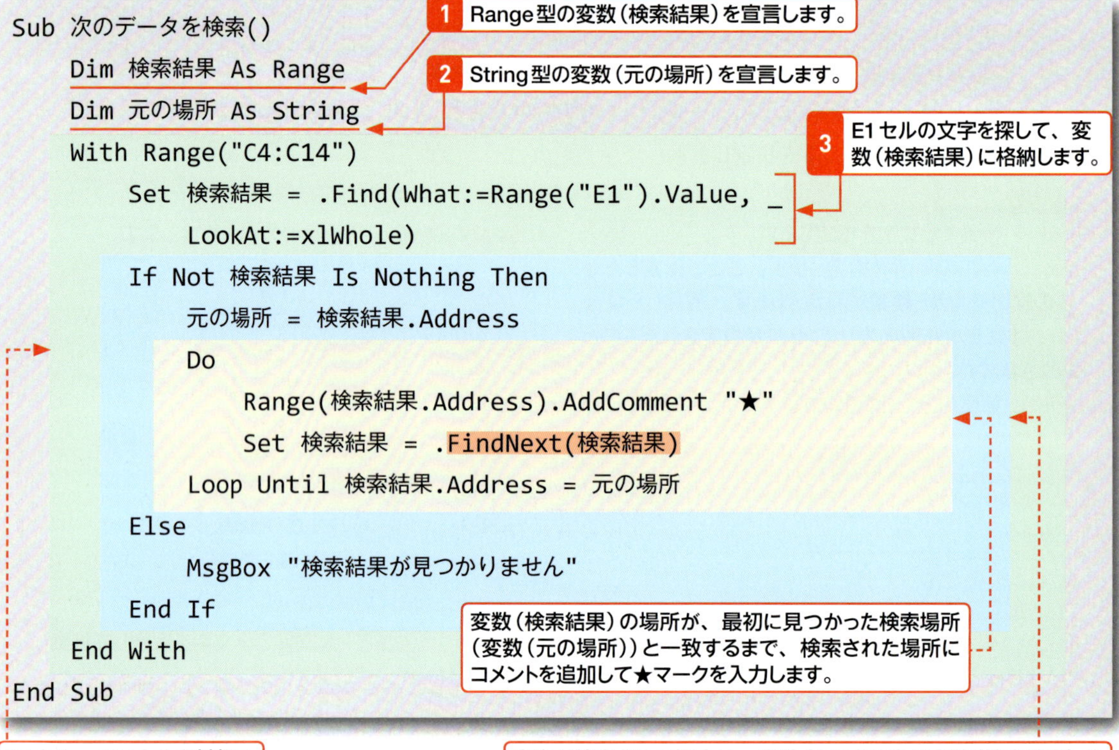

```
Sub 次のデータを検索()
    Dim 検索結果 As Range
    Dim 元の場所 As String
    With Range("C4:C14")
        Set 検索結果 = .Find(What:=Range("E1").Value, _
            LookAt:=xlWhole)
        If Not 検索結果 Is Nothing Then
            元の場所 = 検索結果.Address
            Do
                Range(検索結果.Address).AddComment "★"
                Set 検索結果 = .FindNext(検索結果)
            Loop Until 検索結果.Address = 元の場所
        Else
            MsgBox "検索結果が見つかりません"
        End If
    End With
End Sub
```

1 Range型の変数(検索結果)を宣言します。
2 String型の変数(元の場所)を宣言します。
3 E1セルの文字を探して、変数(検索結果)に格納します。
変数(検索結果)の場所が、最初に見つかった検索場所(変数(元の場所))と一致するまで、検索された場所にコメントを追加して★マークを入力します。

C4セル〜C14セルを対象にした処理を書きます。

文字が検索された場合は、変数(元の場所)に変数(検索結果)の場所を格納し(最初に見つかった場所を控えておく)、繰り返し処理を実行します。文字が検索されない場合は、メッセージを表示します。

メモ 次の検索を実行する

ここでは、文字を検索したあとに次の文字を検索します。E1セルに入力されている文字を検索して、見つかったセルにコメントを追加します。続いて、次のデータを検索します。最初の検索場所に戻るまで、この処理を繰り返します。

実行例

1 C4セル〜C14セルを対象に、E1セルの文字を探して、

	A	B	C	D	E	F	G	H	I	J
1	研修会参加者一覧			店舗検索	札幌					
2										
3	申込番号	社員番号	所属店舗	氏名	申込日					
4	101	1011	銀座	田中慎吾	2019/1/5					
5	102	1002	銀座	相川渉	2019/1/5					
6	103	1033	銀座	和田亜由美	2016/1/5					
7	104	3015	札幌	佐藤光	2016/1/7					
8	105	3026	札幌	飯島智佳	2016/1/7					
9	106	4023	福岡	中山優斗	2016/1/8					
10	107	3065	札幌	早瀬祥太郎	2016/1/9					
11	108	4055	福岡	大下理沙	2016/1/10					
12	109	2355	金沢	小池大輔	2016/1/10					
13	110	2188	金沢	安藤麗佳	2016/1/10					
14	111	4095	福岡	山野菜摘	2016/1/10					
15										
16										
17										

	A	B	C	D	E	F	G	H	I	J
1	研修会参加者一覧			店舗検索	札幌					
2										
3	申込番号	社員番号	所属店舗	氏名	申込日					
4	101	1011	銀座	田中慎吾	2019/1/5					
5	102	1002	銀座	相川渉	2019/1/5					
6	103	1033	銀座	和田亜由美	2016/1/5					
7	104	3015	札幌	佐藤光	2016/1/7					
8	105	3026	札幌	飯島智佳	2016/1/7					
9	106	4023	福岡	中山優斗	2016/1/8					
10	107	3065	札幌	早瀬祥太郎	2016/1/9					

2 検索された場所にコメントを追加し、

	A	B	C	D	E	F	G	H	I	J
1	研修会参加者一覧			店舗検索	札幌					
2										
3	申込番号	社員番号	所属店舗	氏名	申込日					
4	101	1011	銀座	田中慎吾	2019/1/5					
5	102	1002	銀座	相川渉	2019/1/5					
6	103	1033	銀座	和田亜由美	2016/1/5					
7	104	3015	札幌	佐藤光	2016/1/7					
8	105	3026	札幌	飯島智佳	2016/1/7					
9	106	4023	福岡	中山優斗	2016/1/8					
10	107	3065	札幌	早	1/9					
11	108	4055	福岡	大	/10					
12	109	2355	金沢	小	/10					
13	110	2188	金沢	安藤麗佳	2016/1/10					
14	111	4095	福岡	山野菜摘	2016/1/10					

3 次に検索された場所にコメントを追加します。

4 検索結果が見つからなくなるまで同じ処理を繰り返します。

書式 FindNextメソッド

オブジェクト.FindNext([After])

解　説 Findメソッドでデータを検索したあと、次のデータを検索するには、FindNextメソッドを利用します。

オブジェクト Rangeオブジェクトを指定します。

引　数

After　セルの場所を指定します。ここで指定したセルの次のセルから検索が開始されます。省略した場合は、対象セル範囲の左上のセルが指定されたものとみなされます。

ヒント セルのアドレスを取得する

セル範囲のアドレスを取得するには、Addressプロパティを利用します。

ヒント 思い通りに検索されない場合

Findメソッドの引数の、検索対象（LookIn）や、検索条件（LookAt）、検索方向（Search Order）、全角半角の区別（MatchByte）の指定を省略すると、Excelの<検索と置換>画面で指定されている内容に基づいて検索が実行されます。これらの設定は、検索するたびに設定が保存されるので、思うようにに検索できない場合は、引数を省略せずに指定するようにしましょう。

一度検索を実行すると、次回検索をするときにも検索条件などは残っています。<検索と置換>画面を表示すると、条件などを確認できます。

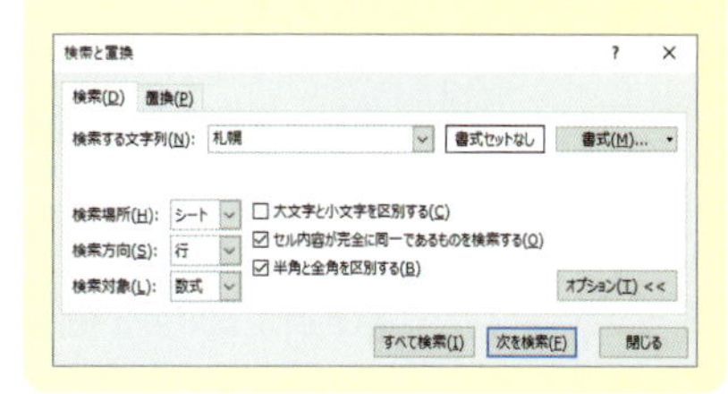

ステップアップ 書式を指定して検索する

指定した書式が設定されているセルを検索するには、ApplicationオブジェクトのFindFormatプロパティを使用して、書式の検索条件を表すCellFormatオブジェクトを取得して書式の内容を指定します。書式の内容は、CellFormatオブジェクトのFontプロパティやInteriorプロパティなどを使用して指定します。次の例は、太字で黄色の塗りつぶしが設定されているセルを検索するものです。

```
Sub 書式検索()
    With Application.FindFormat
        .Font.Bold = True
        .Interior.Color = RGB(255, 255, 0)
    End With
    Cells.Find(What:="", SearchFormat:=True).Activate
End Sub
```

Section 69

データを置換する

覚えておきたいキーワード
- Replaceメソッド
- ReplaceFormatプロパティ
- LookAt

Excelでデータを置き換えるときは、<ホーム>タブの<検索と選択>をクリックし、<検索と置換>画面を表示して行います。VBAでは、Rangeオブジェクトのカラ Replaceメソッドを利用します。メソッドの引数を指定すれば、<検索と置換>画面と同様に検索条件を指定できます。

1 セルのデータを置き換える

```
Sub データの置換1()
    Range("C5:C12").Replace What:=Range("D1").Value, _
        Replacement:=Range("D2").Value, LookAt:=xlWhole
End Sub
```

1 C5セル～C12セルを対象に、D1セルの文字を探してD2セルの文字に置き換えます。

書式 Replaceメソッド

オブジェクト.Replace(What,Replacement,[LookAt],[SearchOrder],[MatchCase],[MatchByte],[SearchFormat],[ReplaceFormat])

解説 文字を置き換えるには、RangeオブジェクトのReplaceメソッドを利用します。引数には、検索する文字や置き換える文字、検索時の条件などを指定します。

オブジェクト Rangeオブジェクトを指定します。

引数

What 検索する文字を指定します。

Replacement 置き換える文字を指定します。

LookAt 検索条件を指定します。

設定値	内容
xlWhole	完全一致
xlPart	部分一致

SearchOrder 検索の方向を指定します。

設定値	内容
xlByRows	行方向
xlByColumns	列方向

MatchCase 大文字と小文字を区別して検索する場合はTrue、区別しない場合はFalseを指定します。

MatchByte 全角と半角を区別して検索する場合はTrue、区別しない場合はFalseを指定します。

SearchFormat 検索するセルの書式を指定します。

ReplaceFormat 置換するセルの書式を指定します。

実行例

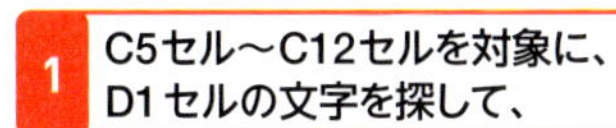

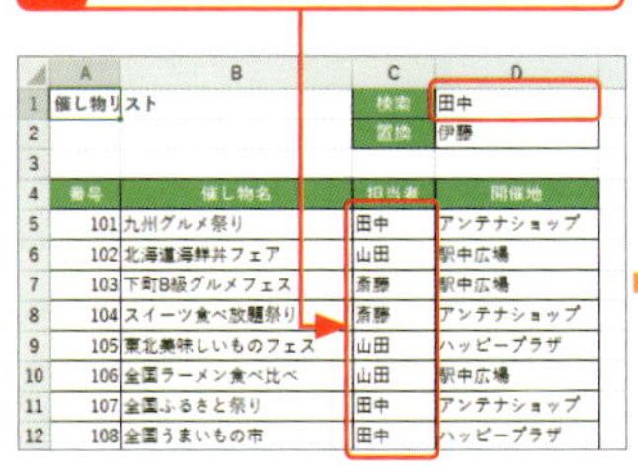

2 D2セルの内容に置き換えます。

メモ 文字を別の文字に置き換える

D1セルの文字を検索し、D2セルの文字に置き換えます。文字を置き換えるには、Rangeオブジェクトの Replaceメソッドを利用します。

2 検索されたセルに書式を設定する

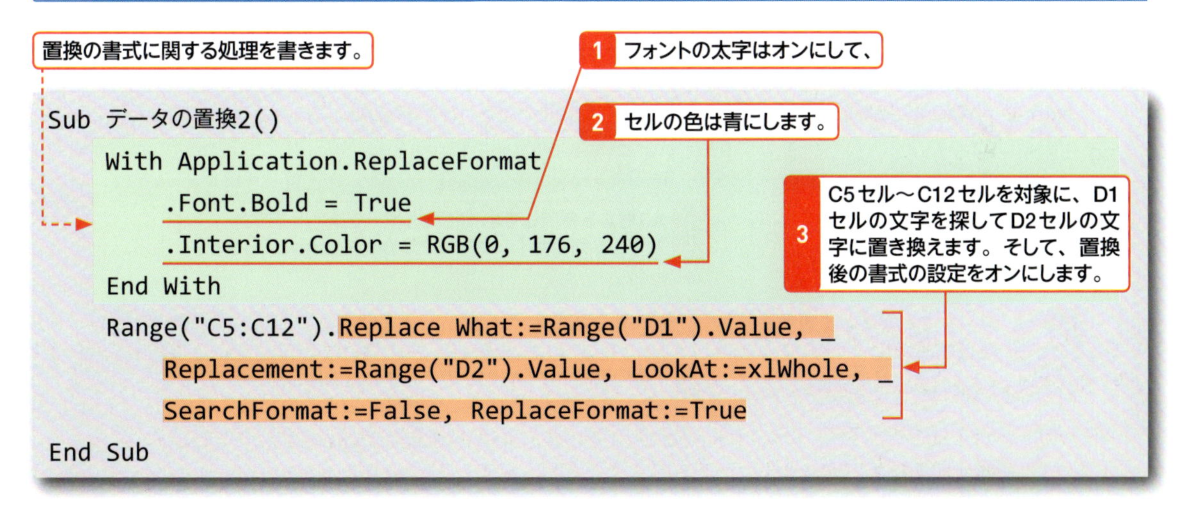


```
Sub データの置換2()
    With Application.ReplaceFormat
        .Font.Bold = True
        .Interior.Color = RGB(0, 176, 240)
    End With
    Range("C5:C12").Replace What:=Range("D1").Value, _
        Replacement:=Range("D2").Value, LookAt:=xlWhole, _
        SearchFormat:=False, ReplaceFormat:=True
End Sub
```

実行例

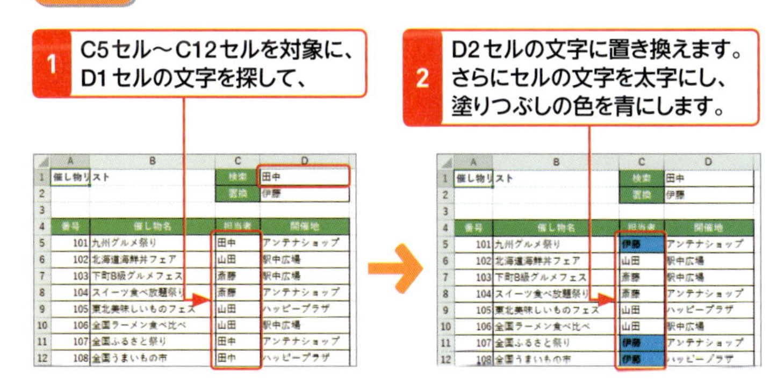

メモ 置換の際に書式も変更する

D1セルの文字を検索し、D2セルの文字に置き換えます。その際、置換後のセルの書式を指定します。それには、Applicationオブジェクトの ReplaceFormatプロパティを使用して、置換後の書式を表すCellFormatオブジェクトを取得して指定します。書式の内容は、CellFormatオブジェクトのFontプロパティやInteriorプロパティなどを使用して指定します。

書式 ReplaceFormatプロパティ

オブジェクト.ReplaceFormat

解説 セルの検索結果の置換後の書式を指定するには、ReplaceFormatプロパティを使用します。

オブジェクト Applicationオブジェクトを指定します。

Section 70 データを抽出する

覚えておきたいキーワード
- AutoFilter メソッド
- AdvancedFilter メソッド
- ListObject オブジェクト

リスト形式にまとめたデータの中から条件を満たすデータを抽出するには、オートフィルター機能を利用する方法や、フィルターオプション機能を利用する方法があります。VBA でも、AutoFilter メソッドや AdvancedFilter メソッドを利用して、同様の処理を行えます。

1 オートフィルター機能を使ってデータを抽出する

```
Sub データ抽出()
    Range("A3").AutoFilter Field:=5, Criteria1:="A103"
End Sub
```

1 A3セルを参照してオートフィルターを実行します。左から5列目が「A103」かどうかを抽出条件にします。

メモ オートフィルター機能を使用する

ここでは、「商品番号」が「A103」のデータを抽出します。Excelで、リスト内のデータの中から簡単に表示データを絞り込むには、「オートフィルター」機能を利用します。VBAでは、Range オブジェクトの AutoFilter メソッドを利用します。

実行例

1 「商品番号」が「A103」のデータのみ抽出したいので、

	A	B	C	D	E	F	G
1	暖房器具注文リスト						
2							
3	番号	注文日	お届け日	顧客番号	商品番号	商品名	数量
4	1001	2018/12/1	2018/12/5	1058	A101	オイルヒーター	1
5	1002	2018/12/1	2018/12/5	1041	A102	電気ストーブ	1
6	1003	2018/12/3	2018/12/10	1032	A103	デスクヒーター	2
7	1004	2018/12/3	2018/12/10	1085	A101	オイルヒーター	1
8	1005	2018/12/5	2018/12/10	1005	A101	オイルヒーター	2
9	1006	2018/12/5	2018/12/10	1092	A103	デスクヒーター	1
10	1007	2018/12/5	2018/12/10	1065	A102	電気ストーブ	1
11							

2 オートフィルター機能を利用して、「商品番号」が「A103」のデータのみ表示します。

	A	B	C	D	E	F	G
1	暖房器具注文リスト						
2							
3	番号	注文日	お届け日	顧客番号	商品番号	商品名	数量
6	1003	2018/12/3	2018/12/10	1032	A103	デスクヒーター	2
9	1006	2018/12/5	2018/12/10	1092	A103	デスクヒーター	1
11							
12							
13							
14							
15							

書式 AutoFilterメソッド

オブジェクト.AutoFilter([Field],[Criteria1],[Operator],[Criteria2],[VisibleDropDown])

解説 オートフィルターを実行するには、RangeオブジェクトのAutoFilterメソッドを利用します。引数で、抽出条件を指定します。

オブジェクト Rangeオブジェクトを指定します。

引数

Field 条件を指定する列を番号で指定します。リストの一番左の列から1、2、3…のように数えて指定します。

Criteria1 抽出条件を指定します。

例	内容	例	内容	例	内容
"商品A"	商品A	"=3"	3と等しい	""	空白セル
"*商品A*"	商品Aを含む	">3"	3より大きい	"<>"	空白以外のセル
"商品A*"	商品Aからはじまる	"<3"	3より小さい		
"<>商品A"	商品A以外	"<=3"	3以下		
"<>*商品A*"	商品Aを含まない	"<>3"	3以外		

Operator 抽出条件の指定方法を次の中から指定します。たとえば、抽出条件で「"10"」を指定し、条件を「上から数えて10%」としたい場合には、「xlTop10Percent」を指定します。

設定値	内容
xlAnd	抽出条件1と抽出条件2をAND条件で指定する
xlBottom10Items	下から数えて○番目(抽出条件1で指定した数)までを表示
xlBottom10Percent	下から数えて○%(抽出条件1で指定した数)までを表示
xlOr	抽出条件1と抽出条件2をOR条件で指定する
xlTop10Items	上から数えて○番目(抽出条件1で指定した数)までを表示
xlTop10Percent	上から数えて○%(抽出条件1で指定した数)までを表示
xlFilterCellColor	セルの色を指定する
xlFilterDynamic	動的フィルターを指定する
xlFilterFontColor	フォントの色を指定する
xlFilterIcon	フィルターアイコンを指定する
xlFilterValues	フィルターの値を指定する

Criteria2 2つめの抽出条件を指定します。この引数は、抽出条件の指定方法と組み合わせて利用します。複数の条件をAnd条件やOR条件で指定する場合などに使います。

VisibleDropDown フィルターボタンを表示する場合はTrue、表示しない場合はFalseを指定します。

ステップアップ 「○○以上○○以下」の抽出条件を指定する

2つの抽出条件を指定するには、Criteria1とCriteria2に条件を指定します。また、And条件かOr条件で指定するのかを指定します。たとえば、左から1つ目のフィールドが「1003以上でかつ1006以下」のデータを抽出するには次のように書きます。

```
Sub 抽出範囲を指定()
    Range("A3").AutoFilter Field:=1, Criteria1:=">=1003", _
        Operator:=xlAnd, Criteria2:="<=1006"
End Sub
```

ヒント オートフィルターの設定をオフにする

Range オブジェクトの AutoFilter メソッドを利用すると、オートフィルターの機能を実行するかどうかを切り替えられます。次の例は、オートフィルターのフィルターモードがオンかどうかを判定し、オンのときのみオートフィルターの設定を切り替えてオフにします。条件分岐の指定方法については、Sec.59を参照してください。

1 オートフィルター機能がオンになっているときは、

	A	B	C	D	E	F	G
1	暖房器具注文リスト						
2							
3	番	注文日	お届け日	顧客番	商品番	商品名	数
6	1003	2018/12/3	2018/12/10	1032	A103	デスクヒーター	2
9	1006	2018/12/5	2018/12/10	1092	A103	デスクヒーター	1
11							
12							
13							
14							
15							
16							

2 フィルター機能をオフにします。

	A	B	C	D	E	F	G
1	暖房器具注文リスト						
2							
3	番号	注文日	お届け日	顧客番号	商品番号	商品名	数量
4	1001	2018/12/1	2018/12/5	1058	A101	オイルヒーター	1
5	1002	2018/12/1	2018/12/5	1041	A102	電気ストーブ	1
6	1003	2018/12/3	2018/12/10	1032	A103	デスクヒーター	2
7	1004	2018/12/3	2018/12/10	1085	A101	オイルヒーター	1
8	1005	2018/12/5	2018/12/10	1005	A101	オイルヒーター	2
9	1006	2018/12/5	2018/12/10	1092	A103	デスクヒーター	1
10	1007	2018/12/5	2018/12/10	1065	A102	電気ストーブ	1
11							

```
Sub オートフィルター解除()
    If ActiveSheet.AutoFilterMode = True Then
        Range("A3").AutoFilter
    End If
End Sub
```

2 フィルターオプションの機能を使ってデータを抽出する

```
Sub フィルターオプションの設定()
    Range("A5").CurrentRegion.AdvancedFilter _
        Action:=xlFilterInPlace, _
        Criteriarange:=Range("A2:G3"), Unique:=False
End Sub
```

1 A5セルを含むアクティブセル領域を対象にフィルターオプションの機能を利用してデータを抽出します。抽出条件は、A2セル～G3セルの範囲を指定します。

実行例

1 検索条件を指定すると、

	A	B	C	D	E	F	G
1	暖房器具注文リスト						
2	番号	注文日	お届け日	顧客番号	商品番号	商品名	数量
3					A103		>=2
4							
5	番号	注文日	お届け日	顧客番号	商品番号	商品名	数量
6	1001	2018/12/1	2018/12/5	1058	A101	オイルヒーター	1
7	1002	2018/12/1	2018/12/5	1041	A102	電気ストーブ	1
8	1003	2018/12/3	2018/12/10	1032	A103	デスクヒーター	2
9	1004	2018/12/3	2018/12/10	1085	A101	オイルヒーター	1
10	1005	2018/12/5	2018/12/10	1005	A101	オイルヒーター	2

2 検索条件（ここでは、「商品番号」が「A103」で、かつ「数量」が2以上）を満たすデータのみが抽出されます。

	A	B	C	D	E	F	G	H
1	暖房器具注文リスト							
2	番号	注文日	お届け日	顧客番号	商品番号	商品名	数量	
3					A103		>=2	
4								
5	番号	注文日	お届け日	顧客番号	商品番号	商品名	数量	
8	1003	2018/12/3	2018/12/10	1032	A103	デスクヒーター	2	
14	1009	2019/1/7	2019/1/11	1057	A103	デスクヒーター	2	
17	1012	2019/1/10	2019/1/14	1053	A103	デスクヒーター	3	
20								
21								

フィルターオプション機能を使う

ここでは、A2セル～G3セルに入力した抽出条件を満たすデータを抽出します。Excelで、リスト内のデータの中からいくつかの条件を満たすデータを抽出するには、下のヒントのように、「フィルターオプションの設定機能」を利用する方法があります。VBAでフィルターオプションの設定機能を利用するには、Rangeオブジェクトの AdvancedFilterメソッドを使用します。

書式 AdvancedFilterメソッド

オブジェクト.AdvancedFilter(Action,[CriteriaRange],[CopyToRange],[Unique])

解　説 フィルターオプションの設定機能を利用するには、AdvancedFilterメソッドを利用します。引数で、抽出条件の範囲などを指定します。

オブジェクト Rangeオブジェクトを指定します。

引　数

Action　検索結果をほかの場所に表示するか、リストと同じ場所に表示するかを指定します。

設定値	内容
xlFilterCopy	抽出した結果をコピーして別の場所に表示する
xlFilterInPlace	リスト内に抽出結果を表示する

CriteriaRange　検索条件が書かれている範囲を指定します。

CopyToRange　抽出結果の表示方法で、「xlFilterCopy」を設定したときは、ここで、抽出した結果の表示場所を指定します。

Unique　検索結果の中で重複するレコードを無視して表示する場合は「True」、重複するレコードを含めて表示するには、Falseを指定します。

フィルターオプション機能を使う（Excelの操作）

Excelでリスト内のデータの中から、いくつかの条件を満たすデータを抽出するには、＜フィルターオプションの設定＞画面を利用する方法があります。フィルターオプション機能を利用するには、リストとは別の場所に抽出条件を書く場所を用意します。続いて、データを抽出するリスト内を選択し、＜データ＞タブの＜詳細設定＞をクリックし、＜フィルターオプションの設定＞画面で抽出条件を指定します。Rangeオブジェクトの AdvancedFilterメソッドで指定できる引数に対応しています。

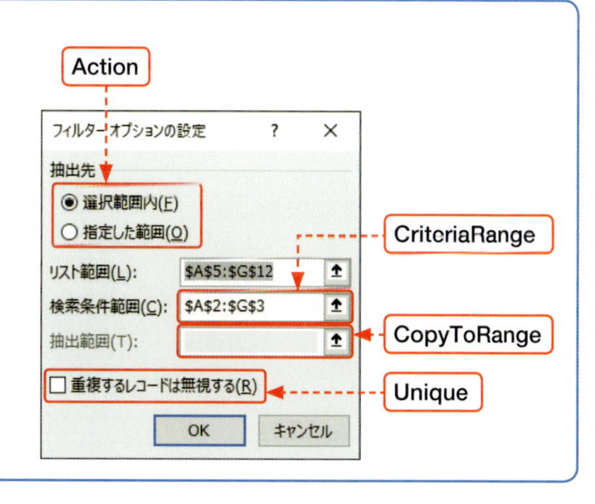

ヒント フィルターオプションの設定を解除する

フィルターオプションの設定を解除してすべてのデータを表示するには、WorksheetオブジェクトのShowAllDataメソッドを利用します。フィルターを実行しているときのみ設定を解除するには、フィルターモードがオンかどうかを判定し、オンのときのみ処理が行われるようにします。条件分岐の方法については、Sec.59を参照してください。

1 フィルターを実行しているときのみフィルターオプションの設定を解除し、すべてのデータを表示します。

```
Sub フィルター設定解除()
    If ActiveSheet.FilterMode = True Then
        ActiveSheet.ShowAllData
    End If
End Sub
```

3 セル範囲をテーブルに変換する

A3セルを含むアクティブセル領域を元にテーブルを作成し、そのテーブルに関する処理を書きます。

```
Sub テーブルに変換()
    With ActiveSheet.ListObjects.Add(SourceType:=xlSrcRange, _
        Source:=Range("A3").CurrentRegion)
        .TableStyle = "TableStylemedium6"
        .Name = "注文"
    End With
End Sub
```

1 テーブルのスタイルを「テーブルスタイル（中間6）」にします。

2 テーブル名を「注文」にします。

メモ セル範囲をテーブルに変換する

A3セルを含むアクティブセル領域をテーブルに変換します。テーブルを表すListObjectオブジェクトの集まりである、ListObjectsコレクションのAddメソッドを使用してテーブルを追加します。

実行例

1 A3セルを含むアクティブセル領域を、

暖房器具注文リスト

番号	注文日	お届け日	顧客番号	商品番号	商品名	数量
1001	2018/12/1	2018/12/5	1058	A101	オイルヒーター	1
1002	2018/12/1	2018/12/5	1041	A102	電気ストーブ	1
1003	2018/12/3	2018/12/10	1032	A103	デスクヒーター	2
1004	2018/12/3	2018/12/10	1085	A101	オイルヒーター	1
1005	2018/12/5	2018/12/10	1005	A101	オイルヒーター	2
1006	2018/12/5	2018/12/10	1092	A103	デスクヒーター	1
1007	2018/12/5	2018/12/10	1065	A102	電気ストーブ	1

2 テーブルに変換します。

暖房器具注文リスト

番号	注文日	お届け日	顧客番号	商品番号	商品名	数量
1001	2018/12/1	2018/12/5	1058	A101	オイルヒーター	1
1002	2018/12/1	2018/12/5	1041	A102	電気ストーブ	1
1003	2018/12/3	2018/12/10	1032	A103	デスクヒーター	2
1004	2018/12/3	2018/12/10	1085	A101	オイルヒーター	1
1005	2018/12/5	2018/12/10	1005	A101	オイルヒーター	2
1006	2018/12/5	2018/12/10	1092	A103	デスクヒーター	1
1007	2018/12/5	2018/12/10	1065	A102	電気ストーブ	1

書式 Addメソッド

オブジェクト.Add([SourceType],[Source],[LinkSource],[XlListObjectHasHeaders],[Destination],[TableStyleName])

解　説 新しいテーブルを作成します。

オブジェクト ListObjectsコレクションを指定します。

引　数

SouceType 元のデータの種類を指定します。

設定値	内容
xlSrcExternal	外部データソース (Microsoft SharePoint Foundation サイト)
xlSrcModel	PowerPivot モデル
xlSrcQuery	クエリ
xlSrcRange	セル範囲 (既定値)
xlSrcXml	XML

Source データ元の値を指定します。引数SouceTypeがxlSrcRange の場合は、省略可能。

LinkSource 外部データソースをListObjectオブジェクトにリンクするかを指定します。SourceTypeがxlSrcRangeの場合は無効になります。

XlListObjectHasHeaders 先頭行に列ラベルがあるかを指定します。

設定値	内容
xlGuess	列ラベルがあるか自動判定
xlNo	なし
xlYes	あり

Destination 作成するリストの配置先を指定します。SourceTypeがxlSrcRangeの場合は無視されます。

TableStyleName テーブルに適用するスタイル名を指定します。

ヒント ListObjects コレクション

ListObjectsコレクションは、テーブルを表すListObjectオブジェクトの集まりです。WorksheetオブジェクトのListObjectsプロパティで取得できます。

ヒント テーブルを元の範囲に変換する

テーブルを元のセル範囲に変換するには、ListObjectオブジェクトのUnlistメソッドを使用します。たとえば、「注文」テーブルをセル範囲に戻すには、次のように書きます。

```
Sub テーブルを元の範囲に変換()
    With ActiveSheet.ListObjects("注文")
        .TableStyle = ""
        .ShowTotals = False
        .Unlist
    End With
End Sub
```

4 テーブルから目的のデータを抽出する

「注文」テーブルに関する処理を書きます。

```
Sub テーブルのデータを抽出()
    With ActiveSheet.ListObjects("注文")
        .Range.AutoFilter Field:=5, Criteria1:="A103"
        .ShowTotals = True
        .ListColumns("数量").TotalsCalculation = xlTotalsCalculationSum
    End With
End Sub
```

1 テーブル範囲の左から5列目が「A103」のデータを抽出します。
2 集計行を表示します。
3 「数量」の列の集計方法を合計にします。

ヒント データを抽出する

テーブルでデータを抽出するには、ListObjectのRangeプロパティでリスト範囲のRangeオブジェクトを取得し、AutoFilterメソッドでデータを抽出します。

ヒント 特定の列を指定する

テーブル内の特定の列を表すListColumnオブジェクトを取得するには、ListObjectオブジェクトのListColumnsプロパティでテーブルのすべての列を表すListColumnsコレクションを取得し、テーブルの列名を指定します。

実行例

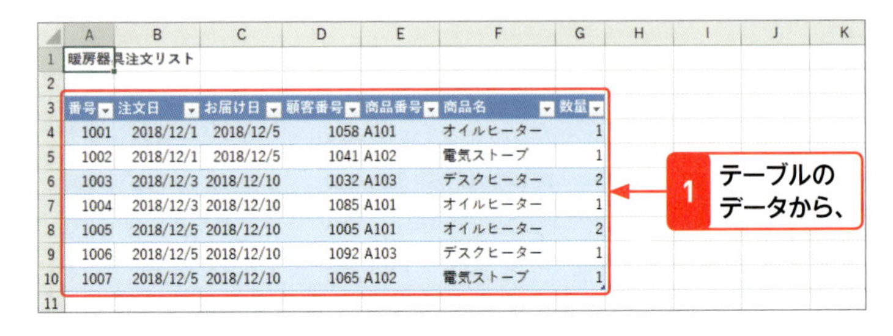

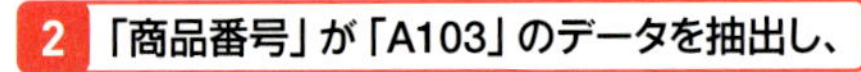

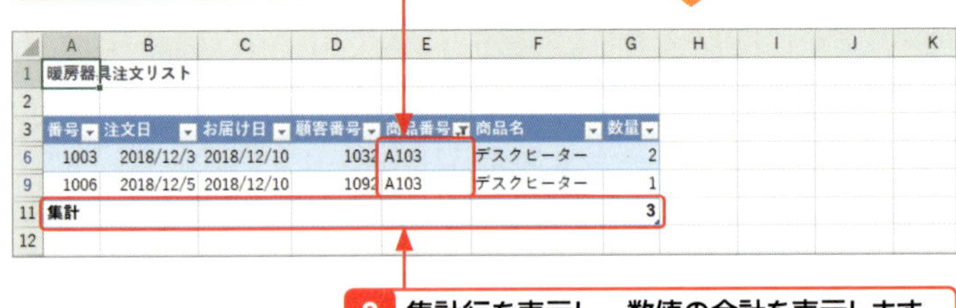

3 集計行を表示し、数値の合計を表示します。

書式 TotalsCalculation プロパティ

オブジェクト.TotalCalculation

解　説 テーブルの列の集計行の計算の種類を指定します。

設定値	内容	設定値	内容
xlTotalsCalculationNone	計算なし	xlTotalsCalculationMin	最小値
xlTotalsCalculationAverage	平均	xlTotalsCalculationSum	合計
xlTotalsCalculationCount	データの個数	xlTotalsCalculationStdDev	標本標準偏差
xlTotalsCalculationCountNums	数値の個数	xlTotalsCalculationVar	標本分散
xlTotalsCalculationMax	最大値	xlTotalsCalculationCustom	そのほかの関数

オブジェクト ListColumnオブジェクトを指定します。

Chapter 09

第9章

シートを印刷しよう

Section 71 印刷の設定の基本
Section 72 用紙内に収まるよう調整する
Section 73 ヘッダーやフッターを設定する
Section 74 印刷範囲を設定する
Section 75 印刷タイトルを設定する
Section 76 印刷プレビューを表示する
Section 77 シートを印刷する
Section 78 複数のシートを印刷する

Section 71

印刷の設定の基本

覚えておきたいキーワード
- 印刷時の設定
- ページ設定
- 印刷

この章では、シートの印刷について紹介します。Excelでワークシートの内容を印刷するときは、印刷前に用紙のサイズや向き、ヘッダー／フッター情報などの設定を行います。VBAで印刷時の設定を行うには、それらの情報を表すPageSetupオブジェクトのさまざまなプロパティを利用します。

1 <ページ設定>ダイアログボックスとプロパティの対応

メモ PageSetupオブジェクト

印刷時の設定を行うには、PageSetupオブジェクトのプロパティを使用します。PageSetupオブジェクトは、WorksheetオブジェクトのPageSetupプロパティを利用して取得できます。

メモ ページ設定を行う

Excelの印刷時に詳細なページ設定を行うには、<ページ設定>画面を表示して指定します。VBAでページ設定を行うときはPageSetupオブジェクトのプロパティを利用しますが、<ページ設定>画面の各項目とプロパティは右のように対応しています。

メモ シートごとに設定できる

印刷時のページ設定は、シートごとに指定できます。たとえば、「Sheet1」の表は用紙の向きを縦にし、「Sheet2」の表は用紙の向きを横にして印刷することも可能です。

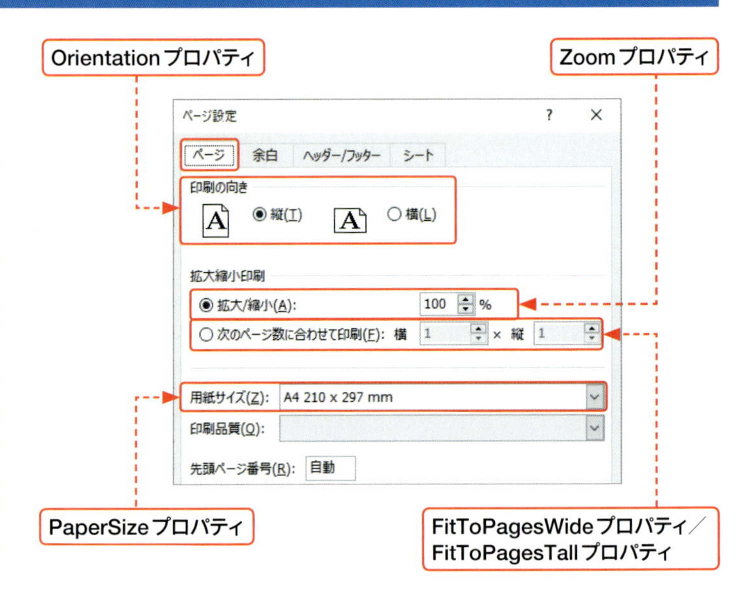

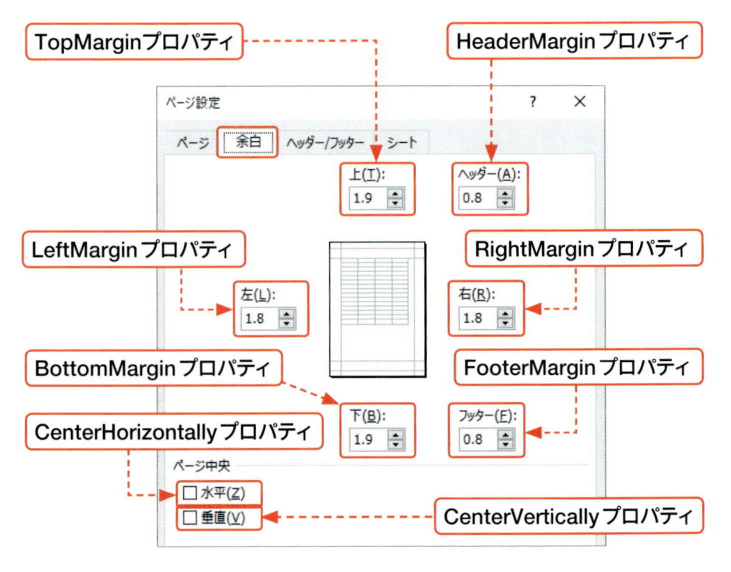

LeftHeaderプロパティ
CenterHeaderプロパティ
RightHeaderプロパティ

LeftFooterプロパティ
CenterFooterプロパティ
RightFooterプロパティ

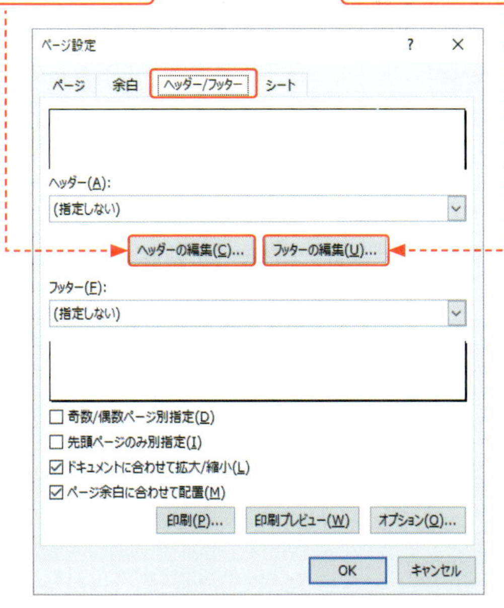

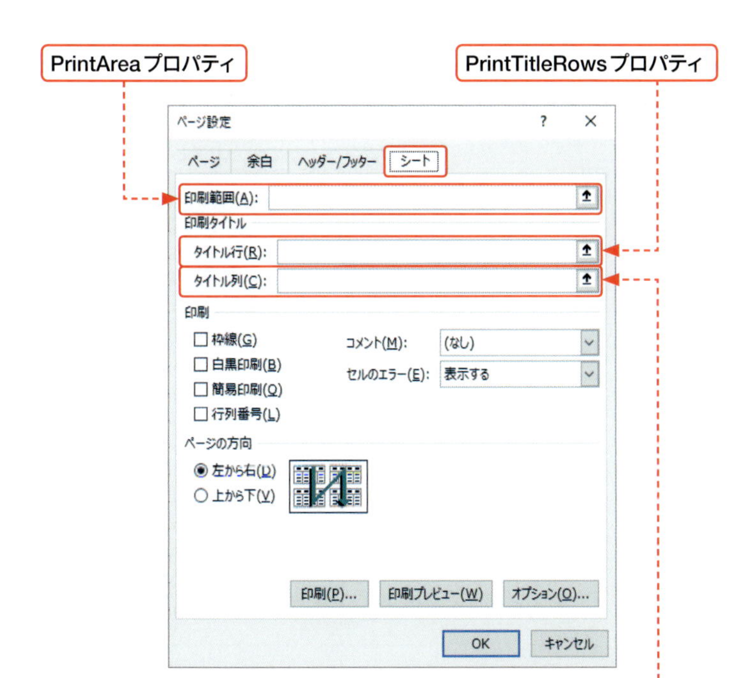

ヒント ヘッダー／フッターの位置

用紙の上の余白（ヘッダー）や下の余白（フッター）には、日付やページ番号などの情報を追加できます。情報を表示する位置は、ヘッダー／フッターともに「左」「中央」「右」を指定できます。

メモ 印刷プレビューを表示する

印刷前に印刷イメージを確認するには、印刷プレビュー画面を表示します。VBAからも印刷プレビュー画面に切り替えられます（Sec.76参照）。

メモ 印刷する

印刷を実行するには、PrintOutメソッドを使用します。メソッドの引数で、印刷部数などを指定します（Sec.77参照）。

Section 72

用紙内に収まるよう調整する

覚えておきたいキーワード
- FitToPagesTall プロパティ
- FitToPagesWide プロパティ
- Orientation プロパティ

印刷時には、印刷する表の大きさに合わせて用紙の向きを指定します。VBA では、Orientation プロパティを使用します。また、表が用紙に収まらないとき、印刷対象を縮小して収めるには、FitToPagesTall プロパティや FitToPagesWide プロパティを指定します。表を用紙の幅に合わせて印刷してみましょう。

1 ページ数に合わせて印刷する

「Sheet1」シートのページ設定に関する処理をまとめて書きます。

```
Sub 用紙内に収めて印刷()
    With Worksheets("Sheet1").PageSetup
        .Orientation = xlPortrait
        .Zoom = False
        .FitToPagesTall = 1
        .FitToPagesWide = 1
    End With
    Worksheets("Sheet1").PrintPreview
End Sub
```

1 用紙の向きを縦にします。
2 拡大・縮小の指定はオフにします。
3 用紙の縦1ページに収めます。
4 用紙の横1ページに収めます。
5 「Sheet1」シートの印刷イメージを確認します。

メモ 印刷前の設定をする

指定したページ数に収めて印刷するには、PageSetupオブジェクトのFitToPagesTallプロパティ(縦)やFitToPagesWideプロパティ(横)を使います。たとえば、印刷対象を縮小して縦1ページ、横1ページに収めるには、FitToPagesTallプロパティに「1」、FitToPagesWideプロパティに「1」を指定します。

実行例

1 表が2ページに分かれてしまっています。

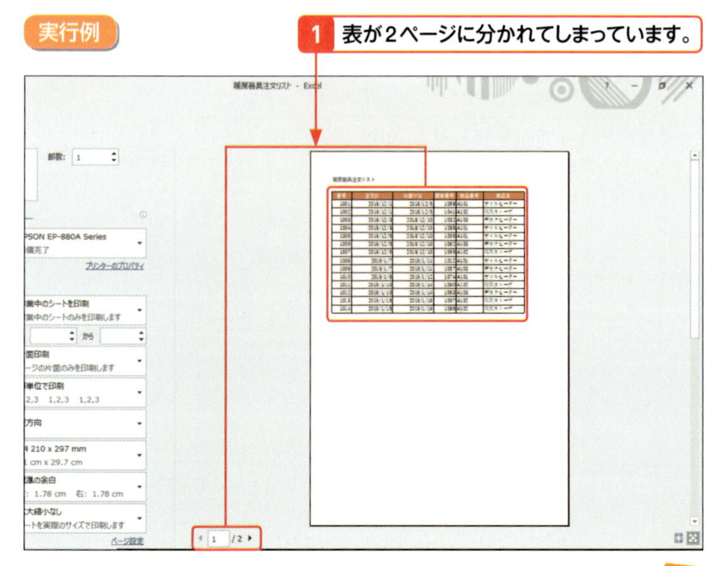

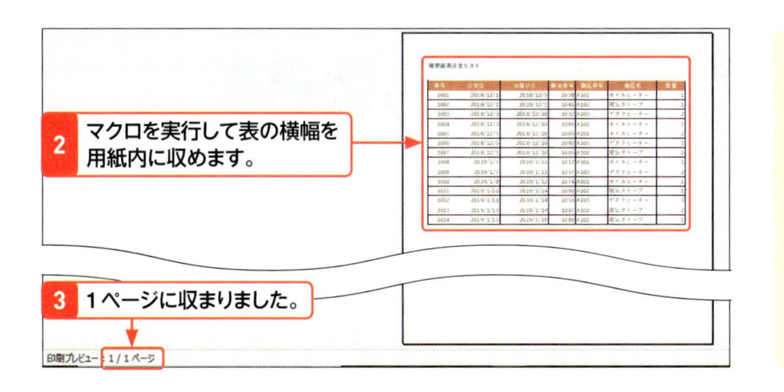

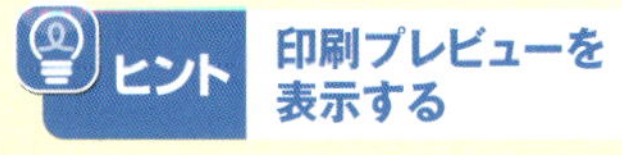

印刷プレビューを表示する

指定したシートの印刷イメージを表示するには、PrintPreviewメソッドを使用します。Sec.76で紹介します。

書式 FitToPagesTall／FitToPagesWideプロパティ

オブジェクト.FitToPagesTall
オブジェクト.FitToPagesWide

解　説 印刷対象を縮小して、指定したページ数に収めて印刷します。FitToPagesTallプロパティで縦、FitToPagesWideプロパティで横のページ数を指定します。

オブジェクト PageSetupオブジェクトを指定します。

ヒント 余白を設定する

上下左右の余白を設定するには、それぞれ、PageSetupオブジェクトのTopMargin、BottomMargin、LeftMargin、RightMarginプロパティを利用します。余白の大きさはポイント単位で指定します。

また、Excelの<ページ設定>画面で余白を指定するときは、通常はセンチ単位で余白を指定します。VBAでもセンチ単位で指定したい場合は、ApplicationオブジェクトのCentimetersToPointsメソッドを利用してセンチをポイントに変換します。次の例は、左余白を3cmに指定しています。

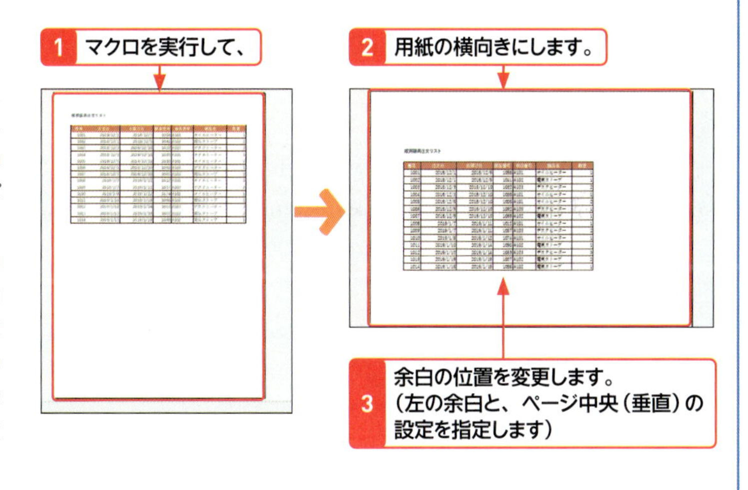

1 マクロを実行して、
2 用紙の横向きにします。
3 余白の位置を変更します。（左の余白と、ページ中央（垂直）の設定を指定します）

```
Sub 余白の設定()
    With Worksheets("Sheet1").PageSetup
        .Orientation = xlLandscape
        .Zoom = False
        .FitToPagesTall = 1
        .FitToPagesWide = 1
        .LeftMargin = Application.CentimetersToPoints(3)
        .CenterVertically = True
    End With
    Worksheets("Sheet1").PrintPreview
End Sub
```

Section 73 ヘッダーやフッターを設定する

覚えておきたいキーワード
- LeftHeader プロパティ
- CenterHeader プロパティ
- RightHeader プロパティ

ヘッダーやフッターに日付やロゴを設定する場合は、ヘッダー／フッターそれぞれの「左」「中央」「右」のいずれかの位置に、文字列で内容を指定します。VBAでは、PageSetupオブジェクトの「LeftHeader」「CenterHeader」「RightHeader」「LeftFooter」「CenterFooter」「RightFooter」プロパティを使います。

1 ヘッダーやフッターを印刷する

```
Sub ヘッダーやフッターの設定()
    With Worksheets("Sheet1").PageSetup
        .LeftHeader = "広告掲載期間"
        .CenterHeader = "&""ＭＳ 明朝""&B&18売上一覧"
        .RightHeader = "&D"
        .LeftFooter = "ファイル名:&F_シート名:&A"
        .CenterFooter = "&P/&Nページ"
        .RightFooterPicture.Filename = _
            ActiveWorkbook.Path & "¥図1.png"
        .RightFooter = "&G"
    End With
    Worksheets("Sheet1").PrintPreview
End Sub
```

「Sheet1」シートのページ設定に関する処理をまとめて書きます。

1 左のヘッダーに「広告掲載期間」と表示します。

2 中央のヘッダーに「MS明朝」「太字」「18ポイント」で「売上一覧」と表示します。

3 右のヘッダーに今日の日付を表示します。

4 左のフッターに「ファイル名：(ファイル名)_シート名：(シート名)」と表示します。

5 中央のフッターに「(ページ番号)/(総ページ数)」と表示します。

6 右のフッターに表示する図を指定します。

7 右のフッターに指定した図を表示します。

8 「Sheet1」シートの印刷イメージを確認します。

メモ ヘッダーやフッターの内容を指定する

ヘッダーやフッターの内容を表すプロパティに、文字や日付、図などの情報を文字列で入力します。書式を変更する場合は、決まった記号を使って指定します。

実行例

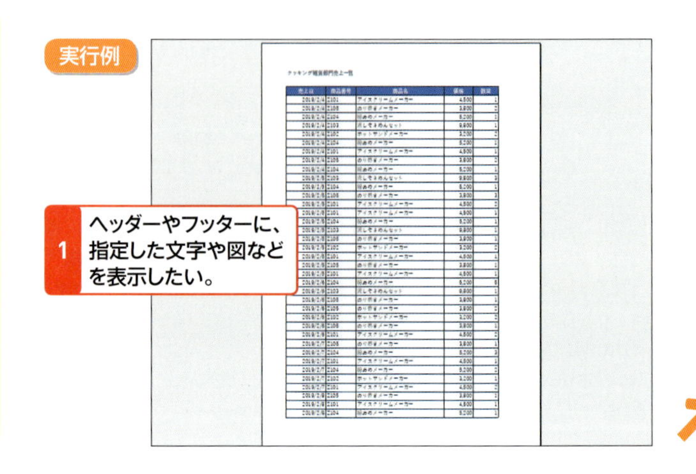

1 ヘッダーやフッターに、指定した文字や図などを表示したい。

2 ヘッダーやフッターに、指定した内容が表示されます。

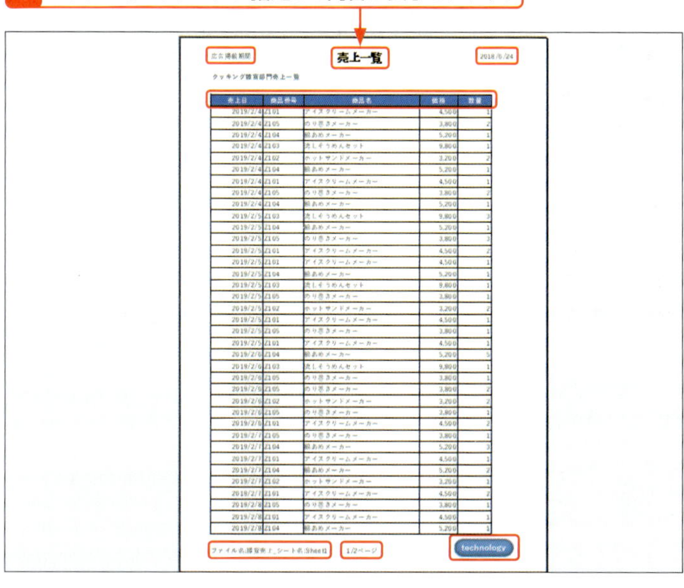

ステップアップ ヘッダーやフッターに図を入れる

ヘッダーやフッターには、図を表示することもできます。それには、PageSetupオブジェクトの「LeftHeaderPicture」「CenterHeaderPicture」「RightHeaderPicture」「LeftFooterPicture」「CenterFooterPicture」「RightFooterPicture」プロパティを利用して、ヘッダーやフッターの画像を表すGraphicオブジェクトを取得し、Graphicオブジェクトの Filenameプロパティで図の保存先やファイル名を指定します。

ヒント ヘッダーやフッターの設定を解除する

ヘッダーやフッターの内容を解除するには、それぞれのプロパティに「""(空文字)」を代入します。

ヒント ヘッダー／フッター指定時に利用できる記号

ヘッダーやフッターを指定する際に、文字の書式を変更したり、日付やファイル名などを自動的に入力したりするには、代入する文字列に以下のような記号を含めます。なお、文字列中に「"」を記入するときは、「""」と2重に入力します。

記号	概要
&L	文字列を左に寄せる
&C	文字列を中央に寄せる
&R	文字列を右に寄せる
&E	文字列に二重下線を引く
&X	文字を上付き文字で表示する
&Y	文字を下付き文字で表示する
&B	文字列を太字にする
&I	文字列を斜体にする
&U	文字列に下線を引く
&S	文字列に取り消し線を引く
&"フォント名"	指定したフォントで文字を表示する。フォント名は、「"」で囲んで指定する
&nn	指定したフォント サイズで文字を表示する。ポイント数を表す2桁の数値をnnに指定する。
&Kcolor	指定した色で文字を表示する。色の値を16進数で指定する。「.LeftHeader = "&KFF0000資料"」
&"+"	現在のテーマの「見出し」フォントで文字を印刷する「.LeftHeader = "&""+""別紙A"」

記号	概要
&"-"	現在のテーマの「本文」フォントで文字を印刷する「.CenterHeader = "&""-""別紙A"」
&Kxx.Snnn	文字を現在のテーマの色で印刷する。xxは、テーマの色を数値(1～12)で指定する。Snnnは、テーマの色の濃淡を指定する。濃淡を明るくするにはSを+、暗くするにはSを-と指定。nnnは、濃淡のパーセンテージを0～100で指定する「.RightHeader = "&K07-050別紙A"」
&D	現在の日付を表示する
&T	現在の時刻を表示する
&F	ファイル名を表示する
&A	シートの見出し名を表示する
&P	ページ番号を表示する(「&P+<数値>」や「&P-<数値>」で、指定したページ番号に数値を加えたり引いたりして指定できる)
&N	総ページ数を表示する
&Z	ファイル パスを表示する
&G	図を挿入する

Section 74

印刷範囲を設定する

覚えておきたいキーワード
- PageSetup オブジェクト
- PrintArea プロパティ
- "" (空文字)

表やリストの特定の範囲だけを印刷するには、印刷範囲を指定します。VBAでは、PageSetupオブジェクトのPrintAreaプロパティを使用して、印刷するセル範囲を指定します。なお、印刷範囲の設定は、印刷後も残ります。設定を解除するには、印刷範囲をクリアする必要があります。

1 印刷範囲を設定する

メモ 特定の範囲だけ印刷する

指定したセル範囲だけを印刷できるように、印刷範囲を設定します。印刷範囲を指定するには、PageSetupオブジェクトのPrintAreaプロパティを利用します。

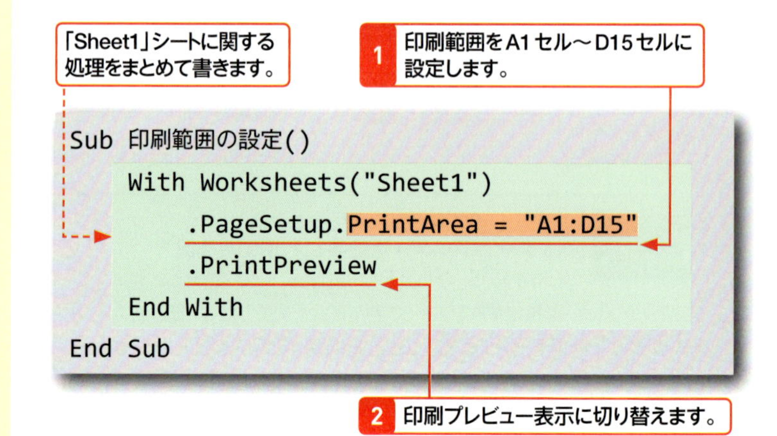

「Sheet1」シートに関する処理をまとめて書きます。
1 印刷範囲をA1セル～D15セルに設定します。
2 印刷プレビュー表示に切り替えます。

```
Sub 印刷範囲の設定()
    With Worksheets("Sheet1")
        .PageSetup.PrintArea = "A1:D15"
        .PrintPreview
    End With
End Sub
```

実行例

1 この部分だけを印刷したい。

	A	B	C	D	E	F
1	イベント・ショー開催予定一覧					
2						
3	管理番号	名称	開始日	終了日		
4	101	ハッピーニューイヤーショー	2019/1/10	2019/1/25		
5	102	アスレチックランド	2019/2/10	2019/2/25	※雨天の場合は中止	
6	103	音楽のショー	2019/3/15	2019/3/25	※有料指定席あり	
7	104	お花見マラソン	2019/4/13	2019/4/14		
8	105	カーネーション祭り	2019/5/10	2019/5/25		
9	106	ご当地グルメランキング	2019/6/10	2019/6/25		
10	107	アスレチックランド	2019/7/10	2019/7/25	※雨天の場合は中止	
11	108	ウォーターランド	2019/8/1	2019/8/31		
12	109	音楽のショー	2019/9/15	2019/9/25	※有料指定席あり	
13	110	旬のグルメランキング	2019/10/10	2019/10/25		
14	111	緑のマラソン	2019/11/16	2019/11/17		
15	112	クリスマスショー	2019/12/1	2019/12/25		
16						

メモ 印刷範囲を無視する

印刷範囲を指定すると、指定したセル範囲だけが印刷されます。ただし、印刷時に印刷範囲を無視する設定もできます。P.257の「ステップアップ」を参照してください。

2 印刷範囲を指定すると、この部分だけが印刷されます。

イベント・ショー開催予定一覧

管理番号	名称	開始日	終了日
101	ハッピーニューイヤーショー	2019/1/10	2019/1/25
102	アスレチックランド	2019/2/10	2019/2/25
103	音楽のショー	2019/3/15	2019/3/25
104	お花見マラソン	2019/4/13	2019/4/14
105	カーネーション祭り	2019/5/10	2019/5/25
106	ご当地グルメランキング	2019/6/10	2019/6/25
107	アスレチックランド	2019/7/10	2019/7/25
108	ウォーターランド	2019/8/1	2019/8/31
109	音楽のショー	2019/9/15	2019/9/25
110	旬のグルメランキング	2019/10/10	2019/10/25
111	緑のマラソン	2019/11/16	2019/11/17
112	クリスマスショー	2019/12/1	2019/12/25

ヒント 複数のセル範囲を指定する

印刷対象の中から印刷範囲を指定するとき、複数の範囲を指定するには、複数のセル範囲をカンマで区切って書きます。たとえば、A1セル～D10セルとA20セル～E25セルの2つのセル範囲を指定するには、「ActiveSheet.PageSetup.PrintArea = "A1:D10,A20:E25"」のように書きます。印刷範囲を複数指定したときは、範囲ごとに別々のページに印刷されます。

書式 PrintAreaプロパティ

オブジェクト.PrintArea

解　説 PrintAreaプロパティを使用して、印刷範囲を指定します。指定したセル範囲だけの印刷が可能になります。

オブジェクト PageSetupオブジェクトを指定します。

メモ 印刷範囲を示す線

印刷範囲を指定すると、印刷範囲の境界にグレーの線が表示されます。ただし、グレーの線は印刷されません。また、印刷範囲を解除するとグレーの線が消えます。

印刷範囲の境界には、グレーの線が表示されます。

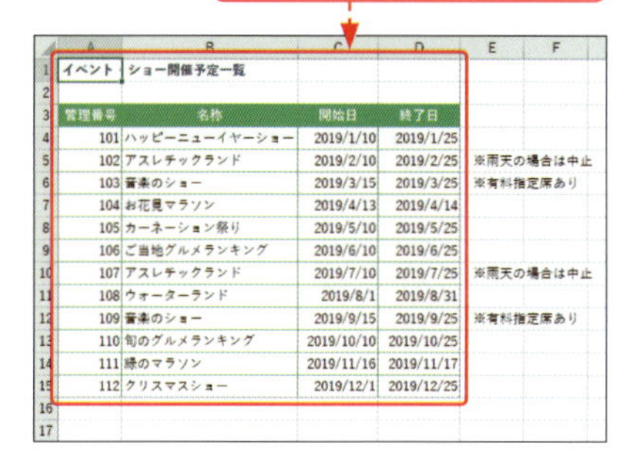

管理番号	名称	開始日	終了日	
101	ハッピーニューイヤーショー	2019/1/10	2019/1/25	
102	アスレチックランド	2019/2/10	2019/2/25	※雨天の場合は中止
103	音楽のショー	2019/3/15	2019/3/25	※有料指定席あり
104	お花見マラソン	2019/4/13	2019/4/14	
105	カーネーション祭り	2019/5/10	2019/5/25	
106	ご当地グルメランキング	2019/6/10	2019/6/25	
107	アスレチックランド	2019/7/10	2019/7/25	※雨天の場合は中止
108	ウォーターランド	2019/8/1	2019/8/31	
109	音楽のショー	2019/9/15	2019/9/25	※有料指定席あり
110	旬のグルメランキング	2019/10/10	2019/10/25	
111	緑のマラソン	2019/11/16	2019/11/17	
112	クリスマスショー	2019/12/1	2019/12/25	

印刷範囲を解除するとグレーの線が消えます。

ヒント 印刷範囲を解除する

印刷範囲を解除するには、PrintAreaプロパティに「""（空文字）」を代入します。

```
Sub 印刷範囲のクリア()
    With Worksheets("Sheet1")
        .PageSetup.PrintArea = ""
        .PrintPreview
    End With
End Sub
```

Section 75

印刷タイトルを設定する

覚えておきたいキーワード
- PageSetup オブジェクト
- PrintTitleRows プロパティ
- PrintTitleColumns プロパティ

表を印刷するとき、複数ページに分かれてしまう場合は、2ページ目以降にも表の見出しが表示されるように設定すると見やすくなります。Excel では印刷タイトルを設定しますが、VBA では、PageSetup オブジェクトの PrintTitleRows プロパティや PrintTitleColumns プロパティを設定します。

1 印刷タイトルを指定する

「Sheet1」シートのページ設定に関する処理をまとめて書きます。

```
Sub 印刷タイトルの設定()
    With Worksheets("Sheet1").PageSetup
        .PrintTitleRows = "$1:$3"
        .PrintTitleColumns = ""
    End With
    Worksheets("Sheet1").PrintPreview
End Sub
```

1 行のタイトルとして、1行目から3行目を指定します。

2 列のタイトルは何も指定しません。

3 「Sheet1」シートの印刷プレビューを表示します。

メモ　表のタイトルや見出しを2ページ目以降にも表示する

1行目〜3行目を印刷時の行のタイトルにします。行のタイトルは、PageSetup オブジェクトの PrintTitleRows プロパティ、列のタイトルは、PrintTitleColumns プロパティで指定します。

実行例

1 マクロの実行前は、

クッキング雑貨部門売上一覧

売上日	商品番号	商品名	価格	数量
2019/2/4	Z101	アイスクリームメーカー	4,500	1
2019/2/4	Z105	のり巻きメーカー	3,800	2
2019/2/4	Z104	綿あめメーカー	5,200	1
2019/2/4	Z103	流しそうめんセット	9,800	1
2019/2/4	Z102	ホットサンドメーカー	3,200	2
2019/2/4	Z104	綿あめメーカー	5,200	1
2019/2/4	Z101	アイスクリームメーカー	4,500	1
2019/2/4	Z105	のり巻きメーカー	3,800	2
2019/2/4	Z104	綿あめメーカー	5,200	1
2019/2/5	Z103	流しそうめんセット	9,800	3
2019/2/5	Z104	綿あめメーカー	5,200	1

2 2ページ目の先頭に項目名がないので見づらいですが、

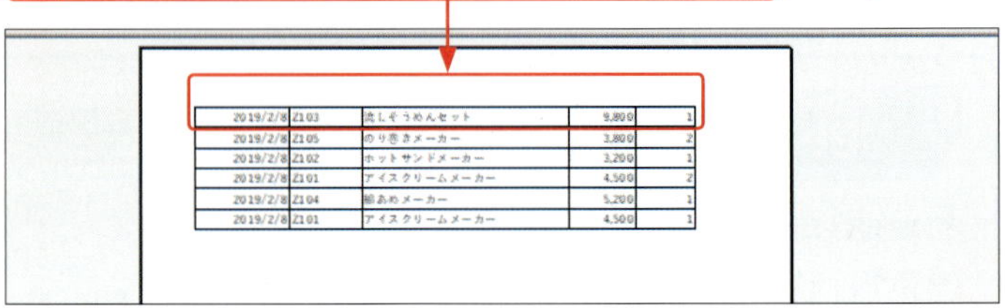

2019/2/8	Z103	流しそうめんセット	9,800	1
2019/2/8	Z105	のり巻きメーカー	3,800	2
2019/2/8	Z102	ホットサンドメーカー	3,200	1
2019/2/8	Z101	アイスクリームメーカー	4,500	2
2019/2/8	Z104	綿あめメーカー	5,200	1
2019/2/8	Z101	アイスクリームメーカー	4,500	1

3 マクロを実行すると、

4 2ページ目にも表のタイトルと項目名が表示されます。

書式 PrintTitleRows／PrintTitleColumnsプロパティ

オブジェクト.PrintTitleRows
オブジェクト. PrintTitleColumns

解説 PrintTitleRowsプロパティを使用して、行のタイトルを指定します。また、PrintTitleColumnsプロパティを使用して、列のタイトルを指定します。

オブジェクト PageSetupオブジェクトを指定します。

ヒント 列のタイトルを指定する

印刷をする表が横に長い場合は、表の左側の列の見出しを2ページ目以降に印刷されるようにすると見やすくなります。印刷タイトルに列を指定するときは、PrintTitleColumnsプロパティを使用します。たとえば、A 列～B列を印刷タイトルに指定するには、「ActiveSheet.PageSetup.PrintTitleColumns="$A:$B"」のように書きます。

ヒント コメントの内容も印刷する

印刷するとき、セルに挿入したコメントの内容を表示するかどうかは、PageSetupオブジェクトのPrintCommentsプロパティで指定します。設定値は次のとおりです。たとえば、画面の表示イメージと同じように印刷するように設定するには、「ActiveSheet.PageSetup.PrintComments=xlPrintInPlace」のように書きます。

設定値	内容
xlPrintInPlace	画面表示イメージで印刷する
xlPrintNoComments	印刷されない
xlPrintSheetEnd	シートの末尾に印刷する

ヒント 行タイトルや列タイトルを解除する

行タイトルや列タイトルを解除するには、PrintTitleRowsプロパティやPrintTitleColumnsプロパティに「""（空文字）」を代入します。

```
Sub 印刷タイトルの設定を解除()
    With Worksheets("Sheet1").PageSetup
        .PrintTitleRows = ""
        .PrintTitleColumns = ""
    End With
    Worksheets("Sheet1").PrintPreview
End Sub
```

Section 76

印刷プレビューを表示する

覚えておきたいキーワード
- 印刷プレビュー
- PageSetup オブジェクト
- PrintPreview メソッド

印刷前に印刷イメージを確認するには、印刷プレビュー表示に切り替えます。VBAで印刷プレビュー画面に切り替えるには、Worksheetオブジェクトなどの PrintPreview メソッドを利用します。実際に印刷をする方法は、Sec.77を参照してください。

1 印刷プレビュー表示に切り替える

メモ 印刷プレビュー表示に切り替える

「Sheet1」シートの印刷イメージを確認するため、印刷プレビュー表示に切り替えます。印刷イメージを確認するには、Worksheetオブジェクトの PrintPreview メソッドを利用します。

```
Sub 印刷プレビュー表示()
    Worksheets("Sheet1").PrintPreview
End Sub
```

1 「Sheet1」シートの印刷プレビューを表示します。

実行例

1 マクロを実行して、

	A	B	C	D	E
1	イベント・ショー開催予定一覧				
2					
3	管理番号	名称	開始日	終了日	
4	101	ハッピーニューイヤーショー	2019/1/10	2019/1/25	
5	102	アスレチックランド	2019/2/10	2019/2/25	※雨天の場合は中止
6	103	音楽のショー	2019/3/15	2019/3/25	※有料指定席あり
7	104	お花見マラソン	2019/4/13	2019/4/14	
8	105	カーネーション祭り	2019/5/10	2019/5/25	
9	106	ご当地グルメランキング	2019/6/10	2019/6/25	

2 印刷プレビュー表示に切り替えます。

イベント・ショー開催予定一覧

管理番号	名称	開始日	終了日	
101	ハッピーニューイヤーショー	2019/1/10	2019/1/25	
102	アスレチックランド	2019/2/10	2019/2/25	※雨天の場合は中止
103	音楽のショー	2019/3/15	2019/3/25	※有料指定席あり
104	お花見マラソン	2019/4/13	2019/4/14	
105	カーネーション祭り	2019/5/10	2019/5/25	
106	ご当地グルメランキング	2019/6/10	2019/6/25	
107	アスレチックランド	2019/7/10	2019/7/25	※雨天の場合は中止
108	ウォーターランド	2019/8/1	2019/8/31	
109	音楽のショー	2019/9/15	2019/9/25	※有料指定席あり
110	旬のグルメランキング	2019/10/10	2019/10/25	
111	緑のマラソン	2019/11/16	2019/11/17	
112	クリスマスショー	2019/12/1	2019/12/25	

ヒント ページ区切りの点線が表示される

印刷プレビュー表示に切り替えたあと、ワークシートを通常の「標準」表示に戻すと、改ページ位置を示す点線が表示されます。この点線は印刷されません。

書式 PrintPreviewメソッド

オブジェクト.PrintPreview([EnableChanges])

解　説 PrintPreviewメソッドを使用して印刷イメージを確認します。

オブジェクト Rangeオブジェクト、Worksheetオブジェクト、Worksheetsコレクション、Chartオブジェクト Chartsコレクション、Sheetsコレクション、Workbookオブジェクト、Windowオブジェクトを指定します。

引　数

EnableChanges　印刷プレビュー表示で、ページ設定を変更できるようにするにはTrueを、変更できないようにするにはFalseを指定します。省略した場合は、Trueが指定されたものとみなされます。

ヒント さまざまな印刷の設定

●表を拡大／縮小する

印刷の対象を指定した倍率に拡大／縮小して印刷するには、Zoomプロパティを利用します。

オブジェクト.Zoom

オブジェクト PageSetupオブジェクトを指定します。

たとえば、「Sheet1」シートの内容を120%に拡大して印刷するには、次のように書きます。なお、Zoomプロパティを指定すると、FitToPagesTallプロパティやFitToPagesWideプロパティは無視されます。

```
Worksheets("Sheet1").PageSetup.Zoom = 120
```

●印刷の向きを指定する

印刷の向きを指定するには、PageSetupオブジェクトのOrientationプロパティを使用します。たとえば、「Sheet1」シートを、用紙を横向きにして印刷するには、次のように書きます。

```
Worksheets("Sheet1").PageSetup.Orientation = xlLandscape
```

●改ページ位置を指定する

ワークシートの内容を印刷したとき、指定した位置で改ページされるようにするには、改ページを設定します。横の線の改ページを入れるには、横の線の改ページを表すHPageBreakオブジェクトが集まったHPageBreaksコレクションのAddメソッドを利用して追加します。HPageBreaksコレクションは、WorksheetオブジェクトのHPageBreaksプロパティで取得できます。たとえば、A10セルの上に改ページを追加するには、

```
ActiveSheet.HPageBreaks.Add Before:=Range("A10")
```

と書きます。なお、縦の改ページを入れるには、縦の線の改ページを表すVPageBreakオブジェクトが集まったVPageBreaksコレクションのAddメソッドを利用します。

オブジェクト.Add(Before)

オブジェクト HPageBreaksコレクション、VPageBreaksコレクションを指定します。

引数

Before　改ページを入れる場所（Rangeオブジェクト）を指定します。指定したセルの上（横の改ページの場合）、左（縦の改ページの場合）に改ページが挿入されます。

Section 77 シートを印刷する

覚えておきたいキーワード
- ☑ 印刷
- ☑ PrintPreview メソッド
- ☑ PrintOut メソッド

シートを印刷するには、Worksheet オブジェクトなどのPrintOut メソッドを利用します。引数で、印刷するページ番号や、印刷部数などを指定します。また、表やリストが複数ページにわたるときは、引数で、ページ単位で印刷するか、部単位で印刷するかを指定できます。

1 印刷を実行する

メモ 指定した部数だけ印刷する

ワークシートの内容を２部印刷します。印刷を実行するには、Worksheetオブジェクトなどの PrintOutメソッドを利用します。引数で、部数や印刷ページなどを指定できます。

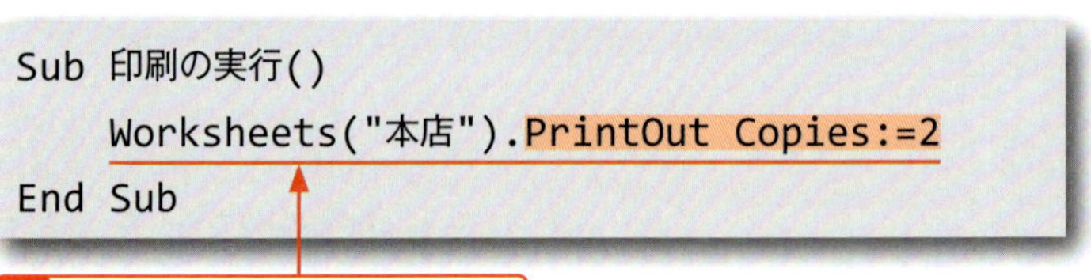

```
Sub 印刷の実行()
    Worksheets("本店").PrintOut Copies:=2
End Sub
```


実行例

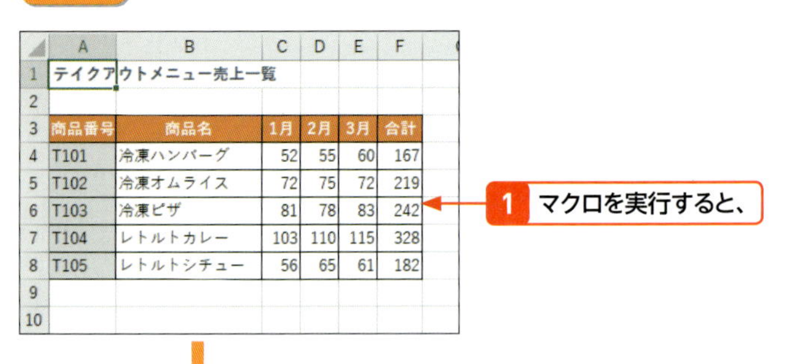

テイクアウトメニュー売上一覧

商品番号	商品名	1月	2月	3月	合計
T101	冷凍ハンバーグ	52	55	60	167
T102	冷凍オムライス	72	75	72	219
T103	冷凍ピザ	81	78	83	242
T104	レトルトカレー	103	110	115	328
T105	レトルトシチュー	56	65	61	182

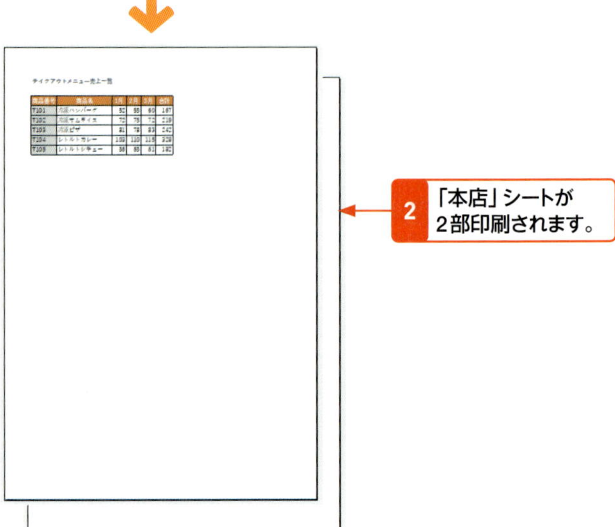

ヒント 印刷するページを指定する

印刷するページを指定するには、PrintOutメソッドで、開始ページと終了ページを引数で指定します。たとえば、２ページ目から３ページ目までを印刷するには、次のように書きます。

```
ActiveSheet.PrintOut _
From:=2,To:=3
```

書式 PrintOutメソッド

オブジェクト.PrintOut([From],[To],[Copies],[Preview],[ActivePrinter],[PrintToFile],[Collate],[PrToFileName],[IgnorePrintAreas])

解　説　PrintOutメソッドを使用して、印刷を実行します。引数で、部数や印刷ページなどを指定できます。

オブジェクト　Rangeオブジェクト、Worksheetオブジェクト、Worksheetsコレクション、Chartオブジェクト、Chartsコレクション、Sheetsコレクション、Workbookオブジェクト、Windowオブジェクトを指定します。

引　数

引数	説明
From	印刷を開始するページ番号を指定します。
To	印刷を終了するページ番号を指定します。
Copies	印刷部数を指定します。
Preview	印刷前に印刷プレビュー表示に切り替えるときはTrueを、切り替えないときはFalseを指定します。
ActivePrinter	プリンター名を指定します。
PrintToFile	ファイルへ出力するときは、Trueを指定します。Tureを指定した場合は、引数PrToFileNameでファイル名を指定できます。
Collate	部単位で印刷するときは、Trueを指定します。
PrToFileName	引数PrintToFileでTrueを指定したとき、出力先のファイル名を指定します。
IgnorePrintAreas	印刷範囲を無視する場合は、Trueを指定します。

ヒント　部単位で印刷する

複数ページの資料を印刷するとき、PrintOutメソッドの引数CollateにTrueを指定すると部単位で、Falseを指定するとページ単位で印刷します。たとえば、3ページの資料を2部印刷するとき、部単位では「3」「2」「1」「3」「2」「1」の順にページが印刷されます。ページ単位では「3」「3」「2」「2」「1」「1」の順に印刷されます。次の例は、ブック全体を2部、部単位で印刷します。

```
Sub ブックの印刷()
    ActiveWorkbook.PrintOut Copies:=2, Collate:=True
End Sub
```

ステップアップ　印刷範囲を無視して印刷する

印刷時に印刷範囲が設定されていると、印刷範囲の部分だけが印刷されます。印刷範囲が設定されていても無視して全体を印刷するには、PrintOutメソッドの引数IgnorePrintAreaにTrueを指定します。

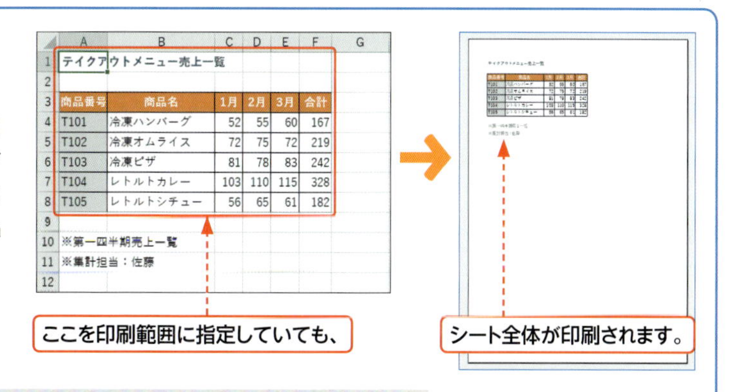


```
Sub 印刷範囲を無視して印刷()
    Worksheets("本店").PrintOut IgnorePrintAreas:=True
End Sub
```

Section 78 複数のシートを印刷する

覚えておきたいキーワード
- Array関数
- PrintOutメソッド
- PrintPreviewメソッド

ブック内の複数のシートを同時に印刷するには、Array関数を利用して複数のシートを参照し、印刷を実行します。また、ブック内のすべてのシートを印刷する場合は、WorkbookオブジェクトのPrintOutメソッドを使用します。引数のCollateで、部単位で印刷するかページ単位で印刷するかを指定できます。

1 指定したシートを印刷する

```
Sub 指定したシートの印刷()
    Worksheets(Array("本店", "テイクアウト店")).PrintOut
End Sub
```

1 「本店」シートと「テイクアウト店」シートを印刷します。

メモ 複数のシートを印刷する

Array 関数を利用して、複数のシートを参照して印刷します。ここでは、「本店」シートと「テイクアウト店」シートを印刷します。なお、印刷プレビューを表示する場合は、次のように書きます。

```
Worksheets(Array("本店", _
"テイクアウト店")).PrintPreview
```

メモ ブック全体を印刷する

ブック全体のシートを印刷するには、WorkbookオブジェクトのPrintOutメソッドを使用して印刷を実行します。

```
Sub ブックの印刷()
    ActiveWorkbook.PrintOut
End Sub
```

実行例

1 マクロを実行すると、

	A	B	C	D	E	F
1	テイクアウトメニュー売上一覧					
2						
3	商品番号	商品名	1月	2月	3月	合計
4	T101	冷凍ハンバーグ	52	55	60	167
5	T102	冷凍オムライス	72	75	72	219
6	T103	冷凍ピザ	81	78	83	242
7	T104	レトルトカレー	103	110	115	328
8	T105	レトルトシチュー	56	65	61	182
9						

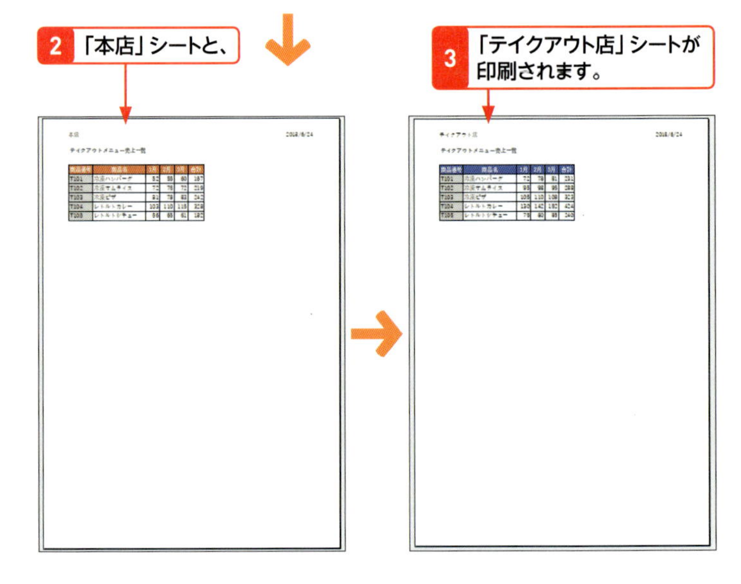
2 「本店」シートと、
3 「テイクアウト店」シートが印刷されます。

Chapter 10

第10章

柔軟な処理を実現しよう

Section 79 ユーザーからの指示を受けるには

Section 80 <ファイルを開く><名前を付けて保存>画面を表示する

Section 81 カレントフォルダーを利用する

Section 82 ファイルやフォルダーを操作する

Section 83 エラー処理を実現する

Section 84 ボタンが付いたメッセージ画面を表示する

Section 85 複数シートの表を1つにまとめる

Section 86 データ入力用画面を表示する

Section 79

ユーザーからの指示を受けるには

覚えておきたいキーワード
- ダイアログボックス
- MsgBox関数
- InputBox関数

この章では、マクロを使用するユーザーからの指示を受けたいときに、知っておくと便利な記述方法を紹介します。ファイルを選択する画面を表示したり、<はい><いいえ>を選択してもらうメッセージを表示したり、文字を入力する画面を表示して、それを受けてさまざまな処理を行ったりします。

1 ダイアログボックスを表示する

メモ ファイルやファイル名を指定してもらう

マクロを実行して、<ファイルを開く>画面や<名前を付けて保存>画面を表示します。マクロを実行する人に、何かの処理を行うファイルを選択してもらうことができます。

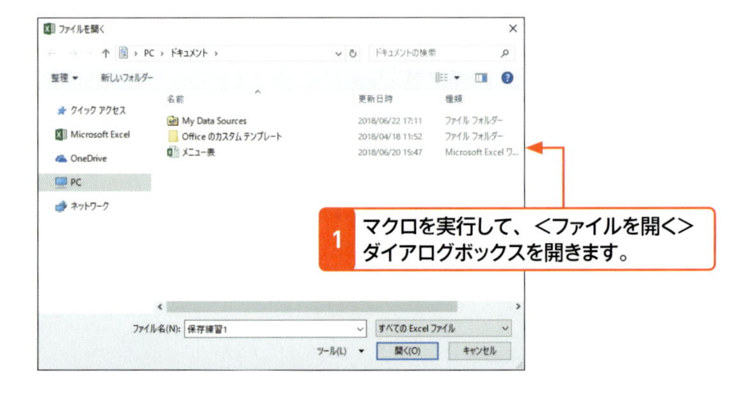

2 メッセージを表示する

メモ ボタンを選択してもらう

メッセージを表示して、ボタンを選択してもらうことができます。クリックされたボタンによって、異なる処理を行うようなしくみを作成できます。

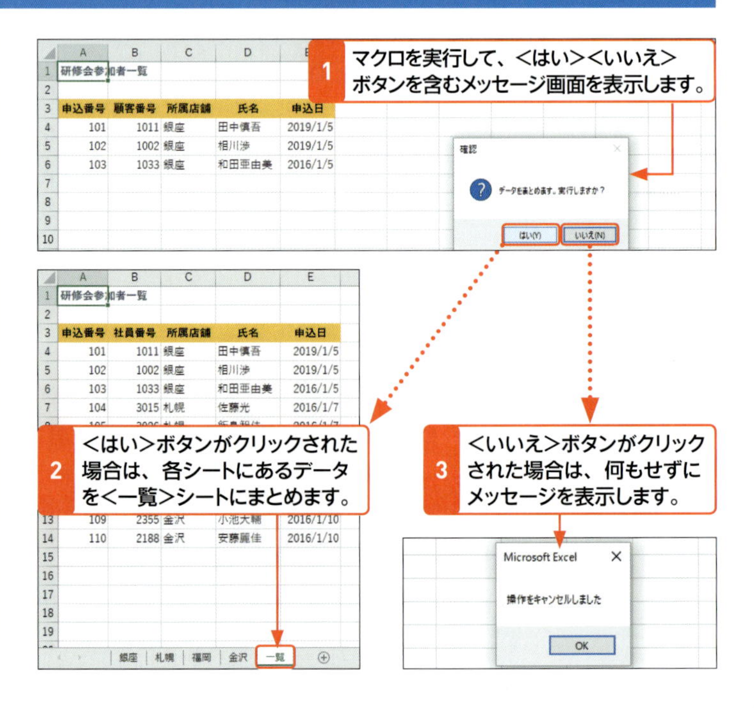

1 マクロを実行して、<はい><いいえ>ボタンを含むメッセージ画面を表示します。
確認
データをまとめます。実行しますか？
はい(Y)
いいえ(N)
研修会参加者一覧
申込番号
社員番号
所属店舗
氏名
申込日
2 <はい>ボタンがクリックされた場合は、各シートにあるデータを<一覧>シートにまとめます。
3 <いいえ>ボタンがクリックされた場合は、何もせずにメッセージを表示します。
Microsoft Excel
操作をキャンセルしました
OK
銀座
札幌
福岡
金沢
一覧

3 入力用画面を表示する

1 マクロを実行して、文字を入力する画面を表示します。

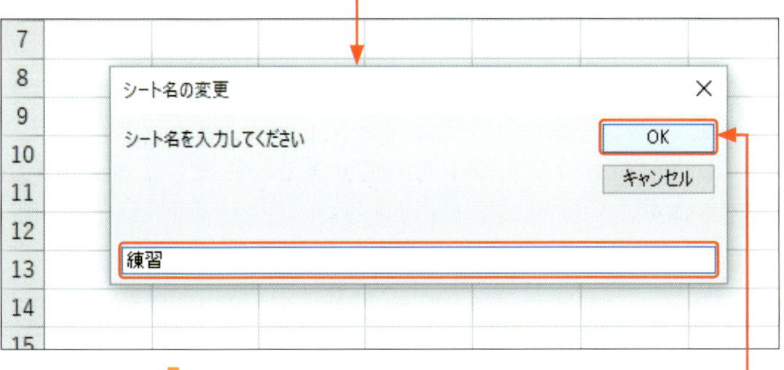

2 文字を入力して＜OK＞をクリックすると、

3 入力された文字をシート名に設定します。

メモ 文字を入力してもらう

文字を入力する画面を表示して、入力された文字をマクロ内で利用できます。たとえば、入力された文字をシート名に設定する処理などが実現できます。

4 ファイルやフォルダーを操作する

1 マクロを実行すると、

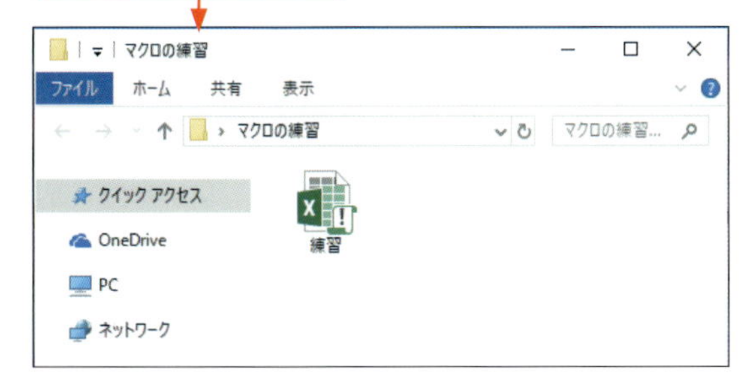

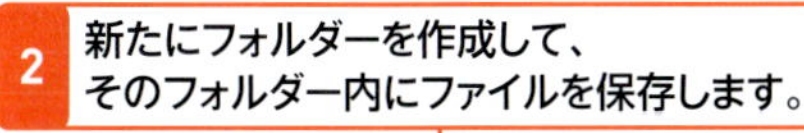

2 新たにフォルダーを作成して、そのフォルダー内にファイルを保存します。

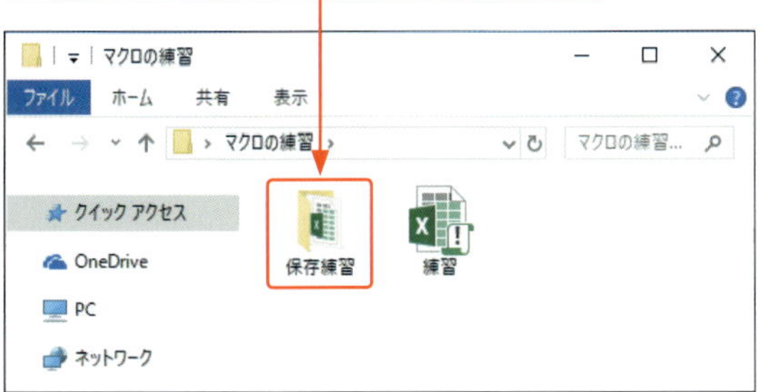

メモ ファイルやフォルダーを操作する

マクロを実行したときに、ファイルを削除したり、フォルダーを作成したりできます。たとえば、ファイルを保存するときに、新たにフォルダーを作成して、その中に保存する処理などが実現できます。

Section 80 <ファイルを開く><名前を付けて保存>画面を表示する

覚えておきたいキーワード
- FileDialog オブジェクト
- Show メソッド
- ファイルやフォルダーの参照

Excelでは、ファイルを開くときは<ファイルを開く>ダイアログボックスを利用し、保存をするときは<名前を付けて保存>ダイアログボックスを利用します。VBAでは、FileDialogオブジェクトを利用すると、さまざまなダイアログボックスを表示できます。

1 <ファイルを開く>ダイアログボックスを表示する

<ファイルを開く>ダイアログボックスに関する処理をまとめて書きます。

```
Sub ブックを開く画面を表示()
    With Application.FileDialog(msoFileDialogOpen)
        .InitialFileName = "C:¥Users¥u-001¥Documents¥"
        .FilterIndex = 2
        If .Show = -1 Then .Execute
    End With
End Sub
```

1 ファイルの保存先として、「C:¥Users¥u-001¥Documents¥」を表示します。

2 ファイルの種類は、上から2つ目の項目（すべてのExcelファイル）を選択します。

3 ダイアログボックスを表示し、<開く>がクリックされたときは、ファイルを開きます。

メモ <ファイルを開く>ダイアログボックスを表示する

<ファイルを開く>ダイアログボックスを表示します。ファイルを指定して、<開く>をクリックすると、指定したファイルが開かれます。

メモ Showメソッド

FileDialogオブジェクトのShowメソッドを使い、ダイアログボックスを表示します。ダイアログボックスの表示後、アクション（<開く>や<保存>など）がクリックされたときは「-1」が返り、<キャンセル>がクリックされたときは「0」が返ります。FileDialogオブジェクトのExcuteメソッドを使用すると、ファイルを開く、ファイルを保存するといった操作を実行します。

実行例

1 <ファイルを開く>ダイアログボックスが表示されます。

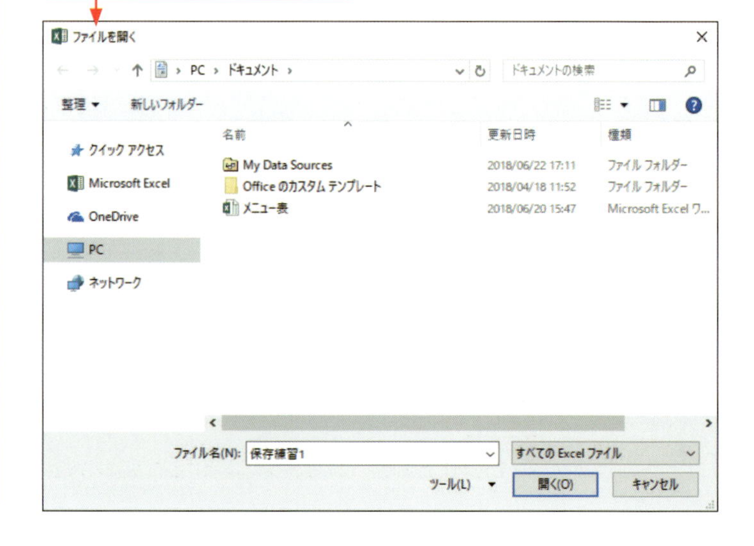

書式 FileDialogプロパティ

オブジェクト.FileDialog(FileDialogType)

解　説 FileDialogオブジェクトを使用して、<ファイルを開く>ダイアログボックスを表示します。引数で、ダイアログボックスの種類を指定します。

オブジェクト Applicationオブジェクトを指定します。

引　数

FileDialogType　ダイアログボックスの種類を指定します。設定値は、以下の表のとおりです。

設定値	内容
msoFileDialogFilePicker	<参照(ファイルの選択)>ダイアログボックス
msoFileDialogFolderPicker	<参照(フォルダーの選択)>ダイアログボックス
msoFileDialogOpen	<ファイルを開く>ダイアログボックス
msoFileDialogSaveAs	<名前を付けて保存>ダイアログボックス

メモ
FileDialogオブジェクトを取得する

FileDialogオブジェクトは、Applicationオブジェクトの FileDialogプロパティを利用して取得します。FileDialogプロパティの引数で、表示するダイアログボックスの種類を指定します。

ヒント

最初に表示される保存先やファイルの種類を指定する

最初に表示される保存先やファイル名を指定するには、FileDialogオブジェクトのInitialFileNameプロパティを利用します。ファイルの種類を限定するには、FilterIndexプロパティで指定します。なお、ファイルの種類を選択できるようにするには、Filtersプロパティを使用してフィルターを追加します。

ヒント

FileDialogオブジェクトのプロパティやメソッド

FileDialogオブジェクトを使用して表示するダイアログボックスは、次のようなプロパティを利用して指定します。なお、単純にファイルを開くのではなく、<ファイルを開く>ダイアログボックスで選択したファイル名を取得して、どのようにファイルを処理するかを細かく指定するには、ApplicationオブジェクトのGetOpenFilenameメソッドを利用します。GetOpenFilenameメソッドの引数については、ヘルプを参照してください。

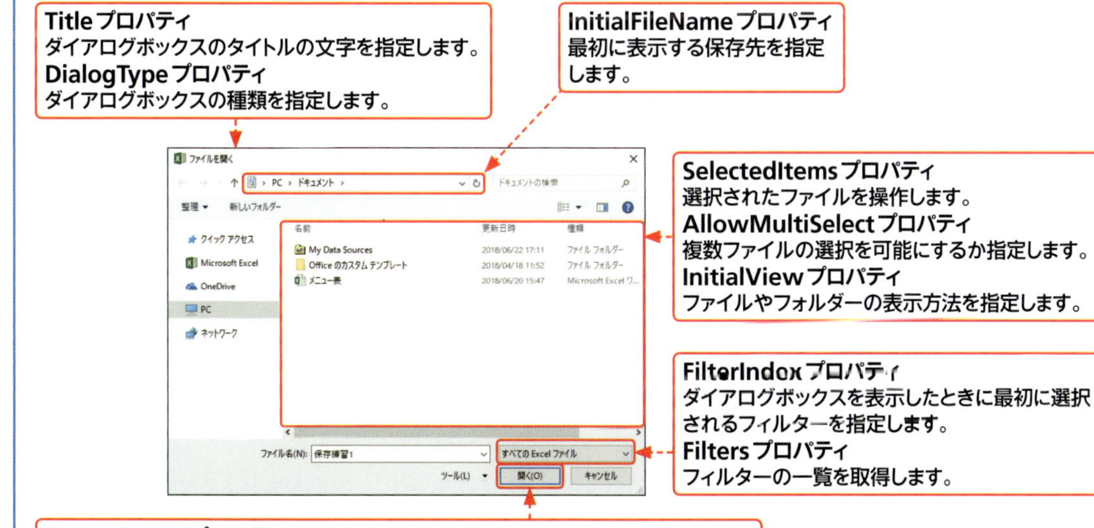
Titleプロパティ
ダイアログボックスのタイトルの文字を指定します。
DialogTypeプロパティ
ダイアログボックスの種類を指定します。
InitialFileNameプロパティ
最初に表示する保存先を指定します。
SelectedItemsプロパティ
選択されたファイルを操作します。
AllowMultiSelectプロパティ
複数ファイルの選択を可能にするか指定します。
InitialViewプロパティ
ファイルやフォルダーの表示方法を指定します。
FilterIndexプロパティ
ダイアログボックスを表示したときに最初に選択されるフィルターを指定します。
Filtersプロパティ
フィルターの一覧を取得します。
ButtonNameプロパティ
ファイルやフォルダーを選択したとき、このボタンに表示する文字列を指定します。
ファイルを開く
My Data Sources
Office のカスタム テンプレート
メニュー表
すべての Excel ファイル
開く(O)
キャンセル

2 <名前を付けて保存>ダイアログボックスを表示する

<名前を付けて保存>ダイアログボックスに関する処理をまとめて書きます。

```
Sub 保存の画面を表示()
    With Application.FileDialog(msoFileDialogSaveAs)
        .InitialFileName = ThisWorkbook.Path & "¥"
        .FilterIndex = 1
        If .Show = -1 Then .Execute
    End With
End Sub
```

1 ファイルの保存先は、マクロが書かれているこのブックと同じ場所を表示します。

2 ファイルの種類は、上から1つ目の項目（Excelブック）を選択します。

3 ダイアログボックスを表示し、<保存>がクリックされたときは、ファイルを保存します。

メモ <名前を付けて保存>ダイアログボックスを表示する

<名前を付けて保存>ダイアログボックスを表示します。ファイル名を指定して<保存>をクリックすると、指定した場所にファイルが保存されます。

メモ 選択したファイルの処理内容を細かく指定する

単純にファイルを保存するのではなく、<名前を付けて保存>ダイアログボックスで選択したファイル名を取得して、どのように処理するかを指定するには、ApplicationオブジェクトのGetSaveAsFilenameメソッドを利用します。GetSaveAsFilenameメソッドの引数については、ヘルプを参照してください。

実行例

1 <名前を付けて保存>ダイアログボックスを表示します。

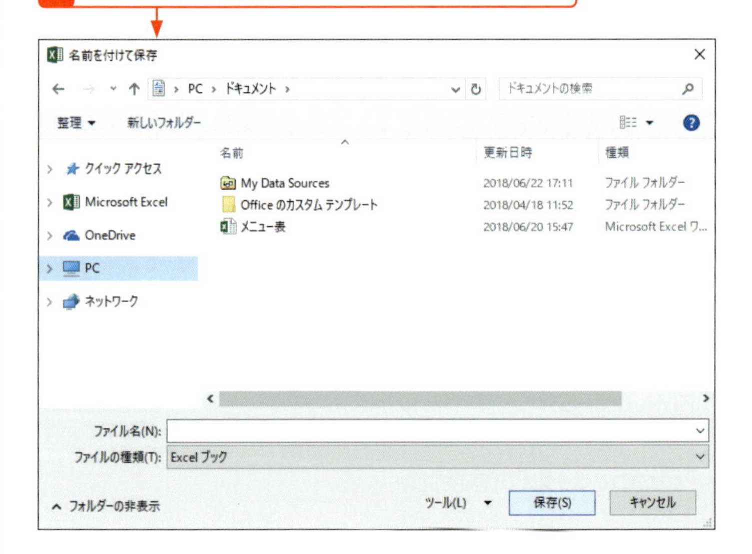

ステップアップ さまざまなダイアログボックスを表示する

Excelには、ファイル操作に関するダイアログボックス以外にもさまざまなダイアログボックスがあります。それらのダイアログボックスを表示したい場合には、ApplicationオブジェクトのDialogsプロパティを利用してDialogオブジェクトを取得して操作します。Dialogsプロパティの引数で、ダイアログボックスの種類を指定します。

●ファイルを開く画面を表示する

```
Application.Dialogs(xlDialogOpen).Show
```

●名前を付けて保存画面を表示する

```
Application.Dialogs(xlDialogSaveAs).Show
```

●セルの書式設定画面（<フォント>タブ）を表示する

```
Application.Dialogs(xlDialogFontProperties).Show
```

3 ファイルを参照するダイアログボックスを表示する

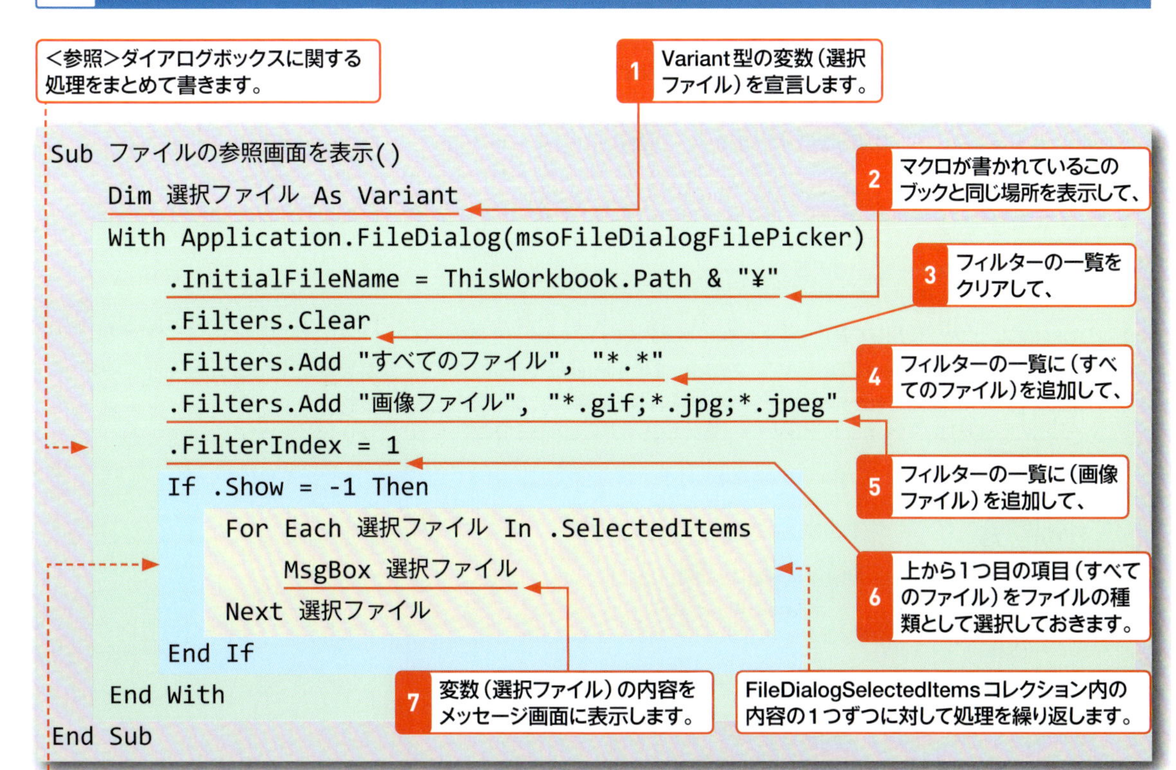

<参照>ダイアログボックスに関する処理をまとめて書きます。
1 Variant型の変数（選択ファイル）を宣言します。
2 マクロが書かれているこのブックと同じ場所を表示して、
3 フィルターの一覧をクリアして、
4 フィルターの一覧に（すべてのファイル）を追加して、
5 フィルターの一覧に（画像ファイル）を追加して、
6 上から1つ目の項目（すべてのファイル）をファイルの種類として選択しておきます。
7 変数（選択ファイル）の内容をメッセージ画面に表示します。
FileDialogSelectedItemsコレクション内の内容の1つずつに対して処理を繰り返します。


```
Sub ファイルの参照画面を表示()
    Dim 選択ファイル As Variant
    With Application.FileDialog(msoFileDialogFilePicker)
        .InitialFileName = ThisWorkbook.Path & "¥"
        .Filters.Clear
        .Filters.Add "すべてのファイル", "*.*"
        .Filters.Add "画像ファイル", "*.gif;*.jpg;*.jpeg"
        .FilterIndex = 1
        If .Show = -1 Then
            For Each 選択ファイル In .SelectedItems
                MsgBox 選択ファイル
            Next 選択ファイル
        End If
    End With
End Sub
```

ダイアログボックスを表示し、<OK>がクリックされたときは、ブロック内の処理を行います。

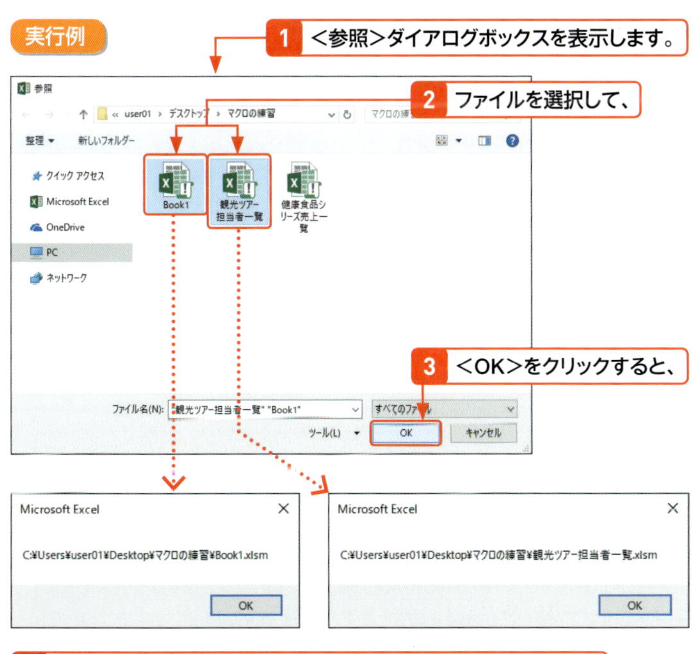

4 選択されたファイルのパス名とファイル名を順番に表示します。

メモ ＜参照（ファイル参照）＞ダイアログボックス

＜参照（ファイル参照）＞ダイアログボックスを表示します。ファイルを選択して＜OK＞をクリックすると、メッセージボックスを表示して、選択したファイルのパス名とファイル名を順番に表示します。

ヒント IfステートメントやFor Each...Nextステートメント

ここでは、＜OK＞がクリックされたときの処理を書くために、Ifステートメントを利用しています。また、選択されたファイルに対して同じ処理を繰り返すために、For Each...Nextステートメントを利用しています。Ifステートメントについては Sec.59、For Each...Nextステートメントについては、Sec.64を参照してください。

ヒント FileDialogSelectedItemsコレクション

＜参照＞ダイアログボックスでは、複数のファイルを選択できます。選択されたファイルのパスは、FileDialogSelectedItemsコレクションに保存されます。なお、FileDialogSelectedItemsコレクションを取得するには、FileDialogオブジェクトのSelectedItemsプロパティを使用します。ここでは、FileDialogSelectedItemsコレクション内の内容をメッセージボックスに順番に表示します。

ヒント フィルターを追加する

FileDialogオブジェクトを使用して表示するダイアログボックスで、フィルターを追加してファイルの種類を選択できるようにするには、FileDialogオブジェクトのFiltersプロパティで、フィルターを表すFileDialogFilterオブジェクトが集まったFileDialogFiltersコレクションを取得します。FileDialogFiltersコレクションのAddメソッドを利用して、フィルターを追加します。

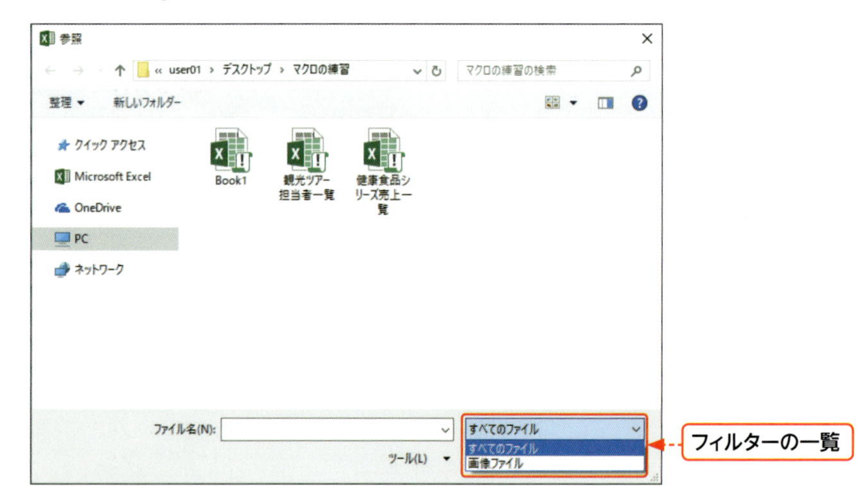

書式 Addメソッド

オブジェクト.Add(Description, Extensions,[Position])

オブジェクト FileDialogFiltersコレクションを指定します。

引　数

Description　フィルター欄に表示する名前を指定します。
Extensions　表示するファイルの種類を限定するために、ファイルの拡張子を指定します。セミコロンで区切って複数の拡張子を指定できます。
Position　フィルターの一覧に追加する場所を指定します。省略した場合は、一覧の最後に追加されます。

ヒント 複数ファイルの選択

複数のファイルを選択できるかどうかを指定するには、FileDialogオブジェクトのAllowMultiSelectプロパティを使います。たとえば、複数ファイルを選択できないようにするには、AllowMultiSelectプロパティにFalseを設定します。なお、AllowMultiSelectプロパティは、＜参照（ファイル参照）＞ダイアログボックスと＜ファイルを開く＞ダイアログボックスを表示するときに指定できます。

4 フォルダーを参照するダイアログボックスを表示する

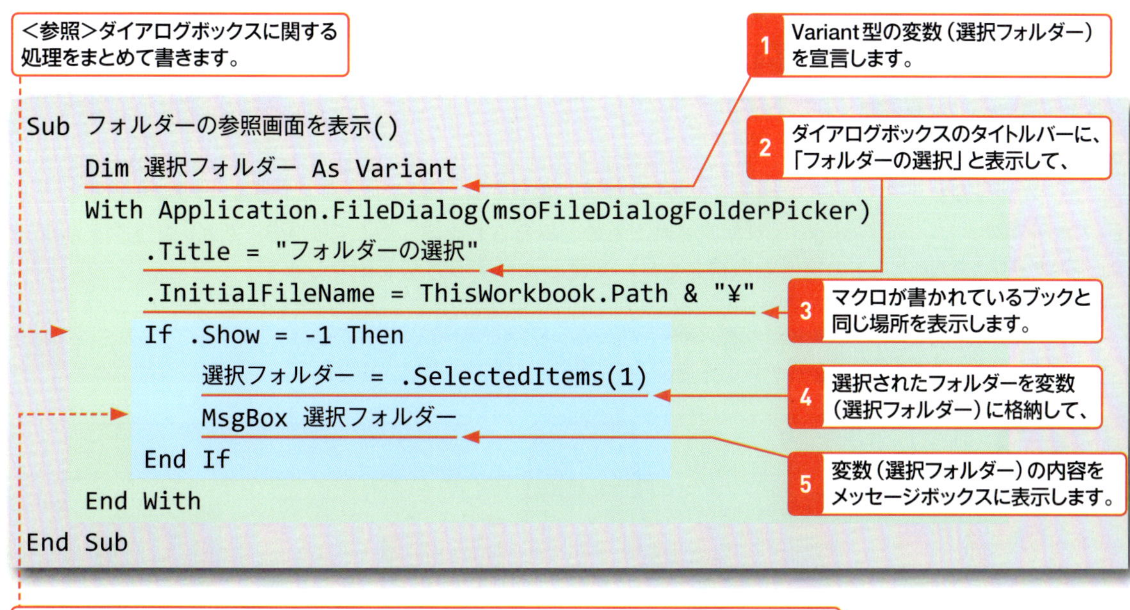

＜参照＞ダイアログボックスに関する処理をまとめて書きます。
1 Variant型の変数（選択フォルダー）を宣言します。
2 ダイアログボックスのタイトルバーに、「フォルダーの選択」と表示して、
3 マクロが書かれているブックと同じ場所を表示します。
4 選択されたフォルダーを変数（選択フォルダー）に格納して、
5 変数（選択フォルダー）の内容をメッセージボックスに表示します。
ダイアログボックスを表示し、＜OK＞がクリックされたときは、ブロック内の処理を行います。


```
Sub フォルダーの参照画面を表示()
    Dim 選択フォルダー As Variant
    With Application.FileDialog(msoFileDialogFolderPicker)
        .Title = "フォルダーの選択"
        .InitialFileName = ThisWorkbook.Path & "¥"
        If .Show = -1 Then
            選択フォルダー = .SelectedItems(1)
            MsgBox 選択フォルダー
        End If
    End With
End Sub
```

実行例

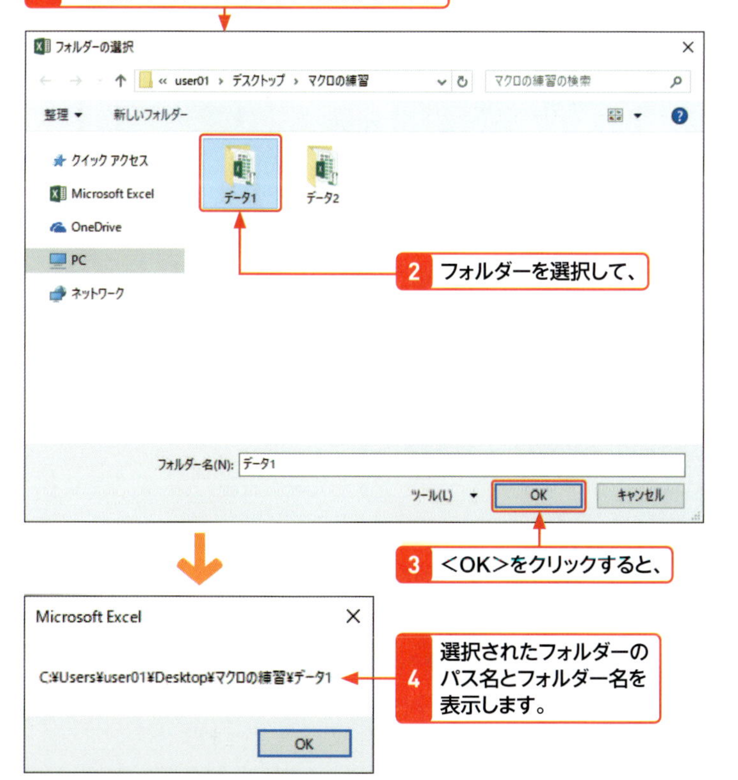

メモ ＜参照（フォルダー参照）＞ダイアログボックス

＜参照（フォルダー参照）＞ダイアログボックスを表示します。フォルダーを選択して＜OK＞をクリックすると、選択したフォルダーのパス名とフォルダー名を表示します。

ヒント ＜参照＞ダイアログボックスを開く

＜参照（フォルダー参照）＞ダイアログボックスを開くには、Applicationオブジェクトの FileDialogプロパティの引数で「msoFileDialogFolderPicker」を指定します。＜参照（フォルダー参照）＞ダイアログボックスでは、1つのフォルダーを選択できます。選択されたフォルダーのパスはFileDialogSelectedItemsコレクションに保存されます。

Section 81

カレントフォルダーを利用する

覚えておきたいキーワード
- カレントフォルダー
- CurDir関数
- ChDirステートメント

Excelでブックを保存するときは、ブックの保存先を指定します。VBAでブックを保存するとき、保存先を指定しないと、「カレントドライブ」の「カレントフォルダー」が指定されたものとみなされます。ここでは、VBAでカレントフォルダーの場所を取得したり、変更したりする方法を紹介します。

1 カレントフォルダーの場所を取得する

メモ カレントフォルダーの場所を調べる

VBAでは、ブックを開いたり保存したりするときに保存先を指定しない場合、カレントドライブのカレントフォルダーが指定されたものとみなされます。カレントフォルダーは各ドライブに1つずつあり、カレントフォルダーの場所は、CurDir 関数を使って取得します。ここでは、Cドライブのカレントフォルダーの場所を取得して、B1 セルに表示します。

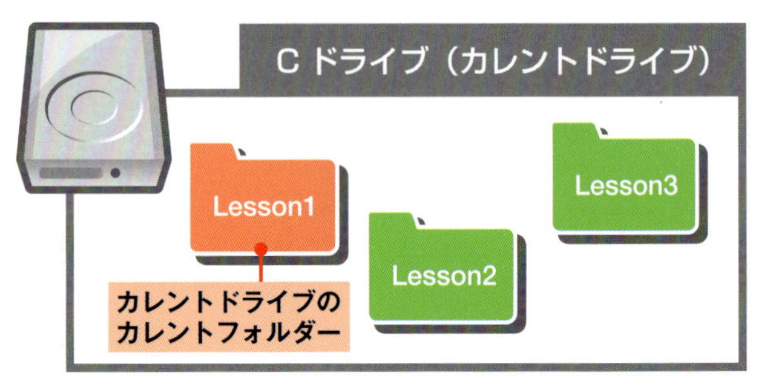

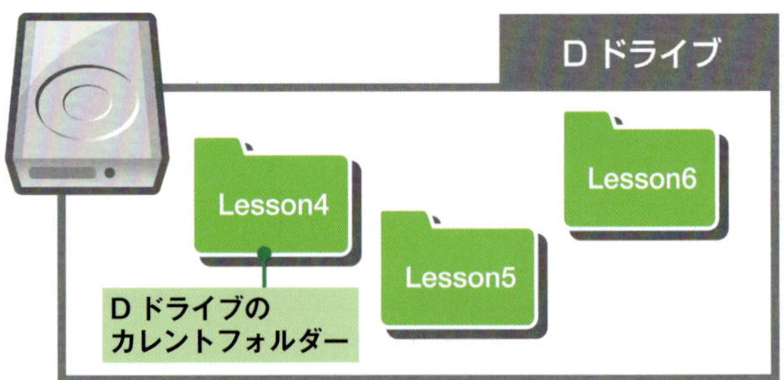

ヒント カレントフォルダーにブックを保存する

ブックを保存するときは、SaveAsメソッドを使用します。このとき、ブックの保存先を指定しないと、カレントドライブのカレントフォルダーにブックが保存されます。たとえば、上の図のようにCドライブの「Lesson1」フォルダーがカレントフォルダーになっているとき、SaveAsメソッドで「練習」という名前を付けてブックを保存すると、Cドライブの「Lesson1」フォルダーに保存されます。ブック名の指定を省略すると、元の名前で保存されます。一度も保存されていないブックの場合は、「Book1」のような仮の名前で保存されます。

```
Sub ブックの保存()
    ActiveWorkbook.SaveAs Filename:="練習"
End Sub
```

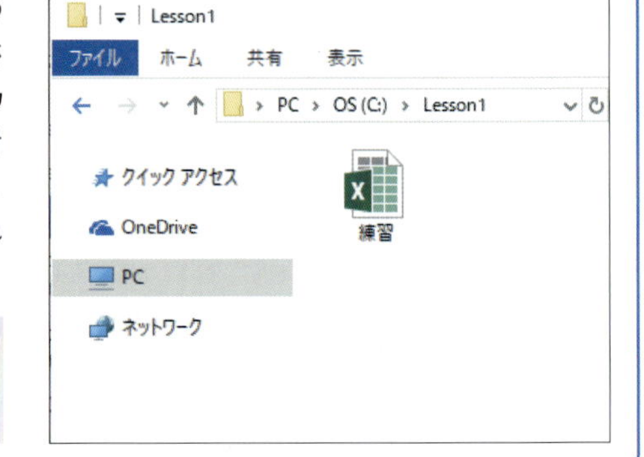

▼カレントドライブの操作

操作	記述
カレントドライブのカレントフォルダーを取得	CurDir
Dドライブのカレントフォルダーを取得	CurDir("D")
Cドライブのカレントフォルダーを「Lesson3」に変更	ChDir "C:¥Lesson3"
カレントドライブをDドライブに変更	ChDrive "D"
カレントドライブをDドライブにして、Dドライブのカレントフォルダーを「Lesson5」に変更	ChDrive "D" ChDir "D:¥Lesson5"

1 Cドライブのカレントフォルダーの場所をB1セルに表示します。

```
Sub カレントフォルダー参照()
    Range("B1").Value = CurDir("C")
End Sub
```

実行例

1 カレントフォルダーの場所をB1セルに表示します。

	A	B
1	カレントフォルダー	C:¥Users¥user01¥Documents
2	カレントフォルダー変更	
3	既定のファイルの場所	
4		
5		

書式 CurDir関数

CurDir [(Drive)]

解説 指定したドライブのカレントフォルダーの場所を取得します。引数Driveを省略すると、カレントドライブのカレントフォルダーの場所を取得します。

キーワード カレントフォルダー

カレントフォルダーとは、現在の作業の対象になっているフォルダーのことです。Excelでファイルを操作するとき、ダイアログボックスに最初に表示されるフォルダーが、カレントフォルダーです。フォルダーをほかの場所に変更してファイル操作を行うと、変更したフォルダーがカレントフォルダーになります。

ヒント カレントドライブを変更する

現在の作業の対象になっているドライブを、カレントドライブと言います。カレントドライブを変更するには、ChDriveステートメントを使います。たとえば、カレントドライブをDドライブにするには、以下のようにします。

```
ChDrive "D"
```

ヒント カレントフォルダーのブックを開く

ファイルを開くには、WorkbooksコレクションのOpenメソッドを使用します。Openメソッドの引数のFilenameでファイルの保存先の指定を省略すると、カレントフォルダー内の指定したブックが開きます。Openメソッドの書式や、カレントフォルダーのファイルを開く方法については、P.183を参照してください。

2 カレントフォルダーを変更する

```
Sub カレントフォルダーの変更()
    ChDir "C:¥Users¥user01¥Desktop"
    Range("B2").Value = CurDir("C")
End Sub
```

1 Cドライブのカレントフォルダーを変更します。

2 Cドライブのカレントフォルダーの場所を、B2セルに表示します。

メモ カレントフォルダーの場所を変更する

カレントフォルダーの場所を変更して、変更後の場所を表示します。カレントフォルダーの場所を変更するには、ChDirステートメントを利用します。

ヒント カレントフォルダーを手動で変更する(Excelの操作)

カレントフォルダーは、ユーザーが行った操作によっても変更されます。たとえば、Excelの<ファイルを開く>画面などで、保存先のフォルダーの場所を変更すると、変更後のフォルダーがカレントフォルダーになります。

実行例

1 カレントフォルダーを変更して、その場所をB2セルに表示します。

	A	B
1	カレントフォルダー	C:¥Users¥user01¥Documents
2	カレントフォルダー変更	C:¥Users¥user01¥Desktop
3	既定のファイルの場所	
4		

書式 ChDirステートメント

ChDir Path

解説 ChDirステートメントを使用して、カレントフォルダーの場所を変更します。

引数
Path　カレントフォルダーのパス名を指定します。

ヒント カレントドライブを変更する

カレントドライブやカレントフォルダーを操作するには、P.269の表のように内容を記述します。次の例は、カレントドライブをCドライブにして、Cドライブのカレントフォルダーを Cドライブの「Lesson1」フォルダーにします。

```
Sub カレントフォルダーを移動()
    ChDrive "C"
    ChDir "C:¥Lesson1"
    MsgBox CurDir
End Sub
```

3 既定のファイルの場所を取得する

1 既定のファイルの場所をB3セルに表示します。

```
Sub 既定のファイルの場所()
    Range("B3").Value = Application.DefaultFilePath
End Sub
```

実行例

1 既定のファイルの場所をB3セルに表示します。

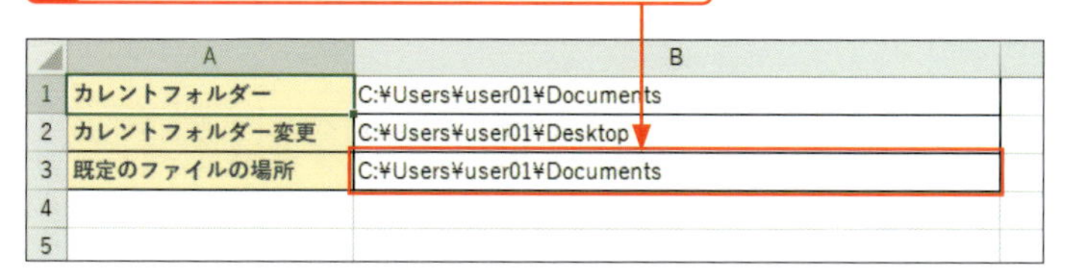

	A	B
1	カレントフォルダー	C:¥Users¥user01¥Documents
2	カレントフォルダー変更	C:¥Users¥user01¥Desktop
3	既定のファイルの場所	C:¥Users¥user01¥Documents
4		
5		

メモ 既定のファイルの場所を取得する

Excelを起動したあと、ブックを開いたり保存したりするときに最初に表示されるフォルダーを、「既定のファイルの場所」と言います。VBAで「既定のファイルの場所」を取得したり指定したりするには、Applicationオブジェクトの DefaultFilePathプロパティを利用します。

ステップアップ 既定のファイルの場所を指定する（Excelの操作）

既定のファイルの場所は、<ファイル>タブの<オプション>を選択し、<Excelのオプション>画面の<保存>→<既定のローカルファイルの保存場所>（Excel 2010の場合は<既定のファイルの場所>）で指定できます。

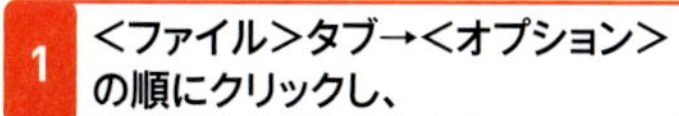

1 <ファイル>タブ→<オプション>の順にクリックし、

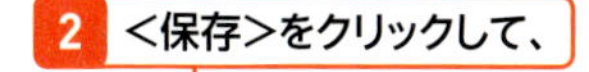

2 <保存>をクリックして、

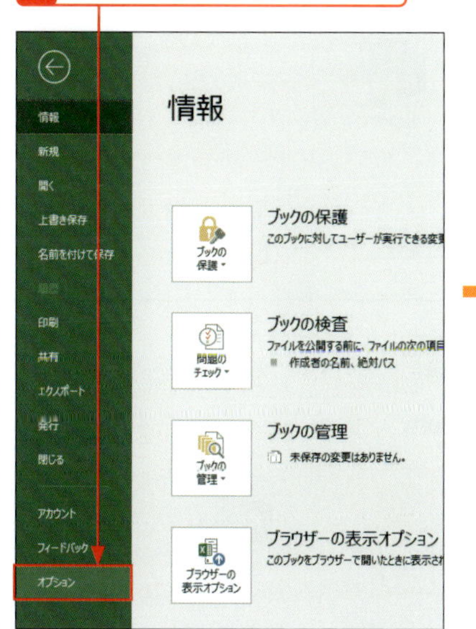

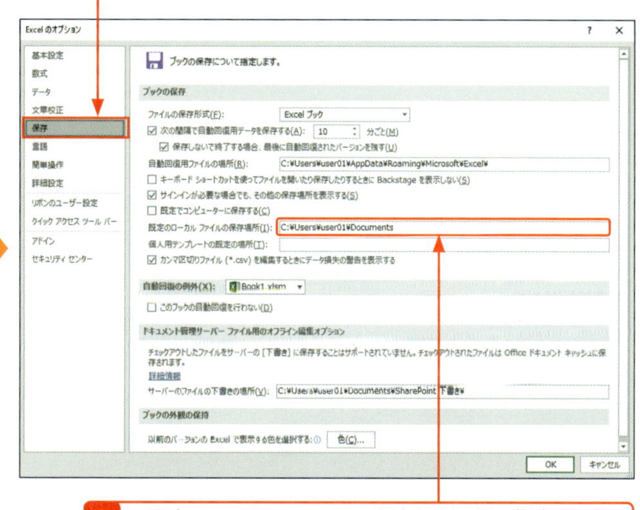

3 <既定のローカルファイルの保存場所>欄で指定します。

Section 82

ファイルやフォルダーを操作する

覚えておきたいキーワード
- MkDir ステートメント
- RmDir ステートメント
- Name ステートメント

VBAで、ファイルを削除したり作成したりといった操作を記述するとき、それに関連したファイルやフォルダーに関する操作を同時に実行したい場合もあるでしょう。ここでは、そのような処理を記述するときに便利なステートメントを紹介します。

1 フォルダーを作成する

メモ フォルダーを作成する

ここでは、「練習」という名前の新しいフォルダーを作成します。フォルダーを作成するには、MkDirステートメントを利用します。

ヒント すでに同名のフォルダーがある場合

MkDirステートメントを利用してフォルダーを作成するとき、指定した名前のフォルダーがすでに存在するときはエラーになります。また、次のページの表で紹介している各ステートメントでも、操作の対象になるファイルがない場合はエラーになります。エラーを避けるには、Dir関数などを利用してフォルダーやファイルの存在をあらかじめ調べて、処理を分岐するといった工夫が必要になります。

ステップアップ OneDriveにファイルをコピーする

OneDrive内のファイルやフォルダーをVBAで操作すると、パス名が見つからないといったエラーが発生する場合があります。その場合には、OneDriveをネットワークドライブに割り当てて、そのパス名を指定する方法があります(P.222参照)。

1 このマクロが書かれているファイルと同じ場所に、「練習」という名前のフォルダーを作成します。

```
Sub フォルダーを作成()
    MkDir ThisWorkbook.Path & "¥練習"
End Sub
```

実行例

1 マクロが書かれているファイルと同じ場所に、

2 新しいフォルダーが作成されます。

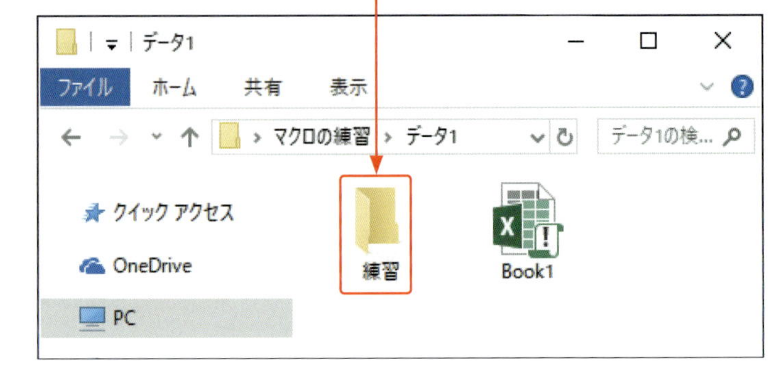

第10章 柔軟な処理を実現しよう

2 そのほかの操作

フォルダーを作成する以外にも、ステートメントでさまざまな操作を行うことができます。使用例については、以下の表を参照してください。

▼そのほかの主なステートメント

内容	コード例	コード内容
MkDir ステートメント (フォルダーの作成)	MkDir フォルダーの場所と名前 【例】 Sub フォルダーを作成() MkDir ThisWorkbook.Path & "¥練習" End Sub	マクロが書かれているブックと同じ場所に「練習」というフォルダーを作成する。
RmDir ステートメント (フォルダーの削除)	RmDir フォルダーの場所と名前※ 【例】 Sub フォルダーの削除() RmDir ThisWorkbook.Path & "¥練習" End Sub	マクロが書かれているブックと同じ場所の「練習」フォルダーを削除する。

FileCopy ステートメント (ファイルのコピー)	FileCopy ファイル名, コピー後のファイル名
	【例】
	Sub ファイルのコピー()
	    Dim パス名 As String
	    パス名 = ThisWorkbook.Path
	    FileCopy パス名 & "¥ブック1.xlsx", パス名 & "¥コピーブック.xlsx"
	End Sub
		マクロが書かれているブックと同じ場所の「ブック1」ファイルのコピーを「コピーブック」という名前で保存する。

Kill ステートメント (ファイルの削除)	Kill ファイルの場所と名前 【例】 Sub ファイルの削除() Kill ThisWorkbook.Path & "¥コピーブック.xlsx" End Sub	マクロが書かれているブックと同じ場所の「コピーブック」ファイルを削除する。

Name ステートメント (ファイル名の変更)	Name ファイル名 As 変更後のファイル名
	【例】
	Sub ファイル名の変更()
	    Dim パス名 As String
	    パス名 = ThisWorkbook.Path
	    Name パス名 & "¥ブック1.xlsx" As パス名 & "¥ブック2.xlsx"
	End Sub
		マクロが書かれているブックと同じ場所の「ブック1」という名前のファイルを「ブック2」という名前に変更する。

Name ステートメント (ファイルの移動)	Name ファイル名 As 移動後のファイル名
	【例】
	Sub ファイルの移動()
	    Dim パス名 As String
	    パス名 = ThisWorkbook.Path
	    Name パス名 & "¥ブック2.xlsx" As パス名 & "¥練習¥abc.xlsx"
	End Sub
		マクロが書かれているブックと同じ場所の「ブック2」という名前のファイルを「練習」フォルダーに移動して「abc」という名前に変更する。

※フォルダーにファイルが入っているとエラーになるため、あらかじめKillステートメントなどでフォルダー内のファイルを消しておきます。

FileSystemObject (FSO)

VBAでファイルを操作するには、このセクションで紹介した方法以外にも、FSOというオブジェクトを利用する方法もあります。FSOは、ファイルやフォルダー、ドライブをより細やかに操作するときに利用するオブジェクトです。FSOを利用すれば、フォルダーの作成や削除、ファイルのコピーや削除、ファイルやフォルダーの検索やプロパティ情報の取得、テキストファイルの読み書きなどを行えます。

Section 83

エラー処理を実現する

覚えておきたいキーワード
- On Error GoToステートメント
- On Error Resume Nextステートメント
- Err.Description

VBAでは、条件分岐などを利用してエラーが発生しないように工夫できますが、場合によってはエラーが避けられないケースもあります。通常、エラーが発生すると、エラーメッセージが表示されてマクロが中断してしまいますが、ここで紹介する方法を使えば、エラーに備えた準備ができます。

1 エラーが発生したときに指定した処理を実行する

1 エラーが発生したときには「エラーメッセージ」の箇所に移動します。

```
Sub エラー発生時の処理を記述()
    On Error GoTo エラーメッセージ
    Range("D4:D9").SpecialCells(xlCellTypeBlanks) _
      .EntireRow.Hidden = True
    Exit Sub

エラーメッセージ:
    MsgBox Err.Description
End Sub
```

2 D4セル～D9セルのうち、空白セルの行全体を非表示にします。

3 途中でマクロを終了します。

4 エラーが発生したときの処理を以下に書きます。

5 エラーの内容をメッセージ画面に表示します。

メモ エラーが発生したときに行う内容を指定する

エラーが発生したときに、マクロが途中で中断することなく、指定した処理が実行されるようにします。ここでは、エラーが発生したときにメッセージを表示します。

実行例

1 このセル範囲に空白のセルがある場合、そのセルの行を非表示にします。

	A	B	C	D
1	資料請求者様一覧			
2				
3	顧客番号	氏名	連絡先	DM希望
4	1001	斎藤遥	090-0000-XXXX	○
5	1002	渡辺翔太		○
6	1003	松島桃花	050-0000-XXXX	○
7	1004	中野祥太郎	090-0000-XXXX	○
8	1005	田中美優		○
9	1006	佐藤真人	050-0000-XXXX	○
10				
11	DM希望者	6		
12	資料請求者数	6		

	A	B	C	D
1	資料請求者様一覧			
2				
3	顧客番号	氏名	連絡先	DM希望
4	1001	斎藤遥	090-0000-XXXX	○
5	1002	渡辺翔太		○
6	1003	松島桃花	050-0000-XXXX	○
7	1004	中野祥太郎	090-0000-XXXX	○
8	1005	田中美優		○
9	1006	佐藤真人	050-0000-XXXX	○
10				
11	DM希望者	6		
12	資料請求者数	6		

Microsoft Excel
該当するセルが見つかりません。
OK

2 空白がない場合は、エラーにならずにメッセージが表示されます。

書式 On Error GoToステートメント

```
Sub マクロ名
    On Error GoTo 行ラベル
    処理
    Exit Sub
行ラベル:
    エラーが発生したときに実行する処理
End Sub
```

解説 エラーが発生してもマクロが中断されずに、指定した箇所に移動するようにします。そのしくみを有効にする場所に「On Error GoTo 行ラベル」と書きます。このステートメントより下の行で、エラーが発生した場合、「行ラベル:」の箇所に移動します。また、エラーが発生しなかった場合は、エラーが発生したときの処理が実行されないように、「行ラベル:」の前の行に「Exit Sub」を書いて、そこでマクロを終了します。

ヒント エラー処理を書かない場合

RangeオブジェクトのSpecialCellsメソッドを使用すると、指定した種類のセルを指定できます（Sec.35参照）。ただし、セルが見つからない場合には、次のようなエラーメッセージが表示されてマクロが停止します。

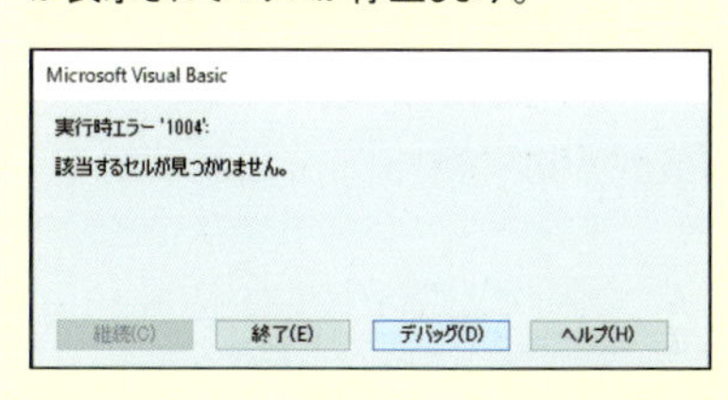

ヒント Err.Description

Err.Descriptionは、実行時エラーに関する説明を意味します。ここでは、エラーが発生したときにエラーの内容がメッセージに表示されるようにしています。

ヒント エラー処理を無効にする

On Error GoToステートメントを利用すると、エラーが発生した場合に備えた処理を記述できます。しかし、エラーが発生する可能性のある箇所を過ぎたら、それ以降は、エラーが発生したときにエラーメッセージが表示されるようにしておきましょう。それには、「On Error GoTo 0」ステートメントを利用します。「On Error GoTo 0」より下の行でエラーが発生したときは、通常通りにエラーメッセージが表示されます。

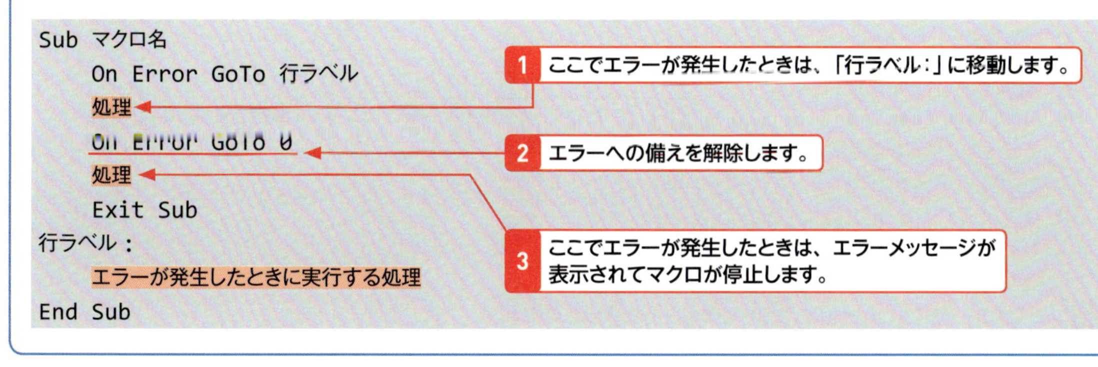

2 エラーを無視して処理を実行する

1 エラーが発生しても無視して次に進みます。

```
Sub エラー発生しても無視()
    On Error Resume Next
    Range("D4:D9").SpecialCells(xlCellTypeBlanks) _
        .EntireRow.Hidden = True
End Sub
```

2 D4セル～D9セルのうち、空白セルの行全体を非表示にします。

メモ エラーが発生しても無視して実行する

エラーが発生しても、エラーを表示せずに無視して次の処理を行う方法を知りましょう。「On Error Resume Next」ステートメントを利用する方法があります。

書式 On Error Resume Nextステートメント

```
Sub マクロ名
    処理
    On Error Resume Next
    エラーを無視して実行する処理
End Sub
```

解説 エラーが発生しても無視して、次の処理を行うには、エラーが発生する可能性がある箇所の上の行に「On ErrorResume Next」と入力します。ただし、エラーの原因によっては、そのあとのマクロが正しく動作しなくなる可能性もありますので、注意が必要です。エラーの原因が不明のまま、「On Error Resume Nextステートメント」を多用してエラーを回避するのは避けましょう。

ヒント 途中からエラーの監視方法を元に戻す

On Error Resume Nextステートメントを利用すると、エラーを無視して処理を続けられます。しかし、エラーが発生する可能性のある箇所を過ぎたら、それ以降は、エラーが発生したときはエラーメッセージが表示されるようにしておくとよいでしょう。それには、「On Error GoTo 0」ステートメントを利用します。「On Error GoTo 0」の下の行でエラーが発生したときは、通常通りエラーメッセージが表示されます。

```
Sub マクロ名
    処理
    On Error Resume Next
    エラーを無視しても実行する処理
    On Error GoTo 0
    処理
End Sub
```

1 ここでエラーが発生したときは、エラーを無視します。

2 エラーへの備えを解除します。

3 ここでエラーが発生したときは、エラーメッセージが表示されます。

3 エラーの種類によって実行する内容を分ける

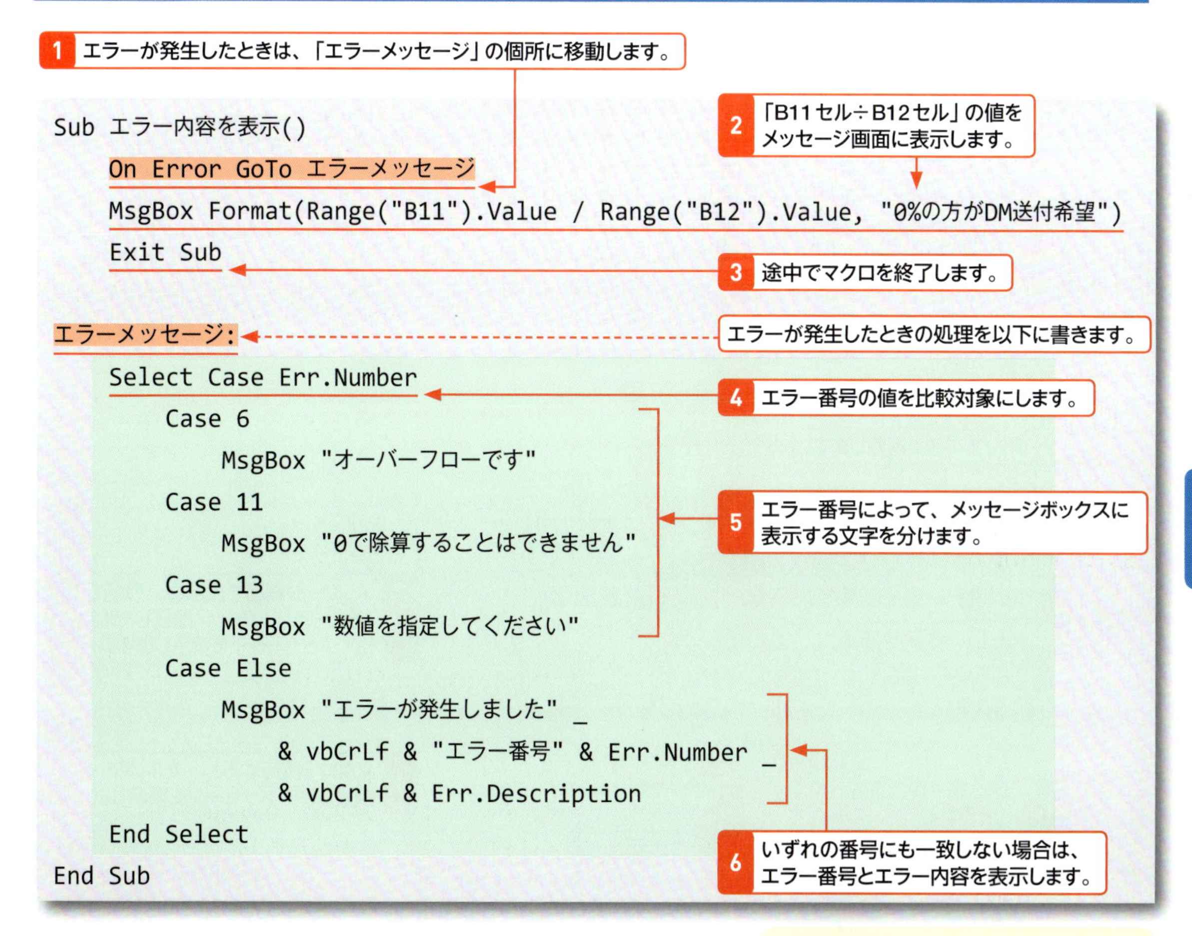

1 エラーが発生したときは、「エラーメッセージ」の個所に移動します。
2 「B11セル÷B12セル」の値をメッセージ画面に表示します。
3 途中でマクロを終了します。
エラーが発生したときの処理を以下に書きます。
4 エラー番号の値を比較対象にします。
5 エラー番号によって、メッセージボックスに表示する文字を分けます。
6 いずれの番号にも一致しない場合は、エラー番号とエラー内容を表示します。


```
Sub エラー内容を表示()
    On Error GoTo エラーメッセージ
    MsgBox Format(Range("B11").Value / Range("B12").Value, "0%の方がDM送付希望")
    Exit Sub

エラーメッセージ:
    Select Case Err.Number
        Case 6
            MsgBox "オーバーフローです"
        Case 11
            MsgBox "0で除算することはできません"
        Case 13
            MsgBox "数値を指定してください"
        Case Else
            MsgBox "エラーが発生しました" _
                & vbCrLf & "エラー番号" & Err.Number _
                & vbCrLf & Err.Description
    End Select
End Sub
```

実行例

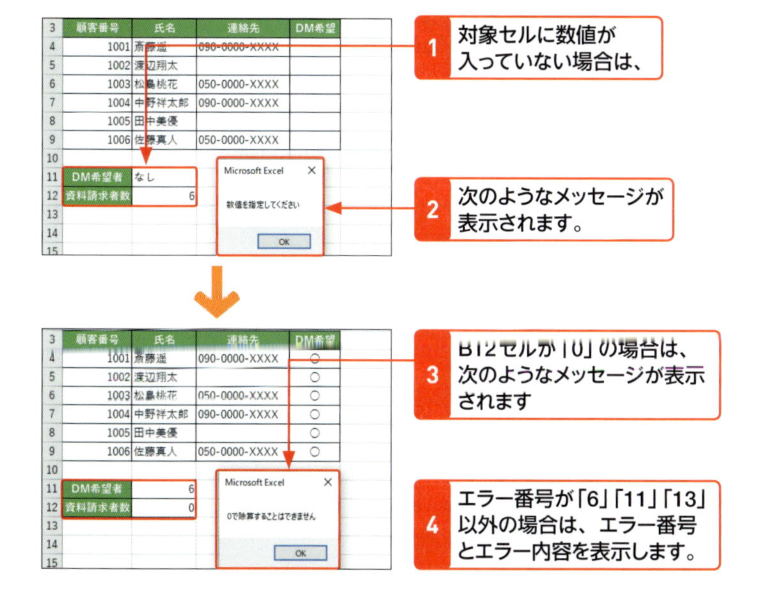

メモ エラーの種類を判断する

ここでは、B11セルの値をB12セルの値で割った結果をメッセージに表示します。エラーが発生した場合は、エラー番号によって異なるメッセージを表示します。

ヒント エラー番号とエラー内容を取得する

実行時エラーが発生すると、エラーの内容を示すメッセージが表示され、メッセージの番号でエラーの種類がわかるようになっています。エラー番号は、Errオブジェクトの Numberプロパティで、エラー内容は、Descriptionプロパティで取得できます。

エラー番号：**Err.Number**
エラー内容：**Err.Description**

Section 84

ボタンが付いたメッセージ画面を表示する

覚えておきたいキーワード
- MsgBox関数
- アイコン
- ボタン

マクロを利用するユーザーから何らかの指示を受けるには、メッセージボックスを利用する方法があります。メッセージボックスには、メッセージの内容とともに、アイコンや複数のボタンを表示できます。どのようなメッセージ画面を表示するか指定する方法を学んでいきましょう。

1 メッセージを表示する

1 A4セル～C8セルの値を削除します。

```
Sub メッセージの表示()
    Range("A4:C8").ClearContents
    MsgBox "データを削除しました。" & vbCrLf & _
        "新しいタスクを入力してください。"
End Sub
```

2 メッセージ画面を表示し、「1行目のメッセージ」のあと、改行して「2行目のメッセージ」を表示します。

メモ **メッセージ画面を表示する**

ここでは、<OK>ボタンだけがある単純なメッセージを表示します。メッセージボックスを表示するには、MsgBox関数を使います。

実行例

1 マクロを実行すると、セルのデータを削除して、メッセージを表示します。

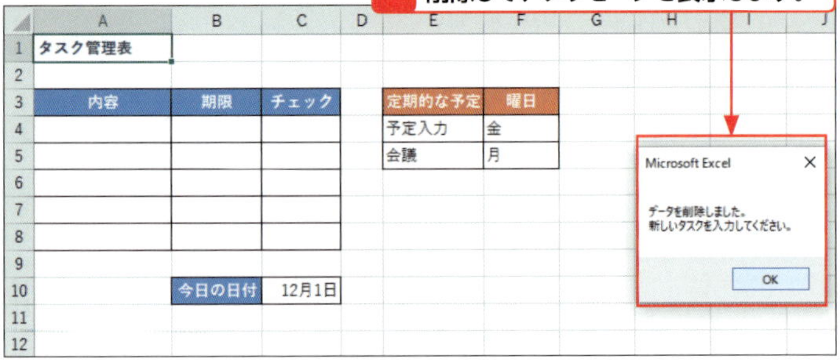

書式 MsgBox関数

MsgBox (Prompt,[Buttons],[Title],[Helpfile],[Context])

解説 メッセージボックスを表示するには、MsgBox関数を使います。引数で、メッセージの内容やメッセージ画面のタイトルのバーの文字、表示するボタンの内容などを指定します。

引数

Prompt	メッセージの内容を指定します。
Buttons	表示するボタンの種類や、表示するアイコンなどを指定します。
Title	メッセージ画面のタイトルバーに表示する内容を指定します。
Helpfile	ヘルプを表示する場合、ヘルプファイルの名前を指定します。
Context	ヘルプを表示する場合、ヘルプに対応したコンテキスト番号を指定します。

メッセージボックスのアイコン

引数Buttonsでは、以下のような内容を指定できます。たとえば、警告メッセージと、<OK>と<キャンセル>ボタンを表示し、第2ボタンを標準ボタンにするには、「vbCritical+vbOKCancel+vbDefaultButton2」と指定します。または、それぞれの番号、16、1、256を足し算して、「273」を指定する方法もあります。

▼表示するアイコン

設定値	番号	内容
vbCritical	16	警告メッセージアイコンを表示する
vbQuestion	32	問い合わせメッセージアイコンを表示する
vbExclamation	48	注意メッセージアイコンを表示する
vbInformation	64	情報メッセージアイコンを表示する

▼表示するボタン

設定値	番号	内容
vbOKOnly	0	<OK>ボタンだけを表示する OK
vbOKCancel	1	<OK>と<キャンセル>ボタンを表示する OK キャンセル
vbAbortRetryIgnore	2	<中止><再試行><無視>ボタンを表示する 中止(A) 再試行(R) 無視(I)
vbYesNoCancel	3	<はい><いいえ><キャンセル>ボタンを表示する はい(Y) いいえ(N) キャンセル
vbYesNo	4	<はい><いいえ>ボタンを表示する はい(Y) いいえ(N)
vbRetryCancel	5	<再試行><キャンセル>ボタンを表示する 再試行(R) キャンセル

●標準ボタンをどのボタンにするか

標準ボタンとは、メッセージ画面を表示したときに最初に選択されているボタンのことです。標準ボタンは、太線で囲まれています。また、マウスでクリックしなくても、Enter を押すことで選択できます。

▼標準ボタンの設定

設定値	番号	内容
vbDefaultButton1	0	第1ボタンを標準ボタンにする はい(Y) いいえ(N) キャンセル
vbDefaultButton2	256	第2ボタンを標準ボタンにする はい(Y) いいえ(N) キャンセル
vbDefaultButton3	512	第3ボタンを標準ボタンにする はい(Y) いいえ(N) キャンセル

ヒント メッセージの途中で改行する

メッセージの途中で改行するには、改行を示す「vbCrLf」を入力しますが、Chr 関数を使う方法もあります。Chr関数は、指定した文字コードの文字を返す関数です。引数には、文字を特定するための数値(ASCIIコード)を指定します。ASCIIコードの中には、通常の文字ではなく改行やタブなどの制御文字もあります。この中で、改行を表す文字コードを指定すると、その位置で改行できます。制御文字を示す文字コードの例は、右の表を参照してください。なお、「vbCrLf」は「Chr(13)+Chr(10)」と同じ意味です。

文字コード	内容	入力方法
10	改行(LF)	Chr(10)
13	行頭に復帰(CR)	Chr(13)
9	タブ(HT)	Chr(9)

Section 85 複数シートの表を1つにまとめる

覚えておきたいキーワード
- MsgBox関数
- アイコン
- ボタン

前のセクションで紹介したように、メッセージボックスには、メッセージの内容とともにアイコンや複数のボタンを表示できます。ここでは、メッセージ画面に＜はい＞＜いいえ＞のボタンを表示します。どちらのボタンをクリックしたかによって、実行する処理を分けてみましょう。

1 ＜はい＞＜いいえ＞を選択できるようにする

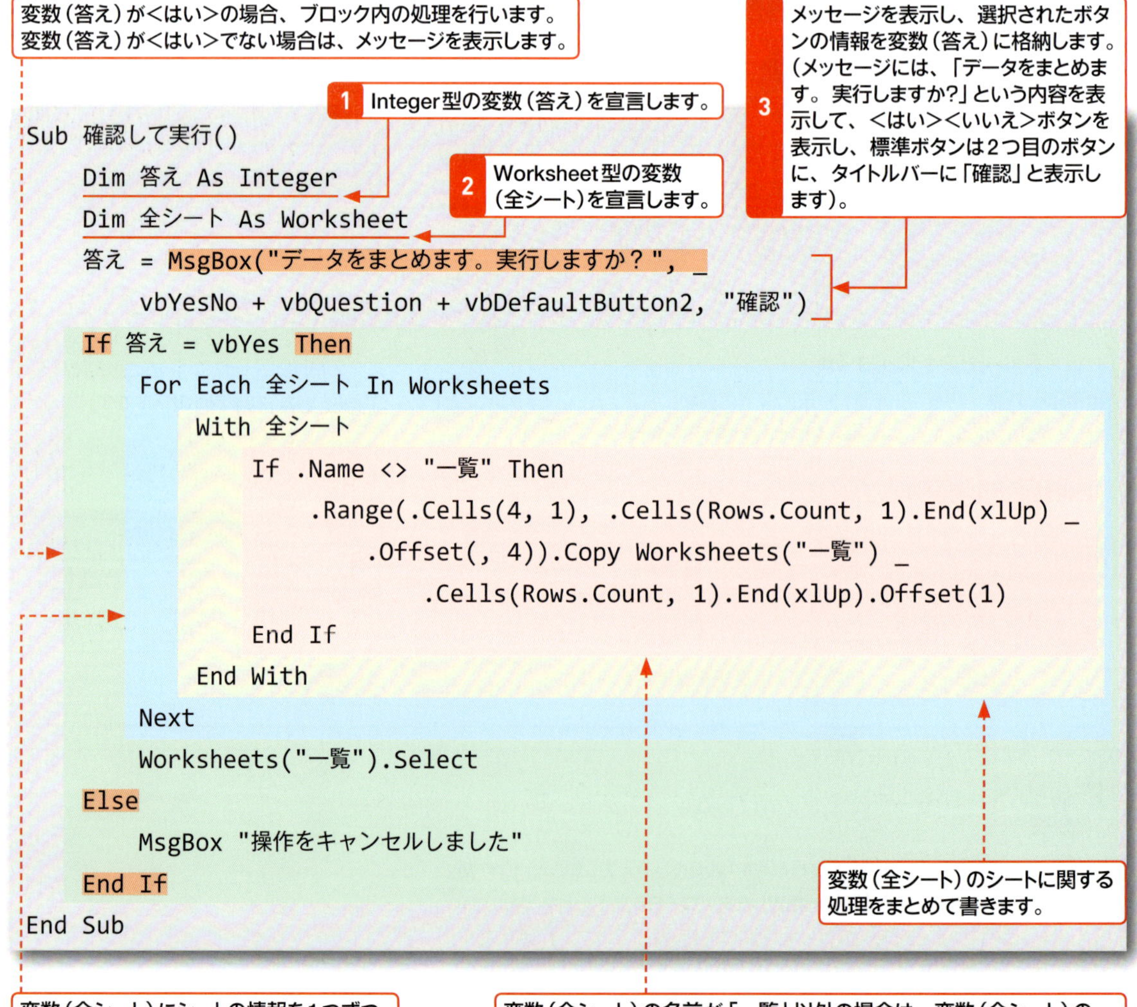

ボタンの戻り値

メッセージ画面を表示したとき、クリックされたボタンの種類によって、次のような値が返ります。VBAでは、この値を利用して、どのボタンがクリックされたかを判定して、実行する内容を分けます。答えの情報を変数に格納し、格納された値に応じて実行する内容を指定します。

▼ボタンの戻り値

ボタンの種類	戻り値(定数)	戻り値
＜OK＞	vbOK	1
＜キャンセル＞	vbCancel	2
＜中止＞	vbAbort	3
＜再試行＞	vbRetry	4
＜無視＞	vbIgnore	5
＜はい＞	vbYes	6
＜いいえ＞	vbNo	7

実行例

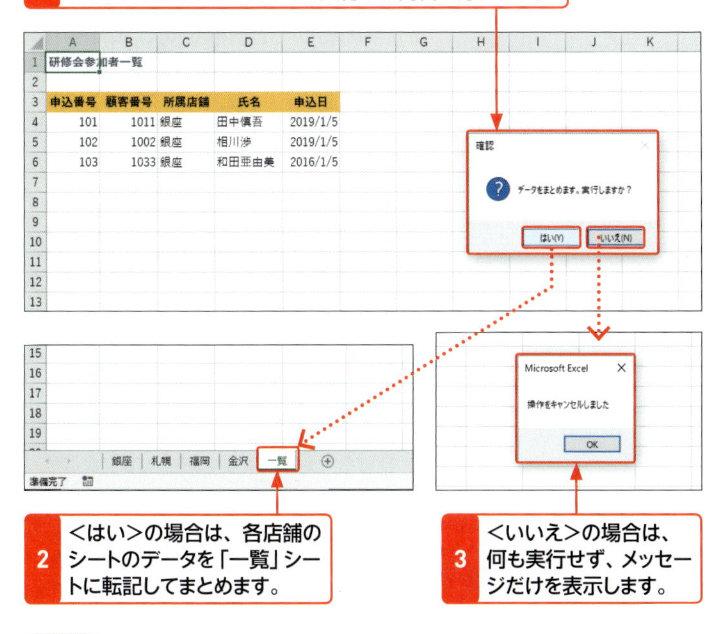

> **メモ ＜はい＞＜いいえ＞を選択するメッセージ画面を表示する**
>
> ここでは、マクロを使用して、複数シートに入力されている表を1つのシートにまとめる処理を行います。マクロ実行後にメッセージ画面を表示し、＜はい＞、＜いいえ＞ボタンと問い合わせアイコンを表示します。＜はい＞がクリックされたときだけ処理が行われるようにします。

> **ヒント Select Caseステートメントを使って処理内容を分ける**
>
> メッセージ画面を表示して、クリックされたボタンによって実行する内容を分岐するとき、Select Caseステートメントを利用して書くこともできます。メッセージ画面でクリックされたボタンの情報を変数に格納して、処理を分岐します。

```
Dim 変数名 As Integer
変数名 =MsgBox(Prompt, Buttons, _
    Title, Helpfile, Context)
Select Case 変数名
    Case 戻り値 1
        戻り値 1 のときの処理内容
    Case 戻り値 2
        戻り値 2 のときの処理内容
        ⋮
End Select
```

書式 MsgBox関数とIfステートメント

```
Dim 変数名 As Integer
変数名=MsgBox(Prompt, Buttons,Title,Helpfile,Context)
If 変数名=戻り値1 Then
        戻り値1のときの処理内容
ElseIf 変数名=戻り値2
        戻り値2のときの処理内容
⋮
End If
```

解説 メッセージ画面でクリックされたボタンの種類を区別するための変数を用意し、クリックされたボタンの情報を変数に格納します。変数の値に応じて実行する内容を分けます。

Section 86 データ入力用画面を表示する

覚えておきたいキーワード
- InputBox関数
- InputBoxメソッド
- 文字列の入力

マクロのユーザーにメッセージや数値を入力してもらい、その内容を受けて処理を行うこともできます。ここでは、InputBox関数やInputBoxメソッドを利用してデータ入力用画面を表示しましょう。11章で紹介するフォームを使わなくても、手軽にデータを受け取ることができます。

1 文字列を入力する画面を表示する

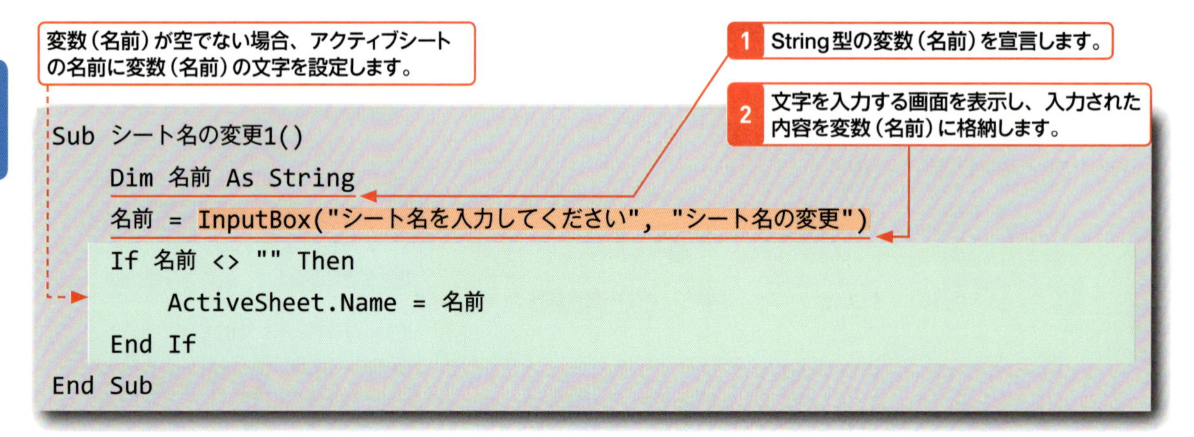

変数（名前）が空でない場合、アクティブシートの名前に変数（名前）の文字を設定します。
1 String型の変数（名前）を宣言します。
2 文字を入力する画面を表示し、入力された内容を変数（名前）に格納します。

```
Sub シート名の変更1()
    Dim 名前 As String
    名前 = InputBox("シート名を入力してください", "シート名の変更")
    If 名前 <> "" Then
        ActiveSheet.Name = 名前
    End If
End Sub
```

メモ ユーザーから文字を入力してもらう

InputBox 関数を利用して文字を入力する画面を表示します。ここでは、入力された文字を受けて、アクティブシートのシート名を変更します。

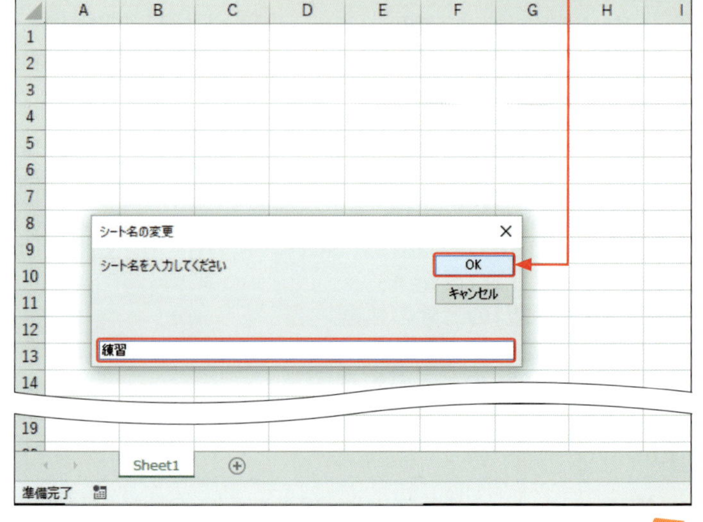

1 文字を入力できる画面を表示して、文字を入力し、＜OK＞をクリックすると、
シート名の変更
シート名を入力してください
OK
キャンセル
練習
Sheet1
準備完了

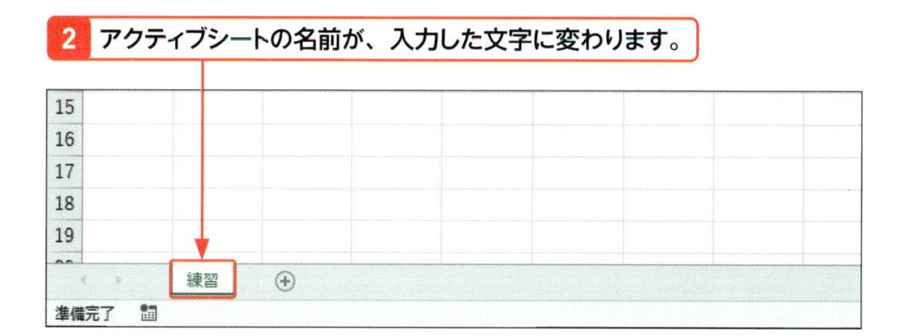

2 アクティブシートの名前が、入力した文字に変わります。
練習
準備完了

書式 InputBox関数

InputBox(Prompt,[Title],[Default],[Xpos],[Ypos],[Helpfile],[Context])

解説 <OK>ボタンがクリックされると、入力された文字の内容が返ります。<キャンセル>ボタンがクリックされたときは、長さ0の文字列("") が返されます。

引数

Prompt	メッセージの内容を指定します。
Title	メッセージ画面のタイトルバーに表示する内容を指定します。
Default	あらかじめ表示しておく内容を指定します。
Xpos	画面の左からメッセージを表示する場所までの距離をtwip単位で指定します。
Ypos	画面の上からメッセージを表示する場所までの距離をtwip単位で指定します。
Helpfile	ヘルプを表示する場合、ヘルプファイルの名前を指定します。
Context	ヘルプを表示する場合、ヘルプに対応したコンテキスト番号を指定します。

2 空欄とキャンセルの処理を分ける

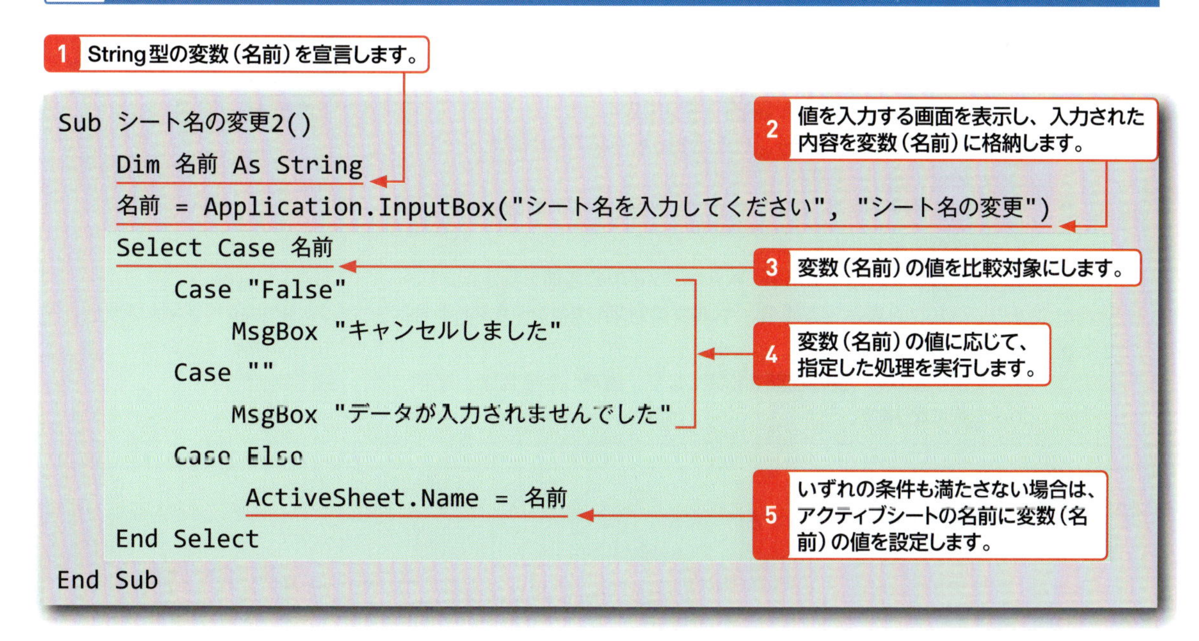

1 String型の変数(名前)を宣言します。
2 値を入力する画面を表示し、入力された内容を変数(名前)に格納します。
3 変数(名前)の値を比較対象にします。
4 変数(名前)の値に応じて、指定した処理を実行します。
5 いずれの条件も満たさない場合は、アクティブシートの名前に変数(名前)の値を設定します。

```
Sub シート名の変更2()
    Dim 名前 As String
    名前 = Application.InputBox("シート名を入力してください", "シート名の変更")
    Select Case 名前
        Case "False"
            MsgBox "キャンセルしました"
        Case ""
            MsgBox "データが入力されませんでした"
        Case Else
            ActiveSheet.Name = 名前
    End Select
End Sub
```

ヒント InputBoxメソッドを使用する

文字を入力する画面を表示するには、InputBoxメソッドを使用する方法もあります。InputBoxメソッドでは、<OK>がクリックされると入力された値が返り、<キャンセル>がクリックされるとFalseが返ります。そのため、何も入力されずに<OK>をクリックした場合と、<キャンセル>をクリックした場合で、処理内容を分けることができます。ここでは、入力欄が空欄の状態で<OK>や<キャンセル>をクリックしたとき、それぞれ別のメッセージが表示されるようにします。

実行例

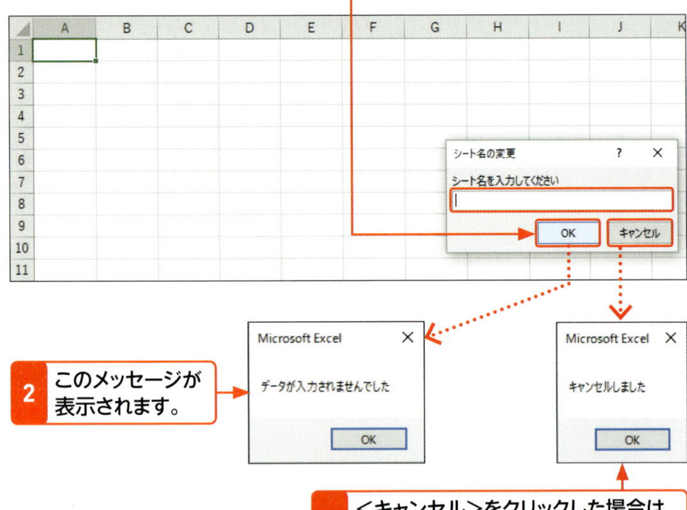

書式 InputBoxメソッド

Application.InputBox(Prompt,[Title],[Default],[Left],[Top],[Helpfile],[HelpContextID],[Type])

解説 データ入力用の画面を表示します。<OK>がクリックされると、入力された値が返ります。<キャンセル>がクリックされると、Falseが返ります。

引数

- **Prompt** メッセージの内容を指定します。
- **Title** メッセージ画面のタイトルバーに表示する内容を指定します。
- **Default** あらかじめ表示しておく内容を指定します。
- **Xpos** 画面の左からメッセージを表示する場所までの距離をポイント単位で指定します。
- **Ypos** 画面の上からメッセージを表示する場所までの距離をポイント単位で指定します。
- **Helpfile** ヘルプを表示する場合、ヘルプファイルの名前を指定します。
- **HelpContextID** ヘルプを表示する場合、ヘルプに対応したコンテキスト番号を指定します。
- **Type** 戻り値のデータの種類を指定します。省略した場合は、文字列になります。

値	内容
0	数式
1	数値
2	文字列
4	論理値(True または False)
8	セル参照(Range オブジェクト)
16	「#N/A」などのエラー値
64	数値配列

ヒント 文字以外の情報を入力する

Applicationオブジェクトの InputBoxメソッドを利用すると、文字列以外の情報、たとえば、数値やセル範囲などの情報を入力できます。また、受け取った情報の種類が指定した種類と異なる場合に、エラーを表示することも可能です。文字の情報のみを扱う場合は、InputBox 関数を使ったほうが手軽で便利ですが、文字以外の情報を利用したい場合は、InputBoxメソッドを利用するとよいでしょう。

Chapter 11

第11章

ユーザーフォームを作ろう

Section 87 ユーザーフォームの基本

Section 88 フォーム作成の手順を知る

Section 89 フォームを追加する

Section 90 文字を表示する（ラベル）

Section 91 文字を入力する（テキストボックス）

Section 92 ボタンを利用する（コマンドボタン）

Section 93 複数の選択肢を表示する（オプションボタン）

Section 94 二者択一の選択肢を表示する（チェックボックス）

Section 95 リスト形式で選択肢を表示する（リストボックス）

Section 96 リスト形式で選択肢を表示する（コンボボックス）

Section 97 セルの選択を利用する（RefEdit）

Section 98 フォームを実行する

Section 87

ユーザーフォームの基本

覚えておきたいキーワード
- ユーザーフォーム
- フォームの実行
- フォームモジュール

ユーザーフォームとは、ユーザーから指示を受けるための画面のことです。画面には、文字を入力する部品や項目を選択する部品などを自由に配置できますので、マクロの実行中にさまざまなユーザーの操作を受け付けることができます。まずは、ユーザーフォームを利用するための手順を知りましょう。

1 フォームを利用するまでの手順

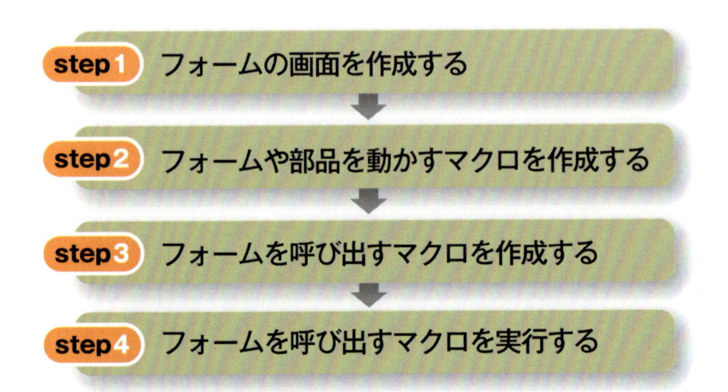

step1 フォームの画面を作成する
step2 フォームや部品を動かすマクロを作成する
step3 フォームを呼び出すマクロを作成する
step4 フォームを呼び出すマクロを実行する

メモ フォームを利用するには

フォームを利用するには、まず、フォームの画面を作成して、フォーム内の部品の動作をVBAで記述していきます。最後に、作成したフォームを呼び出して表示するためのマクロも作成して、そのマクロを実行します。

2 フォームを作成する

フォームを追加してフォームの内容を作成します。

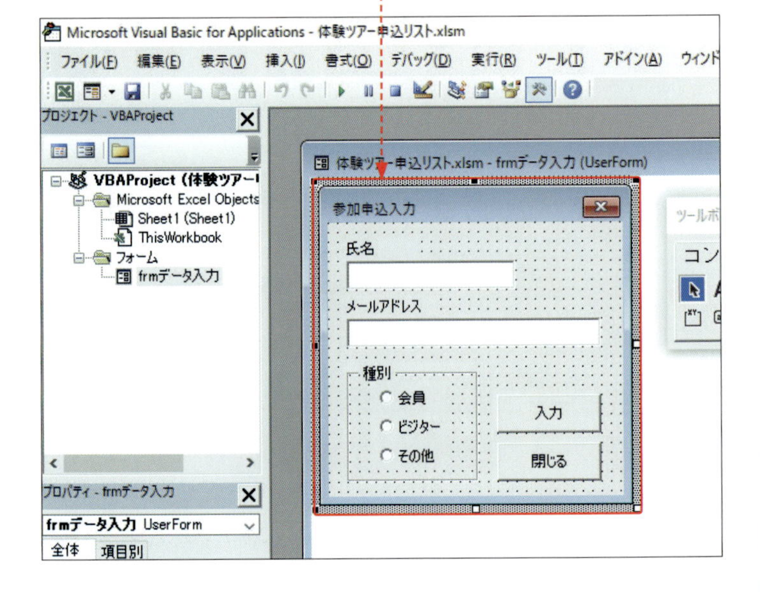

メモ フォームの動作を指定する

フォームを追加すると、フォームやフォーム上に配置されたコントロールの動作を指定するフォームモジュールが、フォームごとに用意されます。フォームモジュールのコードウィンドウを使用して、ボタンをクリックしたタイミングで実行するマクロなどを、VBAで記述します。

3 フォームを表示するマクロを作成する

フォームを表示するマクロを作成します。

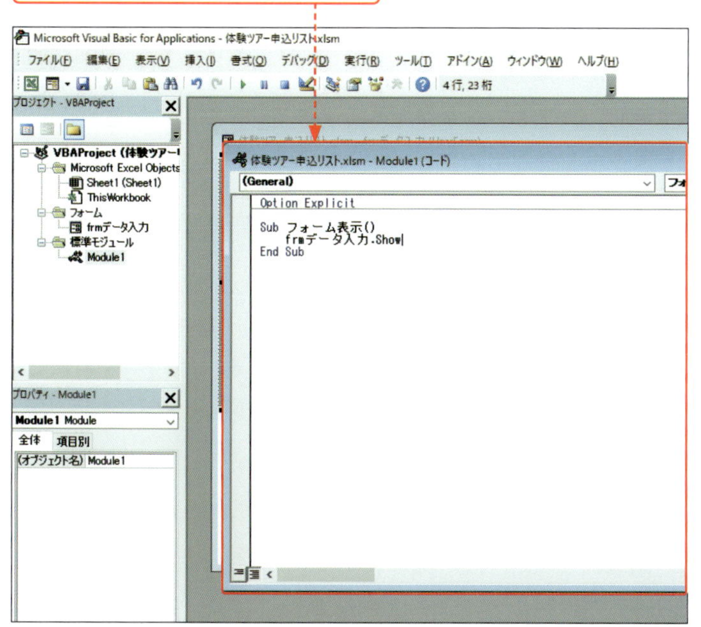

メモ フォームを表示する

フォームは、通常のマクロと同様にVBEの画面から実行できますが、Excelから簡単に呼び出すことができるよう、フォームを表示するマクロを作成しておくと便利です。このマクロは、<標準モジュール>を追加して作成します。

4 フォームを表示するマクロを実行する

1 ボタンをクリックすると、

	A	B	C	D
1	アウトドアツアー参加申込者		フォーム表示	
2				
3	氏名	メールアドレス	入力日	種別
4	渡辺翔	watanabe@example.com	2018/7/11	
5	田中麻美	asami@example.com	2018/7/11	
6	斎藤遼太郎	saitou@example.com	2018/7/11	
7	山下春奈	yamasita@example.com	2018/7/11	
8				

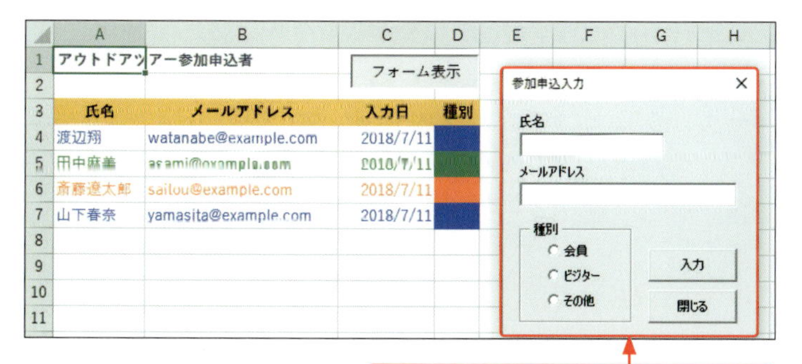

2 フォームが表示されるようにします。

メモ マクロを実行する

フォームを表示するマクロを実行すると、フォームが表示されます。より簡単にマクロを実行するためには、マクロ実行用のボタンを作成すると便利です。

メモ ほかの方法で表示する

フォームを実行するマクロは、マクロの一覧から実行することもできます。また、マクロにショートカットキーを割り当てておくと、ショートカットキーで実行することもできます。

Section 88 フォーム作成の手順を知る

覚えておきたいキーワード
- ☑ ユーザーフォーム
- ☑ コントロール
- ☑ プロパティウィンドウ

フォームを作成する前に、フォームを作成する手順やフォームに配置するコントロールについて確認しておきましょう。配置したコントロールの詳細は、＜プロパティ＞ウィンドウで指定します。フォームを作成する前に、＜プロパティ＞ウィンドウの表示について解説します。

フォーム作成の流れを知ろう

フォームを作成するには、VBEで、新しいフォームを追加します。続いて、コントロールを追加して、コントロールの名前を付け、フォームの画面を作ります。さらに、コントロールのプロパティやイベントを利用して、実行する処理を書きます。フォームが完成したら、フォームを実行して動作を確認します。

フォーム作成手順

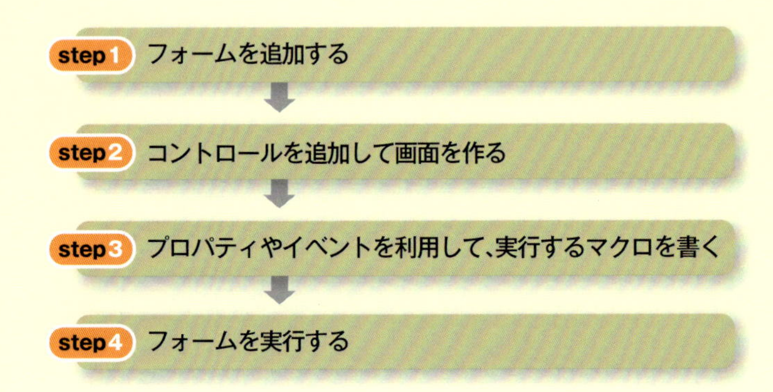

step 1 フォームを追加する
step 2 コントロールを追加して画面を作る
step 3 プロパティやイベントを利用して、実行するマクロを書く
step 4 フォームを実行する

1 コントロールとは

メモ コントロールのプロパティやイベントを利用する

コントロールには、さまざまなプロパティやイベントが用意されています。コントロールのプロパティを利用して、コントロールの情報を指定したり、コントロールで選択されている内容を取得したりしながら、処理の内容を書きます。また、イベントを利用すると、「クリックされた」「選択されている内容が変更された」などのタイミングで、何らかの処理を実行することもできます。なお、コントロールの種類によって、利用できるプロパティやイベントは異なります。

コントロールとは、フォーム上に配置する部品のようなものです。さまざまな情報を表示したり、ユーザーから情報を受け取ったりすることができます。
コントロールの種類には、次のようなものがあります。

種類	内容
ラベル	文字を表示する
テキストボックス	文字を入力する
オプションボタン	複数の選択肢の中から1つの項目を選ぶ
チェックボックス	オンかオフの状態を指定する
リストボックス	複数の選択肢の中から特定の項目を選ぶ
コンボボックス	複数の選択肢の中から特定の項目を選んだり、文字を入力したりする
RefEdit	セル範囲を選択する
コマンドボタン	実行ボタンを作成する

2 プロパティウィンドウとは

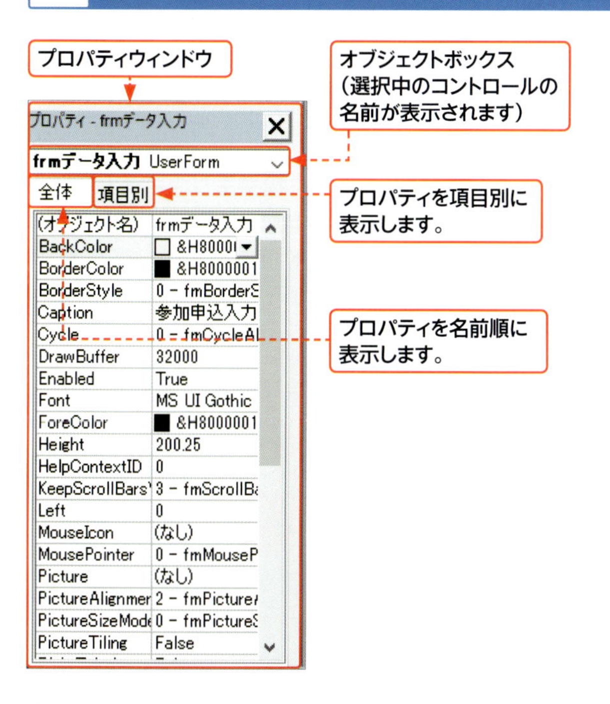

メモ プロパティウィンドウ

フォーム上に配置するコントロールの情報を指定するには、プロパティウィンドウを利用します（Sec.09参照）。

ヒント プロパティウィンドウを閉じる

プロパティウィンドウを閉じるには、ウィンドウの右上の<×>をクリックします。

3 プロパティウィンドウを表示する

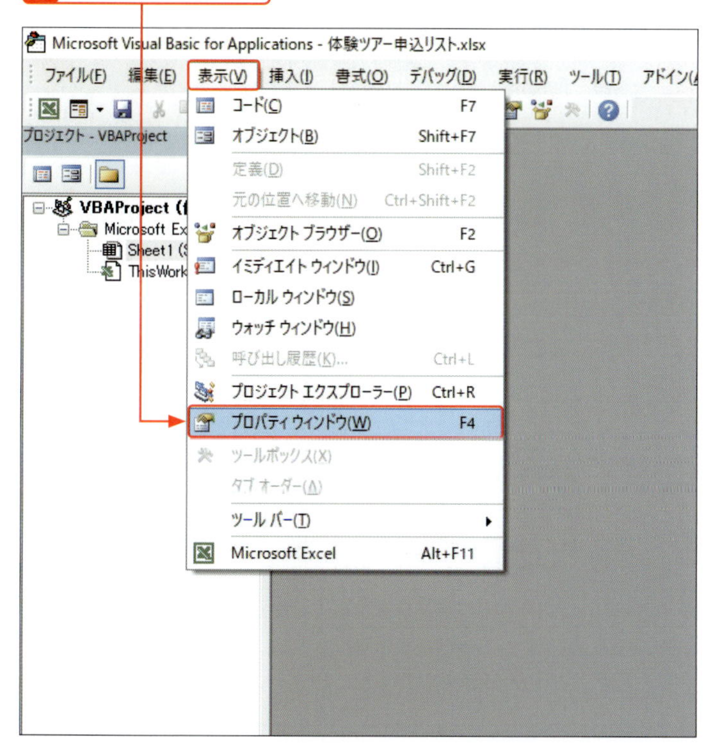

メモ プロパティウィンドウを表示する

プロパティウィンドウが表示されていないときは、<表示>メニューの<プロパティウィンドウ>をクリックして表示しておきましょう。

ヒント ウィンドウの場所を自由に動かすには

ウィンドウを画面の端にくっつけて表示するのではなく、自由に移動できるようにするには、「ドッキング可能」な状態を解除します。Sec.09を参照してください。

ヒント ウィンドウの大きさを変更する

ウィンドウの大きさを変更するには、ウィンドウの外枠部分をドラッグします。P.44のヒントを参照してください。

Section 89

フォームを追加する

覚えておきたいキーワード
- ユーザーフォーム
- オブジェクト名
- タイトルバー

新しくフォームを作成してみましょう。フォームは、標準モジュールと同じようにプロジェクトの中に保存されます。フォームを追加したあとは、フォームの大きさを整えたりフォームのタイトルバーの文字を指定したりして、コントロールを配置するための準備をします。

1 ここで作成するフォーム

メモ 作成するフォームをイメージしよう

フォームを追加する前に、これから作成するフォームのデザインや部品をイメージしましょう。ここでは、申込者リストにデータを入力するためのフォームを作ります。

実行例

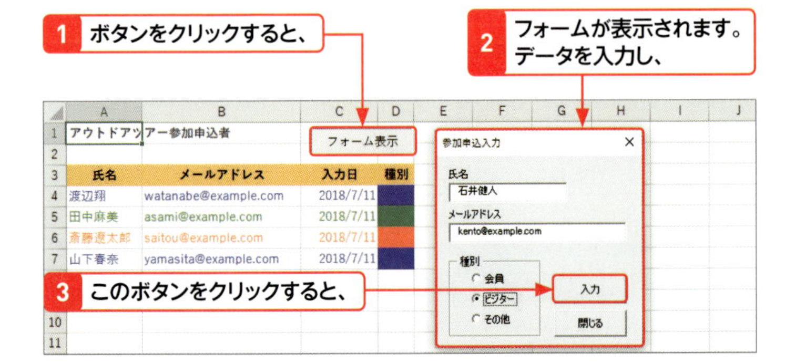

4 データが追加されます。種別の選択に応じてセルや文字の色が変わります。「会員」なら青、「ビジター」なら緑、「その他」ならオレンジ色にします。

ヒント フォームのプロパティ／イベント

フォームのプロパティやイベントには、次のようなものがあります。ここでは、フォームのタイトルバーの文字や、大きさなどを指定します。

▼フォームのプロパティ

プロパティ	内容
オブジェクト名	フォームの名前を指定
Caption	フォームのタイトルバーに表示する文字列を指定
BackColor	フォームの背景色を指定
Height	フォームの高さを指定
Width	フォームの幅を指定

▼フォームのイベント

イベント	内容
Initialize	フォームが表示される前
QueryClose	フォームを閉じる前

2 フォームを追加する

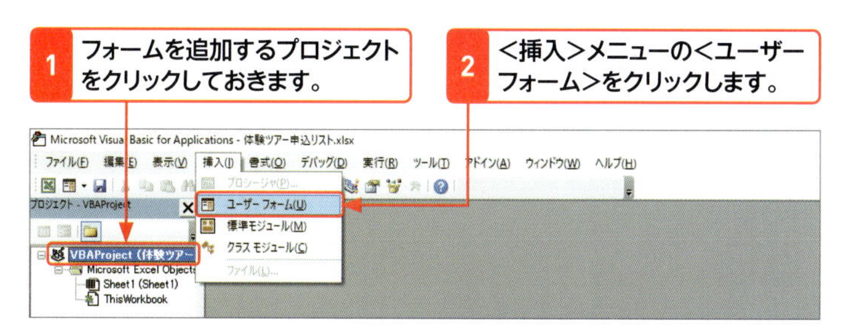

新しいフォームを作成する

フォームを新しく作成します。プロジェクトエクスプローラーでフォームを追加するプロジェクトを選択し、<挿入>メニューの<ユーザーフォーム>をクリックします。

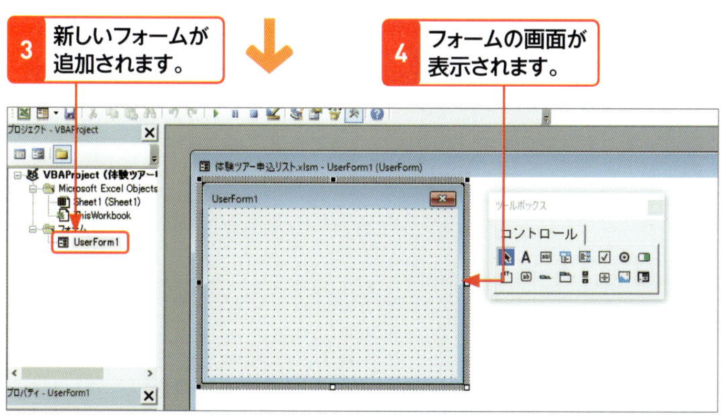

3 フォームの大きさを指定する

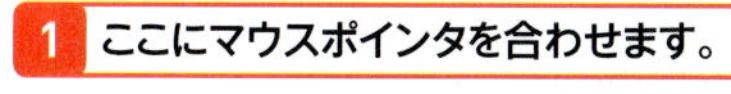

1 ここにマウスポインタを合わせます。

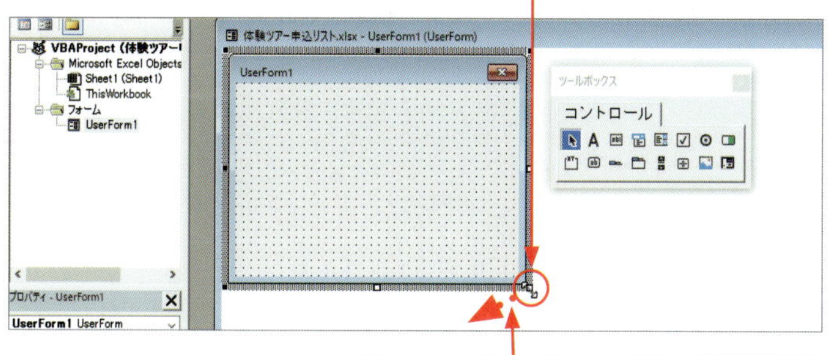

2 ここをドラッグして大きさを調整します。

3 フォームの大きさが変わりました。

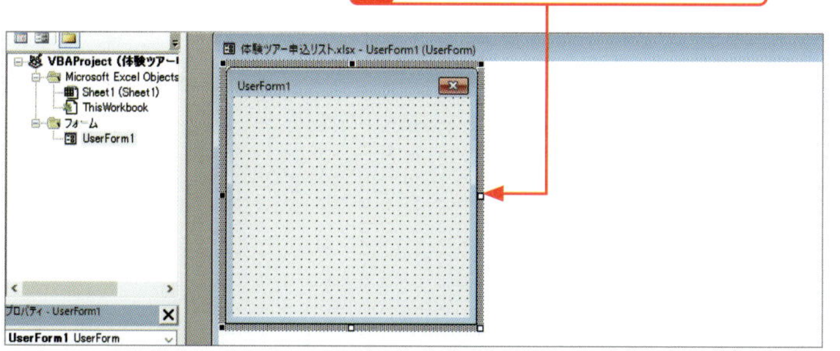

メモ

フォームの大きさを変更する

フォームの大きさを指定しましょう。フォームの右下の<□>にマウスポインタを合わせてドラッグします。

ヒント

大きさを数値で指定する

フォームの大きさは、ポイント単位の数値で指定することもできます。その場合、フォームをクリックして選択し、<プロパティ>ウィンドウのHeightプロパティ、Widthプロパティで指定します。それぞれ、フォームの「高さ」と「幅」を表します。

4 フォームの名前を設定する

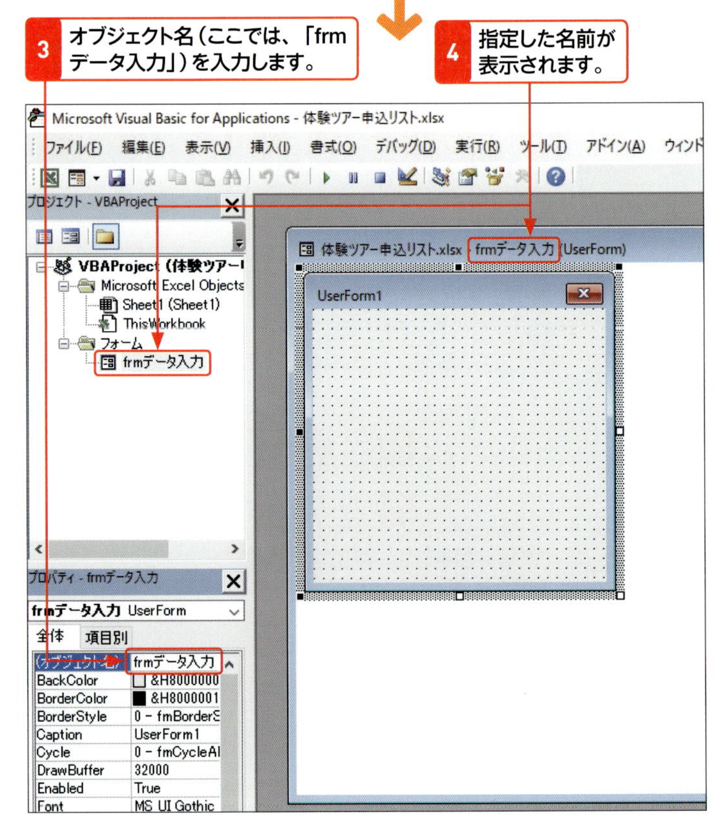

3 オブジェクト名（ここでは、「frmデータ入力」）を入力します。
4 指定した名前が表示されます。

メモ フォームの名前を指定する

マクロでフォームを操作するのに使う名前を設定しましょう。フォームをクリックして選択し、<プロパティ>ウィンドウの<（オブジェクト名）>の横の欄にフォームの名前を入力します。

ヒント プロパティウィンドウの幅を広げる

プロパティウィンドウの幅が狭くて文字の入力がしづらい場合は、ウィンドウの右の外枠部分を右方向にドラッグして広げます。

ヒント 新しく作成したフォームの名前

新しく作成したフォームの名前は、既定では、「UserForm1」のような名前が付けられています。このままの名前で利用することもできますが、任意の名前を付けることもできます。

5 タイトルバーの文字を指定する

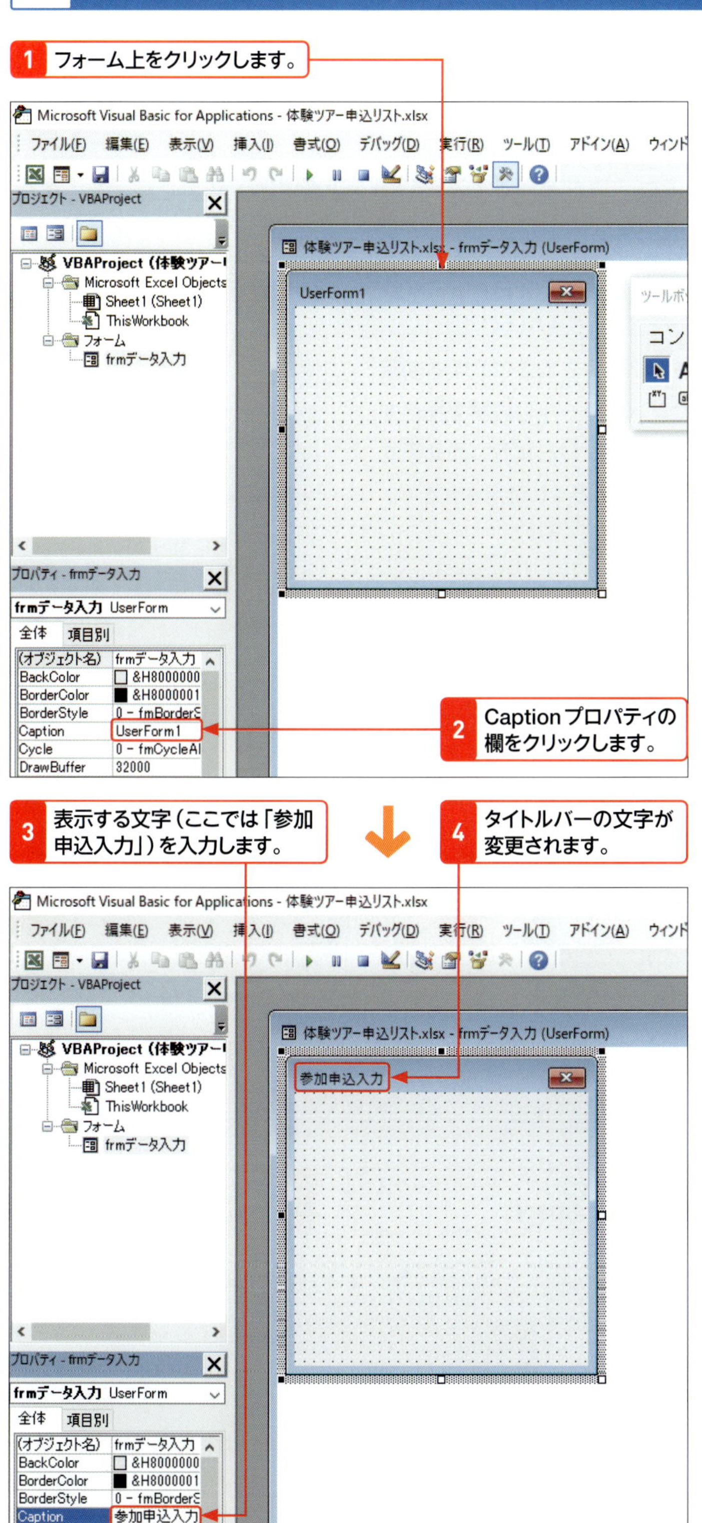

メモ タイトルバーに表示する文字を指定する

フォームのタイトルバーに表示する文字を設定しましょう。フォームのCaptionプロパティで設定します。フォーム上をクリックして選択し、<プロパティ>ウィンドウのCaptionプロパティに文字を入力します。

ヒント フォームの名前とCaptionプロパティは異なる

フォーム自体の名前（オブジェクト名）と、フォームのタイトルバーに表示される文字（Captionプロパティ）は、異なるものです。マクロの中でフォームを表示したり、閉じたりする処理を書くときは、フォームの名前（オブジェクト名）を使って指示します。

Section 90

文字を表示する（ラベル）

覚えておきたいキーワード
- ツールボックス
- ラベル
- Caption プロパティ

フォームにコントロールを追加してみましょう。まずは、文字を表示する<ラベル>コントロールを配置します。ラベルコントロールに表示する文字の内容は、コントロールのCaptionプロパティで指定します。また、コントロールを選択して直接文字を入力することもできます。

■ラベル

ラベルを利用すると、フォーム上に文字を表示できます。ほかのコントロールの内容を補足する文字を表示したり、マクロを実行した結果をフォームに表示したりするときに利用されます。

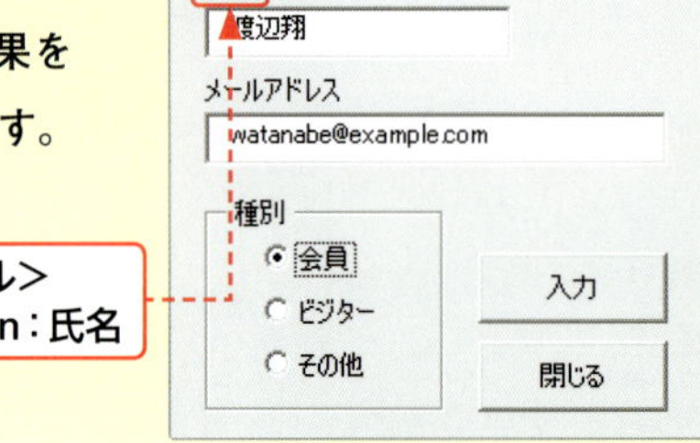

■ラベルのプロパティ

ラベルに表示する文字の書式は、ラベルのプロパティで指定できます。ラベルで利用できる主なプロパティは次のとおりです。

プロパティ	内容
オブジェクト名	コントロールの名前を指定
Caption	ラベルに表示する文字列を指定
TextAlign	文字の配置を指定
Font	フォントや文字サイズを指定
BackColor	背景の色を指定
ForeColor	文字の色を指定
Enabled	有効／無効を指定
Visible	表示／非表示を指定

1 ラベルを追加する

メモ 文字を表示するコントロールを追加する

ここでは、<ラベル>コントロールを配置します。コントロールを追加するときは、ツールボックスのボタンをクリックしてフォームに配置します。ツールボックスが表示されていない場合は、ツールバーの<ツールボックス> をクリックして表示します。

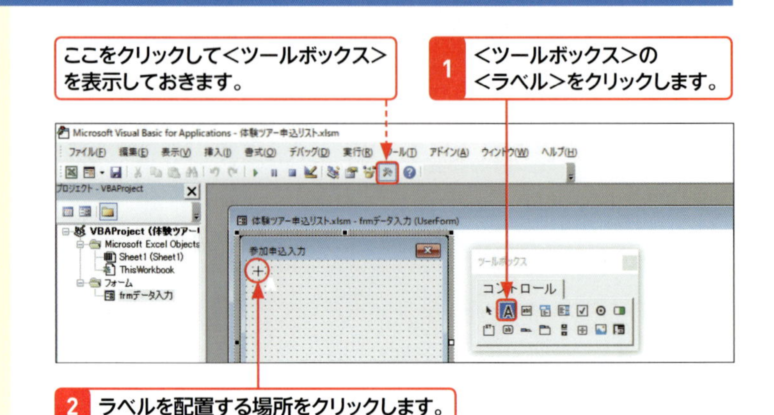

2 ラベルに表示する文字を変更する

1 ラベルをクリックして選択します。

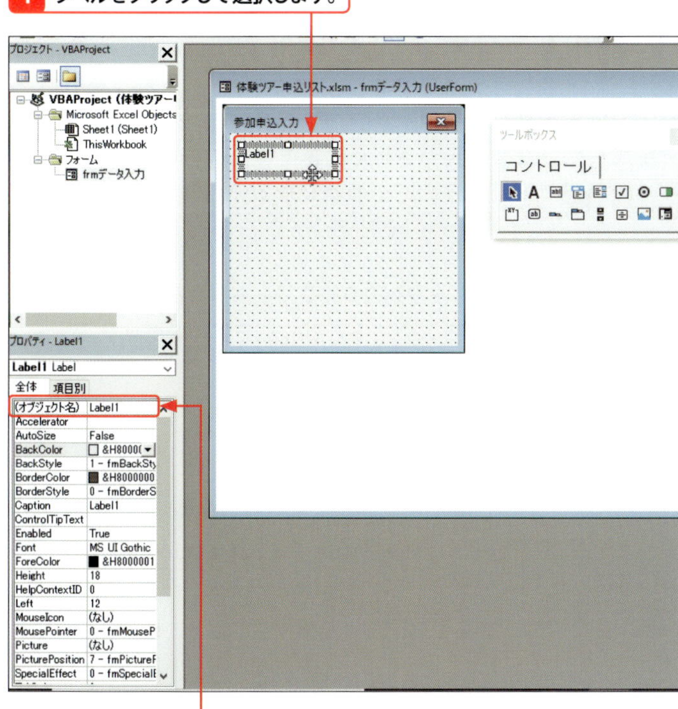

2 「Label1」と表示されていることを確認します。表示されていない場合は、ラベルをクリックしなおします。

3 Captionプロパティの欄をクリックして文字(ここでは、「氏名」)と入力します。

4 ラベルの文字が変更されました。

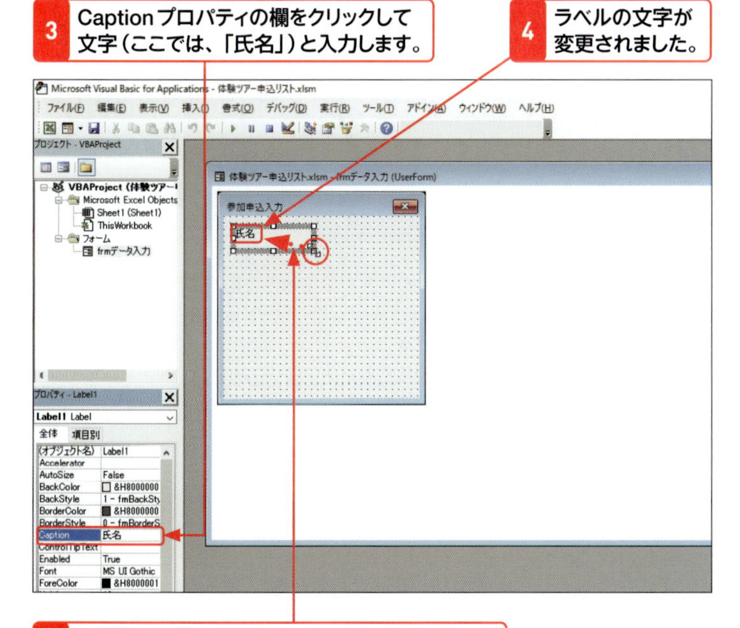

5 周囲の<□>をドラッグして大きさを調整します。

メモ ラベルに「氏名」と表示する

Captionプロパティで、ラベルに表示する文字を指定します。ここでは「氏名」と表示します。

ヒント コントロールを移動する

コントロールの配置場所を移動するには、コントロールをクリックし、コントロールの外枠部分をドラッグします。

ヒント コントロールを削除する

コントロールを削除するには、コントロールをクリックし、コントロールの外枠部分をクリックしてコントロールを選択したあと、Deleteを押します。

ヒント コントロールの大きさを変える

コントロールの大きさを変更するには、コントロールをクリックし、コントロールの周囲に表示される<□>の部分をドラッグします。

Section 91

文字を入力する（テキストボックス）

覚えておきたいキーワード
- テキストボックス
- IMEMode プロパティ
- 日本語入力モード

フォームで文字を入力できるようにするには、<テキストボックス>コントロールを使います。テキストボックスに入力された内容をマクロの中で利用するときは、コントロールの名前で呼び出すので。わかりやすい名前を設定するよう心がけましょう。

■テキストボックス

テキストボックスは、ユーザーに文字を入力してもらうコントロールとして、頻繁に利用されます。ここでは、「氏名」を入力するための<テキストボックス>コントロールを作成します。

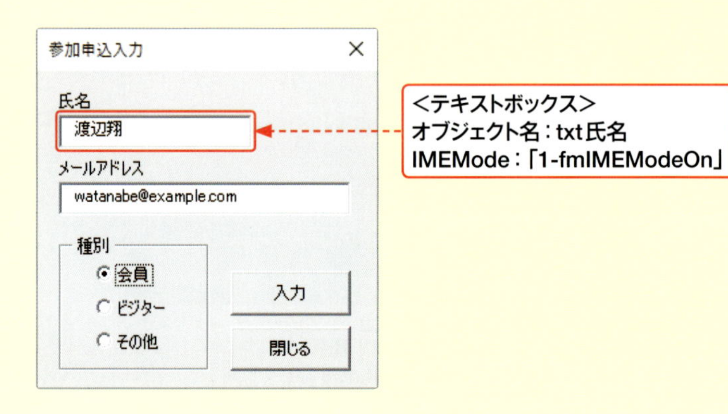

■テキストボックスのプロパティ／イベント

テキストボックスには、さまざまなプロパティやイベントがあります。たとえば、次のようなものがあります。

プロパティ	内容
オブジェクト名	コントロールの名前を指定
TextAlign	文字の配置を指定
Font	フォントや文字サイズを指定
BackColor	背景の色を指定
ForeColor	文字の色を指定
IMEMode	日本語入力モードの状態を指定
Enabled	有効／無効を指定
Visible	表示／非表示を指定
Value	テキストボックスの内容を指定

イベント	内容
AfterUpDate	データを変更した後
Change	文字を入力したり削除したりして変更したとき（1文字修正するごとに発生する）

1 テキストボックスを追加する

1 このボタンをクリックします。

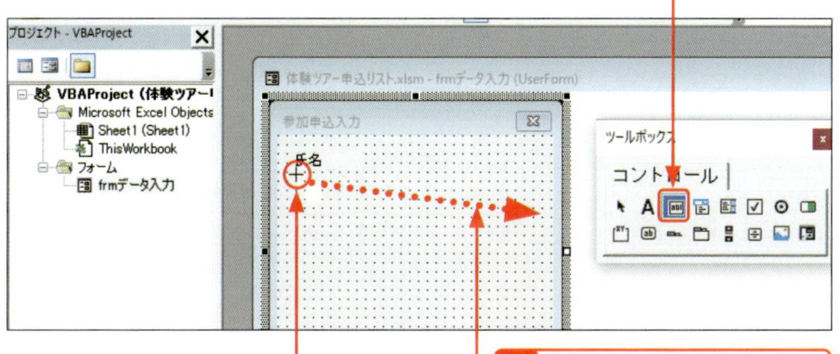

2 配置するテキストボックスの左上あたりにマウスポインターを移動します。

3 ドラッグしてテキストボックスの大きさを決めます。

4 テキストボックスが表示されました。

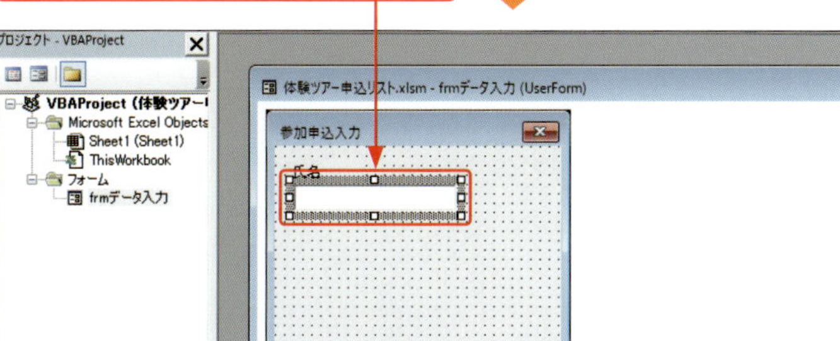

メモ 氏名を入力するテキストボックスを配置する

<テキストボックス>コントロールを配置します。ツールボックスの<テキストボックス>をクリックして追加します。

2 テキストボックスの名前を指定する

1 テキストボックスをクリックして選択します。

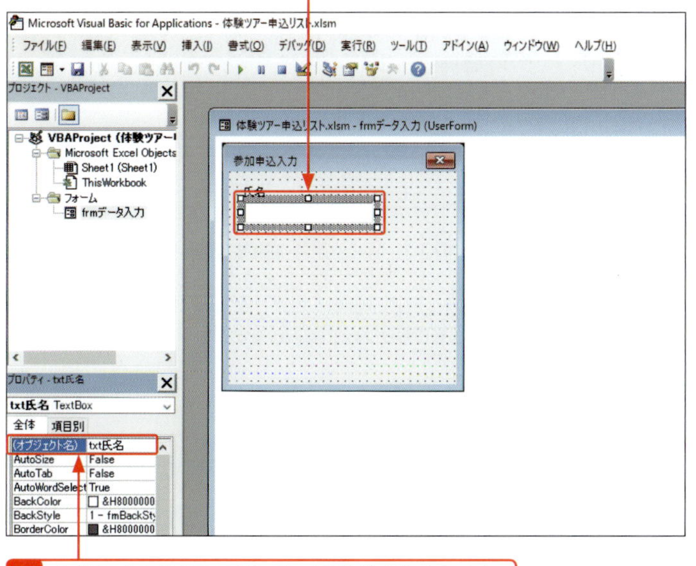

2 オブジェクト名（ここでは、「txt氏名」）を入力します。

メモ テキストボックスの名前を指定する

マクロでテキストボックスコントロールを操作するときに使う名前を設定します。テキストボックスを選択し、プロパティウィンドウの<（オブジェクト名）>欄に名前を入力します。

ヒント コントロールに名前を付けるのはなぜ？

コントロールにはあらかじめ名前が付けられていますが、名前を変更することもできます。マクロの中でコントロールを操作するときは名前を指定するので、コントロールの役割に合わせて名前を付けておくと、どのコントロールを扱っているのかわかりやすくなります。

3 日本語入力モードの状態を指定する

メモ 日本語入力モードをオンにする

テキストボックスをクリックして選択したとき、日本語入力モードのオンとオフを自動的に切り換えられるようにするには、＜テキストボックス＞コントロールのIMEModeプロパティで設定を変更します。

IMEModeプロパティ

日本語入力モードの状態を指定します。設定値については、以下の表を参照してください。

設定値	設定値	内容
fmIMEModeNoControl	0	IMEモードを変更しない（既定値）
fmIMEModeOn	1	IMEをオンにする
fmIMEModeOff	2	IMEをオフにする（手動でオンに切り替えられる）
fmIMEModeDisable	3	IMEをオフにする
fmIMEModeHiragana	4	全角ひらがなモードにする
fmIMEModeKatakana	5	全角カタカナモードにする
fmIMEModeKatakanaHalf	6	半角カタカナモードにする
fmIMEModeAlphaFull	7	全角英数モードにする
fmIMEModeAlpha	8	半角英数モードにする

1 テキストボックスをクリックします。

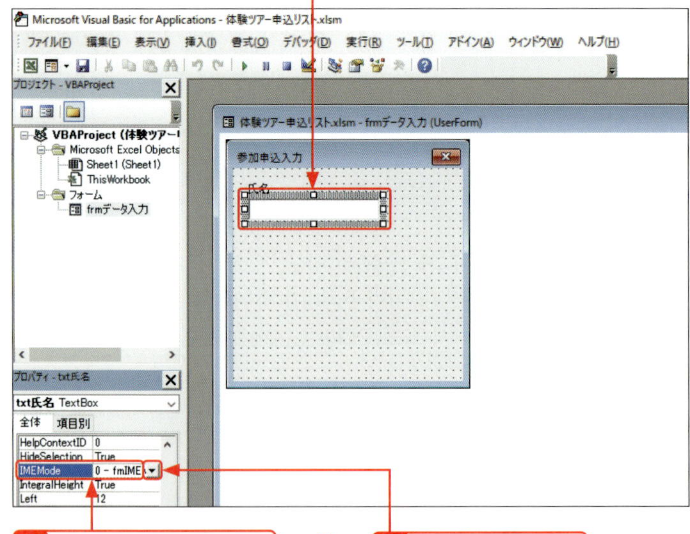

2 IMEModeプロパティの欄をクリックし、

3 右側に表示された ▼ をクリックし、

4 「1-fmIMEModeOn」をクリックして選択します。

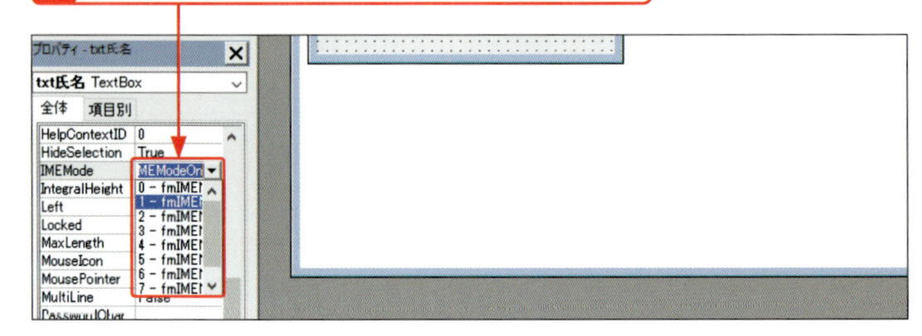

ヒント 既定の文字を指定する

テキストボックスにはじめから文字を表示しておくには、テキストボックスのValueプロパティに文字を入力しておきます。なお、Valueプロパティに文字を入力すると、Textプロパティにも同じ文字が表示されます。

ヒント IMEModeの設定

ここでは、テキストボックスに日本語入力モードを設定しました。「氏名」を入力するテキストボックスには日本語で入力するので、日本語入力モードが自動でオンになるようにしています。

ヒント 設定を行うコントロールを選択する

プロパティウィンドウで、フォームやコントロールのプロパティを設定するときは、プロパティウィンドウの<オブジェクト>ボックスに、対象のコントロールの名前が表示されているかどうかを確認しましょう。目的のコントロールが表示されていない場合は、フォーム上のコントロールをクリックして選択するか、プロパティウィンドウの上部の<オブジェクト>ボックスの横の▼をクリックして、目的のコントロールをクリックして選択します。

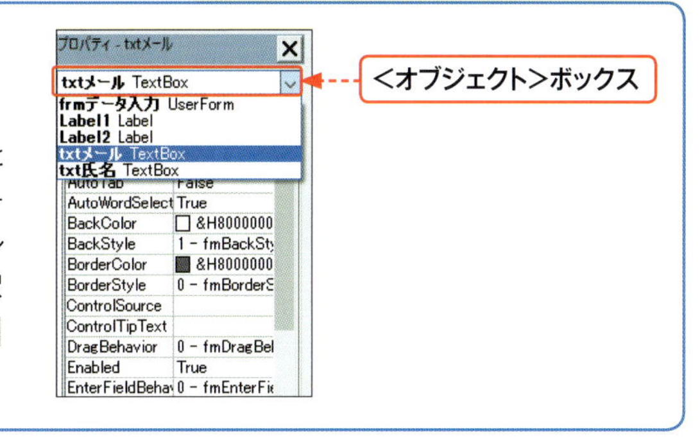

4 そのほかのラベルとテキストボックスを追加する

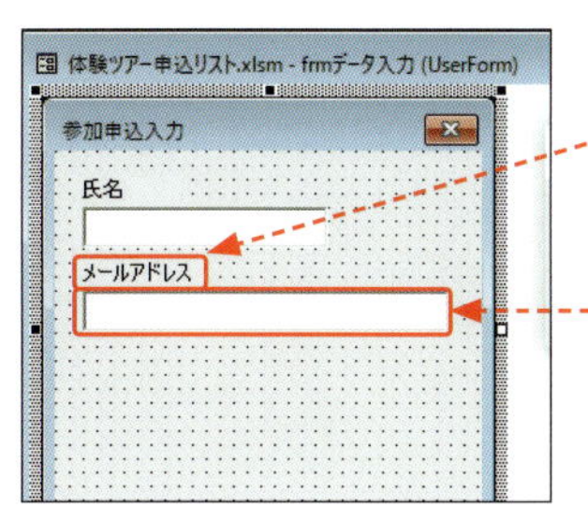

P.294の方法でラベルを追加します。
Caption プロパティ：メールアドレス

テキストボックスを追加します。
オブジェクト名：txtメール
IMEMode プロパティ：
3-fmIMEModeDisable

メモ メールアドレスを入力するコントロールを配置する

フォームでメールアドレスを入力するため、以下のラベルとテキストボックスを追加します。それぞれ次のように、プロパティを変更しておきます。

ステップアップ 複数行入力できるテキストボックスを作成する

文字を入力するテキストボックスは、複数行入力できるように設定することもできます。それには、複数行の入力を許可するかどうかを指定するMultiLineプロパティに、Trueを設定します。さらに、Enterで改行できるようにするかどうかを指定するEnterKeyBehaviorプロパティに、Trueを設定します。なお、多くの文字が入力されてボックスからあふれたとき、垂直スクロールバーが表示されるようにするには、ScrollBarsプロパティに「2-fmScrollBarsVertical」を設定します。

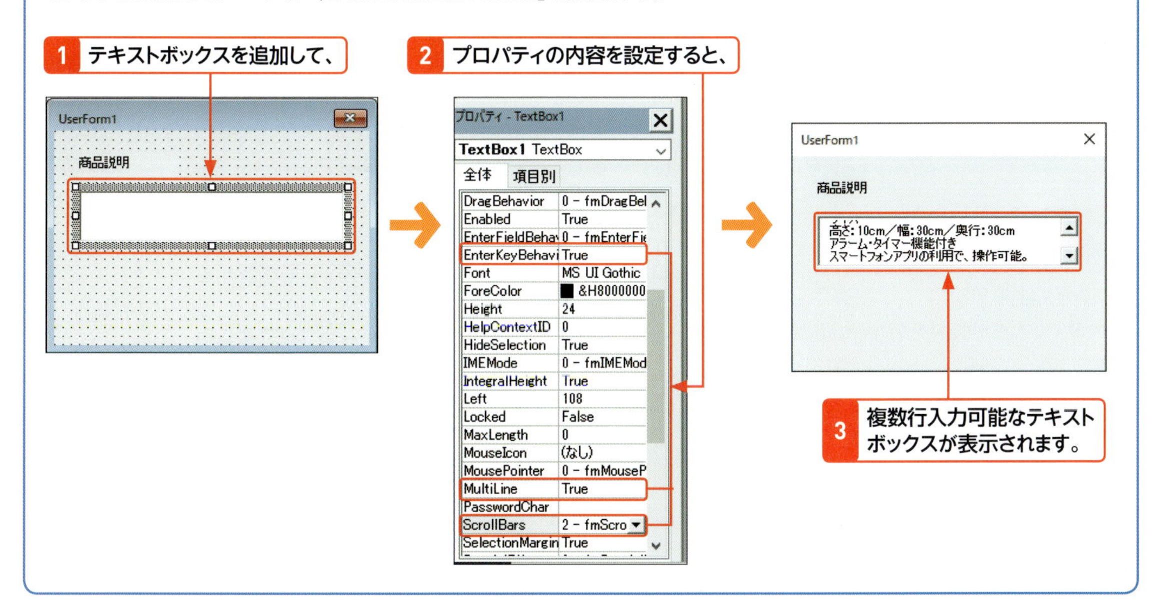

Section 92 ボタンを利用する（コマンドボタン）

覚えておきたいキーワード
☑ コマンドボタン
☑ Caption プロパティ
☑ Me キーワード

フォーム上で入力や指示をしたあとにマクロを実行するには、一般的にコマンドボタンを使います。コマンドボタンをクリックしたタイミングで、指定した処理が実行されるしくみを作ってみましょう。ここでは、ボタンをクリックすると、フォームで入力した内容をセルに入力します。

■コマンドボタン

コマンドボタンとは、フォーム上に配置するボタンのことです。一般的には、ボタンをクリックしたタイミングで、何らかの処理が実行されるようなしくみを作るときに利用します。ここでは、入力した内容をリストに追加するボタンと、フォームを閉じるボタンの2つを追加します。

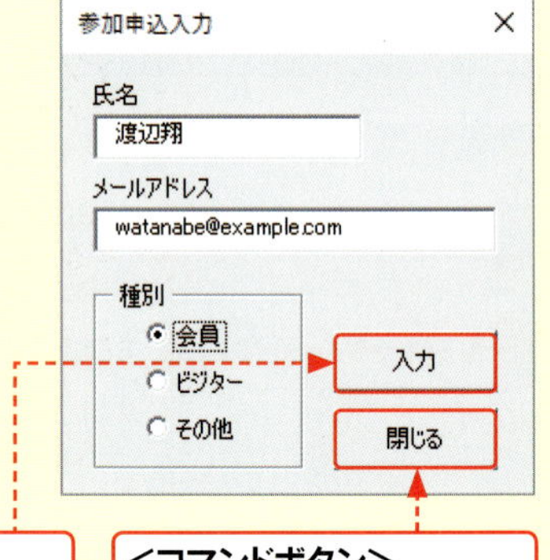

■コマンドボタンのプロパティ／イベント

コマンドボタンにも、さまざまなプロパティやイベントがあります。たとえば、以下のようなものがあります。

プロパティ	内容
オブジェクト名	コントロールの名前を指定
Caption	ボタンの表面に表示される文字を指定

イベント	内容
Click	クリックされたとき

1 ボタンを追加する

メモ マクロを実行するボタンを配置する

2つのボタンを追加します。<ツールボックス>内の<コマンドボタン>をクリックして追加します。

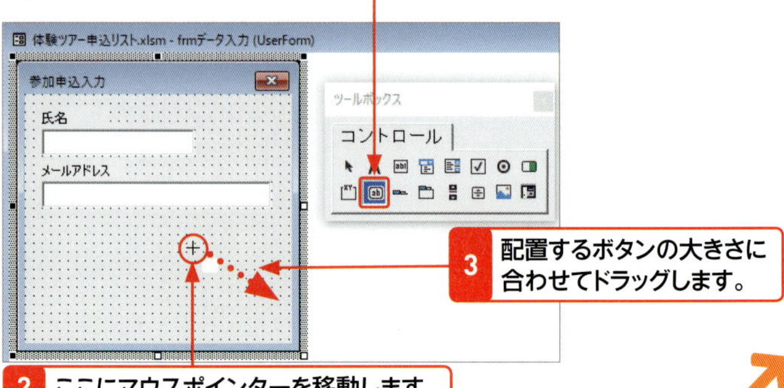

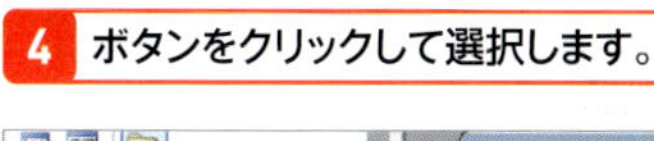
4 ボタンをクリックして選択します。

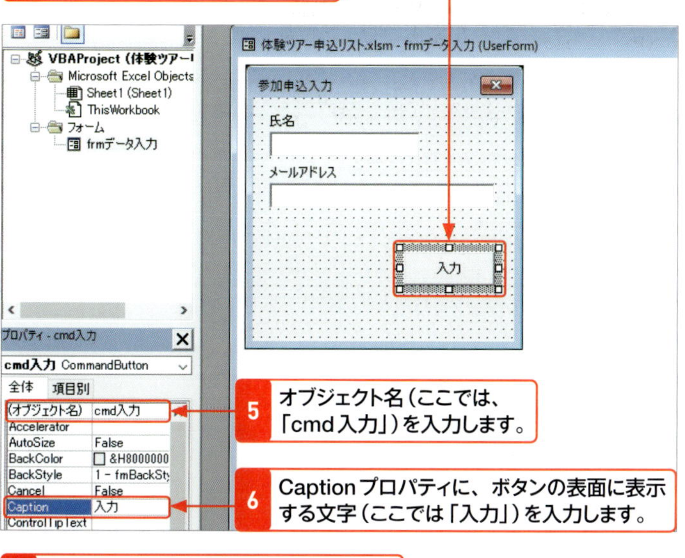

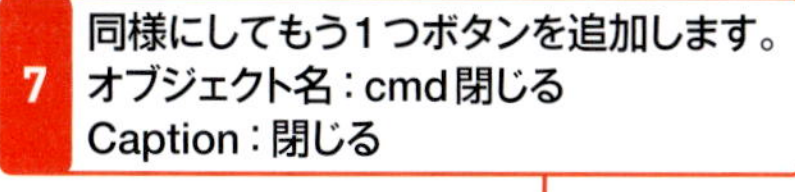
5 オブジェクト名(ここでは、「cmd入力」)を入力します。

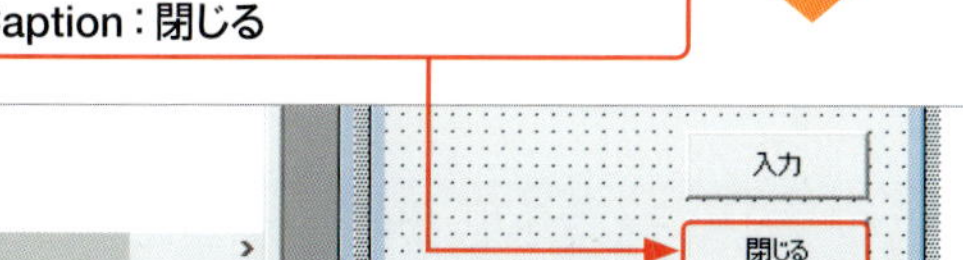
6 Captionプロパティに、ボタンの表面に表示する文字(ここでは「入力」)を入力します。

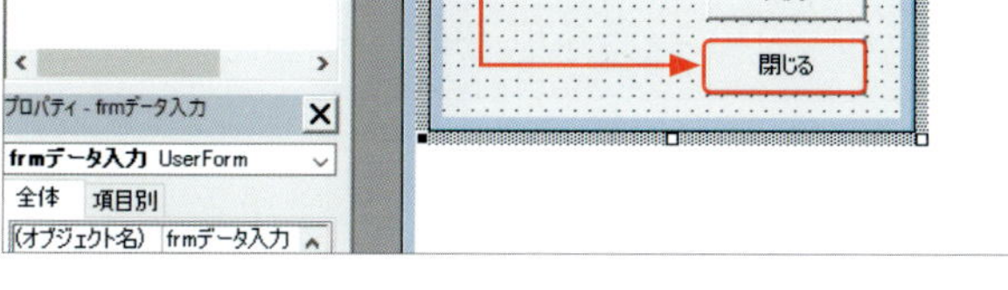
7 同様にしてもう1つボタンを追加します。
オブジェクト名:cmd閉じる
Caption:閉じる

ヒント ボタン上でも文字を入力できる

<コマンドボタン>コントロールの表面の文字は、ボタンの上をクリックして編集することもできます。この方法で文字を変更した場合も、<コマンドボタン>コントロールのCaptionプロパティに文字が反映されます。

2 ボタンをクリックしたときにフォームを閉じるマクロを記述する

1 <閉じる>をダブルクリックします。

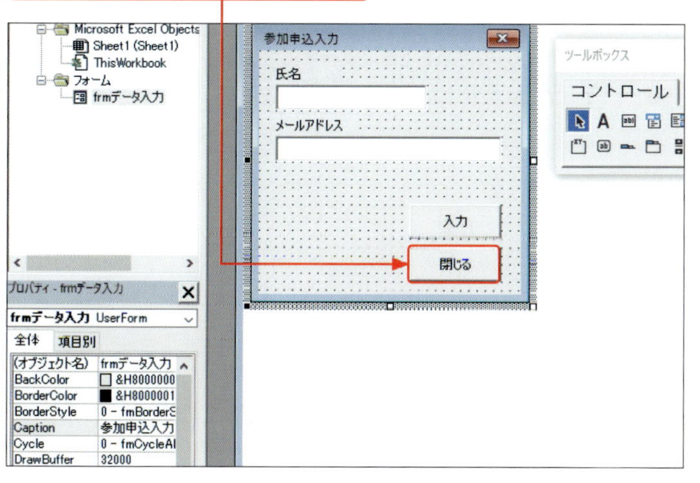

メモ フォームを閉じる処理を書く

コマンドボタンをクリックしたときに実行する内容を指定します。ここでは、最初に<閉じる>をクリックしたときの動作を指定します。「閉じる」と表示されているボタンをダブルクリックします。

ヒント コマンドボタンをダブルクリックする理由

フォーム上のコマンドボタンをダブルクリックすると、フォームのコードウィンドウが表示され、そのコマンドボタンをクリックしたときの処理を書くマクロが表示されます。なお、フォームのコードウィンドウを表示する方法は、ほかにもいくつか用意されています(P.305のヒント参照)。

ヒント　イベントプロシージャ

ここでは<閉じる>の「Click」イベントで実行する処理を書いていますが、先頭行が通常のマクロのプロシージャとは異なっています。このような特定のイベントに対応する処理のことを、「イベントプロシージャ」と言います。イベントプロシージャは、以下のように記述します。

```
Private Sub オブジェクト名_イベント名( )
    イベントに対応する処理
End Sub
```

ヒント　Meキーワードの意味

ユーザーフォームのコードウィンドウで、「ユーザーフォーム自身」を示すには、「Me」キーワードを利用します。たとえば、ボタンをクリックしたときに、そのボタンが配置されているユーザーフォーム自身を閉じるには、Unloadステートメントを使って「Unload Me」と書きます。

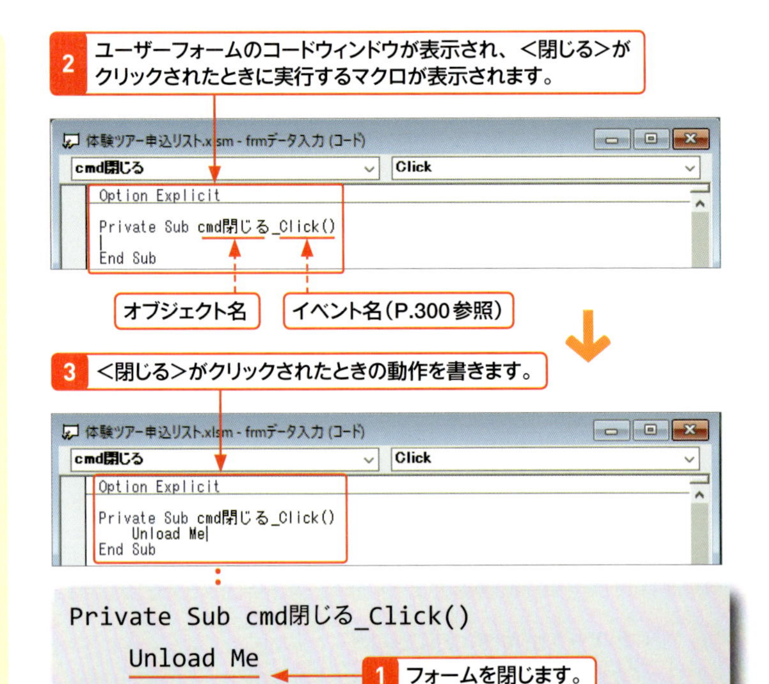


```
Private Sub cmd閉じる_Click()
    Unload Me
End Sub
```

1 フォームを閉じます。

3 ボタンをクリックしたときに実行するマクロを作成する

メモ　データを入力する処理を書く

<入力>をクリックしたときにデータを追加するマクロを作成します。フォームのコードウィンドウで、<入力>をクリックしたタイミングで実行するマクロを作成します。

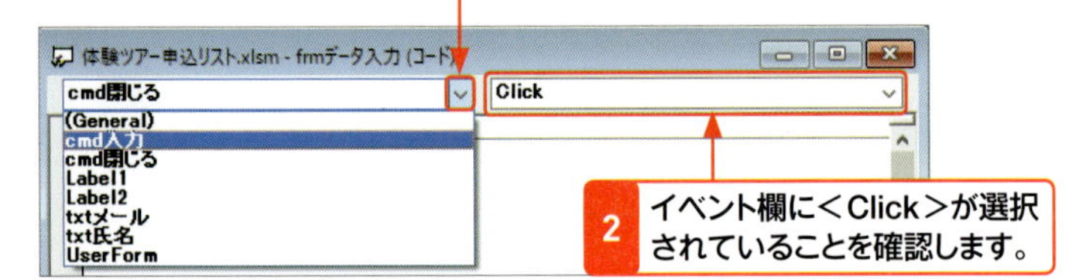

3 <入力>がクリックされたときに実行するマクロが表示されます。処理の内容を入力します。

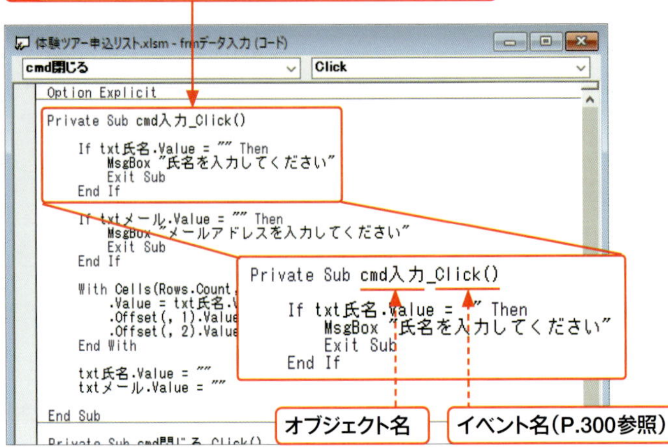

ヒント　テキストボックスに入力されている内容を取得する

テキストボックスのValueプロパティは、テキストボックスに入力されている内容を示します。たとえば、「txt氏名」テキストボックスに入力されている内容を取得するには、「txt氏名.Value」と書きます。

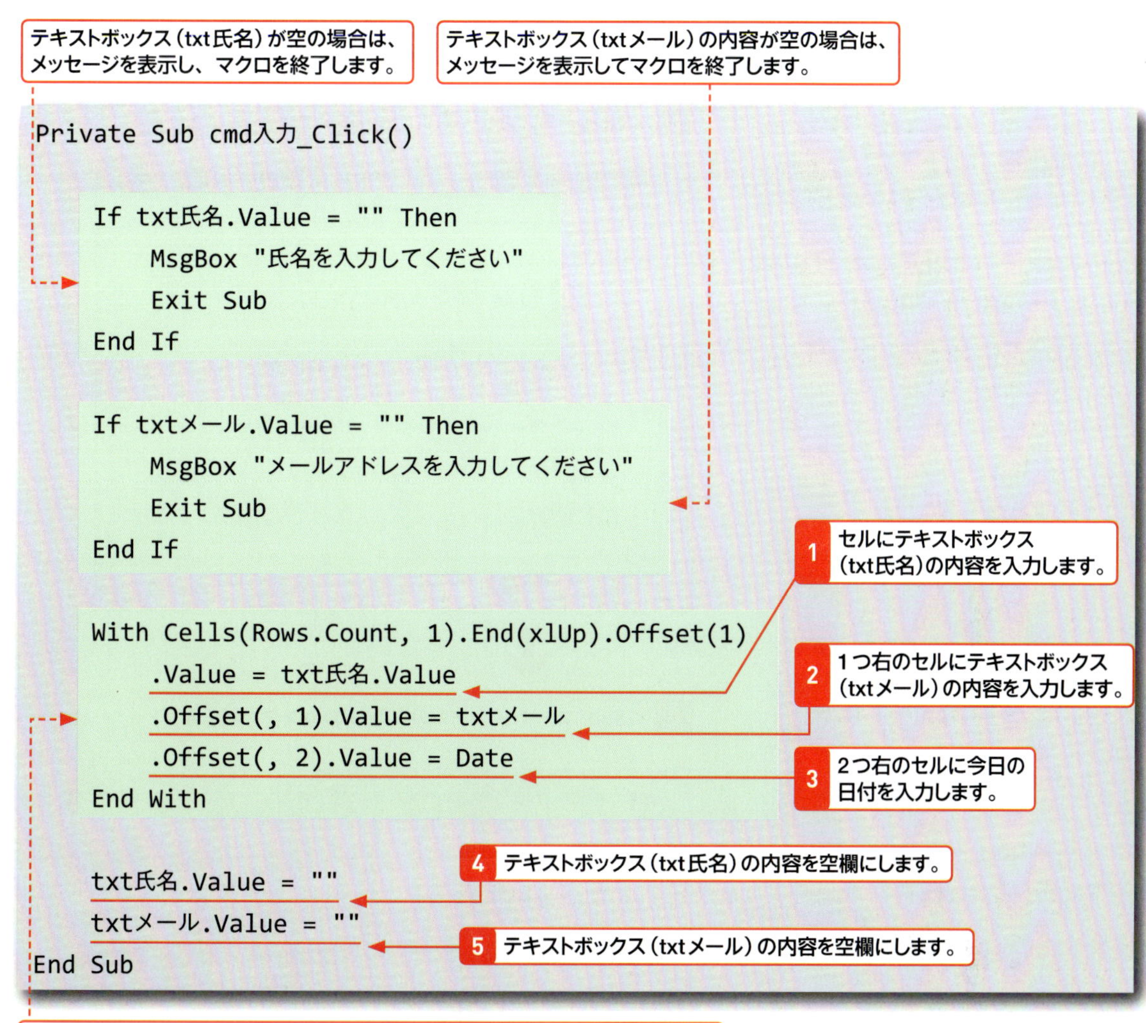


```
Private Sub cmd入力_Click()

    If txt氏名.Value = "" Then
        MsgBox "氏名を入力してください"
        Exit Sub
    End If

    If txtメール.Value = "" Then
        MsgBox "メールアドレスを入力してください"
        Exit Sub
    End If

    With Cells(Rows.Count, 1).End(xlUp).Offset(1)
        .Value = txt氏名.Value
        .Offset(, 1).Value = txtメール
        .Offset(, 2).Value = Date
    End With

    txt氏名.Value = ""
    txtメール.Value = ""
End Sub
```

ボタン以外をダブルクリックした場合

ユーザーフォーム上をダブルクリックすると、コードウィンドウが表示され、ダブルクリックしたコントロールの既定のイベントのイベントプロシージャが追加されます。そのため、目的のコントロール以外をダブルクリックすると、不要なプロシージャが追加されてしまいます。不要なプロシージャは、削除してもかまいません。

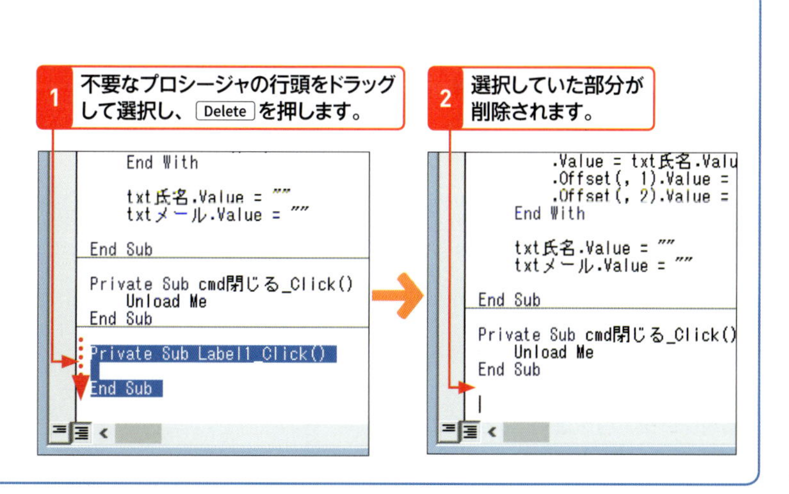

4 フォームを実行する

メモ **フォームを実行して動作を確認する**

フォームの動作を確認してみましょう。ここでは、VBEの画面からフォームを実行します。Excelから簡単にフォームを実行できるようにする方法については、Sec.98で紹介します。

1 <閉じる>をクリックします。

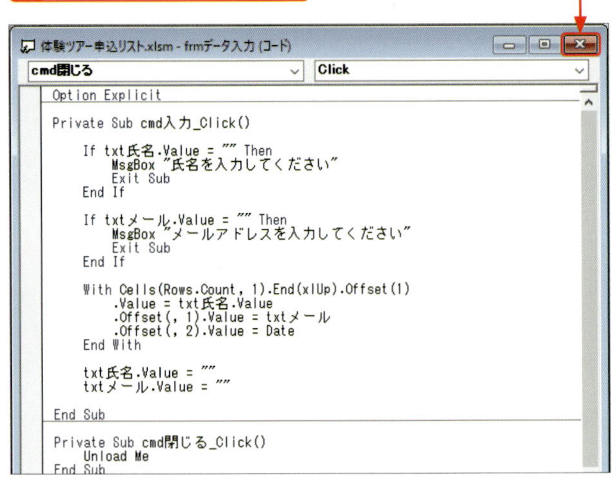


```
Option Explicit

Private Sub cmd入力_Click()

    If txt氏名.Value = "" Then
        MsgBox "氏名を入力してください"
        Exit Sub
    End If

    If txtメール.Value = "" Then
        MsgBox "メールアドレスを入力してください"
        Exit Sub
    End If

    With Cells(Rows.Count, 1).End(xlUp).Offset(1)
        .Value = txt氏名.Value
        .Offset(, 1).Value = txtメール
        .Offset(, 2).Value = Date
    End With

    txt氏名.Value = ""
    txtメール.Value = ""

End Sub

Private Sub cmd閉じる_Click()
    Unload Me
End Sub
```

2 <Sub/ユーザーフォームの実行（F5）>をクリックします。

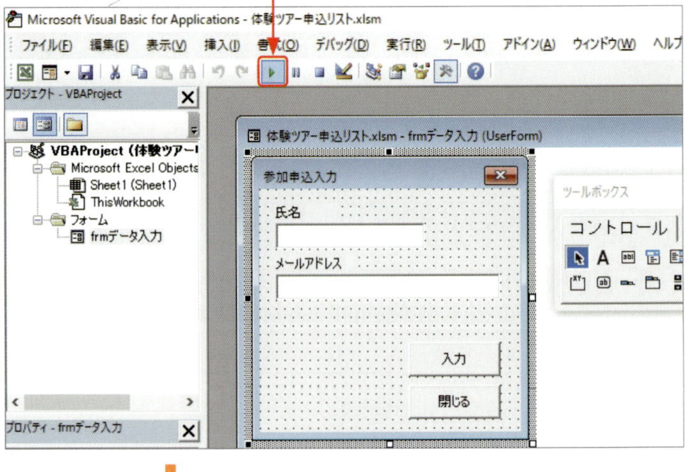

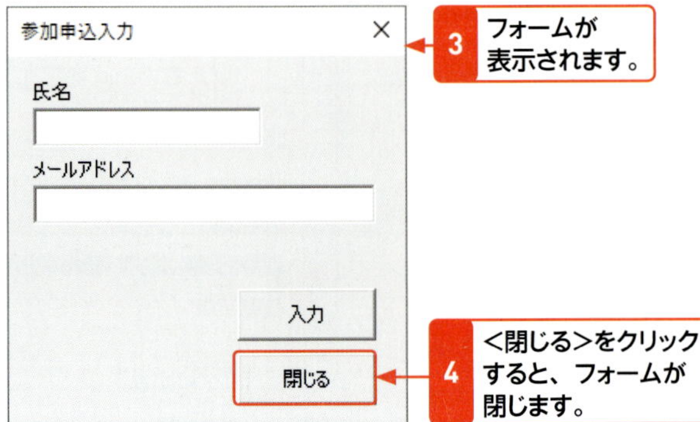

3 フォームが表示されます。

4 <閉じる>をクリックすると、フォームが閉じます。

メモ **<閉じる>の動作を確認する**

<閉じる>をクリックします。すると、フォームが閉じます。

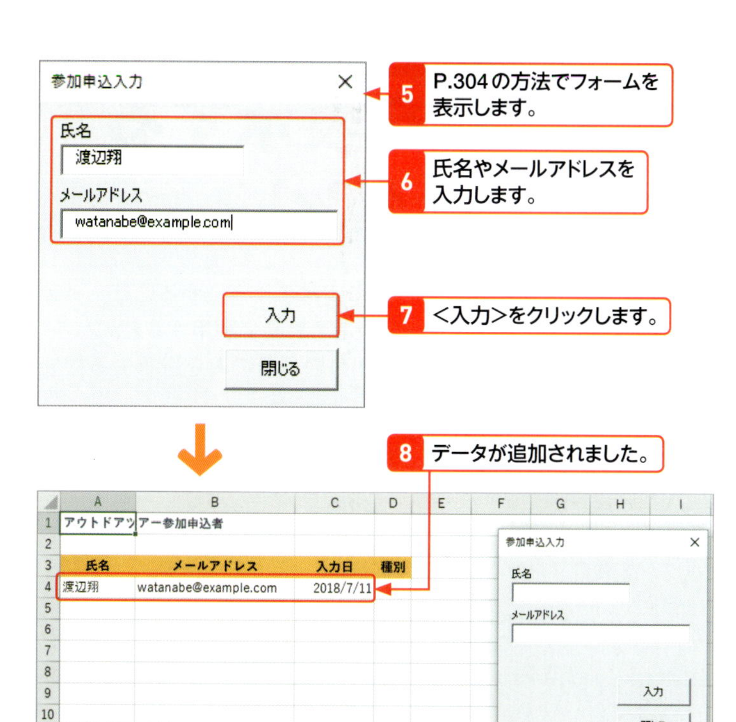

<入力>の動作を確認する

フォームが表示されたら、データを入力し、<入力>をクリックします。すると、入力した内容がセルに表示されます。

テキストボックスに文字が入力されていない場合

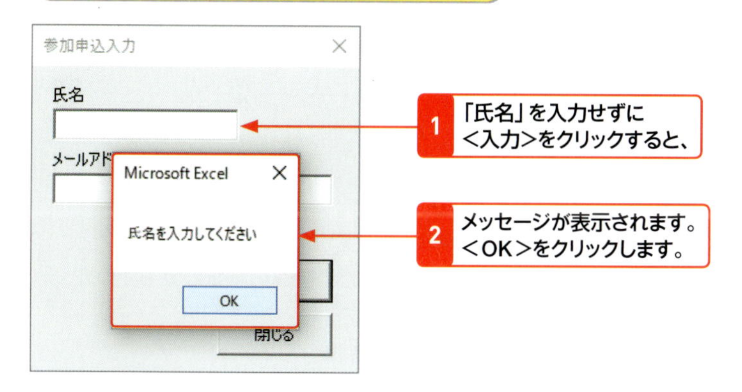

テキストボックスにデータが入っていない場合

ここでは、「氏名」に何もデータが入っていない場合に、メッセージが表示されるようにしています。「氏名」を空欄にして、動作を確認してみましょう。

ヒント フォーム画面とコードウィンドウを切り替える

フォーム画面とコードウィンドウを切り替えるには、プロジェクトエクスプローラーのボタンを使う方法があります。フォーム画面が表示されているとき、<コードの表示>をクリックすると、フォームのコードウィンドウが表示されます。逆に、コードウィンドウが表示されているとき、<オブジェクトの表示>をクリックすると、フォーム画面が表示されます。

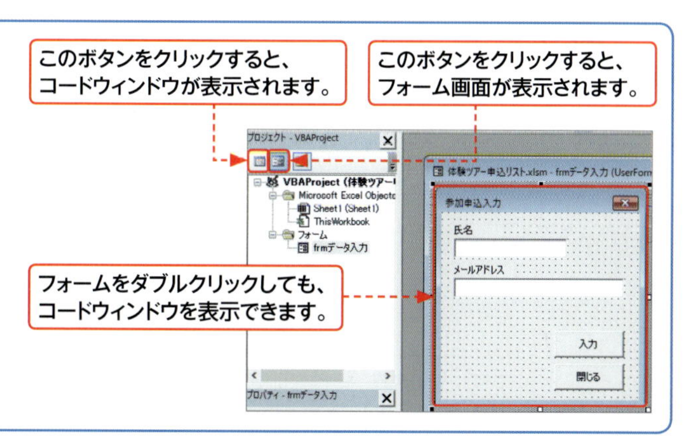

Section 93 複数の選択肢を表示する（オプションボタン）

覚えておきたいキーワード
- フレーム
- オプションボタン
- 既定の状態

複数の選択肢を表示して、その中から1つだけを選べるようにするには、<オプションボタン>を使います。<フレーム>と組み合わせて利用すると、フレーム内にある複数のオプションボタンの中から、1つの項目のみを選択する機能を実現できます。

■フレームとオプションボタン

フレーム

フレームは、複数のコントロールを囲ってまとめるときに利用します。ここでは、3つのオプションボタンを含むフレームを作ります。

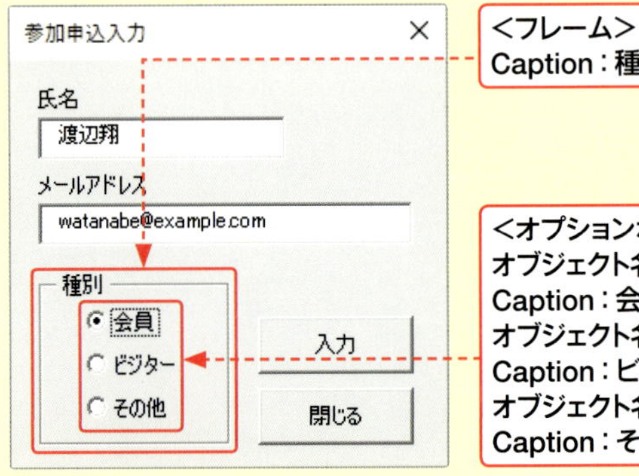

<フレーム>
Caption：種別

<オプションボタン>
オブジェクト名：opt会員
Caption：会員
オブジェクト名：optビジター
Caption：ビジター
オブジェクト名：optその他
Caption：その他

オプションボタン

オプションボタンは、クリックするとオンになるコントロールです。フレーム内にいくつかのオプションボタンを配置すると、その中の1つのオプションボタンのみがオンになる（ほかのボタンはオフになる）ので、複数の選択肢から1つだけを選んでもらうことができます。

■オプションボタンのプロパティ／イベント

オプションボタンには、さまざまなプロパティやイベントがあります。たとえば、以下のようなものがあります。

プロパティ	内容
オブジェクト名	コントロールの名前を指定
Caption	オプションボタンの横に表示する文字を指定
Enabled	有効／無効を指定
Value	ボタンの選択状態を指定

イベント	内容
Click	クリックしてオンにしたとき
Change	選択状態が変更されたとき

1 フレームを追加する

1 このボタンをクリックします。

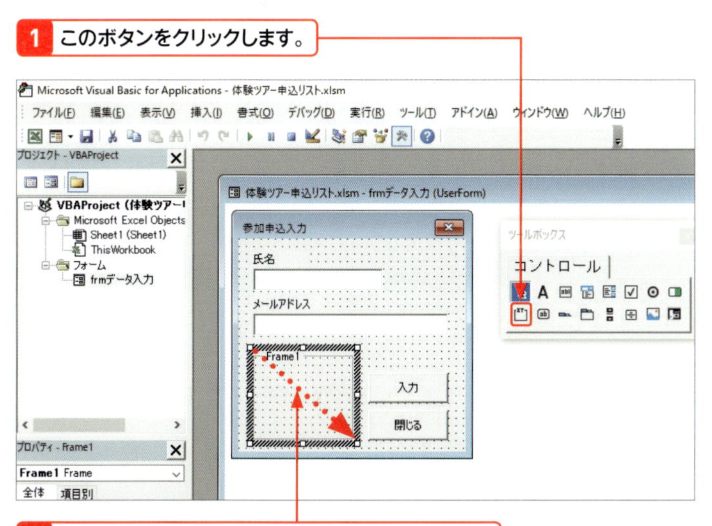

2 ここにマウスポインターを移動してドラッグします。

3 Frame1 が選択されていることを確認します。

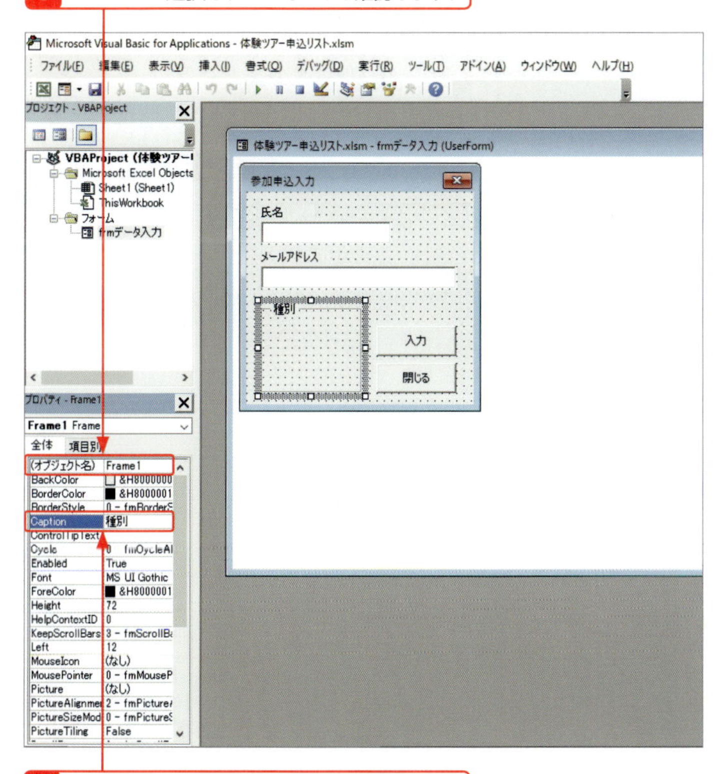

4 Caption プロパティに、フレームに表示する文字（ここでは「種別」）を入力します。

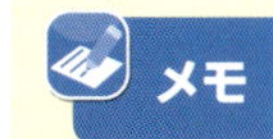

メモ オプションボタンを配置するためのフレームを追加する

フォームにフレームを配置します。ツールボックス内の<フレーム>をクリックして追加します。

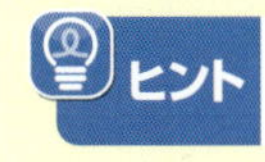

ヒント フレームの上部に表示する文字を変更する

フレームに表示する文字を変更するには、フレームのCaptionプロパティを指定します。

2 オプションボタンを追加する

メモ 入力内容を選択するオプションボタンを配置する

フレームを配置したら、その中にオプションボタンを配置しましょう。ここでは、3つのボタンを追加します。

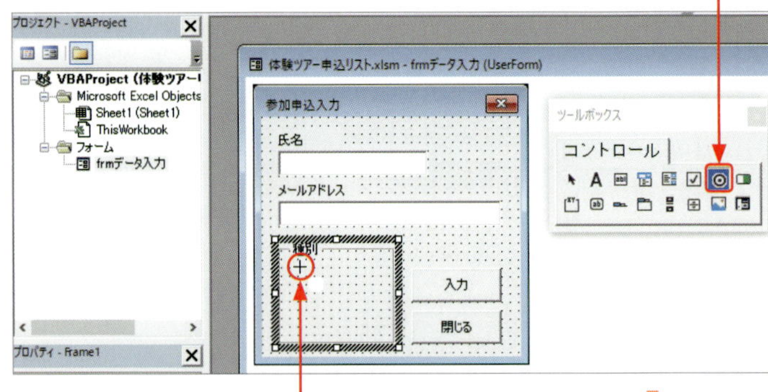

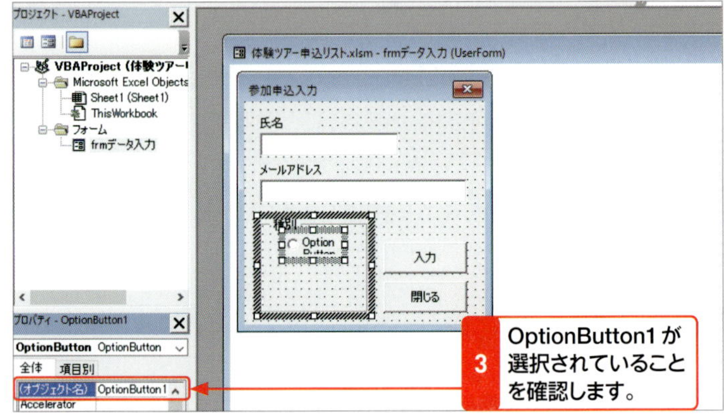

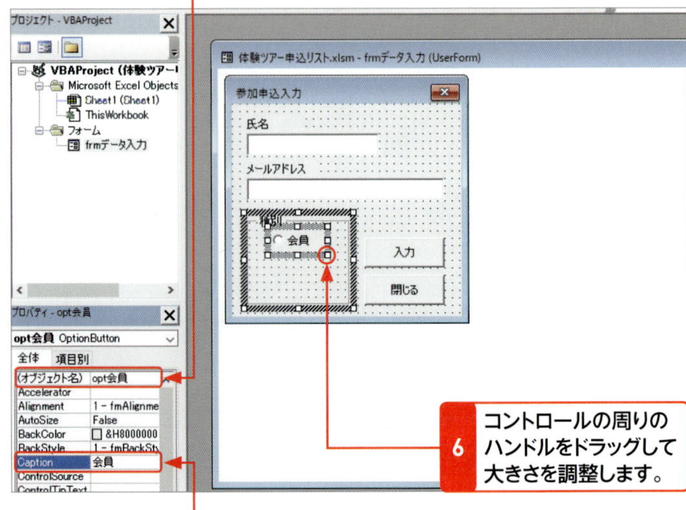

ヒント 既定の状態を指定する

オプションボタンをあらかじめオンにしておくには、Valueプロパティを使います。Valueプロパティは、ボタンの選択状態を示します。ボタンをオンにしておくには、オプションボタンを選択してValueプロパティに「True」を指定します。オフにするときは、「False」を指定します。

7 同様の操作であと2つオプションボタンを配置します。
・オブジェクト名：optビジター
　Caption：ビジター
・オブジェクト名：optその他
　Caption：その他

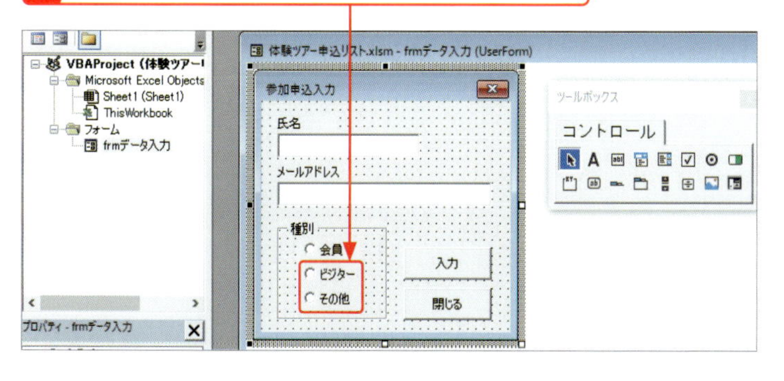

3 オプションボタンのオン／オフによって実行する処理を分ける

1 <入力>をダブルクリックします

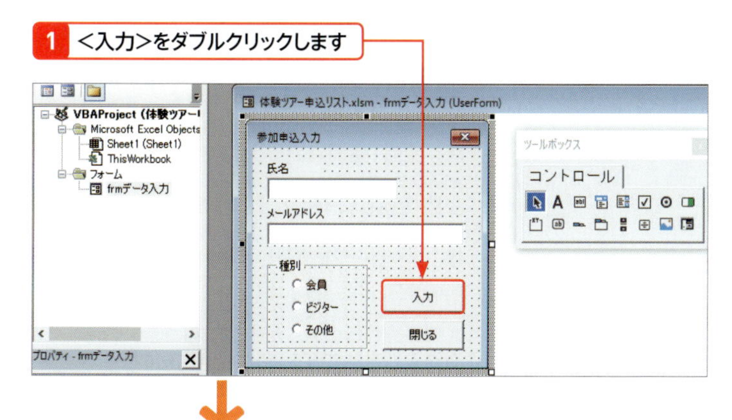

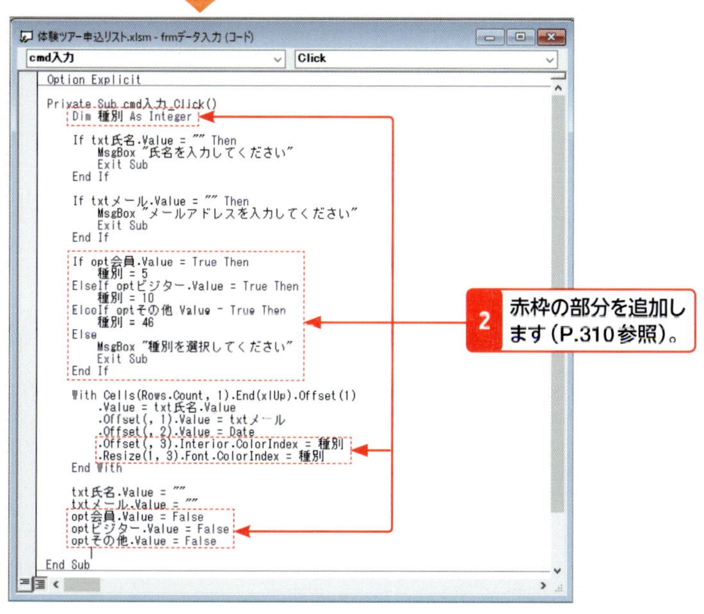

2 赤枠の部分を追加します（P.310参照）。

メモ　オプションボタンの状態を知る

どのオプションボタンがオンになっているかによって、処理を分けるマクロを追加します。オプションボタンの選択状態を示すValueプロパティを利用します。

```
Private Sub cmd入力_Click()
    Dim 種別 As Integer

    If txt氏名.Value = "" Then
        MsgBox "氏名を入力してください"
        Exit Sub
    End If

    If txtメール.Value = "" Then
        MsgBox "メールアドレスを入力してください"
        Exit Sub
    End If

    If opt会員.Value = True Then
        種別 = 5
    ElseIf optビジター.Value = True Then
        種別 = 10
    ElseIf optその他.Value = True Then
        種別 = 46
    Else
        MsgBox "種別を選択してください"
        Exit Sub
    End If

    With Cells(Rows.Count, 1).End(xlUp).Offset(1)
        .Value = txt氏名.Value
        .Offset(, 1).Value = txtメール
        .Offset(, 2).Value = Date
        .Offset(, 3).Interior.ColorIndex = 種別
        .Resize(1, 3).Font.ColorIndex = 種別
    End With

    txt氏名.Value = ""
    txtメール.Value = ""
    opt会員.Value = False
    optビジター.Value = False
    optその他.Value = False
End Sub
```

Integer型の変数（種別）を宣言します。

オプションボタン（「opt会員」）がオンのときは、変数（種別）に5（青）を指定します。
オプションボタン（「optビジター」）がオンのときは、変数（種別）に10（緑）を指定します。
オプションボタン（「optその他」）がオンのときは、変数（種別）に46（オレンジ）を指定します。
それ以外（オプションボタンが選択されていない）は、メッセージを表示してマクロを終了します。

A列の最終行のセルから上方向に向かってデータが入力されているセルを探し、そのセルの1つ下のセルに関する内容をまとめて書きます。

1 3つ右のセルの色に変数（種別）の内容を指定します。

2 2つ右のセルまでの文字の色に変数（種別）の内容を指定します。

3 3つのオプションボタンをオフにします。

ヒント セルの色を変更する

ここでは、フォームで選択した種別によってセルや文字に色を付けています。色は、ColorIndexプロパティ（P.151参照）で指定します。ColorIndexプロパティに設定する数値を格納する変数（種別）を用意し、それぞれのオプションボタンが選択されたときに、変数（種別）に値を格納します。その値を使用して、セルにも色を指定しています。

4 フォームを実行する

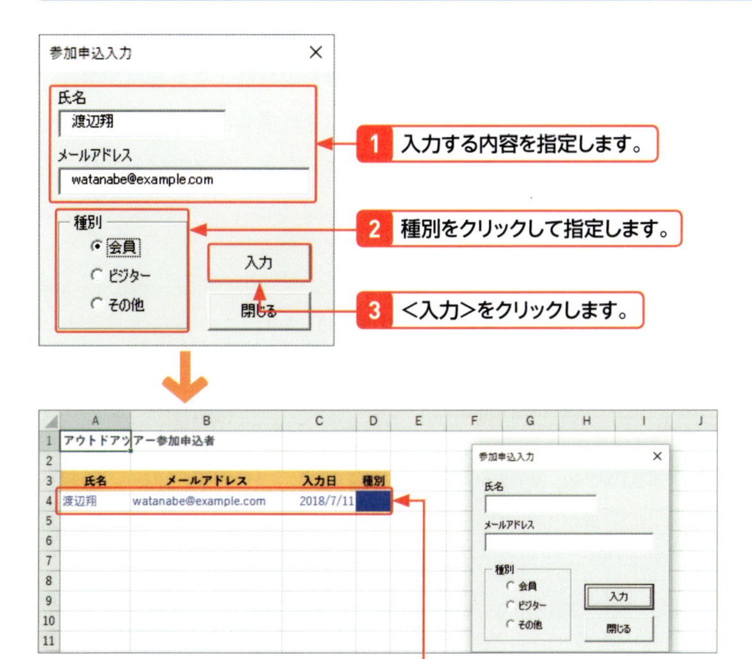

1 入力する内容を指定します。

2 種別をクリックして指定します。

3 <入力>をクリックします。

4 データが追加されます。種別で選択した内容に応じてセルや文字に色が付きます。

メモ オプションボタンを利用してデータを追加する

データを入力するとき、オプションボタンを利用して種別を指定してみましょう。P.304を参照してフォームを実行します。

ヒント  Tab でコントロールを移動できる

フォームを表示したあと、 Tab を押すと、各コントロールを順番に選択して入力できます。移動順の設定方法については、P.315を参照してください。

ヒント データを追加したあとにコントロールを空にする

フォームを利用してデータを追加したあとに、テキストボックスや、オプションボタンで選択した内容を空にするには、コードの最後に以下のような内容を追加します。

```
txt氏名.Value = ""
txtメール.Value = ""
opt会員.Value = False
optビジター.Value = False
optその他.Value = False
```

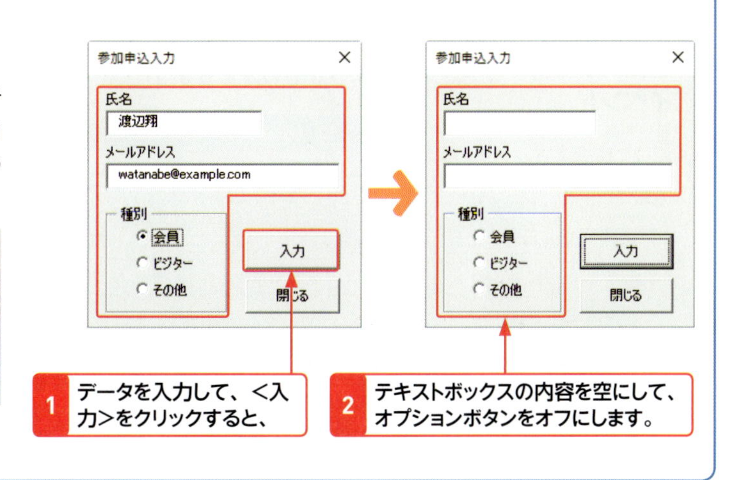

1 データを入力して、<入力>をクリックすると、

2 テキストボックスの内容を空にして、オプションボタンをオフにします。

Section 94 二者択一の選択肢を表示する（チェックボックス）

覚えておきたいキーワード
- ☑ チェックボックス
- ☑ 選択状態
- ☑ タブオーダー

＜チェックボックス＞コントロールを使うと、「オン」と「オフ」のどちらかを指定できます。機能のオン／オフを切り替えるときなどに利用します。ここでは、チェックボックスがオンになっているとき、ワークシート上で選択しているセルの文字を太字にする処理を書きます。

■チェックボックス

チェックボックスは、クリックすることで、オンとオフを切り替えられるコントロールです。ここでは、文字の書式を設定するフォームを作成します。文字の書式を設定するときに、文字を太字にするか、太字にしないかを、チェックボックスで選択できるようにします。

実行例

＜実行＞をクリックすると、選択しているセル範囲の文字を赤にします。
下のチェックボックスで、チェックが付いている場合は、太字の赤字にします。

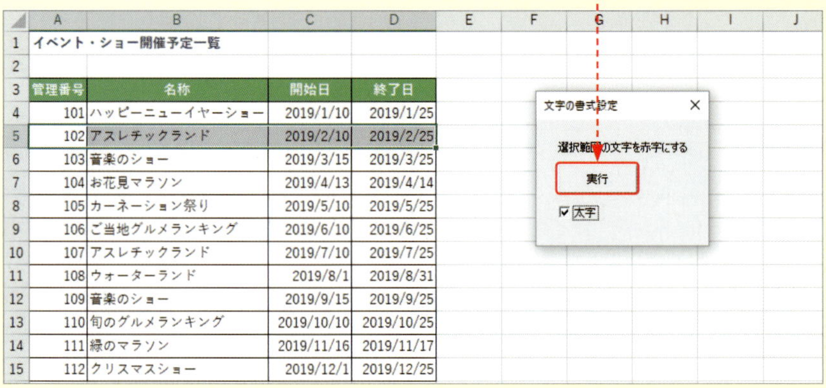

	A	B	C	D
1	イベント・ショー開催予定一覧			
2				
3	管理番号	名称	開始日	終了日
4	101	ハッピーニューイヤーショー	2019/1/10	2019/1/25
5	102	アスレチックランド	2019/2/10	2019/2/25
6	103	音楽のショー	2019/3/15	2019/3/25
7	104	お花見マラソン	2019/4/13	2019/4/14
8	105	カーネーション祭り	2019/5/10	2019/5/25
9	106	ご当地グルメランキング	2019/6/10	2019/6/25
10	107	アスレチックランド	2019/7/10	2019/7/25
11	108	ウォーターランド	2019/8/1	2019/8/31
12	109	音楽のショー	2019/9/15	2019/9/25
13	110	旬のグルメランキング	2019/10/10	2019/10/25
14	111	緑のマラソン	2019/11/16	2019/11/17
15	112	クリスマスショー	2019/12/1	2019/12/25

文字の書式設定
選択範囲の文字を赤字にする
実行
☑ 太字

■チェックボックスのプロパティ／イベント

チェックボックスには、さまざまなプロパティやイベントがあります。たとえば、以下のようなものがあります。

プロパティ	内容
オブジェクト名	コントロールの名前を指定
Caption	チェックボックスの横に表示する文字を指定
Enabled	有効／無効を指定
Value	チェックボックスの選択状態を指定

イベント	内容
Change	選択状態が変更されたとき
Click	クリックされるか、選択状態が変更されたとき（Valueプロパティに Null値が設定されている場合は発生しない）

1 チェックボックスを追加する

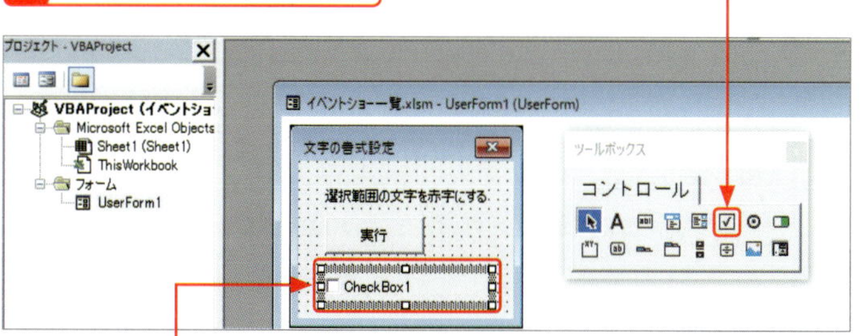

2 ここをクリックします。

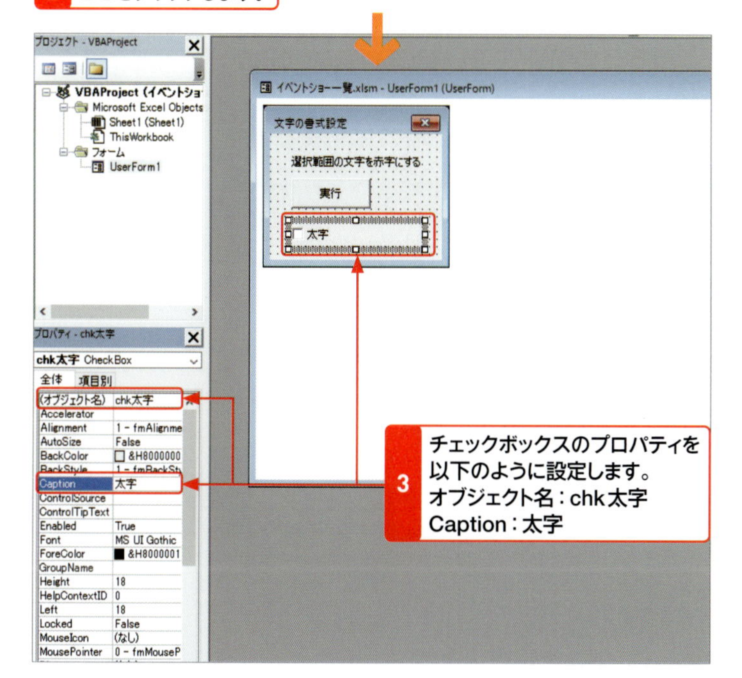

メモ オン／オフを選択できるチェックボックスを配置する

チェックボックスを1つ配置します。<ツールボックス>内の<チェックボックス>をクリックして追加します。

メモ フォームを準備しておく

ここでは、チェックボックスを追加する前に、新しいフォームを追加してラベルとコマンドボタンを配置しています。それぞれ、次のプロパティを変更しています。

種別	プロパティ	データコピー
フォーム	Caption	文字の書式設定
ラベル	Caption	選択範囲の文字を赤字にする
コマンドボタン	オブジェクト名	cmd実行
	Caption	実行

2 チェックボックスのオン／オフによって実行する処理を分ける

1 このボタンをダブルクリックします。

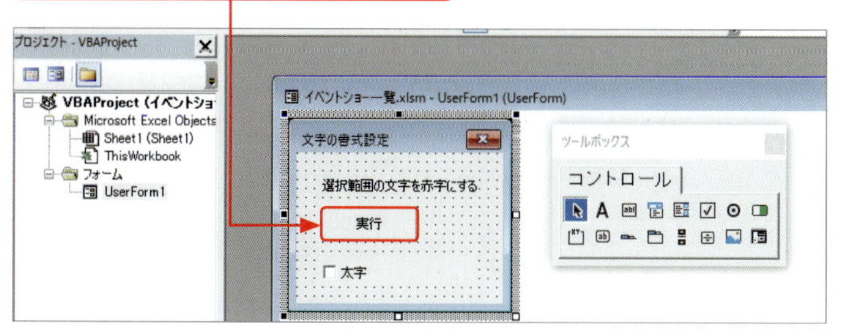

メモ チェックボックスの状態を知る

チェックボックスがオンかどうかによって、実行する処理を分ける内容を書きます。チェックボックスの選択状態を示すValueプロパティを利用します。

ヒント オンとオフの状態を取得する

ここでは、チェックボックスがオンになっている場合は、文字を「赤字」かつ「太字」にします。なお、はじめからチェックボックスをオンにしておくには、チェックボックスのプロパティウィンドウのValueプロパティに「True」を指定しておきます。

ヒント セルが選択されていない場合

ここで紹介している例では、セルが選択されていない場合にマクロを実行すると、エラーが発生する可能性があります。エラーを避けるには、引数に指定された内容のデータの種類を返すTypeName関数を使用して、「TypeName(Selection) = "Range"」の条件を満たすかどうかによって処理を分岐して対応する方法があります。

2 フォームのコードウィンドウが表示され、<実行>がクリックされたときに実行するマクロが表示されます。

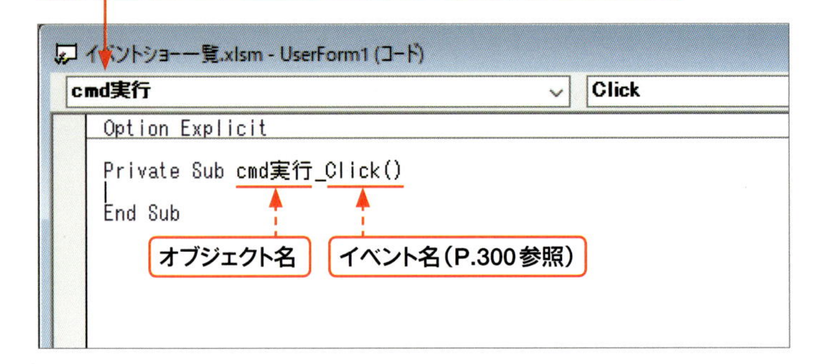

3 ボタンをクリックしたときに実行する内容を書きます。

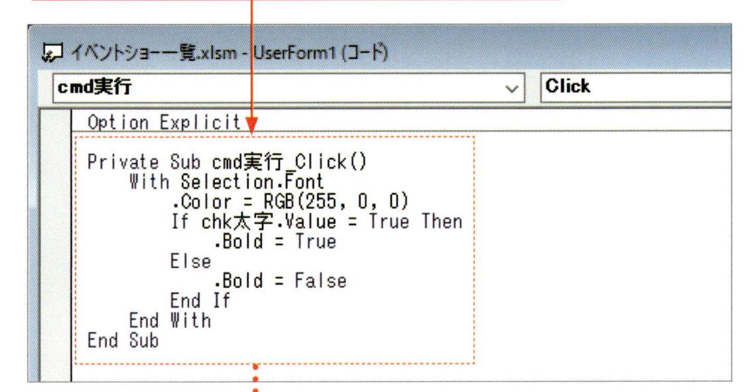

選択しているセルのフォントに関する内容をまとめて書きます。

```
Private Sub cmd実行_Click()
    With Selection.Font
        .Color = RGB(255, 0, 0)
        If chk太字.Value = True Then
            .Bold = True
        Else
            .Bold = False
        End If
    End With
End Sub
```

1 文字を赤字にします。

チェックボックス(「chk太字」)がオンのときは、太字にします。オフのときは太字にしません。

Tab でコントロール間を移動する

フォームを実行したあと、Tab を押すと、フォームに配置されているコントロールを順番に選択していくことができます。この順番のことを「タブオーダー」といいます。タブオーダーは、通常、フォームにコントロールを配置した順になりますが、あとから変更できます。フォーム上のコントロールの位置に沿って順番を指定しておくとよいでしょう。

●タブオーダーの設定方法

タブオーダーを設定するには、フォーム上をクリックして<表示>メニューの<タブオーダー>をクリックします。<タブオーダー>画面が表示されたら、コントロールを選択する順番に沿ってコントロールを上から順に並べます。

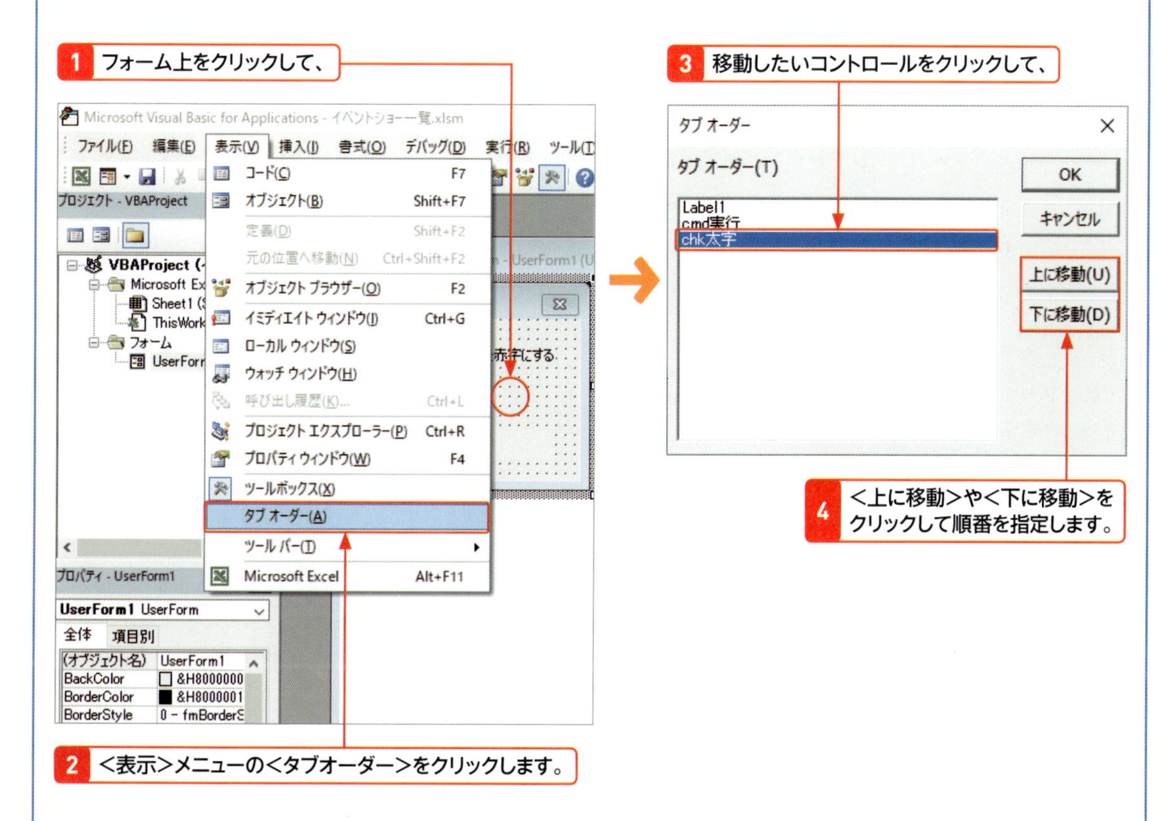

●フレーム内のコントロールのタブオーダー

フレーム内に複数のオプションボタンを配置しているような場合は、フレームごとに、その中に含まれるコントロールのタブオーダーを指定します。それには、フレーム内のコントロールを選択してから、<表示>メニューの<タブオーダー>をクリックします。<タブオーダー>画面が表示されたら、フレーム内のタブオーダーを指定します。

●TabIndexプロパティ

タブオーダーは、コントロールのTabIndexプロパティで指定することもできます。移動したい順番に沿って「0」番から番号を振ると、<タブオーダー>の設定画面にも設定内容が反映されます。

●Tab で選択できないようにする

Tab を押したときにコントロールを選択するかどうかは、コントロールのTabStopプロパティで設定できます。TabStopプロパティを「False」にすると、フォームの実行中に Tab を押してもコントロールを選択することはできません。

Section 95

リスト形式で選択肢を表示する(リストボックス)

覚えておきたいキーワード
- リストボックス
- MultiSelect プロパティ
- ListIndex プロパティ

リストの中から項目を選択してもらうには、リストボックスやコンボボックスを使います。リストボックスでは、あらかじめ選択肢の項目を一覧表示しておくことができます。コンボボックスでは、<▼>をクリックして選択肢の項目を表示します。

■リストボックス

リストの中から指定した項目を選択できるようにするには、リストボックスやコンボボックスコントロールを利用します。リストボックスは、項目の一覧をはじめから表示しておくことができます。ここでは、セルに入力されているリストの一覧を表示するためにリストボックスを利用します。選択された項目の文字の下に罫線を引きます。

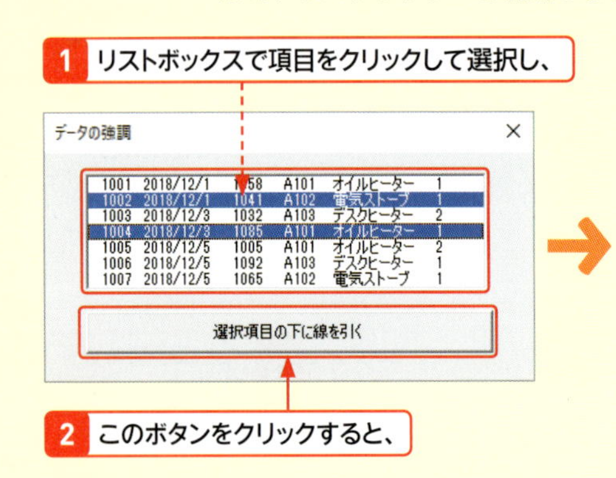
1 リストボックスで項目をクリックして選択し、
データの強調
選択項目の下に線を引く
2 このボタンをクリックすると、

暖房器具注文リスト
番号 注文日 顧客番号 商品番号 商品名 数量
3 リストボックスで選択していたデータの下に罫線を引きます。

■リストボックスのプロパティ／イベント

リストボックスには、さまざまなプロパティやイベントがあります。たとえば、以下のようなものがあります。

プロパティ	内容
オブジェクト名	コントロールの名前を指定
ListIndex	選択されている項目の番号を表す(このプロパティはプロパティウィンドウには表示されない)
RowSource	リストに表示する項目を指定
MultiSelect	複数選択をできるようにするかを指定
Selected	各項目の選択状態を表す(このプロパティはプロパティウィンドウには表示されない)
Value	選択されている項目の文字や数値を表す
Enabled	有効／無効を指定

イベント	内容
Change	選択項目が変更されたとき
Click	クリックされるか、選択項目が変更されたとき(Valueプロパティに Null値が設定されている場合は発生しない)

1 リストボックスを追加する

1 ここをクリックします。

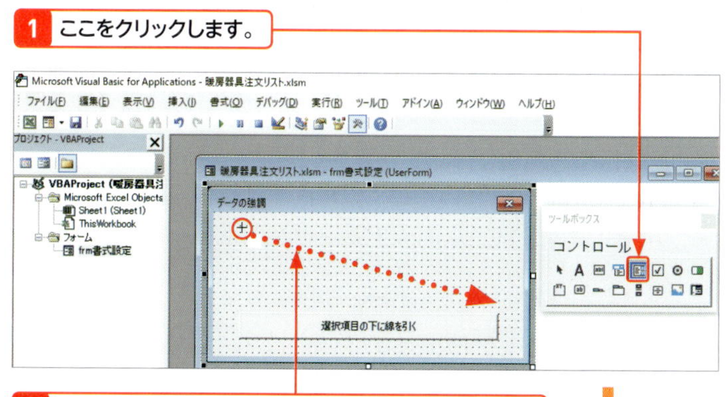

2 フォーム上をドラッグしてリストボックスを配置します。

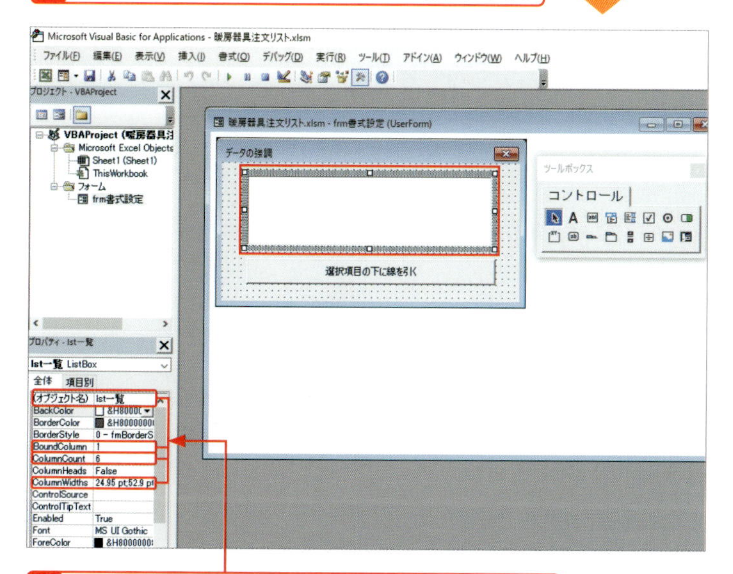

3 リストボックスのプロパティを以下のように設定します。
オブジェクト名：lst一覧
MultiSelect：1
ColumnCount：6
ColumnWidths：20;55;30;30;60;10

メモ 選択肢を表示するリストボックスを配置する

リストボックスを配置します。ツールボックス内の<リストボックス>をクリックして追加します。

メモ フォームを準備しておく

ここでは、リストボックスを追加する前に、新しいフォームを追加してコマンドボタンを配置しています。それぞれ、次のプロパティを変更しています。

種別	プロパティ	設定
フォーム	Caption	データの強調
コマンドボタン	オブジェクト名	cmd罫線
	Caption	選択項目の下に線を引く

ヒント 複数の列を表示する

リストボックスに複数の列を表示するには、ColumnCountプロパティで指定します。また、複数の列を表示しているとき、それぞれの列の幅を指定するには、ColumnWidthプロパティで「20;50」のようにセミコロンで区切って指定します。なお、複数の列を表示したときに指定した列の値を操作するには、Valueプロパティや Textプロパティ、Listプロパティを利用します。

ヒント MultiSelectプロパティ

リストボックスのMultiSelectプロパティを利用すると、リスト項目を複数選択できるようにするかを指定できます。設定値は次のとおりです。

設定値	値	内容
fmMultiSelectSingle	0	項目を1つだけ選択できる
fmMultiSelectMult	1	項目を複数選択できる（クリックして複数選択を行う）
fmMultiSelectExtended	2	項目を複数選択できる（Ctrlによる項目の選択や解除や、Shiftによる複数項目の一括選択）

2 リストボックスに表示する項目を指定する

メモ セルに入力されている項目をリストに表示する

リストに表示する項目を指定します。ここでは、指定したセル範囲のデータを表示します。フォームのInitializeイベント(P.290参照)を利用して、リストボックスのRowSourceプロパティを設定します。また、リストボックスに特定の項目を表示するには、リストボックスのAddItemメソッドを利用する方法もあります。

ヒント RowSourceプロパティ

リストボックスのRowSourceプロパティは、リストボックスに表示する項目の元データを表します。リストに表示する項目がどこかのワークシート上に入力されている場合は、そのセル範囲を指定します。ここでは、リストに表示する項目の数が決まっていないため、フォームを表示する前にRowSourceプロパティを指定するようにしています。リストに表示する項目の数が決まっている場合は、下の「ヒント」を参照してください。

ヒント 表示する項目が決まっている場合

リストに表示する項目が固定されている場合は、リストボックスのプロパティウィンドウのRowSourceプロパティで、リストに表示する項目を簡単に指定できます。たとえば、A1セルからA5セルの項目を表示する場合は、RowSourceプロパティに「A1:A5」と入力しておきます。

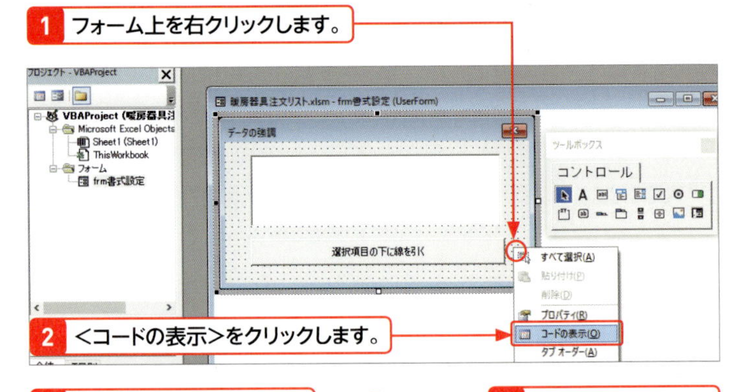

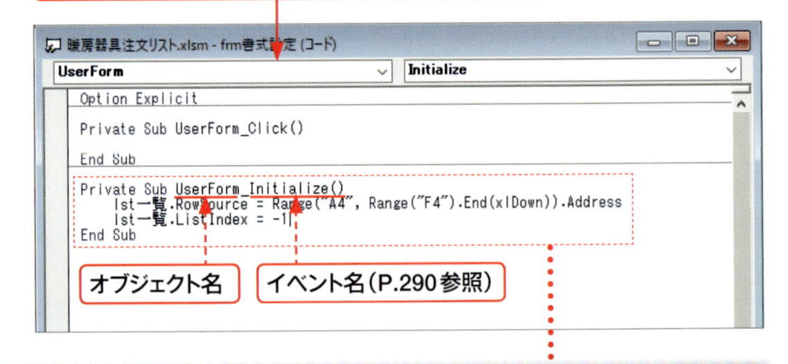


```
Private Sub UserForm_Initialize()
    lst一覧.RowSource = Range("A4", Range("F4").End(xlDown)).Address
    lst一覧.ListIndex = -1
End Sub
```

1 リストボックスのRowsourceプロパティに、A4セル〜F4セルを基準にした終端セル(下)までの内容を設定します。

2 リストボックスのListIndexプロパティに-1を設定します。

3 リストボックスの選択内容によって実行する処理を分ける

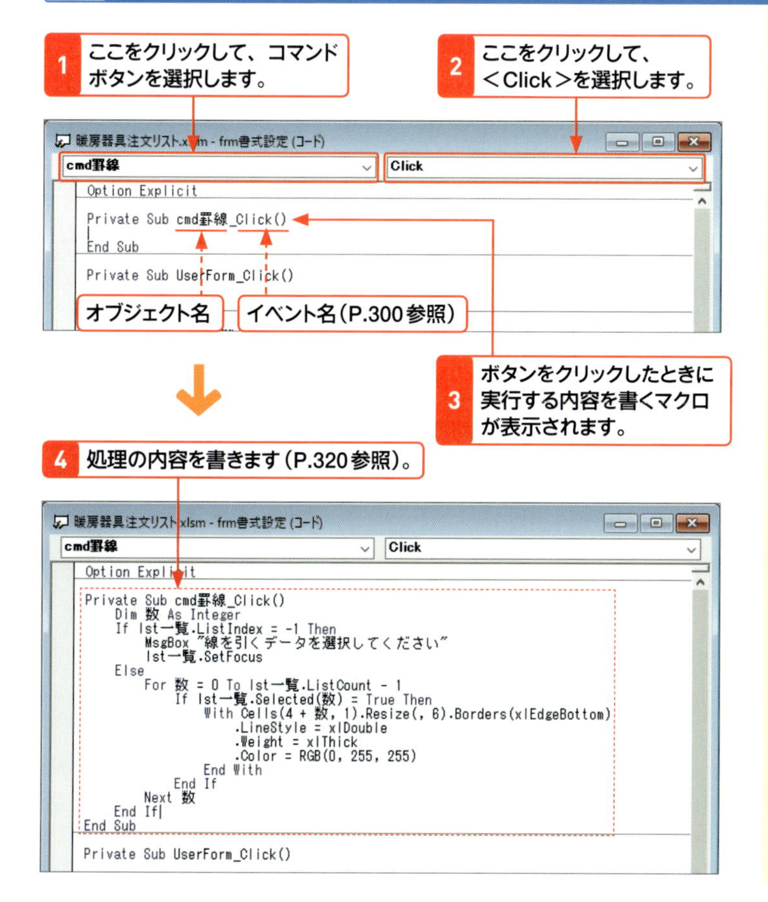


```
Option Explicit

Private Sub cmd罫線_Click()

End Sub

Private Sub UserForm_Click()
```

```
Option Explicit

Private Sub cmd罫線_Click()
    Dim 数 As Integer
    If lst一覧.ListIndex = -1 Then
        MsgBox "線を引くデータを選択してください"
        lst一覧.SetFocus
    Else
        For 数 = 0 To lst一覧.ListCount - 1
            If lst一覧.Selected(数) = True Then
                With Cells(4 + 数, 1).Resize(, 6).Borders(xlEdgeBottom)
                    .LineStyle = xlDouble
                    .Weight = xlThick
                    .Color = RGB(0, 255, 255)
                End With
            End If
        Next 数
    End If
End Sub

Private Sub UserForm_Click()
```

メモ リストボックスで選択されている内容を知る

リストボックスでどの項目が選択されているかを調べて、その内容に応じて実行する処理を分けます。ここでは複数の項目を選択できるようにしているので、Selectedプロパティを利用して、各項目が選択されているかどうかを1つずつチェックしています。

ヒント ListIndexプロパティ

リストボックスのListIndexプロパティは、リストボックスで選択されている項目の番号を示します。リストの先頭の項目が「0」となり、2番目が「1」、3番目が「2」になります。何も選択されていない場合は、「-1」が返されます。

ヒント コントロールの文字の書式を変更する

コントロールに表示される文字の書式は、Fontプロパティで指定できます。たとえば、リストボックスに表示する項目の文字の大きさを小さくするには、リストボックスを選択して、プロパティウィンドウのFontプロパティの横にある<...>をクリックして指定できます。

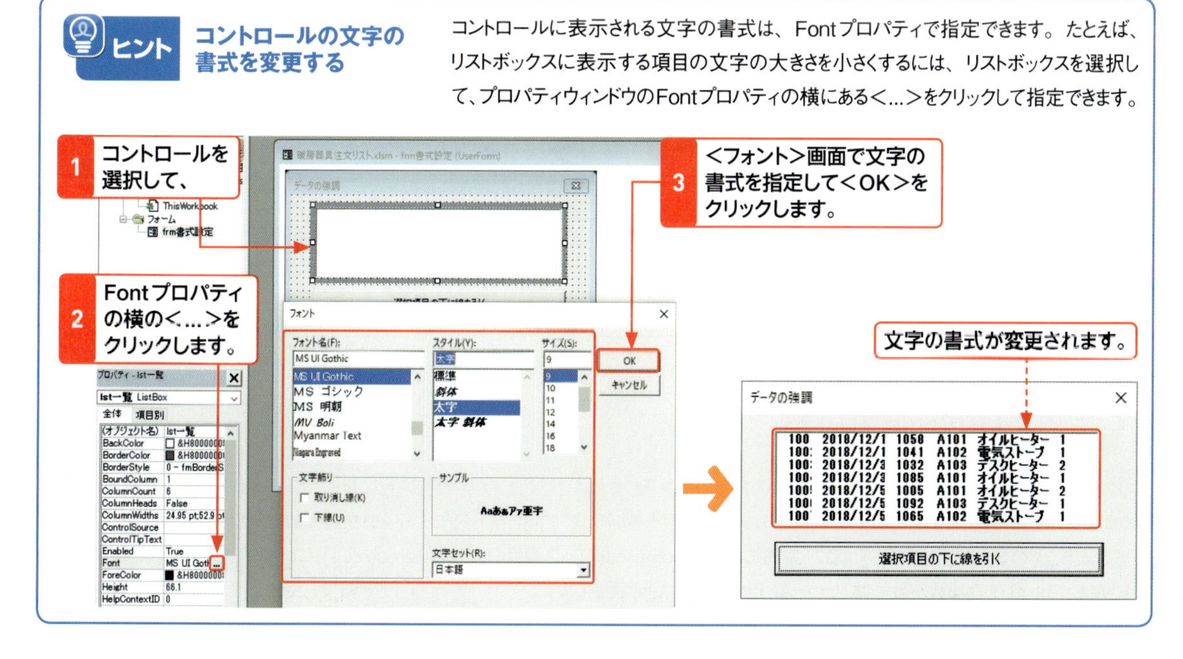

リストボックス（lst一覧）で何も項目が選択されていないときはメッセージを表示し、リストボックス全体を選択します。
リストボックス（lst一覧）の何らかの項目が選択されているときは、以下の繰り返し処理を実行します。

```
Private Sub cmd罫線_Click()
    Dim 数 As Integer
    If lst一覧.ListIndex = -1 Then
        MsgBox "線を引くデータを選択してください"
        lst一覧.SetFocus
    Else
        For 数 = 0 To lst一覧.ListCount - 1
            If lst一覧.Selected(数) = True Then
                With Cells(4 + 数, 1).Resize(, 6).Borders(xlEdgeBottom)
                    .LineStyle = xlDouble
                    .Weight = xlThick
                    .Color = RGB(0, 255, 255)
                End With
            End If
        Next 数
    End If
End Sub
```

1 Integer型の変数（数）を宣言します。

変数（数）がリストの最後の項目になるまで以下の処理を繰り返します。
項目が選択されている場合は、リストで選択した項目のセルを含む行（右に6列まで）のセルの下に罫線を引きます。
変数（数）に1を加えて繰り返し処理に戻ります。

ヒント SetFocusメソッド

リストボックスのSetFocusメソッドを利用すると、リストボックス全体を選択することができます。ここでは、リストボックス内の項目が選択されていないときに、リストボックスで項目を選択してもらうことを促すために、リストボックス全体を選択しています。

書式 SetFocusメソッド

オブジェクト.SetFocus

オブジェクト　テキストボックスやリストボックス、コマンドボタンなど、選択できるコントロールを指定します。

ヒント ListCountプロパティ

リストボックスのListCountプロパティは、リストの項目の数を示します。ここでは、リストの各項目に対して、選択されているかどうかをチェックする処理を繰り返します。その際、何回繰り返すかを調べるために、ListCountプロパティを利用します。なお、各項目の選択状態を知るためのSelectedプロパティは、先頭の項目をSelected(0)、2番目の項目をSelected(1)のように表すため、0からカウントを開始して、最後の項目の番号は「lst 一覧.ListCount-1」と指定します。

ヒント Selectedプロパティ

リストボックスで複数の項目を選択できるようにしているとき、各項目が選択されているかどうかを知るには、Selectedプロパティを利用します。

書式 Selectedプロパティ

オブジェクト.Selected(index)

解　説 SelectedプロパティがTrueのときは項目が選択されていて、Falseのときは選択されていない状態を示します。

オブジェクト リストボックスを指定します。

引　数

Index　「0」から「リストの項目の数-1」の範囲の番号を指定します。リストの先頭の項目が「0」、2番目が「1」…のようになります。

ヒント Cells(4 + 数, 1)の「4」の意味

ここでは、ワークシート上のリストのデータは4行目から入力されています。したがって、リストで選択している項目に該当するデータが入っている行は、リストで選択している項目のSelectedプロパティの値に4を足した行になります。

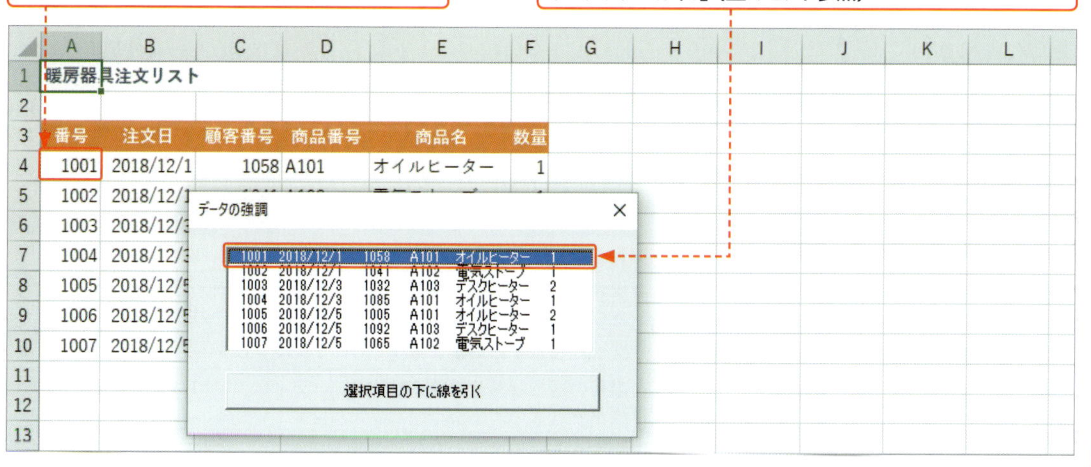

ヒント スクロールバーの表示

リストの項目がリストボックスに収まらない場合は、自動的にスクロールバーが表示されます。たとえば、リストボックスに表示する項目数が増えてリストボックスに収まらなくなった場合は、リストボックスの右側にスクロールバーが表示されます。また、表示する項目の長さがリストボックスの幅に収まらない場合は、リストボックスの下側にスクロールバーが表示されます。

Section 96

リスト形式で選択肢を表示する(コンボボックス)

覚えておきたいキーワード
- コンボボックス
- Style プロパティ
- AddItem メソッド

リストの中から項目を選択してもらうには、リストボックスやコンボボックスを使います。コンボボックスは、<▼>をクリックして選択肢を表示します。リストボックスはあらかじめ用意された選択肢から項目を選択しますが、コンボボックスでは、選択肢にない項目をユーザーが入力することもできます。

■コンボボックス

いくつかの選択肢を一覧形式で表示するには、リストボックス以外にもコンボボックスを利用する方法があります。コンボボックスは、ボタンをクリックして選択肢の一覧を表示します。ここでは、すべてのシート見出しをコンボボックスの一覧に表示し、コンボボックスで選んだシートを選択します。

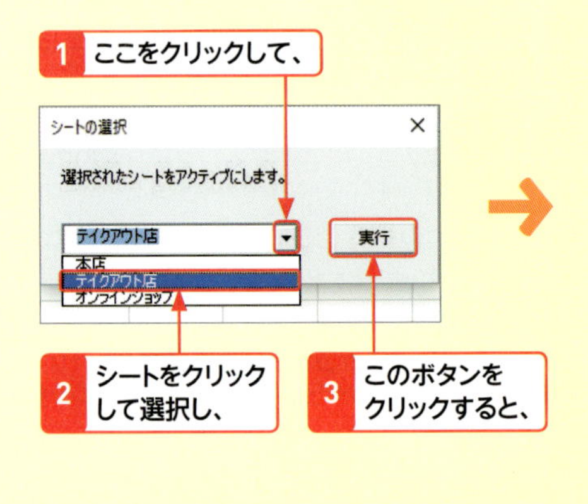

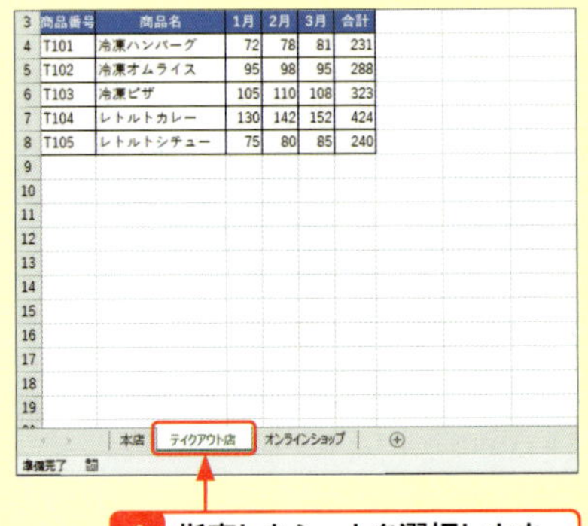

■コンボボックスのプロパティやイベント

コンボボックスには、さまざまなプロパティやイベントがあります。たとえば、以下のようなものがあります。

プロパティ	内容
オブジェクト名	コントロールの名前を指定
ListIndex	選択されている項目の番号を表す(このプロパティは、プロパティウィンドウには表示されない)
RowSource	リストに表示する項目を指定
Selected	各項目の選択状態を表す(このプロパティは、プロパティウィンドウには表示されない)
Value	選択されている項目の文字や数値を表す
Enabled	有効/無効を指定
Style	選択肢にない項目を入力できるようにするかどうか指定

イベント	内容
Change	選択項目が変更されたとき
Click	クリックされるか、選択項目が変更されたとき(Value プロパティに Null 値が設定されている場合は発生しない)

1 コンボボックスを追加する

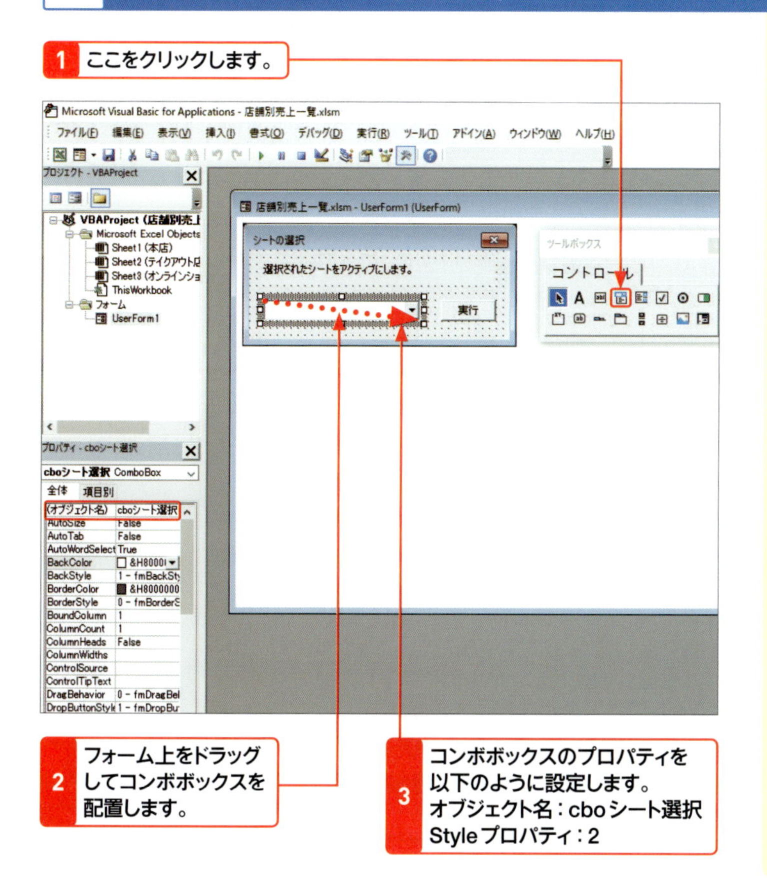

2 フォーム上をドラッグしてコンボボックスを配置します。

3 コンボボックスのプロパティを以下のように設定します。
オブジェクト名：cboシート選択
Styleプロパティ：2

メモ 選択肢を表示するコンボボックスを追加する

コンボボックスを配置します。＜ツールボックス＞内の＜コンボボックス＞をクリックして、追加します。

ヒント コンボボックスとリストボックスの違い

コンボボックスとリストボックスは、どちらも選択肢を表示できるコントロールで、設定できるプロパティにも同じようなものが多く用意されています。ただし、異なる点もあります。たとえば、リストボックスは複数の項目を選択できるように指定できるのに対して、コンボボックスは複数の項目を選択することはできません。

メモ フォームを準備しておく

ここでは、コンボボックスを追加する前に、新しいフォームを追加してラベルやコマンドボタンを配置しています。それぞれ、次のプロパティを変更しています。

種別	プロパティ	設定
フォーム	Caption	シートの選択
ラベル	Caption	選択したシートをアクティブにします。
コマンドボタン	オブジェクト名	cmd実行
	Caption	実行

ヒント Styleプロパティ

コンボボックスでは、選択肢にない項目を入力できるようにするかどうかを指定できます。設定は、Styleプロパティで行います。設定値は、以下の表のとおりです。ここでは、選択肢にない項目は入力できないようにするため、「2」を設定します。

設定値	値	内容
fmStyleDropDownCombo	0	入力する項目をリストから選択する。項目を入力することも可能
fmStyleDropDownList	2	入力する項目をリストから選択する。項目を入力することは不可能

2 コンボボックスに表示する項目を指定する

メモ シート見出しの一覧をリストに表示する

コンボボックスのリストに表示する項目を指定します。ここでは、フォームのInitializeイベント(P.290参照)を利用して、コンボボックスに表示する項目を指定します。

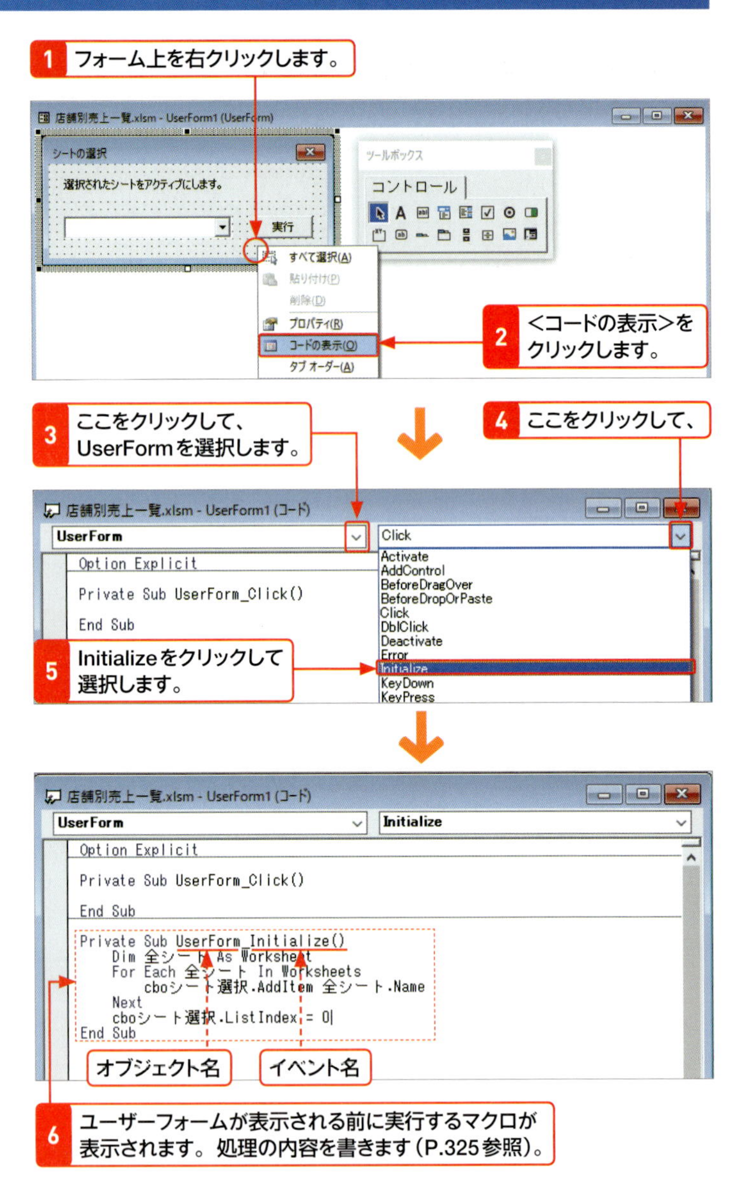

ヒント AddItemメソッド

コンボボックスに表示する項目をマクロ内で追加するには、AddItemメソッドを利用します。ここでは、ブック内のすべてのシートの見出し名を追加するため、For Each...Nextステートメントを使用して、各シートの見出しを1つずつ取得して追加しています。

書式 AddItemメソッド

オブジェクト.AddItem(Text,[Index])

オブジェクト リストボックス、コンボボックスを指定します。

引 数

Text 追加する文字の内容を指定します。

Index 追加する項目の位置を指定します。省略した場合は、リストの最後に項目が追加されます。

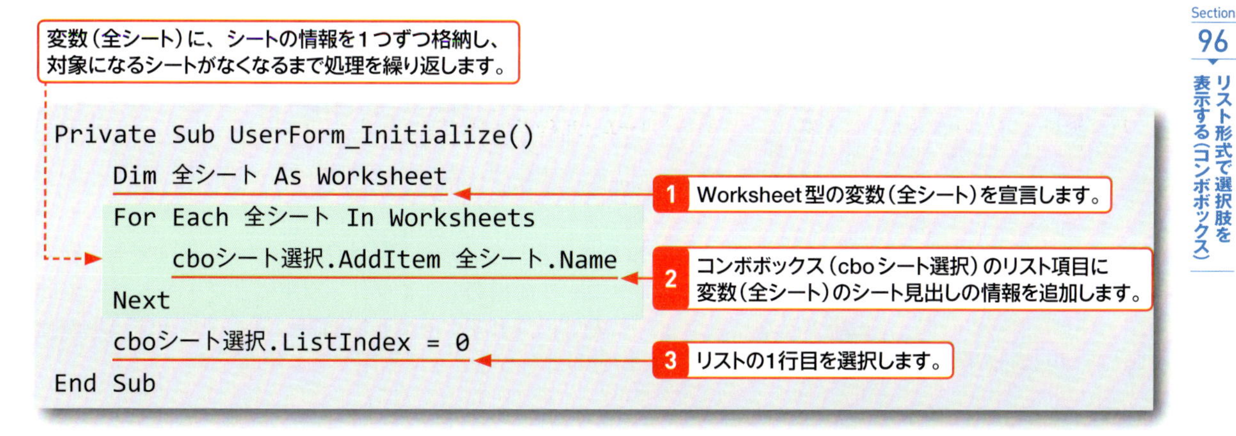


```
Private Sub UserForm_Initialize()
    Dim 全シート As Worksheet
    For Each 全シート In Worksheets
        cboシート選択.AddItem 全シート.Name
    Next
    cboシート選択.ListIndex = 0
End Sub
```

3 コンボボックスの選択内容を取得して処理を実行する

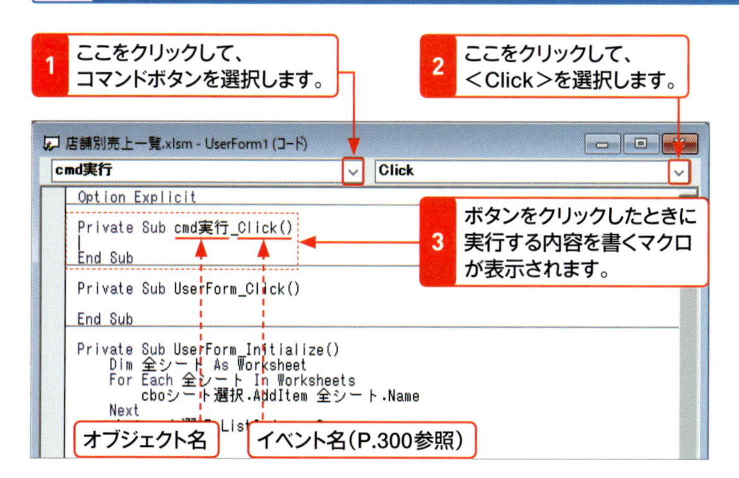

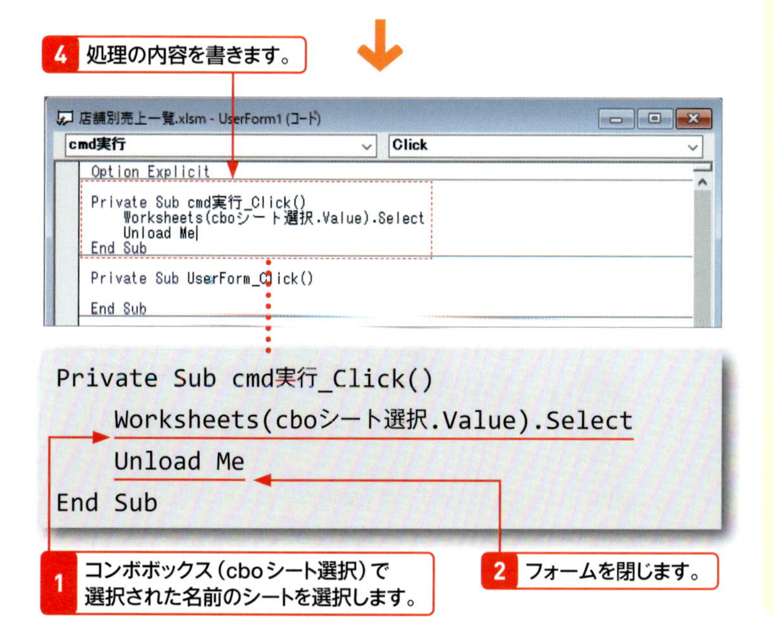


```
Private Sub cmd実行_Click()
    Worksheets(cboシート選択.Value).Select
    Unload Me
End Sub
```

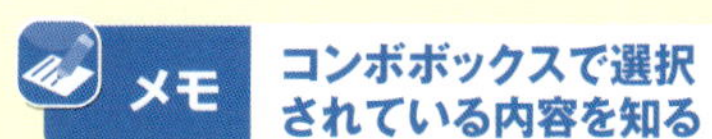

メモ コンボボックスで選択されている内容を知る

コンボボックスでどの項目が選択されているかを取得して、処理を実行します。ここでは、コンボボックスで選択された名前のシートを選択します。

ヒント 表示する項目がほかのセルに表示されている場合

コンボボックスに表示する内容がほかのセルに表示されている場合は、RowSourceプロパティにセル範囲を指定するだけで、表示する内容を設定できます。

Section 97

セルの選択を利用する(RefEdit)

覚えておきたいキーワード
- RefEdit
- セル範囲の指定
- コントロールの配置

「RefEdit」コントロールを使うと、ワークシートをドラッグする操作でセル範囲を取得できます。コントロールの横の「_」をクリックするとフォームが一時的に小さくなり、フォームの下に隠れているセルも簡単に選択できます。セルやセル範囲をユーザーに指定してもらうときに利用すると便利です。

■RefEdit

RefEditコントロールを利用すると、ユーザーにセル範囲を指定してもらうことができます。ここでは、指定されたセル範囲をコピーして別のシートに貼り付ける処理で、Refeditコントロールを利用します。

実行例

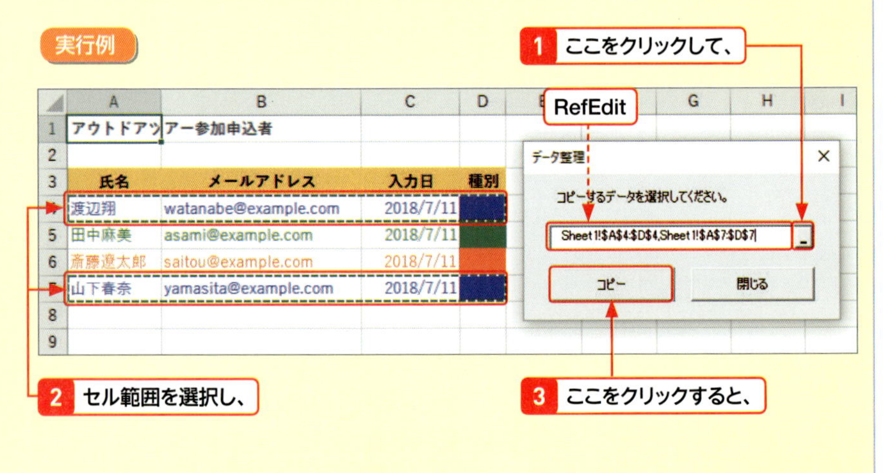

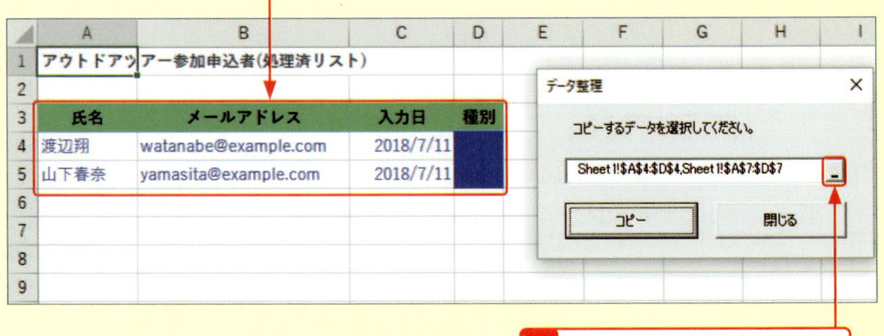

1 RefEditを追加する

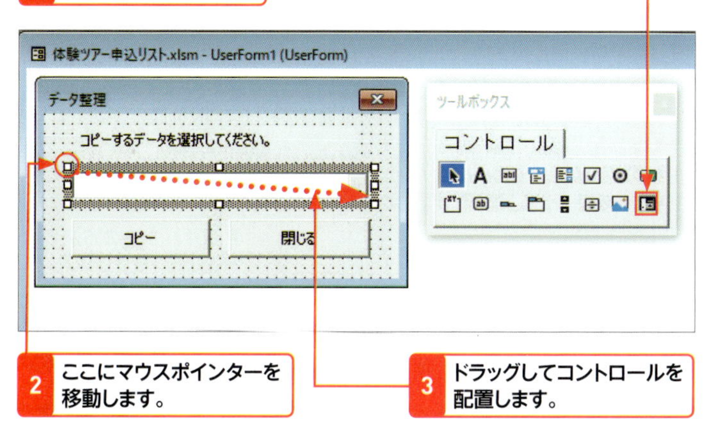

メモ　セルを選択するRefEditコントロールを配置する

RefEditコントロールを配置しましょう。ツールボックス内の<RefEdit>をクリックし、配置する場所を指定します。

ヒント　フォームを準備しておく

ここでは、RefEditを追加する前に、新しいフォームを追加してラベルとコマンドボタンを配置しています。それぞれ、次のプロパティを変更しています。

種別	プロパティ	設定
フォーム	Caption	データ整理
ラベル	Caption	コピーするデータを選択してください。
コマンドボタン	オブジェクト名	cmdコピー
	Caption	コピー
コマンドボタン	オブジェクト名	cmd閉じる
	Caption	閉じる

2 選択したセル範囲を利用する

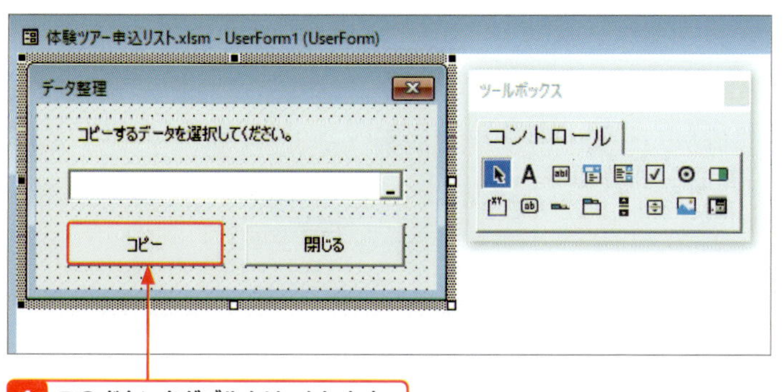

メモ　RefEditコントロールで選択された内容を知る

RefEditコントロールで選択されたセル範囲のデータをコピーして、別のシートに貼り付けます。RefEditコントロールで選択されたセル範囲を示すValueプロパティを利用して、コピーするセル範囲を指示します。

メモ
ワークシートの最後の行を取得する

シートの全行数は「Rows.Count」で知ることができます。Rowsプロパティについては、Sec.39を参照してください。

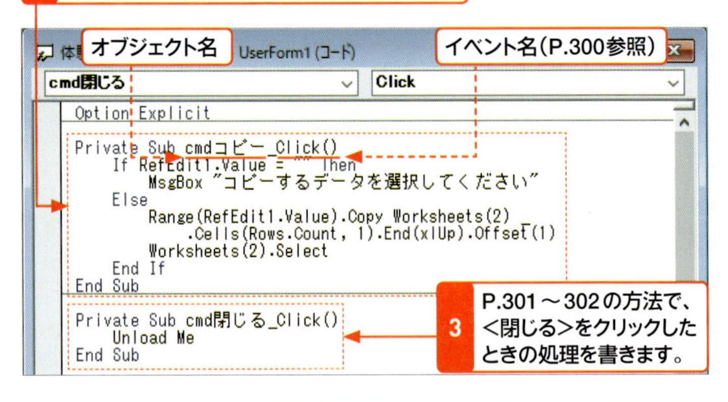

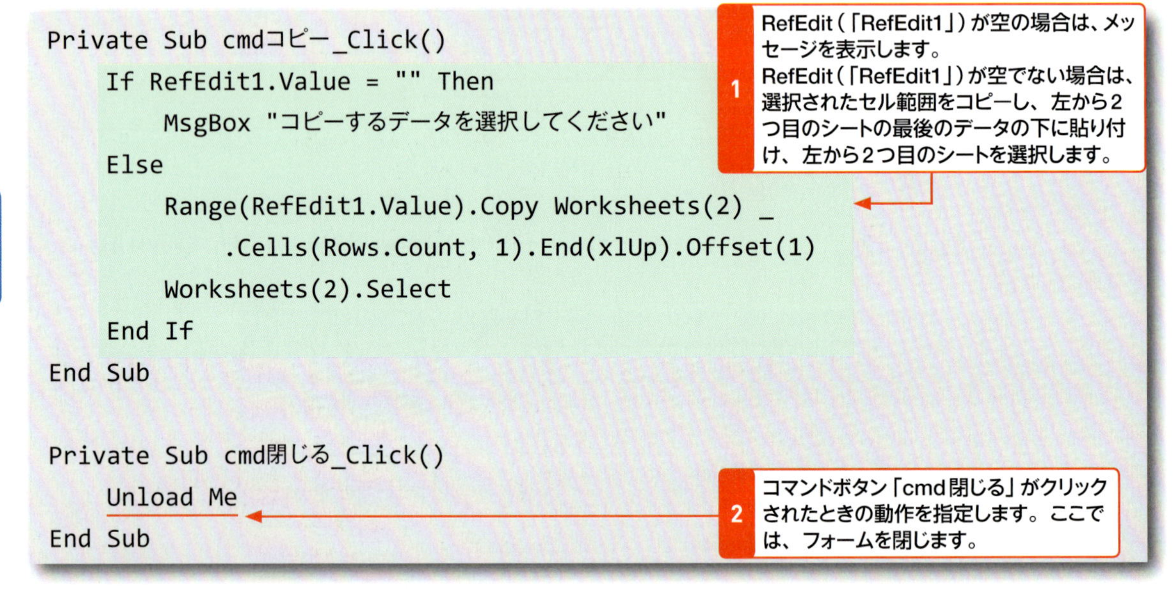

```
Private Sub cmdコピー_Click()
    If RefEdit1.Value = "" Then
        MsgBox "コピーするデータを選択してください"
    Else
        Range(RefEdit1.Value).Copy Worksheets(2) _
            .Cells(Rows.Count, 1).End(xlUp).Offset(1)
        Worksheets(2).Select
    End If
End Sub

Private Sub cmd閉じる_Click()
    Unload Me
End Sub
```

1 RefEdit(「RefEdit1」)が空の場合は、メッセージを表示します。RefEdit(「RefEdit1」)が空でない場合は、選択されたセル範囲をコピーし、左から2つ目のシートの最後のデータの下に貼り付け、左から2つ目のシートを選択します。
2 コマンドボタン「cmd閉じる」がクリックされたときの動作を指定します。ここでは、フォームを閉じます。

ヒント 複数のコントロールの大きさや配置を揃える

ユーザーフォームに複数のコントロールを配置したとき、コントロールの大きさや位置をほかのコントロールに合わせるには、複数のコントロールを選択して操作します。1つずつ大きさや位置を指定しなくても、一度にまとめて整理できます。

●複数のコントロールを選択する

複数のコントロールを選択するには、1つ目のコントロールをクリックして選択したあと、Ctrlを押しながら同時に選択するコントロールをクリックします。また、隣り合う複数のコントロールを選択するには、端にあるコントロールをクリックして選択したあと、もう一方の端にあるコントロールをShiftを押しながらクリックします。また、選択するコントロールすべてを囲むようにドラッグして選択する方法もあります。なお、選択したコントロールのうち、白いハンドルが付いたコントロールは、大きさや位置を揃えるときの基準のコントロールになります。基準のコントロールを変更するには、Ctrlを押しながら基準にするコントロールを2回ゆっくりクリックします。

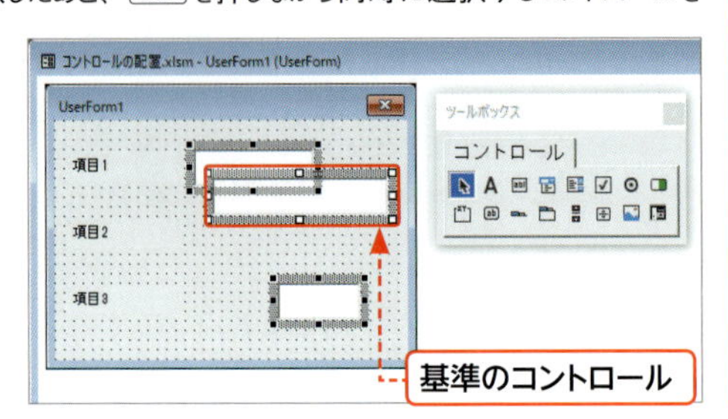

●大きさを揃える

選択した複数のコントロールの大きさを、基準のコントロールに合わせるには、＜書式＞メニュー→＜同じサイズに揃える＞をクリックし、揃えたい内容を選択します。

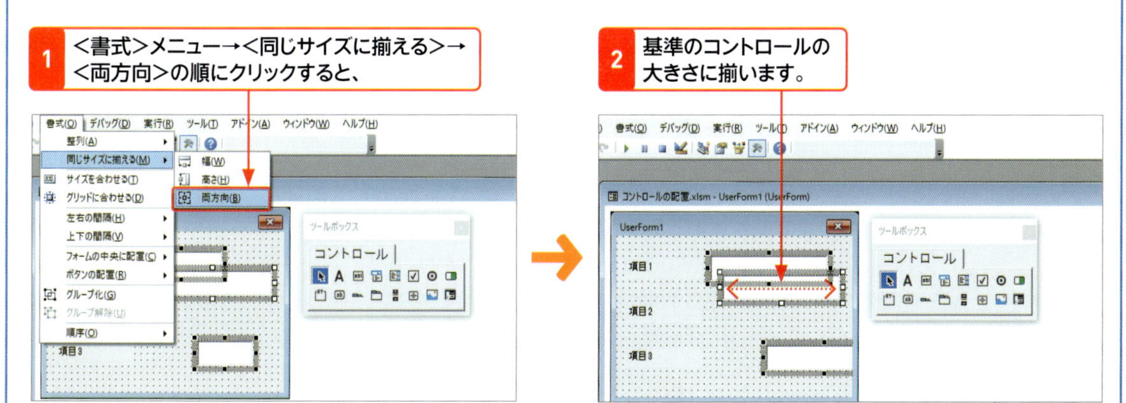

●位置を揃える

選択した複数のコントロールの位置を、基準のコントロールに合わせるには、＜書式＞メニュー→＜整列＞をクリックし、揃えたい位置を選択します。たとえば、基準のコントロールの左側に合わせるには、＜左＞をクリックします。

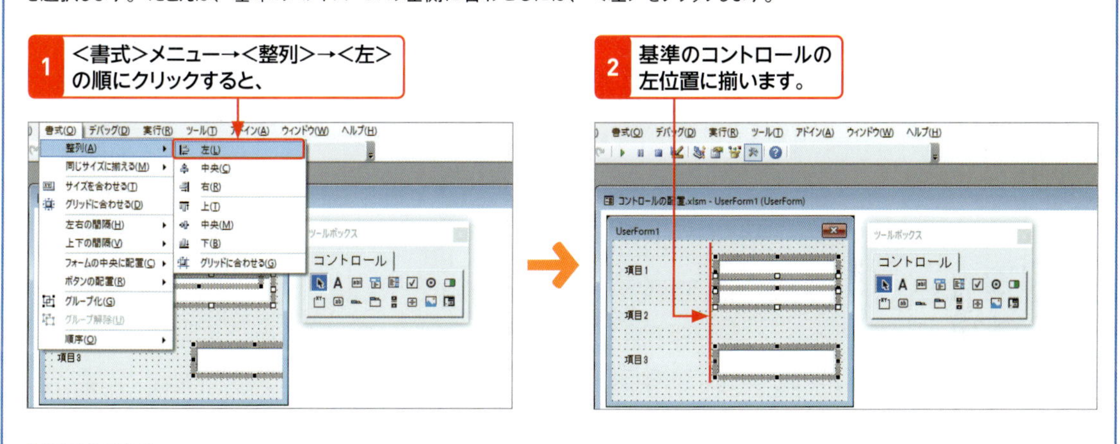

●間隔を揃える

選択した複数のコントロールの間隔を揃えるには、＜書式＞メニュー→＜上下の間隔＞（または＜左右の間隔＞）をクリックし、＜間隔を均等にする＞をクリックします。

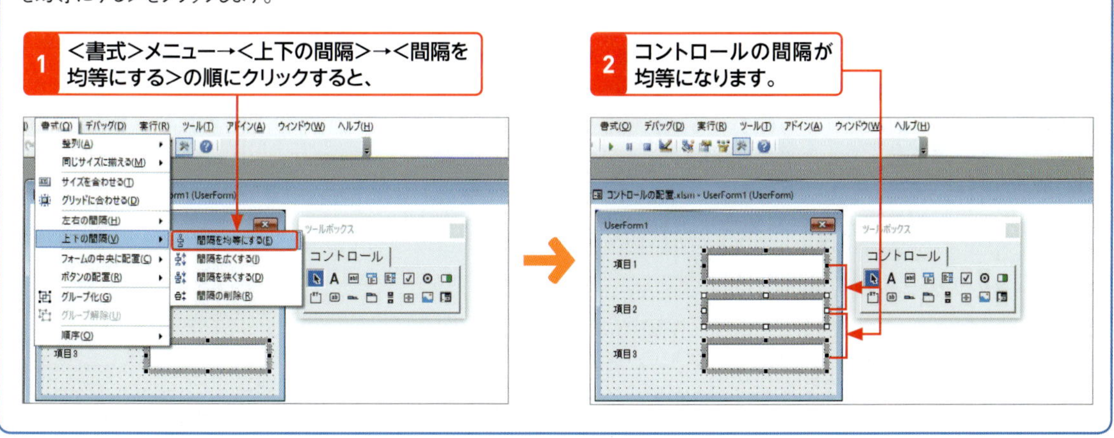

Section 98 フォームを実行する

覚えておきたいキーワード
- 標準モジュール
- Show メソッド
- マクロの登録

作成したユーザーフォームは、Excelの<マクロ>画面の一覧には表示されません。Excelからユーザーフォームを手軽に利用できるようにするには、ユーザーフォームを表示するためのマクロを作成し、Excelからそのマクロを実行するようにします。

1 フォームを表示するマクロを作る

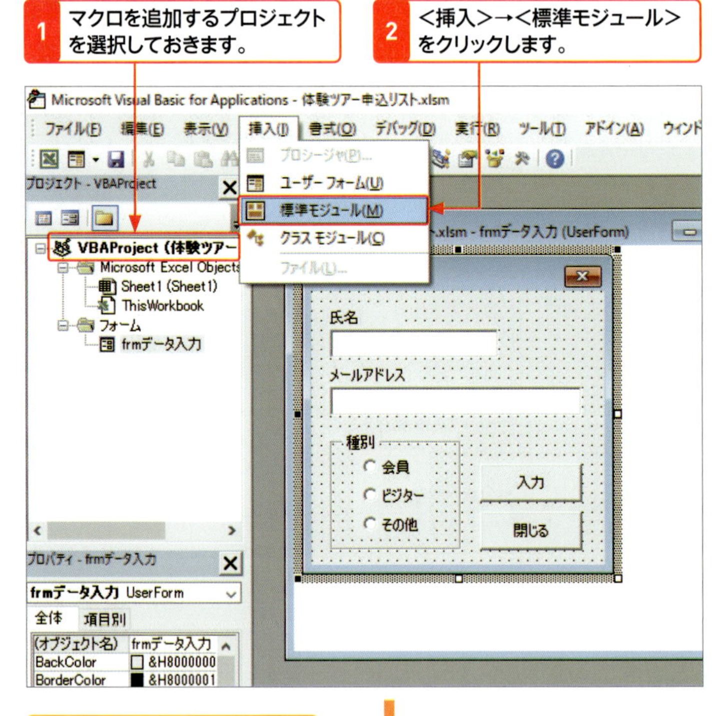

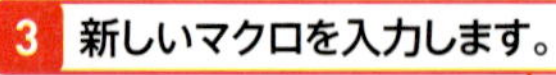

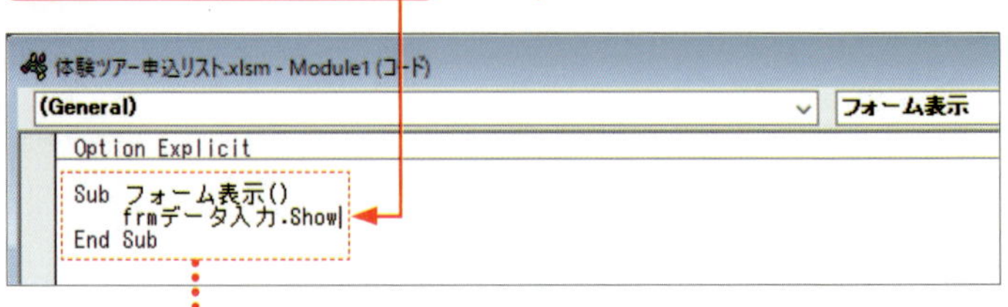


```
Sub フォーム表示()
    frmデータ入力.Show
End Sub
```

メモ 簡単にフォームを表示するマクロを作る

Excelの画面から、簡単にユーザーフォームを実行できるようにします。ここでは、Sec.89～93で作成したフォームを表示します。新しくマクロを作成して、フォームを表示する内容を指定しましょう。

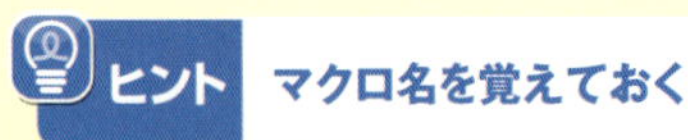

ヒント マクロ名を覚えておく

このマクロは、シートに配置したボタンをクリックしたときに実行されるようにします。ボタンにマクロを登録するときはマクロ名を指定しますので、マクロ名を覚えておきましょう。

ヒント フォームを表示する

ユーザーフォームを表示するには、ユーザーフォームのShowイベントを使います。

```
ユーザーフォーム名.Show
```

ここでは、<frmデータ入力>フォームを表示しますので、「frmデータ入力.Show」と入力します。

2 マクロを実行するボタンを作る

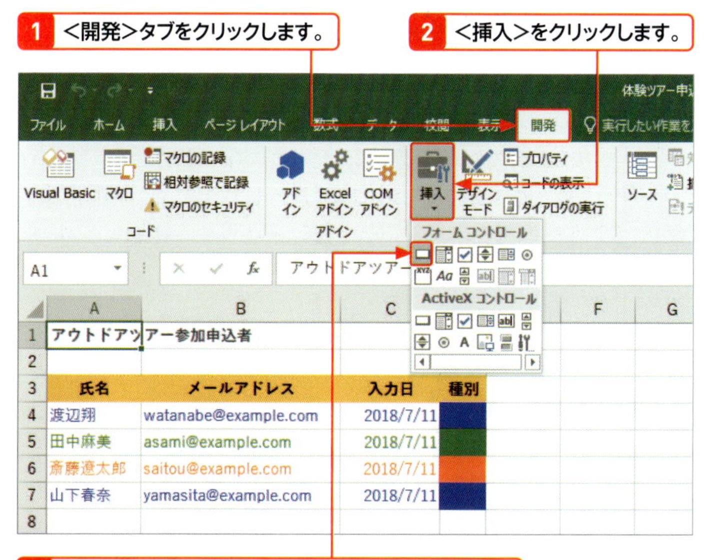

3 <ボタン（フォームコントロール）>をクリックします。

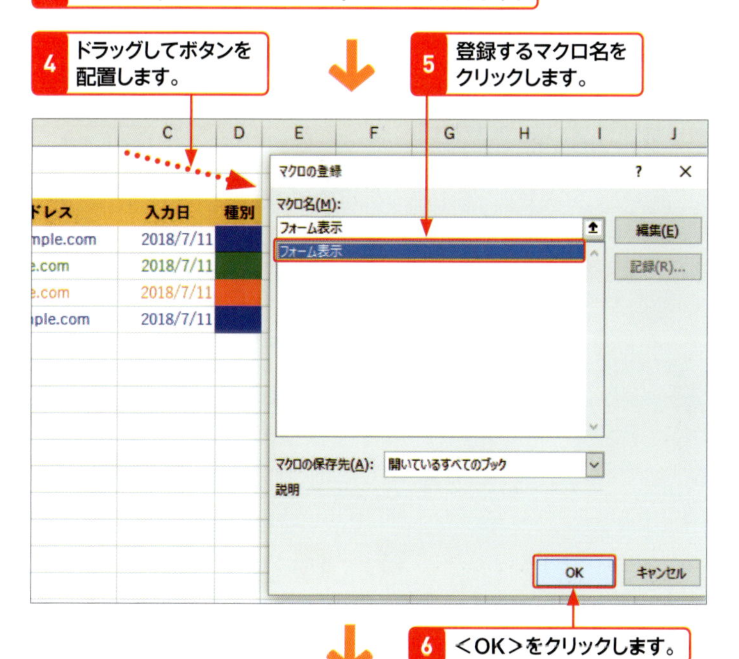

6 <OK>をクリックします。

メモ マクロを実行するボタンを用意する

ユーザーフォームを表示するマクロを実行するボタンを、ワークシート上に作成します。ボタンをクリックするだけで、フォームを表示できるようにします。

ヒント マクロが見つからない場合

<マクロの登録>画面で登録するマクロが見つからない場合は、<マクロの保存先>欄の内容を確認します。開いているすべてのブックのマクロを表示するには、<開いているすべてのブック>をクリックします。

ステップアップ ボタン表面の文字やボタンの大きさを変更する

ボタン表面の文字を変更するには、ボタンを右クリックして<テキストの編集>をクリックします。すると、ボタン内に入力欄が表示されるので、文字を入力します。ボタンの大きさを変更する場合も、ボタンを右クリックして、ボタンの周囲に表示されるハンドルをドラッグします。

3 フォームを表示する

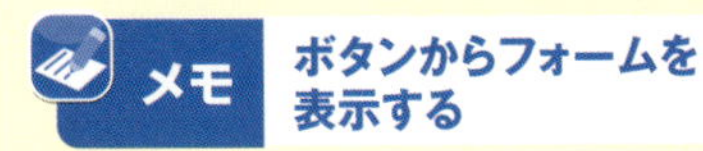

メモ ボタンからフォームを表示する

作成したボタンをクリックしてみましょう。フォームを表示するマクロが実行され、フォームが表示されます。

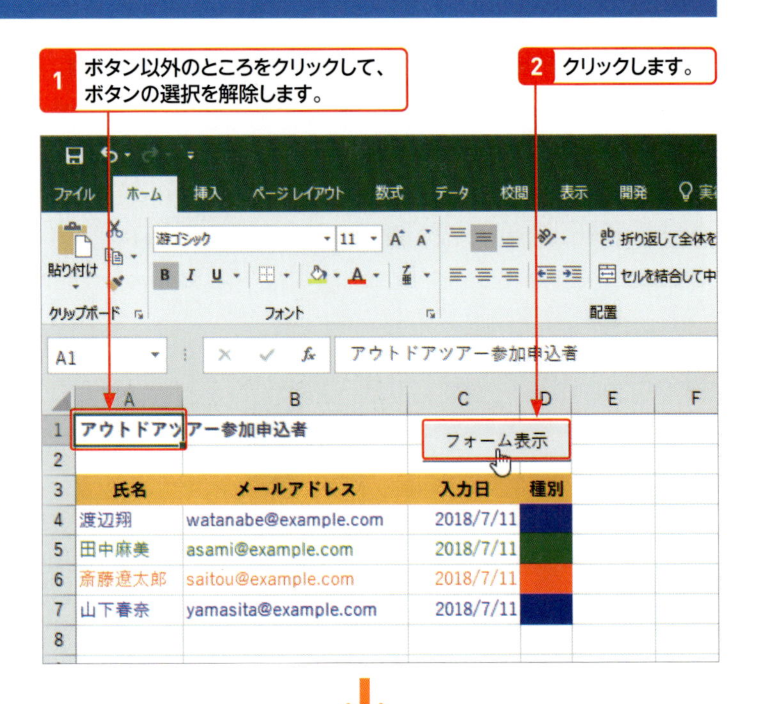

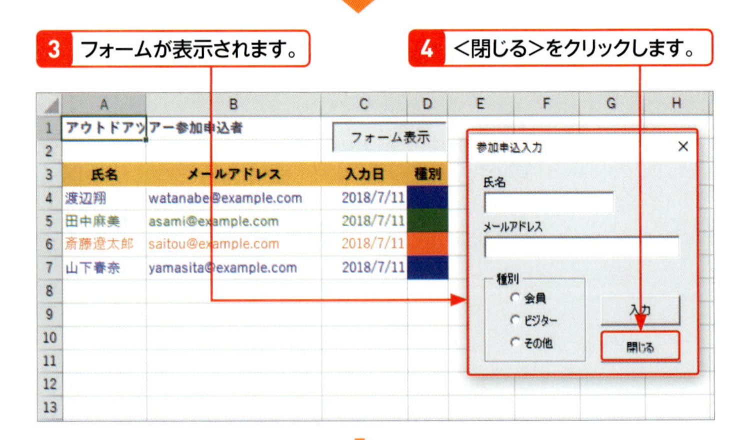

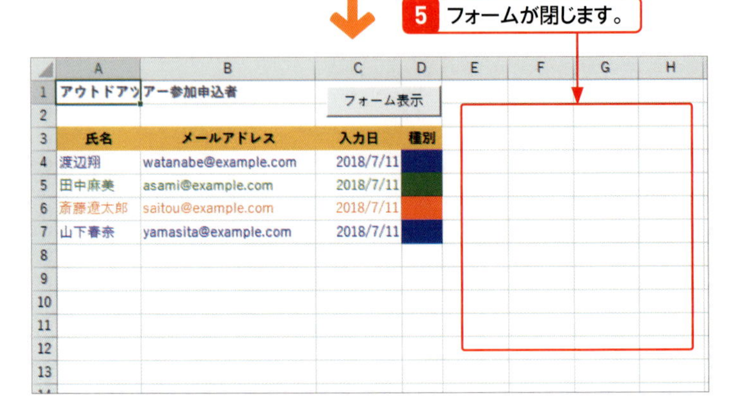

ヒント ボタンに登録するマクロを変更する

ボタンに登録するマクロを変更する場合は、ボタンを右クリックして<マクロの登録>をクリックします。表示される<マクロの登録>画面で、登録するマクロを選択します。

ステップアップ ショートカットキーで実行する

マクロは、ショートカットキーで実行することもできます。ショートカットキーの設定方法は、P.337を参照してください。

ヒント 図形にマクロを登録する

ここでは、フォームコントロールのボタンにマクロを登録しましたが、図形にマクロを登録することもできます。P.337～P.338を参照してください。

Appendix

Appendix 01 さまざまな方法でマクロを実行する
Appendix 02 セキュリティの設定を確認する
Appendix 03 ヘルプを利用する
Appendix 04 確認しながらマクロを実行する

Appendix 01 さまざまな方法でマクロを実行する

覚えておきたいキーワード
- クイックアクセスツールバー
- ショートカットキー
- 図形

Excel画面からマクロを簡単に実行するには、マクロ実行用ボタンを作成する方法があります(Sec.98参照)。ほかにも、クイックアクセスツールバーやショートカットキー、図形を使用する方法があります。それぞれの特徴を知り、マクロを便利に利用できるようにしましょう。

1 クイックアクセスツールバーにマクロ実行用ボタンを表示する

メモ クイックアクセスツールバーにボタンを追加する

画面左上隅のクイックアクセスツールバーに、マクロ実行用のボタンを用意する方法を紹介します。クイックアクセスツールバーにボタンを用意しておくと、どのワークシートが開いていてもマクロを簡単に実行できます。ここでは、Sec.89～Sec.93で作成したフォームを表示するマクロを登録します。

ヒント リボンのカスタマイズもできる

Excel画面のリボンは、カスタマイズすることもできます。たとえば、リボンにタブを追加したりタブにグループを追加したりして、操作のボタンやマクロを実行するボタンを配置したりできます。リボンをカスタマイズするには、<Excelのオプション>画面で<リボンのユーザー設定>をクリックして設定します。

ヒント ボタンを追加するときの注意点

クイックアクセスツールバーにボタンを用意しておくと、どのワークシートが選択されていても、すぐにマクロを実行できて便利です。しかし、マクロによっては、特定のワークシートが選択されている状態でないと思うような実行結果にならない場合もあるので、注意が必要です。実行するときに特定のシートが選択されている必要があるマクロの場合、Sec.98で紹介する方法を利用するか、マクロの最初にシートを選択する処理を追加しておきましょう。

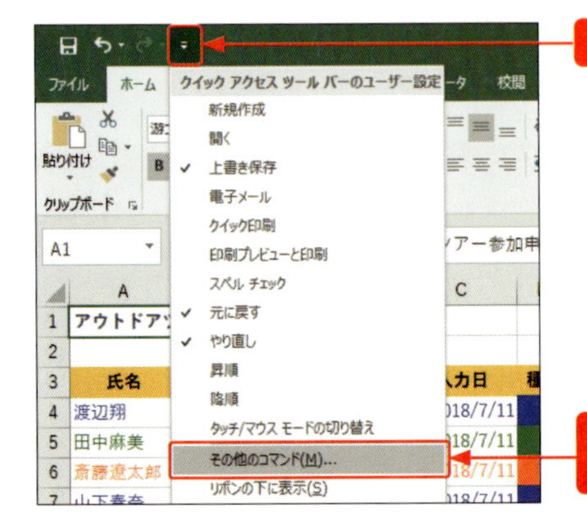

3 <コマンドの選択>欄から<マクロ>を選択して、

4 <クイックアクセスツールバーのユーザー設定>欄から作業中のブックを選択します。

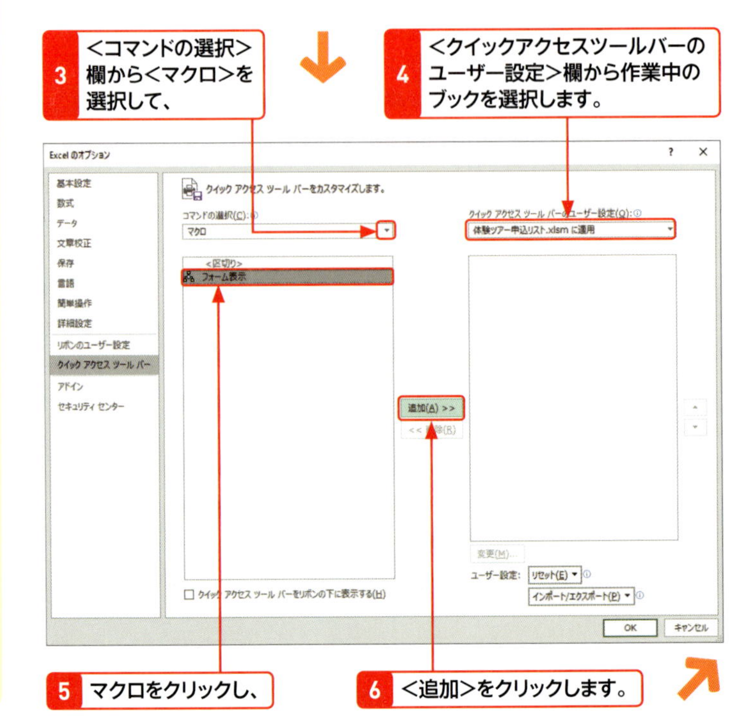

5 マクロをクリックし、

6 <追加>をクリックします。

7 選択したマクロが、右側の欄に表示されます。

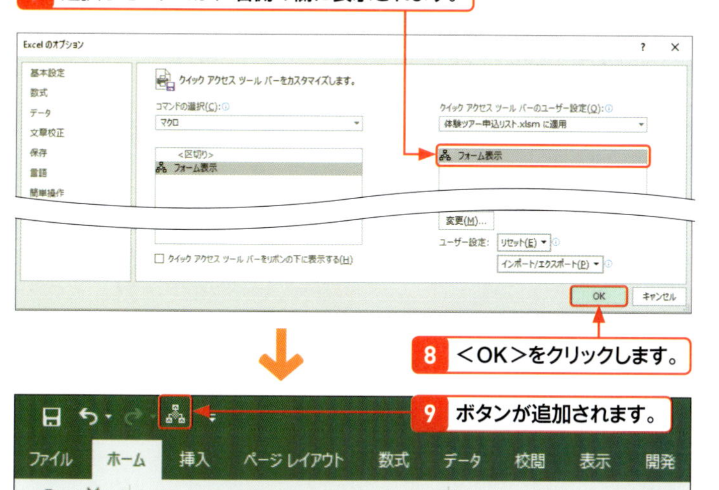

8 <OK>をクリックします。

9 ボタンが追加されます。

ヒント 常にボタンを表示する

どのブックが開いていても、常に、クイックアクセスツールバーにボタンを表示するには、<クイックアクセスツールバー>のカスタマイズ欄で<すべてのドキュメントに適用（既定）>を選択しておきます。個人用マクロブックに保存したマクロなど、どのブックからも利用したいマクロは、<すべてのドキュメントに適用（既定）>を選んでおくとよいでしょう。

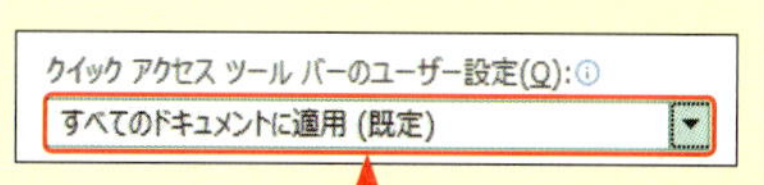

<すべてのドキュメントに適用（既定）>を選択します。

2 クイックアクセスツールバーからマクロを実行する

1 ボタンをクリックすると、

2 マクロが実行されます。ここでは、フォームが表示されます。

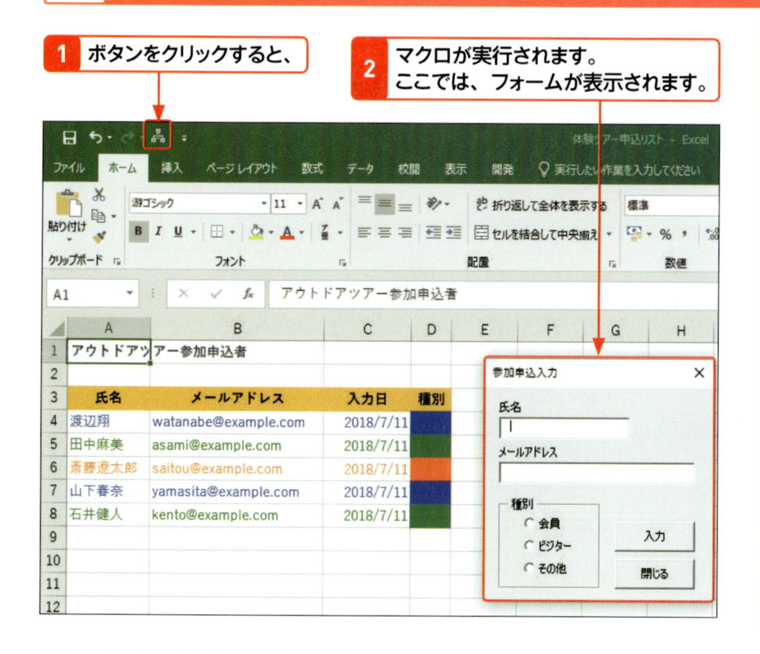

メモ 登録したマクロを実行する

クイックアクセスツールバーからマクロを実行してみましょう。クイックアクセスツールバーに表示されているボタンをクリックします。

メモ 登録したボタンを削除する

クイックアクセスツールバーに追加したボタンは、あとから削除できます。不要になったボタンを削除する方法を知っておきましょう。

1 削除するボタンを右クリックし、

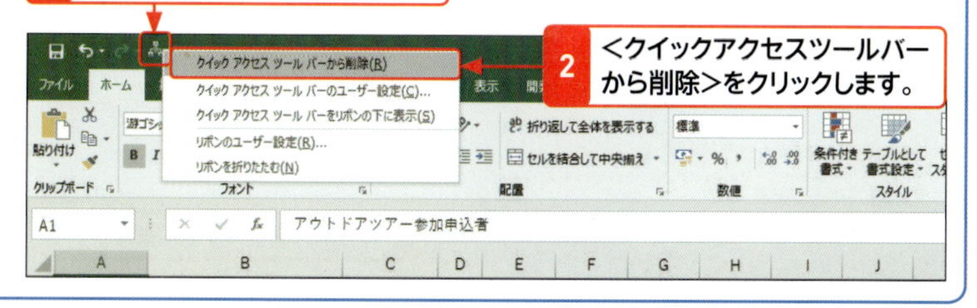

2 <クイックアクセスツールバーから削除>をクリックします。

クイックアクセスツールバーをリセットする

クイックアクセスツールバーに加えたさまざまな変更を元に戻すには、クイックアクセスツールバーをリセットします。それには、P.334の方法で<Excelのオプション>画面を表示して、リセットしたいブックを選択し、<リセット>をクリックして<クイックアクセスツールバーのみをリセット>をクリックします。

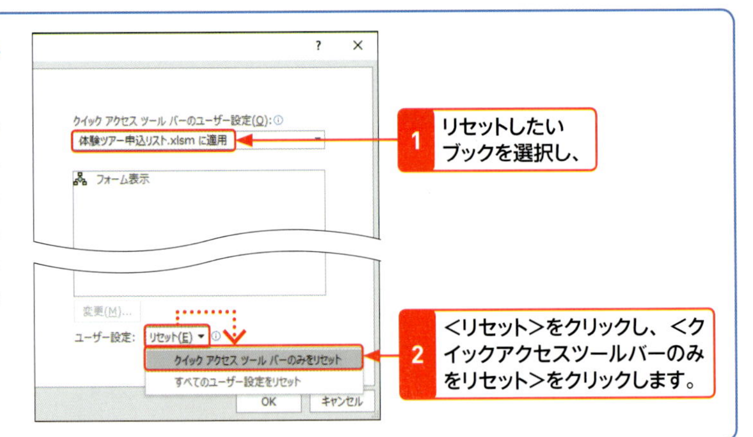

ステップアップ ボタンの絵柄や表示名を変える

クイックアクセスツールバーに表示するマクロのボタンの絵柄や、ボタンにマウスポインターを合わせたときに表示されるボタンの表示名を変えるには、<Excelのオプション>画面で、マクロのボタンを選択し、<変更>をクリックします。表示されるボタンの一覧から、絵柄や表示名を選択します。クイックアクセスツールバーに複数のボタンを配置する場合は、絵柄や表示名を変えておくと、マクロを区別できて便利です。

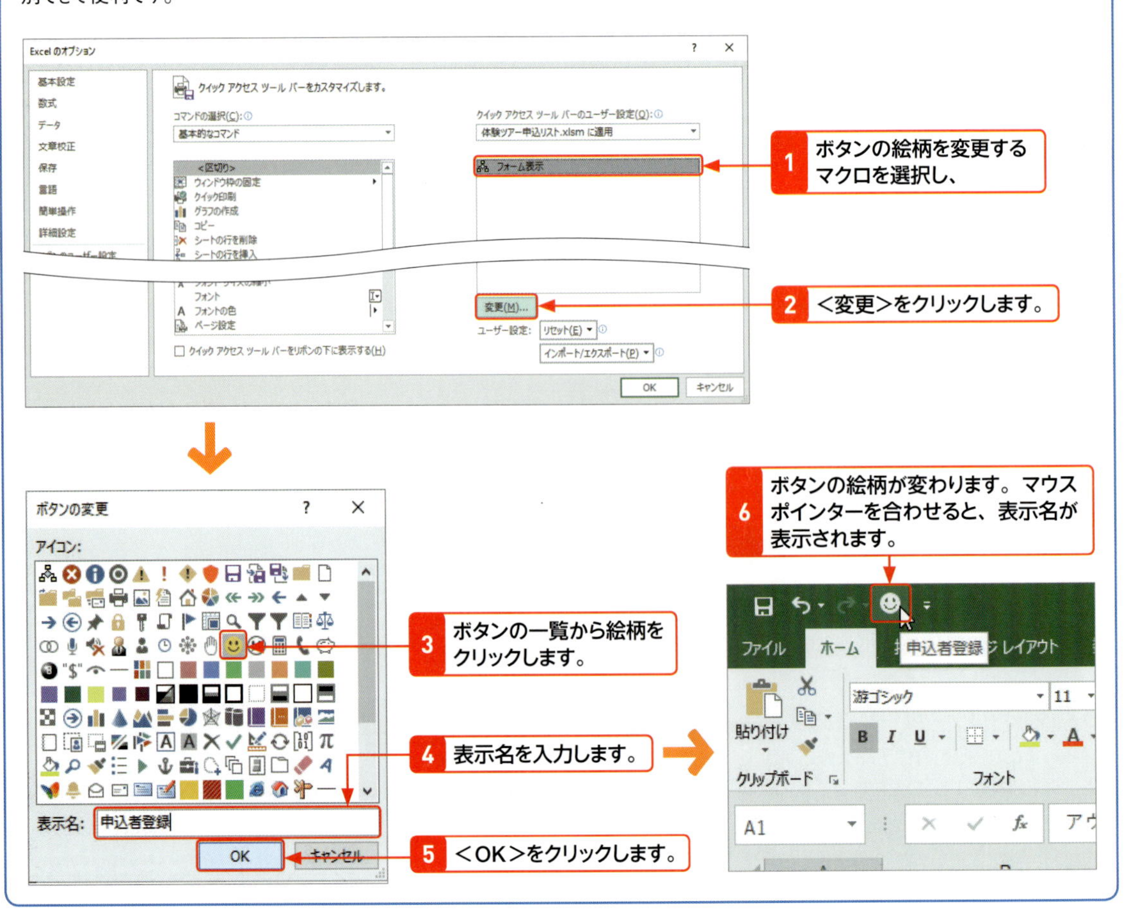

3 ショートカットキーからマクロを実行する

ショートカットキーを設定する

1 マクロが含まれるブックを開き、<開発>タブの<マクロ>ボタンをクリックして<マクロ>画面を表示します。

2 ショートカットキーを設定するマクロを選択します。

4 ショートカットキーを指定します。

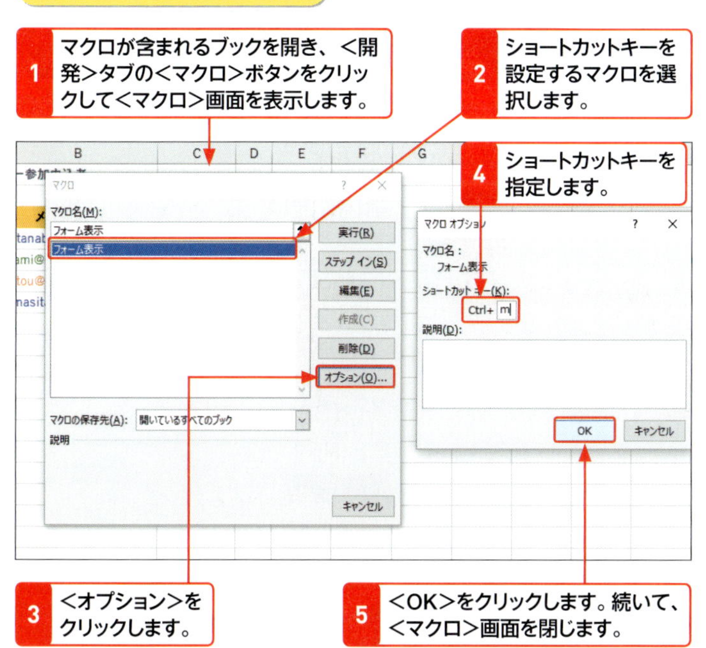

3 <オプション>をクリックします。

5 <OK>をクリックします。続いて、<マクロ>画面を閉じます。

マクロを実行する

1 マクロが含まれるブックを開き、指定したショートカットキー（ここでは、Ctrl＋m）を押すと

	A	B	C	D	E	F	G	H	I
1	アウトドアツアー参加申込者								
2									
3	氏名	メールアドレス	入力日	種別					
4	渡辺翔	watanabe@example.com	2018/7/11						
5	田中麻美	asami@example.com	2018/7/11						
6	斎藤遼太郎	saitou@example.com	2018/7/11						
7	山下春奈	yamasita@example.com	2018/7/11						
8	石井健人	kento@example.com	2018/7/11						
9									

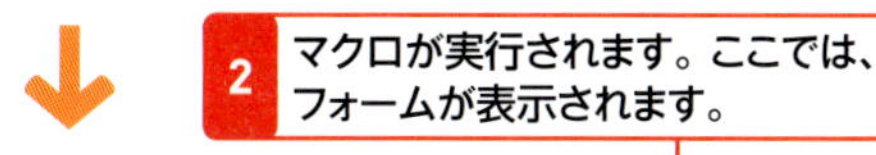

2 マクロが実行されます。ここでは、フォームが表示されます。

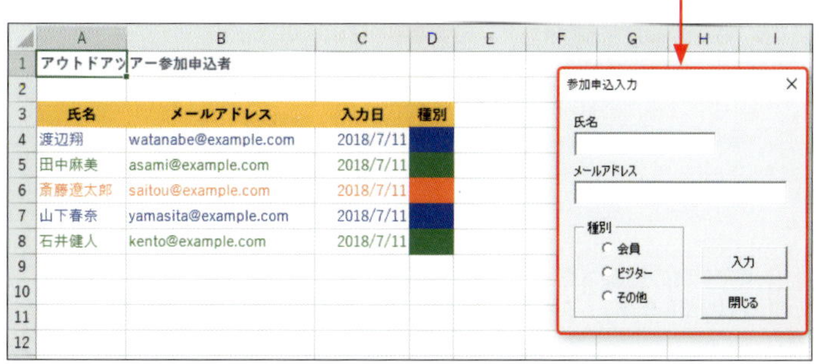

メモ ショートカットキーで実行する

頻繁に利用するマクロは、ショートカットキーで実行できるようにしておくと、素早く実行できて便利です。ショートカットキーは、<マクロ>ダイアログボックスで設定できます。また、マクロを記録するときに指定することもできます。

ヒント ショートカットキーを設定するときの注意点

ショートカットキーは、Ctrl＋アルファベットキー、またはCtrl＋Shift＋アルファベットキーを指定します。マクロを実行するときは、大文字・小文字は区別されませんが、ショートカットキーを登録するときは、Caps Lockの状態が認識されますので、ショートカットキーを登録するときはCaps Lockをオフにした状態で登録したほうが、混乱がなくてよいでしょう。また、Excelのショートカットキーと重複するショートカットキーを指定してしまった場合は、マクロのショートカットキーが優先されますので、注意してください。

ヒント ショートカットキーを変更する

マクロに割り当てたショートカットキーを変更するには、ショートカットキーを割り当てる画面を表示して、ショートカットキーを設定し直します。

4 ワークシートにマクロ実行用ボタンを表示する

メモ 図形にマクロを割り当てる

ワークシート上に配置した図形にも、マクロを割り当てることができます。この方法を利用すると、ボタンの表面にマクロの内容を表示できますので、どのようなマクロを実行しようとしているのかわかりやすくて便利です。ここでは、図形を描いて、そこにフォームを表示するマクロを割り当てます。

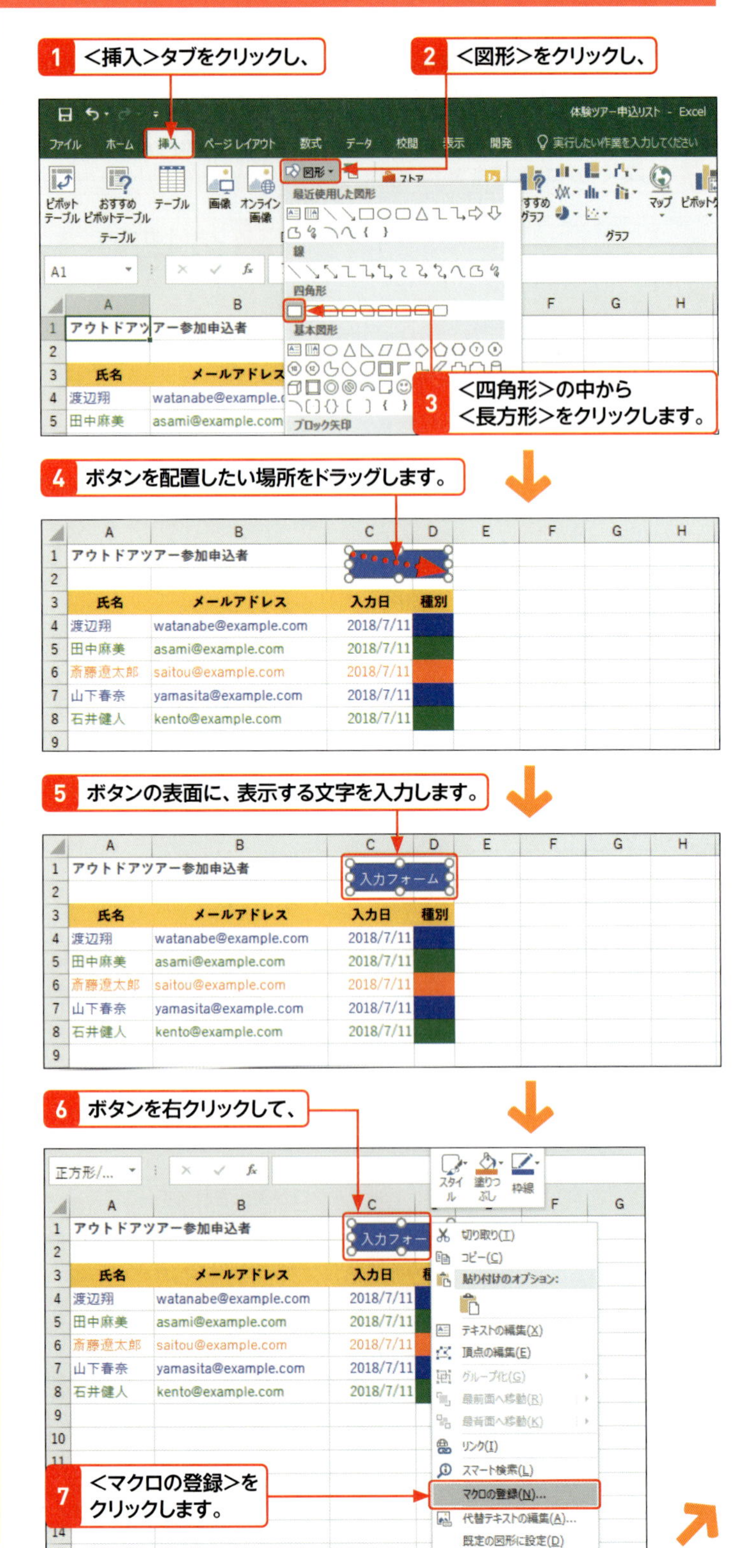

ヒント 図や画像にも登録できる

図形だけなく、画像にもマクロを登録できます。その場合、画像を右クリックして、同様にマクロを登録します。

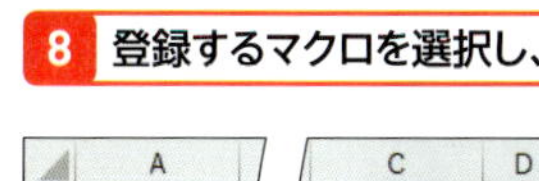

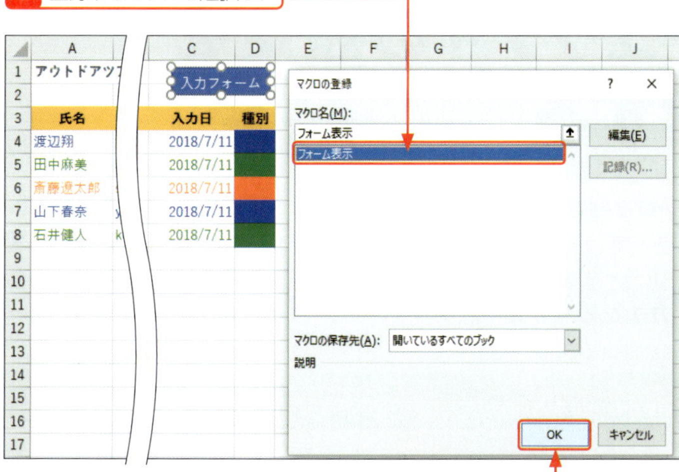

9 ＜OK＞をクリックします。

ヒント ボタンに文字を入力できない場合

ボタン以外の場所をクリックしてしまうと、ボタンの中に文字を入力できなくなります。その場合は、ボタンをクリックしてから、文字を入力します。

ヒント 登録後にボタンの文字を変更する

マクロを登録したあと、ボタンの文字を変更しようとボタンをクリックすると、マクロが実行されてしまいます。マクロを実行せずにボタンを選択したい場合は、ボタンを右クリックします。文字を変更する場合は、＜テキストの編集＞をクリックして文字を修正します。

5 ワークシートに作成したボタンからマクロを実行する

1 作成したボタンをクリックすると、

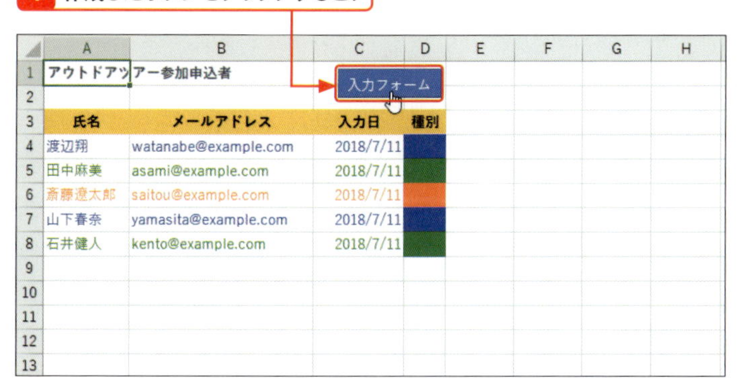

2 マクロが実行されます。ここでは、フォームが表示されます。

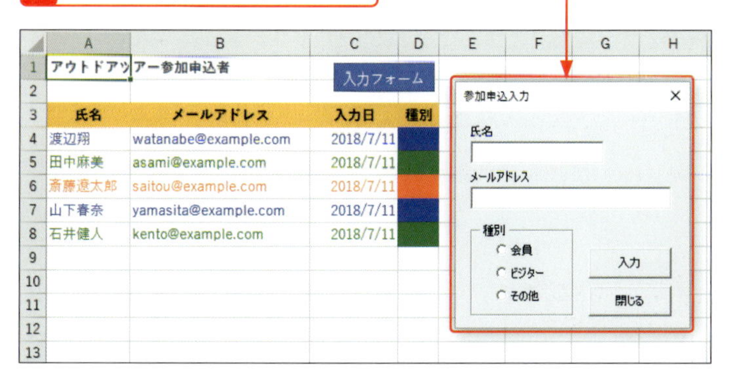

メモ ボタンをクリックしてマクロを実行する

マクロを割り当てたボタンを利用して、マクロを実行してみましょう。ボタンをクリックするだけでマクロを実行できます。

ヒント ＜元に戻す＞は使えない

マクロを実行したあと、＜元に戻す＞をクリックしても、マクロの実行前の状態に戻すことはできません。マクロを実行する前の状態を保存しておきたい場合は、マクロを実行する前にブックをコピーするなどして、バックアップを取っておきましょう。

Appendix 02

セキュリティの設定を確認する

覚えておきたいキーワード

- マクロウィルス
- セキュリティの警告
- 信頼できる場所

Excelでは、マクロを含むブックを開いたとき、マクロを悪用したマクロウィルスなどに感染してしまうことがないように、既定では、セキュリティ機能が働きます。セキュリティの設定は変更することもできますので、セキュリティの設定を確認する方法を知っておきましょう。

1 セキュリティの設定を確認する

メモ ブックを開いたときの状態を設定する

マクロを含むブックを開いたときに、マクロを無効にするか有効にするかは、セキュリティの設定によって変更できます。ここでは、その設定を確認しておきましょう。

メモ マクロを有効にするかどうか選べるようにする

マクロの設定で、<警告を表示してすべてのマクロを無効にする>のチェックをオンにすると、マクロを含むブックを開いたときにマクロが無効になり、メッセージバーが表示されます。この画面で<コンテンツの有効化>をクリックすると、マクロを有効にすることができます（Sec.06参照）。

1 <開発>タブの<マクロのセキュリティ>をクリックします。

2 <セキュリティセンター>画面が表示されます。

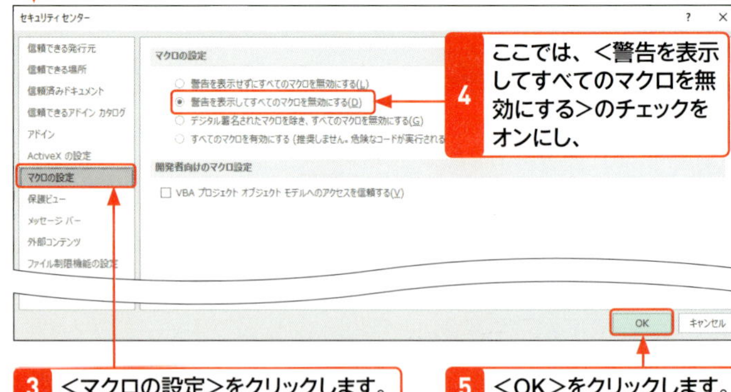

4 ここでは、<警告を表示してすべてのマクロを無効にする>のチェックをオンにし、

3 <マクロの設定>をクリックします。

5 <OK>をクリックします。

ヒント 設定を変更してもメッセージバーが表示されない場合

セキュリティの設定を変更してもメッセージバーが表示されない場合は、<セキュリティセンター>画面で<メッセージバー>をクリックし、メッセージバーの表示の設定を確認しましょう。メッセージバーを表示するには、<ActiveXコントロールやマクロなどのアクティブコンテンツがブロックされた場合、すべてのアプリケーションにメッセージバーを表示する>をクリックしておきます。

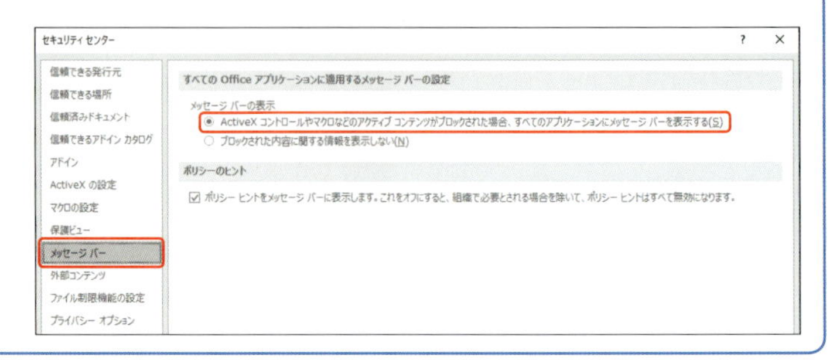

2 常にマクロを有効にしてブックを開く

「信頼できる場所」を追加する

1 P.340の方法で、＜セキュリティセンター＞画面を開きます。

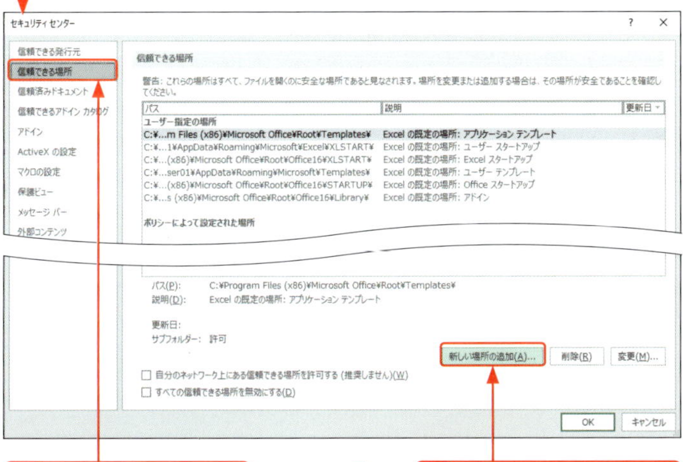

2 ＜信頼できる場所＞をクリックして、

3 ＜新しい場所の追加＞をクリックします。

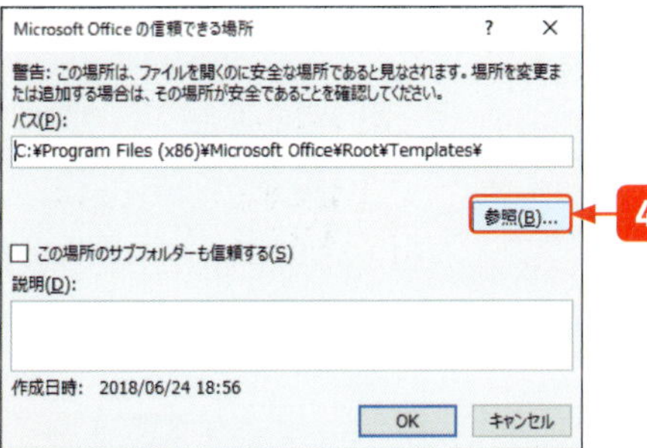

4 ＜参照＞をクリックして、

5 信頼できる場所として指定するフォルダーを指定し、

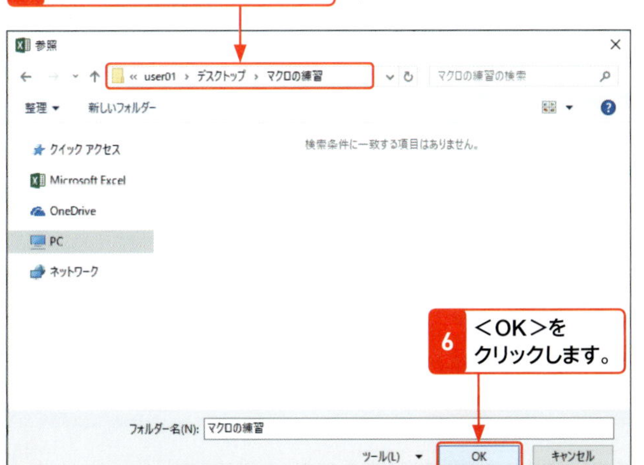

6 ＜OK＞をクリックします。

メモ 信頼できる場所を用意する

安全なマクロであることがわかっているマクロを利用する場合、毎回のようにマクロを有効にする操作をするのは面倒です。そのような場合には、特定のフォルダーを「信頼できる場所」として指定して、安全なマクロが含まれるブックをそのフォルダーに保存します。ここでは、信頼できる場所を指定する方法を紹介します。

ヒント 自動的にマクロが有効になる

Excel 2010以降では、Sec.06の方法でメッセージバーからマクロを有効にすると、信頼できるドキュメントとみなされ、次に開くときはメッセージバーが表示されずにマクロが有効になります。そのため、「信頼できる場所」にないマクロを含むブックを開いた場合でも、自動的にマクロが有効になることがあります。

ヒント すでに指定されている場所もある

信頼できる場所として、あらかじめいくつかのフォルダーが指定されています。たとえば、Officeのテンプレートが保存されているフォルダーや、アドインが保存されているフォルダーなどが指定されています。

ヒント サブフォルダー内のブックも信頼する

信頼できる場所を指定するとき、指定したフォルダーに含まれるサブフォルダーも信頼できる場所にするには、<Microsoft Officeの信頼できる場所>画面の<この場所のサブフォルダーも信頼する>のチェックをオンにします。

7 信頼できる場所として指定する場所が表示されていることを確認し、

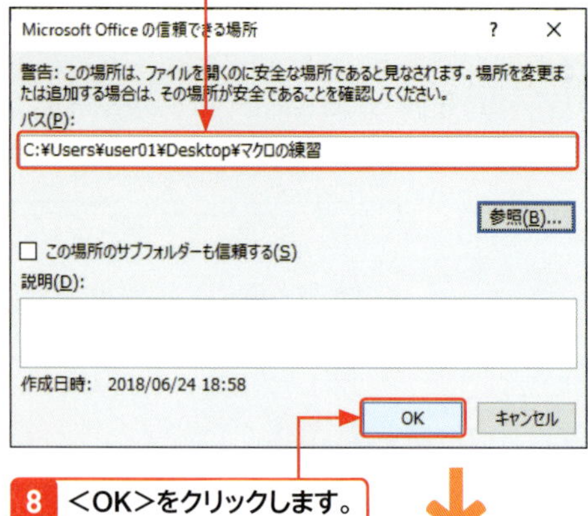

8 <OK>をクリックします。

9 信頼できる場所に、指定したフォルダーが追加されました。

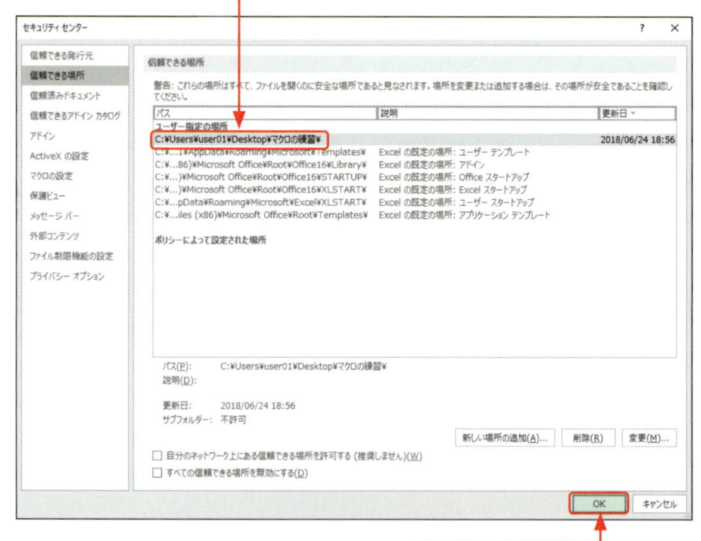

10 <OK>をクリックします。

「信頼できる場所」にブックを移動する

1 ドラッグして移動します。

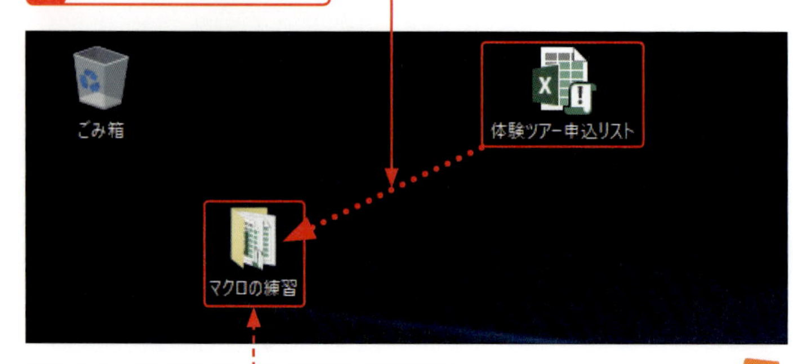

信頼できる場所として指定したフォルダー

メモ マクロを含むブックを移動する

信頼できる場所に保存されているブックは、安全であるとみなされますので、マクロを常に有効にして開くことができます。ここでは、マクロが含まれたブックを信頼できる場所に移動して、その中にあるブックを開いてみましょう。

2 信頼できる場所にあるブックを開くと、常にマクロが有効の状態で開きます。

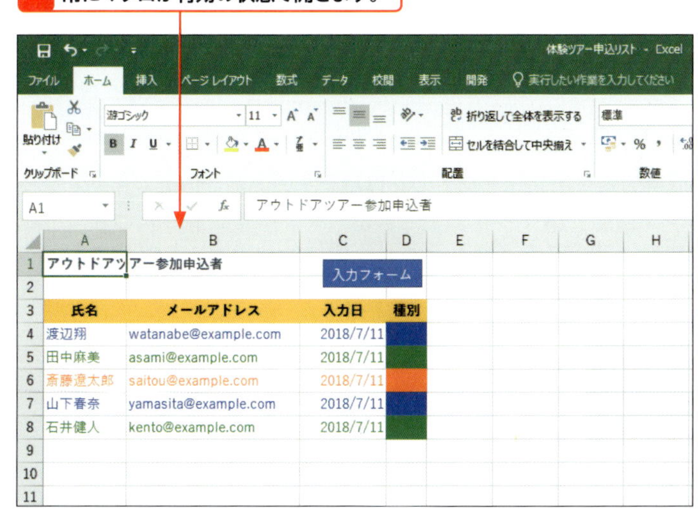

ヒント 信頼できる場所の名前を変更した場合

信頼できる場所に指定したフォルダーの名前や保存先を変更した場合は、信頼できる場所を指定し直す必要があります。それには、＜セキュリティセンター＞画面で＜信頼できる場所＞をクリックします。変更するフォルダーを選択し、＜変更＞をクリックして場所を指定します。

ヒント 信頼できる場所を削除する

追加したフォルダーを「信頼できる場所」から削除するには、＜セキュリティセンター＞画面で、削除する項目を選択して、＜削除＞をクリックします。

1 削除するフォルダーを選択し、

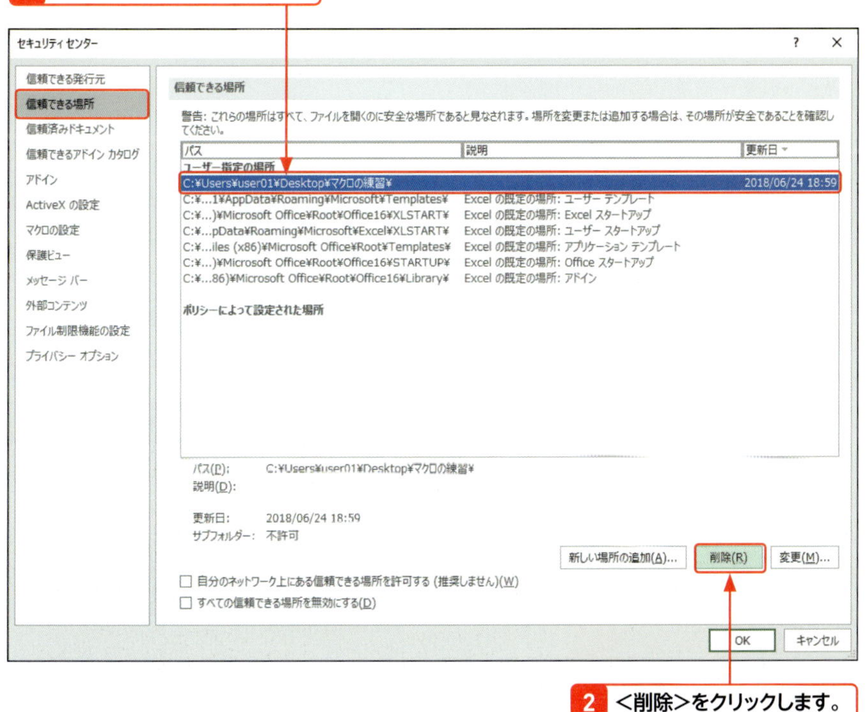

2 ＜削除＞をクリックします。

Appendix 03

ヘルプを利用する

覚えておきたいキーワード

- Microsoft Visual Basicヘルプ
- オブジェクト
- オブジェクトブラウザー

オブジェクトの取得方法、オブジェクトのプロパティの名前、指定できるメソッド名などは、ヘルプ機能で調べられます。また、マクロを記録したときに、記録された内容の意味を調べるときにも、ヘルプ機能を利用すると便利です。ヘルプ画面の表示方法を紹介します。

1 わからない言葉を調べる

メモ わからない言葉を調べる

コードの中のわからない言葉を調べる方法を知りましょう。調べたい言葉が出てきたときは、その言葉をクリックして F1 を押します。すると、その言葉についての説明が表示されます。

1 コードの中の気になる言葉の中をクリックし、

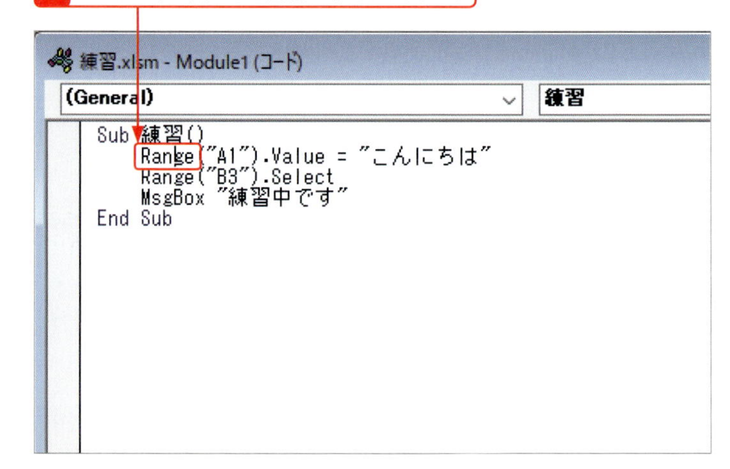

2 F1 を押すと、

3 ブラウザーが起動してヘルプのページが表示されます。

ヒント <オプション>画面のヘルプ

VBEの画面で<ツール>メニューの<オプション>をクリックすると、<オプション>画面が表示されます。<オプション>画面の設定内容についてのヘルプを表示するには、タブを選択したあとに<ヘルプ>をクリックします。

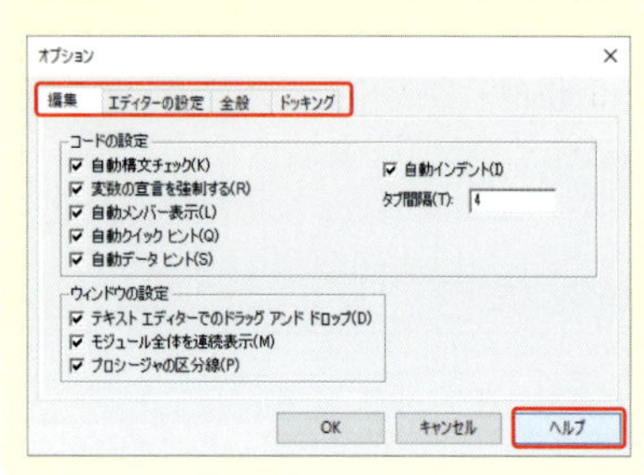

2 プロパティやメソッドを調べる

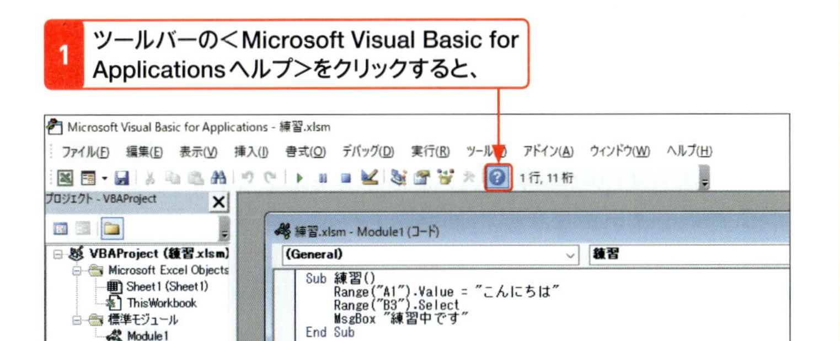

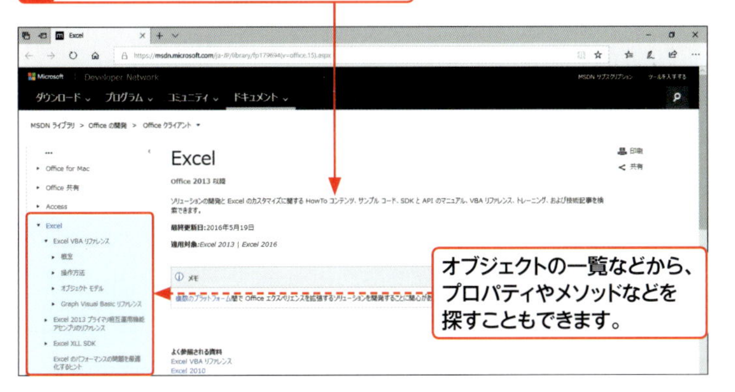

メモ ヘルプ画面を表示する

ツールバーからヘルプを表示するには、VBEの画面で<Microsoft Visual Basic for Applicationsヘルプ>をクリックします。ブラウザーが起動してヘルプのページが表示されるので、見たい項目をクリックします。

ヒント オブジェクトのプロパティ・メソッド一覧を表示する

指定したオブジェクトで利用できるプロパティやメソッドを探すには、左側に表示されるメニューの<Excel VBAリファレンス>→<オブジェクトモデル>をクリックし、VBAで使用できるオブジェクトの一覧を表示します。オブジェクトを選択して、<プロパティ>や<メソッド>を選択して見たいプロパティやメソッドを探してみましょう。なお、オンラインヘルプの画面は、変更になる可能性があります。

ヒント オブジェクトブラウザー

VBEの画面で<表示>メニューの<オブジェクトブラウザー>をクリックすると、オブジェクトブラウザーを表示できます。オブジェクトブラウザーでは、さまざまなオブジェクトで使用できるプロパティやメソッドを閲覧できます。

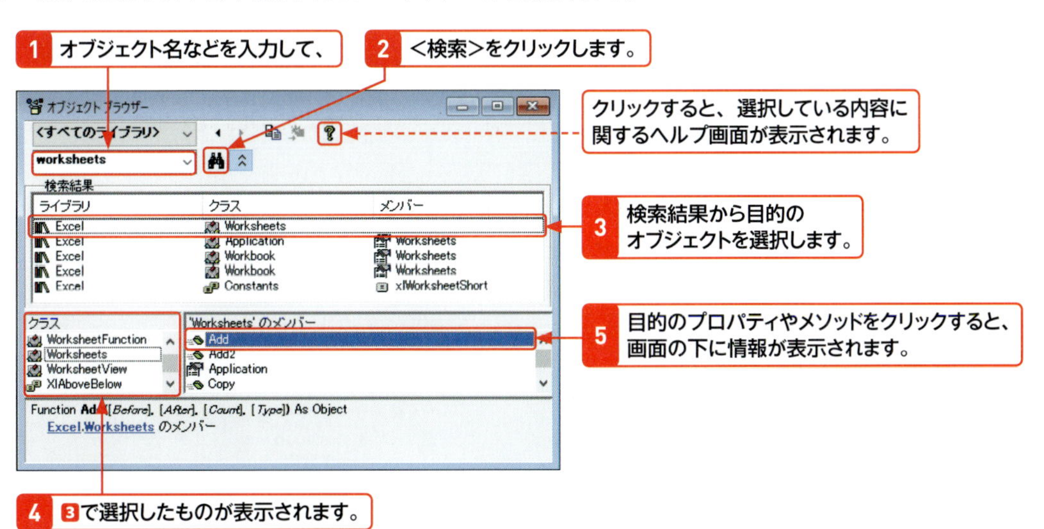

1 オブジェクト名などを入力して、
2 <検索>をクリックします。
クリックすると、選択している内容に関するヘルプ画面が表示されます。
3 検索結果から目的のオブジェクトを選択します。
5 目的のプロパティやメソッドをクリックすると、画面の下に情報が表示されます。
4 3で選択したものが表示されます。

Appendix 04

確認しながらマクロを実行する

覚えておきたいキーワード
- ステップイン
- ブレークポイント
- イミディエイトウィンドウ

マクロが思うように動作しない場合、どこに原因があるのかを探る必要があります。そのとき、マクロを1ステップずつ実行したり、途中まで実行してそれ以降を1ステップずつ実行したりしながら操作します。ここでは、1つずつ確認しながらマクロを実行する方法を紹介します。

1 マクロを1ステップずつ実行する

メモ 1ステップずつ実行する

マクロで実行する内容を1ステップずつ実行するには、F8を押します。F8を押すごとに1ステップずつマクロが実行されます。なお、マクロを1ステップずつ実行するときは、実行内容を1つ1つ確認するために、VBEの画面を小さくしてExcel画面が見えるようにして操作するとよいでしょう。

ヒント ほかの方法を使って1ステップずつ実行する

マクロを1ステップずつ実行するには、＜表示＞メニューの＜ツールバー＞→＜デバッグ＞をクリックすると表示される＜デバッグ＞ツールバーの＜ステップイン＞をクリックする方法もあります。また、＜デバッグ＞メニューの＜ステップイン＞をクリックする方法もあります。

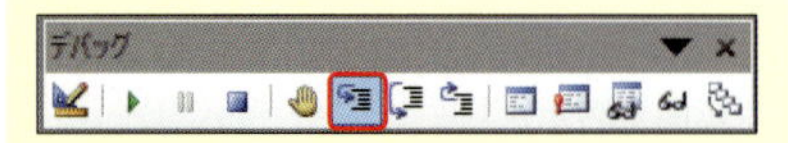

1ステップずつマクロを実行している途中で、実行をやめるには、＜リセット＞をクリックします。

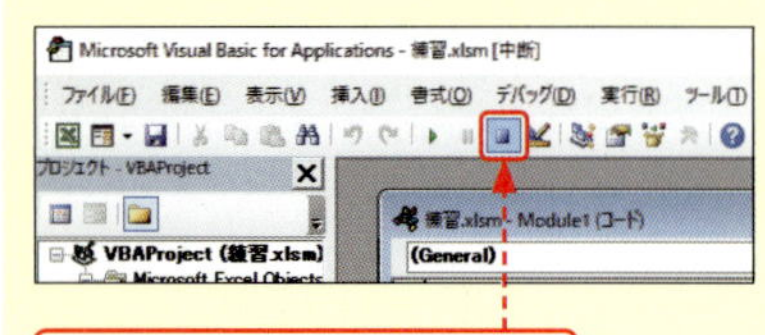

＜リセット＞をクリックします。

1 実行するマクロの中をクリックして、

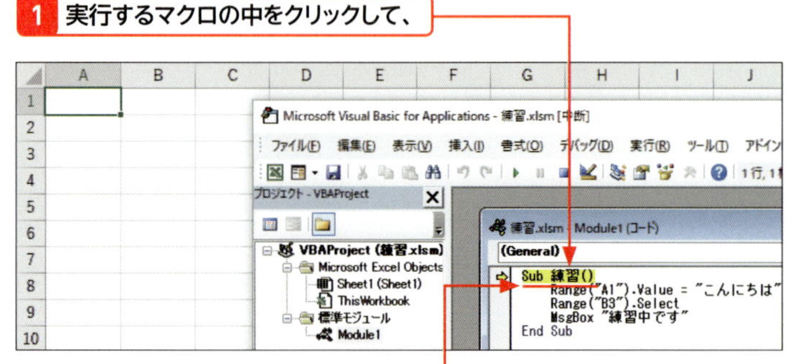

2 F8を押すと、

3 最初の行が黄色く反転します。

4 F8を押すたびに、1ステップずつ処理が実行されます。

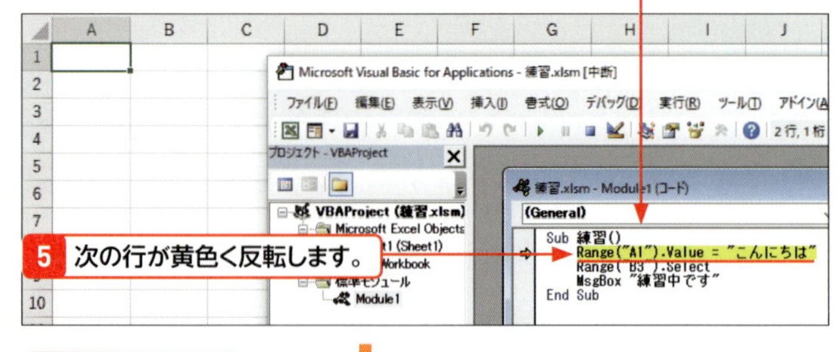

5 次の行が黄色く反転します。

6 F8を押すと、

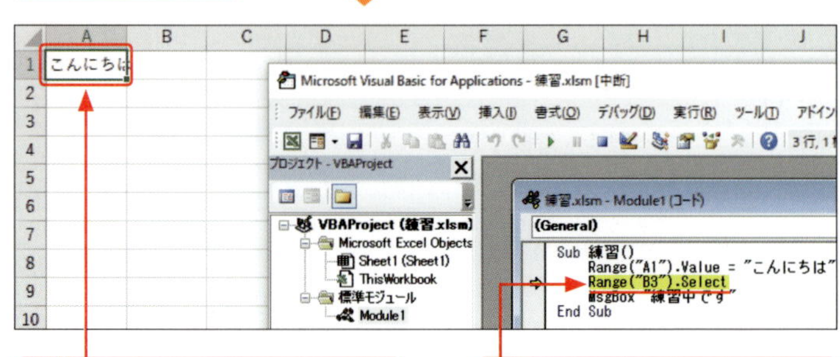

7 1行目の内容が実行されます。

8 次の行が黄色く反転します。

2 マクロを特定の場所まで実行する

ブレークポイントを設定する

1 ブレークポイントを設定する行の＜余白インジケータ＞をクリックすると、

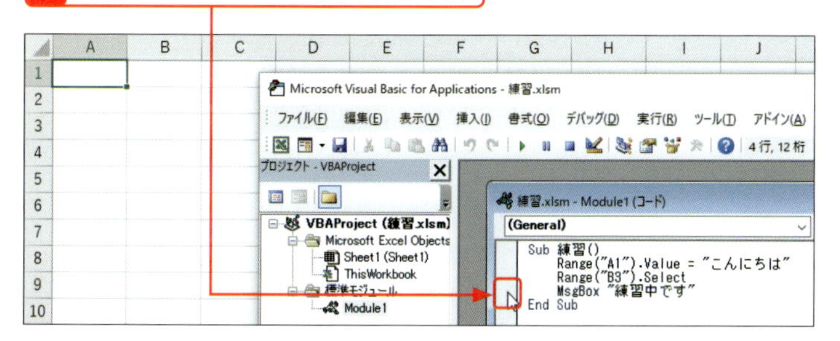

2 ブレークポイントが設定されます。

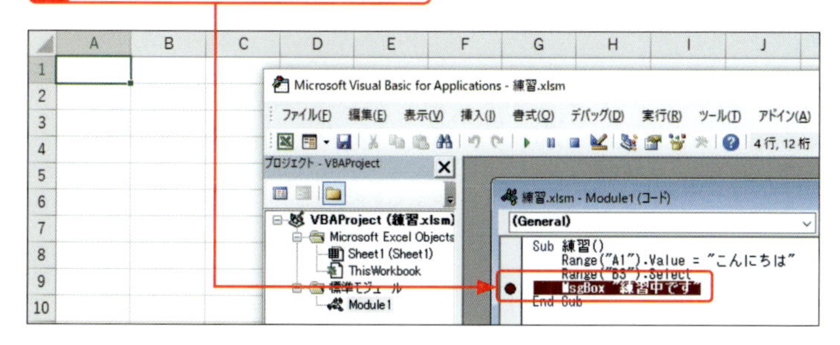

ブレークポイントまで実行する

1 実行するマクロの中をクリックして、

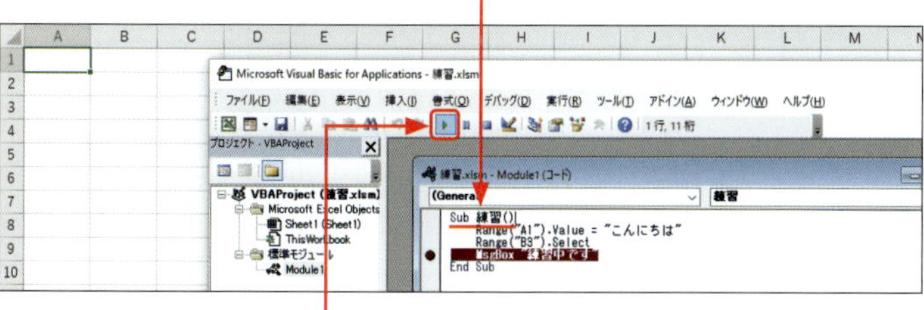

2 ＜Sub／ユーザーフォームの実行＞をクリックすると、

メモ マクロを途中まで実行する

エラーの原因を探るとき、エラーとは無関係とわかっているところまで一気にマクロを実行したあとに、途中から1ステップずつマクロを実行して動作を確認したい場合があります。マクロを途中まで実行するには、実行を中断したい箇所にブレークポイントを設定します。ここでは、マクロの実行が3行目でストップするようにしてみましょう。

ヒント ほかの方法を使ってブレークポイントを設定する

ブレークポイントを設定するには、ブレークポイントを設定する行をクリックし、＜表示＞メニューの＜ツールバー＞→＜デバッグ＞をクリックすると表示される＜デバッグ＞ツールバーの＜ブレークポイントの設定／解除＞をクリックする方法もあります。また、＜デバッグ＞メニューの＜ブレークポイントの設定／解除＞をクリックする方法もあります。

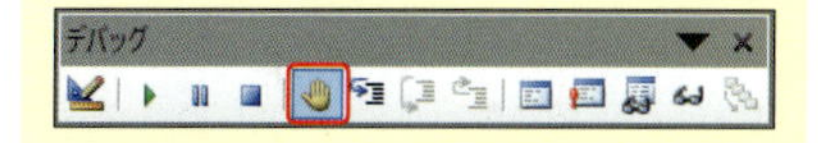

メモ マクロを途中まで実行する

ブレークポイントが設定されているところまでマクロを実行してみましょう。マクロ内をクリックして、＜Sub／ユーザーフォームの実行＞をクリックします。

ヒント ブレークポイントを解除する

ブレークポイントの設定を解除するには、ブレークポイントが設定されている行の＜余白インジケータ＞をクリックします。

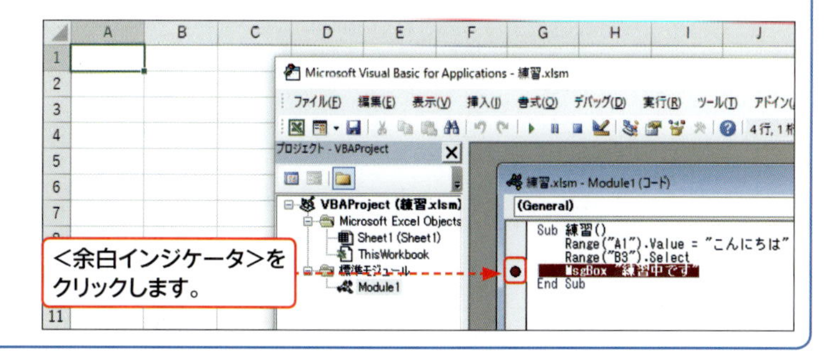

ヒント 途中から1ステップずつ実行する

中断した箇所から1ステップずつマクロを実行するには、F8 を押します。F8 を押すごとに1ステップずつマクロを実行できます。

3 マクロが実行されて、ブレークポイントの箇所でマクロが中断します。

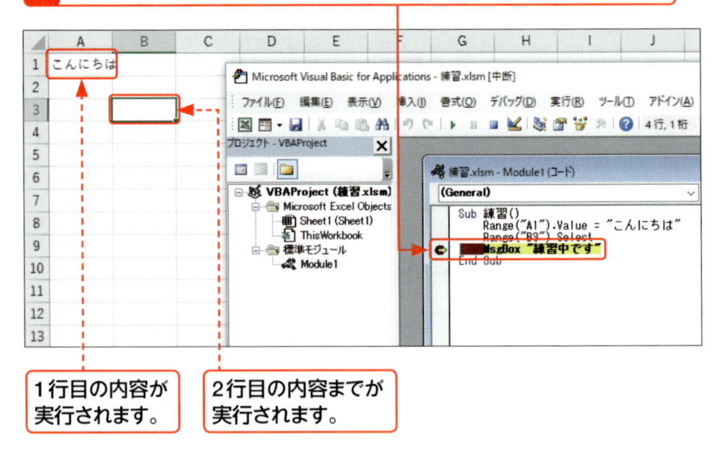

ヒント イミディエイトウィンドウ

イミディエイトウィンドウを使うと、コードの動作を確認したり、関数を使って計算した結果を確認したりできます。マクロを作成する必要がないので、手軽にコードの内容を確認できて便利です。イミディエイトウィンドウは、<表示>メニューの<イミディエイトウィンドウ>をクリックして表示します。

実行を確認する

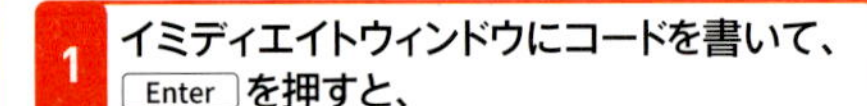

1 イミディエイトウィンドウにコードを書いて、Enter を押すと、

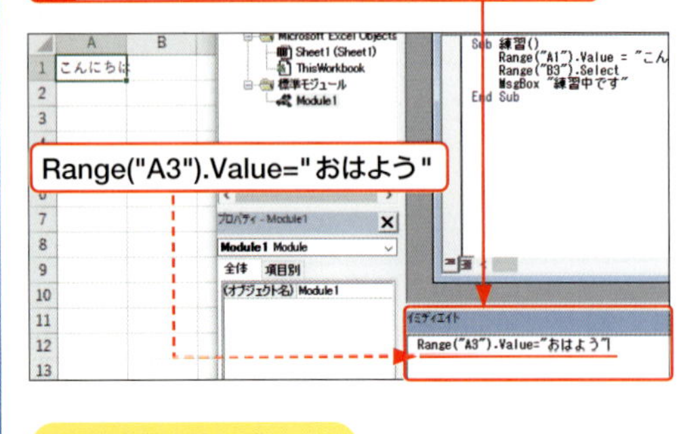

2 内容が実行されます。ここでは、A3セルに「おはよう」の文字が入ります。

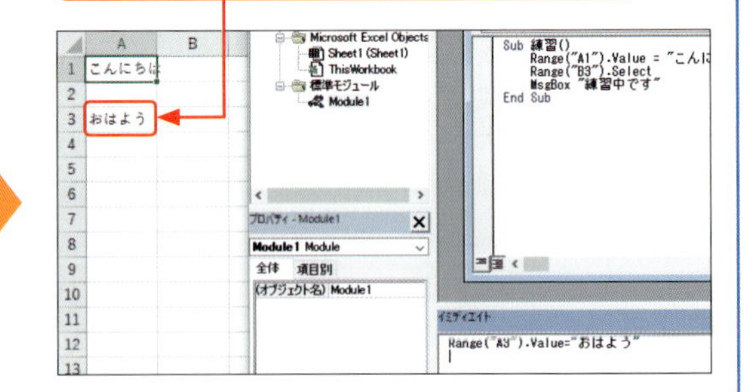

計算結果や値を求める

1 イミディエイトウィンドウに「?」を入力し、そのあとにコードを書いて、Enter を押すと、

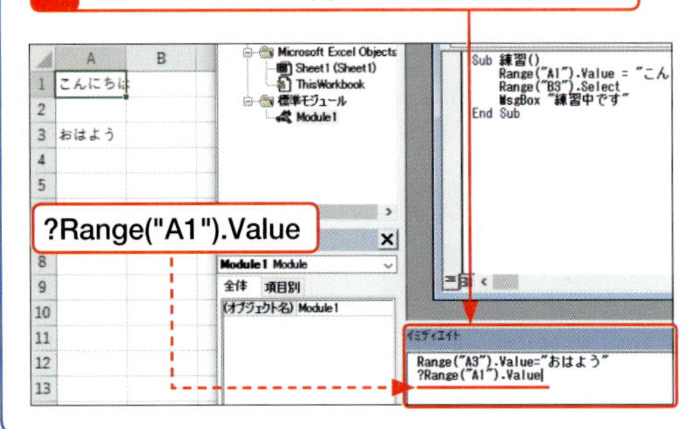

2 下の行に答えが表示されます。ここでは、A1セルに入っている文字が表示されます。

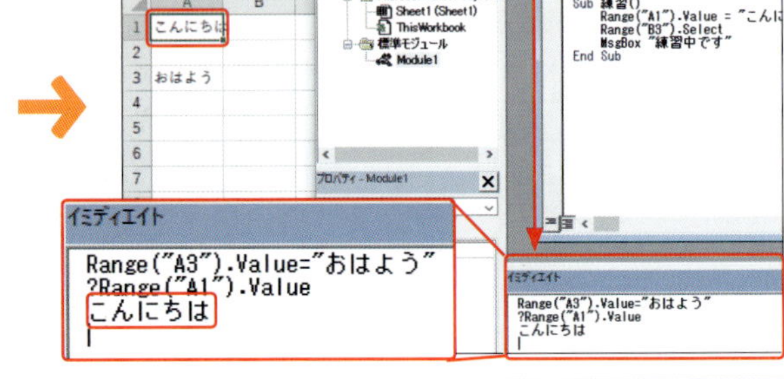

索引

記号・数字

. ……68
_ ……103
' ……104
" ……76
& ……88
1ステップずつ実行 ……436

英字

Activateイベント ……192
ActiveCellプロパティ ……110
ActiveWorkbookプロパティ ……179, 185
AddCommentメソッド ……84
AddItemメソッド ……324
Addメソッド ……174, 184, 227, 241, 266
AdvancedFilterメソッド ……239
Applicationオブジェクト ……81
AutoFilterメソッド ……237
AutoFitメソッド ……144
Boldプロパティ ……147
BorderAroundメソッド ……159
Bordersプロパティ ……154
Borderオブジェクト ……141, 154
Cellsプロパティ ……109
ClearCommentsメソッド ……117
ClearContentsメソッド ……117
Clearメソッド ……116
Closeメソッド ……185
ColorIndexプロパティ ……151, 155, 171
Colorプロパティ ……151, 155, 171
Columnsプロパティ ……135
ColumnWidthプロパティ ……143
Copyメソッド ……125, 173
CurDir関数 ……269
CurrentRegionプロパティ ……112
Cutメソッド ……127
Date関数 ……89
Deleteメソッド ……133, 136, 175
Dir関数 ……221
Do ...Loop Whileステートメント ……213
Do ... Loop Untilステートメント ……212
Do Until...Loopステートメント ……211
Do While...Loopステートメント ……211
Endプロパティ ……113
EntireColumnプロパティ ……135
EntireRowプロパティ ……135
FileDialogプロパティ ……263
FindNextメソッド ……233
Findメソッド ……231
FitToPagesTallプロパティ ……247
FitToPagesWideプロパティ ……247
Fontオブジェクト ……141, 146
For...Nextステートメント ……207
For Each...Nextステートメント ……215, 217
FullNameプロパティ ……181
Hiddenプロパティ ……138
HorizontalAlignmentプロパティ ……148
If...Then...Elseステートメント ……202
If...Then...ElseIfステートメント ……203
If...Thenステートメント ……201
IMEModeプロパティ ……298
InputBox関数 ……283
InputBoxメソッド ……284
Insertメソッド ……131, 137
Interiorオブジェクト ……141
Italicプロパティ ……147
LineStyleプロパティ ……155
ListObjectsコレクション ……241
Meキーワード ……302
Microsoft Excel Objects ……70
Module1 ……43
Moveメソッド ……172
MsgBox関数 ……89, 278
Nameプロパティ ……146, 170, 181
NumberFormatLocalプロパティ ……160
Offsetプロパティ ……111
OneDrive ……222
On Error GoToステートメント ……275
On Error Resume Nextステートメント ……276
Openメソッド ……183
Option Explicitステートメント ……91
PageSetupオブジェクト ……244
PasteSpecialメソッド ……129
Pasteメソッド ……126
Pathプロパティ ……181
PrintAreaプロパティ ……251
PrintOutメソッド ……257
PrintPreviewメソッド ……255
PrintTitleColumnsプロパティ ……253
PrintTitleRowsプロパティ ……253
Rangeオブジェクト ……106
Rangeプロパティ ……108
RefEdit ……326
ReplaceFormatプロパティ ……235
Replaceメソッド ……234
Resizeプロパティ ……122
RGB関数 ……151
RowHeightプロパティ ……142
Rowsプロパティ ……135
SaveAsメソッド ……187
SaveCopyAsメソッド ……189
Saveメソッド ……186
Selectメソッド ……112
Select Caseステートメント ……205
Selectedプロパティ ……321
Selectionプロパティ ……109
SetFocusメソッド ……320
Sizeプロパティ ……146
Sortプロパティ ……227
Sortメソッド ……228
SpecialCellsメソッド ……119

Tab……76, 315
ThemeColorプロパティ……153, 155
ThemeFontプロパティ……147
ThisWorkbookプロパティ……179
TintAndShadeプロパティ……153
TotalsCalculationプロパティ……242
Underlineプロパティ……147
Valueプロパティ……109, 124
VBA……40, 68
VBAProject……43
VBA関数……88
VBE……42, 98
VerticalAlignmentプロパティ……148
Weightプロパティ……155
Withステートメント……102
Workbooksプロパティ……178
Worksheetsプロパティ……168
WrapTextプロパティ……149

あ行

アクティブセル領域……112
アクティブブック……64
値……82, 93
位置をずらす……111
移動……127, 172
イベント……190
イベントプロシージャ……191, 302
色……150
印刷……244, 256
印刷タイトル……252
印刷範囲……250
印刷プレビュー……254
インデックス番号……165
ウィンドウ……44
エクスポート……66
エラー処理……274
オートフィルター……225, 236
オブジェクト……69, 78
オブジェクト型……91, 95
オブジェクトの階層……78
オブジェクトの指定を省略……80
オブジェクトの取得……79
オブジェクトブラウザー……345
オプションボタン……306

か行

改行……103, 279
開発タブ……26
カウンタ変数……207
カレントドライブ……270
カレントフォルダー……268
関数……88
キーワード……94
既定のファイルの場所……271
既定のプロパティ……83
行……107
行の削除……136
行の参照……134
行の挿入……137
行の高さ……142
行番号……109
記録マクロ……28
クイックアクセスツールバー……334
空白セル……118
クラスモジュール……70
グラフシート……166
繰り返し……199
形式を選択して貼り付け……128
罫線……154
検索……230
コードウィンドウ……43, 192
コピー……125, 173
コマンドボタン……300
コメント……66, 104
コメントブロック……104
固有オブジェクト型……95
コレクション……164, 214
コントロール……288
コントロールの配置……328
コンパイルエラー……100
コンボボックス……322

さ行

最終行……115
削除……175
算術演算子……88
参照……265
シート……166, 218
字下げ……76, 104
実行時エラー……101
終端セル……114
ショートカットキー……29, 337
上下左右のセル……110
条件分岐……198
書式記号……162
書式設定……140
信頼できる場所……341
ステートメント……71
整数型……91
セキュリティ……340
セキュリティの警告……36
絶対参照……58
設定値の候補……99
セル……106
セルの削除……132
セルの参照……108
セルの挿入……130
セルの表示形式……160
セル範囲……122, 216
セル番地……108
操作の対象……69
総称オブジェクト型……95
相対参照……58

た行・な行

ダイアログボックス……260, 262
代入……93, 124
タブオーダー……315
単精度浮動小数点数型……91
チェックボックス……312
置換……234
抽出……236
長整数型……91
追加……174
通貨型……91
データ型……91
データの削除……116
テーブル……225, 240
テーマ……152
テキストボックス……296
デバッグ……101
名前……94
名前を付けて保存……264
並べ替え……226
日本語入力モード……298
入力候補……98
入力支援機能……75, 98
入力用画面……261, 282

は行

倍精度浮動小数点数型……91
バイト型……91
パス名……180
バリアント型……91
貼り付け……126
半角文字……76
比較演算子……203
引数……86
引数の省略……87
日付型……91
非表示……138, 175
標準モジュール……43, 72
表のセル参照……112
ヒント……99
ブール型……91
ファイル……273
ファイルを開く……262
フィルターオプション……239
フォーム……286
フォーム画面……305
フォームの実行……330
フォームの追加……290
フォームモジュール……70
フォルダー……272
ブック……176, 219
ブックの保存……186
ブック名……180
ブックを追加する……184
ブックを閉じる……185
ブックを開く……182
フッター……248
ブレークポイント……347
フレーム……306
プロシージャ……71
プロシージャボックス……71
プロジェクト……70
プロジェクトエクスプローラー……43
プロパティ……68, 79, 82
プロパティウィンドウ……43, 289
ページ設定……244
ヘッダー……248
ヘルプ……69, 101, 344
変数……90, 210, 213
変数の使用範囲……97
変数の宣言……92
変数の宣言の強制……91
変数名……92
保存先……181
ボタン……300, 338

ま行

マクロ……22
マクロの記録……28
マクロの削除……38, 66
マクロの実行……32, 48, 77
マクロの修正……50
マクロの名前……29
マクロの入力……74
マクロの保存……77
マクロの有効化……36
マクロを含むブック……34
メソッド……68, 84
メッセージ……260, 278
文字の配置……148
モジュール……66, 70
モジュールのインポート……73
文字列型……91

や行・ら行・わ行

ユーザーフォーム……286
余白……247
ラベル……294
リストボックス……316
列……107
列の削除……136
列の参照……134
列の挿入……137
列の幅……143
列番号……109
連結演算子……88
論理エラー……101
論理演算子……203
ワークシート……167
ワークシート関数……88

お問い合わせについて

本書に関するご質問については、本書に記載されている内容に関するもののみとさせていただきます。本書の内容と関係のないご質問につきましては、一切お答えできませんので、あらかじめご了承ください。また、電話でのご質問は受け付けておりませんので、必ずFAXか書面、Webフォームにて下記までお送りください。
なお、ご質問の際には、必ず以下の項目を明記していただきますようお願いいたします。

1 お名前
2 返信先の住所またはFAX番号
3 書名（今すぐ使えるかんたん Excelマクロ＆VBA ［Excel 2019/2016/2013/2010対応版］）
4 本書の該当ページ
5 ご使用のOSとソフトウェアのバージョン
6 ご質問内容

なお、お送りいただいたご質問には、できる限り迅速にお答えできるよう努力いたしておりますが、場合によってはお答えするまでに時間がかかることがあります。また、回答の期日をご指定なさっても、ご希望にお応えできるとは限りません。あらかじめご了承くださいますよう、お願いいたします。

問い合わせ先

〒162-0846
東京都新宿区市谷左内町21-13
株式会社技術評論社　書籍編集部
「今すぐ使えるかんたん Excelマクロ＆VBA
［Excel 2019/2016/2013/2010対応版］」質問係
FAX番号　03-3513-6167
https://book.gihyo.jp/116

■お問い合わせの例

FAX

1 お名前
技術　太郎

2 返信先の住所またはFAX番号
03-XXXX-XXXX

3 書名
今すぐ使えるかんたん
Excelマクロ＆VBA
［Excel 2019/2016/2013/2010対応版］

4 本書の該当ページ
22ページ

5 ご使用のOSとソフトウェアのバージョン
Windows 10 Pro
Excel 2019

6 ご質問内容
手順2の操作をしても、手順3の画面が表示されない

※ご質問の際に記載いただきました個人情報は、回答後速やかに破棄させていただきます。

今すぐ使えるかんたん Excelマクロ＆VBA
［Excel 2019/2016/2013/2010対応版］

2019年5月28日　初版　第1刷発行

著　者●門脇香奈子
発行者●片岡　巌
発行所●株式会社 技術評論社
東京都新宿区市谷左内町21-13
電話　03-3513-6150　販売促進部
03-3513-6160　書籍編集部

装丁●田邉恵里香
本文デザイン●リンクアップ
DTP●技術評論社 制作業務部
図版作成●BUCH+（横山慎昌、伊勢歩）
編集●青木宏治
製本／印刷●大日本印刷株式会社

定価はカバーに表示してあります。

落丁・乱丁がございましたら、弊社販売促進部までお送りください。
交換いたします。

ISBN978-4-297-10241-8 C3055
Printed in Japan